John Stillwell 著

Mathematics and Its History (Third Edition)

数学及其历史

（第三版）

袁向东　冯绪宁　译

高等教育出版社·北京

图字：01-2019-7965 号

First published in English under the title
Mathematics and Its History (3rd Ed.)
By John Stillwell
Copyright © Springer Science+Business Media, LLC, part of Springer Nature, 2010
This edition has been translated and published under licence from
Springer Science+Business Media, LLC, part of Springer Nature.

图书在版编目（CIP）数据

数学及其历史：第 3 版 /（美）约翰·斯狄瓦
（John Stillwell）著；袁向东，冯绪宁译 . -- 北京：
高等教育出版社，2022.7
　　书名原文：Mathematics and Its History, Third Edition
　　ISBN 978-7-04-058240-6

　　Ⅰ . ①数… Ⅱ . ①约… ②袁… ③冯… Ⅲ . ①数学史 –
世界 Ⅳ . ① O11

中国版本图书馆 CIP 数据核字（2022）第 027504 号

数学及其历史
Shuxue ji qi Lishi

| 策划编辑　和　静 | 责任编辑　和　静 | 封面设计　张　楠 | 版式设计　李彩丽 |
| 责任校对　马鑫蕊 | 责任印制　存　怡 | | |

出版发行	高等教育出版社	网　　址	http://www.hep.edu.cn
社　　址	北京市西城区德外大街4号		http://www.hep.com.cn
邮政编码	100120	网上订购	http://www.hepmall.com.cn
印　　刷	鸿博昊天科技有限公司		http://www.hepmall.com
开　　本	850mm×1168mm　1/16		http://www.hepmall.cn
印　　张	35.75		
字　　数	760 千字	版　　次	2022 年 7 月第 1 版
购书热线	010-58581118	印　　次	2022 年 7 月第 1 次印刷
咨询电话	400-810-0598	定　　价	99.00 元

本书如有缺页、倒页、脱页等质量问题，请到所购图书销售部门联系调换
版权所有　侵权必究
物料号　58240-00

致 Elaine, Michael 和 Robert

第三版序言

正如本书第一版所宣称的, 此书的目标是给出大学数学的一个概览, 并且保持更开阔的视野. 第二版增加了新的有关数论和代数的章节, 意在拓宽这种考虑; 同时又添入了更多的习题以更好地吸引读者. 第三版 (可能是本书的终极版) 意在提高内容的广度和深度, 当然还有其内聚力 —— 将原来互相陌生的主题联系起来, 比如射影几何和有限群, 又比如分析和组合学.

本版新增了单群和组合学两章, 并在原有的一些章中加了若干新的小节. 这些新的小节填补了某些缺隙和近期取得进步的新领域, 诸如庞加莱猜想. 单群这章包括关于李群的一些资料, 从而补偿了本书第一版中使我感到遗憾的一个疏忽. 群论这章的取材范围现已扩充: 从 17 页和 10 道习题增加到 61 页和 85 道习题. 如像第二版那样, 这里的习题常常等效于将一些重要定理的证明分解成小的步骤. 我们以这种方式能够涵盖某些著名的定理, 如布劳威尔 (Brouwer) 不动点定理和 A_5 的单性定理; 否则的话, 会消耗掉太多的篇幅空间.

为了使读者适应各章出现的新内容, 从而激发其学习的欲望, 现在每章都以 "导读" 开篇: 导读略述该章的内容以及它们跟前后相关章节的联系. 我希望这将有益于这样的读者: 他们喜欢在钻研细节前了解概况; 同时也帮助那样的教师: 他们想在整本书中寻找一条在短暂的一学期课程中进行教学的路径. 应该说, 存在着各种不同水平的、许许多多的不同路径. 本书直到第 10 章, 其内容的水平应该适合大多数低年级和高年级的大学生; 之后的章节, 其主题更具挑战性, 但也更符合当前学界的兴趣.

书中所有的图都已转换成电子形式, 这使我能减少一些原本是超大的制图工作量, 因此有条件考虑减轻在新版中容易出现的篇幅膨胀现象.

13.2 节中有关力学的一些新素材原是我为《数学》(*La Matematica*) 一书写的一章中的内容 (意大利文), 该书由克劳迪奥 · 巴尔托奇 (Claudio Bartocci) 和皮耶乔治 · 奥迪

弗雷迪 (Piergiorgio Odifreddi) 编辑出版 (Einaudi, Torino, 2008). 同样地, 新写的 8.6 节的素材出自我的书《几何的四大支柱》(*The Four Pillars of Geometry*, Springer, 2005).

最后要指出, 读者曾给了我许多改进和修正的建议. 其中特别要感谢 France Dacar, Didier Henrion, David Kramer, Nat Kuhn, Tristan Needham, Peter Ross, John Snygg, Paul Stanford, Roland van der Veen 和 Hung-Hsi Wu (伍鸿熙). 我也要感谢我的儿子 Robert 和我的妻子 Elaine, 他们孜孜不倦地进行了校对工作.

我还要感谢旧金山大学 (University of San Francisco), 该校给了我教课的机会, 本书的大部分内容正是基于这些教学课程写就的; 同样还要感谢澳大利亚莫纳什大学 (Monash University), 他们允许我在本书的修订过程中使用该校的设备.

John Stillwell

莫纳什大学和旧金山大学

2010.3

第二版序言

此版完全使用 LATEX 排版, 许多图形的制作使用了图像系统制作技巧 (PSTricks) 软件包, 目的是增加精确度并便于今后的修订. 本版较之第一版还增加了若干重要的内容.

● 新增加了三个章节, 分别是关于中国和印度的数论、超复数以及代数数论方面的内容. 这些内容填补了第一版的某些空缺, 更有利于读者对数学较后时期发展的领悟.

● 书中设置了更多的习题. 我希望由此能克服第一版中习题过少、有些习题过难的弱点. 第一版中有些大而令人生畏的习题, 比如 2.2 节中那个比较二十面体和十二面体的体积和表面积的习题, 现在则被分解成若干部分, 便于读者下手去做. 不过, 书中仍然有少数极具挑战性的问题, 提供给那些想要一试身手的读者.

● 习题部分增加了注释, 用于说明这些习题跟本节内容的关系, 并预示后面将讲述的 (与此有关联的) 主题.

● 书的索引部分采用超常规结构, 以使查询更为方便. 例如, 为了找到欧拉关于费马大定理的工作, 你无需按 "欧拉" 条目下出现的 32 处不同的页码一一地去寻找. 而只需在索引中找出 "欧拉, (和) 费马大定理" 这一条目.

● 参考书目部分已重新编订, 对前一版中列出的许多出版信息不全或缺失的书目给出了更加完全的信息. 我发现麻省理工学院 (MIT) Dibner 学院 Burndy 图书馆的在线书目对我找到这类信息很有帮助, 特别对那些早期的印刷作品更是如此. 对近期的著作, 我大量利用 MathSciNet, 那是《数学评论》(*Mathematical Reviews*) 的在线版.

这一版还做了许多小的变动, 有的是近期的数学事件所致, 如费马大定理的证明 (很幸运, 我不必为此大动干戈地去重写, 因为该证明的背景 —— 椭圆曲线理论已在第一版中讲到了).

我要感谢许多朋友、同事和书评家, 他们让我注意到第一版中的瑕疵, 并在修订的过

程中给予我帮助. 特别要感谢下列各位:

- 我的儿子 Michael 和 Robert, 他们做了大部分打字工作; 我的夫人 Elaine, 她完成了大量校对工作.
- 我在旧金山大学的数学系 (Math 310) 的学生, 他们试做了许多习题; 以及 Tristan Needham, 他是最早邀请我到旧金山大学工作的.
- Mark Aarons, David Cox, Duane DeTemple, Wes Hughes, Christine Muldoon, Martin Muldoon 和 Abe Shenitzer, 他们提出了各种建议及修改意见.

John Stillwell

莫纳什大学

澳大利亚, 维多利亚州

2001

第一版序言

令大多数学数学的学生感到失望的一件事, 就是他们从来没有上过一门关于数学的课程. 他们会学习微积分、代数、拓扑等课程, 但这种分门别类、过分详尽的教学似乎无法将这些不同主题汇聚为一个整体. 事实上, 某些自然而然出现的最重要的问题由于掉进了错误的主题领地而遇到麻烦. 例如, 代数学家不讨论代数基本定理, 因为 "那是分析", 而分析学家不讨论黎曼面, 因为 "那是拓扑". 于是, 学生们在毕业前想要感觉一下他们对数学的真正了解时, 确实产生了统一看待这门学科的需要.

本书的目的是赋予大学数学一种统一的观点, 办法则是通过数学的历史来探讨它. 鉴于读者已经学习过数学, 我们假定他们有了一定的基础, 所以本书的数学内容在形式上不按照标准的课本那样展开. 另一方面, 书中的数学内容比之大多数普通的数学史书又更加完全和严密, 因为讲数学是我们的主要目的, 而引述历史只是手段. 我们假定读者熟悉基本的微积分、代数和几何知识, 理解集合论的语言, 也接触过某些较高深的论题, 诸如群论、拓扑和微分方程. 我一直试图挑选出数学整体中带主导性的主题, 通过追寻其历史脉络把它们尽可能牢固地编织在一起.

在这样做的同时, 我还把精力放在某些传统的未解决的问题上. 例如, 大学生能解二次方程, 为什么不会解三次方程呢? 他们能对 $1/\sqrt{1-x^2}$ 求积分时, 就会被告知不必担心不会对 $1/\sqrt{1-x^4}$ 求积分. 这是为什么? 对这些问题的历史追寻非常有益, 它导致了我们对复分析、代数几何以及其他事物的更深的理解. 所以, 我希望本书不仅能概观大学数学, 也能瞥望更广阔的数学领域.

有些数学史家可能反对我使用现代符号以及对古典数学的 (适当的) 现代解释, 认为这是时代错位. 我的做法确实有点冒险, 比如它们看起来比历史上的真实情况简单了; 但依我看, 使用棘手和不熟悉的记号而模糊了概念本身, 其危害性更大. 大家都知道, 数学概念在出现能够清楚地表达它们的符号和语言之前就形成了, 它们是由含蓄变成明晰的.

所以, 尽管历史学家可能试图既忠实于原貌又要表达清晰, 可是在追溯概念的起源时常常只能时代错位.

本书由于篇幅所致, 不可能面面俱到, 所以在论题的选择上, 数学家可能不同意我的做法. 我优先选择的是论题的根基性和相互之间的紧密联系. 主选的题目是数和空间的概念: 它们最初在希腊数学中的分离, 它们在费马和笛卡儿几何中的结合, 这种结合在解析几何和微积分中产生的累累硕果. 本书未谈及当今的某些重要论题, 诸如李群和泛函分析, 其理由是它们离数学的根基比较远. 另外一些论题, 像概率论, 也只是粗略地谈到, 因为它们的大部分发展看来不在数学发展的主流之内. 至于其他的忽略或轻描淡写, 只能归咎于我的个人爱好, 以及能在一至两个学期内讲完本书的愿望.

本书是在我过去几年在 Monash 大学为高年级学生讲授的课程笔记的基础上写成的. 那门课讲半个学期, 内容稍稍超出本书一半的内容 (头一年讲 1—11 章, 另一年讲 5—15 章). 自然, 若其他大学能以此书为基础开设课程, 我将非常高兴. 通过改变授课周期和所讨论的主题, 可以量身定做各种课程. 无论如何, 本书应该普遍适合学生或专业数学家来阅读.

本书每一章都以数学家小传结尾, 这样既可以增加人情味儿, 还能帮助读者循迹数学概念从一位数学家到另一位数学家的传播. 这些小传除明确标明出处的, 都提炼自二手资料《科学传记辞典》(*Dictionary of Scientific Biography*, 简称 DSB). 我采用 DSB 的习惯, 用娘家的姓名称呼传主的母亲. 参考书在小传中以 "作者的姓 (年代)" 的形式标示, 例如 "牛顿 (1687)" 是指《原理》(*Principia*). 书后列有所有参考书的信息.

John Crossley, Jeremy Gray, George Odifreddi 和 Abe Shenitzer 仔细并严谨地阅读了我的手稿. 根据他们的评述和意见, 我做了数不胜数的改进, 当然, 书中尚余的瑕疵归因于我对他们的建议理解不当. 对他们, 对 Anne-Marie Vandenberg —— 她尽职地完成了出色的打字工作, 我表示衷心的感谢.

John Stillwell
莫纳什大学
澳大利亚, 维多利亚州
1989

目录

第 1 章

毕达哥拉斯定理

导读

作为数学及其历史的著作, 以毕达哥拉斯定理为开端最为合适, 它不仅是最古老的数学定理, 而且是三大数学思想流的源泉: 数、几何和无穷.

数的流始于毕达哥拉斯三元数组, 即整数的三元组 (a, b, c), 它满足 $a^2 + b^2 = c^2$. 几何流起于分别将 a^2, b^2 和 c^2 解释为直角三角形的直角边 a, b 和斜边 c 上的正方形. 无穷流源于 $\sqrt{2}$ 的发现, 它是直角边长为 1 的直角三角形的斜边长, 是个无理数.

这三股数学流分别贯穿希腊数学的始终, 我们将在第 2, 3 和 4 章讲述. 几何流再度出现是在第 7 章, 届时它发生了朝向代数的转向. 代数几何的基础在于出现了以下的可能: 利用数 —— 点的坐标 —— 来描述点, 以及用曲线上点的坐标所满足的方程来描述曲线.

对于这种数和几何的结合体, 我们在本章的最后给出简短的探讨, 那时我们要利用公式 $a^2 + b^2 = c^2$ 来定义依据坐标而得的距离概念.

1.1 算术与几何

如果说有一个定理是所有受过数学教育的人都知道的, 那无疑就是毕达哥拉斯 (Pythagoras) 定理. 人们会想起直角三角形的一个性质: 斜边的平方是另外两条边的平方的和 (图 1.1). 这个 '和' 自然指的是面积之和, 而边长为 l 的正方形的面积是 l^2 —— 这就是我们为什么称该面积为 'l 见方' 的理由. 毕达哥拉斯定理也可以用一个方程来表示:

$$a^2 + b^2 = c^2, \tag{1}$$

其中 a, b, c 代表三角形各边的长度, 如图 1.1 所示.

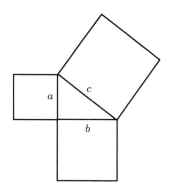

图 1.1　毕达哥拉斯定理

　　反之, (1) 的正数解 a, b, c 可以用来构作一个直角三角形, 其直角边为 a, b, 斜边为 c. 很清楚, 对任意给定的两个正数 a, b, 我们可以画出长度分别为 a, b 的两条垂直的边, 此时那条斜边 c 必然是方程 (1) 的解, 以满足毕达哥拉斯定理. 当我们注意到 (1) 有些非常简单的解时, 反观毕达哥拉斯定理会变得很有趣. 例如:

$$(a, b, c) = (3, 4, 5) \qquad (3^2 + 4^2 = 9 + 16 = 25 = 5^2),$$
$$(a, b, c) = (5, 12, 13) \quad (5^2 + 12^2 = 25 + 144 = 169 = 13^2).$$

据认为, 在古代就可能一直用这样的解来构作直角. 如使用有 12 个等距结点的拉紧的绳圈, 人们就可以得到一个 $(3, 4, 5)$ 三角形, 边 3 与边 4 之间是个直角, 如图 1.2 所示.

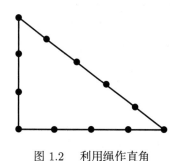

图 1.2　利用绳作直角

　　无论这是否是实际构作直角的一个方法, 但对于如

$$3^2 + 4^2 = 5^2$$

这样一个纯粹的算术事实, 居然真的存在一种几何解释, 这是相当奇妙的. 乍看起来, 算术和几何好像是完全不同的领域. 算术的基础是计算, 是典型的离散 (或数字) 过程. 算术中的各种事实和结论可以清楚地理解为某些计算过程的结果; 人们不期待它们有什么额外

的意义. 另一方面, 几何涉及的是连续的而不是离散的对象, 诸如直线、曲线和曲面. 连续对象不能由单个的元素通过离散过程去构建, 人们希望看到的是几何事实本身而不是通过计算来达到它.

毕达哥拉斯定理第一次暗示了在算术和几何之间隐藏得很深的联系, 这种联系在数学发展的历史长河中始终处于两个领域之间的关键位置上. 有时处于合作的位置, 有时处于冲突的位置, 后者在发现 $\sqrt{2}$ 是无理数之后就出现过 (见 1.5 节). 情况常常是这样的: 从这些处于紧张状态的领域中浮现出新的思想, 将冲突化解, 并使原来难以调和的思想转变为相互促进的沃土佳壤. 无疑, 算术与几何之间的这种紧张状态是数学中最深奥的事情, 它已促成了那些最深刻的定理的问世. 因为毕达哥拉斯定理是这些定理中的第一个, 而且最具影响力, 值得我们将它安排在第 1 章.

1.2 毕达哥拉斯三元数组

毕达哥拉斯生活在公元前 500 年左右 (见 1.7), 但是毕达哥拉斯定理的故事却远早于此, 至少在公元前 1800 年就在巴比伦出现了. 证据是一块泥板, 即著名的编号为普林顿 (Plimpton) 322 的泥板, 它系统地列出大量的整数对 (a, c), 对每个整数对都存在一个整数 b, 满足

$$a^2 + b^2 = c^2. \tag{1}$$

泥板内容的译文, 以及它的解释和历史背景, 由诺伊格鲍尔 (Neugebauer, O.) 和萨克斯 (Sachs, A.) (1945) 首次出版 (更现代的研究, 见范德瓦尔登 (van der Waerden, B. L.) (1983), 2 页). 满足 (1) 的整数三元数组 (a, b, c) —— 例如 $(3, 4, 5)$, $(5, 12, 13)$, $(8, 15, 17)$ —— 现在称为毕达哥拉斯三元数组. 我们虽然不能完全确知, 但推测巴比伦人之所以对三元数组感兴趣, 是因为他们把其解释为直角三角形的边. 无论如何, 寻找毕达哥拉斯三元数组也是其他古代文明感兴趣的问题, 事实上这些早期文明已掌握了毕达哥拉斯定理. 范德瓦尔登 (1983) 给出了中国 (公元前 200 年到公元 220 年) 和印度 (在公元前 500 年到公元前 200 年之间) 的例子. 古代对这个问题的最全面的理解当属于希腊数学, 时间在欧几里得 (Euclid) (公元前 300 年左右) 到丢番图 (Diophantus) (公元 250 年) 之间.

我们现在知道生成毕达哥拉斯三元数组的一般公式是

$$a = (p^2 - q^2)r, \quad b = 2pqr, \quad c = (p^2 + q^2)r.$$

容易看出, 当 a, b, c 按这个公式给出时有 $a^2 + b^2 = c^2$; 当然, 若 p, q, r 是整数, 则 a, b, c 亦然. 虽然巴比伦人没有我们优越的代数符号, 但他们所列出的三元数组似乎是以上述公

式, 或者说是它的一个特殊情形:

$$a = p^2 - q^2, \quad b = 2pq, \quad c = p^2 + q^2$$

(其中所有的解 a, b, c 没有公因子) 为基础的. 人们并不把一般性的公式归功于毕达哥拉斯本人 (公元前 500 年左右) 和柏拉图 (Plato) (参见希思 (Heath, T. L.) (1921), 卷 1, 80—81 页); 等价于一般性公式的解是在欧几里得的《几何原本》第 X 卷 (命题 28 之后的引理) 中给出的. 据我们所知, 这是首次叙述一般的解, 也是首次给出一般性的证明. 正如人们所预期的, 欧几里得的证明本质上是算术的, 因为这个问题似乎是属于算术范畴的.

　　然而, 确实存在一个让人大开眼界的解, 它对毕达哥拉斯三元数组给出了几何解释. 它出现在丢番图的书中, 我们将在下一节来讲述.

习题

普林顿 322 泥板中的整数对是

a	c
119	169
3367	4825
4601	6649
12709	18541
65	97
319	481
2291	3541
799	1249
481	769
4961	8161
45	75
1679	2929
161	289
1771	3229
56	106

图 1.3　普林顿 322 泥板上的数对

1.2.1　对表中每一个数对 (a, c), 计算 $c^2 - a^2$, 并确认它是一个完全平方数 b^2 (建议借助于计算机). 你将注意到在大多数情形下, b 是比 a 或 c "更圆" 的整数[*].

1.2.2　试演示大多数的数 b 能被 60 整除, 其余的能被 30 或 12 整除.

---

　　[*] round number 可译为 '圆整数', 对于 10 进制数系, 它是 10 的倍数的整数, 对于 60 进制数系, 它指是 60 的倍数的整数. 此处作者用了 'rounder number' 这个词组, 故译为 '更圆' 的整数. —— 译注

事实上, 这种数在巴比伦人的眼里是特别 '圆' 的整数, 因为他们的数系是 60 进位制. 他们在计算毕达哥拉斯三元数组时, 很像是从 '圆' 整数 b 着手的, 然后在列表时去掉了 b 这一列数.

计算毕达哥拉斯三元数组的欧几里得公式源于他的整除性理论, 我们在 3.3 中将讲解它. 整除性也涉及毕达哥拉斯三元数组的某些基本性质, 诸如它们的奇性或偶性.

1.2.3 试证明任一整数的平方被 4 除之后, 余数为 0 或 1.

1.2.4 试从 1.2.3 推导出以下论断: 若 (a, b, c) 是毕达哥拉斯三元数组, 则 a 和 b 不能同时为奇数.

1.3 圆上的有理点

我们从 1.1 节知道, 毕达哥拉斯三元数组 (a, b, c) 可以体现在一个直角三角形上, a, b 为两直角边, c 为斜边. 它还可以导出一个边长为分数 (有理数), 其中 $x = a/c$, $y = b/c$, 斜边为 1 的三角形. 所有这样的三角形可安置在一个半径为 1 的圆内, 如图 1.4 所示.

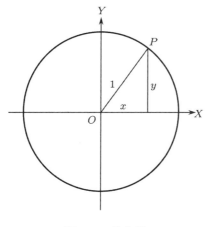

图 1.4 单位圆

我们现在把边长 x, y 称为圆上一点 P 的坐标. 然而, 希腊人不使用这种语言; 但他们能导出 x 和 y 之间的关系, 我们称为圆的方程. 因为

$$a^2 + b^2 = c^2, \tag{1}$$

故有

$$\left(\frac{a}{c}\right)^2 + \left(\frac{b}{c}\right)^2 = 1,$$

所以, $x = a/c$ 和 $y = b/c$ 两者的关系是

$$x^2 + y^2 = 1. \tag{2}$$

于是找出 (1) 的整数解等价于找出 (2) 的有理数解, 或者说找出曲线 (2) 上的有理点.

这样的问题现在称为丢番图问题, 因为丢番图是严肃且成功地研究这类问题的第一人. 丢番图方程则具有更专门的含义, 即指要找出它们的整数解, 尽管当年丢番图本人寻找的只是有理数解. (有一个有趣的未解决的问题道出了这种区别. 马季亚谢维奇 (Matiyasevich, Y. V., 1970) 证明: 不存在一种算法能判定多项式方程有整数解. 但现在还不知道是否存在一种算法能判定多项式方程有有理数解.)

丢番图解决的大多数问题涉及二次或三次方程, 它们通常有一个明显的平凡解. 丢番图利用明显的解作为找到不明显的解的踏脚石, 但他的方法皆未留传于世. 最后, 费马 (Fermat, P.) 和牛顿 (Newton, I.) 在 17 世纪重建了求解法, 这就是稍后我们将要考虑的所谓弦–切线作图法. 目前, 我们只用它来讨论方程 $x^2 + y^2 = 1$, 用最简单的形式来展示这种方法是很理想的.

该方程的一个平凡解是 $x = -1, y = 0$, 它是单位圆上的点 Q (图 1.5). 稍加思索, 你就会认识到, 画一条经过 Q 且斜率为有理数 t 的直线

$$y = t(x + 1), \tag{3}$$

它与圆交于第二个有理点 R. 这是因为将 $y = t(x + 1)$ 代入 $x^2 + y^2 = 1$, 就给出一个系数为有理数的二次方程并有一个有理数解 $(x = -1)$; 因此第二个解中的 x 也必定取有理数值. 因为 (3) 中的 t 和 x 皆为有理数, 所以该点的 y 值也是有理数. 反之, 如果一条弦连接的是 Q 和圆上另一个任意的有理点 R, 则它的斜率是有理数. 那么让 t 取遍所有的有理数, 我们就能在单位圆上找出所有不等于 Q 的有理点 R.

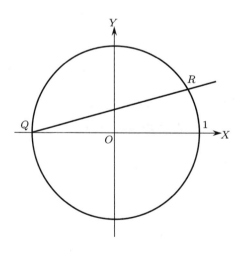

图 1.5　有理点的作图

这些点在哪儿呢? 我们通过解上面所讨论的方程来确定它们. 将 $y = t(x + 1)$ 代

入 $x^2 + y^2 = 1$, 我们得到

$$x^2 + t^2(x+1)^2 = 1$$

或

$$x^2(1+t^2) + 2t^2x + (t^2 - 1) = 0.$$

这个 x 的二次方程有两个解 -1 和 $(1-t^2)/(1+t^2)$, 其中非平凡的解为 $x = (1-t^2)/(1+t^2)$, 将其代入 (3) 便得到 $y = 2t/(1+t^2)$.

习题

数对 $\left(\frac{1-t^2}{1+t^2}, \frac{2t}{1+t^2}\right)$ 中的参数 t 取遍所有的有理数, 即 $t = p/q$, p, q 取遍所有的整数对.

1.3.1 试推导以下论断: 若 (a, b, c) 是任一毕达哥拉斯三元数组, 则存在整数 p 和 q, 使

$$\frac{a}{c} = \frac{p^2 - q^2}{p^2 + q^2}, \quad \frac{b}{c} = \frac{2pq}{p^2 + q^2}.$$

1.3.2 利用习题 1.3.1 证明毕达哥拉斯三元数组的欧几里得公式.

普林顿 322 号泥板中的三元数组 (a, b, c) 似乎是为了作直角三角形来盖住某种形状而计算出来的 —— 这里的角度实际上是以大致相等的幅度一个比一个大地增加的. 这就产生了一个问题: 任何一个直角三角形都能够用毕达哥拉斯三元数组来逼近吗?

1.3.3 试证明: 任一斜边为 1 的直角三角形可以由边长为有理数的直角三角形任意逼近.

由丢番图的方法可以得到一些重要信息. 我们可以比较图 1.4 中在 O 点的角和图 1.5 中在 Q 点的角. 这两个角在图 1.6 中都显示出来了. 希望你从中学的几何课上已经知道这两个角的关系.

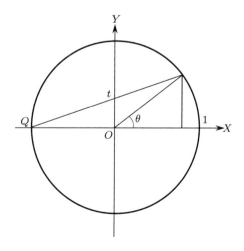

图 1.6　圆内的角

1.3.4 试利用图 1.6 证明:

$$t = \tan\frac{\theta}{2}, \quad \text{且} \quad \cos\theta = \frac{1-t^2}{1+t^2}, \quad \sin\theta = \frac{2t}{1+t^2}.$$

1.4 直角三角形

现在该回归到传统的观点, 视毕达哥拉斯定理为关于直角三角形的一个定理, 但我们只给出一个极其简要的定理证明. 我们不知道这个定理最早是怎样证明的, 但大概是通过简单的面积拼接完成的, 也许还受到了地砖重新排列的启发. 由图 1.7 (希思 (1925) 在他的《欧几里得几何原本》第一版中给出, 卷 1, 354 页) 可以很容易地证明毕达哥拉斯定理. 每个大的正方形都包含四个同样大小的直角三角形. 从大正方形中取走这四个三角形后, 图 1.7 中左边的图所剩下的是三角形两直角边的平方和, 图 1.7 中右边的图所剩下的是斜边的平方. 这个证明与其他几百个毕达哥拉斯定理的证明一样, 依赖于某些几何假设. 实际上, 利用数作为几何的基础可能胜过所做的几何假设, 此时毕达哥拉斯定理几乎靠定义就能得证, 即成为距离定义的直接推论 (见 1.6).

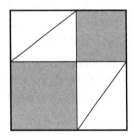 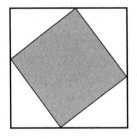

图 1.7 毕达哥拉斯定理的证明

不过, 对希腊人来说, 不可能在数的基础上建立几何学, 原因在于他们关于数和长度的概念是会发生冲突的. 在下一节, 我们将看到这种冲突是如何发生的.

习题

马格努斯 (Magnus, W., 1974, 159 页) 提出了一种从铺砖地面来看毕达哥拉斯定理的方法, 如图 1.8 所示 (用虚线标出的正方形不是地砖, 只作提示用).

1.4.1 这个图和毕达哥拉斯定理有什么关系?

欧几里得关于毕达哥拉斯定理的第一个证明见于《几何原本》(*Elements*) 的第 I 卷, 它也是基于面积的. 这个证明尽管伴随着一个相当复杂的图形, 但实际上仅仅依赖于等底等高的三角形面积相等这一事实. 在第 VI 卷的命题 31 中则给出了另一个基于相似三角形的证明 (图 1.9).

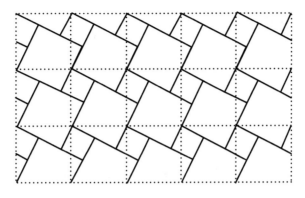

图 1.8　在铺砖地面中的毕达哥拉斯定理

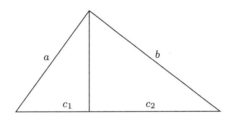

图 1.9　毕达哥拉斯定理的另一个证明

1.4.2 试证明图 1.9 中的三个直角三角形是相似的, 由此通过对应边之比相等给出毕达哥拉斯定理的另一个证明.

1.5 无理数

我们已经指出, 尽管巴比伦人可能知道毕达哥拉斯定理的几何意义, 但他们主要关心的是已经展现于世的整数三元数组, 即毕达哥拉斯三元数组. 而毕达哥拉斯和他的追随者更加关注整数本身. 正是他们发现了数在音乐和声中的作用: 振动弦的长度减半, 其音调要升高八度; 长度减为三分之一时, 音调还会再升高五度, 等等. 这个伟大的发现, 乃是物理世界可能存在潜在的数学结构的第一个线索, 鼓舞了他们去寻找无处不在的世界的数值模型 —— 对于他们来说就是整数模型. 可以想象, 当他们发现毕达哥拉斯定理居然导出了一些无法进行数值计算的量时, 他们是多么地惊愕. 他们发现了不可公度的长度, 即不能用单位长的整倍数来度量的长度. 这样的长度的比自然也不是整数的比, 因此根据希腊人的观点, 那根本不是个比值, 或者说它是个无理数.

毕达哥拉斯学派发现的不可公度的长度是单位正方形的边与对角线. 由毕达哥拉斯定理立刻得出

$$(\text{对角线})^2 = 1 + 1 = 2.$$

因此, 如果对角线与边的比是 m/n (可以假设其中的 m, n 没有公因子), 我们有

$$\frac{m^2}{n^2} = 2,$$

据此可得

$$m^2 = 2n^2.$$

毕达哥拉斯学派对于奇数与偶数很感兴趣, 所以他们大概会观察上面最后的那个方程: 它表明 m^2 是偶数, 还暗示了 m 是偶数, 不妨记 $m = 2p$, 但若

$$m = 2p,$$

则

$$2n^2 = m^2 = 4p^2;$$

因此

$$n^2 = 2p^2.$$

这同样表明 n 是偶的, 这跟假设 m, n 没有公因子相矛盾 (这一证明出现在亚里士多德 (Aristotle) 的《分析前篇》(*Prior Analytics*) 中, 另一个更几何化的证明在本书的 3.4 节中会提到).

这一发现带来了意味深长的后果. 传说毕达哥拉斯学派中第一个公布这一结果的人被投入海中淹死了 (见希思 (1921), 卷 1, 65 页、154 页). 它导致了数的理论和空间的理论间的分裂, 一直到 19 世纪才得以恢复正常关系 (即便到此时, 有的数学家还有更多说道). 毕达哥拉斯学派不能接受 $\sqrt{2}$ 是一个数, 但没有人能否认它是单位正方形的对角线. 结果, 几何量必须跟数分开处理, 或者说除了有理数以外不能提任何其他的数. 于是, 为了用有理数来精确地讨论任意的长度, 希腊的几何学家发展了一套聪明的技巧, 即著名的比例理论以及穷竭法等.

19 世纪, 戴德金 (Dedekind, R.) 重新审视了这些技巧, 他认识到它们毕竟还是给出了无理量的算术解释 (第 4 章). 正如希尔伯特 (Hilbert, D.) (1899) 所证明的, 这才使得调和算术和几何之间明显的冲突成为可能. 我们将在下一节讲述毕达哥拉斯定理在解决这场冲突中所起的关键作用.

习题

证明 $\sqrt{2}$ 是无理数的关键一步是证明 m^2 为偶则 m 也为偶, 或等价地证明 m 为奇则 m^2 为奇. 仔细地弄清楚结论为什么成立是很值得的.

1.5.1 将任意一个奇数 m 写成 $2q + 1$ 的形式, q 是某个整数. 试证明 m^2 也可写成 $2r + 1$ 的形式,

这说明 m^2 也是奇数.

你大概已做了习题 1.2.3 中的代数运算, 如还没有做, 下面的题又给你一次机会:

1.5.2 试证明 $2q+1$ 的平方事实上可表示为 $4s+1$ 的形式, 由此可以解释为什么每个整数的平方被 4 除后余数只能为 0 或 1.

1.6 距离的定义

有了无理数的数值解释, 就可以给每个长度以一个数值度量, 从而能够给平面上的每个点 P 定出其坐标 x, y. 最简单的方式是取一对互相垂直的直线 (称为轴) OX, OY, 令 x, y 是从 P 分别向 OX, OY 作的垂线的长度 (图 1.10). 于是, P 的几何性质可以由 x 和 y 之间的算术关系来展现. 这就开辟了产生解析几何的可能性. 关于解析几何的发展, 我们将在第 7 章讨论. 这里我们只想看看坐标是如何给出距离这一基本几何概念的精确含义的.

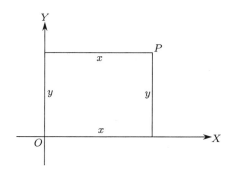

图 1.10　垂直轴

我们已经讲了从点 P 到两根轴的垂直距离是 x, y. 所以在垂直于轴的同一条线上的点之间的距离就定义为相应的坐标之差. 在图 1.11 中, 距离 RQ 等于 $x_2 - x_1$, 距离 PQ 等于 $y_2 - y_1$. 毕达哥拉斯定理告诉我们, 距离 PR 由下式给出

$$PR^2 = RQ^2 + PQ^2 = (x_2 - x_1)^2 + (y_2 - y_1)^2,$$

亦即

$$PR = \sqrt{(x_2 - x_1)^2 + (y_2 - y_1)^2}. \tag{1}$$

因为这种作图法适用于平面上任意两点 P, R, 所以我们已得到了两点之间距离的一般公式.

我们是在几何前提下, 特别是毕达哥拉斯定理成立的条件下导出这个公式的. 虽然这样做是让几何顺从了算术计算 —— 肯定这是非常有用的办法 —— 但这不等于说几何就

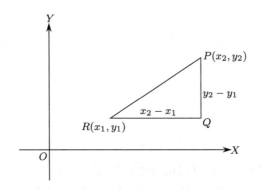

图 1.11 定义距离

是算术. 在解析几何的早期发展中, 这种看法被认为是一种异端邪说 (见 7.6 节), 然而, 最终希尔伯特 (1899) 认识到完全能够用 (1) 作为距离的定义. 当然, 其他几何概念也必须用数来定义, 这又导致了对点的定义 —— 点就是简单的有序数对 (x, y). 于是, 等式 (1) 给出了点 (x_1, y_1) 和点 (x_2, y_2) 之间的距离.

当用这种方式来重新构造几何时, 所有的几何事实都变成了关于数的事实 (虽然不一定要求它们变得更容易理解). 特别地, 按照定义, 毕达哥拉斯定理变得更真实, 因为它被嵌在了距离定义的框架之上了. 这不等于说毕达哥拉斯定理因此成了平淡无奇的事实. 恰恰相反, 它说明毕达哥拉斯定理正好是我们用几何来解释算术事实时最需要的东西.

我提到这些较近时期的概念, 仅仅是为了用现代的观点来看待毕达哥拉斯定理, 并准确地叙述它在将算术转换为几何时的威力. 在古希腊时期, 几何更多地是基于看而不是算. 在下一章, 我们将看到希腊人如何基于显然可见的事实来建立他们的几何学.

习题

今天, 大多数数学家更熟悉坐标几何而不是传统几何, 但有一些解析几何的定理是很少证明的, 因为它们看起来太显然了. 希尔伯特所说的线段的加性是一个很好的例子: 设 A, B, C 是同一直线上按次序排列的三个点, 则 $AB + BC = AC$.

1.6.1 试给 A, B 和 C 设定适当的坐标, 并证明 $AB + BC = AC$ 等价于

$$\sqrt{x_1^2 + y_1^2} + \sqrt{x_2^2 + y_2^2} = \sqrt{(x_1 + x_2)^2 + (y_1 + y_2)^2}, \qquad (*)$$

其中 $x_1 y_2 = y_1 x_2$. 提示: 将 B 设在原点比较方便.

1.6.2 通过两次求平方, 并利用 $x_1 y_2 = y_1 x_2$, 可得到一等价的有理等式, 证明后者成立即可证明 (*).

必须强调, 希尔伯特 (1899) 不仅仅关注利用坐标来定义几何概念, 他也关注相反的过程, 即建立几何假设, 从这些假设可严格地导出坐标. 对此, 2.1 节和 20.7 节中有更多的说明.

1.7 人物小传: 毕达哥拉斯

我们对毕达哥拉斯的生平知之甚少, 只是有许多传说故事提到他. 他生活时代的文献都未能存世, 所以我们要了解他只能依赖那些故事 —— 它们在被记录下来之前已口口相传了几个世纪. 他大概生于公元前 580 年, 出生地是希腊的萨摩斯岛 (Samos), 离现在的土耳其海岸不远. 他曾到离岛不远的欧洲大陆城市米利都 (Miletus), 跟随泰勒斯 (Thales of Miletus, 公元前 624—前 547) 学习数学, 传统上认为后者是希腊数学的奠基人. 毕达哥拉斯还到过埃及和巴比伦, 在那里可能又获得了更多的数学思想. 大约在公元前 540 年, 他定居于希腊的殖民地克罗托 (Croton, 位于现在的意大利半岛南部).

他在那里建立了一个学派, 其成员后来被人们称为毕达哥拉斯学说的信奉者. 该学派的座右铭是: "一切皆数." 信奉者们试图将科学、宗教和哲学等领域统统置于数的统辖之下. 数学这个词 (是个学术词汇) 据说就是毕达哥拉斯学说的信奉者创造的. 学派强制它的成员遵守严厉的行为准则, 包括严守学派的秘密, 执行素食主义, 以及奇怪的吃豆子禁忌. 保守秘密的准则意味着数学成果乃是学派的财产, 不能让局外人知道哪个人是发现者. 因此, 我们不知道是谁发现了毕达哥拉斯定理, 谁发现了 $\sqrt{2}$ 的无理性, 又是谁发现了将在第 3 章提到的其他算术成果.

正如 1.5 节指出的, 毕达哥拉斯学派最著名的科学成就是按照整数之比来解释音乐的和声结构. 这一成就鼓舞了对支配行星运动的数值定律的探求, 即寻找 '天体的和谐'. 这样的定律也许无法用毕达哥拉斯学说的信奉者能够接受的方式来表达; 然而, 把为了适应几何的 (从而也是力学的) 需要而将数的概念扩展, 视为毕达哥拉斯学说的信奉者的纲领的自然延伸, 这是很合乎情理的. 在这种意义下, 牛顿的万有引力定律 (参见 13.3 节) 表达了毕达哥拉斯学说的信奉者所寻求的和谐. 甚至在最严格的意义下说, 毕达哥拉斯主义今天仍然不乏生命力. 随着数字计算机、数字音频设备、数字视频设备的出现, 对一切事物进行编码充斥着 (至少是近似地) 整数序列的身影, 我们比以往任何时候都更接近 "一切皆数" 的世界.

赋予数以绝对统治权的观点是否明智还需进一步明鉴. 据说当毕达哥拉斯学说的信奉者试图把他们的影响扩展到政治领域时, 却遭到了普遍的拒绝. 毕达哥拉斯只得逃离居住地 —— 公元前 497 年, 他在附近的梅塔蓬图姆 (Metapontum) 被人暗杀.

第 2 章

希腊几何

导读

几何是第一个被高度开发的数学分支. '定理' 和 '证明' 的概念源自几何; 至今, 大部分数学家是通过学习欧几里得《几何原本》中的几何进入他们从事的学科的.

在《几何原本》中, 你会发现人类第一次尝试从假设为不证自明的陈述, 即所谓的公理, 来推导出定理的. 欧几里得的这些公理是不完全的. 其中之一的所谓平行公理并不像其他公理那样显然. 此后, 人们花了 2000 多年时间才给几何打下更清晰的基础.

《几何原本》中最高的成就是对正多面体 —— 三维空间中的五种对称图形 —— 的研究. 这五种正多面体在数学发展的历史长河中多次登台亮相, 其中最重要的一次是登上了称为群论的对称理论的舞台, 我们将在第 19 和 23 章中讨论它.

《几何原本》不仅包含了对问题的证明, 还有许多用圆规和直尺作图的问题. 但是, 特别引人注目的是三种不可能实现的规尺作图, 即倍立方、三等分角和化圆为方. 19 世纪前, 人们并不能正确地理解这些问题; 19 世纪代数和分析的发展才证明了这几种作图确实不可能实现.

《几何原本》中唯一出现的曲线是圆; 不过希腊人确实研究过许多其他曲线, 比如圆锥截线. 同样, 许多当时无法解决的问题, 后来靠代数才得以澄清. 特别地, 曲线是可以按次数来分类的, 圆锥截线是次数为 2 的曲线, 这些内容我们将在第 7 章讲述.

2.1 演绎方法

他年届 40 才偶然见到几何. 在一位绅士的图书馆里, 桌上有一本打开的欧几里得的《几何原本》, 正翻在卷 I 的命题 47 处. 他读完这条命题, 便提高了嗓门 —— 他时常会以这种方式强调他在赌咒发誓 —— 说道: 这是不可能的!

于是, 他读了该命题的证明, 可这又引导他去求助于前一条命题; 他读前一命题的结果是他还得再往前求助另一条命题 ······ 最后他彻底相信了那条真理. 这一经历使他喜欢上了几何.

上面这段关于哲学家托马斯 · 霍布斯 (Thomas Hobbes, 1588—1679) 的引文源自奥布里 (Aubrey) 的《小传集》(*Brief Lives*). 它形象地突出了希腊奉献给数学的一种最重要的力量: 演绎方法. (顺便说一下, 其中提到的命题就是毕达哥拉斯定理.)

我们已经看到, 许多重要成果在古希腊时代之前已为人们知晓, 而最早通过演绎手段从已经建立的结果来构建数学的却是希腊人, 他们最终依赖的是所谓的公理 —— 最可能成立的、明显的陈述. 泰勒斯被认为是这种方法的创始人 (参见希思 1921 的著作第 128 页). 该方法在公元前 300 年已相当成熟, 以致在 19 世纪前, 欧几里得的《几何原本》一直是数学严格性所遵循的标准. 事实上,《几何原本》对于大多数数学家曾是如此的微妙和难以捉摸, 更不用说是他们的学生了, 以致欧几里得的几何被及时地归结到一些最简单和最干巴巴的关于直线、三角形和圆的命题.《几何原本》中的这些命题是以下列公理 (axiom) 为基础的 (见希思 1925 年的英译本, 154 页), 欧几里得分别称这些公理为公设 (postulate) 和普适概念 (common notion)*.

公设

我们假定以下陈述自然成立:

1. 可从任何一点向 (另外) 任何一点画直线.
2. 可将有限长直线沿直线方向连续不断地延长.
3. 能以任何一个中心和任何一个距离来画圆.
4. 所有的直角彼此相等.
5. 若一直线跟两直线相交, 且使同旁内角和小于二直角, 当两直线无限制地延长时必在两内角和小于二直角的一侧相交.

普适概念

1. 跟同一样东西相等的东西彼此相等.
2. 同样的东西加到同样的东西上, 所得的总体相等.
3. 从同样的东西中减去同样的东西, 所余的东西相等.
4. 彼此重合的东西彼此相等.
5. 整体大于部分.

---

* 习惯上我们常将 common notion 也译为 '公理'. 公设是针对几何对象的, 而普适概念适用于更广的范围. —— 译注

看来, 欧几里得的意图是: 从直观上显然成立的陈述 (公设) 出发, 使用显然成立的逻辑规则 (普适概念) 来演绎出几何命题. 实际上, 他常常不自觉地使用了并不属于他的公设、直观上又看似为真的假定. 就在他的第一个命题中, 他使用了一个未加说明的假设 —— 圆心各在对方圆周上的两圆必相交 (希思 (1925), 242 页). 然而, 这类瑕疵直到 19 世纪才被人注意到, 并由希尔伯特 (Hilbert, D.) 加以纠正 (1899). 就这些瑕疵而言, 它们还不足以终结《几何原本》长达 22 个世纪作为一流教科书在世界的传播. 《几何原本》是被 19 世纪发生的更严肃的数学突变打倒的. 那时, 所谓的非欧几里得几何 —— 它使用了不同于欧几里得第五公设 (即平行公理) 的另一种假设, 使得过去的公理不再被认为是自明的了 (参见第 18 章). 同时, 数的概念也日臻成熟, 人们已接受了无理数; 事实上, 由于人们对所谓自明的几何真理到底是什么产生了怀疑, 所以, 数比起直观的几何概念更让人放心.

结果是, 一种适应性更强的几何语言出现了: 在其中, 诸如 "点" "线" 等概念一般能够使用数来定义, 以适应人们所研究的某种几何对象的需要. 这样的进展是人们长久期待的, 因为即使在欧几里得时代, 希腊人就研究过比圆更复杂的曲线, 但在欧几里得体系内研究它们很不方便. 笛卡儿 (Descartes, R., 1637) 引进了坐标方法, 它可以在同一个框架下研究欧几里得几何和高次曲线 (参见第 7 章). 当然并不是一开始人们就认识到, 使用坐标能够在数的基础上将整个几何学加以重建.

今天看来, 从关于点的公理过渡到数的公理是相当平凡的一步, 但它的实现却要等到 19 世纪, 那时点的几何公理丧失了权威性, 纯理论性的数的公理则黄袍加身. 关于这方面的发展 (以及出现在 20 世纪的、跟一般公理的权威性相伴的问题), 我们将在后面细说. 本章余下的部分, 将讲述希腊几何中某些重要的、非初等的主题, 利用了坐标框架, 相当方便.

习题

欧几里得的普适概念 1 和 4, 定义了我们现在所谓的等价关系 (equivalence), 它不一定是相等关系. 事实上, 欧几里得心目中的这类关系, 针对某些几何量 —— 诸如长度或角等而言, 就是相等关系 (但这并不是表示在所有方面都相等, 针对后者他用的词是 "重合 (coinciding)"). 等价关系 $\cong$ 通常由三条性质加以定义. 对任意的 a, b 和 c:

$$a \cong a, \qquad \text{(自反性)}$$
$$a \cong b \Rightarrow b \cong a, \qquad \text{(对称性)}$$
$$a \cong b \text{ 和 } b \cong c \Rightarrow a \cong c. \qquad \text{(传递性)}$$

2.1.1 试说明可以将普适概念 1 和 4 解释为传递性和自反性. 注意, 用符号书写普适概念 1 的最自然的方式跟上述传递性的写法略有差异.

2.1.2 请说明依据欧几里得的普适概念 1 和 4, 可以导出对称性.

希尔伯特 (1899) 在修正欧几里得公理体系时利用了欧几里得的普适概念 1 和 4. 他通过假定线段的传递关系和自反关系定义长度的相等, 并依照欧几里得的风格叙述传递性, 这样对称性就成为一个推论.

2.2 正多面体

希腊几何就其所涉及的平面图形的初等性质而言, 实际上已很完整. 公平地说, 在欧几里得时代以后, 只发现过少量的有关三角形和圆的重要而有趣的初等性质. 立体几何则更具挑战性, 即使在今天亦是如此, 所以很容易理解希腊人在这方面的研究并不完整. 但是, 他们获得了一些令人刮目相看的发现, 并设法完成了立体几何中最漂亮的一部分内容, 即枚举了全部正多面体. 图 2.1 画出了所有五种可能的正多面体.

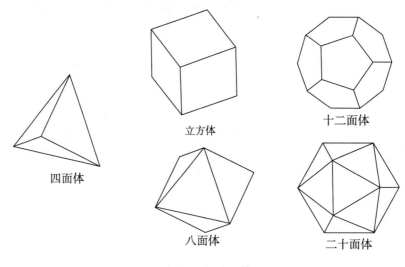

图 2.1   正多面体

每个正多面体都是凸的并被全等的多边形面所包围, 在每个顶点处都有同样数目的面相遇, 而每个面中所有的边和角也都相等, 因此称它们是*正多面体*. 正多面体是类似于平面上正多边形的空间图形. 跟正多边形的边数 n 可以是任何大于 3 的数不同, 正多面体总共才有五种.

这一事实的证明不难, 并可追溯到毕达哥拉斯学派 (例如参见希思 (1921), 159 页). 请考虑可以作为正多面体的面的各种可能的正多边形, 它们的角以及能够在顶点处出现的角的数目. 对于正三边形 (即正三角形), 每个角等于 $\pi/3$, 所以在顶点处允许出现 3、4、5 个这样的角, 但不允许出现 6 个, 因为此时全部角的和等于 2π, 顶点处即呈现为平面状了. 对于正四边形, 每个角等于 $\pi/2$; 所以顶点处只能出现 3 个这样的角, 4 个不行. 对于正五边形, 每个角等于 $3\pi/5$, 顶点处还是只可出现 3 个角, 4 个同样不行. 对于正六边形, 每个角等于 $2\pi/3$, 此时顶点处连出现 3 个角也不允许. 但是, 在正多边形的每个顶点处至少得有 3 个面相遇, 所以正六边形 (以及正七边形, 八边形, ⋯⋯) 不可能作为正多面体的面. 这告诉我们只剩下上述 5 种可能性, 它们对应于 5 种已知的正多边形.

不过, 我们真的能想清楚这 5 种正多面体存在吗? 不难知道四面体、立方体或八面体确实存在, 但是要说 20 个等边三角形可以拼成一个封闭的曲面却并不明显. 欧几里得知其难而把这个问题安排在《几何原本》接近结尾处. 几乎没有一位读者能掌握他的解决办法. 一个漂亮的直接的构图办法是由莱昂纳多 · 达 · 芬奇 (Leonardo da Vinci) 的朋友卢卡 · 帕乔利 (Luca Pacioli) 给出的, 记录在他的《神圣比例》(*De divina proportione*) (1509) 一书中. 帕乔利的作图使用 3 个边长分别为 1 和 $(1 + \sqrt{5})/2$ 的黄金矩形, 它们如图 2.2 那样联结着. 12 个顶点确定了 20 个诸如 ABC 这样的三角形, 很清楚它们是等边的, 即 $AB = 1$. 这是毕达哥拉斯定理的直接应用 (习题 2.2.2).

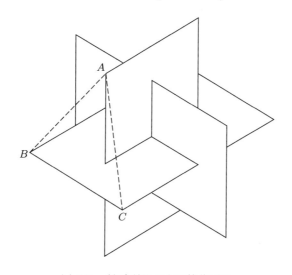

图 2.2   帕乔利的二十面体作图法

正多面体还将跟 19 世纪的另一项发展 —— 有限群论及伽罗瓦 (Galois, É.) 理论发生重要联系. 在获得这项令人欢欣鼓舞的回报之前, 正多面体曾遭遇了一次著名的惨败: 开普勒 (Kepler, J.) (1596) 的行星距离理论. 开普勒的理论总结在他著名的包含 5 个多面体的图示中 (图 2.3), 这些多面体排列的方式能导出 6 个球, 其半径跟当时所知的 6 颗行星的距离成比例. 不幸的是, 虽然数学不允许哪怕是多出一种正多面体, 可是自然界却允许有更多的行星存在, 当 1781 年发现天王星之时, 开普勒的理论就破产了.

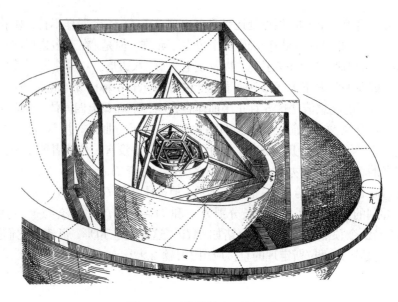

图 2.3 开普勒的多面体图示

习题

在开普勒的构造中, 相邻半径之比所依赖的是每个多面体的所谓内径 (inradius) 和外径 (circumradius, 亦可译为外接球半径), 即在内部和外部跟它切触的球的半径. 碰巧, 对于立方体和八面体而言, $\dfrac{\text{外径}}{\text{内径}}$ 是相同的; 而且对于十二面体和二十面体, 这个比也相同. 这意味着在开普勒的构造中, 立方体和八面体可以互换, 十二面体和二十面体亦然. 所以, 至少存在 4 种不同的正多面体的排序方式, 都可以产生同样的半径序列.

　　容易看出, 为什么立方体和八面体可以互换.

2.2.1　试说明对于立方体和八面体而言, $\dfrac{\text{外径}}{\text{内径}} = \sqrt{3}$.

　　为了针对二十面体和十二面体计算 $\dfrac{\text{外径}}{\text{内径}}$ 的值, 我们可继续使用帕乔利的作图法, 但要稍做改进, 即借助于向量加法.

2.2.2　首先检查帕乔利的作图法: 利用毕达哥拉斯定理证明在图 2.2 中的 $AB = BC = CA$. (可以利用额外的事实: $\tau = (1+\sqrt{5})/2$ 满足方程 $\tau^2 = \tau + 1$. 这对做下面的练习也有用.)

　　现在, 为简化坐标, 我们作出等于标准尺寸两倍的黄金矩形 —— 长为 2τ、宽为 2 —— 并如图 2.2 那样将其放置在三个坐标平面内相关的位置上, 让 $O = (0,0,0)$ 位于每个矩形的中心.

2.2.3　试说明二十面体的顶点的坐标为 $(\pm 1, 0, \pm\tau), (\pm\tau, \pm 1, 0)$ 和 $(0, \pm\tau, \pm 1)$, 包括符号 + 和 − 的所有可能的组合.

2.2.4　特别地, 试详细说明适当选取的坐标轴可使图 2.2 中的 $A = (1, 0, \tau), B = (\tau, -1, 0), C = (\tau, 1, 0)$. 请对该二十面体推导出

$$\text{外径} = \sqrt{\tau + 2}.$$

为了求内径, 我们先找出三角形 ABC 的中心, 然后计算它和 O 之间的距离.

2.2.5 试说明三角形 ABC 的中心是 $\frac{1}{3}(2\tau+1, 0, \tau)$, 因此对这个二十面体有

$$\text{内径} = \frac{1}{3}\sqrt{9\tau+6}.$$

由此可知, 对任何二十面体都有

$$\frac{\text{外径}}{\text{内径}} = \frac{3\sqrt{\tau+2}}{\sqrt{9\tau+6}},$$

不过, 该数的简化形式用起来更方便.

2.2.6 试说明 $\frac{3\sqrt{\tau+2}}{\sqrt{9\tau+6}} = \sqrt{3(7-4\tau)} = \sqrt{\frac{15}{4\tau+3}}$.

现来计算正十二面体的外径与内径之比. 我们使用对偶十二面体 (dual dodecahedron), 其顶点是上述正二十面体的面心, 诸如 $\frac{1}{3}(A+B+C)$. 由此直接得出:

$$\text{对偶十二面体的外径} = \text{正二十面体的内径} = \frac{1}{3}\sqrt{9\tau+6}.$$

于是, 剩下的问题是去求那个对偶十二面体的内径, 它等于 O 到其面心间的距离. 对偶十二面体的面是正五边形, 其顶点例如为

$$\frac{1}{3}(A+B+C), \quad \frac{1}{3}(A+C+D), \quad \frac{1}{3}(A+D+E), \quad \frac{1}{3}(A+E+F), \quad \frac{1}{3}(A+F+B),$$

其中 B, C, D, E, F 是跟 A 等距的 5 个顶点.

2.2.7 试利用 $A = (1, 0, \tau), B = (\tau, -1, 0), C = (\tau, 1, 0), D = (0, \tau, 1), E = (-1, 0, \tau)$ 和 $F = (0, -\tau, 1)$, 说明具有上述顶点的正五边形的面心为

$$\frac{1}{15}(5A+2B+2C+2D+2E+2F) = \frac{1}{15}(4\tau+3, 0, 7\tau+4) = \frac{4\tau+3}{15}(1, 0, \tau),$$

因此,

$$\text{该对偶十二面体的内径} = \frac{4\tau+3}{15}\sqrt{\tau+2}.$$

2.2.8 由练习 2.2.7 和 2.2.6 推导下式:

$$\text{正十二面体的 } \frac{\text{外径}}{\text{内径}} = \sqrt{\frac{15}{4\tau+3}} = \text{正二十面体的 } \frac{\text{外径}}{\text{内径}}.$$

据此, 利用棱锥的体积 $= \frac{1}{3}$ 底面积 $\times$ 高, 我们可以导出另一个值得注意的结论, 它归功于阿波罗尼奥斯 (Apollonius).

2.2.9 将该正多面体剖分为若干底等于其面、高等于其内径的棱锥, 可以得到正十二面体 D 和具有相同外径的正二十面体 I 之间的如下关系:

$$\frac{D \text{ 的表面积}}{I \text{ 的表面积}} = \frac{D \text{ 的体积}}{I \text{ 的体积}}.$$

2.3　直尺圆规作图

希腊的几何学家以其逻辑的纯真而自豪; 不过, 他们仍是以对物理空间的直觉感受为指导的. 希腊几何中受到物理因素的奇特影响的一个部分就是作图理论. 有关直线和圆的初等几何的大部分内容被认为就是用直尺和圆规进行作图的理论 (简称为 "尺规作图理论"). 其研究的主要对象 —— 直线和圆, 反映了用来画它们的工具. 况且, 许多初等的几何问题 —— 譬如平分一条线段或一个角, 作一条垂线, 或画一个经过三个点的圆 —— 都可以通过尺规作图来解决.

当引进坐标后, 很容易说明经由点 $P_1, \cdots, P_n$ 作图得出的点也都有它们各自的坐标, 其坐标值可由 $P_1, \cdots, P_n$ 的坐标经 +、−、×、÷ 和 $\sqrt{}$ 运算产生. (参见莫伊斯 (Moise, E. E.) (1963), 或本书 6.3 节的习题.) 当然, 平方根是因使用毕达哥拉斯定理引出的: 设点 (a, b) 和 (c, d) 已经作出, 那么它们之间的距离就是 $\sqrt{(c-a)^2 + (d-b)^2}$. 反之, 对任一给定的长度 l, 同样可以作出 $\sqrt{l}$ (习题 2.3.2).

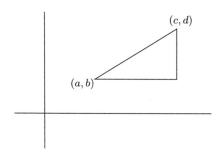

图 2.4　距离的作图

按照上述观点, 尺规作图看来有相当的局限性, 它好像不能作出像 $\sqrt[3]{2}$ 这样的数. 然而, 希腊人十分努力地想要解决的却正是这个所谓的倍立方问题 (之所以这样说, 是因为实现立方体体积的加倍, 需要用 $\sqrt[3]{2}$ 来乘它的边长). 三分角和化圆为方则是希腊人关注的另两个著名问题. 化圆为方是指作一正方形使其面积等于一给定圆的面积, 或画出数 π 来, 二者说的是一回事. 他们从未放弃这些目标, 尽管承认可能会得到否定的答案, 也允许使用称不上是初等的方法来解决它们. 我们在下一节会看到一些这样的问题.

到 19 世纪, 人们才证明尺规作图不可能解决这些问题. 旺策尔 (Wantzel, P. L.) (1837) 证明了倍立方和三分角是不可能尺规作图的. 他解决了两个困扰最优秀的数学家长达 2 000 年的问题, 却很少受到赞许, 这可能是因为他的方法已经被更强有力的伽罗瓦理论所取代.

化圆为方的不可能性为林德曼 (Lindemann, F., 1882) 所证明. π 不仅不能经有理运算和平方根来确定, 它还是个超越数, 后者是指那些不是任一有理系数多项式方程的根的数. 跟旺策尔的工作一样, 这一重大成果是一位次要的数学家证明的, 在历史上这类例子极少发生. 就林德曼的情形而论, 也许可以这样解释: 他的证明中最重要的一步已在埃尔米特 (Hermite, C.) (1873) 证明 e 的超越性时使用过了. 我们可以在克莱因 (Klein, F.) (1924) 的文中看到这两个结论容易理解的证明. 林德曼其后的数学生涯极其平凡, 甚至令人困窘. 为了回应怀疑论者认为他关于 π 的成功纯属侥幸, 他把最著名的未解决的数学问题 —— 费马大定理作为研究目标 (在第 11 章将讲述该问题的起源). 他的努力屡屡失败, 一篇篇不得要领的文章, 每一篇都是在改正前一篇的错误. 弗里奇 (Fritsch, R.) (1984) 写有一篇关于林德曼的有趣的传记文章.

有一个尺规作图问题至今仍未解决: 尺规作图能作出哪些正 n 边形? 高斯 (Gauss, C. F.) 在 1796 年发现, 正十七边形可尺规作图, 当时他证明: 正 n 边形可尺规作图, 当且仅当 $n = 2^m p_1 p_2 \cdots p_k$, 其中每个 p_i 都是形如 $2^{2^h} + 1$ 的素数. (这个问题也称为分圆问题, 因为它等价于将一圆周 —— 或者说等于 2π 的角 —— 分成 n 个相等的部分.) 必要性的证明实际上是由旺策尔完成的 (1837). 然而, 至今还不清楚写成这种形式的素数都有哪些, 甚至不知道是否存在无穷多个这样的素数. 唯一知道的是当 $h = 0, 1, 2, 3$ 时结论成立.

习题

希腊人的许多作图问题, 当转换成代数语言后便能得到简化: 此时, 可作图的长度是指那些从已知长度出发, 经 $+$、$-$、$\times$、$\div$ 和 $\sqrt{\ }$ 所作出的长度. 因此, 只要知道这五种基本运算的作图法就足够了. 长度的加和减很容易弄明白, 其他运算包含在下面的习题中. 习题还给出一个例子以说明代数具有不寻常的优点.

2.3.1 试利用相似三角形证明: 若长度 l_1 和 l_2 可作图, 那么, $l_1 l_2$ 和 l_1/l_2 也是可作图的.

2.3.2 试利用相似三角形来解释: 为什么 $\sqrt{l}$ 等于图 2.5 所标明的那段长度, 从而证明只要 l 可作图, $\sqrt{l}$ 便也是可作图的.

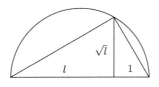

图 2.5 平方根的作图

自古以来, 最优美的尺规作图之一是正五边形的作图, 其中还包含了黄金比 $\tau = (1 + \sqrt{5})/2$ 的作图. 从上一问题知道, 黄金比是可作图的, 所以构作正五边形本身对我们来说就变得容易了.

2.3.3 试通过在图 2.6 中找出某些平行线和相似三角形, 用以证明边长为 1 的正五边形的对角线 x 满足 $x/1 = 1/(x - 1)$.

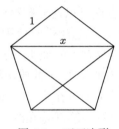

图 2.6　正五边形

2.3.4　试根据习题 2.3.3 导出正五边形对角线的长度为 $(1 + \sqrt{5})/2$, 因此正五边形是可作图的.

2.4　圆锥截线

圆锥截线是平面与圆锥相截所得到的曲线, 它们是: 双曲线、椭圆 (包括圆) 和抛物线 (图 2.7, 自左至右排列). 今天, 我们根据它们在笛卡儿坐标系中的方程, 对圆锥截线已有了更好的了解:

$$\frac{x^2}{a^2} - \frac{y^2}{b^2} = 1, \quad (\text{双曲线})$$

$$\frac{x^2}{a^2} + \frac{y^2}{b^2} = 1, \quad (\text{椭圆})$$

$$y = ax^2. \quad (\text{抛物线})$$

一般而论, 任意一个二次方程都代表一条圆锥截线或一对直线, 这是笛卡儿 (1637) 证明的一个结论.

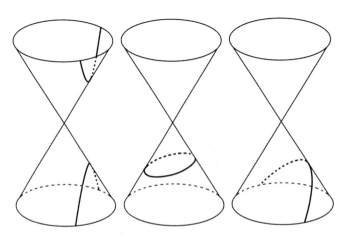

图 2.7　圆锥截线

圆锥截线的发现归功于梅内克缪斯 (Menaechmus, 公元前 4 世纪), 他生活在亚历山大大帝时代. 据说亚历山大大帝请求梅内克缪斯给他讲授几何的速成课程, 梅内克缪斯拒绝了并说道: "没有通向几何的王者之道." 梅内克缪斯利用圆锥截线非常简便地给出了倍立方问题的解答. 倍立方问题用分析学的记号可描述为: 求抛物线 $y = \frac{1}{2}x^2$ 和双曲线 $xy = 1$ 的交. 由此可得

$$x\frac{1}{2}x^2 = 1 \quad \text{或} \quad x^3 = 2.$$

虽然希腊人接受了倍立方的这种 "作图法", 但他们显然从未讨论过具体画出圆锥截线的工具. 这未免让人感到十分迷惑, 因为圆规很自然的推广就能给出直接的暗示 (图 2.8). 将臂 A 置于平面 P 内的一个固定位置处, 另一臂以固定角 θ 围绕它转, 这就产生出以 A 为对称轴的圆锥. 置于第二条臂套筒中可以自由滑动的铅笔便可在平面 P 上画出该圆锥的截线. 按照库利奇 (Coolidge, J. L.) (1945, 149 页) 的说法, 画圆锥截线的这种工具, 迟至公元 1000 年才由阿拉伯数学家阿尔–库叶 (al-Kuji) 首先加以描述. 而你想要知道的几乎所有关于圆锥截线的理论成果差不多早已被阿波罗尼奥斯 (大约生活于公元前 250—前 200) 所获得.

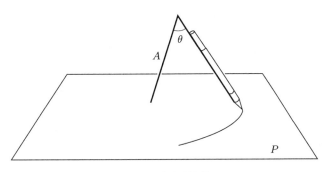

图 2.8　广义的圆规

当开普勒 (1609) 发现行星轨道是椭圆, 而牛顿 (1687) 用他的万有引力定律解释了这一事实时, 圆锥截线的理论和实践才终于交汇在一起. 这是对圆锥截线理论的奇妙的辩护, 它常被用来说明基础理论要经过长期的耽搁才能获得回报, 但也可以看作是对希腊人鄙视应用的谴责. (开普勒大概一直没有肯定地持有哪种看法. 在行将就木时, 他最感自豪的仍是用 5 种正多面体解释行星距离的理论 (见 2.2 节). 有两本优秀的著作 —— 作者分别是克斯特勒 (Koestler, A.) (1959) 和邦维尔 (Banville, J.) (1981) —— 热情地描绘了开普勒令人神魂颠倒又充满矛盾的个性.)

习题

在几何和天文学中, 椭圆最关键的特色是它的称为焦点 (focus) 的点. *focus* 这个词是拉丁字, 原意指火灶, 是开普勒引入几何的. 椭圆实际上有两个焦点, 它们具有如下几何性质: 从焦

点 F_1, F_2 到椭圆上任一点的距离之和为常数.

2.4.1 上述性质提示了使用两个大头针和一根细绳画椭圆的办法. 试解释如何来画.

2.4.2 试通过引进适当的坐标轴, 说明具有上述 "常数和" 的曲线确实对应以下形式的方程

$$\frac{x^2}{a^2} + \frac{y^2}{b^2} = 1.$$

　　(一个好主意是先考虑在方程两边的、代表距离 F_1P, F_2P 的两个平方根项.) 还要说明任何这种形式的方程都可通过适当选取 F_1, F_2 和 $F_1P + F_2P$ 得到.

　　从两个焦点引到椭圆上一点 P 的两条线段的另一个重要的性质, 是它们跟在 P 点的切线的交角相等. 由此可知, 由 F_1 射向 P 的光线经反射后经过 F_2. 对此, 你可以基于反射最短路径性得到一个简短的证明, 如图 2.9 所示; 这是生活于约公元 100 年的希腊科学家海伦 (Heron) 发现的.

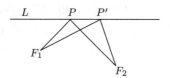

图 2.9　最短路径性

最短路径性. 从 F_1 到 F_2 经直线 L 反射的路径 F_1PF_2 比任何一条由 F_1 出发到 L 再到 F_2 的路径 $F_1P'F_2$ 短.

2.4.3 试证明最短路径性. 办法是去比较这样两条路径 $F_1P\overline{F_2}$ 和 $F_1P'\overline{F_2}$, 其中 $\overline{F_2}$ 是点 F_2 对直线 L 的反射点.

　　于是, 为了证明直线 F_1P 和 F_2P 跟切线的交角相等, 只需证明 F_1PF_2 比 $F_1P'F_2$ 短, 此处 P' 代表过 P 点的切线上的其他任何一点.

2.4.4 试利用 F_1PF_2 对位于该椭圆上的所有的点 P 都具有同样的长度这一事实, 来证明 F_1PF_2 比 $F_1P'F_2$ 短.

　　开普勒的一个伟大发现是: 焦点在天文学中也具有重要意义. 行星沿椭圆轨道运行时, 太阳正好位于一个焦点上.

2.5　高次曲线

　　希腊人由于缺少系统的代数知识, 因此也缺少关于高次曲线的系统理论. 他们能够发现个别曲线的相当于笛卡儿方程的表述 (他们称之为 '表象'; 参见范德瓦尔登 (1954), 241 页), 但他们并没有考虑一般形式的方程, 或是去关注跟曲线研究相关的方程的性质, 比如方程的次数问题. 无论如何, 他们研究了许多有趣的、特殊的曲线 —— 那正是代数几何终于在 17 世纪出现时笛卡儿和他的追随者开始研究的对象. 布里斯孔 (Brieskorn, E.) 和克诺雷尔 (Knörrer, H.) (1981, 第一章) 对希腊人的早期研究做了精彩的描述和极好的图示说明.

在本节中, 我们只对几个例子做简要的说明.

狄奥克莱斯 (Diocles, 约公元前 100 年) 的蔓叶线

这种曲线是利用辅助圆 —— 为了方便我们取单位圆为辅助圆, 以及过 x 和 $-x$ 的垂线来定义的. 在图 2.10 中, 它是所有的点 P 组成的集合.

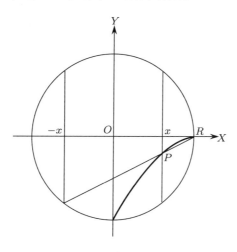

图 2.10 蔓叶线的作图

图中画出的部分对应于 x 在 $0, 1$ 之间变化. 这是一条三次曲线, 其笛卡儿方程为

$$y^2(1 + x) = (1 - x)^3.$$

这个方程说明, 如果 (x, y) 是该曲线上的点, 则 $(x, -y)$ 亦然. 因此, 你只要将图 2.10 中已画出的那部分曲线对 x 轴作反射, 就可以得到曲线的完整图形. 结果出现一个尖点 R, 这是由三次曲线首次引出的一种现象. 狄奥克莱斯证明蔓叶线能够用于解决倍立方问题; 一旦知道这种曲线是三次的, 它的这种功能看起来像是有点道理的 (尽管并不显然!).

珀修斯 (Perseus, 约公元前 150 年) 的环面截线

除了球面、柱面和锥面 —— 平面与它们相交产生的截线都是二次曲线, 希腊人还研究过为数不多的其他曲面, 其中之一是环面. 当一个圆绕圆外的、但在同一平面内的一条轴旋转时, 便产生这种曲面, 希腊人称之为盘绕的圈 (spira) —— 因此环面截线这一名称意指平行于轴的平面与环面交出的截线. 珀修斯最早研究的这些截线有四种性质上不同的形式 (见图 2.11, 该图改编自布里斯孔和克诺雷尔 (1981), 20 页).

这些形式的曲线 —— 凸卵形线、'被挤压的' 卵形线、8 字形曲线和卵形线对 —— 在 17 世纪被重新发现, 当时解析几何学家考察了四次曲线, 环面截线就是一些例子. 对于适当选择的环面, 8 字形曲线就变为伯努利 (Bernoulli) 双纽线, 凸卵形线变为卡西尼卵

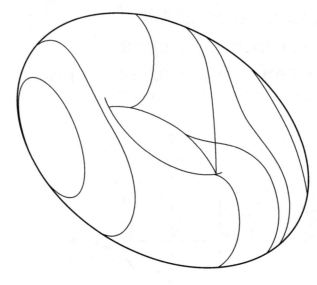

图 2.11   环面截线

形线. 卡西尼 (Cassini, G. D., 1625—1712) 是位卓越的天文学家, 但反对牛顿的万有引力定律. 他拒绝开普勒的椭圆, 主张以卡西尼卵形线作为行星轨道.

托勒密 (Ptolemy) 的周转圆 (公元 140 年)

克劳迪厄斯·托勒密 (Claudius Ptolemy) 的《大汇编》(*Almagest*), 是一部著名的天文学著作, 我们从中知道了称为周转圆的那些曲线. 托勒密本人把他的想法归功于阿波罗尼奥斯. 似乎可以肯定, 他指的就是那位掌握了圆锥截线的阿波罗尼奥斯. 这就让人啼笑皆非了, 因为他拿来作为行星轨道候选者的周转圆, 注定要被那些圆锥截线打得落花流水.

周转圆最简单的形式是圆上一点当该圆绕另一圆滚动时形成的轨迹 (图 2.12). 复杂一些的周转圆可以依据绕第二个圆滚动的第三个圆上的点的运动轨迹来定义; 依此类推可以定义更加复杂的周转圆. 希腊人引进这些曲线的目的, 是试图用基于圆的几何学来描述行星相对于恒星的复杂运动. 原则上这是可能的! 拉格朗日 (Lagrange, J. L.) (1772) 证明, 任何沿天球赤道的运动都可以用周转圆的运动来任意逼近, 该结论的更现代版本可在斯滕伯格 (Sternberg, S.) 的著作 (1969) 中找到. 托勒密的错误是相信了肉眼直接看到的复杂的行星运动. 我们现在知道, 当考虑到行星是在绕太阳而不是地球运动, 并承认运动轨道是椭圆, 那么这种运动就变得简单了.

周转圆还一直在工程中发挥着作用, 它们的数学性质很有趣. 其中有些闭曲线, 原来是形式为 $p(x,y) = 0$ 的代数曲线, 此处的 p 是多项式. 另一些周转圆, 诸如那些滚动圆的半径比率是无理数的情形, 它们在平面的某个区域内是稠密的, 因此不是代数曲

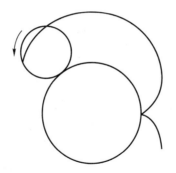

图 2.12 周转圆的生成

线; 代数曲线 $p(x,y) = 0$ 跟直线 $y = mx + c$ 只相交于有限个点, 它们对应于多项式方程 $p(x, mx + c) = 0$ 的根, 而稠密的周转圆跟一些直线往往会相交无穷多次.

习题

蔓叶线的方程可按如下方式导出.

2.5.1 用 X 和 Y 分别表示水平和垂直坐标, 试说明图 2.10 中的直线 RP 的方程为

$$Y = \frac{\sqrt{1 - x^2}}{1 + x}(X - 1).$$

2.5.2 根据习题 2.5.1 推导出蔓叶线的方程.

最简单的周转圆曲线是心脏线 (形如心脏), 它由一个圆在跟它同样大小的固定圆上滚动生成.

2.5.3 画出心脏线的略图, 以证实它的形状类似于心脏.

2.5.4 试说明: 若两个圆的半径都等于 1, 那么, 当我们跟随滚动圆上初始位置为 $(1,0)$ 的点运动时, 该点描绘出的心脏线的参数方程为

$$x = 2\cos\theta - \cos 2\theta,$$
$$y = 2\sin\theta - \sin 2\theta.$$

心脏线是一种代数曲线. 要找出它的笛卡儿方程可能比较难, 但是只要你有一个计算机代数系统, 便很容易核实之.

2.5.5 试检验心脏线上的点 (x,y) 满足

$$\left(x^2 + y^2 - 1\right)^2 = 4\left((x-1)^2 + y^2\right).$$

2.6 人物小传: 欧几里得

人们对欧几里得的了解甚至比对毕达哥拉斯的还少. 我们只知道他活跃于约公元前 300 年, 在位于埃及的希腊城亚历山大教书 —— 这座城市是亚历山大大帝于公元前 322 年建立的. 有两个故事提到他. 第一个 —— 跟关于梅内克缪斯和亚历山大的故事一样 —— 是说欧几里得告诉国王托勒密一世: '没有通向几何的王者之道.' 第二个涉及一名学生. 学生问了一个经久不衰的问题: '我将从学习数学中得到些什么?' 欧几里得叫来他的奴隶并说道: '如果他非要从他学习的东西中得利, 就给他一枚硬币吧.'

欧几里得一生中最重要的事情无疑是写了《几何原本》, 尽管我们并不知道其中有多少数学内容是他自己的工作成果. 但可以肯定, 关于三角形和圆的初等几何知识在欧几里得时代之前已为人知.《几何原本》中某些最精致的部分也归属于比他早的数学家. 第 V 卷中的无理数理论属于欧多克索斯 (Eudoxus) (约公元前 400—前 347 年), 第 VII 卷中的 '穷竭法' 亦然 (参见第 4 章). 第 VIII 卷中的正多面体理论, 至少有一部分属于泰特托斯 (Theaetetus) (约公元前 415—前 369).

但无论欧几里得的 '研究' 成果是多是少, 跟他对数学知识的组织和传播所做的贡献相比, 确实是小巫见大巫. 两千年来,《几何原本》不仅是数学教育的核心, 还处于西方文化的心脏地位. 事实上, 对《几何原本》的最光辉的赞许不是来自数学家, 而来自哲学家、政治家和其他人. 在 2.1 节, 我们领略了霍布斯对欧几里得的看法. 下面是另一些人的看法:

> 他自从成为国会议员以来, 学习并几乎掌握了欧几里得的六卷书. 他悲叹自己缺乏教育并在尽力弥补不足.
>
> 亚伯拉罕·林肯 (Abraham Lincoln),《小传》(*Short Autobiography*)

> ······ 他研读欧几里得, 直到能够熟练地证明六卷书中的所有命题.
>
> 赫恩登 (Herndon, W.),《林肯的一生》(*Life of Lincoln*)

> 在十一岁时, 我开始读欧几里得 ······ 这是我生命中最伟大的事件之一, 如同初恋那样灿烂. 我无法想象世上还有如此悦人之事.
>
> 伯特兰·罗素 (Bertrand Russell),《自传》(*Autobiography*), 第一卷

也许, 数学今天较低的文化地位并不表明政治家和哲学家对数学的愚昧, 它反映的是我们缺乏适合现代世界的一种几何原本.

第 3 章

希腊数论

导读

数论是第二大数学领域, 它从毕达哥拉斯学派出发, 途经欧几里得来到我们面前. 毕达哥拉斯定理引导数学家去研究正方形和正方形之和; 欧几里得则通过证明存在无穷多个素数而把人们的注意力引向素数.

欧几里得的研究基于所谓的欧几里得算法, 它用于寻找两个自然数的最大公因子. 公因子是得到有关素数的基本结论 —— 特别是唯一素因子分解定理 —— 的关键所在. 这个定理说, 每个自然数恰以唯一的方式表示为素数因子的乘积.

毕达哥拉斯学派的另一项发现 —— $\sqrt{2}$ 是无理数, 对自然数的世界带来了巨大而深远的影响. 由于 $\sqrt{2} \neq m/n$, 其中 m, n 是任意两个自然数, 所以方程 $x^2 - 2y^2 = 0$ 在自然数范围内无解. 但令人惊讶的是 $x^2 - 2y^2 = 1$ 却有自然数解, 而且事实上存在无穷多个这种解. 同样的事情也发生在方程 $x^2 - Ny^2 = 1$ 身上, 只要 N 是非平方自然数.

上述最后一个方程称为佩尔方程, 在寻求整数解的方程中, 它的名气也许仅次于毕达哥拉斯方程 $x^2 + y^2 = z^2$. 对一般的 N 求解佩尔方程的方法, 首先为印度数学家所发现, 我们将在第 5 章考察他们的工作.

有一类方程以丢番图的名字命名, 人们寻找其整数解或有理数解, 它们被称为丢番图方程. 丢番图用于求解二次和三次丢番图方程的方法仍然引起学者的关注和兴趣. 我们在本章考察他解三次方程的方法, 并将在第 11 和 16 章再次提到它.

3.1 数论的作用

我们在第 1 章看到, 数论在数学中一直占有重要地位, 至少不亚于几何; 从数学的根基上看, 它可能更重要. 尽管如此, 数论却从未像初等几何在欧几里得的《几何原本》中那样被系统地阐述过. 在数论发展的各阶段总是有着明显的个体差异, 原因是存在着一些难驾驭的初等问题. 事实上, 数学中大多数真正古老的、未解决的问题, 都是关于自然数 $1, 2, 3, \cdots$ 的简单问题. 人们注意到, 解一般的丢番图方程 (1.3 节) 及判定形如 $2^{2^h}+1$ 的数 (2.3 节) 是否为素数的问题都不存在一般性的方法. 其他未解决的数论问题, 我们将在下面几节中提到.

因此, 数论与几何在数学史中扮演的角色很不相同. 几何一直起着稳定和统一的作用, 有时会延迟数学进一步的发展, 所以会给公众一个印象: 数学是一门静态学科. 在那些能理解数论的人看来, 数论一直在激励着数学的进步与变化. 1800 年前, 仅有少数数学家为推动数论进步做出了贡献, 其中包括了一些大数学家 —— 丢番图、费马、欧拉、拉格朗日、高斯. 本书着重讲述数论在与其他数学分支, 特别是与几何的深刻联系中所取得的进步, 因为这些成就对数学整体而言最有意义. 有一些主题虽然 (目前) 看来是非主流的, 但因十分有趣, 我们不能忽略它们. 下一节我们就讨论几个这样的主题.

3.2 多角形数、素数和完全数*

毕达哥拉斯学派的学者研究过多角形数 (polygonal number, 亦可译为多角数), 这是他们的思想从几何向数论的很自然的转移. 从图 3.1 看, 计算第 m 个 n 角形数的表达式是容易的, 它是某个算术级数的和 (习题 3.2.3); 而且该图还表明, 例如正方形数是两个三角形数之和. 除了丢番图给人印象深刻的关于正方形数的和的结果之外, 希腊人关于多角形数的结果都只具有这种初等的形态.

总的来说, 人们错误地以为希腊人赋予了多角形数许多重要的性质. 关于多角形数, 并没有重要的定理, 也许下面两个是例外. 第一个是巴歇 (Bachet de Méziriac) (1621) 猜测 (在他出版的丢番图的著作中) 每个正整数是 4 个 (整数的) 平方数之和, 后来被拉格朗日 (1770) 所证明. 上述结论的一个推广 —— 费马 (1670) 叙述了但未给出证明 —— 是说, 每一个正整数是 n 个 n 角形数之和. 柯西 (Cauchy, A.-L.) (1813a) 证明了这个结果, 然而他的证明有一点让人失望, 因为除了四个数之外全可以是 0 和 1. 关于柯西定理的简短证明由内桑森 (Nathanson, M. B.) (1987) 给出. 另一个引人注目的关于多角形数的定理是由欧拉 (1750) 证明的, 它是一个公式

$$\prod_{n=1}^{\infty}(1-x^n) = 1 + \sum_{k=1}^{\infty}(-1)^k(x^{(3k^2-k)/2} + x^{(3k^2+k)/2}).$$

世称欧拉的五角形数定理, 如此命名是因为指数 $(3k^2-k)/2$ 是五角形数. 证明可见霍尔 (Hall, Jr., M., 1967), 33 页.

---

* 三角形数及下面的正方形数、五边形数等亦可译为三角数、平方数、五角数 (或五角形数) 等. —— 译注

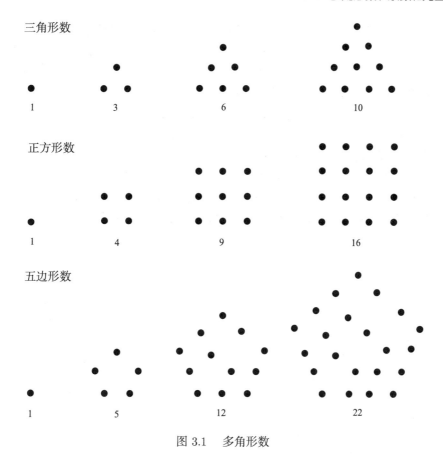

三角形数

1　　　3　　　6　　　10

正方形数

1　　　4　　　9　　　16

五边形数

1　　　5　　　12　　　22

图 3.1　多角形数

　　四平方数定理和五角形数定理在 1830 年左右都被归并到雅可比 (Jacobi, C. G. J.) 所创造的更大的理论体系 theta 函数论中. theta 函数跟我们在第 12 和 16 章中讨论的椭圆函数有关.

　　素数也可以在几何框架内来考虑, 即这些数没有矩形表示. 素数除了自身和 1 之外没有其他因子, 仅有 '线性' 表示. 自然, 这只是素数定义的另一种说法, 大多数关于素数的定理都要求有奇思妙想; 不过, 希腊人确实发现了一块宝石: 在欧几里得《几何原本》第 IX 卷中证明了存在无穷多个素数.

　　给定任一组有限的素数 $p_1, p_2, \cdots, p_n$, 我们总可以找到另一个素数: 考虑

$$p = p_1 p_2 \cdots p_n + 1,$$

它不可能被 $p_1, p_2, \cdots, p_n$ 除尽 (每个 p_i 除它都余 1). 因此或者 p 本身是素数, 且 $p > p_1, p_2, \cdots, p_n$; 或者它有一个不等于 $p_1, p_2, \cdots, p_n$ 的素因子.

　　完全数是这样的数, 它等于其所有因子 (包括 1, 但不包括其自身) 的和. 例如 6 =

$1 + 2 + 3, 28 = 1 + 2 + 4 + 7 + 14$ 等. 虽然这个概念可以追溯到毕达哥拉斯时代, 但是当时仅知道两个值得注意的关于完全数的定理. 欧几里得的《几何原本》第 IX 卷的最后一个定理证明了: 如果 $2^n - 1$ 是素数, 则 $2^{n-1}(2^n - 1)$ 是完全数 (习题 3.2.5). 这些完全数当然都是偶数, 而欧拉 (1849) (在他去世后才出版) 证明了所有的偶完全数必具有欧几里得给出的形式. 欧拉令人惊讶的简洁证明可在伯顿 (Burton, D. M.) (1985, 504 页) 中找到. 现在还不知道是否有奇完全数; 这大概是数学中最古老的未解决的问题.

根据欧拉定理, 偶完全数的存在依赖于形如 $2^n - 1$ 的素数的存在. 这样的素数称为梅森素数, 因为是马兰·梅森 (Marin Mersenne) (1588—1648) 首先注意到有这种形状的素数存在. 现在还不知道是否有无穷多个梅森素数, 尽管人们似乎隔一段时间就会发现越来越大的梅森素数. 近年来, 素数的每个新的世界纪录都属于梅森素数, 这同时就给出了对应的完全数的世界纪录.

习题

有无限多个自然数不能表为三个 (或更少) 平方数之和. 其中最小者为 7; 你能够依下述步骤证明: 凡形如 $8n + 7$ 者都不可表为三平方数之和.

3.2.1 试证明任一平方数除以 8, 余数为 0, 1 或 4.

3.2.2 试导出三个平方数之和除以 8, 余数为 0, 1, 2, 3, 4, 5 或 6.

五角形数在数学中只发挥很小作用的一个理由是, 关于五角形数的问题基本上就是关于平方数的问题 —— 因此焦点集中在有关平方数的问题上.

3.2.3 试证明第 k 个五角形数是 $(3k^2 - k)/2$.

3.2.4 试证明每个平方数是两个相邻的三角形数之和.

欧几里得关于完全数的定理依赖于素因子的性质 —— 我们将在下节证明之. 现在假定它成立, 那么如果 $2^n - 1$ 为素数 p, 则 $2^{n-1}p$ 的真因子 (指那些不等于 $2^{n-1}p$ 自身的因子) 为

$$1, 2, 2^2, \cdots, 2^{n-1} \quad \text{和} \quad p, 2p, 2^2 p, \cdots, 2^{n-2} p.$$

3.2.5 假定 $2^{n-1}p$ 的因子如上面所列, 试证明当 $p = 2^n - 1$ 为素数时, $2^{n-1}p$ 是完全数.

3.3　欧几里得算法

这算法以欧几里得命名, 是因为已知它最早出现在欧几里得《几何原本》的第 VII 卷. 但是根据很多历史学家的意见 (例如, 希思 (1921), 399 页), 该算法和它的某些推论大概在更早以前便为人所知. 但无论如何欧几里得应该得到赞誉, 因为他基于此算法对数论的基础做了精巧的表达.

欧几里得算法用于寻找两个正整数 a, b 的最大公因子 (gcd). 第一步是构作数对 (a_1, b_1), 其中

$$a_1 = \max(a,b) - \min(a,b),$$
$$b_1 = \min(a,b),$$

然后不断地重复此运算, 即不断地从大的数中减去小的数. 如此, 若第 i 步得到 (a_i, b_i), 则第 $i+1$ 步得到的数对是

$$a_{i+1} = \max(a_i, b_i) - \min(a_i, b_i),$$
$$b_{i+1} = \min(a_i, b_i).$$

这算法在第一次出现 $a_{i+1} = b_{i+1}$ 时便终止. 这个共同的值便是 $\gcd(a,b)$. 这是因为两数相减仍保持公因子不变, 因此当 $a_{i+1} = b_{i+1}$ 时, 我们有

$$\gcd(a,b) = \gcd(a_1, b_1) = \cdots = \gcd(a_{i+1}, b_{i+1}) = a_{i+1} = b_{i+1}.$$

该算法极其简单, 很容易推出一些重要结果. 当然, 欧几里得没有使用我们的记号, 但无论如何他得到的结果与下述结论十分相近:

1. 如果 $\gcd(a,b) = 1$, 则存在整数 m, n, 使得 $ma + nb = 1$.

等式

$$a_1 = \max(a,b) - \min(a,b),$$
$$b_1 = \min(a,b),$$
$$\vdots$$
$$a_{i+1} = \max(a_i, b_i) - \min(a_i, b_i),$$
$$b_{i+1} = \min(a_i, b_i)$$

依次表明 a_1, b_1 是 a, b 的整数线性组合 $ma + nb$, 所以 a_2, b_2 也是, a_3, b_3 也是, $\cdots\cdots$, 最后到 $a_{i+1} = b_{i+1}$ 也是. 因 $\gcd(a,b) = 1$, 所以存在整数 m, n, 使得 $1 = ma + nb$.

2. 如果 p 是素数, p 整除 ab, 则 p 整除 a 或 b (素因子性质).

设 p 不能整除 a, 因为 p 除了 1 无其他因子, 我们有 $\gcd(p,a) = 1$. 所以由上述结果, 我们得到整数 m 和 n, 使得

$$ma + np = 1,$$

两边各乘 b, 有

$$mab + npb = b.$$

若 p 能整除 ab, 则 p 整除等式左方的两项, 因此 p 整除等式右方的 b.

3. 每个正整数有唯一的素因子分解 (算术基本定理).

假定不然, 设 n 有两个不同的素因子分解

$$n = p_1 p_2 \cdots p_j = q_1 q_2 \cdots q_k.$$

如有必要, 通过消去公因子, 我们可以假定存在与 $q_1, \cdots, q_k$ 皆不同的 p_i. 但这与前述结果矛盾, 因为 p_i 整除 $n = q_1 q_2 \cdots q_k$, 但却不能整除任何单个的 $q_1, q_2, \cdots, q_k$, —— 它们是跟 p_i 不同的素数.

习题

我们现在来补上关于完全数的欧几里得定理证明中的漏洞 (前一节的习题), 利用素数因子性质.

3.3.1 试利用素数因子的性质证明: $2^{n-1}p$ 的真因子 (p 为奇素数) 为 $1, 2, 2^2, \cdots, 2^{n-1}$ 和 $p, 2p, 2^2 p, \cdots, 2^{n-2}p$.

若 $\gcd(a, b) = 1$, 则存在整数 m, n, 使得 $1 = ma + nb$. 这一结论是下述表示 gcd 的方式的特例.

3.3.2 试证明: 对任意整数 a 和 b, 存在整数 m 和 n, 使得 $\gcd(a, b) = ma + nb$.

由此可给出寻找线性方程整数解的一般方法.

3.3.3 试从习题 3.3.2 导出如下结论: 对于方程 $ax + by = c$ (a, b, c 为整数), 如果 $\gcd(a, b)$ 整除 c, 则该方程有整数解.

这个结论的逆也成立 —— 当你考虑 $ax + by = c$ 有整数解的必要条件时就会发现这一点.

3.3.4 方程 $12x + 15y = 1$ 没有整数解. 为什么?

3.3.5 (线性丢番图方程的解) 对任意给定的整系数 a, b, c, 试给出一种检验法以决定是否存在整数 x, y, 使得

$$ax + by = c.$$

3.4 佩尔方程

丢番图方程 $x^2 - Ny^2 = 1$, 其中 N 是非平方整数, 被称为佩尔 (Pell, J.) 方程. 之所以这么称呼它, 是因为欧拉错误地认为该方程的一个解是 17 世纪英国数学家佩尔得到的 (实际得到该解的是布龙克尔 (Brouncker, W.)). 佩尔方程大概是继毕达哥拉斯三元数组方程 $a^2 + b^2 = c^2$ 后最著名的一个丢番图方程, 而且在某些方面它显得更重要. 解佩尔方程成为解一般的二元二次丢番图方程的主要步骤 (例如参见盖尔丰德 (Gelfond, A. O.) (1961)), 同时这个方法也是证明 1.3 节提到的马季雅谢维奇定理的主要工具, 该定理是说没有一种算法可以解所有的丢番图方程 (例如可参见戴维斯 (Davis, M.) (1973) 或琼斯 (Jones, J. P.) 和马季雅谢维奇 (Matiyasevich, Y. U.) (1991)). 由此看来, 以下说法不

无道理: 佩尔方程首先应出现在希腊数学的基础之中, 希腊人对其理解之深会给人以深刻印象.

佩尔方程最简单的例子是

$$x^2 - 2y^2 = 1,$$

毕达哥拉斯学派的人把它跟 $\sqrt{2}$ 联系在一起讨论. 如果 x, y 是方程的大解 (large solution), 则 $x/y \approx \sqrt{2}$, 而且毕达哥拉斯学派发现了一种方法可以生成越来越大的解, 这方法利用了下述递推关系

$$x_{n+1} = x_n + 2y_n,$$
$$y_{n+1} = x_n + y_n.$$

经简短的计算可知

$$x_{n+1}^2 - 2y_{n+1}^2 = -(x_n^2 - 2y_n^2),$$

所以, 如果 (x_n, y_n) 满足 $x^2 - 2y^2 = \pm 1$, 则 (x_{n+1}, y_{n+1}) 满足 $x^2 - 2y^2 = \mp 1$. 从 $x^2 - 2y^2 = 1$ 的平凡解 $(x_0, y_0) = (1, 0)$ 出发, 我们相继得到 $x^2 - 2y^2 = 1$ 的越来越大的解 $(x_2, y_2), (x_4, y_4) \cdots$ (数对 (x_n, y_n) 叫做边和对角线数, 因为比值 y_n/x_n 趋近于正方形的边与对角线之比.)

那么最初是怎么发现这些递推关系的呢? 范德瓦尔登 (1976) 和福勒 (Fowler, D. H.) (1980, 1982) 指出, 关键是将欧几里得算法应用到直线段上, 希腊人称这种算法为 anthyphairesis (大意为 '辗转相减' ——译注). 给出任何两个长度 a, b, 我们可以像 3.3 节那样重复做以大减小的减法确定出序列 $(a_1, b_1), (a_2, b_2), \cdots$ 如果 a, b 是某个单位长的整倍数, 那么这过程就如 3.3 节中所说的那样会终止, 但如果 b/a 是无理数, 这过程就将永远继续下去. 我们不难想象毕达哥拉斯学派很有兴趣将 anthyphairesis 应用到 $a = 1, b = \sqrt{2}$ 上. 那么事情应这样进行下去: 我们用一个矩形的两条边代表 a, b, 每次从大的数中减去小的数的过程, 就用切掉边长等于短边的一个正方形后的矩形表示 (图 3.2). 我们注意到经过两步之后, 矩形剩下的部分是边长为 $\sqrt{2} - 1$ 和 $2 - \sqrt{2} = \sqrt{2}(\sqrt{2} - 1)$ 的矩形, 形状与原来的相同, 尽管长边是垂直的而非水平的了. 类似的步骤将永远反复进行下去, 于是我们意外地又得到 $\sqrt{2}$ 是无理数的另一证明.

然而, 我们现在的兴趣是想知道相继出现的相似矩形之间的关系. 如果我们设两个连续出现的矩形的长边和短边分别是 x_{n+1}, y_{n+1} 和 x_n, y_n, 则从图 3.3 可以对 x_{n+1}, y_{n+1} 导出递推关系

$$x_{n+1} = x_n + 2y_n,$$
$$y_{n+1} = x_n + y_n.$$

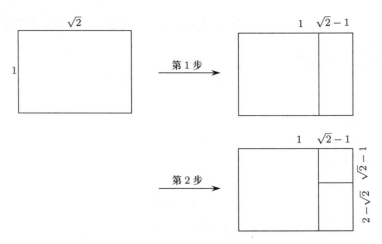

图 3.2　关于 $\sqrt{2}$ 和 1 的欧几里得算法

这恰是毕达哥拉斯学派求出的关系式! 差别是我们的 x_n, y_n 不是整数, 满足的方程是 $x^2 - 2y^2 = 0$ 而不是 $x^2 - 2y^2 = 1$. 无论如何, 人们都感到图 3.3 给出了这些关系的最自然的解释. 同样的关系可生成方程 $x^2 - 2y^2 = 1$ 的解, 这一发现可能是希望欧几里得算法当 $x_1 = y_1 = 1$ 时终止而引起的. 如果毕达哥拉斯学派成员从 $x_1 = y_1 = 1$ 开始, 并利用该递推关系, 那么他们就完全可能发现 (x_n, y_n) 满足 $x^2 - 2y^2 = (-1)^n$, 如我们前面做过的那样.

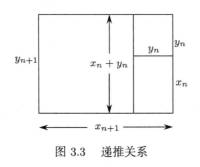

图 3.3　递推关系

佩尔方程 $x^2 - Ny^2 = 1$ 的很多其他例子也出现在希腊数学中. 这些例子可以理解为以类似的方式将 anthyphairesis 应用到边长为 $1, \sqrt{N}$ 的矩形上. 公元 7 世纪, 印度数学家婆罗摩笈多 (Brahmagupta) 为了得到 $x^2 - Ny^2 = 1$ 的解给出了一个递推关系, 我们将在第 5 章谈及此事. 印度人称欧几里得算法为 '粉碎机", 因为它将数分拆得越来越小. 为了得到递推关系, 你就必须知道最终会反复出现跟初始四边形成比例的矩形. 事实上, 它的严格证明是拉格朗日在 1768 年才完成的. 后来出现在欧洲的关于佩尔方程的工作, 始于 17 世纪的布龙克尔 (Brouncker, W.) 和其他一些人, 他们的工作基于 $\sqrt{N}$ 的连分数展开, 尽管这被认为跟 anthyphairesis 是类似的 (见习题). 关于佩尔方程详细但扼要的历史, 请参阅迪克森 (Dickson, L. E.) (1920), 341—400 页.

这个理论中有一个有趣的现象, 即 N 与施行 anthyphairesis 时的步数之间的关系, 在得到与初始矩形成比例的矩形反复出现之前, 无规律可循. 如果步数大, 则 $x^2 - Ny^2 = 1$ 的最小非平凡解就大. 著名的例子是所谓的阿基米德 (公元前 287—前 212) 的 "群牛问题". 这个问题导出的方程是

$$x^2 - 4\,729\,494y^2 = 1,$$

其最小的解由克伦比格尔 (Krummbiegel, B.) 和阿姆索 (Amthor, A.) 于 1880 年找到, 它有 206545 位数字!

最近一篇关于群牛问题的文章属于伦斯特拉 (Lenstra, 2002), 该文给出了该问题的解的超浓缩的形式: "历史上首次将所有的、无穷多的群牛问题的解展现在一张方便使用的表格中."

习题

实数 $\alpha > 0$ 的连分数表示如下:

$$\alpha = n_1 + \cfrac{1}{n_2 + \cfrac{1}{n_3 + \cfrac{1}{n_4 + \cfrac{1}{\ddots}}}},$$

其中 $n_1, n_2, n_3, n_4, \cdots$ 是由下列算法得到的整数. 令

$n_1 = \alpha$ 的整数部分,

则 $\alpha - n_1 < 1$, 而 $\alpha_1 = 1/(\alpha - n_1) > 1$, 所以我们可以取

$n_2 = \alpha_1$ 的整数部分.

于是 $\alpha_1 - n_2 < 1$, 且 $\alpha_2 = 1/(\alpha_1 - n_2) > 1$, 所以我们可以取

$n_3 = \alpha_2$ 的整数部分, 如此等等.

3.4.1 应用上述算法对 $\alpha = 157/68$ 进行计算, 以证明

$$\frac{157}{68} = 2 + \cfrac{1}{3 + \cfrac{1}{4 + \cfrac{1}{5}}}.$$

你可能注意到, 除了重复的减法用带余数的除法代替以外, 这本质上就是将欧几里得算法应用到数对 $(157, 68)$ 上. 整数 $2, 3, 4, 5$ 是做这些除法相继得到的商: 157 除以 68, 商为 2, 余数为 21; 68 除以 21, 商为 3, 余数为 5, 等等.

如此在整数对 (a, b) 上施行的欧几里得算法产生的结果可用 a/b 的 (有限) 连分数来编码. 这一想法是欧拉引入的, 后来成为某些数学家更为欣赏的引入欧几里得算法的途径; 特别是高斯 (1801), 他总是将欧几里得算法称为 "连分数算法".

事实上, 关于数对 $(\alpha, 1)$ 的欧几里得算法 —— 其中 α 是无理数, 称为连分数算法更合适.

3.4.2 试按 anthyphairesis 的说法来解释连分数算法 —— 分离整数部分并将余数取倒数 —— 的演算.

3.4.3 试证明:

$$\sqrt{2} = 1 + \cfrac{1}{2 + \cfrac{1}{2 + \cfrac{1}{2 + \cfrac{1}{\ddots}}}}.$$

习题 3.4.3 蕴含了 $\sqrt{2} + 1$ 是循环连分数

$$2 + \cfrac{1}{2 + \cfrac{1}{2 + \cfrac{1}{2 + \cfrac{1}{\ddots}}}}.$$

3.4.4 试证明 $\sqrt{3} + 1$ 也可表示为循环连分数, 因此可导出 $\sqrt{3}$ 的连分数表示.

3.5 弦和切线法

在 1.3 节, 我们用丢番图的方法找到了圆上所有的有理点. 若 $P(x, y) = 0$ 是 x 与 y 的二次方程, 系数为有理数, 且该方程有一个有理解 $x = r_1, y = s_1$, 则我们可以求得任何有理解 —— 方法是画一条有理直线 $y = mx + c$, 使它过点 (r_1, s_1), 然后找到它与曲线 $P(x, y) = 0$ 的另一交点. 跟该曲线的两个交点不妨记作 r_1 和 r_2, 它们由方程

$$P(x, mx + c) = 0$$

的根给定. 这意味着 $P(x, mx + c) = k(x - r_1)(x - r_2)$; 因上式左方所有的系数为有理数, 且 r_1 是有理数, 那么右方的 k 和 r_2 也必为有理数. 当 $x = r_2, y = s_2 = mr_2 + c$ 时, y 的值是有理数, 因为 m 和 c 是有理数; 所以 (r_2, s_2) 是 $P(x, y) = 0$ 上另一有理点. 反之, 任何过两个有理点的直线都是有理的, 因此所有的有理点都可用这个方法找到.

现在, 若 $P(x, y) = 0$ 是三次曲线, 它与直线 $y = mx + c$ 的交点由三次方程 $P(x, mx + c) = 0$ 的根给出. 如果我们知道曲线上的两个有理点, 则通过它们的直线是有理的, 这条直线与该曲线的第三个交点也将是有理的, 推理过程与前面的差不多. 有一种情形更有用, 那就是让两个有理点重合, 此时的直线就是过已知有理点的切线. 于是可通过切线作图, 由一个有理解生成另一解. 而从两个解我们可作两点之间的弦而构造出第三个.

看来, 丢番图找到三次方程的有理解本质上用的就是这种方法. 现存的丢番图的著作没有披露他的方法, 但是对该方法的一个似为合理的重建 —— 对切线与弦的作图的代数

解释已由巴什马科娃 (Bashmakova, I. G.) (1981) 给出. 第一个理解丢番图方法的也许是 17 世纪的费马, 第一个给出切线和弦的解释的是牛顿 (17 世纪 70 年代).

与二次情形相反, 对三次曲线我们无法选择有理直线的斜率. 这样就无法清楚地知道这方法是否能给出一条三次曲线上所有的有理点. 有一个值得注意的定理, 是庞加莱 (Poincaré, H.) (1901) 的猜测, 而为莫德尔 (Mordell, L. J.) (1922) 所证明. 该定理说: 所有有理点可以经有限多个点的切线和弦的作图所生成. 但是人们仍不知道是否存在一种算法能求出每条三次曲线上的这些有理点生成元的有限集合.

习题

3.5.1 丢番图给出方程 $x^3 - 3x^2 + 3x + 1 = y^2$ 的一组解为 $x = 21/4, y = 71/8$ (希思 (1910), 242 页). 试在该三次曲线上明显的有理点处构作切线来说明上述结果.

3.5.2 重新导出下述韦达 (Viète, F.) (1593, 145 页) 构作有理点的方法. 假定方程 $x^3 - y^3 = a^3 - b^3$ 的有理点为 (a, b), 试证明在 (a, b) 点的切线是

$$y = \frac{a^2}{b^2}(x - a) + b,$$

且这条切线与曲线的另一交点是有理点

$$x = a\frac{a^3 - 2b^3}{a^3 + b^3}, \quad y = b\frac{b^3 - 2a^3}{a^3 + b^3}.$$

3.6 人物小传: 丢番图

丢番图生活于亚历山大, 当时正处于希腊数学以及其余的西方文明普遍衰落的时期. 一场灾难吞噬着西方文明: 罗马帝国垮台, 伊斯兰文明兴起, 公元 640 年亚历山大图书馆被大火烧毁标志着灾难的顶点 —— 它也埋葬了有关丢番图生活的几乎所有的详情. 我们能够确定的是他生活的年代在公元 150 至 350 年之间, 因为他提到过许普西克勒斯 (Hypsicles) (生活于公元 150 年左右), 而他也被亚历山大的塞翁 (Theon) (生活于 350 年左右) 提到过. 另一个小证据是米海尔·普塞洛斯 (Michael Psellus) 的一封信 (11 世纪), 说公元 250 年可能是丢番图最活跃的时期. 除此之外, 仅剩的线索是《希腊诗文选》(*Greek Anthology*) (约公元 600 年) 中的一则谜语:

上帝给予的童年时光占 (一生的) 六分之一, 又过十二分之一, 他两颊长须. 再过七分之一, 点燃婚礼的蜡烛, 婚后五年天赐贵子. 哎呀! 可怜迟到的孩子; 冷酷的命运降临其身, 享年仅及其父之半. 数的知识减轻他的悲痛, 四年后他结束了自己的生命.

科恩 (Cohen, P.) 和德拉布金 (Drabkin, I. E.) (1958), 27 页

如果上述信息是正确的, 那么丢番图 33 岁结婚, 有一个儿子活了 42 岁, 儿子死后 4 年他 84 岁, 同年丢番图自杀身亡.

丢番图的工作在许多年里几乎无人知晓, 也只有部分著作留世. 第一次对丢番图产生兴趣是在中世纪, 而最终让丢番图 "复苏" 的功劳主要应归于拉斐尔 · 邦贝利 (Rafael Bombelli) (1526—1572) 和威廉 · 霍尔茨曼 (Wilhelm Holtzmann) (通常称其为克胥兰德 (Xylander), 1532—1576). 邦贝利在梵蒂冈的图书馆发现了一本丢番图的《算术》(*Arithmetic*), 并在自己的著作《代数》(*Algebra*) (1572) 中发表了其中的 143 个问题.《算术》的最有名的版本属于巴歇 (Bachet de M.) (1621). 巴歇略微感知到《算术》中具体问题背后隐藏的一般规则, 他在评论该书时提醒同时代的人, 他们都面临着如何去理解丢番图的思想并使之发扬光大的挑战. 正是费马接受了这一挑战, 并在数论中迈出了自古典时期以来最有意义的一步 (参见第 11 章).

第 4 章

希腊数学中的无穷

导读

希腊数学最令人感兴趣、最具现代意义的特色, 是它对无穷的论述. 希腊人畏惧无穷并试图回避无穷, 但他们的这种态度和做法, 却为 19 世纪严格处理微积分中的无穷过程奠定了基础.

在古代, 最早对无穷理论做出贡献的是比例理论和穷竭法, 两者皆由瓯多克索斯设计, 并在欧几里得《几何原本》卷 V 中得到详细的陈述.

比例理论展现了这样的理念: 一个 "量" λ (即我们现称的一个实数), 可以通过它在有理数中的位置加以识别. 也就是说, 如果我们了解了小于 λ 的有理数和大于 λ 的有理数, 我们也就了解了 λ.

穷竭法把这种 "量" 的理念推广到了平面或空间区域, 当我们知道了一个区域在已知的面积或体积中的位置, 那么我们也就 "知道" 了它 (的面积或体积). 例如, 当我们知道了一个圆的那些内接多边形的面积和外切多边形的面积, 我们也就知道了这个圆的面积; 同样, 当我们知道了一个棱锥其内部和外部的一层层棱柱的体积, 也就知道了它的体积.

利用这种方法, 欧几里得发现了四面体的体积等于其底面积乘以其高的 1/3; 阿基米德则发现了抛物线段形的面积. 二者都依赖于无穷的过程, 它对许多面积和体积的计算十分重要, 此即无穷等比级数的求和.

4.1 敬畏无穷

关于无穷的推理过程, 是数学最具特色的特征之一, 也是引起争论和冲突的主要源泉. 我们在第 1 章已经看到无理数的发现所引起的冲突; 在本章我们将看到, 希腊人拒绝无理数只是他们普遍拒绝无穷过程的一个部分. 事实上, 在 19 世纪晚期之前, 大多数数学家对无穷的看法从未超出 '潜在' 的范畴. 说一个过程、一个集合或一个量是无穷的, 应理解为它们有无限延续的可能性, 仅此而已 —— 肯定不是指有最终完成的可能性. 例如, 自然数 $1, 2, 3, \cdots$, 可以作为潜无穷被人们接受 —— 它是从 1 开始, 经每次加 1 的过程生成的 —— 但人们不接受一个完成了的整体 $\{1, 2, 3, \cdots\}$. 这同样适用于任何一个序列 $x_1, x_2, x_3, \cdots$ (比如说有理数序列), 其中 x_{n+1} 是由 x_n 按确定的规则得到的.

当 x_n 趋于极限 x 时, 出现了一种有趣的可能性. 如果针对几何推理而言, x 是我们能够接受的对象, 那么把 x 视为序列 $x_1, x_2, x_3, \cdots$ 以某种方式达到的 '终结物', 无疑是一种诱人的说法. 可是希腊人似乎担心得出这样的结论. 根据他们的传统, 他们对芝诺 (Zeno) 的悖论 (约出现于公元前 450 年) 充满恐惧.

我们通过亚里士多德知道了芝诺的论证, 亚里士多德在他的《物理学》(*Physics*) 中引用芝诺的论证是为了驳倒它们; 但是我们不清楚芝诺本人到底想达到什么目的. 比如说, 是不是芝诺不同意某种对无穷的思考方式? 他的论证非常极端, 很可能是在模拟他同时代的人对无穷的不严谨的论证. 现在来讨论他的第一个悖论, 二分说:

运动并不存在, 因为运动的物体在抵达终点前必须先到达 (路程的) 中点.

亚里士多德,《物理学》, 卷 VI, 第 9 章

完整的论证大概是这样的: 在抵达任何地点前, 你必须先走完一半的路程; 而此前得走完四分之一的路程; 再前是八分之一; 这个过程是无限的. 要完成这一包含了无限步的过程, 对今天大多数数学家而言不是不可能的, 因为它只是表示在一个有限的区间内包含了一个有无穷多个点的集合. 可是对希腊人来说, 这是充满恐惧的事, 因为他们在所有的证明中都十分小心地避开完成了的无穷和极限.

我们能辨认出的第一批无穷的数学过程, 可能是毕达哥拉斯学说的信奉者设计的, 例如求方程 $x^2 - 2y^2 = \pm 1$ 的整数解的递推关系:

$$x_{n+1} = x_n + 2y_n,$$
$$y_{n+1} = x_n + y_n.$$

我们在 3.4 节中看到, 情况很像是在试图理解 $\sqrt{2}$ 时引出这些关系的; 我们很容易看出当 $n \to \infty$ 时, $x_n/y_n \to \sqrt{2}$.

然而, 毕达哥拉斯学说的信奉者好像并不把 $\sqrt{2}$ 看成是 '极限', 也根本不把该序列视为有意义的客观对象. 我们能够说的仅仅是, 毕达哥拉斯学说的信奉者通过讲述这种递推关系暗示了有一个以 $\sqrt{2}$ 为极限的序列, 只是经过了许多代以后的数学家才真正接受了这种无穷序列, 并意识到它在定义极限时的重要性.

对于我们用极限过程能很自然地得到一个解 α 的问题, 希腊人的办法是排除掉除 α 外的所有解. 他们会证明, 作为解, 任何一个小于 α 的数都太小, 而任何一个大于 α 的

数又太大. 在下一节, 我们将研究几个这种类型的证明的例子, 并看到它最终是如何在数学基础方面开花结果的. 然而, 作为一种问题求解的方法, 它是无效的: 你怎么会一下子猜到这个数 α 呢? 当数学家在 17 世纪回到求极限的问题时, 他们发现希腊人的严格方法并无实用价值. 17 世纪引起人们怀疑的无穷小方法, 遭到了那个时代的芝诺 —— 贝克莱 (Berkeley, G.) 主教的批判, 但好长时间没有人理睬他的反对意见, 因为无穷小方法似乎并未导致错误的结论. 是 19 世纪的戴德金、魏尔斯特拉斯 (Weierstrass, K.) 和其他人, 最终恢复了希腊人的严格标准.

严格性的丧失和恢复的故事, 由于 1906 年发现了过去不知道的阿基米德 (Archimedes) 的手稿《方法》(The Method) 而出现了令人惊讶的转折. 他在手稿中泄露了这样的事实: 他的一些最深刻的结果的发现, 利用了令人怀疑的涉及无穷的论证 (或称无限性论证), 然后才给予严格的证明. 如他所说, "当我们用这种论证方法事先知道了问题的某些知识, 那么跟事先不知道任何知识相比, 就比较容易找出那个证明."

这段论述的重要性超出了其字面的含义, 说明可以利用无限性来发现开始时无法用逻辑来获得的结论. 阿基米德也许是第一位坦率地说明发现定理和证明定理之间差异的数学家.

4.2 欧多克索斯的比例理论

比例理论归功于欧多克索斯 (Eudoxus of Cnidus, 约公元前 400—前 350), 在欧几里得《几何原本》的第 V 卷中有详细的说明. 该理论的目的是为了在只需承认有理数的条件下, 讨论长度 (以及其他几何量) 能像讨论数一样精确. 在 1.5 节中, 我们看到了这样做的动机: 希腊人不接受无理数, 但他们接受诸如单位正方形的对角线这样的无理几何量. 为了讨论方便, 我们称长度是有理的, 若它们是某固定长度的有理倍数.

欧多克索斯的思想是: 长度 λ 由小于它的有理长度和大于它的有理长度来决定. 精确地说, 他认为所谓 $\lambda_1 = \lambda_2$, 是指凡小于 λ_1 的有理长度也小于 λ_2, 反之亦然. 类似地, $\lambda_1 < \lambda_2$ 是指存在大于 λ_1 而小于 λ_2 的有理长度. 这一定义利用有理数给出了长度的非常清晰的概念, 而又避免公开地利用无限性. 当然, 在他的心中已出现了小于 λ 的有理长度的无穷集, 但欧多克索斯避免提到无穷而只说任意小于 λ 的有理长度.

比例理论如此成功, 以致把实数理论的发展推迟了 2000 年. 这是颇具讽刺意味的, 因为比例理论除了能用于长度之外, 还能定义无理数. 这是可以理解的, 因为像单位正方形对角线这样普通的无理长度, 是由作图问题引起的, 按几何的观点, 它在直观上很清楚, 也是有限的过程. 但从算术角度看 $\sqrt{2}$, 无论它的表达形式是序列、小数还是连分数, 都涉及一个无限过程, 因此缺乏直观性. 在 19 世纪前, 这似乎成为下述观点成立的极佳理由: 作为数学基础而言, 几何比算术更好. 但几何在 19 世纪遇到了麻烦, 濒临危机; 数学家开始担心几何直观, 像他们以前担心无穷一样. 几何推理被清除出教科书, 人们不辞辛苦地在数和数集的基础上重建数学. 我们将在第 24 章讨论集合论; 现在只需告诉大家, 集合论依赖于对完成了的无穷* 的承认.

比例理论的完美之处在于它能适应这种新的气候. 有理长度可以用有理数代替. 用有理长度来跟实际存在的无理长度做比较的方法, 可改变为从一开始就利用有理数集来构造无理数. 长度 $\sqrt{2}$ 由两个正有理数集所确定:

$$L_{\sqrt{2}} = \{r : r^2 < 2\}, \quad U_{\sqrt{2}} = \{r : r^2 > 2\}.$$

戴德金 (1872) 决定: 令 $\sqrt{2}$ 即是这一数对! 一般地, 令任一将正有理数分为两个集合 L 和 U, 使得 L 中的任一元素都小于 U 中的任一元素的划分是一个正实数. 这种思想现称为戴德金分割, 它不仅仅是欧多克索斯方法的创新, 而且只利用有理数就给出了所有实数 —— 或者说直线上的点 —— 的完全和统一的构造. 简言之, 这里用离散的方法来解释连续性, 从而最终解决了希腊数学中的基本冲突. 戴德金对他的成就理所当然地感到高兴. 他写道:

> 人们老是说微分演算讨论的是连续量, 但是对连续性却从未加以解释 …… 所以唯一需要去发现的是算术元素的真正的起点, 同时获得关于连续性的真正本质性的定义. 我成功了, 那是在 1858 年的 11 月 24 日.
>
> 戴德金 (1872), 2 页

习题

只有一个戴德金分割 (L, U) 对应于一个无理数 α, 但是有两个分割对应于一个有理数 a:

$$L = \{r : r \leqslant a\}, \quad U = \{r : r > a\}$$

和

$$L = \{r : r < a\}, \quad U = \{r : r \geqslant a\}.$$

为了对所有的实数有一种统一的理论, 在此我们选择后一个分割, 记为

$$L_a = \{r : r < a\}, \quad U_a = \{r : r \geqslant a\},$$

把它作为表示有理数 a 的标准形式. 于是, 无论 x 是有理数还是无理数, 我们可以说 x 的下集 (lower set) 是

$$L_x = \{r : r < x\}.$$

---

* 即, 不是永不停歇的无穷过程. —— 译注

现在, 我们利用下集来为正实数 x 和 y 定义 $x + y$ 和 xy:

$$L_{x+y} = \{r + s : r < x \text{ 和 } s < y, \text{ 其中 } r, s \text{ 是有理数}\},$$
$$L_{xy} = \{rs : r < x \text{ 和 } s < y, \text{ 其中 } r, s \text{ 是有理数}\}.$$

4.2.1 试证明: 当 x 和 y 是有理数时, $x + y$ 和 xy 的这些定义是合理的.

正如戴德金认识到的, 这些定义的真正威力是能够严格地证明像 $\sqrt{2}\sqrt{3} = \sqrt{6}$ 这样的结论 —— (按戴德金的观点) 它们以前从未被严格证明过. 这样的证明是可以做到的, 但绝不平凡. 即使为了证明 $\sqrt{2}\sqrt{2} = 2$, 你还必须证明下述两个结论.

4.2.2 若 $r^2 < 2$ 且 $s^2 < 2$, 试证明 $rs < 2$.

4.2.3 若有理数 $t < 2$, 试证明存在这样的有理数 r, s, 其中 $r^2 < 2, s^2 < 2$, 使得 $t = rs$.

4.2.4 为什么习题 4.2.2 和 4.2.3 能证明 $\sqrt{2}\sqrt{2} = 2$?

4.2.5 试类似地证明 $\sqrt{2}\sqrt{3} = \sqrt{6}$.

4.3 穷竭法

穷竭法同样归功于欧多克索斯, 是他的比例理论的推广. 正如一个无理长度由它两边的有理长度来确定一样, 更一般的未知量也可用已知的图形来任意地逼近. 欧多克索斯给出的例子 (在欧几里得《几何原本》的第 XII 卷中有详细说明) 是用内接和外切多边形来逼近圆 (图 4.1), 以及用一层层的棱柱来逼近棱锥 (图 4.2, 它展示的是一种最显然的逼近, 而不是欧几里得实际使用的精巧的逼近). 两种情形中的逼近图形 (指多边形和棱柱) 都是已知量 —— 基于比例理论和三角形面积 = 1/2 底 × 高这条定理.

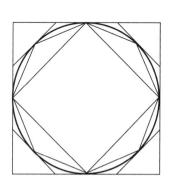

图 4.1 对圆的逼近

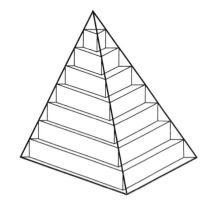

图 4.2 对棱锥的逼近

如下所示, 多边形逼近用于证明任一圆的面积跟它的半径的平方成比例. 设 $P_1 \subset P_2 \subset P_3 \subset \cdots$ 是内接多边形, $Q_1 \supset Q_2 \supset Q_3 \supset \cdots$ 是外切多边形. 每个多边形由其前一个多边形得出, 办法是平分两个顶点间的弧, 如图 4.1 所示. 根据初等几何的知识可证明:

能够使面积差 $Q_i - P_i$ 任意地小, 因此 P_i 可任意逼近圆的面积 C.

另一方面, 初等几何还告诉我们, 面积 P_i 和半径的平方 R^2 成比例. 记面积为 $P_i(R)$, 并利用比例理论来处理面积比, 我们有

$$P_i(R) : P_i(R') = R^2 : R'^2. \tag{1}$$

现令 $C(R)$ 表示半径为 R 的圆的面积, 并设

$$C(R) : C(R') < R^2 : R'^2. \tag{2}$$

选一个充分逼近 C 的 P_i, 我们就得到

$$P_i(R) : P_i(R') < R^2 : R'^2,$$

它跟 (1) 相矛盾. 因此, (2) 中的符号 $<$ 是错误的, 我们同样可以证明 $>$ 也是错误的. 于是, 唯一的可能是

$$C(R) : C(R') = R^2 : R'^2,$$

即, 圆面积和它的半径的平方成比例.

注意, "穷竭法" 并不意味使用了无限的步骤序列以证明面积跟半径的平方成比例. 更确切地说, 人们证明的是: 在有限步骤内 (到达适当的 P_i) 可以否定不成比例性. 这是穷竭法在论证时避免提到极限和无穷的典型手法.

在棱锥的情形, 你可以再次用初等几何的知识证明一层层的棱柱任意逼近棱锥. 此时, 穷竭法证明的是: 像棱柱的体积一样, 棱锥的体积跟底 × 高成比例 (参见下面的习题). 最后, 存在一种巧妙的方法可证明其比例常数是 1/3. 我们可以只讨论三棱锥的情形 (因为任何棱锥都可以切割成三棱锥), 图 4.3 则告诉我们如何将三棱柱切割成三个三棱锥. 这些三棱锥中的任意两个都可视为具有相等的底和高 —— 虽然取哪个面为底取决于所比较的三棱锥 —— 因此三个三棱锥体积相等. 每个都等于原棱柱体积的三分之一, 即 1/3 底 × 高.

有趣的是, 欧几里得的多边形面积理论并不需要穷竭法. 他所使用的是剖分论证, 就像他证明三角形面积 = 1/2 底 × 高那样 (参见图 4.4). 事实上, F. 波尔约 (Farkas Bolyai) 证明 (1832a): 任意两个等面积的多边形 P 和 Q 都能够分割成一组多边形 $P_1, \cdots, P_n$ 和 $Q_1, \cdots, Q_n$, 使得 P_i 全等于 Q_i. 于是, 对多边形而言, 若存在剖分可将它们分割成这样对应全等的部分, 则我们可以定义这些多边形面积相等.

在希尔伯特所列出的著名数学问题中 (希尔伯特 (1900a)), 第三个是问: 对于多面体是否存在类似的定义. 德恩 (Dehn, M., 1900) 证明, 答案是否定的; 事实上, 等体积的四面体和立方体不可能被剖分为对应全等的小多面体. 因此, 需要某种像穷竭法类型的无穷过

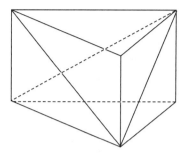 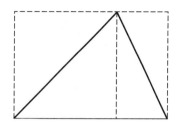

图 4.3　将棱柱切割为棱锥　　　　　　图 4.4　三角形面积

程来定义体积相等. 关于德恩定理和有关结果的易读的阐释可在博尔强斯基 (Boltyansky, V. G.) 的书 (1978) 中找到.

习题

虽然多边形的面积理论不需要穷竭法, 但对于像求多面体体积和曲边形区域的面积等需要穷竭法的地方, 它仍不失为有用的踏脚石.

4.3.1 试证明: 等底等高的两个三角形的面积可以用同样的一组矩形来任意逼近 (矩形的叠法可以不同, 参见图 4.5).

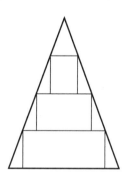 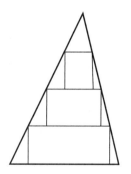

图 4.5　逼近三角形

4.3.2 试用类似的方法证明: 任意两个等底等高的四面体, 可以用同样的三棱柱来任意地逼近 (三棱柱的叠法可以不同, 参见图 4.6).

　　大约在 1800 年, 勒让德 (Legendre, A.-M.) 利用习题 4.3.2 的结果, 给出了棱锥的体积等于等底等高棱柱体积的 1/3 的另一个证明 (参见希思 (1925), 卷 XII, 命题 5). 他利用了上述将棱柱分割为三个四面体的剖分, 其中两两具有相等的底和高. 所以, 他只需去做下面的习题.

4.3.3 试依据习题 4.3.2 导出: 等底等高的棱锥体积相等.

　　用穷竭法推导四面体体积的另一种有趣的方法是欧几里得给出的 (参见希思 (1925), 卷 XII, 命题 4). 他把四面体剖分成两个小的四面体和两个棱柱, 如图 4.7 所示; 新出现的顶点位于原四面体各边的中点.

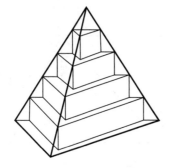
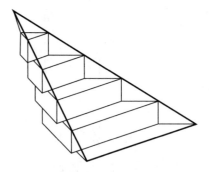

图 4.6　逼近四面体

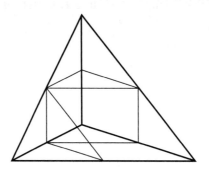

图 4.7　欧几里得对四面体的剖分

4.3.4 试证: 两个棱柱所占体积超过原四面体体积的一半. (因此, 对小四面体不断重复同样的剖分, 便知原四面体的体积可以由一系列的棱柱任意地逼近.)

4.3.5 试证: 图 4.7 中两个棱柱的体积等于 $1/4$ 底 $\times$ 高 (指原四面体的底和高).

通过计算小四面体中相应的棱柱的体积 (图 4.8), 并重复进行下去, 我们可求出原四面体的体积: 一个几何级数的和.

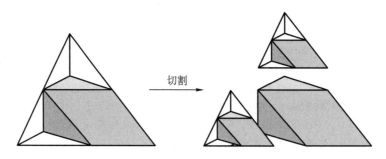

图 4.8　四面体的重复剖分

4.3.6 试证: 这些棱柱的总体积为

$$\left(\frac{1}{4}+\frac{1}{4^2}+\frac{1}{4^3}+\cdots\right)底 \times 高 = 1/3\, 底 \times 高.$$

在下一节, 我们将研究阿基米德的作图法, 它跟欧几里得的做法巧妙地相似. 每一步都从前一步剩下的部分中再切割掉一些, 导致类似的几何级数.

4.4 抛物线弓形的面积

阿基米德 (Archimedes, 公元前 287—前 212) 把穷竭法发展到了充分成熟的地步. 他的最著名的成果就涉及球的体积和表面积, 以及抛物线弓形的面积. 如 4.1 节提到的, 阿基米德首先用非严格的方法发现了这些结论, 之后才用穷竭法加以证实. 他使用穷竭法进行的证明中, 最有趣和最自然的是对抛物线弓形面积的证明. 用多边形来穷竭弓形, 类似于欧多克索斯对圆的穷竭, 但他是直接得到所求图形的面积而不仅仅是说它跟另一个图形成比例.

为了简化作图, 我们假定弓形是由垂直于抛物线对称轴的弦切割所成的. 阿基米德把该抛物线弓形分成一系列三角形 $\Delta_1, \Delta_2, \Delta_3, \cdots$, 如图 4.9 所示 (图中以脚标数字标明相应的三角形). 每个三角形位于中间的那个顶点, 落在抛物线上介于另两个顶点间 (按水平方向度量的) 一半的位置处. 这些三角形明显地能穷竭该抛物线弓形, 余下的问题是计算它们的面积. 相当出人意料, 我们遇到的竟也是一个几何级数.

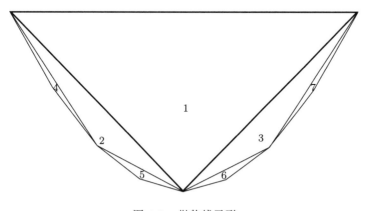

图 4.9 抛物线弓形

我们通过研究 Δ_3 (图 4.10) 来说明其来源. 因为根据抛物线的定义, $OP = \frac{1}{2}OX$, $PQ = \frac{1}{4}PS$. 另一方面, $SR = \frac{1}{2}PS$, 因此 $QR = \frac{1}{4}PS$. Δ_3 等于三角形 RQZ 和 OQR 的和, 它们具有相同的底 RQ, 而 '高' $OP = PX$, 因此具有相等的面积. 我们刚看到三角形 RQZ 的底是三角形 SRZ 的底的一半, 但它们的高相等, 因此 (当两个图形面积相等

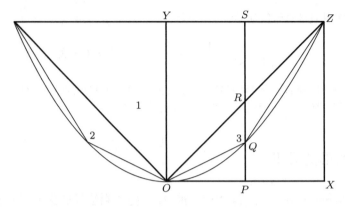

图 4.10 弓形内的三角形

时, 我们称它们相等)

$$\Delta_3 = SRZ = \frac{1}{4}OYZ = \frac{1}{8}\Delta_1.$$

根据对称性, $\Delta_2 = \Delta_3$, 所以 $\Delta_2 + \Delta_3 = \frac{1}{4}\Delta_1$.

同理可证

$$\Delta_4 + \Delta_5 + \Delta_6 + \Delta_7 = \frac{1}{16}\Delta_1.$$

依此类推, 每一串新的三角形的面积为前一串的四分之一. 因此,

$$抛物线弓形的面积 = \Delta_1\left(1 + \frac{1}{4} + \left(\frac{1}{4}\right)^2 + \cdots\right)$$
$$= \frac{4}{3}\Delta_1.$$

当然, 阿基米德没有使用无穷级数而只是使用了穷竭法, 用于证明任何小于 $\frac{4}{3}\Delta_1$ 的面积都能被超过, 只要取足够多的三角形 Δ_i. 此处所需的有限几何级数的和, 可从欧几里得的《几何原本》的卷 IX 中找到, 欧几里得用它证明完全数的定理 (参见 3.2 节).

习题

阿基米德的三角形逼近法在讨论抛物线弓形时取得了辉煌的成功, 但它并不适合其他许多曲线. 更有用的一般性方法是利用矩形来逼近, 你也许已从微积分中了解了它. 抛物线弓形的面积也能用这种方法来计算, 尽管不够优美, 但阿基米德确实也这样做过. 在 9.2 节, 我们会看到可以用矩形逼近的方法来估值的其他曲边形面积.

也许, 不能用这种方法来求的最简单的面积是双曲线 $(y = 1/x,$ 从 $x = 1$ 到 $x = t)$ 下的面积. 这是因为此面积等于 $\log t$, 而对数函数无法用初等方法来定义. 但若你用该面积来定

义 $\log t$, 那么就能导出对数的基本性质:

$$\log ab = \log a + \log b,$$

阿基米德也许就是这样理解的.

4.4.1 假设我们用 n 个等宽的矩形 (如图 4.11 所示) 来逼近 $y = 1/x$ (x 从 1 到 a) 下的面积 $\log a$.

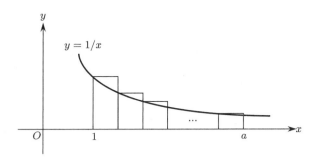

图 4.11 矩形逼近 $\log a$

试证明: 相应地用 n 个矩形来逼近 $y = 1/x$ (x 从 b 到 ab) 下的面积恰好得到完全相同的面积. (事实上, 对应的矩形具有相等的面积.)

4.4.2 试使用穷竭法从习题 4.4.1 推导出: 曲线 $y = 1/x$ 下从 1 到 a 和从 b 到 ab 的面积相等.

4.4.3 试从习题 4.4.2 和上述 log 的定义推断出:

$$\log ab = \log a + \log b.$$

4.5 人物小传: 阿基米德

阿基米德是少数几位流传有极详细生平记载的古代数学家之一, 这要感谢诸如普卢塔克 (Plutarch)、李维 (Livy, T.) 和西塞罗 (Cicero, M. T.) 这些古典学者对他的关注, 以及他参与了公元前 212 年发生在叙拉古的重大历史性围城战. 他约于公元前 287 年诞生在叙拉古 (希腊城市, 位于现在的西西里岛), 在那里完成了他的大部分重要工作, 但他可能到亚历山大学习过一段时间. 阿基米德大概跟叙拉古的统治者希伦二世一直关系密切, 至少保持着友好往来. 有许多故事讲到他为了帮助希伦而发明了各种机械装置: 拖动船只的组合式滑轮装置, 保卫叙拉古用的抛射器, 以及模型天象仪.

关于阿基米德的最著名的故事是维特鲁维厄斯 (Vitruvius, M.) 讲述的 (《建筑学》(*De architectura*) 卷 IX, 第三章), 当他在洗澡时突然意识到, 在水中称皇冠的重量可以测试它是否是纯金的, 于是他从浴缸中跳出来大声呼叫道: "Eureka (我找到了)!" 历史学家怀疑这个故事的真实性, 但它至少认定阿基米德了解流体静力学.

在古代, 阿基米德以其机械发明而声明卓著, 无疑当时的大多数人更容易理解机械装置而非纯数学. 然而, 有证据说明他的理论力学 (包括杠杆原理、质心、平衡条件和流体静压) 是他对科学最富创意的贡献. 在阿基米德之前, 根本不存在力学的数学理论, 而只有完全不正确的亚里士多德的力学. 在纯数学方面, 也许除了在《方法》中利用他的静力学思想作为发现面积和体积公式的方法之外, 并没有获得可与他的力学成果相比的概念性进步; 阿基米德在几何证明中需要的概念 —— 比例理论和穷竭法 —— 已为欧多克索斯所获. 阿基米德远远超过他同时代的人的正是他非凡的洞察力和技巧.

关于阿基米德的死, 人们常被告知这样一个故事, 尽管其中的细节有所变化. 公元前 212 年, 马塞卢斯 (Marcellus, M.C.) 率罗马人攻陷叙拉古, 阿基米德被罗马士兵杀死. 可能他被杀时正在做数学, 至于是否因为他说了 '别碰我的图" 而激怒了一名士兵则另当别论. 这个故事是策策斯 (Tzetzes, J.) 流传给我们的 (见他的《千行诗集》(*Chiliad*) 卷 II). 阿基米德之死的其他版本见于普卢塔克的《希腊罗马名人比较列传》(*Lives*) 中有关马塞勒斯 (Marcellus, 罗马名将, 约公元前 268—前 208) 的那章. 普卢塔克还告诉我们, 阿基米德要求在他的墓碑上刻上他最喜爱的成果 —— 球和圆柱体积之间的关系的图形和说明. (他证明, 球体积等于其外接圆柱体积的三分之二. 参见希思 (1897, 43 页) 和本书习题 9.2.5.) 一个半世纪后, 西塞罗在《图斯库卢姆谈话录》(*Tusculan Disputations*) 卷 V 中报告说, 他于公元前 75 年在西西里担任古罗马的财务官时找到了这个墓碑 —— 墓地已荒废, 但墓碑上的球和圆柱仍依稀可辨.

第 5 章

亚洲的数论

导读

在接下来的三章, 读者将看到代数在数学中确立其稳固地位的过程. 我们主要关注各种巧妙地处理方程的方法. 本章讲述应用于数论的方程, 第 6 章展示为代数本身研究的方程, 第 7 章则引出应用于几何的方程.

正如我们在第 3 章所见, 丢番图给出了求解二次和三次方程有理数解的方法; 但要找出整数解, 即使对于线性方程也并不简单. 最早在整数范围内找出线性方程通解的是中国和印度的学者, 此外他们也发现了欧几里得算法.

印度人还重新发现了佩尔方程 $x^2 - Ny^2 = 1$, 并对一般的自然数 N 的值, 找到了该方程的求解方法.

婆罗摩笈多是首位推进佩尔方程研究的人, 他在 628 年找到了由 $x^2 - Ny^2 = k_1$ 和 $x^2 - Ny^2 = k_2$ 两个方程的 "合成" 解导出 $x^2 - Ny^2 = k_1 k_2$ 的解的办法. (我们还提到婆罗摩笈多的一个令人好奇的公式, 它给出所有具有有理数边和有理数面积的三角形.)

1150 年, 婆什迦罗第二发现了婆罗摩笈多方法的一种扩展; 他对任意非平方的自然数 N, 找出了方程 $x^2 - Ny^2 = 1$ 的解. 他以 $N = 61$ 为例说明经他扩展的方法, 此例中的最小非平凡解居然离奇地大.

5.1 欧几里得算法

从本书的前几章可以看得很清楚, 古希腊对世界数学具有巨大的影响, 数学的大多数基本概念都在那里出现了. 但这并不是说希腊人发现的所有东西都是领先的, 也不是说他们把所有的事情都做到了最好. 我们已经看到, 巴比伦人比希腊人更早知道毕达哥拉斯定理, 对毕达哥拉斯三元数组的理解也比希腊人更好些, 至少在丢番图之前是如此.

事实上, 古代中国和古代印度也知道毕达哥拉斯定理和毕达哥拉斯三元数组. 就我们所知, 这些发现都是在各地区独立进行的, 所以不妨说毕达哥拉斯定理是全人类的数学成就, 似乎足够先进的文明都会产生它. 其他一些全人类的文化产物包括 π 的概念 —— π 是圆的周长与直径之比 —— 以及欧几里得算法. 我们将在这一章看到, 不论什么时候, 只要有人对倍数、因子或线性及二次方程整数解感兴趣, 欧几里得算法就会应运而生.

对欧几里得而言, 欧几里得算法有两种完全不同的应用. 第一种, 该算法应用于整数, 通常会得出涉及整除性和素数的结论. 第二种, 该算法应用于直线段, 作为对无理性的判断标准: 如果算法不能终止, 那么线段之比就是无理的. 就像我们在 3.4 节看到的, 希腊人可能将不能终止的欧几里得算法算到足够远, 以便看到在某种情形下是否出现周期性; 例如当两条线段的长为 1 和 $\sqrt{2}$ 时他们就是这么做的.

欧几里得算法在世界各地相互独立的发展中, 其第一种形式源自中国的汉朝 (介于公元前 200 年到公元 200 年之间). 中国人用它来约简分数 —— 用分子和分母的 gcd 去除它们 —— 也用于寻找线性方程的整数解.

这种方程的典型 '应用' 如下. 假定一年有 $365\frac{1}{4}$ 天, 一个太阴月有 $29\frac{1}{2}$ 天. 如果我们以 1/4 天为单位, 则年和太阴月能够以整数 1461 和 118 来度量. 现假定在一年的第一天是满月, 问多长时间以后才会在一年的第二天为满月? 设这在 x 年 (或说 y 个月) 后发生, 此时

$$1461x = 118y - 4.$$

我们可以找出这个方程的最小解; 正如我们在 3.3 节中见到的, 这取决于 $1 = \gcd(1461, 118)$ 表示为形如 $118y - 1461x$ 的组合, 这是求助于欧几里得算法就能做到的. 自然, 在该方程中我们只对 x 感兴趣, 因为仅仅需要知道 1461 的一个倍数比 118 的某个倍数 (我们不关心这个倍数是多少) 少 4. 这样的问题后来被称为同余问题: 求 x, 使得 $1461x$ 同余于 -4, mod 118. 中国人处置这类问题非常熟练, 并将他们的方法推广到多个同余式的情形 —— 下节将给出解释. 这导致了一个重要定理, 即今日著名的中国剩余定理.

差不多在公元 5 和 6 世纪, 印度人也会解类似的线性丢番图方程, 大概同样是为了解决类似的历法问题. 然而, 印度人将他们的思想引向了一个不同的方向. 他们独立地发现了佩尔方程 —— 希腊人是在试图理解 $\sqrt{N}$ 时找到它的 —— 并重新发现了其中的周期性. 最让人惊奇的是, 他们在得到这一发现时并不区分是有理数还是无理数. 他们对佩尔方程的处理完全基于整数运算, 并跟他们对线性方程的研究流畅地结合在一起.

5.2 中国剩余定理

该定理源自《孙子算经》(公元 3 世纪末) 中的如下问题: 求一个数, 它被 3 除余 2, 被 5 除余 3, 被 7 除余 2. 答案根据试算不难找到, 是 23. 但孙子给出了下列解释, 想必是

为了说明一般的方法.

> 如果被 3 除余数为 2, 记下 140.
> 如果被 5 除余数为 3, 记下 63.
> 如果被 7 除余数为 2, 记下 30.
> 将这三个数加起来得到 233, 减去 210, 便得到答案.

选自蓝丽蓉 (Lam, L. Y.) 和洪天赐 (Ang, T. S.) 翻译的《孙子算经》(1992), 178 页.*

数 140, 63, 30 被选中, 是因为它们具有下列性质:

- $140 = 4 \times (5 \times 7)$
  被 3 除余 2, 且被 5, 7 除余 0.
- $63 = 3 \times (3 \times 7)$
  被 5 除余 3, 且被 3, 7 除余 0.
- $30 = 2 \times (3 \times 5)$
  被 7 除余 2, 且被 3, 5 除余 0.

因此, 它们的和 233 分别被 3, 5, 7 除时, 必定留下余数 2, 3, 2. 因 $3 \times 5 \times 7 = 105$, 被 3, 5, 7 除时余数均为 0, 我们可以从 233 中减去 105, 从而得到比较小的数, 且保持被 3, 5, 7 除时的余数不变. 两次减去 105 就得到最小解 23.

但为什么特别选取 140, 63, 30 呢? 如果选取 35 代替 140 会更简单些, 因为

- $35 = 5 \times 7$
  被 3 除余 2, 且被 5, 7 除余 0.

孙子接着解释说:

> 如果被 3 除, 余数为 1, 记下 70.
> 如果被 5 除, 余数为 1, 记下 21.
> 如果被 7 除, 余数为 1, 记下 15.

他显然是要从 $70 = 2 \times (5 \times 7)$ 开始, 因为它是 5 和 7 的倍数中除以 3 余 1 的最小数, 那么它乘以 2 就得到除以 3 后余数为 2 的数.

数 63 和 30 也可用这种方式来解释. 3 和 7 的最小倍数且使得被 5 除余 1 的数是 $21 = 3 \times 7$. 因此 $63 = 3 \times (3 \times 7)$ 是 3 与 7 的最小倍数且使得被 5 除余 3 的数. 类似地, $15 = 3 \times 5$ 是 3 与 5 的最小倍数且使得被 7 除余 1 的数, 所以 30 是 3 与 5 的最小倍数且使得被 7 除余 2 的数.

这里有一个有趣的问题. 如果孙子试图将此作为一般方法, 就应该用整数 p, q, r 代替 3, 5, 7, 这时他需要知道存在一个 qr 的倍数 mqr 被 p 除余 1. 他知道吗? 这样的 m 现

---

* 《孙子算经》卷下有最著名的 "物不知数" 题. "术曰, 三三数之剩二置一百四十, 五五数之剩三置六十三, 七七数之剩二置三十, 并之得二百三十三, 以二百一十减之, 即得." —— 译注

在我们称之为 $qr \bmod p$ 的逆 (inverse). 孙子问题大概是数学史上第一次出现寻求逆的事物.

最早给出解孙子问题的一般方法的是秦九韶, 记录在他 1247 年写的《数书九章》中. 他用欧几里得算法解决了求逆这一关键问题. 给定整数 p 和 a, 且 $\gcd(p,a) = 1$, 从 2.4 节可知存在整数 m 和 n, 使得

$$mp + na = 1.$$

但此时

$$mp = 1 - na,$$

于是 mp 被 a 除余 1, 且 m 是 $p \bmod a$ 之逆. 秦九韶对 p, a 用欧几里得算法求 m, 然后代入 $mp + na = 1$ 以求 m 和 n. 他称此法为 "求一术".

不难证明 (习题 5.2.1) 仅当 $\gcd(p,a) = 1$ 时 p 有 $\bmod a$ 逆. 这样在中国剩余定理中, 我们一般需要互素的因子. 求逆方法给出下述定理:

中国剩余定理. 如果 $p_1, p_2, \cdots, p_k$ 是两两互素的整数, 设 $r_1 < p_1, \cdots, r_k < p_k$ 是大于等于 0 的整数, 则存在一个整数 n, 使得它被 p_i 除余数为 r_i, 这对一切 i 成立.

这个定理在数论史上以多种面貌出现, 它常常成为产生新概念和新结果的媒介. 它后来在中国的发展, 在李倍始 (Libbrecht, U.) (1973) 的书中有所描述. 当它最终在欧洲被发现时, 欧拉和高斯用它做出了极出色的工作.

习题

5.2.1 试证明: 若 mp 被 a 除余数为 1, 则 $\gcd(p,a) = 1$.

5.2.2 试利用 $\bmod p_i$ 逆的存在性验证孙子的方法, 从而给出中国剩余定理的证明.

5.3 线性丢番图方程

我们已经了解了中国人在大约公元 3 世纪至秦九韶 1247 年的《数书九章》问世之间, 是如何使用欧几里得算法解决剩余问题的. 在同一时期, 印度也广泛地使用这个算法, 起点是阿耶波多 (Âryabhaṭa) 写的《阿耶波多历数书》(Âryabhaṭîya) (公元 499 年). 阿耶波多生于公元 476 年, 他也以阿耶波多第一 (Âryabhaṭa I) 而闻名, 以区别于与他同名的生活在公元 950 年左右的另一位数学家.

他的最重要的贡献是找到了形如 $ax + by = c$ 的整数方程的解, 其中 a, b, c 都是整数. 这个问题跟中国剩余问题相类似, 也像后者一样十分需要欧几里得算法. 这两个问题都归结为将 $\gcd(a,b)$ 表为 $ma + nb$ 的形式; 就方程 $ax + by = c$ 而言, 需要该算法的基本理由如下:

方程 $ax + by = c$ 有整数解的判别准则 方程 $ax + by = c$, 其中 a, b, c 为整数, 有整数解 $\Leftrightarrow \gcd(a, b)$ 整除 c.

证明 如果 x 和 y 是整数, 则 $\gcd(a, b)$ 整除 $ax + by$; 因此若 $ax + by = c$, 则 $\gcd(a, b)$ 整除 c; 反之, 由 3.3 节可知存在 m, n, 使得 $\gcd(a, b) = ma + nb$. 因此, 若 $\gcd(a, b)$ 整除 c, 我们就知 $ma + nb$ 整除 c, 即有 $(ma + nb)d = c$. 于是, $x = md, y = nd$ 就是方程 $ax + by = c$ 的一个解. $\qquad\qquad\square$

正如 3.3 节所提到的, $\gcd(a, b) = ma + nb$ 是欧几里得算法的直接推论, 尽管欧几里得显然未予注意. 我们也不能确认阿耶波多注意到了这点, 因为他的书涉及解 $ax + by = c$ 的问题只有区区几行, 后经注释者的努力, 才使这几行文字为人们所理解. 婆什迦罗第一 (Bhâskara I) 最早 (公元 522 年) 注意到通过用 $\gcd(a, b)$ 除 a 和 b, 可以将问题约简为解方程

$$a'x + b'y = 1,$$

其中 $\gcd(a', b') = 1$, 而且这后一问题总是可解的. 婆什迦罗第一假定对某两个整数 m' 和 n' 有 $1 = \gcd(a', b') = m'a' + n'b'$; 只要在左右两方同时乘以 $\gcd(a, b)$ 就可得出 $\gcd(a, b) = ma + nb$.

婆什迦罗第一还给欧几里得算法引入了一个生动的术语叫做 Kuṭṭaka, 意为粉碎器. 数 a 和数 b 经欧几里得算法被 "粉碎" 为越来越小的部分, 其中最小的部分是它们的 gcd. 印度粉碎器是该算法的带余数的除法形式, 自然这个词用到减法形式上也同样地好. 为了解方程 $ax + by = c$ (其中 $\gcd(a, b)$ 整除 c), 用粉碎器结合代换去找系数 m 和 n, 使得 $ma + nb = \gcd(a, b)$; 再乘以适当的因子就得到 x, y, 使得 $ax + by = c$. 例子可见于斯里尼瓦辛格 (Srinivasiengar, C. N.)(1967) 的著作.

习题

求出使 $\gcd(a, b) = ma + nb$ 的 m, n, 可以通过对于数 a 和 b, 相应地对字母符号 a, b 施行欧几里得算法而实现. 例如, 为了求 m 和 n 使得 $1 = 21m + 17n$, 你可以对于数对 $(21, 17)$ 做欧几里得算法, 我们也可对于数对 (a, b) 来做, 针对符号和针对数字的做法是一样的.

前几步是这样的:

$(21, 17)$	(a, b)
$(17, 21 - 17)$	$(b, a - b)$
$(17, 4)$	$(b, a - b)$
$(17 - 4, 4)$	$(b - (a - b), a - b)$
$(13, 4)$	$(-a + 2b, a - b)$

至此, 已为形式 $21m + 17n$ 给出 $13 = -21 + 2 \times 17$ 和 $4 = 21 - 17$.

5.3.1 试完成对 $(21, 17)$ 的欧几里得算法, 从而求出使 $1 = 21m + 17n$ 成立的整数 m 和 n.

5.3.2 进而找出整数 x, y, 使得 $21x + 17y = 3$.

5.4 婆罗摩笈多著作中的佩尔方程

在关注线性丢番图方程方面, 印度数学与中国数学是很相似的. 事实上, 这种类似性比至今人们所认为的更大, 因为中国剩余定理也是印度数学研究的对象. 这暗示了双方可能有过接触, 有过思想共享. 另一方面, 这两种数学文化在其他方面还是有差异的. 中国人发展了代数和对高次方程的逼近方法, 但没有关于非线性方程的整数解方面的工作 (除了毕达哥拉斯方程). 印度人在代数方面的进步较少, 但在求解佩尔方程的整数解方面却有惊人的进步, 这是数论自丢番图以来第一次最重要的进步.

这项进步的作者是婆罗摩笈多, 他在公元 628 年的著作《婆罗摩修正体系》(*Brâhma-sphuṭa-siddhânta*) 有科尔布鲁克 (Colebrooke, H. T.) 的英译本 (1817). 婆罗摩笈多讨论的佩尔方程是

$$x^2 - Ny^2 = 1, \quad \text{其中 } N \text{ 为非平方数}.$$

他的研究基于他的一项发现 (参见科尔布鲁克 (1817), 363 页):

$$(x_1^2 - Ny_1^2)(x_2^2 - Ny_2^2) = (x_1x_2 + Ny_1y_2)^2 - N(x_1y_2 - x_2y_1)^2,$$

这个等式是丢番图发现的下列恒等式的推广:

$$(x_1^2 + y_1^2)(x_2^2 + y_2^2) = (x_1x_2 - y_1y_2)^2 + (x_1y_2 + x_2y_1)^2.$$

关于这点我们在后面讲到关于复数时还会谈到. 像丢番图恒等式一样, 婆罗摩笈多的等式可以通过直接乘出左、右两边的式子而验证, 虽然开始时不容易发现这一点.

婆罗摩笈多使用他的恒等式去求方程

$$x^2 - Ny^2 = 1$$

之解, 是通过一系列形如

$$x^2 - Ny^2 = k_i$$

的方程实现的.

他的恒等式表明, 如果

$$x = x_1, y = y_1 \text{ 是 } x^2 - Ny^2 = k_1 \text{ 的解},$$

且

$$x = x_2, y = y_2 \text{ 是 } x^2 - Ny^2 = k_2 \text{ 的解},$$

则
$$x = x_1x_2 + Ny_1y_2, y = x_1y_2 + x_2y_1 \text{ 是方程 } x^2 - Ny^2 = k_1k_2 \text{ 的解.}$$

这称为三元数组 (x_1, y_1, k_1) 和 (x_2, y_2, k_2) 合成为三元数组 $(x_1x_2 + Ny_1y_2, x_1y_2 + x_2y_1, k_1k_2)$.

如果 $k_1 = 1$ 或 $k_2 = 1$, 合成是从已知的 $x^2 - Ny^2 = 1$ 的一个解生成无限多个解的一种方法 (如果 k_1, k_2 之中只有一个是 1, 就取相应的三元数组与其本身合成), 更惊人的是, 常常可能从

$$x^2 - Ny^2 = k_1 \quad \text{和} \quad x^2 - Ny^2 = k_2$$

的解中得到 $x^2 - Ny^2 = 1$ 的解, 这里 k_1 和 k_2 是大于 1 的整数.

理由是: (x_1, y_1, k_1) 与其本身的合成给出 $x^2 - Ny^2 = k_1^2$ 的解, 比如说 $x = X, y = Y$. 因此有理数 $x = X/k_1, y = Y/k_1$ 就是 $x^2 - Ny^2 = 1$ 的解. 如果运气好一点, x 和 y 就会是整数, 或继续进行合成将会产生一个整数解.

例 $x^2 - 92y^2 = 1$ (这是婆罗摩笈多的第一个例子; 他说: '谁能在一年内解决这个问题就是一个数学家." 见科尔布鲁克 (1817), 364 页).

解 因 $10^2 - 92 \cdot 1^2 = 8$, 我们有三元数组 $(10, 1, 8)$. 做它与自身的合成, 给出三元数组

$$(10 \times 10 + 92 \times 1 \times 1, 10 \times 1 + 1 \times 10, 8 \times 8) = (192, 20, 64),$$

这就是说

$$192^2 - 92 \times 20^2 = 8^2.$$

上式除以 8^2 得出

$$24^2 - 92 \times (5/2)^2 = 1,$$

因此有一个 '接近整数' 的三元数组 $(24, 5/2, 1)$. 做它与自身的合成, 最后得到整数的三元数组:

$$(24^2 + 92 \times (5/2)^2, 24 \times (5/2) + (5/2) \times 24, 1) = (576 + 575, 120, 1)$$
$$= (1151, 120, 1).$$

于是, $x = 1151, y = 120$ 是 $x^2 - 92y^2 = 1$ 的解.

习题

5.4.1 试根据合成法解释 $x^2 - 2y^2 = (-1)^n$ 的解为 $x_{n+1} = x_n + 2y_n, y_{n+1} = x_n + y_n$ (3.4 节的 '边和对角线数").

5.4.2 试利用如下因式分解证明婆罗摩笈多恒等式

$$(x_1^2 - Ny_1^2)(x_2^2 - Ny_2^2) = (x_1 - \sqrt{N}y_1)(x_1 + \sqrt{N}y_1)(x_2 - \sqrt{N}y_2)(x_2 + \sqrt{N}y_2),$$

注意将第一个因子与第三个因子相乘, 第二个因子与第四个因子相乘.

5.4.3 试证明: 当 N 为非平方数时, $\sqrt{N}$ 为无理数. 由此导出: 若 $a_1 - \sqrt{N}b_1 = a_2 - \sqrt{N}b_2$ $(a_1, b_1, a_2, b_2$ 为整数), 则 $a_1 = a_2, b_1 = b_2$.

5.4.4 若 $(x_3, y_3, 1)$ 是 $(x_1, y_1, 1)$ 和 $(x_2, y_2, 1)$ 的合成, 试利用习题 5.4.3 证明: x_3, y_3 也可以定义为整数, 使得

$$(x_1 - \sqrt{N}y_1)(x_2 - \sqrt{N}y_2) = x_3 - \sqrt{N}y_3.$$

现在, 我们取消 x, y 为整数或有理数的限制, 并定义 $(x_1, y_1, 1)$ 与 $(x_2, y_2, 1)$ 的合成为 $(x_1x_2 + Ny_1y_2, x_1y_2 + x_2y_1, 1)$.

5.4.5 (本题为熟悉双曲函数的读者所设) 试证明函数 $x = \cosh u, y = \frac{1}{\sqrt{N}} \sinh u$ 在双曲线 $x^2 - Ny^2 = 1$ 的一支 $(x > 1)$ 上定义了一个实数 u 与点 (x, y) 之间的一一对应. 再证 $(\cosh u_1, \frac{1}{\sqrt{N}} \sinh u_1, 1)$ 与 $(\cosh u_2, \frac{1}{\sqrt{N}} \sinh u_2, 1)$ 的婆罗摩笈多合成为 $(\cosh(u_1 + u_2), \frac{1}{\sqrt{N}} \sinh(u_1 + u_2), 1)$; 因此婆罗摩笈多合成对应于实数 u 的加法.

5.4.6 试利用函数 $x = \cos \theta, y = \sin \theta$ 作单位圆的参数表示, 类似地证明 (x_1, y_1) 与 (x_2, y_2) 的 '丢番图合成' $(x_1x_2 - y_1y_2, x_1y_2 + x_2y_1)$ 对应于角 θ 的加法.

5.5 婆什迦罗第二著作中的佩尔方程

婆罗摩笈多用他的合成方法找到了很多佩尔方程 $x^2 - Ny^2 = 1$ 的整数解, 但却不能一致地用到所有的 N 值上. 他所能做到的最好的工作是证明了: 若 $x^2 - Ny^2 = k$ 有整数解, 其中 $k = \pm 1, \pm 2$ 或 ± 4, 则 $x^2 - Ny^2 = 1$ 也有整数解. 他对这几种情形成功地利用合成方法的证明可在斯里尼瓦辛格 (1967) 的书中找到.

解佩尔方程的第一个一般方法见之于婆什迦罗第二 (Bhâskara II) 于公元 1150 年发表的著作《算法本源》(Bîjaganita). 他给出一种叫做 cakravâla 或循环过程的方法完成了婆罗摩笈多的计划. 这种方法永远可以成功地找到整数 x, y, k 满足 $x^2 - Ny^2 = k$, 其中 $k = \pm 1, \pm 2$ 或 ± 4. 一般认为, 婆什迦罗第二并未给出循环过程一定能成功的证明 —— 这是拉格朗日 (1768) 首先给出的 —— 但实际上婆什迦罗第二给出了证明. 人们在韦伊 (Weil, A.) (1984) 的书第 22 页找到一个仅仅使用婆什迦罗第二所能理解的概念给出的证明. 我们将仅仅描述一下这个循环过程, 以及它最惊人的成就之一: $x^2 - 61y^2 = 1$ 的求解.

给定互素的数 a, b, 使得 $a^2 - Nb^2 = k$, 我们使三元数组 (a, b, k) 与另一三元数组 $(m, 1, m^2 - N)$ 合成, 后者是从下列普通的方程得到的

$$m^2 - N \times 1^2 = m^2 - N.$$

结果是得到三元数组 $(am + Nb, a + bm, k(m^2 - N))$, 它可以按比例缩小为 (可能是非整数的) 三元数组

$$\left(\frac{am + Nb}{k}, \frac{a + bm}{k}, \frac{m^2 - N}{k} \right),$$

我们选取 m, 使得 $(a + bm)/k = b_1$ 是整数, 因此 $(am + Nb)/k = a_1$ 和 $(m^2 - N)/k = k_1$ 也是整数. 如果我们选取的 m 还使得 $m^2 - N$ 尽可能地小, 我们就将顺利地得到三元数组 (a_i, b_i, k_i), $k_i = \pm 1, \pm 2, \pm 4$.

例 $x^2 - 61y^2 = 1$ (这是婆什迦罗第二的例子, 见科尔布鲁克 (1817), 176—178 页).

解 等式 $8^2 - 61 \times 1^2 = 3$, 给出三元数组 $(a, b, k) = (8, 1, 3)$. 我们将 $(8, 1, 3)$ 与 $(m, 1, m^2 - 61)$ 合成, 得到三元数组 $(8m + 61, 8 + m, 3(m^2 - 61))$, 于是有三元数组

$$\left(\frac{8m + 61}{3}, \frac{8 + m}{3}, \frac{m^2 - 61}{3} \right).$$

选取 $m = 7$ (因为 7^2 是与 61 最接近的平方数, 且使 3 整除 $8 + m$), 我们得到三元数组 $(39, 5, -4)$, 这样已得到 $k = -4$. 我们按比例缩减这个三元数组为 $(39/2, 5/2, -1)$. 将其与自身合成得出 $(1523/2, 195/2, 1)$, 再将它与 $(39/2, 5/2, -1)$ 合成给出整数三元数组 $(29718, 3805, -1)$. 最后, 将最后这个三元数组与自身合成得到 $(1766319049, 226153980, 1)$.

这样, 方程 $x^2 - 61y^2 = 1$ 有一整数解 $x = 1766319049$, $y = 226153980$. □

这个惊人的例子被费马 (1657) 重新发现过, 他拿出 $x^2 - 61y^2 = 1$ 这个方程向他的同事弗雷尼克勒 (Frenicle) 挑战. 事实上这个解 $x = 1766319049$, $y = 226153980$ 是方程 $x^2 - 61y^2 = 1$ 的最小非零解, 这说明了佩尔方程中隐藏着大量复杂的性质 —— 人们不会想到这个短短的方程会有那么长的答案. 想必婆什迦罗第二和费马都知道当 $N = 61$ 时, 佩尔方程特别地难解. 对于 $N \leqslant 100$ 的佩尔方程, 这是最长的最小解; 当 $N < 61$ 时, 答案比 $N = 61$ 时小得多.

对 $N = 61$ 的循环过程有点太过成功了, 因为在任何明显的 '循环' 出现之前过程就终止了. 实际上这个循环过程揭示了我们前面讲过的 $\sqrt{N}$ 的连分数展开时同样的周期 (见 3.4 节), 而且最小解的大小与周期的长短相关. 这些事实一直到拉格朗日时才弄清楚 (1768), 并主要是基于对连分数的探究.

对于避免使用连分数的佩尔方程的解, 参见本书 25.2 节.

习题

婆什迦罗第二解题过程中最令人惊讶的一步是选取整数 m, 使得 $(a + bm)/k$ 为整数, 同时产生整数 $(am + Nb)/k$ 和 $(m^2 - N)/k$, 这是需要解释的. 主要是由于开始选取 a 和 b 时要满足 $\gcd(a, b) = 1$ —— 人们通常想让 $a^2 - Nb^2 = k$ 小些 —— 因为当 $\gcd(a, b) > 1$ 时有些反例.

5.5.1 假设在 $a^2 - 2b^2$ 中选取 $a = 4, b = 2$, 于是 $k = 8$. 试找一个 m, 使得 $(a + bm)/k$ 是整数, 但 $(am + Nb)/k$ 不是整数.

然而, 如果 $\gcd(a, b) = 1$, 我们可以证明: 若 $(a + bm)/k$ 为整数, 则 $(am + Nb)/k$ 也是整数, 由该三元数组所对应的方程

$$\left(\frac{am + Nb}{k}\right)^2 - N\left(\frac{a + bm}{k}\right)^2 = \frac{m^2 - N}{k} \tag{$*$}$$

可知 $(m^2 - N)/k$ 也是整数. 证明 $(am + Nb)/k$ 是整数的步骤见下述习题, 最后涉及 '求一术'.

5.5.2 假设 $a + bm = kl$, 将 $a = kl - bm$ 代入方程 $a^2 - Nb^2 = k$ 中, 由此证明 k 可整除 $b(am + Nb)$.

5.5.3 将 $bm = kl - a$ 代入方程 $a^2 m^2 - Nb^2 m^2 = km^2$, 试证明 k 整除 $a^2(m^2 - N)$.

5.5.4 由习题 5.5.3 和方程 $(*)$ 的另一形式

$$(am + Nb)^2 - N(a + bm)^2 = k(m^2 - N),$$

导出 k^2 整除 $a^2(am + Nb)^2$, 所以 k 整除 $a(am + Nb)$.

5.5.5 试从习题 5.5.2 和习题 5.5.4 推出: 对任意整数 r 和 s, k 整除 $(ar + bs)(am + Nb)$; 因此得出 k 整除 $am + Nb$.

5.6 有理三角形

在发现了有理直角三角形, 并由欧几里得给出完整的描述 (1.2 节) 之后, 人们自然会提出这样的问题: 一般的有理三角形具有什么样的性质? 自然, 任意三个有理数, 只要其中任意两个之和大于第三个, 就可以作为一个三角形的三条边. 但 '有理三角形' 不仅要三条边的长度是有理数, 而且要求另一个量 —— 诸如高或者面积 —— 也是有理数. 因为面积 $= \frac{1}{2}$ 底 × 高, 一个有三条有理边的三角形要具有有理面积的充分必要条件是它的所有高都是有理的. 所以我们可以合理地定义有理三角形为具有有理边和有理面积的三角形.

对于有理三角形可以提出很多问题, 但它们却极少出现在希腊数学中. 据我们所知, 第一个彻底地讨论这些问题的人是婆罗摩笈多, 见于他公元 628 年的著作《婆罗摩修正体系》. 特别地, 他发现了下述关于有理三角形的完全描述.

有理三角形的参数描述 具有有理边长 a, b, c 和有理面积的三角形, 必具有下列形式:

$$a = \frac{u^2}{v} + v, \quad b = \frac{u^2}{w} + w, \quad c = \frac{u^2}{v} - v + \frac{u^2}{w} - w,$$

其中 u, v, w 都是有理数.

事实上, 婆罗摩笈多 (参见科尔布鲁克 (1817), 306 页) 在每个 a, b, c 中都有个因子 $\frac{1}{2}$,

其实这是不必要的, 因为,

$$\frac{1}{2}\left(\frac{u^2}{v}+v\right)=\frac{(u/2)^2}{v/2}+v/2=\frac{u_1^2}{v_1}+v_1,$$

其中 $u_1=u/2, v_1=v/2$ 仍是有理数. 所给出的这个公式并未见其证明; 如果我们重新写一下 a, b, c, 并做下面稍强的断言, 证明便会容易些.

任一个具有有理边和有理面积的三角形必具有下列形式:

$$a=\frac{u^2+v^2}{v}, \quad b=\frac{u^2+w^2}{w}, \quad c=\frac{u^2-v^2}{v}+\frac{u^2-w^2}{w},$$

其中 u, v, w 为有理数, 而且边 c 上的高 $h=2u$ 将 c 分为两个线段 $c_1=(u^2-v^2)/v$ 和 $c_2=(u^2-w^2)/w$.

这个强一点的断言特别指出, 任一有理三角形可被分为两个有理的直角三角形. 这就可以从有理直角三角形的参数表示得出 —— 婆罗摩笈多是知道直角三角形的参数关系的.

证明 对任一个具有有理边 a, b, c 的三角形, 高 h 将 c 分为两个有理线段 c_1, c_2 (图 5.1).

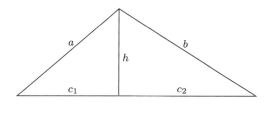

图 5.1　有理三角形的分解

在边分别为 c_1, h, a 和 c_2, h, b 的两个直角三角形中, 由毕达哥拉斯定理可知

$$a^2=c_1^2+h^2,$$
$$b^2=c_2^2+h^2,$$

两式相减得:

$$a^2-b^2=c_1^2-c_2^2=(c_1-c_2)(c_1+c_2)=(c_1-c_2)c,$$

所以

$$c_1-c_2=\frac{a^2-b^2}{c}, \quad \text{这是有理的}.$$

但

$$c_1 + c_2 = c, \quad \text{这也是有理的,}$$

因此

$$c_1 = \frac{1}{2}\left(\frac{a^2 - b^2}{c} + c\right), \quad c_2 = \frac{1}{2}\left(c - \frac{a^2 - b^2}{c}\right)$$

都是有理的.

于是, 如果面积是有理的, 因而高 h 也是有理的, 则三角形分为两个有理直角三角形, 它们的边分别为 c_1, h, a 和 c_2, h, b.

我们根据丢番图的方法 (见 1.3 节) 可知: 任一斜边为 1 的有理直角三角形, 其边具有如下形式

$$\frac{1 - t^2}{1 + t^2}, \quad \frac{2t}{1 + t^2}, \quad 1 \quad \text{对某个有理数 } t \text{ 成立,}$$

或者, 令 $t = v/u$, 则有

$$\frac{u^2 - v^2}{u^2 + v^2}, \quad \frac{2uv}{u^2 + v^2}, \quad 1 \quad \text{对某两个有理数 } u, v \text{ 成立.}$$

于是, 斜边为 1 的任意有理直角三角形是以

$$\frac{u^2 - v^2}{v}, \quad 2u, \quad \frac{u^2 + v^2}{v}$$

为边的三角形的倍数 (乘以 $v/(u^2 + v^2)$). 因此, 后者就表示了当有理数 v 变化时所有的高为 $2u$ 的有理直角三角形. 由此可得任意两个高为 $2u$ 的有理直角三角形, 其边长为

$$\frac{u^2 - v^2}{v}, 2u, \frac{u^2 + v^2}{v} \quad \text{和} \quad \frac{u^2 - w^2}{w}, 2u, \frac{u^2 + w^2}{w},$$

其中 v, w 为有理数. 将它们放在一起 (图 5.2) 能形成任意的有理三角形, 它的边和高具有所要求的形式. □

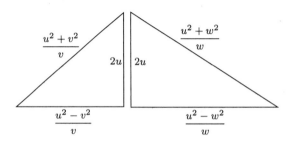

图 5.2　装配一个任意的有理三角形

习题

5.6.1 (婆罗摩笈多) 证明边长为 $13, 14, 15$ 的三角形可分割成两个边长为整数的直角三角形.

5.6.2 试证明: 对于任一边长为 a, b, c 且 c 边上的高为 h 的三角形, 必存在实数 u, v, w, 使得

$$a = \frac{u^2 + v^2}{v}, \quad b = \frac{u^2 + w^2}{w}, \quad c = \frac{u^2 - v^2}{v} + \frac{u^2 - w^2}{w},$$

且边 c 被高 $h = 2u$ 分成两部分为 $(u^2 - v^2)/v$ 和 $(u^2 - w^2)/w$.

5.6.3 定义边长为 a, b, c 的三角形的半周长为 $s = (a + b + c)/2$. 用习题 5.6.2 的记号, 证明

$$s(s-a)(s-b)(s-c) = u^2(v+w)^2 \left(\frac{u^2}{vw} - 1 \right)^2.$$

5.6.4 试从习题 5.6.3 导出

$$\sqrt{s(s-a)(s-b)(s-c)} = u \left(\frac{u^2 - v^2}{v} + \frac{u^2 - w^2}{w} \right)$$

是边长为 a, b, c 的三角形的面积 (这个用 a, b, c 表示的面积公式以希腊数学家海伦 (Hero 或 Heron) 的名字命名, 他生活在公元 1 世纪).

5.7 人物小传: 婆罗摩笈多和婆什迦罗

婆罗摩笈多生于公元 598 年, 是吉斯那笈多 (Jiṣṇagupta) 的儿子, 至少活到 665 年. 他的著作《婆罗摩修正体系》告诉我们他是来自比拉马拉 —— 现在是印度古吉拉特邦的皮恩摩尔镇 —— 的一名教师. 我们除了知道他在天文学以及数学方面表现突出外, 对他的生活几乎一无所知.

除了上文描述过的数学贡献外, 他还给出了二次方程的解的一般公式 (参见 6.3 节), 以及圆外切四边形面积的著名公式. 后者说, 若外切四边形的边为 a, b, c, d, 半周长为 s, 并且所有的顶点位于某个圆上, 那么其面积为 $\sqrt{(s-a)(s-b)(s-c)(s-d)}$. 注意, 它推广了习题 5.6.4 中提到的海伦公式.

婆罗摩笈多对有理三角形的参数化, 可自然地导出有关三角形和其他图形的有理性问题, 其中最有名的也许是: *存在有理的盒子吗?* 即, 是否存在这样的立体, 其面为有理矩形, 其体对角线和三条面对角线亦皆为有理的? 根据迪克森 (Dickson, L. E.) (1920) 第 497 页上说, 有一位名叫保罗·哈尔克 (Paul Halcke) 的数学家在 1719 年发现了一个盒子, 其边和面对角线是有理的, 边为 44, 240 和 117. 但该盒子的体对角线是无理数; 所以, 尽管有像欧拉和莫德尔这样的数学家都努力探寻过这个问题的解答, 但至今仍不知道是否存在有理的盒子.

婆什迦罗第二生于 1114 或 1115 年, 约卒于 1185 年. 他是比杰伊布尔城的马海斯伐

拉 (Maheśvara) 的儿子. 婆什迦罗第二十分仰慕婆罗摩笈多, 是印度 12 世纪最伟大的数学家和天文学家, 担任过乌贾因天文台台长. 他最著名的著作《丽罗娃提》(*Līlāvatī*) 据说是以他女儿的名字命名的, 为的是减轻一次占星预测因意外失灵给她带来的痛苦.

这个故事说, 婆什迦罗第二利用他的天文知识 (在那个时代, 包括了占卜 '知识'), 为他女儿的婚礼选择了最吉利的日子和时辰. 吉时将至, 她俯身时她的一颗珍珠掉进了水钟, 堵住了水流. 谁也没有注意到这一故障, 吉时就这样溜走了; 婚礼不得不取消. 运气不佳的丽罗娃提因此一辈子未婚, 现在人们还能记得她全因为这本书提到了她的名字.

第 6 章

多项式方程

导读

代数发展历史中的第一个时期是寻找多项式方程的解. 一个方程的 '困难程度' 跟它的次数相当好地保持一致.

线性方程很容易求解, 中国人在两千年前就能用我们现在所谓的 '高斯消元法' 去解有 n 个未知量的方程.

二次方程解起来就难一些, 因为此时一般需要用到平方根的运算. 不过, 其解法在千年前就被许多文化独立地发现了, 而且本质上跟今天高中所教的一样.

人们遭遇到的第一个真正的困难来自三次方程, 其解既要用到平方根, 还要用到立方根. 它的发现属于 16 世纪早期的意大利数学家, 是多项式方程研究中的一次有决定意义的突破. 此后, 方程很快成为几乎所有数学使用的语言. (例如可参见第 7 章的解析几何和第 9 章的微积分.)

尽管有此突破, 多项式方程的问题并未完全解决; 障碍来自五次方程, 确切地说是来自一般的五次方程.

在 19 世纪 20 年代, 人们最终才弄明白: 在次数较低的方程可解的意义下, 一般五次方程是不可解的. 要解释清楚其中的原因则必须要有一种新的、更抽象的代数概念 (参见第 19 章).

6.1 代数

'代数' 这个词来源于阿拉伯字 al-jabr, 其意为 '还原'. 它通过公元 830 年花拉子米 (al-Khwārizmī) 写的一本讲述方程解法的书《还原与对消的科学》(*Al-jabr w'al mûqabala*) 而迈入了数学的大门. 在这本书中, '还原' 意指两边加上相等的项, 而 '对消' 意指让两边相等. 很多世纪以来, al-jabr 通常的意义是将断骨接起来, 当 'al-jabr' 在西班牙语、意大利语和英语中变为 'algebra' 时, 其外科手术的含义与数学的含义仍相伴而存. 甚至到了今天, 其外科手术的含义仍可见于《牛津英语词典》. 花拉子米本人的名字赋予了我们算法 (algorithm) 这个词. 因此尽管他的书内容相当初等, 但对数学却具有持久的影响.

他的代数未超出解二次方程的范围, 其内容早被巴比伦人所理解, 也被欧几里得从几何的角度阐述过, 并被婆罗摩笈多 (628) 将其归纳为公式 (见 6.3 节). 婆罗摩笈多的工作是当时印度数学发展的巅峰, 在几个方面比花拉子米都先进 —— 如所用的记号, 允许有负数, 以及对丢番图方程的处理等方面 —— 这些工作也比花拉子米的早, 而且后者可能知道它们. 8 世纪时, 印度的数学传到了阿拉伯世界, 当时巴格达的哈里发* 正在推进文化建设; 阿拉伯数学家都承认某些思想 (如十进制数码) 来自印度. 那为什么是花拉子米的工作而不是婆罗摩笈多的工作变成了最后的 '代数' 呢?

也许这是一种偶然现象 (佩尔方程提供了另一个有点类似的例子): 一个数学术语成为流行是有些偶然因素促成的. 但也可能是耕耘代数思想的时机已经成熟, 花拉子米简单朴素的代数对于实现代数思想的发展, 可能比他前辈复杂精妙的成果更加合适. 在印度数学中, 代数跟数论和初等算术是不可分的; 在希腊数学中, 代数隐藏在几何里. 代数在其他可能的发源地 —— 巴比伦和中国, 又丧失了或被切断了与西方的联系, 等到他们再次获得影响力的时候已为时过晚. 阿拉伯数学家在正确的时间和地点, 吸收了西方的几何与东方的代数营养, 并认识到代数具有它自己的方法, 是一个可独立出来的领域. 呈现为多项式方程理论的代数概念, 已被证明是值得平稳地保持千年之久的. 只是到了 19 世纪, 代数的发展才超出方程论的界限, 那是一个数学中大多数领域超出已有传统而快速成长的时代.

早期的代数方法似乎只是表面上与几何方法不同, 正如我们将在 6.3 节中看到的二次方程的情形那样. 解方程的代数方法在 16 世纪出现了新的便于操作的技巧和有效的记号时, 才显现出它不同于并优于几何方法 (6.5 节). 代数并未离开几何; 相反, 由于费马和笛卡儿在 1630 年左右发展了解析几何, 使几何获得了新的生机. 这次代数与几何在更高水平之上的再结合, 我们将在第 7 章讨论. 它导致了代数几何这一现代领域的诞生.

代数几何的故事与多项式方程的故事并肩展开, 能够显示其中缠绕着众多其他的数学发展线索. 在整个故事中, 我们将突出早期发生的几个最具决定性的事件. 其中之一是我们已经看到的丢番图求解方程有理解的弦和切线法 (见 3.5 节); 另一个有关的事件 —— 与西方数学没有什么历史渊源, 是中国数学家在耶稣降生之前到中世纪这段时期所发展的消元法. 中国人的这个方法早于西方任何可与之相比的方法, 涉及的又是最低次的方程, 所以先讨论它是合乎逻辑的.

---

* 相当于国家元首. —— 译注

6.2 线性方程组与消元法

中国人在汉朝 (公元前 206 年至公元 220 年) 研究出了求解任意多个未知数 (或称 '未定元') 的线性方程组的方法, 它现身于在这个时期成书的著名算书《九章算术》(*Nine Chapters of Mathematical Art*, 参见沈康身 (Shen, K.-S) 等人 (1999)). 现存的古版是 3 世纪时由刘徽加了注释的版本. 这个方法本质上就是我们所称的 '高斯消元法'. 在方程组中系统地消项. 如方程组为

$$a_{11}x_1 + a_{12}x_2 + \cdots + a_{1n}x_n = b_1,$$
$$\vdots$$
$$a_{n1}x_1 + a_{n2}x_2 + \cdots + a_{nn}x_n = b_n,$$

我们通过从位于其下面的每一个方程中减去前面方程的合适倍数的方法, 可得到一个形如三角形的方程组:

$$a'_{11}x_1 + a'_{12}x_2 + \cdots + a'_{1n}x_n = b'_1,$$
$$a'_{22}x_2 + \cdots + a'_{2n}x_n = b'_2,$$
$$\ddots \qquad \vdots$$
$$a'_{nn}x_n = b'_n,$$

然后通过依次代换解出 $x_n, x_{n-1}, \cdots, x_1$. 这种类型的计算特别适合于中国的一种称为算筹的工具来进行: 用这些算筹摆出系数的阵列, 便于用手操作类似于我们用矩阵进行的演算. 详情可参见李俨 (Li, Y.) 和杜石然 (Du, S. R.) 的书 (1987).

在 12 世纪左右, 中国数学家发现了消元法能够应用于有两个或更多个变量的联立多项式方程组. 例如, 在下列一对方程中, 我们可以消去 y:

$$a_0(x)y^m + a_1(x)y^{m-1} + \cdots + a_m(x) = 0, \tag{1}$$
$$b_0(x)y^m + b_1(x)y^{m-1} + \cdots + b_m(x) = 0, \tag{2}$$

其中 $a_i(x), b_j(x)$ 是 x 的多项式. y^m 项可以通过 $b_0(x) \times (1) - a_0(x) \times (2)$ 消去, 得到的方程不妨记作

$$c_0(x)y^{m-1} + c_1(x)y^{m-2} + \cdots + c_{m-1}(x) = 0. \tag{3}$$

我们可以再构造一个含有 y 的 $m-1$ 次方幂的方程, 方法是先让 (3) 乘以 y, 然后在 $(3) \times y$

和 (1) 之间再次消去 y^m, 不妨设得到的方程为

$$d_0(x)y^{m-1} + d_1(x)y^{m-2} + \cdots + d_{m-1}(x) = 0. \tag{4}$$

于是, 问题简化为解 (3) 和 (4), 它们中 y 的次数比 (1) 和 (2) 低了些. 我们可以归纳地继续这种算法, 直至得到一个仅有 x 的方程. 这个方法被朱世杰 (1303) 推广到四个变元的情况, 其著作题为《四元玉鉴》(四个未定元的玉镜).

我们将在第 7 章看到, 两变元多项式的问题于 17 世纪在西方的兴起, 它是在求曲线交点的背景下表述的. 这导致了第一次重新发现多项式的消元法; 而建基于对线性方程组的理解之上的消元法则是以后的事了. 解线性方程组的著名的克莱姆 (Cramer, G.) 法则是在他的一本关于代数曲线的书问世之后才得名的 (克莱姆 (1750)).

习题

两变元且次数为 2 的多项式的消元法最有趣. 从几何观点看, 它等同于求两个圆锥曲线的交点.

6.2.1 试从下面两个方程导出一个对 y 来说是线性的方程,

$$x^2 + xy + y^2 = 1,$$
$$4x^2 + 3xy + 2y^2 = 3,$$

由此可得 $y = (1 - 2x^2)/x$.

6.2.2 试推导习题 6.2.1 中两曲线交点的 x (坐标) 满足 $3x^4 - 4x^2 + 1 = 0$.

这个例子中, 由两个二次方程导出一个次数为 $4(= 2 \times 2)$ 的方程, 它以例说明了次数会加倍的一般现象. 我们将关注其他例子, 随着书的内容进一步展开, 对它的研究会更深入一些.

目前的例子不是典型的四次方程, 因为它对 $x^2 = z$ 而言是二次的. 这样就使得解这个问题容易了许多.

6.2.3 试解 $3z^2 - 4z + 1 = 0$, 其中 $z = x^2$. 注意, 方程左方可以因式分解, 从而得出 x 的 4 个解.

为什么你期望两条二次曲线至多有 4 个交点? 试给出几何解释. 它们的交点能多于 4 个吗?

《四元玉鉴》的内容没有超出有 4 个未定元的 4 个方程的范围 (因此得名). 解题的思路是普遍适用的, 但当未定元超过 4 个时, 整个计算很难用算筹施行.《四元玉鉴》中一个有趣的问题是 3 个未定元的, 它不需要发挥消元法的全部威力. 下题即是.

6.2.4 《四元玉鉴》中的问题二 (见霍 (Hoe, J.) (1977), 135 页) 是求直角三角形 (a, b, c) 的边 a, 使得

$$a^2 - (b + a - c) = ab,$$
$$b^2 + (a + c - b) = bc.$$

《四元玉鉴》的方法是: 选取未定元 $x = a, y = b + c$. 利用 $a^2 = c^2 - b^2$, 证明这时有

$$b = (y - x^2/y)/2,$$

$$c = (y + x^2/y)/2.$$

6.2.5   试导出习题 6.2.4 的前两个方程分别等价于下面的方程:

$$(-2 - x)y^2 + (2x + 2x^2)y + x^3 = 0,$$
$$(2 - x)y^2 + 2xy + x^3 = 0.$$

6.2.6   试将习题 6.2.5 中的两个方程相减, 导出 $y = x^2/2$. 将导出的结果代回原方程, 得到一个关于 x 的二次方程, 其解为 $x = a = 4$. 问 b 与 c 的值是什么?

6.3   二次方程

早在公元前 2000 年, 巴比伦人就能求解形如

$$x + y = p,$$
$$xy = q$$

的联立方程, 它们等价于一个二次方程

$$x^2 + q = px.$$

原来的那一对方程的解, 可通过下述二次方程的两个根得到:

$$x, y = \frac{p}{2} \pm \sqrt{\left(\frac{p}{2}\right)^2 - q},$$

当然要求这两个根都为正 (巴比伦人不承认负数). 实施该方法的步骤如下:

(i) 作出 $\frac{x+y}{2}$;

(ii) 作出 $\left(\frac{x+y}{2}\right)^2$;

(iii) 作出 $\left(\frac{x+y}{2}\right)^2 - xy$;

(iv) 作出 $\sqrt{\left(\frac{x+y}{2}\right)^2 - xy} = \frac{x-y}{2}$;

(v) 从 (i), (iv) 得出 x, y.

(参见博耶 (Boyer, C. B.) (1968), 34 页, 一个具体数字的例子.) 当然, 这些步骤都不是用符号表达的, 而仅仅用在一些具体的数上. 无论如何, 一个普遍适用的方法就蕴涵在很多特别情况的解法之中.

婆罗摩笈多 (628) 用一个以词语表达的公式, 明确给出了一种普遍解法:

绝对数* 乘以四倍的平方项 [的系数], 加上中间项 [系数] 的平方; 将这个数开方根, 再减去中间项 [的系数], 最后除以两倍的平方项 [系数], 即得所求值.

科尔布鲁克 (1817), 346 页

这就是说,

$$x = \frac{\sqrt{4ac + b^2} - b}{2a}$$

是方程

$$ax^2 + bx = c$$

的解; 当然, 你可以怀疑婆罗摩笈多是否真是这样理解的, 因为他在隔了几行之后又给出了跟第一个公式平凡等价的另一条规则, 用我们的记号表达就是

$$x = \frac{\sqrt{ac + \left(\frac{b}{2}\right)^2} - \left(\frac{b}{2}\right)}{a}.$$

很清楚, 巴比伦人和婆罗摩笈多的方法都给出了正确的解, 但他们的方法的基础还不清楚. 例如, 他们没有像希腊人那样去探询平方根的含义. 解二次方程的严格基础可在欧几里得的《几何原本》第 VI 卷中找到. 如希思 (1925), 卷 2, 163 页所解释的, 其中的命题 28 可以解释为求解一个存在一个正根的一般二次方程的方法. 但当所研究的关于平行四边形的命题限定为针对矩形, 这种代数解释就太不明显了. 看起来就好像欧几里得不太懂得代数, 或者他愿意用更简单的几何来表现它.

从几何向代数的过渡可以在花拉子米对二次方程的解法中看出来 (图 6.1). 该解法仍然用几何语言表达, 但这时的几何是代数的直接化身. 它确实是标准的代数解法, 只是这时的平方和乘积在字面上被理解为几何上的正方形和矩形. 为了解方程 $x^2 + 10x = 39$, 先用边长为 x 的正方形表示 x^2, 用两个面积为 $5 \times x$ 的矩形表示 $10x$ (如图 6.1 所示). 在边长为 $x + 5$ 的大正方形中剩余的部分是面积为 25 的正方形, 那么这个大正方形面积应是 $39 + 25$, 因为 39 是给定的 $x^2 + 10x$ 的值. 于是大正方形的面积为 64, 其边长为 $x + 5$ 等于 8, 即解出 $x = 3$.

欧几里得和花拉子米都不容许存在取负值的长度, 所以 $x^2 + 10x = 39$ 的解 $x = -13$ 不会出现在他们的答案中. 这样做是相当自然的, 因为从几何上看只容许出现一个面积为 64 的正方形. 然而, 避免负系数的出现却在代数上引起了一些不正常的复杂性. 他们没有给出一个一般的二次方程, 而是给出了三个, 对应于以不同的方式使等号两边皆为正项: $x^2 + ax = b, x^2 = ax + b, x^2 + b = ax$.

---

* 即常数项. —— 译注

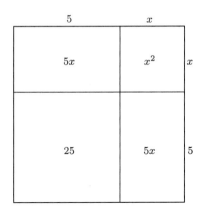

图 6.1 解一个二次方程

习题

二次方程通常来自几何, 因为距离可由一个二次方程 (从根本上说是由毕达哥拉斯定理) 所决定. 事实上, 使用圆规直尺作图从一些有理点造出另一些点, 这个过程可以看作解一系列的线性或二次方程, 这就是为什么它们总可以表为有理运算及开平方根. 这个结论我们已在 2.3 节叙述过, 其证明如下.

6.3.1 试说明: 通过两个有理点的直线, 其方程的系数为有理数.

6.3.2 试证明: 如一个圆的圆心是有理点, 其半径也是有理的, 则其方程的系数必为有理数.

更一般地, 你的证明需要表明, 从任意点画出的一条直线或一个圆都有一个方程, 方程的系数是由给定点的坐标通过有理运算而得到的. 这足以说明直线和圆的交点可以从它们的方程的系数通过有理运算和开平方根而得到.

6.3.3 试说明: 两条直线的交点可以通过有理运算而得到.

6.3.4 试证明: 一条直线和一个圆的交点可以通过有理运算和开平方根而得到 (因为它依赖于解一个二次方程).

最后也是最难的情形是求两个圆的交点. 幸运的是, 我们很容易将其简化为我们刚刚做过的习题 6.3.4 的情形.

6.3.5 任意两个圆可以写为如下形式:

$$(x-a)^2 + (y-b)^2 = r^2,$$
$$(x-c)^2 + (y-d)^2 = s^2.$$

试解释其理由. 将这两个方程相减, 于是知道它们的公共解可通过有理运算和开平方根而求得.

当求解一系列二次方程时, 解可能是嵌套的平方根, 诸如 $\sqrt{(5+\sqrt{5})/2}$. 帕乔利在构造二十面体时出现的正是这种数 (参见本书 2.2 节).

6.3.6 试证明: 黄金矩形的对角线 (它也是边长为 1 的二十面体的直径) 等于 $\sqrt{(5+\sqrt{5})/2}$.

6.4 二次无理数

有理系数的二次方程的根是形如 $a + \sqrt{b}$ 的数, 其中 a 和 b 是有理数. 欧几里得在《几何原本》第 X 卷中详细地讨论了形如 $\sqrt{\sqrt{a} \pm \sqrt{b}}$ 的数, 其中 a 和 b 是有理数, 从而推进了无理数的理论. 第 X 卷是《几何原本》中最长的一卷, 但不清楚欧几里得为什么花如此多的篇幅讲述这个题目: 也许是为了在第 XIII 卷研究正多面体的需要 (见 2.2 节及习题 6.3.6), 也许就是因为欧几里得喜欢这个课题, 也许欧几里得在其中做出过原创性贡献, 因而要炫耀一番. 据说, 阿波罗尼奥斯 (Apolonius) 也曾推进了无理数理论, 但他关于此题目的手稿不幸遗失了.

在此之后, 一直到文艺复兴, 无理数理论几乎没有什么进展. 唯一的例外是斐波那契 (Fibonacci) 的一个孤立而引人注目的结果 (1225). 斐波那契指出方程 $x^3 + 2x^2 + 10x = 20$ 的根不是欧几里得所说的任何一种无理数. 正如一些历史学家认为的, 这并不是一个说明这些根是无法用圆规和直尺作图的证明, 斐波那契没有排除所有由有理运算和开平方建立的表达式, 这无论如何是在超越欧几里得的水平上迈向无理数世界的第一步.

此刻, 很值得来问这样的问题: 要说明一个数, 比如 $\sqrt[3]{2}$, 不能用有理数的平方根构造出来到底有多难? 这个答案依赖于读者对下面的习题掌握得怎样. 做这些习题所要求的具体运算肯定不会超过 16 世纪代数学家的水平. 最绝妙的技巧是按照复杂程度对表达式做出适当的分类 —— 扩展欧几里得对表达式 (其中的根号可嵌套任意层次) 的分类 —— 并对复杂性的层次使用归纳推理. 这类想法直到 19 世纪 20 年代才出现, 因此关于 $\sqrt[3]{2}$ 不能用圆规直尺作图的证明问世较晚 (旺策尔 (Wantzel, P. L.) (1837)).

习题

$\sqrt[3]{2}$ 不能 (用圆规直尺) 构作的初等证明是由数论学家埃德蒙德·兰道 (Edmund Landau, 1877—1938) 在学生时代完成的. 该证明可分解为如下易行的步骤. 当然, 我们首先必须检验 $\sqrt[3]{2}$ 确实是个无理数.

6.4.1 试说明: 假设 $\sqrt[3]{2} = m/n, m, n$ 是整数, 将会导出矛盾.

兰道的证明是按照根号 '嵌套的深度' 将所有涉及作图的数组织成集合 $F_0, F_1, F_2, \cdots$

6.4.2 设
$$F_0 = \{\text{有理数}\}, \quad F_{k+1} = \{a + b\sqrt{c_k}, a, b \in F_k\} \text{ 对某个 } c_k \in F_k \text{ 成立.}$$

试证明: 每个 F_k 是一个域, 即若 x, y 在 F_k 中, 则 $x + y, x - y, xy, x/y (y \neq 0)$ 皆在 F_k 中.

我们从习题 6.4.1 知道, $\sqrt[3]{2}$ 不在 F_0 中, 但如果它是可以构作的, 则它必在某个 F_{k+1} 中出现. 如考虑 (假定) 它最先出现在 F_{k+1} 中, 则矛盾便会产生.

6.4.3 试说明: 若 $a, b, c \in F_k$, 但 $\sqrt{c} \notin F_k$, 则 $a + b\sqrt{c} = 0 \Leftrightarrow a = b = 0$ (当 $k = 0$, 这是《几何原本》第 X 卷中的命题 79).

6.4.4 设 $\sqrt[3]{2} = a + b\sqrt{c}$, 其中 $a, b, c \in F_k$, 但 $\sqrt[3]{2} \notin F_k$ (从习题 6.4.1 可知 $\sqrt[3]{2} \notin F_0$), 试对等式两边

取 3 次方, 并由习题 6.4.3 推导出

$$2 = a^3 + 3ab^2c \quad \text{和} \quad 0 = 3a^2b + b^3c.$$

6.4.5 试根据习题 6.4.4 推出 $\sqrt[3]{2} = a - b\sqrt{c}$ 也有类似结果, 并解释为什么会产生矛盾.

6.5 三次方程的解

在我们这个时代, 博洛尼亚 (Bologna) 的费罗 (Scipione del Ferro) 已经解决了三次幂和一次幂等于一个常数的情形*, 这是非常巧妙和令人赞叹的成就. 因为这门艺术的精妙与明晰超越了人类的一切能力, 它真是来自天国的礼物, 能够清楚地测定人的智力. 任何人只要专注于它, 就会相信世间没有任何事是不可理解的. 在和他的竞争中, 我的朋友, 布雷西亚 (Brescia) 的塔尔塔利亚 (Niccolò Tartaglia) 不甘落后, 在和费罗的一名学生 [从事科学拓荒的] 菲奥尔 (Antonio Maria Fior) 竞赛时, 解决了同样的问题. 而塔尔塔利亚被我的多次恳求所感动, 将它传授给我 …… 在得到塔尔塔利亚的解法并找出它的一个证明后, 我理解到还能够做大量其他的事情. 沿着这一思路, 我的信心倍增; 我发现的其他东西, 部分是我本人的, 部分是我以前的弟子费拉里 (Lodovico Ferrari) 的.

卡尔达诺 (Cardano, G.) (1545), 8 页

在 16 世纪早期, 三次方程的解法是数学自希腊时代以来第一个毫不含糊的进步. 它揭示了希腊人未曾驾驭的代数的威力; 这种威力很快为几何开辟出一条新路, 一条真正的王者之路 (解析几何与微积分). 卡尔达诺对这一发现的兴奋之情是完全可以理解的. 即便在 20 世纪, 如果一个人能亲自发现三次方程的解, 至少对他高贵的数学生涯是一种鼓舞 (参见卡茨 (Kac, M.) (1984)).

关于这段最初发现的历史, 我们所知的不比卡尔达诺告诉我们的更多. 费罗去世于 1526 年, 所以第一个 [三次方程的] 解的发现应在此之前. 塔尔塔利亚发现他的解法是在 1535 年 2 月 12 日; 他可能是独立发现的, 因为他是在跟费罗的弟子菲奥尔的竞赛中解出了所有的竞赛题, 而菲奥尔却未能做到. 卡尔达诺曾经受到几乎所有人的指责, 包括塔尔塔利亚, 说他偷了塔尔塔利亚的解法; 但他自己在著作中还是将功劳分配得很公平. 更多的背景可参见卡尔达诺 (1545) 的序文和前言, 以及克罗斯利 (Crossley, J. N.) (1987) 的书.

卡尔达诺用花拉子米 (卡尔达诺在他的书的开头处称花拉子米为代数的开山鼻祖) 的几何方式来阐述代数, 但也有区别 —— 为的是避免出现负系数. 忽略那些复杂情况, 他

---

* 即形如 $x^3 + px = q$ 的三次方程, 其中 p, q 为正数. —— 译注

的解法可以描述如下. 首先, 对三次方程 $x^3 + ax^2 + bx + c = 0$ 作变量的线性变换, 即 $x = y - \frac{a}{3}$, 使得方程中不出现平方项. 这样, 方程的形式可变为

$$y^3 = py + q.$$

设 $y = u + v$, 则左方变为

$$u^3 + v^3 + 3uv(u+v) = 3uvy + u^3 + v^3,$$

要它与方程右方相等, 则需满足条件

$$3uv = p,$$
$$u^3 + v^3 = q.$$

我们消去其中的 v 得到 u^3 的二次方程

$$u^3 + \left(\frac{p}{3u}\right)^3 = q,$$

它的解为

$$\frac{q}{2} \pm \sqrt{\left(\frac{q}{2}\right)^2 - \left(\frac{p}{3}\right)^3}.$$

由对称性, 我们对 v^3 也得到同样的值. 因为当 $u^3 + v^3 = q$ 的一个根是 u^3 时, 另一个就是 v^3. 不失普遍性, 我们可以取

$$u^3 = \frac{q}{2} + \sqrt{\left(\frac{q}{2}\right)^2 - \left(\frac{p}{3}\right)^3},$$
$$v^3 = \frac{q}{2} - \sqrt{\left(\frac{q}{2}\right)^2 - \left(\frac{p}{3}\right)^3},$$

因此有

$$y = u + v = \sqrt[3]{\frac{q}{2} + \sqrt{\left(\frac{q}{2}\right)^2 - \left(\frac{p}{3}\right)^3}} + \sqrt[3]{\frac{q}{2} - \sqrt{\left(\frac{q}{2}\right)^2 - \left(\frac{p}{3}\right)^3}}.$$

习题

两个方程 $3uv = p, u^3 + v^3 = q$ 给出了我们在习题 6.2.2 所关注的如下现象的另一个例子: 当从两个方程中消去一个变量时, 方程的次数是成倍增加的.

6.5.1 方程 $3uv = p$ 对 u 和 v 次数为 2, $u^3 + v^3 = q$ 则是 3 次的. 试问: 如果消去 v, 所得到的方程

是几次的?

卡尔达诺的公式可产生惊人的结果, 我们将在 14.3 节中看到. 但我们首先在一个十分简单的三次方程上试一试.

6.5.2 试利用卡尔达诺公式解 $y^3 = 2$. 你能得到那个明显的解吗? 现请你试着再找找不太明显的解.

6.5.3 试利用卡尔达诺公式解 $y^3 = 6y + 6$, 并用代入的方式检验你的答案.

6.6 分角问题

另一个对 16 世纪的代数有重要贡献的人是韦达 (Viète, F., 1540—1603), 他使代数从几何式的证明中解放出来 —— 他的方法是引入字母来表示未定元, 并使用加号和减号使演算变得更容易. 同时, 他又将代数与三角学联系起来, 从而在更高的水平上加强了与几何的联系. 这方面的一个例证是他用圆函数 (亦称三角函数) 解三次方程 (韦达 (1591), 第 VI 章, 定理 3), 其中证明了解三次方程等价于三等分一个任意角.

即, 若我们取一个形状如下的三次方程

$$x^3 + ax + b = 0,$$

我们可以将方程化为只有一个参数的形式

$$4y^3 - 3y = c,$$

方法是令 $x = ky$, 并选取 k 使得

$$\frac{k^3}{ak} = \frac{-4}{3} \quad \text{或者} \quad k = \sqrt{\frac{-4a}{3}}.$$

表达式 $4y^3 - 3y$ 的优点是可以利用

$$4\cos^3\theta - 3\cos\theta = \cos 3\theta.$$

因此, 如果令 $y = \cos\theta$, 则有

$$\cos 3\theta = c.$$

如果给定了 c, 则我们可构作一个角度为 $\arccos c = 3\theta$ 的三角形. 三等分这个角就得到了方程的解 $y = \cos\theta$; 反之, 三等分一个余弦为 c 的角就等价于解一个三次方程 $4y^3 - 3y = c$.

自然, 有一个问题是当 $|c| > 1$ 时如何给出三角学的解释; 为解决这个问题就要求有复数, 卡尔达诺的公式也涉及复数. 因为在平方根号之下的表达式 $(q/2)^2 - (p/3)^3$ 可能

是负数. 并不是韦达的方法要求有复数而卡尔达诺的方法不要求. 这两个方法都防止出现复数. 无论如何, 三次方程是复数的诞生地, 这点在我们后面更详细地研究复数时将会讲到.

令人吃惊的是, 将一个角等分为奇数份的问题原来有一个代数解, 它跟求三次方程的代数解一样. 韦达 (1579) 本人就研究过这个问题, 他至少对相当多的 n, 用 $\cos\theta, \sin\theta$ 的多项式表示 $\cos n\theta$ 和 $\sin n\theta$. 牛顿在 1663—1664 年读韦达的著作时发现了一个方程

$$y = nx - \frac{n(n^2-1)}{3!}x^3 + \frac{n(n^2-1)(n^2-3^2)}{5!}x^5 + \cdots,$$

对应于 $y = \sin n\theta, x = \sin\theta$ (参见牛顿 (1676a), 它收在特恩布尔 (Turnbull, H.W.) (1960) 的书中). 他断言这对于所有的 n 都成立. 当然我们只关心 n 为奇数的情形, 这时它化为一个多项式方程. 令人惊讶的是, 牛顿方程有一个 n 次方根的解, 类似于卡尔达诺对三次方程给出的公式:

$$x = \frac{1}{2}\sqrt[n]{y + \sqrt{y^2-1}} + \frac{1}{2}\sqrt[n]{y - \sqrt{y^2-1}}, \tag{1}$$

虽然只是对 n 取 $4m+1$ 形式的数成立. 这公式意外地出现在棣莫弗 (de Moivre, A.) (1707) 的文章中 (它也出现在莱布尼茨未出版的著作 (1675) 中, 而且去掉了对 n 的限制, 参见施奈德 (Schneider, I.) (1968), 224–228 页), 他没有解释他是如何发现这个公式的, 但我们可理解为他得到的是下述公式:

$$\sin\theta = \frac{1}{2}\sqrt[n]{\sin n\theta + i\cos n\theta} + \frac{1}{2}\sqrt[n]{\sin n\theta - i\cos n\theta}. \tag{2}$$

这是我们现代版的棣莫弗公式: 当 $n = 4m+1$ 时,

$$(\cos\theta + i\sin\theta)^n = \cos n\theta + i\sin n\theta \tag{3}$$

的推论 (参见习题 6.6.1 和 6.6.2).

韦达本人得到了与 (3) 相近的结果, 出现在他的遗著中 (韦达 (1615)). 他注意到, 出现在 $\cos n\theta$ 和 $\sin n\theta$ 中的 $\sin\theta, \cos\theta$ 的乘积是表达式 $(\cos\theta + i\sin\theta)^n$ 中的交错项, 除了某些负号. 他没有注意到这些负号可以解释为给予 $\sin\theta$ 以系数 i. 无论如何, 这样的解释让他同时代的人都会感到很不自然 —— 那个时代的人会感到卡尔达诺公式远比 i 更舒服. 在 14.5 节我们将看到对于棣莫弗公式的理解是如何随着复数的发展而变化的.

习题

公式 (1) 和 (2) 只对某些整数成立, 而 (3) 对所有整数成立, 其中的道理可以在实际演算 $(\cos\theta + i\sin\theta)^n$ 中得以理解.

6.6.1 试利用 (3) 及 $\sin\alpha = \cos(\pi/2 - \alpha), \cos\alpha = \sin(\pi/2 - \alpha)$, 证明:

$$(\cos\theta + i\sin\theta)^n = \begin{cases} \sin n\theta + i\cos n\theta, & \text{对 } n = 4m+1; \\ -\sin n\theta - i\cos n\theta, & \text{对 } n = 4m+3. \end{cases}$$

6.6.2 试依据习题 6.6.1 推导出: (2) 只对 $n = 4m+1$ 成立, 而对 $n = 4m+3$ 不成立. 因此 (1) 所述的 $y = \sin n\theta$ 和 $x = \sin\theta$ 之间的关系只对 $n = 4m+1$ 成立.

6.6.3 试证明: 如令 $y = \cos n\theta, x = \cos\theta$, 则 (1) 对于所有的 n 都成立 (棣莫弗 (1730)).

6.7 高次方程

一般的四次方程

$$x^4 + ax^3 + bx^2 + cx + d = 0$$

的求解问题是由卡尔达诺的学生费拉里解决的, 它发表在卡尔达诺 (1545) 的著作的第 237 页. 作一次线性变换使方程简化为如下形式:

$$x^4 + px^2 + qx + r = 0$$

或

$$(x^2 + p)^2 = px^2 - qx + p^2 - r.$$

于是, 对任意 y, 有

$$\begin{aligned} (x^2 + p + y)^2 &= (px^2 - qx + p^2 - r) + 2y(x^2 + p) + y^2 \\ &= (p + 2y)x^2 - qx + (p^2 - r + 2py + y^2). \end{aligned}$$

等号右方是一个二次式 $Ax^2 + Bx + C$, 如果 $B^2 - 4AC = 0$, 则它将是平方元. 但 $B^2 - 4AC = 0$ 是一个 y 的三次方程, 所以我们可以解出 y 代入方程, 并在已经只是 x 的方程的等号两边取平方根, 使之变为 x 的二次方程 —— 它也是可解的. 最后的结果是一个关于 x 的公式, 其中仅利用了对系数的有理函数开平方根和立方根.

三次方程的解给人带来的意外惊喜, 提升了人们对解高次方程的期待, 希望高次方程也能有公式解, 其中包含系数的有理表达式及开方根; 或像人们通常所称的可以有根式解 —— 这成为其后 250 年中代数学研究的主要目标. 然而, 所有为解一般五次方程的努力全都失败了. 最可能做到的是将一般五次方程简化为只有一个参数的方程

$$x^5 - x - A = 0.$$

这是由布灵 (Bring, E. S.) (1786) 完成的; 他的方法的梗概可参见皮尔庞特 (Pierpont,

J.) (1895). 布灵的结果发表在一个鲜为人知的出版物上, 以致 50 年未被人所注意, 否则它也许会重新点燃人们对根式解五次方程的希望. 偏巧, 鲁菲尼 (Ruffini, P.) (1799) 给出了第一个此问题不可解的证明. 鲁菲尼的证明完全不能让人信服; 但他的结论是对的 ——1826 年阿贝尔 (Abel, N. H.) 得到了一个令人满意的证明, 之后伽罗瓦 (Galois, É.) (1831b) 给出了漂亮的方程论的一般理论, 再一次证明了一般五次方程的不可解性.

对布灵的结果的正面回应, 是埃尔米特 (Hermite, C.) (1858) 给出的五次方程的非代数解. 简化为单参数的五次方程, 打开了用超越函数求解的道路, 类似于韦达解三次方程时使用了三角函数. 最合适的函数是椭圆模函数 —— 已由高斯、阿贝尔、雅可比和伽罗瓦所发现 (1831a), 它暗示了与五次方程有联系. 将这些数学思想汇集在一起的非凡工作是克莱因 (1884) 做出的.

从研究五次方程的困难程度来看, 一般的 n 次方程的研究自然也不会有什么大的进步. 但笛卡儿 (1637) 还是做出了两个简单而重要的贡献. 第一个是幂次的上标记号, 即我们今天使用的符号: x^3, x^4, x^5 等 (但奇怪的是没有 x^2. x 的平方仍写为 xx, 并一直延续到下一个世纪). 第二个贡献是一条定理 (笛卡儿 (1637), 159 页): 如果多项式 $p(x)$ 当 $x = a$ 时为 0, 则 $p(x)$ 必有因式 $x - a$. 因为若 $p(x)$ 是 n 次多项式, 则它被 $x - a$ 除后就成为 $n - 1$ 次多项式. 笛卡儿定理使人产生这样的希望: 将每个 n 次多项式分解为 n 个线性因式. 在 14 章我们将看到, 这个希望将会随着对复数的开发而得以实现.

习题

证明笛卡儿定理的主要步骤如下. 如果第一步看来还不够容易的话, 开始时可设 $a = 1$.

6.7.1 试证: $x^n - a^n$ 被 $x - a$ 整除 (即, $x - a$ 是它的一个因式). 又问 $(x^n - a^n)/(x - a)$ 的商是什么? (这为什么必须用几何级数来做?)

6.7.2 若 $p(x) = a_k x^k + a_{k-1} x^{k-1} + \cdots + a_1 x + a_0$, 试利用习题 6.7.1 证明: $p(x) - p(a)$ 被 $x - a$ 整除 (即, $x - a$ 是它的一个因式).

6.7.3 试依据习题 6.7.2 导出笛卡儿定理.

6.8 人物小传: 塔尔塔利亚、卡尔达诺和韦达

关于三次方程的第一个解的发现者希皮奥内·德尔·费罗 (Scipione del Ferro), 除了他的生卒年 (1465—1526) 以及自 1496 年起在博洛尼亚当算术与几何教授外, 我们便一无所知了. 这也许导致了塔尔塔利亚和卡尔达诺的名不副实的数学名声. 另一方面, 塔尔塔利亚和卡尔达诺的个性, 他们之间生活的反差以及争吵, 确实构成了一则迷人的故事.

尼科洛·塔尔塔利亚 (图 6.2) 1499 或 1500 年生于布雷西亚, 1557 年卒于威尼斯. 他的名字塔尔塔利亚 (意为 "口吃者") 实际是个绰号; 人们相信他的真名叫丰坦那 (Fontana, N.).

图 6.2 塔尔塔利亚

塔尔塔利亚的童年饱受贫穷带来的苦难: 他的父亲是个邮差, 1506 年就去世了; 1512 年布雷西亚遭法国人劫掠时, 他又受伤致残. 尽管到大教堂里避祸, 塔尔塔利亚还是受到五次头部的创伤, 其中一次在嘴部, 留下了口吃的毛病. 他能保住性命完全仗了母亲的精心照料 —— 她真的靠舔吮他的伤口使其痊愈. 大约 14 岁时, 他去向一位教师学习全套字母系统, 但刚学到字母 K 学费就花光了. 塔尔塔利亚自己描述他的经历就有这么些内容 (塔尔塔利亚 (1546), 第 69 页). 后面的故事是这样的: 他偷了一本书自学如何阅读和书写, 由于没有纸张, 有时用墓石当石板来写字.

他在 1534 年前成了家, 仍然缺少钱财, 于是搬到了威尼斯. 他在这里的圣扎涅波罗教堂讲授公共数学课, 还出版科学著作. 有关他解三次方程的方法的著名泄密事件, 起因于 1539 年 3 月 25 日他到米兰的卡尔达诺家的访问. 当 1545 年卡尔达诺发表这一方法时, 塔尔塔利亚大怒, 谴责他不诚实. 塔尔塔利亚 (1546) 的第 120 页上宣称, 卡尔达诺曾庄严起誓绝不对外发表这种解法, 而且只用密文做了记录. 卡尔达诺的仆人, 18 岁的费拉里 (Ferrari, L.) 站出来为主人辩护, 说他当时在场, 并没有听到保守秘密的承诺. 在 12 份现称为《告示》(Cartelli) 的印刷小册子 (重印本见马索蒂 (Masotti, A.) (1960)) 中, 费拉里和塔尔塔利亚你来我往, 以数学问题相互挑战, 彼此侮辱对方; 最后, 两人于 1548 年在米兰的圣玛利亚感恩女隐修院摆开架势, 进行公开竞赛. 在对抗中似乎费拉里占了上风, 因为塔尔塔利亚拿不出得以改进的结果. 9 年后, 他孤独地告别人世, 仍是一贫如洗.

除了三次方程的解之外, 塔尔塔利亚还有其他科学成就为人所知. 正是他发现了抛射体应以 45° 角发射可达到最大射程 (塔尔塔利亚 (1546), 6 页). 不过, 他的结论基于一种错误的理论, 看看塔尔塔利亚所画的弹道图便一目了然 —— 不妨参见图 6.3; 塔尔塔利亚 (1546), 16 页.

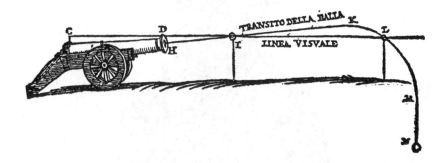

图 6.3 塔尔塔利亚所画的炮弹的弹道图

塔尔塔利亚翻译出版了《几何原本》的意大利文本, 这是第一个以现代语言印刷出版的欧几里得著作的译本, 他还出版了一些阿基米德著作的意大利文译本. 关于这方面的信息和塔尔塔利亚的机械学, 读者可参阅罗斯 (Rose, P. L.) (1976), 第 151–154 页.

吉罗拉莫·卡尔达诺 (Girolamo Cardano) (图 6.4) 在较早的英文书中有个英语化的名字叫杰罗姆·卡丹 (Jerome Cardan), 他 1501 年生于意大利的帕维亚, 1576 年卒于罗马. 他的父亲法齐奥 (Fazio) 的职业是律师兼医生, 支持和鼓励吉罗拉莫读书学习, 但对他相当粗暴 —— 跟他的母亲一样; 他母亲叫基亚拉·米凯利 (Chiara Micheri), 据卡尔达

图 6.4 卡尔达诺

诺的描述, 她是个 '虔诚的小胖女人, 容易激动、记忆力强且才思敏捷". 1520 年, 卡尔达诺进入帕维亚大学, 1526 年在帕多瓦读完医学博士学位.

他于 1531 年成婚, 经艰苦奋斗于 1539 年获准成为一名医生. 他在米兰行医很成功 —— 他的名气甚至传遍了全欧洲. 他诊断疾病的能力相当强, 尽管在丰富医学知识方面的成就赶不上当时的安德烈亚斯·维萨里 (Andreas Vesalius) 和安布鲁瓦·帕雷 (Ambroise Paré). 他的业余爱好广泛, 数学是其中之一. 卡尔达诺在密码术历史上也占有一席之地 —— 他发明了现称作卡尔达诺格栅的编码装置 (参见卡恩 (Kahn, D.) (1967), 143–145 页); 而在概率论历史上, 他是第一位进行概率运算的人, 尽管不是每次都算得正确 (参见大卫 (David, F. N.) (1962), 40–60 页和奥尔 (Ore, O.) (1953), 后者包括卡尔达诺论机会对策的著作的译文).

文艺复兴时期的意大利充斥着阴谋和暴力, 这使卡尔达诺的生活变了味道, 其苦涩程度不亚于塔尔塔利亚, 只是方式不同而已. 他的一位叔叔被人毒死, 也有人试图毒死卡尔达诺和他的父亲 (卡尔达诺如是说); 在 1560 年, 卡尔达诺的大儿子因毒死其妻被砍了头. 卡尔达诺认为他儿子的唯一错误是当初不该跟那个女孩结婚, 并一直对这场灾难耿耿于怀. 由于无法再在米兰生活, 他搬到了博洛尼亚. 可是灾难接踵而至, 他的手下人费拉里 1565 年遇害 —— 据说是被他姐妹毒死的. 1570 年, 卡尔达诺被宗教法庭判决下狱, 罪名是信奉异教. 几个月后, 他因放弃异端邪说而获释, 又把家搬到了罗马.

临终前一年, 他写了一本书:《我的一生》(*The Book of My Life*) (卡尔达诺 (1575)) —— 它不只是普通的自传, 而且还是用来自我标榜的广告. 其内容包括他童年时遇到的一些情景, 一次又一次地谈到他大儿子的悲剧, 但大部分都是在自吹自擂. 有一章是来自病人的褒奖书; 有一章涉及找他看病的重要人物; 有一张表列出了曾引用过他著作的作者名; 另一张表是他认为值得引用的、他自己的格言; 书中还汇集了一些夸大的故事 —— 这可能会让闵希豪森男爵* 很高兴. 不可否认, 其中有 (很短的) 一章题为 '我失败的事件", 时不时地警告人们要警惕世俗的虚荣心, 但他又总是在满怀激情地赞美自己钻石般本性中的其他刻面时, 毫不留情地践踏那一时的谦逊.

关于跟塔尔塔利亚的争论, 他在《我的一生》中几乎只字未提. 在评述引用过他的作品的作者时, 卡尔达诺把塔尔塔利亚归在这样一类: 他 '不能理解他们居然鲁莽地想挤进学者的行列". 只是在书的末尾, 卡尔达诺才承认: '在数学方面, 我接受过来自尼科洛兄弟的一点点建议, 不过非常少." 是否如此, 我们必须回过头去琢磨《告示》和塔尔塔利亚的作品. 最易得到的对这些著作的分析以及相关段落的英译文, 见奥尔 (1953) 的第四章.

弗朗索瓦·韦达 (François Viète) (图 6.5) 1540 年生于丰特内–勒–孔德, 这座小镇现位于法国的旺代地区. 他的父亲艾蒂安 (Etienne) 是名律师, 其母玛格丽特·杜邦 (Marguerite Dupont) 跟法国统治圈里的人有血缘联系. 韦达接受了丰特内当地圣方济各修会的修道士对他的教育, 后进普瓦捷大学学习. 1560 年, 他获得法律学士学位, 然后返回丰

---

* Baron von Münchhausen (1720—1797), 是位喜欢吹牛的德国乡绅, 以擅讲故事闻名. —— 译注

图 6.5　韦达

特内开始律师工作.

　　他其后的生活主要从事法律或是跟司法及法庭有关的工作, 闲暇时才研究数学. 据说他的委托人包括英格兰女王玛丽 (Queen Mary) 和奥地利的埃莉诺 (Eleanor). 1574 至 1584 年间, 他出任法国国王亨利三世的顾问兼谈判者. 期间他曾被政治对手排挤而遭流放, 但在 1589 年当亨利三世将政府所在地从巴黎迁往图尔时, 他又返回了宫廷. 亨利三世于同年遭行刺身亡, 之后他便服务于亨利四世, 直至 1602 年. 韦达卒于 1603 年.

　　韦达职业生涯中最著名的功绩, 乃是在反西班牙的战争中为亨利四世破译了西班牙发送的急件. 西班牙的国王菲利普二世不相信这是人能够做到的事, 因而向罗马教皇抗议说法国使用了妖术. 教皇可能对此事留下了深刻印象, 不过还不足以相信是妖术在作怪, 因为梵蒂冈自己的专家也曾在 30 年前破译过一份菲利普的密文 (参见卡恩 (1967), 116–118 页).

　　韦达同样著名的数学成就在他同时代人的眼里也一样是魔术: 他居然得到了阿德里安·冯·鲁姆 (Adriaen van Roomen) 在 1593 年提出的 45 次方程的解. 该方程为:

$$45x - 3795x^3 + 95634x^5 - \cdots + 945x^{41} - 45x^{43} + x^{45} = N.$$

韦达立即看出, 这个方程是 $\sin 45\theta$ 按 $\sin\theta$ 的幂次展开所得, 所以他能给出 23 个解 (他也不承认负解). 这是偶尔发生的一次智力竞赛, 没有引起任何的不快 —— 它还导致了这两位数学家之间的牢固友谊.

第 7 章

解析几何

导读

第一个受益于新的方程语言的数学领域是几何. 大约在 1630 年, 费马 (Fermat) 和笛卡儿 (Descartes) 两位认识到: 几何问题可以借助于坐标翻译成代数问题, 于是许多问题能通过程式化的代数运算来解决.

方程语言也提供了一种按 (方程的) 次数对曲线进行既简单又自然的分类的方法: 一次曲线是直线; 二次曲线是圆锥截线; 第一种 '新' 曲线是次数为 3 的三次曲线.

三次曲线呈现出新的几何特征——具有尖点、拐折和自 (相) 交, 所以, 它们比起圆锥截线大大地复杂了. 不过, 牛顿试图对它们进行分类; 在分类过程中, 他经仔细观察发现: 三次曲线并不像它们看起来那么复杂.

我们将在第 8 章和第 15 章中找到我们获得 '正确' 观点的路子. 同时, 我们会讨论依赖 '正确' 观点得到的另一条定理: 贝祖 (Bézout) 定理; 按这条定理, m 次的曲线总会跟 n 次的曲线相交于 mn 个点.

7.1 迈向解析几何之路

解析几何的基本思想是用方程来表示曲线, 但这并非是解析几何的全部内涵. 否则, 希腊人就成了最早的解析几何学家. 梅内克缪斯可能是第一位曲线方程的发现者, 他同时发现了圆锥截线; 我们已经看到他如何利用方程得到抛物线和双曲线的交点为 $\sqrt[3]{2}$ (参见 2.4 节). 阿波罗尼奥斯则利用作为几何论证副产品的方程来研究圆锥截线.

希腊数学中缺乏的是那样一种倾向和技巧: 想方设法运用方程来得到关于曲线的信息. 希腊人是利用曲线来研究代数而不是相反. 梅内克缪斯对 $\sqrt[3]{2}$ 的作图是这方面杰出的例子: 开方法并非是一种给定的运算, 而是靠几何作图才能施行的. 也就是说, 方程本身并不是自我存在的实体, 而只是曲线的一种性质, 它能够在曲线的几何作图完成后被发现. 只要方程是使用词语 (而非符号) 表达的, 情况必然如此. 像在阿波罗尼奥斯著作中那样, 一个方程要用半页纸才能写出来, 这就很难形成关于方程、函数或曲线的一般概念. 因此, 希腊数学缺少曲线的一般概念 —— 要用他们的语言来阐释它太困难了.

在中世纪, 坐标的概念在奥雷姆 (Oresme, N., 约公元 1323—1382 年) 的著作中以另一种方式呈现. 从希帕凯斯 (Hipparchus, 约公元前 150 年) 起, 坐标一直在天文学和地理学中使用; 事实上, 奥雷姆称其坐标为 '经度" 和 '纬度", 但他似乎是用它们表示函数 —— 就像速度表示为时间的函数那样 —— 的第一人. 奥雷姆超越希腊人迈出的一步是: 在人们用坐标描述曲线之前, 就提出了他的这种坐标系. 但他也因缺乏代数知识而不能走得更远.

最终使解析几何走上实用之路的一步出现在 16 世纪, 它涉及方程的求解和符号的改进, 这些我们已在上一章讨论过. 这一步使得人们可以在某种一般性的原则下来考虑方程, 从而探究相关的曲线, 并对自己操作这些方程和曲线的能力充满自信. 正如我们将在下一节看到的, 解析几何的两位奠基人 —— 费马和笛卡儿, 都深受这些进展的影响.

关于解析几何发展的更多细节, 读者可参考博耶 (Boyer, C. B.) 的那本优秀著作 (1956).

习题

7.1.1 试推广梅内克缪斯的思想以证明: 任何一个三次方程

$$ax^3 + bx^2 + cx + d = 0, \quad 其中 \ d \neq 0$$

可以利用双曲线 $xy = 1$ 和一条抛物线的交点来求解.

7.2 费马和笛卡儿

数学史上有若干重要的成果, 是由两位数学家几乎同时且独立地完成的, 例如: 非欧几里得几何 —— 波尔约 (Bolyai, J.) 和罗巴切夫斯基 (Lobachevsky, N. L.), 椭圆函数 —— 阿贝尔和雅可比, 微积分 —— 牛顿和莱布尼茨 (Leibniz, G. W.). 我们能够合理地解释这些值得注意的事件: 构成新思想的主要成分已 '在空气中弥漫", 环境条件又有助于它们结晶成形. 正如我在上一节力图说明的, 17 世纪初期的条件有利于解析几何诞生. 所以我们完全不必为费马 (1629) 和笛卡儿 (1637) 各自独立地发现这个学科感到惊讶. (实际上, 笛卡儿的著作《几何》(La Géométrie) 始写于 17 世纪 20 年代. 无论如何, 它是独立于费马的, 因为后者的工作发表于 1679 年.)

　　然而, 有一点很让人吃惊, 即费马和笛卡儿两人的工作都始于同一个经典几何问题 —— 阿波罗尼奥斯的四线问题, 并想用解析方法寻找其解; 两位的主要发现又都是: 二次方程对应于圆锥截线. 就以上两点而论, 费马的工作比笛卡儿的更系统, 不过他就此止步了. 他满足于让他的工作留在 '简单和不成熟' 的状态, 确信它们在新的发明创造的滋养下会成长壮大.

　　另一方面, 笛卡儿进一步讨论了许多高次曲线, 并清楚地理解到代数方法在几何中的威力. 然而, 他在给梅森的一封信中承认, 他不想让同时代的人, 特别是他的竞争对手、数学家罗贝瓦尔 (Roberval, G. P.) 具备这种威力 (参见博耶 (1956), 第 104 页). 所以, 他写《几何》的目的是为了夸耀而非解释他的发现. 书中很少有系统的阐释, 证明也常常被略去而代之以颇带讥讽的言辞, 诸如 '我不会驻足来更详细地解释它, 否则我将剥夺你自己去掌握它时的愉悦' (第 10 页). 笛卡儿太自负了, 当人们看到他偶尔失败时不免会有些庆幸之感, 比如他在第 91 页上说, '直线和曲线之间的比是未知的, 我相信人类的心智无法发现它'. 他指的是当时未解决的、确定曲线长度的问题. 他下结论实在是太快了, 因为在 1657 年, 尼尔 (Neil, W.) 和冯 · 赫拉特 (van Heuraet) 算出了半三次抛物线 $y^2 = x^3$ 的一段弧的长度; 不久, 微积分使这类问题变成了普通的例行公事. (求弧长的故事, 可在霍夫曼 (Hofmann, J. E.) 的书 (1974) 的第 8 章中找到充分和有趣的描述.)

习题

　　我们现在知道, 所有的圆锥截线都可以由下述标准形式的方程给定 (见 2.4 节):

$$\frac{x^2}{a^2} + \frac{y^2}{b^2} = 1 \ (椭圆), \quad y = ax^2 \ (抛物线), \quad \frac{x^2}{a^2} - \frac{y^2}{b^2} = 1 \ (双曲线).$$

　　正如费马和笛卡儿所发现的, 任何一个 x, y 的二次方程都可以经选择适当的坐标原点和坐标轴而变换为这些形式之一. 下述习题概述了变换的主要步骤.

7.2.1　试证: 二次形 $ax^2 + bxy + cy^2$ 可转换成 $a'x'^2 + b'y'^2$ 的形式, 只要在下述替换中适当地选择 θ:

$$x = x' \cos \theta - y' \sin \theta,$$
$$y = x' \sin \theta + y' \cos \theta,$$

并检查 $x'y'$ 的系数为 $(c - a) \sin 2\theta + b \cos 2\theta$.

7.2.2　试根据习题 7.2.1 推断出: 适当地旋转坐标轴, 任何二次曲线可表示成 $a'x'^2 + b'y'^2 + c'x' + d'y' + e' = 0$ 的形式.

7.2.3　若 $b' = 0$, 但 $a' \neq 0$, 试证: 替换 $x' = x'' + f$ 能给出或是标准的抛物线形式, 或是 '二重线' $x''^2 = 0$. (为什么称其为 '二重线', 它是圆锥截线吗?)

7.2.4　若 a' 和 b' 都不等于零, 试证: 坐标原点的移位可给出椭圆或双曲线或直线对的标准形式.

7.3 代数曲线

> 我们可以在这里给出其他几种描绘和想象一系列曲线的方法, 其中每一条曲线
> 都比它前面的一条复杂, 但是我想, 认清如下事实是将所有这些曲线归并在一
> 起并依次分类的最好办法: 这些曲线 —— 我们可以称之为 "几何的", 即它们
> 可以精确地度量 —— 上的所有的点, 必定跟直线上的所有的点具有一种确定
> 的关系, 而且这种关系必须用单个方程来表示.

笛卡儿 (1637), 第 48 页

在这段话中, 笛卡儿定义了我们现在所谓的代数曲线. 他称它们是 "几何的", 表明他很依恋希腊的观念: 曲线是几何作图的产物. 他使用方程的标记法不是直接用来定义曲线, 而是为了比希腊人更严厉地限定几何作图的概念. 我们在 2.5 节看到, 希腊人在某些作图中, 像在一个圆上滚动另一个圆时, 是允许出现超越曲线的. 笛卡儿称这些曲线是 "机械的", 并通过限定曲线必须由 "单个方程来表示" 而将它们排除在外. 在上述引文后的文字清楚地表明, 笛卡儿讲的方程是多项式方程, 因为他按次数给方程分类.

笛卡儿拒绝超越方程是短视之举, 因微积分很快就提供了研究它们的技术; 但无论如何, 集中关注代数曲线是有益的. 特别地, 次数的概念有利于反映曲线的复杂性. 一次曲线可能是最简单的, 即直线; 二次曲线次简单, 它们是圆锥截线. 在三次曲线的情形, 我们看到了新的现象: 拐折、二重点和尖点. 众所周知, 拐折和尖点分别出现在 $y = x^3$ 和 $y^2 = x^3$ 中; 我们在蔓叶线上也看到了尖点 (2.5 节). 有二重点的三次曲线的经典例子是笛卡儿的叶形线 (folium, 1638):

$$x^3 + y^3 = 3axy.$$

"叶" 是二重点右边的闭合部分; 笛卡儿忽略负坐标, 因而并不了解曲线的其余部分. 叶形线的真实形状首先由惠更斯 (Huygens, C.) 给出 (1692). 图 7.1 是惠更斯画的, 画中还显示了该曲线的渐近线.

关于曲线早期历史的精彩阐述, 见于布里斯孔恩 (Brieskorn, E.) 和克诺雷尔 (Knörrer, H.) 的书 (1981) 的第 1 章. 在戈麦斯 · 泰克赛拉 (Gomes Teixeira) (1995a, b, c) 的书里, 则有许多独特的曲线以及它们的图形、方程和历史注记. 博斯 (Bos, H. J. M., 1981) 研究了笛卡儿的曲线概念的发展脉络.

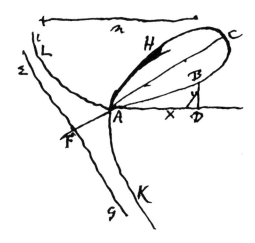

图 7.1   惠更斯画的叶形线

习题

叶形线是三次曲线, 丢番图的弦法 (3.5 节) 涉及它. 过曲线上 '显然的' 有理点 $(0,0)$ 画直线 $y = tx$, 找出它的另一个交点. 这种作图还能使我们依据参数 t 找到曲线上的任意点 (x,y).

7.3.1 试证: 笛卡儿的叶形线具有参数方程

$$x = \frac{3at}{1+t^3}, \quad y = \frac{3at^2}{1+t^3};$$

并利用这些方程证明: 它在 0 点跟坐标轴相切.

7.3.2 试证: 叶形线方程 $x^3 + y^3 = 3axy$ 可以写成如下形式

$$x + y = \frac{3a}{\dfrac{x}{y} + \dfrac{y}{x} - 1}.$$

7.3.3 试证: 在叶形线上, 当 $x \to \pm\infty$ 时, x/y 和 y/x 趋于 -1, 因此可根据习题 7.3.2 推导出其渐近线的方程.

格兰迪 (Grandi, G., 1723) 研究了整个 '多叶' 曲线族.

7.3.4 格兰迪玫瑰线由极坐标方程

$$r = a\cos n\theta$$

给出, 其中 n 取整数值. 图 7.2 显示几条这种曲线, 是格兰迪给出的 (1723). 试证: 格兰迪玫瑰线是代数曲线.

7.3.5 试证: $n = 1$ 时的 '玫瑰线' 是个圆, $n = 2$ 时的 '玫瑰线' 具有笛卡儿方程

$$(x^2 + y^2)^3 = a^2(x^2 - y^2)^2.$$

图 7.2 格兰迪玫瑰线

7.4 牛顿的三次方程分类

一次和二次曲线是直线和圆锥截线, 这在解析几何出现之前已被人们很好地理解了. 直到 18 世纪末, 大多数数学家认为它们不能进一步地去分类, 因此新方法并不适用于这类主题. 著名的例子是牛顿在他的《原理》(*Principia*) (1687) 中仍按希腊风格研究行星轨道. 达朗贝尔 (d'Alembert, J. le. R.) 在为伟大的法语《百科全书》(*Encyclopédie*) 写的关于几何的条目 (卷 7, 第 637 页, 1757) 中, 总结了对低次曲线的经典看法:

> 代数演算对初等几何命题不适用, 因为没有必要用这种演算来使证明变得更容易; 除了用直线和圆来解的二次问题外, 好像并不存在能依靠这种演算而真的变得容易的证明.

所以, 由解析几何开发的第一个新问题是对三次曲线的研究, 它也是第一个被认为是真正属于这个学科的问题. 牛顿对这种曲线进行了相当完全的分类 (1695) (参见鲍尔 (Ball, W. W. R.) (1890) 的评论).

牛顿 (1667) 从 x 和 y 的一般三次方程

$$ay^3 + bxy^2 + cx^2y + dx^3 + ey^2 + fxy + gx^2 + hy + kx + l = 0$$

出发, 经一般的坐标轴变换后导出一个有 84 项的方程, 然后证明后者可以简化为下述形式的方程之一:

$$Axy^2 + By = Cx^3 + Dx^2 + Ex + F,$$
$$xy = Ax^3 + Bx^2 + Cx + D,$$
$$y^2 = Ax^3 + Bx^2 + Cx + D,$$
$$y = Ax^3 + Bx^2 + Cx + D.$$

接着, 牛顿按照 [等号] 右边 [多项式] 的根将曲线分成 72 类 (遗漏了 6 类). 他的文章没有给出详细的证明; 斯特林 (1717) 补上了证明, 其中还包括牛顿忽略的 4 类. 牛顿的分类因缺少一般的分类原则而遭到后世某些数学家, 如欧拉 (Euler, L.) 的批评. 人们肯定需要一种统一的原则, 以降低分类的复杂性. 实际上, 这样的原则已隐含在牛顿 (1667) 第 29 节 '影子 (即投影) 生成的曲线" 的一个随意的评注中. 该原则 (我们将在下一章解释) 将三次曲线约化为 5 种类型, 见图 7.3 (此图选自牛顿出版于 1710 年的文章的英文译本; 参

C U R   C U R

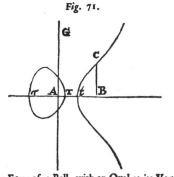

Fig. 71.

of the Form of a Bell, with an Oval at its Vertex. And this makes a *Sixty feventh Species.*

If two of the Roots are equal, a Parabola will be formed, either *Nodated* by touching an Oval,

Fig. 72.

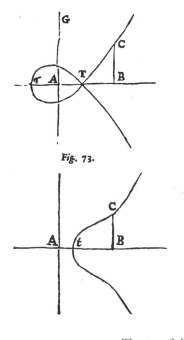

Fig. 73.

or *Punctate*, by having the Oval infinitely fmall. Which two *Species* are the *Sixty eighth* and *Sixty ninth.*

If three of the Roots are equal, the Parabola will be *Cufpidate* at the Vertex. And this is the

Fig. 75.

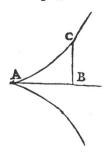

Neilian Parabola, commonly called Semi-cubical. Which makes the *Seventieth Species.*

If two of the Roots are impoffible, there will (See *Fig. 73.*)

Fig. 73.

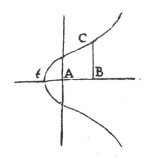

be a *Pure* Parabola of a Bell-like Form. And this makes the *Seventy firft Species.*

图 7.3 牛顿的三次曲线分类

见怀特赛德 (Whiteside, D. T.) (1964)).

读者可能想知道最熟悉的三次曲线 $y = x^3$ 是这 5 类中的哪一类! 回答是: 它等价于牛顿的图 75——有尖点的图形. 我们将在下一章对此做出解释.

习题

牛顿称为 "有尖点的" 和 "打了结的" 三次曲线, 从代数上看是比其他曲线更简单的. 特别地, 它们能经有理函数参数化.

7.4.1 试找出半三次抛物线 $y^2 = x^3$ 的参数方程 $x = p(t), y = q(t)$, 其中 p 和 q 是多项式. (i) 仔细检验, (ii) 找出过尖点 $(0,0)$ 的直线 $y = tx$ 跟曲线的第二个交点.

7.4.2 试求出将 $y^2 = x^2(x+1)$ 参数化的有理函数 $x = r(t), y = s(t)$, 办法是找到过曲线的二重点的直线 $y = tx$ 跟曲线的第二个交点.

7.5 方程作图和贝祖定理

7.1, 7.2 和 7.3 节大致描述了解析几何的发展: 从最初将方程视为了解曲线性质的一种手段, 到充分认知可以用方程来定义曲线, 并认识到 (多项式) 方程的概念对理解 (代数) 曲线的概念来说是个关键. 事后想来, 我们可以说笛卡儿的《几何》(1637) 是该学科走向成熟的重要一步, 但该书并未确实地告知人们解析几何到底是什么. 事实上, 解析几何的发展要归功于两个过渡性主题: 16 世纪的方程论和几乎被现代人遗忘的科目 "方程作图".

方程作图的范例是梅内克缪斯对 $\sqrt[3]{2}$ 的作图: 求抛物线和双曲线的交点. 按照几何的观点, 这是利用人们熟悉的曲线 (抛物线和双曲线) 来画出人们不熟悉的长度 ($\sqrt[3]{2}$). 用代数语言来讲则更清楚, 即用二次曲线来解三次方程 $x^3 = 2$. 在 17 世纪 20 年代, 笛卡儿发现了更一般的方法 —— 利用抛物线和圆这样的二次曲线的交点来解任意的三次和四次方程. 他的朋友贝克曼 (Beeckman, I.) (1628) 在一篇笔记中报告说, "笛卡儿先生十分重视这项发明, 他公开承认还没发现任何超越他本人的成果, 甚至无人发现过更好的东西" (博斯的译文 (1981), 第 330 页). 笛卡儿并不像他自己想象的无人能出其右, 因为费马 (1629) 在一篇未发表的著作中独立地做出了同样的发现, 这一事实强调了费马的发现和笛卡儿的发现明显是同时发生的. 不过, 费马显然没有沿着这一思路继续前行, 而笛卡儿这样做了.

在《几何》中, 笛卡儿发现了一种特殊的三次曲线, 即所谓的笛卡儿抛物线, 它跟一个适当的圆的交点能给出任一给定五次或六次方程的解. 笛卡儿在该书的结尾愉快地告诉读者这样的结论:

对于复杂程度越来越高 —— 没有尽头 —— 的问题, 我们只要遵循同样的方法, 就能完成其作图; 因为就数学进步而言, 只要给出前二、三种情形的做法, 其余的就很容易解决.

笛卡儿 (1637), 第 240 页

实际上, 这是不容易的: 为 n 次方程寻找令人满意的一般图解法的努力, 大约在 1750 年左右淡出历史. 博斯 (1981, 1984) 告诉了我们该数学领域起伏跌宕的故事.

数学家在寻找一般图解法的过程中, 曾偶尔假定 m 次曲线和 n 次曲线交于 mn 个点. 这条原理后来以贝祖定理著称, 但最早陈述它的似乎是牛顿, 时间为 1665 年 5 月 30 日:

两条线相交, y^e 在 wch 中的点数绝不可能大于 $y^n y^e$, 即 y^e 上它们的维数的矩形. 而且, 除了那些 wch 是虚的情形外, 它们总能交于这么多个点.[*]

牛顿 (1665b), 第 498 页

贝祖定理使人们期待这样的结果: 次数为 $k = m \cdot n$ 的方程 $r(x) = 0$ 的解, 也许可以从次数为 m 的适当的曲线和次数为 n 的适当的曲线的交点求得. 用代数的术语讲, 就是寻找次数分别为 m, n 的方程

$$p(x, y) = 0 \tag{1}$$

和

$$q(x, y) = 0, \tag{2}$$

从中消去 y 后得到的 '结式' 应该就是给定的方程

$$r(x) = 0. \tag{3}$$

这是西方数学家首次遭遇消元问题, 而中国人早在好几个世纪前就解决了消元问题 (6.2 节).

然而, 除了要知道方程作图是消元的逆问题而且困难得多之外, 西方数学家还需要知道消元法本身的两个事实: 第一, 次数为 m 和 n 的方程经消元后的结果是 mn 次的; 第二, 次数为 mn 的方程有 mn 个根. 我们在 6.7 节提到, 第二个陈述只有承认了复数才能成为事实. 而第一个也只有接受了 '无穷远点' 的概念才能成为事实. 比如说, (1) 和 (2) 是平行线方程, 那么 (3) 就是 '0 次' 的, 因而无解. 但是, 你可以认为平行线 '在无穷远处' 相交, 这是在射影几何学这种几何框架下的看法, 后者是跟解析几何几乎同时发展起来的

---

[*] 这里牛顿使用了在字母右上角添加符号的特殊缩略写法, 用现代英语可表达为 '两条线相交的点数绝不大于它们的维数的矩形. 而且, 仅除了它们是虚的情况外, 它们总交于那么多点'. 用代数语言说, 其中 '它们的维数的矩形' 即指 '它们的次数的积'. —— 译注

学科. 不幸, 要到 19 世纪人们才认识到射影几何和解析几何缺一不可, 互相都需要对方. 在 19 世纪之前, 射影几何的发展中没有坐标, 所有证明贝祖定理的尝试 —— 值得注意的有麦克劳林 (Maclaurin, C.) (1720), 欧拉 (1748b), 克莱姆 (1750) 和贝祖 (1779) —— 都因缺乏计算无穷远点个数的适当方法而归于失败. 结果, 作为方程作图理论主要成就的贝祖定理, 要到该理论本身被放弃之后很久才得到正确的证明.

射影几何的起源以及它和解析几何归并后的成果, 我们将在第 8 章讨论.

习题

我们从 6.7 节知道, 任一四次方程等价于一个下述形式的方程:

$$x^4 + px^2 + qx + r = 0.$$

7.5.1 试证: 任一这样的方程可通过寻找抛物线 $y = x^2$ 和另一条二次曲线 (即圆锥截线) 的交来求解.

7.5.2 试找出两条抛物线, 其交点给出 $x^4 = x + 1$ 的解, 进而证明该四次方程有两个实根.

7.6 几何的算术化

我们一直强调, 早期的解析几何 —— 特别是笛卡儿的 —— 并不接受几何能够奠基于数或代数之上的想法. 沃利斯 (Wallis, J., 1616—1703) 可能是第一个认真地提出几何算术化思想的人. 沃利斯在他 1657 年的书的第 XXIII 和 XXV 章中, 对欧几里得《几何原本》的卷 II 和 V 进行了首次算术处理; 早些时候沃利斯 (1655b) 已给出过对圆锥截线的纯代数处理. 他首先根据使用平面去截圆锥所给出的经典定义导出方程; 然后反向地由这些方程导出曲线的性质, 此时他 '不再纠缠圆锥' 本身.

沃利斯超前了时代. 我们在第 2 章的开始介绍了托马斯·霍布斯的看法, 他把沃利斯关于圆锥曲线的论文视为 '符号恶棍', 并公开指责 '所有使用几何代数的那帮人' (霍布斯 (1656), 第 316 页和霍布斯 (1672), 第 447 页). 牛顿的榜样和权威也许强加给人们这样一种信念: 代数不适合直线或圆锥截线的几何; 我们从 7.4 节知道, 人们为什么至少到 1750 年仍然在接受这种观点.

在初等几何领域, 代数的作用一直不能被人理解; 直到拉格朗日 (1773b) 在该领域采用了代数方法并得到蒙日 (Monge, G.) 和拉克鲁瓦 (Lacroix, A.) 有影响的教科书 (1800) 的支持, 情况才得到改观. 那时, 初等几何被引入方程理论之中, 高等几何也已出炉 —— 它们都越来越依赖于微积分, 并浮现出复变函数论、抽象代数和拓扑学这些在 19 世纪得到繁荣发展的学科. 于是, 高等几何也转变其发展方向而形成了微分几何和代数几何, 留下的是最基础的剩余遗产 —— 我们今天所称的 '解析几何'.

尽管解析几何的地位不高, 希尔伯特 (1899) 还是赋予了它重要的基础性地位. 希尔伯特只假定实数和集合存在, 并据此构作出欧几里得几何, 从而把沃利斯的算术化看作解析几何的逻辑结论.

于是, 从实数集 $\mathbb{R}$ 出发, 你可以把欧几里得平面构作为有序数对 (x, y) (即 "点") 的集合, 其中 $x, y \in \mathbb{R}$. 直线是平面上的点 (x, y) 的集合, 使得 $ax + by + c = 0$, 其中 a, b, c 是常数. 当两条直线的 x 和 y 的系数成比例, 则它们平行. 点 (x_1, y_1) 和点 (x_2, y_2) 之间的距离定义为 $\sqrt{(x_2 - x_1)^2 + (y_2 - y_1)^2}$. 如 1.6 节解释的那样, 毕达哥拉斯定理促成了这个定义, 它是在算术和几何之间架设桥梁的基石.

有了这些定义, 欧几里得几何中的所有公理和命题都变成了关于方程的可以证明的命题. 例如, "非平行线有一个公共点" 这条公理对应于如下定理: 线性方程组

$$a_1 x + b_1 y + c_1 = 0,$$
$$a_2 x + b_2 y + c_2 = 0$$

有一个解, 条件是 $a_1 b_2 - b_1 a_2 \neq 0$.

希尔伯特跟牛顿一样, 不相信数是几何研究的真正主题. 他强烈地支持几何直觉是一种发现的方法, 在他和康–福森 (Cohn-Vossen, S.) 合写的书 (1932) 中有清晰的说明. 经 19 世纪的发展, 人们已不再信任几何而把算术当作数学中最终的权威, 希尔伯特的算术化的目的是给几何一个安全的逻辑基础. 我们将在第 24 章看到, 这个基础已不再像 1900 年时看起来那么安全了; 但无论如何, 它目前仍是我们所知的最安全的基础.

7.7 人物小传: 笛卡儿

勒内 · 笛卡儿 (René Descartes) (图 7.4), 1596 年生于法国图赖讷省拉儿镇 (现称为拉艾 · 笛卡儿镇), 1650 年卒于斯德哥尔摩. 他的父亲阿基姆 (Joachim) 是布列塔尼省伦诺高等法院的评议员; 他母亲让娜 (Jeanne) 是普瓦蒂耶家族一位军官的女儿, 她的一笔财产保证了笛卡儿的经济独立. 她卒于 1597 年, 笛卡儿由外祖母和保姆抚养长大. 他跟父亲、兄弟或姐妹的来往一直不密切, 很少向别人谈起他们, 写信也是只谈经济事宜.

阿基姆 · 笛卡儿因法院的公事半年都不在家, 但对勒内的非凡的好奇心有充分的认识, 称他是他的 "小哲学家". 1606 年, 他送勒内进入拉弗里舍镇的耶稣会学校读书, 该校是安茹 (Anjou) 的亨利四世 (Henry IV) 不久前刚建立的. 年幼的笛卡儿在学校受到特殊的优待, 因为他的智力出众、很有前途而身体较弱. 他是拥有自己房间的少数学生之一, 被允许阅读禁止其他学生看的书, 而且早晨可以晚起床. 早晨在床上思考和写作几个小时成了他终身的习惯; 他最后不得不在瑞典的寒冬打破这一习惯, 这给他带来了致命的打击.

图 7.4　勒内·笛卡儿

　　他在校期间最引人注目的事件是亨利四世于 1610 年遭到暗杀. 因为亨利四世不仅是该校的建立者, 还是法国历史上最受欢迎的国王, 他的死引起了影响深远的震撼. 拉弗里舍镇成为精心设计的葬礼的场所, 高潮是埋葬国王的心脏. 笛卡儿是选出参加葬礼的 24 名学生之一.

　　1614 年, 他离开拉弗里舍镇, 在普瓦蒂耶 (Poitiers) 大学学了一段时间的法律 —— 好像这一经历没给他留下印象, 之后于 1618 年作为义务兵来到荷兰, 参加了拿骚的奥伦治王子的军队. 做出参军的决定, 对当时法国的有钱青年是平常之举, 因为荷兰正在跟法国的敌人西班牙开战; 笛卡儿从军似乎是为了观察世界, 而不是为了体验军营生活或实地战斗. 偏巧, 当时正值战争间歇期, 笛卡儿有两年真正的闲暇时光来思索科学和哲学问题.

　　1618 年 11 月 10 日, 他在布莱达 (Breda) 的一面墙上看到张贴着一个数学问题. 因为他读荷兰语并不流畅, 便请教一位旁观者帮他翻译. 他就是这样遇到伊萨克·贝克曼 (Isaac Beeckman) 的, 后者成为他数学方面的第一位老师和终身的朋友. 下一个 11 月 10 日, 他正在巴伐利亚. 那天, 他在一间供暖的房间 (他称之为 "炉子") 里紧张地思考了一整天; 当晚他做了一个梦, 醒后他认识到这是神在启示他应遵循的发展其哲学的道路. 是否像有些人猜测的那样, 这个梦也启示了他走向解析几何之路呢? 也许永远也不会有人知道! 笛卡儿本人对梦的描述已失传, 我们只有一个对梦的概述, 那是他的第一位传记作者巴耶 (Baillet, A.) 在他 1691 年的著作第 85 页上写下的, 但这也于事无补. 想靠梦来说明笛卡儿先于费马发现解析几何, 这未免有点可笑. 难道讲出另一个故事, 说费马十几岁时就做过这样的梦, 就能为费马争得优先权吗?

1628 年, 笛卡儿移居荷兰, 在那里度过他的大部分余生. 他过着简单而悠闲的生活, 终于能安下心来琢磨 9 年前的构思. 独处寡居很适合他: 他对当时的科学巨人, 诸如伽利略 (Galileo, G.)、费马和帕斯卡 (Pascal, B.) 怀有一种敌意, 而喜欢跟能理解他、不会挑战他的优势的学者交流思想. 马兰·梅森就是其中的一位, 笛卡儿在拉弗里舍镇读书时, 他是高班的学生, 这时成为笛卡儿科学方面在法国的主要联系人. 其他几位是波希米亚的伊丽莎白公主 (Princess Elizabeth) 和瑞典女皇克里斯蒂娜 (Queen Christina), 笛卡儿和这两位有内容广泛的通信联系.

笛卡儿对才智方面的对手没有雅量, 但在待人处事上确有积极的一面: 他在荷兰很关心邻人们的状况. 他鼓励地方上有数学才能的年轻人, 还在当地被认为是值得在困境中依靠的人 (参见弗鲁曼 (Vrooman, J. R.) (1970), 第 194–196 页). 他一生中认真爱过的人叫海伦 (Helen), 当时是一名年轻的女仆, 她在 1635 年为他生了一个女儿弗朗辛 (Francine). 普遍认为, 他跟海伦的关系没有上升到跟她结婚; 1640 年猩红热夺去了弗朗辛的生命, 这的确给笛卡儿的生活带来了最巨大的悲痛.

1649 年, 笛卡儿同意去斯德哥尔摩当瑞典女皇克里斯蒂娜的私人教师. 这是他跟女皇通信, 以及通过法国大使、他的朋友沙尼 (Chanut) 跟她磋商的最终结果. 人们特别提到这位女皇的体力和精力: 她每晚只睡不到 5 小时, 清晨 4 点起床. 笛卡儿必须在清晨 5 点抵达皇宫给她上哲学课. 授课计划从 1650 年 1 月 14 日开始, 正值当地 60 多年来最寒冷的一个冬季. 你可以想象那么早起床, 又要从大使住所赶往皇宫, 对笛卡儿是多么大的打击. 不过, 倒是沙尼首先经受不了这种寒冷 ——1 月 18 日他患上肺炎, 笛卡儿显然是受了他的传染. 沙尼康复了, 笛卡儿却一病终了: 1650 年 2 月 11 日撒手尘寰.

当然, 笛卡儿的哲学像他的解析几何一样出名.《几何》最初是他的主要哲学著作《方法论》(*Discourse on Method*) 的一个附录. 其他两个附录是关于光学的专题论文《折光》和最早试图给气候提供科学理论的《气象》.

在《折光》中, 他没有告诉读者托勒密 (Ptolemy, C.)、阿尔–海赛姆 (al-Haytham)、开普勒 (Kepler, J.) 和斯内尔 (Snell, W.) 已经发现了光学的主要原理; 然而, 他比前人更清晰、更完整地描述了这个学科, 无疑把光学仪器制造的理论和实践向前推进了一步. 至于《气象》, 我们知道想要在 1637 年搞出一个有关气候的理论, 未免过分超前了, 所以不难理解这篇专题论文的失察之处比击中要害的为多. 他最大的成功是依据他的光学理论正确地解释了虹这种天象 (除了对虹的颜色的解释外, 笛卡儿的解释后来为牛顿所完善). 不幸的是, 他对雷声的解释太特别: 是云碰撞引起的雷声, 跟闪电没关系. 斯科特 (Scott, J. F.) 的著作 (1952) 对笛卡儿的科学工作和哲学进行了精彩的概述, 其中对《几何》的分析尤为详细.

第 8 章

射影几何

导读

大约在古典几何经历代数化革命的同时, 新的一类几何 —— 射影几何登台亮相了. 基于将图形从一个平面投影到另一平面的想法, 射影几何最初是画家所关注的领域. 在 17 世纪, 只有少数数学家对它感兴趣, 他们的发现到 19 世纪才被视为重要成果.

古典几何中的那些基本量, 如长度和角度, 在投影下已不再保持不变, 所以它们在射影几何中已失去了意义. 射影几何讨论的仅是在投影下保持不变的事物, 如点和直线.

令人吃惊的是, 居然存在关于点和直线的非平凡的定理; 其中之一在大约公元 300 年被希腊几何学家帕普斯发现; 另一定理在 1640 年左右由法国数学家德萨格所发现.

还有更令人惊讶的现象: 有一个数值量在投影下保持不变, 它是长度的 "比之比", 称作交比. 在射影几何中, 交比所起的作用类似于长度在古典几何中的作用.

射影几何的优点之一是简化了曲线的分类. 例如, 所有圆锥截线在 '射影观点下皆相同', 而三次曲线仅有五种类型.

射影观点还能使一些明显被贝祖定理排除在外的情形得以回归, 例如: 一条直线 (次数为 1 的曲线) 总是跟另一条直线恰交于一点, 因为在射影几何中即使平行的线也都相交.

8.1 透视

透视可以简单地描述为空间场景在平面上的具体表示. 从古至今, 它一直是画家关心的问题, 有些罗马画家似乎在公元前 1 世纪就掌握了正确的透视法; 一个令人印象深刻的例子可见于赖特 (Wright, L.) 的著作 (1983) 第 38 页. 不过, 这可能只是一位天才的成就, 而不是一种理论的成功, 因为大多数古代画作所表现的透视是不正确的. 要是真的存在过一种古典的透视理论, 那么它在黑暗时代* 很可能已经失传. 中世纪的画家对透视进行了迷人的尝试, 但总是不得要领, 其中的错误延续到 15 世纪. (20 世纪的数学教科书中仍有这类错误. 图 8.1 给出了 15 世纪的一幅画作, 引自赖特的书 (1983) 第 41 页; 它右边的图是出现在 20 世纪数学书中的例子, 选自格林鲍姆 (Grünbaum, B.) 的报告 (1985).)

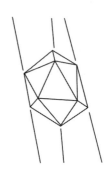

图 8.1   错误的透视

正确透视方法的发现, 通常归功于佛罗伦萨的建筑师兼画家布鲁内莱斯基 (Brunelleschi, F.) (1377—1446), 时间约在 1420 年. 最早发表的透视方法出现在阿尔贝蒂 (Alberti, L. B.) 的专题论文《论作画》中 (1436). 它被称为阿尔贝蒂罩纱方法: 将一片透明的布罩在一个框架上, 放在被画的场景前. 然后在一个固定的位置用一只眼观看场景, 这样, 你可以直接把场景描绘在罩纱上. 图 8.2 是丢勒 (Dürer, A.) (1525) 描绘的使用这种方法作画的情景, 注意图中用于固定眼睛位置的窥孔.

利用阿尔贝蒂罩纱来画现实的场景是不错的办法, 但使用透视法来画想象中的场景就需要某种理论了. 文艺复兴时期的画家使用的基本原理如下:

(i) 经透视, 直线仍为直线.

(ii) 经透视, 平行线仍保持平行或收敛到一个点 (它们的没影点).

这些原理解决了画家经常遇到的一个问题: 铺砖地面的透视画法. 阿尔贝蒂 (1436) 解决了该问题的一种特殊情形, 其中地面上的一组直线是水平的, 即平行于地平线. 图 8.3 展示了阿尔贝蒂方法的简化形式. 非水平的地面直线经由沿基线保持相等的间隔画出 (想象它们跟地面是接触的) 并收敛到地平线上的没影点. 接着来确定地面上的水平直线: 任意选定一条水平直线, 先确定地面上的一块方砖, 然后引该方砖的对角线并延长至地平线. 这条对角线的延长线跟非水平直线的交点, 就是水平直线要经过的点. 在现实的地面上的情况肯定是这样的 (图 8.4), 因此, 在透视图中它也是对的.

---

* Dark Ages, 约为公元 476 年至 1000 年时的欧洲. —— 译注

图 8.2　丢勒描绘的阿尔贝蒂罩纱

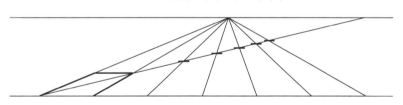

图 8.3　阿尔贝蒂的方法

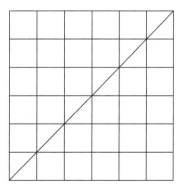

图 8.4　现实的地面

习题

在几乎所有的铺砖地面的画作中, 一组直线是平行于地平线的. 另一方面, 当确定了任一地砖的位置后, 按照原理 (i) 和 (ii) 就完全能够生成铺砖地面的透视图; 这些原理表明, 并不需要靠度量来获得阿尔贝蒂方法中沿基线的相等的间隔.

8.1.1 试利用图 8.5 中的直线来确定由给定的地砖生成的铺砖地面上的所有直线.

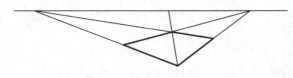

图 8.5 任意定向的铺砖地面

8.1.2 试利用习题 8.1.1 中的对角线, 说明当基线平行于地平线时, 在无须进行任何度量的条件下, 即可生成铺地砖时形成的直线.

8.2 畸变图

由阿尔贝蒂罩纱作图法可清楚地看出: 透视图只是从画家的视点来观看才是绝对正确的. 然而, 经验表明, 若不是站在极特殊的观察点上来看, 形变并不明显. 随着意大利画家对透视法的精通, 出现了一种有趣的变异, 此时的画只有从一个极端的视点来看才是正常的. 这种类型的第一个著名的例子是一幅名为《畸形》的画, 它收在莱昂纳多·达·芬奇的《亚特兰帝卡斯手稿》(*Codex Atlanticus*, 该书编纂于 1483 到 1518 年间) 中, 作画的年代不详. 图 8.6 是这幅画的一部分: 一个孩子的脸, 但你必须把眼睛靠近书页右端边缘时才能看到脸的正常模样.

图 8.6 莱昂纳多画的一张脸

这种奇思妙想大约在 1530 年左右为德国画家所接纳. 最著名的例子是霍尔拜因 (Holbein) 的画《两位大使》(*The Two Ambassadors*) (1533). 画的底部有些神秘的条纹, 从靠近画的右端边缘看时它们变成了一个脑袋. 要了解对这幅画的精彩评论和畸变画的历史, 可参考巴尔特鲁沙伊蒂斯 (Baltrušaitis, J.) (1977) 的书和怀特 (1983) 的书, 第 146–156 页. 17 世纪早期, 畸变画艺术在法国达到了它的技术最高峰. 而射影几何的诞生也发生在此时此地, 看来这不是巧合. 事实上, 这两个领域中的关键人物, 尼赛龙 (Nicéron, F.) 和德萨格 (Desargues, G.), 都非常了解对方的工作.

尼赛龙 (1613—1646) 是梅森的学生, 跟老师一样, 他也是小兄弟会教团的神父. 他画了几幅非凡的畸变壁画, 有的长达 55 米; 他在《透视的妙处》(*La perspective curieuse*) (1638) 中解释了作画的理论. 图 8.7 是他对椅子的畸变图的说明 (引自巴尔特鲁沙伊蒂斯 (1977), 第 44 页). 以普通的方式看这幅畸变画, 那是一把从未见到过的椅子, 而从一个适当的极端的视点来看, 它就是一把透视下的普通椅子.

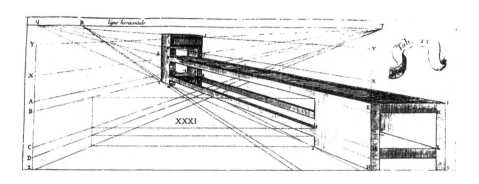

图 8.7　尼赛龙的椅子

这个例子揭示了一个重要的数学事实: 透视图的透视图一般不再是透视图. 对透视图再进行透视的结果是现称的射影图; 尼赛龙的椅子表明, 射影性是比透视性更广的概念. 因此, 研究在射影下保持不变的几何性质的射影几何, 比透视理论更广泛. 只是到 18 世纪末, 透视本身才发展成为一种数学理论: *画法几何*.

8.3　德萨格的射影几何

帮助人们理解阿尔贝蒂罩纱的数学布景是经过一点 ("眼睛") 的直线族 ("光线"), 以及与之相伴的一个平面 V ("罩纱") (图 8.8). 在这一布景中, 解决透视和畸变问题并不十分困难, 但透视和畸变这两个概念很重要, 它们是对传统几何思想的挑战. 跟欧几里得相反, 此时你有了下述观念:

(i) 平行线相交于无穷远点 (没影点).

(ii) 存在改变长度和角度的变换 (射影).

第一位采纳这些思想并建立起一种数学理论的人是德萨格 (1591—1661), 尽管无穷远点的思想早为开普勒所使用 (1604, 第 93 页). 德萨格的《图解圆锥与平面相交的草稿》(*Brouillon projet d'une atteinte aux événemens des rencontres du cône avec un plan*) (1639) 中有一种极端的情形迟迟得不到承认, 该书几乎在 200 年间无人问津. 幸运的是, 他的最重要的两条定理, 即所谓的德萨格定理和交比不变性定理在一本讨论透视的书 (博斯 (Bosse, A.) (1648)) 中公布于世. 德萨格的原文 (1639) 和博斯 (1648) 著作中包含德萨

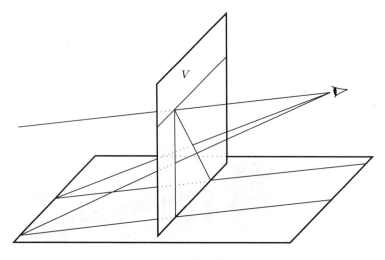

图 8.8 　透过阿尔贝蒂罩纱观看

格定理的部分, 可以在塔通 (Taton, R.) (1951) 的著作中找到. 其英译本和对其内容做的
详尽的历史及数学的评述, 请参见菲尔德 (Field, J. V.) 和格雷 (Gray, J. J.) 的书 (1987).

开普勒和德萨格都假设每条直线有一个无穷远点, 让直线终结于 '半径为无穷大的圆
上". 属于同一族的所有平行线共享同一个无穷远点. 两条非平行线只能以有限点为公共
点, 不具有相同的无穷远公共点. 于是, 任何两条不同的直线恰有一个公共点 —— 这是
比欧几里得公理更简单的一条公理. 令人感到相当奇怪的是, 要到庞斯莱 (Poncelet, J.
V.) (1822) 才将无穷远直线 —— 它在透视图中是那条最明显的直线, 即地平线 —— 引
入该理论. 德萨格在《图解圆锥与平面相交的草稿》中大量使用了投影, 他是利用它们来
证明有关圆锥截线的定理的第一人.

德萨格定理讲的是三角形在透视下的性质, 如图 8.9 所示. 定理说: (透视前后的两
个三角形) 对应边的交点 X, Y, Z 位于一条直线上. 当三角形是空间中的三角形 (即两
个三角形位于不同的平面上) 时这个结论显然成立, 因为那条直线就是它们所在平面的交
线. 但德萨格认识到, 对于在一个平面上的三角形而言, 该定理就出现了微妙和基本的不
同, 需要单独的证明. 事实上, 希尔伯特已证明 (1899): 德萨格定理对射影几何的建立起
了关键的作用 (参见 20.7 节).

交比不变性回答了阿尔贝蒂首先提出的一个很自然的问题: 由于在射影变换下并不
保持长度和角度, 那么会有什么东西保持不变呢? 因为直线上的任意 3 个点经射影可以
变为其他任意 3 个点, 所以只靠直线上的 3 个点得不出不变性 (习题 8.3.1). 因此至少需
要 4 个点, 而交比事实上就是 4 个点的射影不变性. 一条直线上 (有序的) 点 A, B, C, D 的
交比 (记作 $(ABCD)$) 为 $\frac{CA}{CB} / \frac{DA}{DB}$. 它的不变性非常容易看出来, 只要利用图 8.10 把它按
照角度改写即可. 令 O 是该直线外的任意一点, 考虑三角形 OCA, OCB, ODA 和 ODB

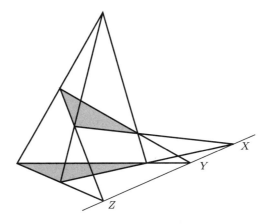

图 8.9 德萨格定理

的面积. 首先按三角形的底在 AB 上而高为 h 来计算, 然后利用 OA 和 OB 为底, 用位于 O 的角的正弦来表示高, 重新计算这些面积:

$$\frac{1}{2}h \cdot CA = \text{面积 } OCA = \frac{1}{2}OA \cdot OC\sin\angle COA,$$

$$\frac{1}{2}h \cdot CB = \text{面积 } OCB = \frac{1}{2}OB \cdot OC\sin\angle COB,$$

$$\frac{1}{2}h \cdot DA = \text{面积 } ODA = \frac{1}{2}OA \cdot OD\sin\angle DOA,$$

$$\frac{1}{2}h \cdot DB = \text{面积 } ODB = \frac{1}{2}OB \cdot OD\sin\angle DOB.$$

依据这些等式来替换 CA, CB, DA 和 DB 的值, 我们 (追随默比乌斯 (Möbius, A. F.)

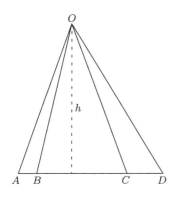
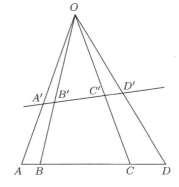

图 8.10 计算交比的值

(1827)) 得到利用在 O 点的角所表示的交比:

$$\frac{CA}{CB} \Big/ \frac{DA}{DB} = \frac{\sin \angle COA}{\sin \angle COB} \Big/ \frac{\sin \angle DOA}{\sin \angle DOB}.$$

A, B, C, D 经由 O 点的透视得到的任意 4 个点 A', B', C', D' 也都有同样的角所对应 (图 8.10), 因此它们具有同样的交比. 另一方面, 跟 A, B, C, D 射影相关的别的任意 4 个点 A'', B'', C'', D'' 也将如此, 因为根据定义, 一个射影就是一系列透视的合成.

习题

如上所述, 我们没有希望找到比交比更简单的不变量, 因为直线上的任意三个点都跟其他任意三个点射影相关.

8.3.1 试证: 一条直线上的任意三个点经射影可变为一条直线上的任意其他三个点. (如你需要些暗示, 可参见图 23.1.)

当两个三角形位于同一个平面时, 德萨格定理的证明可以通过从空间的角度来看待该平面的办法进行. 证明的方案见图 8.11. 三角形 $A_1 B_1 C_1$ 和 $A_2 B_2 C_2$ 是平面 Π 内关于 O 的透视图形, P 是平面 Π 外的一点, 直线 $OD_1 D_2$ 与平面 Π 只在点 O 相交.

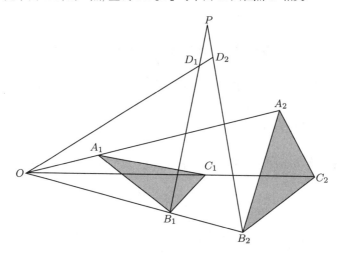

图 8.11 平面情形的德萨格定理

8.3.2 试证: 三角形 $A_1 C_1 D_1$ 和 $A_2 C_2 D_2$ 在不同的平面内, 是关于 O 的透视图形. 于是, 根据非平面情形的德萨格定理可知, 相应的、成对的边 $(A_1 D_1, A_2 D_2)$, $(A_1 C_1, A_2 C_2)$ 和 $(C_1 D_1, C_2 D_2)$ 的交点位于同一直线上.

8.3.3 试证: 这些交点由 P 投影到成对的边 $(A_1 B_1, A_2 B_2)$, $(A_1 C_1, A_2 C_2)$ 和 $(C_1 B_1, C_2 B_2)$ 的交点上, 由此导出平面情形的德萨格定理.

8.3.4 这个证明是否符合你对平面德萨格定理的构型 (图 8.9) 的直观感觉以及在三维空间的解释? 如果符合, 点 P 代表什么?

8.4 曲线的射影图

投影图的问题主要涉及直线的几何. 当然, 确实有些问题超出直线范围, 诸如椭圆可视为是对圆进行投影之所得, 但画家们一般满足于在适当的直线框架内通过插入看起来很光滑的曲线来解决这类问题. 一个例子是乌切洛 (Uccello, P.) (1397—1475) 画的圣杯, 见图 8.12.

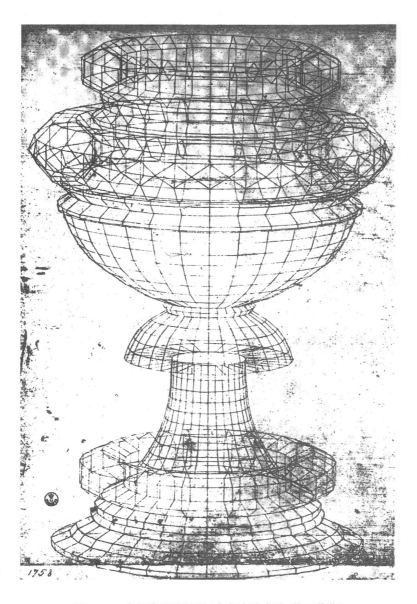

图 8.12　乌切洛的圣杯图 (乌菲齐美术馆, 佛罗伦萨)

　　随着解析几何的问世, 人们有可能来建立一种曲线透视的数学理论. 当一条曲线用方程 $f(x,y)=0$ 表达时, 任一投影图的方程可通过适当地对 x 和 y 作变换求得. 然而, 变换的观点, 从代数上看虽然相当简单, 但要到默比乌斯时 (1827) 才出现. 射影几何最初的工作属于德萨格 (1639) 和帕斯卡 (1640), 他们仍然使用古典几何的语言, 尽管此时笛卡儿 (1637) 已经给出了方程的语言. 这是可以理解的: 不仅因为解析方法在笛卡儿手里还十分含糊难解, 还因为射影方法的优越性在经典的背景下看得更清楚. 德萨格和帕斯卡只限于讨论直线和圆锥截线, 他们的工作表明射影几何为什么很容易达到和超越了希腊人的成就. 而且, 射影观点包含了希腊人不了解的东西: 如何明确说明曲线在无穷远处的性状.

　　例如, 德萨格 (1639) (参见塔通 (1951), 137 页) 根据其在无穷远处点数的不同来区分椭圆、抛物线和双曲线, 它们分别为 0, 1 和 2. 抛物线和双曲线上的无穷远点, 只要将它们的常规图形倾斜成投影图, 就能相当清楚地看出 (图 8.13 和图 8.14). 抛物线只有一个无穷远点, 因为它跟除 y 轴外的每一条引自 O 的射线交于一个有限点. 至于双曲线的情况, 正如在图 8.14 中看到的, 它的两个无穷远点位于它跟其渐近线相切触处. 双曲线在地平线上方的延续是经同一个投影中心对下半部分的投影所致 (图 8.15).

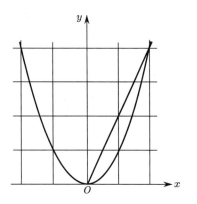
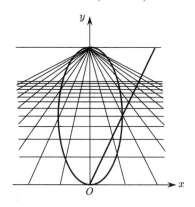

图 8.13　抛物线

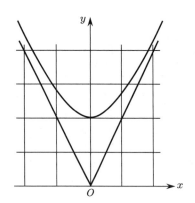
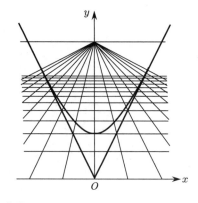

图 8.14　双曲线

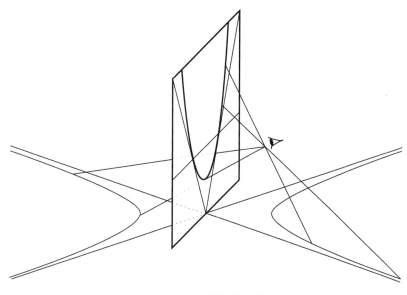

图 8.15   双曲线的分支

射影几何不止能描述曲线在无穷远的性状. 在射影几何中, 无穷远处的直线 (或称无穷远直线) 跟其他任何直线没有什么不同, 即摆脱掉了其特殊身份. 那时, 一条曲线的所有射影图都有了同等的效用, 例如你能够说: 只要观察得当, 所有的圆锥截线便都是椭圆. 这一点也不奇怪, 只要你不把圆锥截线记忆成二次曲线, 而是记成用平面截圆锥得到的截线. 当然, 要从圆锥的顶点出发观察, 它们看起来才是一样的.

更令人吃惊的是, 从射影的角度看, 三次曲线会出现极度简化的形式. 如 7.4 节所指出的, 牛顿 (1695) 把三次曲线分成 72 种类型 (但丢失了 6 种). 然而, 在他的第 29 节 '影子生成的曲线" 中, 牛顿宣称: 每一条三次曲线可投影为仅有的 5 种类型之一. 我们在 7.4 节中已提到, 这包括了如下结果: $y = x^3$ 可投影为 $y^2 = x^3$. 只要引入坐标, 通过不难的计算就能证明之 (见习题 8.7.2); 不过, 你可能已经从 $y = x^3$ 的透视图得到了暗示. 请看图 8.16. 尖点的下半部分是 $y = x^3$ 的图位于地平线下的部分; 而上半部分是将脑后的图经 P 投影到眼前的平面所得.

反过来, $y^2 = x^3$ 在无穷远处有一个拐点. 牛顿研究了所有三次曲线在无穷远处的性状, 并观察到每一类型都具有形如

$$y^2 = Ax^3 + Bx^2 + Cx + D$$

的曲线原来就有而并非在无穷远处才必须有的特征, 并在此基础上找出了三次曲线的射影分类. 牛顿在他的解析分类中, 已把它们分为 5 类, 即在图 7.3 中显示的 5 类. 牛顿的结果在 19 世纪才得到改进, 当时在复数域上的射影分类把三次曲线的类数减少到只有 3 类. 我们将在后面联系复数来讨论这个主题 (16.5 节).

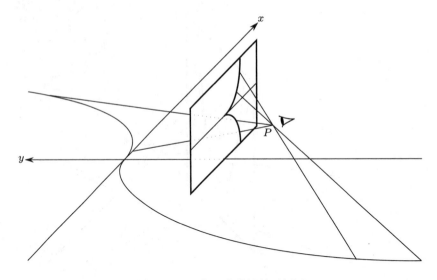

图 8.16 一条三次曲线的透视图

习题

上文已有提示: 通过考虑曲线跟过原点的直线的相交情况, 以及观察它们趋于无穷的方式, 可以对曲线的无穷远点进行计数.

8.4.1 试利用这种方法来解释: 为什么
- 双曲线 $xy = 1$ 有两个无穷远点,
- 曲线 $y = x^3$ 有一个无穷远点.

图 8.13 和图 8.14 中, 取阿尔贝蒂罩纱作为 (x, y, z)-空间中的 (x, z)-平面, 眼睛在 $(0, -4, 4)$ 处观察 (x, y)-平面.

8.4.2 试求出从 $(0, -4, 4)$ 到 $(x', y', 0)$ 的直线的参数方程, 进而证明: 该直线跟罩纱交于

$$x = \frac{4x'}{y' + 4}, \quad z = \frac{4y'}{y' + 4}.$$

8.4.3 将罩纱上的坐标 x, z 重新分别定名为 X, Y, 试证:

$$x' = \frac{4X}{4 - Y}, \quad y' = \frac{4Y}{4 - Y}.$$

8.4.4 试从习题 8.4.3 推导出: 抛物线 $y = x^2$ 在罩纱上的图像是

$$X^2 + \frac{(Y - 2)^2}{4} = 1,$$

并核对这就是图 8.13 中的椭圆.

8.5 射影平面

当你在看一幅画中的地平线时, 射影几何把无穷远 (点) 和平面上的有限点置于同等地位的做法就很直观了: 因为画中的地平线跟其他任何一条直线没什么区别. 但从数学上讲, 我们看到的这条线到底是什么呢? 为回答这个问题, 我们可以建立一个数学模型: 设我们看到的平面是坐标为 (x, y, z) 的三维空间中的平面 $z = -1$, 我们的眼睛位于坐标原点 $O = (0, 0, 0)$, 图 8.17 就显示了这一模型.

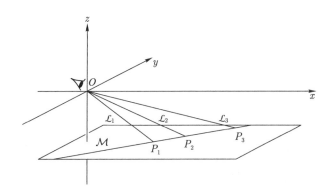

图 8.17   平面的视图

该平面上的点 $P_1, P_2, P_3, \cdots$ 由过 O 的 "视线" $\mathcal{L}_1, \mathcal{L}_2, \mathcal{L}_3, \cdots$ 所确定; 当 P_n 趋于无穷时, 相应的视线趋于水平面 (即平面 $z = 0$ —— 译注). 因此, 自然可以把过 O 的每条水平线 —— 它并不对应于 $z = -1$ 平面上具体的点 —— 解释为到达该平面的一个 "无穷远点" 的一条视线. 更大胆些, 我们可以把过 O 的这些直线定义为射影平面 (称为实射影平面 $\mathbb{RP}^2$) 上的点, 而将过 O 的平面定义为 $\mathbb{RP}^2$ 上的直线, 即所谓的射影直线.

当把过 O 的非水平直线建模为平面 $z = -1$ 上的点, 并利用其余的那些过 O 的直线 (它们自然不能称为 "水平" 的) 建模为其地平线上的点, 我们便完满地实现了将这个普通平面转换成射影平面; 进而将过 O 的水平面 (即平面 $z = 0$) 建模为地平线, 这就增强了我们的直观感觉: 地平线是跟其他任何直线一样的直线.

从几何角度看, 射影平面的这个模型, 很自然符合我们希望达到的结果, 它回答了某些单凭视觉容易出错的问题. 例如, 我们能看明白为什么在普通平面上的直线 $\mathcal{M}$ 恰好只有一个无穷远点, 因为过 $P_1, P_2, P_3, \cdots$ 的那些直线当趋于无穷时只趋向一条过 O 的直线, 即那条过 O 的平行于 $\mathcal{M}$ 的直线. 所以, 开普勒 (Kepler) 和德萨格 (Desargues) 认为射影直线是个圆也没有什么大错. 一条直线的两个 "终端" 由它的无穷远点连接起来了.

若说射影直线本质上是圆, 而射影平面本质上不是球面, 那么克莱因 (Klein) (1874) 注意到了更奇异的事实. $\mathbb{RP}^2$ 在本质上是具有被认定为一体的对径点的球面, 其上的对径点 P, P' 就如同图 8.18 中显示的那一对点: 即直径两端相对的点, 一条过 O 的直线跟一

个球心在 O 的单位球面就交于这对点. 将点 P, P' 视为 "一体" 意味着把这对点 (P, P') 当作一个点. 这种看法是恰当的, 因为这对点对应于一条过 O 的直线, 即对应于 $\mathbb{RP}^2$ 的一个点.

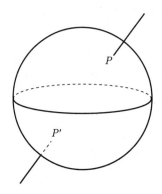

图 8.18　具有对径点对的射影平面

由点对 (P, P') 建模的曲面 $\mathbb{RP}^2$ 显然不同于由单一点 P 构成的球面. 例如, 在球面上, 任何单闭曲线将该曲面分割成两个部分. 在 $\mathbb{RP}^2$ 上的 "小" 的闭曲线 —— 即严格地包含在模型的半球面内的闭曲线 —— 也分割了该曲面, 但是 "大" 闭曲线却可能做不到此种分割. 例如, 赤道并不把上半球面和下半球面分割开, 因为在对径点被视为同一的条件下, 两半球本就是同一地域! 为了让这种观点少点自相矛盾的味道, 让我们回顾 $\mathbb{RP}^2$ 的模型, 其构成元素是过 O 的直线. 穿过赤道的直线并不会分离过上半球面的直线和过下半球面的直线, 因为这些直线本来就是同一的.

习题

射影平面的模型 —— 其上的点是过 O 的直线, 其上的直线是过 O 的平面 —— 也有助于使射影直线的其他一些基本性质形象化.

8.5.1　试利用射影直线的这种解释, 说明一族平行线中的所有直线具有相同的无穷远点.

8.5.2　同样地, 试说明任意两条直线恰好相交于一个点.

现在, 让我们回顾将射影平面解释为曲面的情形, 即具有一体的对径点的球面. 下面的结果显示了另一种表现方式, 此时射影平面不再是球面.

8.5.3　试说明: 围绕一条射影直线的带状射影平面是莫比乌斯 (Möbius) 带 (图 8.19).

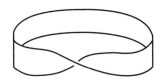

图 8.19　莫比乌斯带

8.5.4 试说明: 为什么莫比乌斯带不是球面的一部分?

8.6 射影直线

正如我们已经看到的, 射影几何起源于我们努力去理解二维和三维 (图形) 之间的关系. 但是, 源于这方面的研究所获得的思想 —— 投射变换或射影变换 —— 在一维空间中也很有趣. 在本节中, 我们会更仔细地研究从直线到直线的投射, 并利用它提出更精致的射影直线的概念. 在此过程中, 我们会遇到线性分式变换的概念, 它在较后的许多研究中起到关键性的作用. 特别地, 我们将说明线性分式变换如何赋予交比的不变性以新的洞见.

我们首先把直线视为数直线 $\mathbb{R}$, 并研究当我们将一条直线投射到另一条上时, 其上点的数值是如何关联的. 最简单的一类投射是直线向跟它平行的一条直线的平行投射 (或称为来自无穷的投射), 如图 8.20 所示.

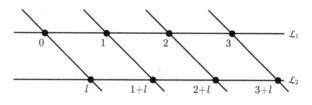

图 8.20 来自无穷的投射

很清楚, 当我们在这两条直线上像惯常那样选定坐标后, 平行投射将 $\mathcal{L}_1$ 上的点 x 投射到 $\mathcal{L}_2$ 上的点 $x + l$, 其中 l 是某个常数. 我们将此坐标映射简记为 $x \mapsto x + l$.

当我们把点 P 投射一个有限的距离, 那么从图 8.21 (我们使每条直线上的零点跟 P 联成一线) 可清楚地看出, $\mathcal{L}_1$ 上的 x 投送到 $\mathcal{L}_2$ 上的 kx, 其中 k 是某个非零常数. 我们将此坐标映射简记为 $x \mapsto kx \ (k \neq 0)$.

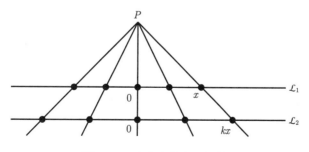

图 8.21 来自有限点的投射

图 8.22 显示了一个更值得注意的情形, 其中我们从一个点出发将直线 $\mathcal{L}_1$ 投射到它的一条垂线 $\mathcal{L}_2$ 上; 注意, 出发点并不在这两条直线的任何一条上, 但跟两者保持相同的距离. 那么, 经适当地选取坐标, $\mathcal{L}_1$ 上的点 x 被投送到 $\mathcal{L}_2$ 上的点 $1/x$.

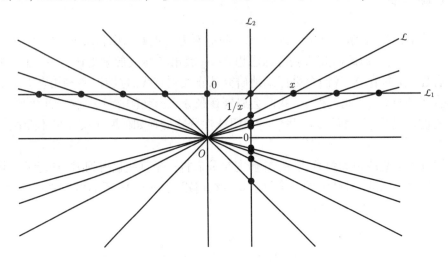

图 8.22   直线到其垂线的投射

这使 $\mathcal{L}_2$ 成为 $\mathcal{L}_1$ 的高度畸变的像, $\mathcal{L}_1$ 上等间隔点 $1, 2, 3, 4, \cdots$ 被投送到 $\mathcal{L}_2$ 上的点 $1, 1/2, 1/3, 1/4, \cdots$. 这些像 (点) 趋于 $\mathcal{L}_2$ 上的点 0, 该点不是 $\mathcal{L}_1$ 上任一点的投影. 然而, 如果我们给 $\mathcal{L}_1$ 扩充一个额外的点 ∞ —— 无穷远点, 那么, 视 $\mathcal{L}_2$ 上的 0 为扩充后的直线 $L_1 \cup \{\infty\}$ 上的点 ∞ 的投影就似乎是合理的. 同样, 在 $\mathcal{L}_2$ 上扩充它的无穷远点 ∞, 并将此点视为 $\mathcal{L}_1$ 上的 0 的投影也是合理的.

若我们仍然宣称该映射将 x 投送到 $1/x$, 那么我们必须承认

$$1/0 = \infty \quad 和 \quad 1/\infty = 0.$$

我们已经让零作除数合法化了. 这样做正确、有效吗? 它在这一有限的背景下正确有效, 因为我们只是给过 O 的每条直线 $\mathcal{L}$ 赋予了两个标签或符号: x 和 $1/x$. 若即非铅垂线亦非水平线, 那么 x 和 $1/x$ 分别是 $\mathcal{L}$ 跟 $\mathcal{L}_1$ 和 $\mathcal{L}_2$ 的交点; 若 $\mathcal{L}$ 是铅垂的, 那么 $x = 0$ 是它跟 $\mathcal{L}_1$ 的真实交点, $1/0 = \infty$ 是它跟其平行线 $\mathcal{L}_2$ 的 '无穷远交点'; 若 $\mathcal{L}$ 是水平的, 那么 $1/x = 1/\infty = 0$ 是它跟 $\mathcal{L}_2$ 的真实交点, ∞ 是它跟其平行线 $\mathcal{L}_1$ 的 '无穷远交点'.

实际上, 在线性分式变换这个更一般、更有趣的背景下, 以零作除数的除法是正确有效的:

$$f(x) = \frac{ax+b}{cx+d}, \text{ 其中 } ad - bc \neq 0.$$

这些函数恰恰是函数 $x \mapsto x + l$, $x \mapsto kx$ $(k \neq 0)$ 和 $x \mapsto 1/x$ 经组合所能得到的函数, 它们对应于任意从一条射影直线投向另一条射影直线的投射. 精确地说, 每一个线性分式函数给出 $\mathbb{R} \cup \{\infty\}$ 到其自身的唯一定义和一对一的映射, 这些映射实现了所有射影直线的投射. 这些关系将在下面的习题中给以证实. 有鉴于此, 我们称 $\mathbb{R} \cup \{\infty\}$ 连同它的线性分式函数为实射影直线 $\mathbb{RP}^1$.

线性分式函数给出了 $\mathbb{RP}^1$ 本身的 '射影' 性质. 跟实直线 $\mathbb{R}$ 不同, $\mathbb{RP}^1$ 没有长度概念, 因为线性分式函数并不保持长度不变. 即使是长度的比也不能保持不变, 你只要注意函数 $x \mapsto 1/x$ 就能了解这种现象. 然而, 线性分式函数能保持交比不变, 因此说在投射下交比亦不变.

为了解其中缘由, 我们考虑一条直线上的 4 个点 A, B, C, D. 当我们视其为数时, 它们的交比 (其定义见 8.3 节) 变为

$$\frac{CA \cdot DB}{CB \cdot DA} = \frac{(C - A)(D - B)}{(C - B)(D - A)}.$$

函数 $x \mapsto x + l$ (给 A, B, C, D 每个数都加 l) 显然并不改变交比. 对于函数 $x \mapsto kx$ (给 A, B, C, D 每个数都乘 $k, k \neq 0$) 亦然. 有一种情况不太显然, 即函数 $x \mapsto 1/x$ 也保持交比不变; 该函数将 A, B, C, D 变为其倒数, 我们通过简单的计算就能证实这个结论. 所以, $x \mapsto x + l$, $x \mapsto kx$ $(k \neq 0)$ 和 $x \mapsto 1/x$ 的所有组合使交比保持不变, 由此便知所有线性分式函数亦然.

习题

我们会看到, 为什么每个线性分式函数都是经过对分数 $\frac{ax+b}{cx+d}$, 进行适当的分解而由形如 $x \mapsto x + l$, $x \mapsto kx$ $(k \neq 0)$ 和 $x \mapsto 1/x$ 的函数组合而成的.

8.6.1 试说明: 若 $c \neq 0$, 则 $\frac{ax+b}{cx+d} = \frac{a}{c} + \frac{bc-ad}{c(cx+d)}$.

8.6.2 试根据习题 8.6.1 推演如下结果: 函数 $x \mapsto \frac{ax+b}{cx+d}$ 是函数 $x \mapsto x + l$, $x \mapsto kx$ $(k \neq 0)$ 和 $x \mapsto 1/x$ 的组合, 条件是 $c \neq 0$. 若 $c = 0$, 结果如何?

8.6.3 试说明: $\frac{ax+b}{cx+d}$ 的什么性质被条件 $ad - bc \neq 0$ 所制约?

8.6.4 试核实: 当点 A, B, C, D 每一个都被其倒数替代时, 交比 $\frac{(C-A)(D-B)}{(C-B)(D-A)}$ 仍保持不变.
随之可知, 交比在任何线性分式函数作用下维持不变. 仍需证明的是: 线性分式函数可实现投射过程. 我们已经做到的是直线到与其平行的直线的投射, 因此留下的问题是: 直线 (比如 x 轴) 到一条跟它相交的直线 (比如 $y = cx$) 的投射.

8.6.5 试说明: 由点 (a,b) 出发的投射, 将 x 轴上的点 $x = t$ 在 t 的线性分式函数 $x = \frac{bt}{ct+b-ca}$ 作用下投射至直线 $y = cx$ 上的点.

8.7 齐次坐标

由过 O 的直线来表示射影平面 $\mathbb{RP}^2$ 上的点, 使我们能够将三维空间坐标 (x, y, z) 作为 $\mathbb{RP}^2$ 的坐标. 这种坐标是莫比乌斯 (1827) 和普吕克 (Plücker, J.) (1830) 创立的; 他们称之为齐次坐标, 理由是 $\mathbb{RP}^2$ 中的每条代数曲线都可以用齐次多项式方程 $p(x, y, z) = 0$ 表示. 最简单的情形是表示射影直线的方程, 如我们在 8.5 节所见, 它由过 O 的平面表示; 其方程形如:

$$ax + by + cz = 0, \text{ 其中 } a, b, c \text{ 是不同时为零的常数.}$$

这样的方程称为一次齐次方程, 因为所有非零项中的变量皆是一次的.

$\mathbb{RP}^2$ 上点 P 的齐次坐标就是表示 P 的那条过 O 的直线上所有点的坐标. 于是, 若 (x, y, z) 是点 P 的坐标三元组, 那么对任意一个实数 t, (tx, ty, tz) 也是其坐标三元组. 若 $p(x, y, z) = 0$ 是 $\mathbb{RP}^2$ 上一条曲线的方程, 那么多项式 p 必定对所有实数 t 满足

$$p(tx, ty, tz) = 0.$$

由此可得: 若对某个 n, $p(tx, ty, tz) = t^n p(x, y, z)$, 则 n 被称为 p 的次数.

典型的例子是二次齐次方程

$$x^2 - yz = 0.$$

为了看清这条曲线在通常的平面 (比如 $z = 1$) 上的形状, 我们对适当的变量作替换. 对于 $z = 1$, 我们得到

$$y = x^2,$$

它是平面 $z = 1$ 上的抛物线方程. 所以, $x^2 - yz = 0$ 是抛物线 (加上无穷远点, 即 y 轴) 的射影完全化.

但 $x^2 - yz = 0$ 也是双曲线的射影完全化. 我们只要将射影曲线跟平面 $x = 1$ 相交便得到双曲线 $yz = 1$. 初看起来这似乎很让人吃惊, 但它反映了我们已在 8.4 节知道的一个事实 —— 所有的圆锥截线在射影观点下都是一样的.

齐次坐标还使某些三次曲线具有相同的射影完全化的证明变得容易了 (参见习题 8.7.2).

再谈贝祖定理

如我们在 7.5 节所知, 为了得到贝祖定理 —— m 次曲线跟 n 次曲线交于 mn 个点, 需要知道无穷远点的确切数目. 齐次坐标把它变成一个关于齐次多项式的问题而得以简化. 若 C_m 是一条曲线, 其方程为 m 次齐次方程

$$p_m(x, y, z) = 0, \tag{1}$$

而曲线 C_n 对应于 n 次齐次方程

$$p_n(x, y, z) = 0, \tag{2}$$

你希望证明: 在 (1) 和 (2) 中消去 z 后得到的方程

$$r_{mn}(x, y) = 0 \tag{3}$$

是 mn 次的齐次方程. 证明并不困难 (参见习题), 但直到 19 世纪晚期贝祖定理的齐次形式及结式 r_{mn} 是 mn 次的严格证明才被给出. 依据 M. 克莱因 (Morris Kline) (1972) 553 页上的说法, '对重数的正确计数' 首先由阿尔方 (Halphen, G.-H.) 于 1873 年给出.

贝祖定理的假设中必须包括一个明显的条件: 曲线 C_m 和 C_n 没有公共分支. 与该条件等价的代数表述是: 多项式 p_m 和 p_n 没有非常数的公共因子. 此时, 可借助齐次坐标来证明的贝祖定理可表述为: 次数为 m 和 n 的齐次方程 $p_m(x, y, z) = 0$ 和 $p_n(x, y, z) = 0$ 所确定的没有公共分支的曲线 C_m 和 C_n 的交点数, 由 mn 次的齐次方程 $r_{mn}(x, y) = 0$ 的解给定.

贝祖定理的一个有用的推论是: 若次数为 m 和 n 的曲线 C_m 和 C_n 的交点数超过 mn, 则它们有公共的分支.

习题

8.7.1 我们知道双曲线有两个无穷远点, 过 O 的直线趋于它们. 试问: 它们在射影完全化的 $x^2 - yz = 0$ 中对应于过 O 的哪些直线?

8.7.2 考虑齐次多项式方程 $x^3 - y^2 z = 0$, 试说明三次曲线 $y = x^3$ 和 $y^2 = x^3$ 具有相同的射影完全化.

正如中国人所发现的 (参见 6.2 节), 消元问题属于线性代数. 就贝祖定理而言, 它包含了齐次方程组有非零解的判别准则, 并导出结式 r_{mn} 的行列式表示.

8.7.3 设

$$p_m(x, y, z) = a_0 z^m + a_1 z^{m-1} + \cdots + a_m,$$
$$p_n(x, y, z) = b_0 z^n + b_1 z^{n-1} + \cdots + b_n$$

是次数为 m, n 的齐次多项式. 于是, $a_i(x, y)$ 是 i 次齐次的, $b_j(x, y)$ 是 j 次齐次的. 通过用适当的 z 的幂次乘 p_m 和 p_n, 试证: 方程

$$p_m = 0 \quad 和 \quad p_n = 0$$

等价于变量为 $z^{m+n-1}, \cdots, z^2, z^1, z^0$ 的 $m+n$ 个齐次线性方程, 后者又等价于

$$
r_{mn}(x,y) \equiv
\begin{vmatrix}
a_0 & a_1 & \cdots & a_m & 0 & \cdots & 0 \\
0 & a_0 & a_1 & \cdots & a_m & 0 & \cdots & 0 \\
\vdots & & \ddots & & & \ddots & \ddots & \\
& & & & & & & 0 \\
0 & \cdots & 0 & a_0 & & \cdots & & a_m \\
b_0 & b_1 & \cdots & & b_n & 0 & \cdots & 0 \\
0 & b_0 & b_1 & \cdots & & b_n & & \vdots \\
\vdots & & \ddots & & & & \ddots & 0 \\
0 & \cdots & 0 & b_0 & & \cdots & & b_n
\end{vmatrix}
= 0.
$$

8.7.4 试证: $p(x,y)$ 是 k 次齐次多项式 $\Leftrightarrow p(tx, ty) = t^k p(x,y)$.

8.7.5 试证: $r_{mn}(tx, ty) = t^{mn} r_{mn}(x,y)$. 提示: 用适当的 t 的幂次乘 $r_{mn}(tx, ty)$ 的各行, 使得任一列中的每个元素包含 t 的同次幂. 然后从各列中消去这些因子, 从而仍然保留着 $r_{mn}(x,y)$.

8.8 帕斯卡定理

帕斯卡于 1639 年年末写了一篇论文《论圆锥截线》(*Essay on Conics*) (1640), 那时他 16 岁. 他也许从父亲那里听说了射影几何 —— 其父是德萨格的朋友. 该论文包含后称为帕斯卡定理或神秘的六角星形的著名结果的首次陈述. 这条定理说, 内接于圆锥截线的六边形的 3 对对边, 交于 3 个共线的点. (该六边形的顶点在这条曲线上的次序是任意的. 图 8.23 中所选定的次序, 是为了使 3 个交点位于曲线内.) 帕斯卡的证明已无从知晓, 但他可能是先对圆的情形建立起这条定理, 然后利用射影很简单地将其推广为对任意圆锥截线也成立.

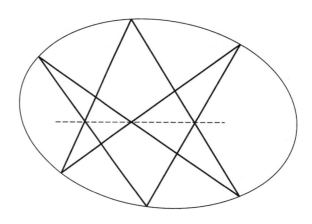

图 8.23　帕斯卡定理

普吕克 (1847) 给帕斯卡定理以新的阐释, 证明它是贝祖定理的一个简单推论. 普吕克使用关于三次曲线 (它本身是可以被绕开的) 的一条辅助定理, 从贝祖定理出发直接给出下述推导.

令 $L_1, L_2, \cdots, L_6$ 是六边形相继的 6 条边. 相间隔的边的并集 (union), $L_1 \cup L_3 \cup L_5$ 和 $L_2 \cup L_4 \cup L_6$ 可以看作三次曲线

$$l_{135}(x, y, z) = 0, \quad l_{246}(x, y, z) = 0,$$

其中每个 l 都是 3 个线性因子的乘积. 这样两条曲线交于 9 个点: 六边形的 6 个顶点和三对对边的 3 个交点. 令

$$c(x, y, z) = 0 \tag{1}$$

是包含这 6 个顶点的圆锥截线的方程.

我们可以选择常数 α, β 使得三次曲线

$$\alpha l_{135}(x, y, z) + \beta l_{246}(x, y, z) = 0 \tag{2}$$

经过任一给定的点 P. 设 P 是圆锥截线上不同于 6 个顶点的点. 那么, 次数为 2,3 的曲线 (1),(2) 有 $7 > 2 \times 3$ 个公共点, 因此据贝祖定理知它们有一个公共分支. 根据假设, c 没有非常数因子, 于是该公共分支必是 c 本身. 所以

$$\alpha l_{135} + \beta l_{246} = cp \tag{3}$$

对某个多项式 p 成立, 而且因为 (3) 的左半边是三次式, c 是二次的, 所以 p 必是线性的. 由于曲线 $\alpha l_{135} + \beta l_{246} = 0$ 经过 $l_{135} = 0$ 和 $l_{246} = 0$ 的 9 个公共点, 而 $c = 0$ 只经过其中的 6 个, 所以剩下的 3 个 (对边的交点) 必在直线 $p = 0$ 上.

习题

8.8.1 试推广上面的论证以证明: 若两条 n 次曲线交于 n^2 个点, 其中 nm 个在一条 m 次曲线上, 则其余的 $n(n-m)$ 个点位于一条 $n - m$ 次曲线上.

帕斯卡定理的一种重要的特例, 约于公元 300 年为帕普斯 (Pappus) 所发现, 被称为帕普斯定理. 在该定理中, 所论圆锥截线是由两条直线组成的 '退化' 的圆锥截线.

像帕斯卡定理一样, 通常的帕普斯定理说: 六边形的对边的交点位于一条直线上. 然而, 如果允许我们将该直线延至无穷远点, 那么帕普斯定理就显现为一种极易观察和证明的形式.

8.8.2 试用帕普斯定理来解释图 8.24.

8.8.3 试对应着图 8.24 写下该定理的陈述, 其结论是: P_1Q_3 和 P_2Q_2 平行. (等价于 $OP_1/OP_2 = OQ_3/OQ_2$.)

8.8.4 试从其他两个表示图 8.24 中平行性的方程, 推导出所求的方程.

8.8.5 对两条直线 P_1P_2 和 Q_1Q_2 不在 O 相交 —— 即当它们也平行的情形, 试画出相应的图并证明定理.

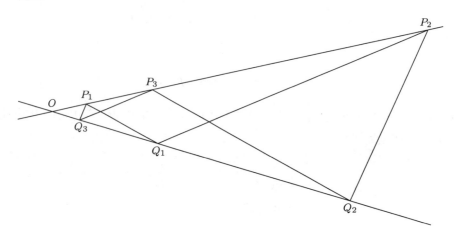

图 8.24　帕普斯定理的图解

8.9　人物小传: 德萨格和帕斯卡

吉拉尔·德萨格 (Girard Desargues) 1591 年生于法国里昂, 卒于 1661 年. 其父也叫吉拉尔·德萨格, 是一名什一税征收吏, 母亲的名字是让娜·克罗佩 (Jeanne Croppet), 他们共育有 9 个孩子. 他显然在里昂长大, 但我们缺少他早年生活的信息. 不迟于 1626 年, 他已是一名在巴黎工作的工程师; 他可能以其专长参与过著名的 1628 年拉罗谢尔围城战, 期间所建的一条横越港口的堤坝阻止英国舰队登岸掠夺这座城池.

在 17 世纪 30 年代, 他加入了马兰·梅森的学术圈子 —— 他们定期在巴黎聚会讨论科学问题; 1636 年, 他在梅森关于音乐的书中写了一章. 同年, 他出版了 12 页的论透视的小册子, 第一次透露了他的射影几何思想. 《图解圆锥与平面相交的草稿》(*Brouillon project*) (1639) 只出版了 50 册, 未赢得什么支持. 事实上, 对此书的反映一般是负面的; 他有好多年为了出版小册子都得设法跟诽谤者进行战斗 (参见塔通 (1951), 36–45 页). 他最初的唯一支持者是帕斯卡, 后者的大部分射影几何著作也已失传; 雕刻师亚伯拉罕·博斯 (Abraham Bosse) 则详细叙述了德萨格的透视方法 (博斯 (1648)). 原来, 德萨格因他的书受到攻击而心灰意冷, 遂把传播他的思想的事留给了博斯, 可后者却真的不具备完成此项任务所需的数学训练. 射影几何能在数学中获得一席之地, 菲力普·德拉海尔 (Phillipe de la Hire) 出版的书 (1673) 功不可没 —— 菲力普的父亲洛朗 (Laurent) 曾是德萨格的学生. 现在看来, 德拉海尔的书很可能影响了牛顿. 关于德萨格的这项工作及其他数学遗产, 可参见菲尔德和格雷的书 (1987) 的第三章.

大约在 1645 年, 德萨格的才华转向建筑领域, 这也许是为了向批评他的人展示其制图法的实用性. 他在巴黎和里昂负责了各种房屋和公共建筑的建造, 其中像楼梯这样复杂结构的设计更是高人一筹. 他在工程方面最著名的成就, 是在巴黎附近的博略城堡修建的提水系统, 它从几何观点看也颇为重要和有趣. 惠更斯 (1671) 注意到其中首次在齿轮上使用了周转曲线 (2.5 节). 那时, 惠更斯参观了这座城堡, 城堡的主人是夏尔·佩罗 (Charles Perrault) ——《灰姑娘》和《靴子里的猫》的作者.

德萨格在晚年返回了巴黎的科学圈子 —— 惠更斯在 1660 年 11 月 9 日听过他讲述几何点存在的报告 —— 但关于他在这一时期的信息人们所知甚少. 1661 年 10 月 8 日, 人们在里昂读到了他的遗嘱, 但无人知晓他在何时何地去世.

布莱兹·帕斯卡 (Blaise Pascal) (图 8.25) 1623 年生于法国的克莱蒙费朗, 1662 年卒于巴黎. 他三岁时, 母亲安托瓦妮特·巴贡 (Antoinette Bagon) 去世, 小布莱兹由父亲艾蒂安 (Etienne) 抚养长大. 艾蒂安是位律师, 对数学感兴趣, 属于梅森圈子里的人, 前面还提到过他是德萨格的朋友. 有一条曲线以他的名字命名: 帕斯卡蚶线. 1631 年, 艾蒂安放弃一切正式的工作, 带着布莱兹和他的两个姐妹来到巴黎, 专心于他们的教育. 这样, 布莱兹虽从未进过学校或大学, 但到 16 岁时已学习了拉丁语、希腊语、数学和科学; 还写出了《论圆锥截线》的论文并发现了帕斯卡定理.

图 8.25　帕斯卡

《论圆锥截线》(1640) 这本小册子篇幅很短, 概述了他已开始准备撰写的论圆锥截线的大作的轮廓, 可惜后者现已失传. 它给出了针对圆的帕斯卡定理. 他的大作一直写到 1654 年, 当时书已接近尾声, 但是他此后从未提到过它. 1676 年, 莱布尼茨在巴黎看到过这份手稿, 不知道后来还有没有人见过.

1640 年, 帕斯卡和他的两位姐妹在鲁昂跟在那里当税务员的父亲相会, 帕斯卡为了帮助父亲能更好地工作, 想到要制造一种计算机器. 大约在 1642 年年底, 他从理论上找到了基于齿轮的计算方法, 但由于生产精密部件很困难, 这台机器延迟到 1645 年才问世. 这是第一台能运转的计算机. 在今天看来, 能做加法的齿轮装置一目了然, 不过在帕斯卡时代, 已经提出了 '机器能思维吗?' 这样艰深的问题. 帕斯卡本人完全被机械装置迷住了, 他说:"算术机器产生效果的过程比动物的所有行为都更接近于思维. 但我们尚不能赋予它像动物所具有的那种意志力." (帕斯卡, 《思维》(*Pensées*), 340.) 这部机器给法国的掌玺大臣留下了极深的印象, 因而授予他特权来制造和出售它. 我们不知道它是否取得过商业上的成功, 但至少有一个时期, 用机器换钱的机会打搅了帕斯卡的思绪.

1646 年, 帕斯卡的生活方向开始离开这种对世俗问题的关注 —— 那年有当地的两名正骨师为他父亲的腿伤做了治疗. 这两名正骨师是詹森主义者 —— 属于天主教会中正在快速成长的教派. 他们的影响使整个家庭的信仰转向詹森教派, 之后帕斯卡开始用更多的时间思考宗教问题, 尽管有几年他还继续研究科学. 1647 年, 他研究大气压力随海拔高度的变化, 写成了他的新作《关于真空的新实验》, 并于同年出版问世; 1651 年, 他在流体静力学方面做出了开创性工作, 撰写了《关于液体平衡的重要实验》, 它发表于 1663 年; 1654 年, 他研究所谓的帕斯卡三角形, 对数论、组合学和概率论做出了基础性贡献. 对此, 第 11 章有更多的阐释. 在 1654 年, 帕斯卡还经历了 '第二次转变", 导致他几乎完全离开了尘俗和科学, 而越来越多地投身于实现詹森主义者理想的行动. 只是在 1658 年和 1659 年, 他偶尔专注于数学 (据说有一次, 数学让他忘记了牙痛). 在这一时期, 他最喜欢的主题是摆线 —— 由沿直线滚动的圆的圆周上一点所产生的曲线. 17 世纪晚期, 摆线在力学和微分几何的发展中发挥了重要作用 (参见第 13 章和第 17 章).

无疑, 数学家们对帕斯卡年纪轻轻就撤出数学领域感到非常遗憾; 然而, 从帕斯卡的转变中获益的不仅仅是宗教. 《外地短札》是他写来提升詹森主义者的思想的; 他的《沉思录》一书, 则是他身后由詹森派信徒编辑发行的, 并成为法国文学的经典. 可以肯定, 帕斯卡是唯一一位在作家中享有同样声誉的伟大数学家. 而且, 他对为贫穷者服务的詹森主义理想的虔诚, 产生了一个不朽的有实效的想法: 建立公共交通系统. 1662 年, 他去世前不久, 帕斯卡看到了世界上第一个公共马车机构开业了. 四轮马车从圣安托万门到巴黎的卢森堡街, 票价 5 个苏*, 营业利润直接用于救助穷人.

---

* '苏' 是法国辅币名, 今相当于 1/20 法郎. —— 译注

第 9 章

微积分

导读

转向代数思维的情况不仅发生在几何革命中, 它对出现在 17 世纪的数学第二次、也是最伟大的革命 —— 微积分的创立, 起着决定性的作用. 我们现在利用微积分获得的某些成果, 确实已为古人所知晓; 例如, 阿基米德发现了抛物线段所围的图形面积. 但是, 只有当符号计算 —— 即代数 —— 成为通用、有效的工具后, 才有可能系统地计算面积、体积和切线.

微积分对代数的依赖, 在牛顿的工作中表现得尤为明显; 他的微积分本质上是无限的多项式 (幂级数) 的代数. 此外, 牛顿的出发点是关于多项式 $(1+x)^n$ 的基本定理, 即二项式定理; 牛顿把它扩展到 n 取分数值的情形.

莱布尼茨的微积分同样奠基于代数, 即他的无穷小 (量) 代数. 尽管对无穷小 (量) 的含义和存在性有怀疑, 莱布尼茨和他的追随者通过对无穷小 (量) 的计算得到了正确的结论.

我们现在通过代数和极限过程相结合的方法得到的结果, 莱布尼茨已通过无穷小 (量) 代数得到了. 我们的导数 dy/dx, 在莱布尼茨看来就真的是无穷小 (量) dy 跟无穷小 (量) dx 的商. 我们的积分 $\int f(x)dx$ 对莱布尼茨而言也真的是那些无穷小 (量) $f(x)dx$ 的和 (因此, 符号 $\int$ 是表示 'sum" (和) 中 s 的拉长).

9.1 什么是微积分?

微积分问世于 17 世纪, 它能以快捷方式得到使用穷竭法导出的结果, 还给出了去发现这些结果的一种方法. 适合用微积分解决的问题有这样两种类型: 求弯曲图形的长度、面积和体积; 确定图形的诸如切线、法线和曲率这样的局部性质 —— 简言之, 就是我们今天所谓的积分问题和微分问题. 无疑, 在力学中也出现了与此等价的问题, 此时的量纲之一是时间, 它用以代替距离. 因此, 正是微积分使得数学物理应运而生 —— 我们将在第 13 章讨论这方面的发展脉络. 此外, 微积分跟无穷级数理论密切相关, 后者的研究成果成为数论、组合学和概率论的基础.

微积分之所以能取得非凡的成功, 首先是因为它能以较短的程式化演算代替冗长和微妙的穷竭论证. 它的名称* 提示我们, 微积分由能够解决问题的各种演算法则组成, 而非逻辑论证. 17 世纪的数学家熟悉穷竭法, 并想当然地认为: 当他们做出的结论受到质疑时, 总能求助于它来阐释; 可惜, 新结果的洪流来势凶猛, 他们很少有时间来这样做. 惠更斯写道 (1659a, 337 页):

> 数学家如果继续按照古代的方式给出严格形式的结果, 他们将没有足够的时间来解释所有的几何发现 (发现的数量正在与日俱增, 看来在这样一个科学世纪里, 将会有大比例的增长).

在惠更斯写这段话的时候, 考虑到当时可用的微积分体系还十分简单, 几何的进步确实令人刮目相看. 实际上, 那时人们所知的只有 x 幂次 (可能是分数次幂) 的微分法和积分法, 以及 x,y 的多项式的隐函数微分法. 然而, 这些方法跟代数及解析几何的结合, 已足以对所有的代数曲线来求切线、极大值和极小值. 若跟 17 世纪 60 年代发现的牛顿的无穷级数的演算相结合, 针对 x 幂次的运算法则就形成了一个能够求所有表示为幂级数的函数的微分和积分的完整体系.

在微积分其后的发展中, 没有出现数学中通常会出现的那种简化过程, 这确实是令人费解的例外. 今天, 我们有一个颇不漂亮的体系, 它低估了对无穷级数的使用, 使微分和积分的法则体系变得很复杂. 微分法诚然是完全的, 有一组合理而明显的运算来构造函数. 但积分法则是不完全的, 这很可悲; 它们不能对于像 $\sqrt{1+x^3}$ 这样简单的代数函数求积, 甚至对于像 $1/(x^5 - x - A)$ 那样带有不定常数的有理函数亦然. 此外, 直到近几十年, 我们才能说出哪些代数函数能用我们的法则求积. (达文波特 (Davenport, J. H.) (1981) 对这些鲜为人知的结果给出了详细说明.)

结论似乎是: 除了语言变得稍微简单之外, 我们未能使微积分比 17 世纪时更简单些! 假如我们避免强制推行现代的想法, 那么该学科的历史肯定会比较容易表述. 这样做还有一个好处: 可以强调微积分的高度的组合特性 —— 它毕竟是讨论计算 (calculation) 的. 考虑到当前对微积分和组合学相对价值的争论, 回忆下述事实是有益的: 最经典的组合学乃是关于级数的代数学的一部分, 因此也是微积分的一部分. 我们将在下面讨论无穷级数的章节, 花更多的篇幅来展开这一主题.

有大量著作是关于微积分历史的, 博耶 (1959), 巴龙 (Baron, M. E., 1969) 和爱德华兹 (Edwards, Jr., C. H.) (1979) 的书特别有用. 不过, 历史学家倾向于反复讲述逻辑论证

---

* calculus, 原义是 '演算'; 作为数学术语被译为 '微积分'. —— 译注

的问题, 并以不相称的时间比例讲述它在 19 世纪的发展. 这不仅没有展现出早期微积分的奔放和活力, 而且在以何种方式论证微积分的合理性方面也过于教条. 除了 17 世纪已有的论证 (穷竭法) 之外, 还有 20 世纪的论证 (罗宾逊 (Robinson, A.) 的无穷小分析理论 (1966)), 这说明微积分存在完全不同的基础. 这一事实提示我们: 我们还没有到达它的根基部分.

9.2 关于面积和体积的早期结果

积分的概念常常是这样引进的: 用矩形来逼近曲线 $y = x^k$ (比如说 x 从 0 到 1) 下的面积 (图 9.1). 若将该区域的底边 n 等分, 则这些矩形的高分别为 $(1/n)^k, (2/n)^k, \cdots, (n/n)^k$, 而求矩形所占的面积依赖于级数 $1^k + 2^k + \cdots + n^k$ 的求和. 如果该曲线绕 x 轴旋转, 那么各矩形将扫过截面积为 πr^2 的柱面, 其中 $r = (1/n)^k, (2/n)^k, \cdots, (n/n)^k$, 此时需要对级数 $1^{2k} + 2^{2k} + \cdots + n^{2k}$ 求和.

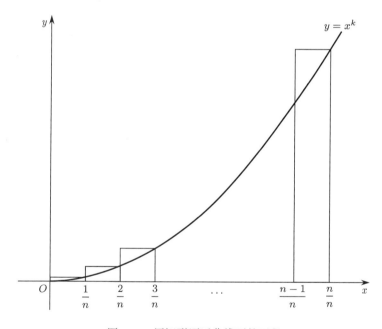

图 9.1　用矩形逼近曲线下的面积

事实上, 在阿基米德之后出现的第一个关于面积和体积的新结果, 就是基于这些级数的求和得到的. 阿拉伯数学家哈塔姆 (al-Haytham, 约公元 965—1039) 求出了级数 $1^k + 2^k + \cdots + n^k (k = 1, 2, 3, 4)$ 的和, 并利用该结果得到了抛物线绕底旋转生成的立体的体积. 参见巴龙 (1969), 70 页或爱德华兹 (1979), 84 页, 可了解哈塔姆级数求和的方法, 以及关于另一种方法的练习.

卡瓦列里 (Cavalieri, F. B.) (1635) 将这些结果推广到 $k = 9$, 利用它们得到公式

$$\int_0^a x^k dx = \frac{a^{k+1}}{k+1}$$

的等价物, 并猜想此公式对所有正整数 k 成立. 该结果于 17 世纪 30 年代被费马、笛卡儿和罗贝瓦尔 (Roberval, G. P.) 所证明. 费马甚至得到了该结果对分数 k 亦成立 (参见巴龙 (1969), 129 页和 185 页, 以及爱德华兹 (1979), 116 页). 卡瓦列里最著名的成果是他的 "不可分量方法" —— 一种早期的用于发现新结果的方法 —— 把面积看成由无穷多的细条组成, 而把体积看成由无穷多的薄片组成. 阿基米德的《方法》使用了类似的思想, 但正如第 4.1 节所说的: 人们到 20 世纪才知道阿基米德的这项工作. 值得注意的是, 跟卡瓦列里同时代的托里拆利 (Torricelli, E.) (气压计的发明者) 推测: 希腊人可能已经使用了这种方法. 托里拆利本人也使用不可分量方法得到了许多结果, 其中有一项跟阿基米德在《方法》中确定抛物线所围面积的做法几乎一致 (托里拆利 (1644)). 他的另一项令当时的人吃惊的发现是: 曲线 $y = 1/x$ (x 从 1 到 ∞) 绕 x 轴旋转得到的无限立体, 具有有限的体积 (托里拆利 (1643), 并见习题 9.2.3). 哲学家霍布斯 (1672) 评论托里拆利这个结果时写道: "为了从感官上理解它, 你不必是位几何学家或逻辑学家, 你应该是个疯子."

习题

9.2.1 试通过对恒等式 $(m+1)^2 - m^2 = 2m + 1$, 从 $m = 1$ 到 n 求和, 找出 $1 + 2 + \cdots + n$ 的值. 类似地, 利用恒等式

$$(m+1)^3 - m^3 = 3m^2 + 3m + 1$$

和上面的结果, 求 $1^2 + 2^2 + \cdots + n^2$ 的值. 同样, 利用恒等式

$$(m+1)^4 - m^4 = 4m^3 + 6m^2 + 4m + 1$$

求 $1^3 + 2^3 + \cdots + n^3$ 的值, 等等.

9.2.2 试说明: 利用图 9.1 中的矩形得到曲线 $y = x^2$ 下面积的逼近值为 $(2n+1)\, n(n+1)/(6n^3)$, 从而推出该曲线下的面积是 $1/3$.

9.2.3 试证: 曲线 $y = 1/x$ 从 $x = 1$ 到 ∞ 的部分, 绕 x 轴旋转所生成的立体的体积是有限的; 另一方面, 其表面积是无限的.

卡瓦列里的不可分量方法最漂亮的应用是证明阿基米德的球体积公式. 他的证明比阿基米德的简单, 做法如下.

9.2.4 试证: 组成球 $x^2 + y^2 + z^2 = 1$ 的薄片 $z = c$ 的面积, 跟圆锥 $x^2 + y^2 = z^2$ 的外接圆柱 $x^2 + y^2 = 1$ 的薄片 $z = c$ 的面积相等.

9.2.5 试根据习题 9.2.4 和已知的圆锥的体积证明: 球体积等于其外切圆柱体积的 $2/3$.

9.3 极大 (值)、极小 (值) 和切线

现在认为, 微分的概念比积分的简单; 但从历史上看, 它的发展比较晚. 除了阿基米德曾对螺线 $r = a\theta$ 作过切线, 历史上一直未见明显的极限过程

$$\lim_{\Delta x \to 0} \frac{f(x + \Delta x) - f(x)}{\Delta x}$$

的例子, 直到 1629 年费马才针对多项式引进了求极大值、极小值和切线的极限过程. 费马的这项工作, 像他的解析几何发现一样, 发表于 1679 年; 不过, 在笛卡儿发表了他的更复杂的切线方法 (1637) 之后, 其他数学家通过通信知道了费马的成果.

费马的演算使用了一个 '花招', 牛顿和其他人也使用过; 开始时引入 '小' 或 '无穷小' 元素 E, 通过用 E 来遍除式子中各项的办法达到简化的目的, 最后将 E 忽略掉, 就好像它是零. 例如, 为了求曲线 $y = x^2$ 在任意 x 点的切线的斜率, 我们考虑连接曲线上两个点 (x, x^2) 和 $(x + E, (x + E)^2)$ 之间的弦.

$$斜率 = \frac{(x + E)^2 - x^2}{E}$$
$$= \frac{2xE + E^2}{E} = 2x + E,$$

现在我们忽略掉 E, 就得到该点切线的斜率. 这种运算程序激怒了那些哲学家, 他们觉得这无异于宣称 $2x + E = 2x$ 而同时却说 $E \neq 0$. 当然, 你只需要说 $\lim_{E \to 0} (2x + E) = 2x$ 即可, 但 17 世纪的数学家不知道该怎么说. 总之, 他们被这种方法的威力所慑服, 失去了理智, 根本不担心这种批评 (当那些哲学家都固执得如同霍布斯一样时, 很难让人严肃地听取他们的意见; 参见 9.2 节). 费马的方法适用于所有的多项式 $p(x)$, 因为在 $p(x + E)$ 中的最高次项总能被 $p(x)$ 中的最高次项抵消, 留下的项则能被 E 除尽. 费马还能把这种方法扩展到由多项式方程 $p(x, y) = 0$ 给定的曲线上. 他在 1638 年这样做了 —— 当时笛卡儿想要难倒他, 提出了求叶形线的切线问题.

费马的方法具有普遍性, 这使他有资格成为微积分的奠基人之一. 他确实能够对所有由多项式方程 $y = p(x)$ 给定的曲线求出切线, 大概对所有的代数曲线 $p(x, y) = 0$ 亦然. 对后一个问题给出完全而明确法则的是斯卢士 (Sluse, R. F.), 时间大约在 1655 年 (发表较晚, 见斯卢士 (1673)); 还有许德 (Hudde, J.), 时间是两年后的 1657 年 (发表于 1659 年版的笛卡儿的《几何》, 见斯霍滕 (Schooten, F. van) (1659)). 用我们的记号可表示为: 若

$$p(x, y) = \sum a_{ij} x^i y^j = 0,$$

则

$$\frac{dy}{dx} = -\frac{\sum i a_{ij} x^{i-1} y^j}{\sum j a_{ij} x^i y^{j-1}}.$$

今天, 该结果很容易用隐函数微分法得到 (参见下面的习题), 但也可以通过对多项式的直接微分得到.

习题

求代数曲线的切线可以不使用微积分的证据, 只要我们更仔细地了解所谓的丢番图切线法 (见 3.5 节) 就足够了. 在丢番图的《算术》第 VI 卷第 18 问题 (前面的习题 3.5.1 已提到过) 中, 显然是通过检验的办法找出了曲线 $y^2 = x^3 - 3x^2 + 3x + 1$ 在点 $(0,1)$ 处的切线 $y = \frac{3x}{2} + 1$. 他在未做几何解释的情况下, 简单地用 $\frac{3x}{2} + 1$ 替换 $y^2 = x^3 - 3x^2 + 3x + 1$ 中的 y.

9.3.1 试验证: 该替换的结果是给出了方程

$$x^3 - \frac{21}{4} x^2 = 0.$$

如何对重根 $x = 0$ 做出几何解释?

9.3.2 为了求曲线 $y^2 = x^3 - 3x^2 + 5x + 1$ 在 $(0,1)$ 处的切线, 你应该用什么来替换 y?

这些例子说明如何通过寻找重根来求切线, 尽管需要对该做什么样的替换有点先见之明. 若使用微积分, 则这个过程更机械化了.

9.3.3 试通过对 $\sum a_{ij} x^i y^j = 0$ 的 x 求微分, 导出许德和斯卢士的公式.

9.3.4 试利用微分法求叶形线 $x^3 + y^3 = 3axy$ 在点 (b,c) 处的切线.

9.4　沃利斯的《无穷算术》

在 7.6 节, 我们提到了沃利斯在几何算术化方面所做的努力. 在他的《无穷算术》(*Arithmetica Infinitorum*) 中, 沃利斯 (1655a) 同样试图对弯曲图形的面积和体积理论加以算术化. 可以理解, 他的一些结果跟已有的结果等价. 例如, 他给出了这样的证明: 对正整数 p, 通过证明当 $n \to \infty$ 时, $\frac{0^p + 1^p + 2^p + \cdots + n^p}{n^p + n^p + n^p + \cdots + n^p} \to \frac{1}{p+1}$, 得到

$$\int_0^1 x^p dx = \frac{1}{p+1}.$$

然而, 他给出了处理分数次幂的新途径 —— 他直接去求 $\int_0^1 x^{m/n} dx$, 而不再像费马做过的那样去考虑曲线 $y^n = x^m$. 他首先求出了 $\int_0^1 x^{1/2} dx$, $\int_0^1 x^{1/3} dx, \cdots$, 办法是考虑跟 $y = x^2, y = x^3, \cdots$ 曲线下面积互补的面积 (图 9.2), 然后通过跟已得到的结果类比得出其他分数次幂的结果.

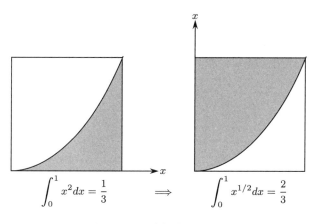

$$\int_0^1 x^2 dx = \frac{1}{3} \qquad \Longrightarrow \qquad \int_0^1 x^{1/2} dx = \frac{2}{3}$$

图 9.2 沃利斯利用的面积

　　跟其他对早期微积分做出贡献者一样, 沃利斯也以矛盾的心理对待趋于零的量, 一时视其为非零, 接着又视其为零. 因此, 他受到了他的主要敌手托马斯·霍布斯极为猛烈的攻击 (1656, 301 页): "你那本下流的《无穷算术》, 书中的不可分量毫无意义, 除非假定它们是量, 而这就是说它们是可分的." 但即使完全除开这一缺点 —— 它可以用极限的论证加以补救, 沃利斯的推理按今天的标准仍是极端不完全的. 例如, 他要是对 $p = 1, 2, 3$ 观察到公式显示的一种模式, 便立刻 "根据归纳法" 宣布一个对所有正整数 p 成立的公式, 又 "根据插值法" 宣布对分数 p 成立的公式. 他的大胆在《无穷算术》结尾处达到了新的高度, 即导出了他著名的无限乘积公式:

$$\frac{\pi}{4} = \frac{2}{3} \cdot \frac{4}{3} \cdot \frac{4}{5} \cdot \frac{6}{5} \cdot \frac{6}{7} \cdots .$$

我们可以在爱德华兹的书 (1979) 的第 171 至 176 页, 找到对他的推理的详细解说, 其中把他的推理描述为 "靠类比和直觉进行的一种大胆无畏的研究, 但却总能产生正确的结论".

　　然而, 我们必须在心里记着: 沃利斯主要提供的是一种发现的方法, 他也确实做出了发现! 他并非是最早给出关于 π 的无穷乘积表示的人, 因为韦达 (1593) 已发现

$$\frac{2}{\pi} = \cos \frac{\pi}{4} \cos \frac{\pi}{8} \cos \frac{\pi}{16} \cdots$$

$$= \sqrt{\frac{1}{2}} \cdot \sqrt{\frac{1}{2}\left(1 + \sqrt{\frac{1}{2}}\right)} \cdot \sqrt{\frac{1}{2}\left[1 + \sqrt{\frac{1}{2}\left(1 + \sqrt{\frac{1}{2}}\right)}\right]} \cdots .$$

不过, 韦达的公式基于一种聪明而简单的技巧 (见习题), 而沃利斯的公式含有更深刻的意义. 沃利斯通过一系列有理运算把 π 跟那些整数联系在一起, 从而揭示出一个分数序列在

第 n 个因子处终止该乘积而得 —— 他称其为'超几何的'. 类似的序列后来作为许多函数的级数展开式的系数出现, 从而引出了被高斯称为'超几何'级数的更广泛的一类函数. 沃利斯的乘积还跟另外两个基于一系列有理运算导出的 π 的漂亮公式紧密相关:

$$\frac{4}{\pi} = 1 + \cfrac{1^2}{2 + \cfrac{3^2}{2 + \cfrac{5^2}{2 + \cfrac{7^2}{2 + \cdots}}}}$$

和

$$\frac{\pi}{4} = 1 - \frac{1}{3} + \frac{1}{5} - \frac{1}{7} + \cdots.$$

上述连分数是布龙克尔从沃利斯的乘积导出的, 也发表在沃利斯的书中 (1655b). 上述级数则是下面级数的特殊情形:

$$\arctan x = x - \frac{x^3}{3} + \frac{x^5}{5} - \frac{x^7}{7} + \cdots,$$

此式是印度数学家玛德瓦 (Mādhava) 在 15 世纪发现的 (参见 10.1 节), 后来又被牛顿、J·格雷戈里 (Gregory, J.) 和莱布尼茨重新发现. 欧拉在他的书 (1748a) 的第 311 页给出了一个直接的变换, 将 $\pi/4$ 的级数转换成布龙克尔的连分数. 除了引爆一串令人耳目一新的反应之外, 沃利斯的'插值'法对牛顿的著作有重要的影响, 牛顿利用它发现了一般的二项式定理 (10.2 节).

习题

9.4.1 试利用恒等式 $\sin x = 2\sin(x/2)\cos(x/2)$ 来证明

$$\frac{\sin x}{2^n \sin(x/2^n)} = \cos\frac{x}{2} \cos\frac{x}{2^2} \cdots \cos\frac{x}{2^n},$$

因此

$$\frac{\sin x}{x} = \cos\frac{x}{2} \cos\frac{x}{2^2} \cos\frac{x}{2^3} \cdots.$$

9.4.2 试使用替换 $x = \pi/2$ 来推导韦达的乘积公式.

联系着 $\pi/4$ 的级数和 $4/\pi$ 的连分数的等式, 即

$$1 - \frac{1}{3} + \frac{1}{5} - \frac{1}{7} + \cdots = \cfrac{1}{1 + \cfrac{1^2}{2 + \cfrac{3^2}{2 + \cfrac{5^2}{2 + \cfrac{7^2}{2 + \cdots}}}}}$$

可直接来自更一般的等式:

$$\frac{1}{A} - \frac{1}{B} + \frac{1}{C} - \frac{1}{D} + \cdots = \cfrac{1}{A + \cfrac{A^2}{B - A + \cfrac{B^2}{C - B + \cfrac{C^2}{D - C + \cdots}}}},$$

此式为欧拉所证明 (参见欧拉 (1748a), 第 311 页). 下述习题给出了对欧拉结果的证明.

9.4.3 试验证:

$$\frac{1}{A} - \frac{1}{B} = \cfrac{1}{A + \cfrac{A^2}{B - A}}.$$

9.4.4 当习题 9.4.3 中等式左边的 $\frac{1}{B}$ 用 $\frac{1}{B} - \frac{1}{C}$ 来替换, 由习题 9.4.3 可知它等于 $\frac{1}{B + \frac{B^2}{C-B}}$. 试说明等式右边的 B 应替换成 $B + \frac{B^2}{C-B}$, 并由此证明:

$$\frac{1}{A} - \frac{1}{B} + \frac{1}{C} = \cfrac{1}{A + \cfrac{A^2}{B - A + \cfrac{B^2}{C - B}}}.$$

于是, 当我们改变级数的 '尾巴' ($\frac{1}{B}$ 用 $\frac{1}{B} - \frac{1}{C}$ 来替换) 时, 受影响的只是连分数的 '尾巴'. 这种办法可继续下去:

9.4.5 试推广你在做习题 9.4.4 时进行的论证, 以得到跟 n 项的级数相对应的连分数, 从而证明欧拉等式.

9.5 牛顿的级数演算

牛顿在学习了笛卡儿、韦达和沃利斯的工作后, 于 1665 和 1666 年做出了他的许多最重要的发现. 在斯霍滕版的《几何》(*La Géométrie*) 中, 他见到了求代数曲线的切线的许德法则; 按照牛顿的观点, 它实质上完全是一种微分演算. 尽管牛顿对微分法 —— 对我们很有用, 比如链式法则 —— 做出了贡献, 但微分法只是他的微积分的一小部分, 他的微积分主要依赖于对无穷级数的巧妙操作. 所以, 除非你像牛顿那样, 把微积分理解成关于无穷级数的代数, 此时你说牛顿是微积分的一位奠基人才不会误导别人. 在他的微积分中, 微分和积分是按 x 的幂次一项一项进行的, 因此相对而言是平凡的.

牛顿讨论微积分的一部主要著作是《论级数和流数方法》(它的拉丁文缩写是 *De methodis*, 以下简称《方法》), 他开宗明义, 说出了他对无穷级数的作用的看法:

> 由于这些关于数的运算和带有变量的运算都严格地相似 ⋯⋯ 我很惊讶一直没有人 (除了给出双曲线求 (面) 积法的梅卡托 (N.Mercator)) 能将近期为小

数建立的 (运算) 原理* 以类似的方式用于变量, 特别是这样做还可以通向更引人注目的成果. 还由于针对这类对象† 的 (运算) 原理已跟代数有了同样的联系, 故此, 小数* 的 (运算) 具备了普通的**算术** (法则), 它的加、减、乘、除和开方很容易向后者 (指代数) 借鉴.

牛顿 (1671), 33–35 页

牛顿提到的双曲线求 (面) 积的结果, 我们可写为

$$\int_0^x \frac{dt}{1+t} = x - \frac{x^2}{2} + \frac{x^3}{3} - \frac{x^4}{4} + \cdots,$$

最早发表于梅卡托的著作 (梅卡托 (1668)). 牛顿已在 1665 年得到同样的结果; 他对于丧失优先权感到失望, 加之其他一些因素, 促使他写了《方法》和更早一些的著作《分析学》(牛顿 (1669); 后者的英文全名为《项数无限多的方程的分析学》(*On Analysis by Equations Unlimited in Their Number of Terms*)). 牛顿在《分析学》中还独立发现了 $\arctan x, \sin x$ 和 $\cos x$ 的级数, 但他不知道这三个级数已为印度数学家所发现. 参见第 10.1 节.

梅卡托和印度人的结果都是用几何级数展开和逐项积分的方法得到的. 按我们的记号可写为

$$\int_0^x \frac{dt}{1+t} = \int_0^x (1 - t + t^2 - t^3 + \cdots)dt$$
$$= x - \frac{x^2}{2} + \frac{x^3}{3} - \frac{x^4}{4} + \cdots$$

和

$$\arctan x = \int_0^x \frac{dt}{1+t^2}$$
$$= \int_0^x \left(1 - t^2 + t^4 - t^6 + \cdots\right) dt$$
$$= x - \frac{x^3}{3} + \frac{x^5}{5} - \frac{x^7}{7} + \cdots.$$

牛顿在《分析学》和《方法》中机械地运用了这些方法, 不过, 他靠代数运算大大扩展了它们的领地. 他不仅像《方法》的导言所预言的, 得到了和、积、商和方根, 而且他的求根法也推广到构造一般的反函数上, 提出了逆无穷级数的新概念. 例如, 牛顿 (1671), 第 61 页, 求出 $\int_0^x dt/(1+t)$ 的级数为 $x - (x^2/2) + (x^3/3) - \cdots$, 它自然就是 $\log(1+x)$, 之

---

* 这里应指无穷小数 (infinite decimal number) 的运算方法. —— 译注
† 这里的 '这类对象' 指无穷小数的理论和无穷级数的理论同属一类. —— 译注

后他就令

$$y = x - \frac{x^2}{2} + \frac{x^3}{3} - \cdots \tag{1}$$

并由 (1) 解出 x (我们认出它是指数函数 e^y 减 1). 牛顿的方法等价于如下操作: 令 $x = a_0 + a_1 y + a_2 y^2 + \cdots$, 代入 (1) 式中等号的右边, 然后将得出的系数 $a_0, a_1, a_2, \cdots$ 一个一个地跟等号左边的系数比较. 这样, 牛顿找出了前几项:

$$x = y + \frac{1}{2}y^2 + \frac{1}{6}y^3 + \frac{1}{24}y^4 + \frac{1}{120}y^5 + \cdots,$$

于是他以沃利斯的风格确信 $a_n = 1/n!$. 如他所说: "求根至适当的循环节之后, 通过跟级数的类比, 它们有时可随意地扩展下去."

棣莫弗 (1698) 给出了一个级数反演公式, 它证实了这些结论; 牛顿使用这种令人难以接受的方法, 居然找到了如此漂亮的结果, 实在令人吃惊. 他发现的关于 $\sin x$ 的级数 (牛顿 (1669), 第 233 页, 第 237 页) 更让人惊异. 首先, 他利用二项级数

$$(1+a)^p = 1 + pa + \frac{p(p-1)}{2!}a^2 + \frac{p(p-1)(p-2)}{3!}a^3 + \cdots$$

(虽然他没有言明其自然的选择是 $a = -x^2, p = -\frac{1}{2}$) 通过逐项积分得到

$$\arcsin x = z = x + \frac{1}{2}\frac{x^3}{3} + \frac{1 \cdot 3}{2 \cdot 4}\frac{x^5}{5} + \frac{1 \cdot 3 \cdot 5}{2 \cdot 4 \cdot 6}\frac{x^7}{7} + \cdots,$$

然后若无其事地说:"我求根, 它将是

$$x = z - \frac{1}{6}z^3 + \frac{1}{120}z^5 - \frac{1}{5040}z^7 + \frac{1}{362880}z^9 - \cdots."$$

之后加了几行, 得出 z^{2n+1} 的系数是 $1/(2n+1)!$.

习题

牛顿通过像如下所列的表格法进行级数反演, 它显示 x 和 x 的幂用 y 的幂级数表示时各项的系数.

	1	y	y^2	y^3	$\cdots$
x	a_0	a_1	a_2	a_3	$\cdots$
x^2	a_0^2	$2a_0 a_1$	$2a_0 a_2 + a_1^2$	$2a_0 a_3 + 2a_1 a_2$	$\cdots$

9.5.1 利用表中各行显示的关系, 用 y 的幂次替换 $y = x - \frac{x^2}{2} + \cdots$ 中的 x 和 x^2, 然后通过对方程两边同次项系数的比较, 证明依次可得 $a_0 = 0, a_1 = 1$ 和 $a_2 = 1/2$.

9.5.2 试算出表中第三行的前几项 (即 x^3 的系数), 进而证明 $a_3 = 1/6$.

这说明反函数 $x = e^y - 1$ 有其幂级数表示, 前几项是

$$y + \frac{1}{2}y^2 + \frac{1}{6}y^3 + \cdots.$$

9.5.3 试说明可由二项级数得出

$$\frac{1}{\sqrt{1-t^2}} = 1 + \frac{1}{2}t^2 + \frac{1 \cdot 3}{2 \cdot 4}t^4 + \frac{1 \cdot 3 \cdot 5}{2 \cdot 4 \cdot 6}t^6 + \cdots.$$

9.5.4 试利用习题 9.5.3 和 $\arcsin x = \int_0^x dt/\sqrt{1-t^2}$ 导出牛顿的关于 $\arcsin x$ 的级数.

9.6 莱布尼茨的微积分

牛顿划时代的著作 (1669, 1671) 呈交给皇家学会并提交给了剑桥大学出版社, 但出版社拒绝出版这些著作. 一种推测是印刷商纸张短缺 —— 1666 年的伦敦大火烧毁了大量纸张. 无论如何, 关于微积分的第一篇出版物的作者不是牛顿而是莱布尼茨 (1684). 这导致莱布尼茨首先获得了创立微积分的荣誉, 后又引出了一场跟牛顿及其追随者关于发明优先权的激烈争论.

毫无疑问, 莱布尼茨独立发现了微积分, 而且使用了更好的符号; 他的追随者在传播微积分方面的贡献比牛顿的门徒更多. 莱布尼茨的工作在深度和精巧方面确实比牛顿的略逊一筹, 但莱布尼茨当时是位哲学家, 当过图书馆管理员和外交官, 只有部分时间在关注数学. 他的《求极大极小和切线的新方法, ······ 》(*Nova methodus*) (莱布尼茨 (1684)) 相对而言是一篇小文章, 尽管它确实为计算和、积和商的微分法则奠定了基础, 还引入了我们今天使用的记号 dy/dx. 然而, dy/dx 对莱布尼茨来说, 不仅是一个我们熟知的微商的符号, 而且真的表示无穷小量 dy 和 dx 的商 —— 他把 dy 和 dx 分别看作 y 和 x 的相临近的值的差 (difference, 因此用符号 d 来标识).

他还在《潜在的几何与不可分量和无限分析》(*De geometria*) (莱布尼茨 (1686)) 一文中引进了积分记号 $\int$, 并证明了微积分基本定理: 积分是微分的逆 —— 该结论为牛顿所知, 其几何形式甚至牛顿的老师巴罗就已知晓, 但莱布尼茨的表述更清晰明了. 在莱布尼茨眼中, $\int$ 意味着 "求和", $\int f(x)dx$ 真的表示 $f(x)dx$ 这些项的和 —— $f(x)dx$ 表示高为 $f(x)$、宽为 dx 的无穷小面积. 差分算子 d 产生整个和的最后一项 $f(x)dx$, 用无穷小量除之得到 $f(x)$. 瞧! 这就是

$$\frac{d}{dx}\int f(x)dx = f(x)$$

—— 微积分基本定理.

莱布尼茨的优点在于他辨明了重要的概念, 而不在于发展相应的技巧. 他引进了 '函

数 (function)" 这个词, 第一次开始用关于函数的术语来思考问题. 他区分了代数函数和超越函数; 跟牛顿不同, 他更青睐无穷级数的 '闭形式' 的表达. 所以, 对莱布尼茨而言, 求 $\int f(x)dx$ 的值乃是去找一个导数为 $f(x)$ 的已知函数; 而在牛顿看来, 问题在于将 $f(x)$ 展开成级数, 之后的积分微不足道.

寻找 '闭形式' 的表达是徒劳无益的, 但像解决棘手问题的许多努力一样, 它导致了在其他方向上有用的结果. 试图求有理函数的积分, 引出了多项式的因式分解问题, 最终导致了代数基本定理的诞生 (参见第 14 章). 试图求 $1/\sqrt{1-x^4}$ 的积分, 引出了椭圆函数理论 (第 12 章).

正如 9.1 节所指出的, 确定哪些代数函数能以 '闭形式' 求积是近期才解决的问题, 尽管解决的方式并不适合写进微积分的教科书 —— 它们仍然不去注意自莱布尼茨以来的大部分成果. (已发生变化的一件事是: 现在要出版微积分的书, 比牛顿可容易多了!)

习题

莱布尼茨 (1702) 曾受挫于积分 $\int \frac{dx}{x^4+1}$ 的计算, 因为他没有看出 x^4+1 可分解为实二次因式.

9.6.1   写出 $x^4 + 1 = x^4 + 2x^2 + 1 - 2x^2$ 或其他等式, 试将 $x^4 + 1$ 分解为实二次因式.

9.6.2   试利用习题 9.6.1 得到的因式, 将 $\frac{1}{x^4+1}$ 表示为部分分式的形式

$$\frac{x+\sqrt{2}}{q_1(x)} + \frac{x-\sqrt{2}}{q_2(x)},$$

其中 $q_1(x)$ 和 $q_2(x)$ 是实二次多项式.

9.6.3   试解释 (不必写出所有细节) 习题 9.6.2 中的部分分式的积分可用有理函数和反正切 (arctan) 函数表出.

9.7   人物小传: 沃利斯、牛顿和莱布尼茨

约翰·沃利斯 (图 9.3) 1616 年生于英国肯特郡的阿什福德, 1703 年卒于牛津. 他是阿什福德教区首席神甫约翰·沃利斯和乔安娜生育的 5 个孩子之一. 他有两个姐姐和两个弟弟. 家里发现年幼的约翰·沃利斯颇富学习才能, 14 岁时把他送到埃塞克斯郡的费尔斯泰德, 进入当时著名教师马丁·霍尔比奇的学校. 他在学校学习拉丁语、希腊语和希伯来语, 到 1631 年圣诞假期回家时才接触到数学. 他的一个弟弟正在为准备一桩交易学习算术, 沃利斯请他做了些解释. 这居然是沃利斯受到的唯一的数学教育, 甚至可以把后来在剑桥大学伊曼纽尔学院学习的时间包括在内.

沃利斯在自传中有一段说明:

在那段时间, 数学并不算是一门学问, 而是贸易商、零售商、海员、木匠、土地测量员, 或许还有伦敦的制历者做的事情. 那时我们学院的人数超过 200, 我

图 9.3　约翰 · 沃利斯

不知道有哪两位的数学比我好, 而我知道的数学就很少; 直到我被选定为该学院的教授前不久, 我从未严肃认真地去学习它 (而只是作为一种寻求快乐的消遣).

沃利斯 (1696), 27 页

在伊曼纽尔学院, 沃利斯从 1632 到 1640 年学习的是神学, 他获得了文学硕士学位; 显然, 他很适应学院的生活, 要是能在其中谋到一个特别研究生的位置, 他愿意待下去. 他真的在剑桥大学女王学院当了一年特别研究生, 但特别研究生必须未婚, 所以他 1645 年结婚后就放弃了这个位置. 在 17 世纪 40 年代的大部分时间, 沃利斯是名牧师.

17 世纪 40 年代在英国历史上是具有决定性意义的十年, 议会刮起反抗查尔斯一世的风潮, 国王在 1649 年被处以死刑. 沃利斯部分是由于运气, 部分是由于很适应新的政治环境, 他的生活轨迹转向了数学. 在议会与国王争斗的初期, 他发现自己有一种十分有价值的破译密码的能力. 这里再一次引用他自传中的一段话:

大约在我们的内战* 之初, 即 1642 年, 特遣牧师威廉 · 沃勒 (William Waller) 给我看了一封被拦截的、用密码写的信. …… 他 (半开玩笑半认真地) 问我是否能对这封信做点什么. …… 我判断它只不过是用了一种新的字母表, 我在上床睡觉前就弄清楚了; 这是我第一次尝试破译密码.

沃利斯 (1696), 37 页

---

* 指 1642—1649 年英国查理一世与议会的战争. —— 译注

这正是他为议员们成功破译的一系列密码中的第一例, 他的成功不仅为他赢得了政治方面的支持, 还使他获得了有数学才华的名声. (更多关于沃利斯在密码术方面的信息, 可参见卡恩 (1967), 166 页.) 当 1649 年保皇分子彼得·特纳 (Peter Turner) 被迫离开牛津大学萨维尔几何学教授席位时, 沃利斯被指派担任此职. 他的数学潜能终于有了发展的机会; 从这时起, 他积极地投身于数学, 几乎从未间断, 直到他生命的终结.

伊萨克·牛顿 (图 9.4) 1642 年圣诞节生于英国林肯郡的伍尔索普村. 他的家庭背景和早年生活并未预示他伟大的前程. 牛顿的父亲名字也叫伊萨克, 家境尚可但目不识丁, 在牛顿出生前三个月便去世了. 牛顿的母亲汉娜·艾斯库 (Hannah Ayscough) 在他三岁的时候改嫁, 由于继父的坚持, 她遗弃了他. 艾斯库家负责照看这个孩子, 并帮助他接受教育 (汉娜的兄弟威廉 (William) 曾就读于剑桥大学, 最终在那儿指导牛顿), 但无法弥补丧父失母带给他的感情缺失. 牛顿在后来的生活中变得十分神经质、不喜欢露面, 疑心很重; 他一辈子没有结婚, 倾向于树敌而非交友.

图 9.4 伊萨克·牛顿

年轻时的牛顿, 更喜欢制造诸如风车模型这样复杂的机器, 而不是学校的功课, 尽管有一次他专心于学业时得过全校第一. 1661 年, 他作为一名减费生进入剑桥大学三一学院. 减费生必须为有钱的学生服务以挣得生活费. 他不得不做减费生, 说明了他母亲的吝啬 —— 她负担得起他的学业但选择了不管不问. 牛顿早期学习了亚里士多德的学说, 这是当时的标准课程. 第一位对他产生影响的思想家是笛卡儿, 他的著作当时在剑桥引起了轰动. 到 1664 年, 在牛顿自称为《哲学问题集》(*Quaestiones quaedam philosophicae*) 的一套笔记里, 可以看到他被力学、光学以及视觉生理学方面的问题所吸引. 他对笛卡儿的《几何》也很着迷, 喜欢它胜于欧几里得几何; 但在他第一次接触它时, '他蔑视其为 …… 一本微不足道的书" (按照棣莫弗后来对往事的回忆).

1664—1666 年是牛顿数学研究最重要的时期, 这也许是所有数学家一生中最富创造性的时期. 在 1664 年, 他如饥似渴地钻研笛卡儿、韦达和沃利斯的数学, 并开始自己的研究工作. 1664 年后期, 他构思出曲率的概念, 微分几何的大部分内容由此生长壮大 (参见第 17 章). 1665 年大学闭校, 因为这年在英国的大部分地区爆发了灾难性的瘟疫. 牛顿回到伍尔索普村, 他对数学的思考变成了一种极强烈的热情. 50 年后, 牛顿是这样回忆这段往事的:

> 在 1665 年初, 我找到了逼近级数法和把任意二项式的任意次幂化成这样的级数的规则. 同年五月, 我发现了格雷戈里 (Gregory) 和斯拉西奥斯 (Slusius) 的切线法, 而在十一月得到了直接流数术, 次年一月又获得了颜色理论, 接下来的五月我踏进了 y^e 逆流数法. 就在同一年, 我从开普勒关于行星周期运动的法则出发, 开始把引力的思考扩展到月球和 …… 的 y^e 轨道 …… 我推导出使那些行星保持在轨道上的力 wch 必须 [是] 相互的, 跟它们的中心之间的距离的平方有关. …… 这一切都发生在 1665—1666 两年瘟疫期间. 这些日子我处于发明创造的最佳年龄, 并且比此后任何时候都更关注数学和哲学.
>
> 怀特赛德 (1966), 32 页

除了上述成就, 牛顿在这一时期的发现还有 $\log(1+x)$ 的级数, 以及起码是最初形式的三次曲线分类.

如我们已经看到的, 牛顿第一次发表其成果的尝试未获成功; 但无论如何, 有人读了他的成果并认识到了他的天才. 1669 年, 三一学院的数学卢卡斯讲座教授伊萨克·巴罗 (Isaac Barrow) 放弃这一职位转而献身于神学; 根据巴罗的推荐, 牛顿被指定担任此职. 牛顿在此岗位一直工作到 1696 年 —— 就在这一年他莫名其妙地决定接受伦敦铸币局总监的职位. 在卢卡斯讲座教授席位上获得的杰出成就是经典的《原理》一书 (1687), 书的全名为《自然哲学的数学原理》(*Philosophiae naturalis principia mathematica*).

《原理》是基于牛顿 1665 年的反平方律发展出的一套引力理论, 它的诞生要归功于埃德蒙·哈雷 (Edmund Halley) 1684 年对剑桥的访问. 在那个时期, 反平方律的假设还未得到确认 —— 雷恩 (Wren, C)、胡克 (Hooke, R.) 和哈雷本人都思考过它 —— 但缺少对其结论的数学推导. 哈雷问牛顿: 按照这一定律, 行星会描绘出什么样的曲线; 当得知牛顿已计算出那是椭圆时哈雷很兴奋. 当对方请求他提供详细的论证时, 牛顿在重构它时遇到了一些麻烦, 三个月后终于送给了哈雷一篇九页的文章, 题为 '关于天体的轨道运动" (*De motu corporum in gyrum*). 该文乃是《原理》的雏形.

哈雷意识到牛顿这些成果的重要性, 就把它们递交给了皇家学会, 并催促牛顿扩展其内容以备出版. 哈雷的激励来得正是时候. 牛顿早年获得发现时的兴奋之情早已不复存在, 之前六七年的时间他都消磨在炼金术的实验之中. 当对数学的兴趣被重新点燃后, 牛顿在接下来的 18 个月中, 几乎全神贯注于《原理》的写作. 如剑桥当时的同仁所注意到的: 他 '如此急切, 如此认真地对待他的研究, 以致他吃得非常简单, 甚至常常会根本忘了吃饭' (参见韦斯特福尔 (Westfall, R.S.) (1980), 第 406 页). 当《原理》的卷 I 于 1686 年 4 月送达皇家学会时, 他们仍不愿意出版, 哈雷费了九牛二虎之力才使事情有了转机. 他不仅自己拿出钱来冒险, 而且还要劝说牛顿 —— 因为当胡克宣称自己有优先权时, 牛顿的坏脾气发作了 —— 完成这部大作.《原理》最终于 1687 年出版, 牛顿的名声遂稳固地挺立于世, 至少是在英国.

17 世纪 90 年代早期, 牛顿重新检视《原理》, 并整理了他早期的一些研究. 如我们所见, 他对三次曲线的最终形式的分类始于这一时期. 1693 年, 他患神经失常症, 这可能导致他于 1696 年离开剑桥去了铸币局. 但是牛顿并未完全放弃科学研究, 1703 年他成为皇家学会会长; 数学活动则主要限于跟莱布尼茨关于微积分发明的优先权之争. 牛顿卒于 1727 年, 葬于威斯敏斯特教堂. 韦斯特福尔 (1980) 的著作是近期出版的一部关于牛顿的优秀传记.

戈特弗里德 · 威廉 · 莱布尼茨 (Gottfried Wilhelm Leibniz) (图 9.5) 1646 年生于莱比锡, 1716 年卒于汉诺威. 他的父亲名叫弗里德里希 (Friedrich), 是莱比锡大学伦理学教授; 其母卡塔琳娜 · 施穆克 (Katherina Schmuck) 也出身于大学教师之家. 6 岁起, 莱布尼茨就自由进入父亲的图书室, 成了一名贪婪的读者. 15 岁时入莱比锡大学, 师从阿尔特多夫 (Altdorf), 于 1666 年获得法律博士学位 (莱比锡市因为他太年轻而拒绝承认他的博士学位). 1663 年夏, 他访问了耶那大学, 了解了一点儿欧几里得几何, 但他念的是法律和哲学 —— 这些学科是他随后谋生的基础. 早年缺少数学的实践, 在他今后的数学风格中留下了痕迹: 好的想法因缺少技巧而不能得到充分的发展. 人们常能发现, 他缺少的似乎不仅是技巧, 而且缺乏耐心来发展他丰富的想象力所产生的思想. 现在看来, 莱布尼茨是组合学、数理逻辑和拓扑学的一位开山鼻祖, 但他贡献给这些领域的思想因太不完整而不能为他同时代的人所利用.

对逻辑的兴趣, 引导莱布尼茨进行了他的第一次数学冒险, 撰写了论文 '组合的艺术' (1666). 他的目的是给出 '一种一般的方法, 使所有正确的推理都能归结为一类计算". 莱布尼茨预见到: 排列和组合与此有关; 但他迈出的步子还不足以引起 17 世纪数学家参与这一研究的兴趣. 寻找普适的逻辑计算的梦想在 19 世纪曾重新燃起, 但最后被哥德尔 (Gödel, K.) (1931) 的成果所粉碎 (参见第 24 章). 无论如何, 莱布尼茨大大地受益于他对组合学的研究; 这引导他迈向他的微积分思想.

获得法律博士学位后, 莱布尼茨曾进入律师行业, 为美因兹选帝侯服务. 1672 年, 他

图 9.5 戈特弗里德·威廉·莱布尼茨

因公赴巴黎办事, 遇到了惠更斯, 并第一次真正领会到什么是数学. 1672 至 1676 年, 对莱布尼茨的数学生活至关重要, 详情见霍夫曼的书 (1974). 他从研究 '帕斯卡三角形' —— 他在 '组合的艺术' (1666) 中使用过 —— 开始, 就对级数中相邻项的差值感兴趣. 他利用差值发展出一种函数插值法; 我们将在第 10.2 节看到这种方法也为牛顿和格雷戈里所独立发现. 莱布尼茨向惠更斯介绍了他的发现, 后者鼓励他在无穷级数的求和中使用差值, 还提出了对 $\sum_{n=1}^{\infty} 1/(n(n+1))$ 进行估值的问题. 莱布尼茨成功了 (当然是经过了一段时间的努力), 并对其他情形使用了同样的方法. 这是他在微积分中引进无穷运算的具体途径, 可能也是他偏爱 '闭形式' 的解的起因. 1673 年, 他通过逐项求积获得了更高水平的发现

$$\frac{\pi}{4} = 1 - \frac{1}{3} + \frac{1}{5} - \frac{1}{7} + \cdots$$

和

$$\frac{1}{2}\log 2 = \frac{1}{2 \cdot 4} + \frac{1}{6 \cdot 8} + \frac{1}{10 \cdot 12} + \cdots.$$

到 1676 年, 他实际上已完成了对微积分的系统表述, 包括微积分基本定理、记号 dx 和积分符号.

　　莱布尼茨第一阶段的数学活动止于 1676 年. 他在巴黎和伦敦都没得到从事学术工作的职位; 为寻找有较好薪水的工作, 他搬到汉诺威为不伦瑞克-吕讷堡公爵服务. 他的主要职责是当顾问、担任图书馆管理员和为某些工程做咨询. 公爵于 1679 年过世, 其继任者委任莱布尼茨编纂不伦瑞克家族的族谱, 以支持家族王朝的合法地位. 莱布尼茨满怀热情地投入这项编纂计划 —— 以编族谱的目的看, 这不值得赞扬, 但他因此能在全欧洲旅行、访问诸多图书馆、结识各地学者. 1682 年, 他协助创办了一份杂志《博学学报》(*Acta Eruditorum*), 并利用它出版他和他的杰出后继者雅各布 · 伯努利 (Jakob Bernoulli)、约翰 · 伯努利 (Johann Bernoulli) 关于微积分的发现. 这使得莱布尼茨的记号和方法在整个欧洲大陆迅速传播.

1698 年, 新的不伦瑞克公爵接位, 莱布尼茨多少有些失宠, 尽管他的工作还得以保留; 在这一家族其他成员的支持下, 他在 1700 年建立了柏林科学院, 并出任第一任院长. 由于微积分发明优先权的争论, 加之雇主对他的忽视, 晚年的莱布尼茨处于激愤和怨恨的状态. 直到他 1716 年去世, 他一直坚持着去写完那部不伦瑞克家族的历史. 他的葬礼只有一个人参加 —— 他的秘书. 而那部家族史到 1843 年才面世.

第 10 章

无穷级数

导读

正如我们在前一章所见, 微积分的许多问题具有可表示为无穷级数的解. 因此, 认识一些重要且独特的级数并了解其一般性质和潜力很有价值. 这正是本章的目的.

我们从欧几里得已经知道的无穷几何级数出发, 讨论微积分发明前人们了解的若干无穷级数的例子. 它们包括奥雷姆在 1350 年左右研究的调和级数 $1+1/2+1/3+1/4+\cdots$, 以及印度数学家在 15 世纪发现的表示反正切、正弦和余弦的了不起的级数.

17 世纪发明的微积分释放出一股新级数的洪流, 主要是形如 $a_0 + a_1x + a_2x^2 + \cdots$ (称为幂级数) 的级数, 但也有一些变种, 诸如分数幂的级数.

18 世纪则迎来了微积分的新应用. 棣莫弗 (1730) 利用幂级数找到了表示斐波那契数列 $0,1,1,2,3,5,8,\cdots$ 第 n 项的一个公式. 欧拉 (1784a) 引进了调和函数的一种推广:

$$1+1/2^s + 1/3^s + 1/4^s + \cdots,$$

并表明对于 $s > 1$, 它等于遍及所有素数 p 的无穷乘积

$$(1-1/2^s)^{-1}(1-1/3^s)^{-1}(1-1/5^s)^{-1}\cdots(1-1/p^s)^{-1}\cdots.$$

欧拉的这一发现是打开素数奥秘的一条新路径, 对它的探索一直延续至今.

10.1 早期结果

无穷级数在希腊数学中就出现了, 尽管希腊人试图尽可能地用有限的方法来处理它, 即用任意有限和 $a_1 + a_2 + \cdots + a_n$ 来代替无限和 $a_1 + a_2 + \cdots$. 然而这恰恰是潜无穷和

实无穷之间的差异所在. 无疑, 芝诺的二分法悖论 (4.1 节) 关心的是诸如将 1 分解为无穷级数

$$\frac{1}{2} + \frac{1}{2^2} + \frac{1}{2^3} + \frac{1}{2^4} + \cdots$$

的问题, 而阿基米德求出抛物线段下面积的方法本质上也是求如下无穷级数的和:

$$1 + \frac{1}{4} + \frac{1}{4^2} + \frac{1}{4^3} + \cdots = \frac{4}{3}.$$

这两个例子都是下述几何级数求和公式的特例:

$$a + ar + ar^2 + ar^3 + \cdots = \frac{a}{1-r}, \ \text{当} \ |r| < 1.$$

第一个不同于几何级数的无穷级数出现在中世纪. 在大约成书于 1350 年的名为《算术》(*Liber calculationum*) 的著作中, 理查德·休赛斯 (Richard Suiseth) (或称为斯温内谢德 (Swineshead), 是知名的计算学家) 用一个非常长的文字论证, 推导出

$$\frac{1}{2} + \frac{2}{2^2} + \frac{3}{2^3} + \frac{4}{2^4} + \cdots = 2.$$

此论证由博耶 (1959) 重新做出, 参见该书 78 页. 差不多同时, 奥雷姆 (Oresme, N.) (1350b, 413–421 页) 用图 10.1 所示的几何分解方法求出了这个和及类似的级数, 证明了

$$2 = \frac{1}{2} + \frac{2}{2^2} + \frac{3}{2^3} + \frac{4}{2^4} + \cdots.$$

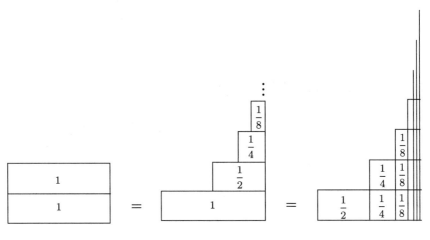

图 10.1　奥雷姆求和法

实际上, 奥雷姆给出的仅为图中的最后一幅, 看起来他的办法是将两个单位正方形的面积切开成图中所示的样子. 正如他在开篇注释中所说: "一块有限的表面可以做到你要多长有多长, 要多高有多高, 经过伸展变化后而面积并未增加." 顺便提一句, 奥雷姆构作的图形也许是托里拆利遇到过的现象 (9.2 节) —— 双曲线绕轴旋转所生成的立体, 广度无限而容积有限 —— 的第一个例子.

奥雷姆的另一个重要发现 (1350a) 是调和级数

$$1 + \frac{1}{2} + \frac{1}{3} + \frac{1}{4} + \frac{1}{5} + \cdots$$

的发散性. 他的证明使用的是初等方法, 至今仍是标准做法:

$$1 + \frac{1}{2} + \left(\frac{1}{3} + \frac{1}{4}\right) + \left(\frac{1}{5} + \frac{1}{6} + \frac{1}{7} + \frac{1}{8}\right) + \cdots$$
$$> 1 + \frac{1}{2} + \left(\frac{1}{4} + \frac{1}{4}\right) + \left(\frac{1}{8} + \frac{1}{8} + \frac{1}{8} + \frac{1}{8}\right) + \cdots$$
$$> 1 + \frac{1}{2} + \frac{1}{2} + \frac{1}{2} + \cdots.$$

这样, 通过使接连取定各组的项数加倍的方法, 我们可以断定所取定的各组中分数之和 $> \frac{1}{2}$. 它们的和可以超过任何界限.

正如 9.4 节所提到的, 印度数学家玛德瓦在 15 世纪发现了级数

$$\arctan x = x - \frac{x^3}{3} + \frac{x^5}{5} - \frac{x^7}{7} + \cdots$$

及其一个重要的特例

$$\frac{\pi}{4} = 1 - \frac{1}{3} + \frac{1}{5} - \frac{1}{7} + \cdots.$$

这个涉及 π 的级数最早给出了经典的化圆为方问题的令人满意的答案. 因为尽管该表达式是无限的 (它必得如此, 因为根据林德曼定理, π 是超越数), 但连续生成各项的规则是有限的, 而且显而易见. 可惜, 印度的级数传到西方太晚了, 以至于没有产生任何影响, 甚至直到最近才为人们熟知. 拉贾戈帕尔 (Rajagopal, C. T.) 和兰加查里 (Rangachari, M. S.) (1977, 1986) 指出, 在 1540 年以前, 也许是在 1500 年以前, 印度克拉拉 (邦) 的玛德瓦学派就知道了 $\arctan x, \sin x$ 和 $\cos x$ 的级数表示. 更近的关于克拉拉学派在三角学以及一般印度数学发展中的作用的信息, 可分别参见冯布鲁梅伦 (Van Brummelen) (2009) 和普洛夫克 (Plofker) (2009) 的著作.

习题

奥雷姆通过将调和级数分割成

$$1 + \frac{1}{2} + \left(\frac{1}{3} + \frac{1}{4} \right) + \left(\frac{1}{5} + \frac{1}{6} + \frac{1}{7} + \frac{1}{8} \right) + \cdots$$

而完成的证明, 有下列对应的几何证明.

10.1.1 试参考图 10.2 证明:

$$1 + \frac{1}{2} + \frac{1}{3} + \cdots + \frac{1}{n} > \text{曲线 } y = \frac{1}{x} \text{ 之下, 位于 } x = 1 \text{ 和 } x = n + 1 \text{ 之间的面积.}$$

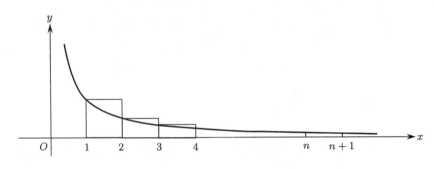

图 10.2 $1 + \frac{1}{2} + \frac{1}{3} + \cdots + \frac{1}{n}$ 与曲线下面积的比较

10.1.2 将曲线 $y = \frac{1}{x}$ 下的面积分割成 $x = 1$ 和 $x = 2$ 之间, $x = 2$ 和 $x = 4$ 之间, $x = 4$ 和 $x = 8$ 之间 $\cdots\cdots$ 一系列小片的面积. 试证明: 所有这些小片 [合在一起] 仍等于原来的面积 (如果你利用习题 4.4.1 和 4.4.2 的论证方法, 则可不必利用微积分来证明此结论).

10.1.3 试依据习题 10.1.2 推出: 从 $x = 1$ 到 $x = n$ 之间的面积趋于无穷, 因此 $1 + \frac{1}{2} + \frac{1}{3} + \cdots + \frac{1}{n}$ 趋于无穷.

曲线 $y = \frac{1}{x}$ 下并位于 $x = 1$ 和 $x = n + 1$ 之间的面积为 $\log(n + 1)$, 所以图 10.2 表示 $1 + \frac{1}{2} + \frac{1}{3} + \cdots + \frac{1}{n} > \log(n + 1)$. 当 $n \to \infty$ 时, 这两个 n 的函数的值仍具有大致相同的大小.

10.1.4 比较曲线下的曲边形面积与该曲线下的矩形面积. 试证明

$$\frac{1}{2} + \frac{1}{3} + \cdots + \frac{1}{n} < \log(n + 1),$$

因此有

$$0 < 1 + \frac{1}{2} + \frac{1}{3} + \cdots + \frac{1}{n} - \log(n + 1) < 1.$$

10.1.5 试用几何论证方法证明: $1 + \frac{1}{2} + \frac{1}{3} + \cdots + \frac{1}{n} - \log(n + 1)$ 随着 n 增大而增大, 所以它有一个小于 1 的有限的极限.

这个极限值就是著名的欧拉常数 γ——γ 的近似值为 0.577. 但我们对 γ 的性质所知甚少, 甚至连它是否是无理数也不知道.

10.2 幂级数

关于 arctan x 的印度级数是诸如 $1 + x + x^2 + x^3 + \cdots = \frac{1}{1-x}$ 的几何级数之外的第一个幂级数的例子; 所谓的幂级数是指函数 $f(x)$ 按 x 的幂次的展开式. 幂级数的思想不仅在函数的表示方面, 而且对数值级数的研究产生了很大成效. 大多数有趣的数值级数都是幂级数取特殊的 x 得到的; 例如 $\pi/4$ 的数值级数是对 arctan x 的幂级数取 $x = 1$ 得到的.

幂级数理论始于梅卡托 (Mercator, N.) (1668) 发表的下面这个级数:

$$\log(1+x) = x - \frac{x^2}{2} + \frac{x^3}{3} - \frac{x^4}{4} + \cdots .$$

我们已经知道, 这是几何级数

$$\frac{1}{1+x} = 1 - x + x^2 - x^3 + \cdots$$

经逐项积分得到的. 现在, 大多数最重要的超越函数 —— 对数函数、指数函数、相关的三角函数和双曲函数 —— 都可由代数函数经积分和反演得到. 例如: $x = e^y$ 是 $y = \log x$ 的反函数, 而

$$\log(1+x) = \int_0^x \frac{dt}{1+t};$$

$x = \sin y$ 是 $y = \arcsin x$ 的反函数, 而

$$\arcsin x = \int_0^x \frac{dt}{\sqrt{1-t^2}},$$
$$\arctan x = \int_0^x \frac{dt}{1+t^2},$$

等等. 求幂级数的关键在于找到简单的代数函数的级数展开式. 一旦找到了, 就可以用逐项积分和牛顿的级数反演方法 (9.5 节) 产生所有普通函数的幂级数.

有理函数, 如 $1/(1+t^2)$, 可以利用几何级数来展开; 关键的一步是牛顿 (1665a) 完成的, 当时他发现了一般的二项式定理

$$(1+x)^p = 1 + px + \frac{p(p-1)}{2!}x^2 + \frac{p(p-1)(p-2)}{3!}x^3 + \cdots ,$$

导出了诸如 $1/\sqrt{1-t^2} = (1-t^2)^{-1/2}$ 这样的函数的展开式. 格雷戈里 (Gregory, J.) 也独立发现了这个定理 (1670). 牛顿和格雷戈里都受到沃利斯 (Wallis, J.) (1655a) 使用的不

严谨的启发性的插值方法的启迪, 并将其精细化为现称的格雷戈里–牛顿插值公式:

$$f(a + h) = f(a) + \frac{h}{b}\Delta f(a) + \frac{\left(\frac{h}{b}\right)\left(\frac{h}{b} - 1\right)}{2!}\Delta^2 f(a) + \cdots, \tag{1}$$

其中,

$$\Delta f(a) = f(a + b) - f(a),$$
$$\Delta^2 f(a) = \Delta f(a + b) - \Delta f(a) = f(a + 2b) - 2f(a + b) + f(a),$$
$$\Delta^3 f(a) = \Delta^2 f(a + b) - \Delta^2 f(a) = f(a + 3b) - 3f(a + 2b) + 3f(a + b) - f(a),$$
$$\vdots$$

这个奇妙的公式可以依据在点 $a, a + b, a + 2b, \cdots$ 的无穷算术序列上的值, 确定出 f 在任一点 $a + h$ 上的值.

前 n 项给出 h 的一个 n 次多项式, 它跟 f 在 $a, a + b, \cdots, a + nb$ 处的取值相同. 因此这个公式对任何 f 都成立 ——f 是它本身的逼近多项式的极限. 这意味着只要明智地选择点 $a, a + b, a + 2b, \cdots$, 任何函数都可以用幂级数来表示 (对于 $\sin x$, 选取点 $\pi, 2\pi, 3\pi, \cdots$ 是不适当的, 因为 x 轴是过所有这些点的一条多项式曲线).

牛顿在专门研究引出二项式定理的插值问题时发现了公式 (1). 格雷戈里首先发现这个一般公式, 然后利用它导出二项式定理 (参见下面的习题), 是独立于牛顿的. 有迹象表明, 格雷戈里还用这条插值定理发现了泰勒 (Taylor, B.) 定理, 比布鲁克 · 泰勒本人的发现早了 44 年. 存在强有力的证据说明, 格雷戈里在其他结果中使用了泰勒级数 (格雷戈里, 1671), 而泰勒级数

$$f(a + h) = f(a) + hf'(a) + \frac{h^2}{2!}f''(a) + \cdots \tag{2}$$

恰恰是 (1) 当 $b \to 0$ 时的极限情形. 事实上, 这就是泰勒 (1715) 导出其结论的方法. 从 (1) 到 (2) 的变迁是很简单的, 只要假定看似合理的无穷和的极限行为成立. 注意, 当 $b \to 0$ 时,

$$\frac{\Delta f(a)}{b} = \frac{f(a + b) - f(a)}{b} \to f'(a),$$

类似地有

$$\frac{\Delta^2 f(a)}{b^2} \to f''(a), \quad \frac{\Delta^3 f(a)}{b^3} \to f'''(a),$$

等等. 我们将 (1) 写为

$$f(a+b) = f(a) + h\frac{\Delta f(a)}{b} + \frac{h(h-b)}{2!}\frac{\Delta^2 f(a)}{b^2} + \cdots,$$

并注意当 $b \to 0$ 时, 第 n 项

$$\frac{h(h-b)(h-2b)\cdots(h-(n-1)b)}{n!}\frac{\Delta^n f(a)}{b^n} \to \frac{h^n}{n!}f^{(n)}(a).$$

假定无穷和的极限是这些极限之和, 我们就可以得到泰勒级数 (2) 是当 $b \to 0$ 时 (1) 的极限.

习题

这里会指明如何从格雷戈里–牛顿插值公式导出一般的二项级数.

10.2.1 试证明:

$$\Delta^{(n)}f(a) = \sum_{i=0}^{n}(-1)^{n-i}\binom{n}{i}f(a+ib),$$

其中 $\binom{n}{i}$ 是通常的二项式系数.

10.2.2 若 $a=0, b=1$ 且 $f(x) = (1+k)^x$, 试利用有限二项级数

$$(1+h)^n = \sum_{i=0}^{n}\binom{n}{i}h^i$$

导出 $\Delta^{(n)}f(0) = k^n$.

10.2.3 试利用格雷戈里–牛顿插值公式导出一般的二项级数

$$(1+k)^x = 1 + xk + \frac{x(x-1)}{2!}k^2 + \frac{x(x-1)(x-2)}{3!}k^3 + \cdots.$$

10.3 关于插值的插话

在微积分的发展中, 人们似乎严重地低估了插值的重要性. 插值这个主题很少出现在当今的微积分书籍中, 它仅仅被当作一种数值方法. 但三位微积分的最重要的奠基人 —— 牛顿、格雷戈里和莱布尼茨都是从插值开始他们的创造性工作的, 而且我们已经看到他们如何从插值导出了他们最重要的两项成果, 即二项式定理和泰勒定理 (关于莱布尼茨的工作, 可参见霍夫曼 (Hofmann, J. E.) (1974)). 随着将插值贬为数值方法, 这种联系就断了. 当人们只是使用格雷戈里–牛顿级数中的几项时, 插值当然只是一种实用的数值方法. 但整个级数是精确的, 因此极其重要. 正是这种无限展开本身的重要性, 使牛顿、格雷戈里和莱布尼茨 (还有沃利斯) 不同于他们在插值法方面的前辈.

插值方法回溯到古代, 乃是一种估计函数在已知值之间的值的计算方法. 最早略微感

知存在精确插值可能性的也许是托马斯·哈里奥特 (Thomas Harriot) (1560—1621) 和亨利·布里格斯 (Henry Briggs) (1556—1630). 人们在哈里奥特的文章中发现了一个公式, 它等价于格雷戈里–牛顿级数中的前面若干项 (见洛纳 (Lohne, J. A.) (1965)). 洛纳认定这项工作是哈里奥特在 1611 年做出的. 布里格斯可能是在 1620 年左右与哈里奥特同在牛津时, 向哈里奥特学到了关于插值的一些方法. 布里格斯的《对数算法》(*Arithmetica logarithmica*) (1624) 是关于对数计算的, 用了插值级数, 并且在计算过程中给出了分数指数的二项式定理的首个例子:

$$(1+x)^{\frac{1}{2}} = 1 + \frac{1}{2}x - \frac{1\cdot 1}{2\cdot 4}x^2 + \frac{1\cdot 1\cdot 3}{2\cdot 4\cdot 6}x^3 - \frac{1\cdot 1\cdot 3\cdot 5}{2\cdot 4\cdot 6\cdot 8}x^4 + \cdots.$$

格雷戈里知道布里格斯的工作; 牛顿当然有可能知道它, 虽然我们没有强有力的证据说明他确实已经发现了它. 想了解插值研究的更多历史信息的读者, 可参见怀特赛德 (Whiteside, D.T.) (1961) 和戈德斯坦 (Goldstine, H.H.) (1977).

10.4 级数的求和

我们到目前为止所看到的有关无穷级数的结果, 大部分涉及分解或展开, 而非求和. 这就是说, 人们从 '已知' 量或函数开始, 将它们分解为无穷级数. 相对而言, 人们很少考虑其逆问题的求解, 即对给定的级数求和. 阿基米德对 $1 + 1/4 + 1/4^2 + \cdots$ 的求和算一个. 也许其后对诸如 $1/(1\cdot 2) + 1/(2\cdot 3) + \cdots + 1/(n(n+1)) + \cdots$ 的级数求和属于门戈利 (Mengoli, P.) (1650). 级数 $\sum \frac{1}{n(n+1)}$ 是容易求和的, 因为我们幸运地恰巧有

$$\frac{1}{n(n+1)} = \frac{1}{n} - \frac{1}{n+1},$$

因此

$$\frac{1}{1\cdot 2} + \frac{1}{2\cdot 3} + \cdots + \frac{1}{n(n+1)} = \left(1 - \frac{1}{2}\right) + \left(\frac{1}{2} - \frac{1}{3}\right) + \cdots + \left(\frac{1}{n} - \frac{1}{n+1}\right)$$
$$= 1 - \frac{1}{n+1}.$$

令 $n \to \infty$, 我们便得到这个无穷级数的和为 1.

第一个真正困难的求和问题是 $1 + \frac{1}{2^2} + \frac{1}{3^2} + \cdots$. 门戈利计算过这个级数但没有成功; 雅各布 (Jakob) 和约翰 (Johann) 这对伯努利家族的兄弟也在一系列文章 (1704) 中研究过它, 亦无功而返. 伯努利兄弟求得了一些类似的和, 重新发现了门戈利的 $\sum \frac{1}{n(n+1)}$ 以及 $\sum \frac{1}{n^2-1}$, 但对于 $\sum \frac{1}{n^2}$ 本身, 他们只得到了一些平凡的结果, 如

$$\frac{1}{2^2} + \frac{1}{4^2} + \frac{1}{6^2} + \cdots = \frac{1}{4}\left(1 + \frac{1}{2^2} + \frac{1}{3^2} + \cdots\right).$$

这个解最终被欧拉 (Euler, L.) (1734) 所获, 这是在雅各布·伯努利去世多年以后的事; 约翰·伯努利解释道: '我弟弟最热切的愿望终于得以满足 ······ 如果我弟弟还活着!' (约翰·伯努利, 著作集, 卷 4, 22 页). 事实上, 约翰·伯努利在听到这个和等于 $\pi^2/6$ 后, 自己也找到了一个证明, 结果发现它与欧拉的证明是相同的.

欧拉 (1707—1783) 或许是级数运算的最伟大的学者. 他对 $1 + 1/2^2 + 1/3^2 + \cdots$ 的第一个求和公式大概是他最大胆的论证之一. (后来他给出了更严格的证明.) 考虑方程

$$\frac{\sin\sqrt{x}}{\sqrt{x}} = 1 - \frac{x}{3!} + \frac{x^2}{5!} - \frac{x^3}{7!} + \cdots = 0, \tag{1}$$

它不难从 9.5 节中的正弦级数得出. 该方程有根: $x_1 = \pi^2, x_2 = (2\pi)^2, x_3 = (3\pi)^2, \cdots$, 但 0 不是根, 因为当 $x \to 0$ 时, $\sin\sqrt{x}/\sqrt{x} \to 1$. 如果一个多项式方程

$$1 + a_1 x + a_2 x^2 + \cdots + a_n x^n = 0$$

有根 $x = x_1, x_2, \cdots, x_n$, 则依笛卡儿因子定理 (6.7 节) 有

$$1 + a_1 x + a_2 x^2 + \cdots + a_n x^n = \left(1 - \frac{x}{x_1}\right)\left(1 - \frac{x}{x_2}\right)\cdots\left(1 - \frac{x}{x_n}\right). \tag{2}$$

同时,

$$\frac{1}{x_1} + \frac{1}{x_2} + \cdots + \frac{1}{x_n} = -(x \text{ 的系数}) = -a_1,$$

因为 (2) 的右端展开时 x 项是由一个因子取 $-x/x_i$, 其他因子都取 1 相乘而得. 假定这个结论对 "无穷多项式" 方程 (1) 也成立, 我们就有

$$\frac{1}{x_1} + \frac{1}{x_2} + \frac{1}{x_3} + \cdots = -(x \text{ 的系数}) = -\left(-\frac{1}{3!}\right),$$

即

$$\frac{1}{\pi^2} + \frac{1}{(2\pi)^2} + \frac{1}{(3\pi)^2} + \cdots = \frac{1}{6}.$$

因此

$$1 + \frac{1}{2^2} + \frac{1}{3^2} + \cdots = \frac{\pi^2}{6}.$$

证毕!

习题

欧拉的推理也可导出 $\sin x$ 的无穷乘积的正确公式, 用这个乘积公式又可导出 $\pi/4$ 的沃利斯乘积公式 (参见 9.4 节).

10.4.1 试用欧拉推理方法导出 $\sin\sqrt{x}/\sqrt{x}$ 的无穷乘积公式, 从而证明

$$\sin x = x\left(1 - \frac{x^2}{\pi^2}\right)\left(1 - \frac{x^2}{2^2\pi^2}\right)\left(1 - \frac{x^2}{3^2\pi^2}\right)\cdots.$$

10.4.2 在 $\sin x$ 的无穷乘积公式中代入 $x = \pi/2$, 试证:

$$\frac{2}{\pi} = \frac{1\cdot3}{2\cdot2}\cdot\frac{3\cdot5}{4\cdot4}\cdot\frac{5\cdot7}{6\cdot6}\cdots,$$

从而得到 $\pi/4$ 的沃利斯乘积公式.

10.5 分数幂级数

幂级数的引入使数学家意识到, 可以通过关注幂级数 $a_0 + a_1 x + a_2 x^2 + \cdots$ 的普遍性特征来理解函数概念 (也可参见 13.6 节). 然而, 并非所有的函数 $f(x)$ 都可以展成幂级数 $a_0 + a_1 x + a_2 x^2 + \cdots$. 这种判断对当 $x \to 0$ 时趋于无穷的函数显然成立, 因为幂级数当 $x \to 0$ 时的值为 a_0. 对其他一些函数, 像 $f(x) = x^{1/2}$, 它们在 0 处的性态因更微妙的理由也跟幂级数展开式不同. 这些函数在 0 处有分支性态; 它们是多值的, 因此不是严格意义上的函数. 例如函数 $x^{1/2}$ 是 2 值的, 因为每个数有两个平方根, 一个是另一个取负值.

幂级数无法反映这样的性态, 因为幂级数对每个 x 的值只对应一个值. 而 x 的所有分数幂都是多值的, $x^{1/3}$ 是 3 值的, $x^{1/4}$ 是 4 值的, 等等 —— 多值性态是一般代数函数的典型性态. 我们说 y 是 x 的代数函数, 是指 x 和 y 满足一个多项式方程 $p(x,y) = 0$. 从绝大多数多项式方程不可能有根式解 (6.7 节) 就可以导出: 代数函数一般不能用根式表达, 即不能用 $+, -, \times, \div$ 及分数幂构作其有限的表达式.

然而, 牛顿有一个令人瞩目的发现 (1671), 即任一代数函数 y 可以表达为 x 的分数幂级数:

$$y = a_0 + a_1 x^{r_1} + a_2 x^{r_2} + a_3 x^{r_3} + \cdots,$$

其中 r_1, r_2, r_3 是有理数. 进而, 该级数可以写为

$$\begin{aligned}
&a_0 + b_1 x^{s_1}(c_{10} + c_{11}x + c_{12}x^2 + \cdots)\\
&\quad + b_2 x^{s_2}(c_{20} + c_{21}x + c_{22}x^2 + \cdots)\\
&\qquad\vdots
\end{aligned}$$

$$+ b_n x^{s_n} (c_{n0} + c_{n1} x + c_{n2} x^2 + \cdots),$$

即成为通常的幂级数乘以 x 的分数幂的有限和. 这意味着在 $x = 0$ 的邻域中, y 的性态如同分数幂的有限和一样.

例如, 若 $y^2 (1+x)^2 = x$, 则有

$$y = \frac{x^{1/2}}{1+x} = x^{1/2} \left(1 - x + x^2 - x^3 + \cdots \right),$$

且在原点附近 y 和 $x^{1/2}$ 性态相似, 特别是对应每个 x 有两个 y 的值. 牛顿的贡献是给出了得到连续不断的 x 的幂的聪明算法. 在变量 x 和 y 可以取为复数之前, 分数幂本身是无法让人真正理解的. 这件事在 19 世纪时做到了; 以此为基础, 皮瑟 (Puiseux, V.-A.) (1850) 更严格地推导出了牛顿的级数. 因此, 代数函数的分数幂级数展开现在被称为皮瑟展开.

习题

$x^{1/2}$ 不可能有通常的幂级数展开的证明如下.

10.5.1 $x^{1/2}$ 的任一幂级数展开必有下列形式

$$x^{1/2} = a_1 x + a_2 x^2 + a_3 x^3 + \cdots,$$

这是因为当 $x = 0$ 时 $x^{1/2} = 0$. 试将等式两边取平方, 然后导出矛盾.

10.6 生成函数

斐波那契 (Fibonacci) (1202) 引入一个著名的序列, 现称斐波那契序列:

$$1, 2, 3, 5, 8, 13, 21, 34, 55, \cdots,$$

其中每一项 (在前两项之后的) 是前面相连的两项之和. 尽管它的构成规则十分简单, 但一直没有写出该序列中第 n 项的明显公式. 500 多年后, 棣莫弗 (1730) 才发现了这样的公式; 丹尼尔·伯努利 (1728) 也独立获此成果. 棣莫弗在做这项工作时引入了无穷级数的强有力的新的应用, 即生成函数法. 这个方法对组合学、概率论及数论都极为重要; 我们将用斐波那契序列本身来解释它.

为了技术上的方便, 我们一开始便令 $F_0 = 0, F_1 = 1$, 然后依次按上述规则写出接下去的各项 $(F_2 = 1, F_3 = 2, F_4 = 3, \cdots)$, 该规则是

$$F_{n+2} = F_{n+1} + F_n, \ 对 \ n \geqslant 0.$$

这是线性递归关系的例子. 为了解这种概率论中出现的关系, 棣莫弗引入了生成函数. 斐波那契序列的生成函数为

$$f(x) = F_0 + F_1 x + F_2 x^2 + F_3 x^3 + \cdots.$$

我们注意到,

$$xf(x) = F_0 x + F_1 x^2 + F_2 x^3 + \cdots,$$
$$x^2 f(x) = \qquad\quad F_0 x^2 + F_1 x^3 + \cdots.$$

因此,

$$\begin{aligned}
f(x) - xf(x) - x^2 f(x) = \ &F_0 + F_1 x - F_0 x \\
&+ (F_2 - F_1 - F_0)x^2 \\
&+ (F_3 - F_2 - F_1)x^3 \\
&+ \cdots,
\end{aligned}$$

即, 根据斐波那契序列的定义, 所有系数 $F_{n+2} - F_{n+1} - F_n$ 等于 0, 所以有

$$f(x)(1 - x - x^2) = F_0 + F_1 x - F_0 x = x.$$

于是

$$f(x) = \frac{x}{1 - x - x^2},$$

利用 $1 - x - x^2 = 0$ 的两个根 $(-1 \pm \sqrt{5})/2 = 2/(1 \pm \sqrt{5})$ 将分母分解后可得

$$f(x) = \frac{x}{[1 - ((1+\sqrt{5})/2)x][1 - ((1-\sqrt{5})/2)x]}.$$

然后, 将其分裂为部分分式

$$f(x) = \frac{1}{\sqrt{5}} \left[\frac{1}{1 - ((1+\sqrt{5})/2)x} - \frac{1}{1 - ((1-\sqrt{5})/2)x} \right],$$

再利用几何级数展开

$$\frac{1}{1 - ((1+\sqrt{5})/2)x} = 1 + \frac{1+\sqrt{5}}{2}x + \left(\frac{1+\sqrt{5}}{2}\right)^2 x^2 + \cdots,$$

$$\frac{1}{1 - ((1-\sqrt5)/2)x} = 1 + \frac{1-\sqrt5}{2}x + \left(\frac{1-\sqrt5}{2}\right)^2 x^2 + \cdots,$$

最后得到

$$f(x) = \frac{1}{\sqrt5}\left[(1+\sqrt5)/2 - (1-\sqrt5)/2\right]x + \cdots$$
$$+ \frac{1}{\sqrt5}\left[((1+\sqrt5)/2)^n - ((1-\sqrt5)/2)^n\right]x^n + \cdots.$$

令上式与定义 $f(x) = F_0 + F_1 x + F_2 x^2 + \cdots$ 相等便给出

$$F_n = \frac{1}{\sqrt5}\left[\left(\frac{1+\sqrt5}{2}\right)^n - \left(\frac{1-\sqrt5}{2}\right)^n\right]. \tag{1}$$

难怪 F_n 的公式这样难找! 没有人会料想到在一个整数值函数 F_n 中会包含一个无理数 $\sqrt5$. 其中的奥妙可以这样解释: 斐波那契序列实际上定义了 $\sqrt5$, 因为当 $n \to \infty$ 时, $F_{n+1}/F_n \to (1+\sqrt5)/2$ (黄金比). 所以, 实际上 (1) 是依据作为整体的斐波那契序列 (或者我们宁愿说, 依据该序列在无穷的性态) 而定义出该序列的单个的各项的. 值得注意的是, F_n 的定义变得非常明晰但不是递归的. 之所以用 $(1+\sqrt5)/2$ 来表达, 是由于生成函数十分简明 —— 它暗含了整个序列的密码.

在棣莫弗的证明中使用的斐波那契数的递归性质满足线性递归关系; 即, F_n 表示为序列中前几项的固定线性组合. 该证明容易被推广而用来证明: 任一由线性递归关系定义的序列 $\{a_n\}$, 其生成函数 $\sum a_n x^n$ 是有理的. 该证明也可以倒过来, 用以证明任一有理函数的幂级数其系数满足一个线性递归关系. 于是, 有理函数可由其幂级数来刻画它的性质, 克罗内克 (Kronecker, L.) (1881, 第 IX 节) 注意到了这一事实.

习题

公式 $F_n = \frac{1}{\sqrt5}\left[\left(\frac{1+\sqrt5}{2}\right)^n - \left(\frac{1-\sqrt5}{2}\right)^n\right]$ 给出了 F_n 的几个有趣的极限和渐近性质. 例如:

10.6.1 试证明: 当 $n \to \infty$ 时, $F_{n+1}/F_n \to (1+\sqrt5)/2$.

10.6.2 试证明: F_n 是最接近 $\frac{1}{\sqrt5}\left(\frac{1+\sqrt5}{2}\right)^n$ 的整数.

10.6.3 试利用 $1/(1 + F_n/F_{n+1}) = F_{n+1}/F_{n+2}$ 或其他关系, 证明:

$$\frac{1+\sqrt5}{2} = 1 + \cfrac{1}{1 + \cfrac{1}{1 + \cfrac{1}{1 + \cdots}}}.$$

10.7 ζ 函数

生成函数的效用是将一个复杂的序列编码为一个函数 (实变量或复变量的), 这在某些方面使问题得以简化. 编码方法也不一定是序列的第 n 项直接对应 x^n 的系数. 例如, 著名的欧拉乘积公式 (1748(a), 288 页) 将素数序列 $2, 3, 5, 7, 11, \cdots$ 编码为下列 $1, 2, 3, 4, \cdots$ 的幂的和 (即 ζ 函数):

$$\zeta(s) = 1 + \frac{1}{2^s} + \frac{1}{3^s} + \frac{1}{4^s} + \cdots.$$

欧拉公式是

$$\frac{1}{1 - 1/2^s} \cdot \frac{1}{1 - 1/3^s} \cdot \frac{1}{1 - 1/5^s} \cdot \frac{1}{1 - 1/7^s} \cdot \frac{1}{1 - 1/11^s} \cdots$$
$$= 1 + \frac{1}{2^s} + \frac{1}{3^s} + \frac{1}{4^s} + \cdots.$$

左端的因子是 $(1 - 1/p_n^s)^{-1}$, 其中 p_n 是第 n 个素数. 我们将这样的因子展成几何级数

$$1 + \frac{1}{p_n^s} + \frac{1}{p_n^{2s}} + \frac{1}{p_n^{4s}} + \cdots.$$

再将所有这些级数乘在一起, 我们得到了所有可能的素数乘积 (每个恰出现一次) 的直至 s 次幂的倒数. 这就是说, 左端是一个和

$$1 + \sum \frac{1}{p_1^{m_1 s} p_2^{m_2 s} \cdots p_r^{m_r s}} = 1 + \sum \frac{1}{(p_1^{m_1} p_2^{m_2} \cdots p_r^{m_r})^s},$$

其中每个素数乘积 $p_1^{m_1} p_2^{m_2} \cdots p_r^{m_r}$ 恰只出现一次. 但每个 $\geqslant 2$ 的自然数恰有唯一一方式表示为素数之乘积 (3.3 节). 因此, 这最后的和等于欧拉公式的右端

$$1 + \frac{1}{2^s} + \frac{1}{3^s} + \frac{1}{4^s} + \cdots.$$

开始时要求指数 $s > 1$ 是为了确保收敛性. 我们在 10.1 节中看到: 在 $s = 1$ 时, $\zeta(s)$ 是发散的; 在 $s > 1$ 时它是收敛的. 黎曼 (1859) 发现: 当 s 取为复变量时, $\zeta(s)$ 变得更加有威力. 为了表彰发现者, $\zeta(s)$ 常常被称为黎曼 ζ 函数. 10.4 节中欧拉的结果可以重新叙述为 $\zeta(2) = \pi^2/6$. 欧拉还发现 $\zeta(4), \zeta(6), \zeta(8), \cdots$ 分别等于 $\pi^4, \pi^6, \pi^8, \cdots$ 的分数倍. 而 $\zeta(3), \zeta(5), \cdots$ 的值却不知是否与 π 或其他标准常数有关, 尽管阿佩里 (Apéry, R.) (1981) 证明了 $\zeta(3)$ 是无理数. 最著名的关于 $\zeta(s)$ 的猜想, 也是今日数学家最魂牵梦萦的结果之一, 就是所谓黎曼假设: 仅当 $\mathrm{Re}(s) = 1/2$ 时有 $\zeta(s) = 0$ (除了下面描述的

'平凡零点").

习题

虽然当 $s = 1$ 时 $\zeta(s)$ 没有定义 (因为这时给出了一个发散级数 $1 + \frac{1}{2} + \frac{1}{3} + \frac{1}{4} + \cdots$), 但可以利用它给出存在无限多个素数的一个证明 (于是, 欧拉乘积公式浓缩进了两个明显不相关的结果 —— 唯一素因子分解定理和存在无限多个素数的结论).

10.7.1 (欧拉) 证明如果仅有有限多个素数 $p_1, p_2, \cdots, p_n$, 则

$$\frac{1}{1 - 1/p_1} \cdot \frac{1}{1 - 1/p_2} \cdots \frac{1}{1 - 1/p_n} = 1 + \frac{1}{2} + \frac{1}{3} + \frac{1}{4} + \cdots.$$

试由此导出存在无限多个素数.

叙述黎曼假设需要一些预备知识, 因为 $\zeta(s)$ 可以定义在使 $1 + \frac{1}{2^s} + \frac{1}{3^s} + \frac{1}{4^s} + \cdots$ 无意义的某些 s 的值上. 这可以从下列公式看出

$$\zeta(1 - s) = 2(2\pi)^{-s} \cos \frac{s\pi}{2} \Gamma(s) \zeta(s),$$

这是黎曼发现的, 称为 ζ 函数的*函数方程*. 这个函数方程使我们能够在 $\zeta(s)$ 已知时定义 $\zeta(1 - s)$; 它还表明 $\zeta(1 - s)$ 存在某些 '平凡零点', 即如 s 满足 $\cos \frac{s\pi}{2} = 0$ 时的情况.

10.7.2 哪些 s 的值是 $\zeta(1 - s)$ 的平凡零点?

上述函数方程中的函数 Γ 称为*伽马函数*, 是欧拉在推广整数值的阶乘函数 $\Gamma(n) = (n-1)!$ 时引入的. 该函数方程的一个搞笑的推论是: 我们可以为诸如 $1 + 2 + 3 + 4 + \cdots$ 这样的发散级数指定一个值, 并将它解释为 $\zeta(1 - s)$, 然后用该函数方程重新理解 $\zeta(1 - s)$.

10.7.3 试通过适当的重新解释, 证明

$$1 + 2 + 3 + 4 + \cdots = -\frac{1}{12}.$$

欧拉 (1770a), 第 157 页发现了 ζ 函数玩的另一个把戏: 对看似不够自然的常数 γ, 给出了一个很自然的公式. 回顾习题 10.1.5, γ 被定义为当 $n \to \infty$ 时, $1 + \frac{1}{2} + \frac{1}{3} + \cdots + \frac{1}{n} - \log(n + 1)$ 的极限.

10.7.4 试用 $\log(1 + \frac{1}{k})$ 的墨卡托级数, 证明:

$$\frac{1}{k} - \log(k + 1) + \log(k) = \frac{1}{2k^2} - \frac{1}{3k^3} + \frac{1}{4k^4} - \cdots.$$

10.7.5 在习题 10.7.4 中, 加上从 $k = 1$ 到 $k = n$ 的例子, 用以证明:

$$\left(1 + \frac{1}{2} + \frac{1}{3} + \cdots + \frac{1}{n}\right) - \log(n + 1) = \frac{1}{2}\left(\frac{1}{1^2} + \frac{1}{2^2} + \cdots + \frac{1}{n^2}\right) - \frac{1}{3}\left(\frac{1}{1^3} + \frac{1}{2^3} + \cdots + \frac{1}{n^3}\right)$$
$$+ \frac{1}{4}\left(\frac{1}{1^4} + \frac{1}{2^4} + \cdots + \frac{1}{n^4}\right) - \cdots.$$

10.7.6 从习题 10.7.5 导出:

$$\gamma = \frac{\zeta(2)}{2} - \frac{\zeta(3)}{3} + \frac{\zeta(4)}{4} - \frac{\zeta(5)}{5} + \cdots.$$

10.8　人物小传: 格雷戈里和欧拉

詹姆斯·格雷戈里 (James Gregory) 1638 年生于靠近阿伯丁的德鲁莫克镇, 是该镇牧师约翰·格雷戈里 (John Gregory) 3 个儿子中年纪最小的. 他的母亲珍妮特·安德森 (Janet Anderson) 对他进行了早年教育 —— 珍妮特的叔叔亚历山大 (Alexander) 曾是韦达的秘书和韦达遗著的编辑. 他的二哥大卫 (David) 也颇具数学才能; 1651 年父亲去世后他曾鼓励詹姆斯继续在语法学校读书并进入阿伯丁的玛丽夏尔学院深造.

图 10.3　詹姆斯·格雷戈里

格雷戈里的第一项重大成就是发明了反射望远镜, 他在 1663 年出版的著作《光学进展》(*Optica promota*) 中描述了这种仪器. 可惜, 他未能造出满意的实物, 他的设计也被牛顿发明的更简单的一类设计所超越. 在做这件事的同时, 格雷戈里决心提高自己对欧洲大陆的科学知识的了解, 于是在 1664—1668 年间用大部分时间到意大利学习和研究数学. 他的老师是帕多瓦的斯特凡诺·德利·安杰利 (Stefano degli Angeli) (1623—1697); 格雷戈里从他那里学到了卡瓦列里的方法. 格雷戈里在他的第一部数学著作《论圆和双曲线的求积》(*Vera circuli et hyperbolae quadratura*) (1667) 和《几何的通用部分》(*Geometriae pars universalis*) (1668) 中所使用的几何手法, 明显是受了意大利学派的影响, 但他的原创之处极多. 这两本书在伦敦受到了热烈的好评 —— 当格雷戈里从意大利返回伦敦时, 他被选入了皇家学会.

《几何的通用部分》一书主要是对当时已知的微分和积分的成果加以系统化, 而且它含有第一个公开发表的关于微积分基本定理的证明. 同样重要的事实是: 这条定理不光属于格雷戈里一个人, 因为牛顿和莱布尼茨都独立地发现了它. 格雷戈里与 17 世纪其他数学家的不同之处是他的《真实的化方》(*Vera quadratura*), 在其中他极其勇敢并充满想象力地企图证明 π 和 e 是超越数.

我们在第 2.3 节提到过, e 和 π 的超越性到 19 世纪才被证明, 使用 17 世纪的方法是办不到的, 所以不难理解格雷戈里的企图先天不足. 但无论如何, 它充满了光辉的思想: 圆函数和双曲函数的统一化 (不利用复数), 收敛的概念, 以及代数函数和超越函数间的差别. 格雷戈里证明: 从圆和双曲线两者切割下的面积 (作为特殊情形给出的 π 和各种对数) 可以作为交替出现的几何平均和调和平均的极限得到:

$$i_{n+1} = \sqrt{i_n I_n},$$
$$\frac{1}{I_{n+1}} = \frac{1}{2}\left(\frac{1}{i_{n+1}} + \frac{1}{I_n}\right),$$
$$\lim_{n\to\infty} i_n = \lim_{n\to\infty} I_n = I.$$

若 $i_0 = 2, I_0 = 4$, 则 I (2 和 4 的几何–调和平均) 为 π. 另一方面, 若 $i_0 = 99/20$ 而 $I_0 = 18/11$, 则 I 等于 $\log 10$. 格雷戈里的这些例子说明他的几何–调和平均包含圆函数和双曲函数的方式. 这种用来定义平均的交替程序, 在高斯的工作中得到了有趣的回响, 高斯在 18 世纪 90 年代研究了类似定义的算术–几何平均, 并得到了有深远影响的成果 (12.6 节).

1669 年, 格雷戈里返回苏格兰, 担任圣安德鲁大学的数学教席. 他跟一位年轻的寡妇玛丽 · 伯内特 (Mary Burnet) 成婚, 她是艺术家乔治 · 詹姆森 (George Jameson) 的女儿 —— 乔治也是安德森家族的后人. 詹姆斯和玛丽育有两女一子, 儿子后来成为阿伯丁大学的医学教授. 一份相当不错的格雷戈里的家谱图, 见于特恩布尔 (Turnbull, H. W.) 写的关于格雷戈里的短篇传记 (1939).

格雷戈里在圣安德鲁大学待了 5 年, 期间他得到了关于级数的重要成果. 然而, 他跟其他科学家的接触只限于来自伦敦的信件; 当他听到牛顿的相关成果时, 他以为他已先于牛顿得到了它们, 只是没有发表而已. 由于跟外界缺少接触, 又由于圣安德鲁大学对数学抱有敌意, 他于 1674 年接受了爱丁堡大学为他提供的职位. 唉! 他在爱丁堡仅仅工作了一年, 在一次向一群学生演示木星的卫星时突然倒地, 显然是因为中风. 几天后, 那是 1675 年的 10 月, 他便告别了尘世 —— 事情来得太快, 世界还没来得及理解他的工作有多么重要呢!

莱昂哈德 · 欧拉 (Leonhard Euler)1707 年生于巴塞尔, 1783 年卒于圣彼得堡. 其父保

罗 (Paul) 是在巴塞尔大学念的神学, 还在那里听了雅各布·伯努利 (Jakob Bernoulli) 的数学课; 毕业后成为一名新教牧师, 并和一位牧师的女儿玛加丽塔·布鲁克纳 (Margarete Bruckner) 成婚. 莱昂哈德是他们 6 个子女中的老大. 家里很穷, 欧拉出生不久, 全家搬往巴塞尔郊区的村庄居住, 住宅只有两个房间. 欧拉最初的数学知识是在家里由父亲教授的. 他后来回到巴塞尔上中学, 不过该校不教数学, 所以他接受过一名大学生的私人家教.

　　13 岁时, 欧拉进入巴塞尔大学, 这所学校在约翰·伯努利 —— 他是雅各布的弟弟和后继者 —— 的影响下已成为欧洲的数学中心. 伯努利建议欧拉自学数学, 遇到困难可在星期六下午找他帮助. 欧拉正式的学习科目是哲学和法律. 1723 年获得哲学硕士学位后, 他按父亲的意愿进入神学系深造. 然而, 他越来越为数学的魅力所动, 终于认识到他必须放弃成为一名牧师的想法.

　　在瑞士, 数学家没有什么发展的机会; 1727 年, 欧拉离开巴塞尔前往圣彼得堡. 约翰·伯努利的两个儿子, 丹尼尔 (Daniel) 和尼古拉 (Nicholas) 已被任命为那里新建的科学院的成员, 他们说服当局为欧拉提供一个职位. 他在《博学学报》上的两篇论文以及他在 1727 年巴黎科学院竞赛中受到的嘉许, 表明他是个有前途的青年; 不过到了圣彼得堡, 他的研究工作超越了所有人的期待 —— 他以自此以后的所有数学家都感到震惊的速度创造出了最高质量的成果. 在早些年, 能到圣彼得堡和伯努利兄弟在一起, 那是一名年轻数学家的梦想. 同样真切的是: 欧拉的多产在后来遇到人生的挫折时仍然一如既往, 包括他遭遇的失明打击. 在他去世后, 圣彼得堡科学院自 1729 年起的 50 多年的出版物里, 有一半的内容属于欧拉 (!), 而在柏林科学院 1746 至 1771 年间的出版物也被欧拉的作品占了一半.

　　欧拉一生中的第一次重大变化发生在 1733 年的圣彼得堡, 当时丹尼尔·伯努利返回了巴塞尔. 欧拉当上了数学教授, 但还必须接手地理系的工作. 同一年, 他和也是瑞士人的卡塔琳娜·格塞尔 (Katharina Gsell) 成婚, 她的父亲是位在圣彼得堡教书的画家. 他们共生育了 13 个孩子, 但只有 5 位长大成人. 欧拉在地理系的职责包括为制作俄国地图做准备, 这项任务使他的眼睛负担过重, 也许还因此让他得了热病, 致使他的右眼在 1738 年失明. 图 10.4 是他的一幅肖像, 是从好的眼睛的一侧画的.

　　到 1740 年, 圣彼得堡的政治形势纷乱不定, 欧拉把家搬到了柏林 —— 腓特烈大帝刚刚重建了柏林科学院. 欧拉担任数学部的主任, 在柏林一待就是 25 年. 他的一些最著名的工作出自这一时期, 特别是《无穷小分析引论》(Introductio in analysin infinitorum) (1748a) 和《关于物理学和哲学给德韶公主的信》(Letters à une princesse d'Allemagne sur divers sujets de physique et de philosophie) —— 科普的经典之一. 然而, 欧拉在柏林过得并不舒服. 这里就科学院院长人选问题发生了争吵, 愤世嫉俗的腓特烈老是讥讽虔诚和谦虚的欧拉. 1762 年, 女沙皇卡捷琳娜 (Catherine the Great) 登上俄国的王位, 欧拉一直与之保持联系的圣彼得堡科学院再次对他产生了吸引力.

　　1766 年, 他全家搬回圣彼得堡 (作为额外的奖励, 他的大儿子在那里获得了一个物理

图 10.4 莱昂哈德·欧拉

方面的职位). 欧拉在刚到这里不久就病了一场, 使他丧失了大部分视力; 1771 年他完全看不见了. 只不过全盲倒使他更加专注于思考. 他一直有着惊人的记忆力 —— 例如他能背诵维吉尔 (Virgil) 的整部《埃涅阿斯纪》*, 在两个儿子和其他合作者的协助下, 他发表作品的速度超过了以往任何时候. 欧拉的《代数》(1770b) 是他口授给他的仆人的, 遂成为自欧几里得的《几何原本》以来最成功的数学教科书.

欧拉最值得称道的优点之一, 是他很乐意解释他的发现是如何得到的. 18 世纪的数学家与他们 16 和 17 世纪的前辈相比, 较少有严守秘密的习惯, 而欧拉在披露他最初的猜想、所做的试验和仅仅是部分的证明方面是独一无二的. 这类曝光中最有趣的一些事例被收录于波利亚 (Pólya) 关于似真推理的著作 (1954b) 里. 例如, 该书的第 6 章收录了欧拉一篇论文的英译文, 欧拉在其中宣布了 '五角形数定理'. 我们不可能在本书中总结欧拉对数学的全部贡献, 在以下章节里会谈到他的几项最重要的成果. 对欧拉最出色的总结见之于《科学传记辞典》(*Dictionary of Scientific Biography*) 中尤什克维奇 (Yushkevich, A.) 写的文章 '欧拉传'.

---

* 这是古罗马最伟大的诗人维吉尔撰写的民族史诗, 记述罗马传说中的建国者的故事, 成为后世学习拉丁语学生的必读课本. —— 译注

第 11 章

数论的复兴

导读

在丢番图的工作之后, 数论在欧洲失去活力达千年之久. 而在亚洲, 如我们在第 5 章所见, 数论在诸如佩尔方程等论题方面有了意味深长的进步. 数论在欧洲重新觉醒的第一个信号出现在 14 世纪; 当时莱维 · 本 · 热尔松 (Levi ben Gershon) 使用尚未成熟的 (数学) 归纳证明法发现了排列数和组合数.

随着邦贝利重新发现丢番图以及巴歇 (Bachet de Méziriac) (1621) 出版新版的丢番图著作, 人们对数论的探究加快了步伐. 正是这部书鼓舞了费马并开启了数论成为现代数学学科的时期.

费马掌握并扩展了丢番图的技巧, 如求三次曲线上有理点的弦和切线法. 他还把研究重点从有理解转向整数解. 他证明了 "费马小定理", 即对任意素数 $p, n^p - n$ 可被 p 整除; 他还宣布了 "费马大定理", 即当 $n > 2$ 时, $x^n + y^n = z^n$ 无正整数解.

我们知道, 费马对 $n = 4$ 时给出过他的 "大定理" 的一个证明, 但他似乎一直错认为他能够对任意的 n 证明该定理. 现在知道, 要证明该定理需使用高度复杂的概念, 而这远非在 17 世纪就能想象到的. 不过, 现代的证明是把费马大定理转化为有关三次曲线的问题, 这实在是不可思议的恰到好处.

11.1 在丢番图与费马之间

数论中的一些重要结果首现于中世纪, 但它们在 17 世纪或更晚的时候被重新发现前, 一直都未能生根并茁壮成长; 其中包括中国数学家发现的帕斯卡 (Pascal) 三角形和 "中国剩余定理", 以及莱维 · 本 · 热尔松 (1321) 发现的排列和组合公式. 中国剩余定理的早期发展在第 5 章讨论过, 而且这个定理是在我们将要讨论的时间段之后才被重新发现的, 有关它更全面的历史可参见李倍始 (Libbrecht, U.) (1973), 第 5 章. 另一方面, 帕斯卡三角形在经过长期的休眠之后于 17 世纪开始焕发青春, 所以看一看中世纪的人们对它都知道些什么, 它又如何被帕斯卡所复活是很有趣的.

中国人使用帕斯卡三角形作为一种工具去生成二项式系数并将它们排列成表格形式, 这些系数出现在以下公式中:

$$(a+b)^1 = a+b$$

$$(a+b)^2 = a^2 + 2ab + b^2$$

$$(a+b)^3 = a^3 + 3a^2b + 3ab^2 + b^3$$

$$(a+b)^4 = a^4 + 4a^3b + 6a^2b^2 + 4ab^3 + b^4$$

$$(a+b)^5 = a^5 + 5a^4b + 10a^3b^2 + 10a^2b^3 + 5ab^4 + b^5$$

$$(a+b)^6 = a^6 + 6a^5b + 15a^4b^2 + 20a^3b^3 + 15a^2b^4 + 6ab^5 + b^6$$

$$(a+b)^7 = a^7 + 7a^6b + 21a^5b^2 + 35a^4b^3 + 35a^3b^4 + 21a^2b^5 + 7ab^6 + b^7$$

等. 当我们将二项式系数表格化为如下形式 (我们在表格的顶端加上一行 1, 它对应于 $a+b$ 的 0 次幂):

$$
\begin{array}{ccccccccc}
 & & & & 1 & & & & \\
 & & & 1 & & 1 & & & \\
 & & 1 & & 2 & & 1 & & \\
 & 1 & & 3 & & 3 & & 1 & \\
1 & & 4 & & 6 & & 4 & & 1 \\
\end{array}
$$

$$
\begin{array}{ccccccccccc}
1 & & 5 & & 10 & & 10 & & 5 & & 1 \\
1 & & 6 & & 15 & & 20 & & 15 & & 6 & & 1 \\
1 & & 7 & & 21 & & 35 & & 35 & & 21 & & 7 & & 1 \\
\end{array}
$$

等等, 那么第 n 行第 k 个元素为 $\binom{n}{k}$, 它是第 $n-1$ 行位于该元素之上的两元素之和, 即 $\binom{n-1}{k-1} + \binom{n-1}{k}$ —— 这可以从下述公式中得出 (习题 11.1.1):

$$(a+b)^n = (a+b)^{n-1}a + (a+b)^{n-1}b.$$

在杨辉 (Yang Hui) (1261) 著作中该三角形的深度为 6 (即有 6 行), 而在朱世杰 (Zhu Shijie) (1303) 著作中的三角形深度为 8 (图 11.1). 杨辉将该三角形归功于贾宪 (Jia Xian), 此人生活在 11 世纪.

数 $\binom{n}{k}$ 在中世纪希伯来文著作中就已出现, 指从 n 件东西中一次取 k 件的组合数,

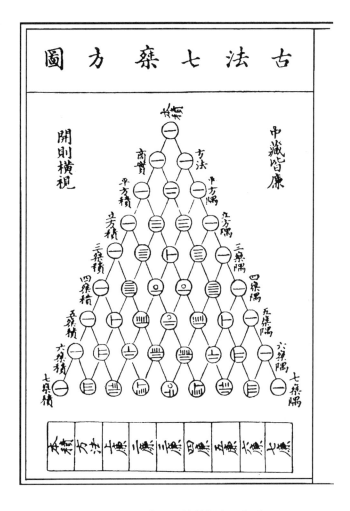

图 11.1　中国人的帕斯卡三角形

莱维·本·热尔松 (1321) 给出公式

$$\binom{n}{k} = \frac{n!}{(n-k)!k!},$$

并同时指出 n 个元素有 $n!$ 种排列这一事实. 莱维·本·热尔松在讨论排列组合问题时, 已非常接近了使用数学归纳法, 纵使该方法实际上并非他的创造. 正如我们现在实施这种证明方法一样, 要证明自然数 n 的一个性质 $P(n)$ 对一切 n 成立, 那么首先要证明 $P(1)$ 成立 (这是基础性的一步), 然后, 对任意的 n 可以证明 $P(n) \Rightarrow P(n+1)$ (属于归纳性的步骤). 拉比诺维奇 (Rabinovitch, N.L.) (1970) 曾讲解了莱维·本·热尔松的一些证明, 认为他的方法确实很像是分为基础性步骤和归纳性步骤的, 但归纳性步骤需要一些记号相助才会变成对真正是任一个 n 的证明. 莱维·本·热尔松不像我们那样会说 '考虑 n 个元素 $a, b, c, d, \cdots, e$', 他只说 '设这些元素是 a, b, c, d, e', 因为他没有省略号这种记号.

考虑到热尔松有这些杰出的成果, 为什么还要称二项式系数表为 '帕斯卡三角形' 呢? 自然, 一个数学概念不以发现者冠名, 而以再发现者冠名, 这并非是唯一的例子. 但无论如何, 帕斯卡做了比重新发现更多的事情, 本应得到这个荣誉. 在他的《算术三角形》(*Traité du triangle arithmétique*) (1654) 中, 帕斯卡将代数和组合论的理论结合在一起, 以两种方式解释了算术三角形中的元素: $(a+b)^n$ 中 $a^{n-k}b^k$ 项的系数或是从 n 个东西中一次取 k 个的组合数. 实际上, 他证明了 $(a+b)^n$ 是组合数的一个生成函数. 在应用方面, 他解决了赌金分配问题 (习题 11.1.2), 从而建立了概率的数学理论; 在证明方法上, 他首次真正有意识地、十分明确地使用了数学归纳法. 所有这些都是何等了不起的成绩呀!

在这里讲述帕斯卡在 1654 年的工作, 我们便越过了数论的前费马时期的终点, 因为费马在 17 世纪 30 年代就已活跃在数论领域中. 但是讲讲二项式系数建立的背景还是很合宜的, 因为费马早期的工作也与此有关.

习题

二项式系数的一些基本性质, 例如帕斯卡三角形中的每一项都等于位于其上的两项之和, 很容易从它们是 $(a+b)^n$ 的展开式的系数而得到.

11.1.1 试利用等式
$$(a+b)^n = (a+b)^{n-1}a + (a+b)^{n-1}b$$
证明二项式系数的求和性质:
$$\binom{n}{k} = \binom{n-1}{k-1} + \binom{n-1}{k}.$$

这个性质使我们很容易将帕斯卡三角形计算到任何深度, 因此也可用于计算在一次赌博中, 当尚余下 n 次操作又不得不叫停时, 如何公平地分配赌金的问题. 我们假定玩家 I 和玩家 II 在一次操作中有同样的获胜机会, 并假设 I 为了取走赌金需要在余下的 n 次操作中胜 k 次.

11.1.2 试证明: 玩家 I 赢得的赌金与玩家 II 赢得的赌金之比为
$$\binom{n}{n} + \binom{n}{n-1} + \cdots + \binom{n}{k} : \binom{n}{k-1} + \binom{n}{k-2} + \cdots + \binom{n}{0}.$$

二项式系数的求和性质也可以解释在帕斯卡三角形中出现的某些有趣的数.

11.1.3 试解释为什么从第三行左边开始的斜线上的数, 即 $1, 3, 6, 10, 15, 21, \cdots$ 由三角形数构成[*].

11.1.4 下一斜线上的数, 即 $1, 4, 10, 20, 35, \cdots$ 可以叫做 '四面体数'. 为什么这是一种恰当的命名?

---

[*] 参见 3.2 节. —— 译注

11.2 费马小定理

真正由费马证明的最著名的定理 (1640a) 就是众所周知的他的 "小" 定理 —— 之所以如此称呼这个定理, 是为了把它和费马 "最后" 定理, 或费马 "大" 定理 (见下节) 区分开来. 费马小定理叙述如下:

若 p 是素数, n 与 p 互素, 则

$$n^{p-1} \equiv 1 \pmod{p}.$$

为避免使用费马时代尚不知道的 "同余 $\mod p$" 这种语言, 这个结论可等价表述为

$$n^{p-1} - 1 \text{ 被 } p \text{ 整除}$$

或

$$n^p - n \text{ 被 } p \text{ 整除}.$$

后者成立是因为 $n^p - n = n(n^{p-1} - 1)$, 那么, 由于 p 是素数, 又不能整除 n, 所以仅当 p 能整除 $n^{p-1} - 1$ 时才有 p 整除 $n^p - n$.

费马小定理现在已成为应用数学的某些领域, 诸如密码学中不可或缺的东西. 发人深思的是, 这个定理起源于数学中最少应用性的问题, 即构造完全数问题. 正如我们在 3.2 节见到的, 它依赖于形如 $2^m - 1$ 的素数的构造. 这是最初使费马对 $2^m - 1$ 是否有因子的条件感兴趣的缘由. 在同一时期 (17 世纪 30 年代中期), 他研究了二项式系数. 这两种兴趣的综合很可能导致他发现了 $n = 2$ 时的小定理.

他的具体证明无人知晓, 但很多作者 (例如韦伊 (1984), 56 页) 指出, 该定理可从 p 为素数, $\binom{p}{1}, \binom{p}{2}, \cdots, \binom{p}{p-1}$ 能被 p 整除这一事实立刻导出:

$$2^p = (1+1)^p = 1 + \binom{p}{1} + \binom{p}{2} + \cdots + \binom{p}{p-1} + 1,$$

故

$$2^p - 2 = \binom{p}{1} + \binom{p}{2} + \cdots + \binom{p}{p-1}$$

能被 p 整除, 因此 $2^{p-1} - 1$ 也能被 p 整除.

但是怎样证明 $\binom{p}{1}, \binom{p}{2}, \cdots, \binom{p}{p-1}$ 都能被 p 整除呢? 这从莱维·本·热尔松公式

$$\binom{p}{k} = \frac{p!}{(p-k)!k!}$$

很容易导出. 该公式显示素数 p 是分子的因子, 却非分母的因子. 分母一定会整除分子, 因为 $\binom{p}{k}$ 是整数. 所以当真的实施除法 (分式化简为整数) 时, 因子必原封不动地保留下来. 费马可能没有这么精确的结果, 因为他还没有帕斯卡对二项式系数的组合解释; 但他确有下述公式:

$$n \begin{pmatrix} n+m-1 \\ m-1 \end{pmatrix} = m \begin{pmatrix} n+m-1 \\ m \end{pmatrix},$$

此式蕴含了该结论, 且可以导出整除性质 (见韦伊 (1984), 47 页).

至此, 我们还只证明了 $n = 2$ 时的费马小定理. 韦伊 (1984) 据此提出了证明一般的费马小定理的两种途径. 一种是重复使用二项式定理, 这是属于欧拉的第一个发表的费马定理的证明 (1736); 另一种是直接应用多项式定理, 这实际上是人们最早知道的证明方法, 它见于 17 世纪 60 年代晚期莱布尼茨未发表的一篇文章中 (参见韦伊 (1984), 56 页).

如同 $(a+b)^p$ 中 $a^{p-k}b^k$ 的系数为 $p!/((p-k)!k!)$ 一样, $(a_1+a_2+\cdots+a_n)^p$ 中 $a_1^{q_1}a_2^{q_2}\cdots a_n^{q_n}$ 的系数为 $p!/(q_1!q_2!\cdots q_n!)$, 其中 $q_1+q_2+\cdots+q_n = p$ (习题 11.2.4). 使用前述同样的推理, 该多项式系数能被 p 整除, 除非某个 $q_i = p$. 这就是说, 在 $(a_1+a_2+\cdots+a_n)^p$ 中除 $a_1^p, a_2^p, \cdots, a_n^p$ 之外的所有系数都能被 p 整除. 由此, $a_1, a_2, \cdots, a_n$ 皆取 1 代入, 则得

$$(1+1+\cdots+1)^p = 1^p + 1^p + \cdots + 1^p + \text{能被 } p \text{ 整除的项},$$

亦即 $n^p - n$ 能被 p 整除. 于是, 如果 n 本身与 p 互素 (因此不能被 p 整除), 则 $n^{p-1} - 1$ 必能被 p 整除, 这就是一般的费马小定理.

习题

重复使用二项式定理证明 $n^p - n$ 能被 p 整除的过程如下.

11.2.1 利用 $2^p = (1+1)^p = 2 + $ 能被 p 整除的数, 以及它的证明方法, 试证明:

$$3^p = (2+1)^p = 3 + \text{ 能被 } p \text{ 整除的数}.$$

11.2.2 试用习题 11.2.1 的思想证明: 对任一正整数 $n, n^p - n$ 能被 p 整除.

11.2.3 观察前一节所计算的帕斯卡三角形的前几行中的项能被 p 整除.

如同二项式定理一样, 多项式定理也可以从组合的观点加以证明, 办法是考虑让 $(a_1 + a_2 + \cdots + a_n)^p$ 的因子中出现 $a_1^{q_1} a_2^{q_2} \cdots a_n^{q_n}$ 项的方法数.

11.2.4 试证明上面给出的多项式系数的公式. 注意该系数等于将 p 个事件分割成大小为 $q_1, q_2, \cdots, q_n$ 的不相交子集的方法数.

11.3 费马大定理

"另一方面, 不可能将一个立方写为两个立方之和, 或将一个四次幂写为两个四次幂之和, 或更一般地, 将一个高于 2 次的幂写为两个同样幂之和. 对这个命题, 我有一个绝妙的证明, 可惜这里空白处太小, 写不下."

费马 (1670), 241 页

这个注记, 费马写在巴歇 (Bachet de M.) 版丢番图著作的页边空白处, 时间大约是在 17 世纪 30 年代晚期, 当时他正在研读此书. 该注记成为费马去世后于 1670 年出版的 '费马对丢番图《算术》的评注' 中的第 2 项. 费马回答了丢番图将一个平方数写为两个平方数之和的问题. 这个问题我们在第 1 章见过, 即求毕达哥拉斯三元数组 (a,b,c) 的问题或等价地求圆 $x^2 + y^2 = 1$ 上的有理点 $(a/c, b/c)$ 的问题.

费马大定理断言: 不存在正整数的三元数组 (a,b,c) 使得

$$a^n + b^n = c^n, \text{其中 } n \text{ 为大于 2 的整数.}$$

它成了数学中最著名的问题. 很多数学家对特定的 n 值给出了解: 欧拉对 $n = 3$, 费马本人对 $n = 4$ (见下节), 勒让德和狄利克雷对 $n = 5$, 拉梅对 $n = 7$, 库默尔对所有小于 100 的素数 n —— 除了 $n = 37, 59, 67$. 对所有这些早期成果的评述可参见爱德华兹 (Edwards, H.M.) (1977) 的书. 自然, 该定理只要对所有素数幂次 p 证明就足够了, 因为如有一反例

$$a^n + b^n = c^n,$$

其中 n 不是素数, 即 $n = mp$, p 为素数, 则

$$(a^m)^p + (b^m)^p = (c^m)^p$$

就成为对素数幂次 p 的反例.

在库默尔之后, 这方面的研究没有取得什么进展, 直到 20 世纪 80 年代才涌现出两条新的研究途径. 法尔廷斯 (Faltings, G.) 1983 年证明: 对每个指数 n, 至多有有限个费马大定理的反例. 这是法尔廷斯的一个更一般的定理的推论, 这个更一般的定理解决了莫德尔猜想 (1922); 该定理说: 每条亏格大于 1 的曲线, 至多有有限多个有理点. 亏格这个概念我们将在第 15 章解释. 现在我们仅仅指出: '费马曲线'

$$x^n + y^n = 1,$$

当 $n = 2$ 时亏格为 0, 当 $n = 3$ 时亏格为 1, 其他情形皆有亏格 > 1. 于是, 由法尔廷斯定

理可知: 费马曲线至多只能有有限个有理点 (因此 $a^n + b^n = c^n$ 至多只能有有限个整数解), 但问题还是没有解决.

第二条途径始自弗雷 (Frey, G.) (1986), 他提出了惊人的建议: 如果费马大定理存在一个反例 $a^n + b^n = c^n$, 那么可以作一条三次曲线

$$y^2 = x(x - a^n)(x + b^n),$$

其中蕴含着某些不可能成立的性质. 当时, 所研究的性质被称为 '非模性', 而且仅仅是猜想它不可能成立, 还不知道它是否蕴含于费马大定理的反例. 而里贝 (Ribet, K.A.) (1990) 证明了反例确实蕴含着 '非模性'; 1994 年安德鲁 · 怀尔斯 (Andrew Wiles) 证明上述形式的三次曲线不可能是非模性的. 于是, 就不可能存在费马大定理的反例.

在费马大定理的故事临近结尾时, 还发生了一起引人注目的意外事件. 怀尔斯在 1993 年首次宣布了他的结果 (他在偏僻的住所工作了 7 年之后), 但仅仅在几个月内就发现他的证明中有一个严重的漏洞. 在理查德 · 泰勒 (Richard Taylor) 的帮助下, 这个漏洞于 1994 年被填平了. 完全的证明发表在怀尔斯 (1995) 的文章中. 这个证明极端复杂, 但我们至少可以解释它的由三次曲线和椭圆函数构成的一般框架; 它们的确是贯穿本书全文的一条重要脉络.

11.4 有理直角三角形

> 在直角三角形中, 如果其边是有理数, 则其面积不能是平方数. 这个命题是我自己的发现; 我终于成功地证明了它, 尽管费了不少力气, 动了不少脑筋. 我把证明写在这里, 因为这个方法将使数的理论获得显著的进展.
>
> 费马 (1670), 271 页

这段话是 '费马对丢番图《算术》的评注' 中的第 45 项, 用以回答巴歇提出的一个问题: 找一个直角三角形, 使其面积为给定数. 这个评注很重要, 不仅在于它所涉及的定理和所宣称的方法, 而且因为这是费马在数论方面留下的仅有的推理完备的证明. 作为额外收获, 该证明还暗中解决了 $n = 4$ 时的费马大定理 (见习题), 以及对无限下降 '法' 的精彩诠释 —— 无限下降法确实推动了数论的显著进展. 下面对费马证明 (从上述引文看, 似乎证明曲折复杂) 的陈述是根据措伊滕 (Zeuthen, H.G.) (1903, 163 页) 重构的证明, 是用现代记号细述与表达的. 我们使用的是希思 (1910, 293 页) 对费马著作的译文, 这也是他重构的版本.

> 如果直角三角形面积是一个平方数, 那么存在两个双二次型, 它们的差是平方数. 这样就存在两个平方数, 它们的和与差都是平方数.

选择合适的单位长度, 我们可以将有理直角三角形的三条边用毕达哥拉斯三元数组表示为 $p^2 - q^2, 2pq, p^2 + q^2$, 它们是互素的 (如 1.2 节所示). 因为它们的 gcd 为 1, 故 $\gcd(p, q) = 1$. 又因 $2pq$ 是偶数, $p^2 - q^2$ 及其因子 $p + q, p - q$ 必是奇数. 同时 $p, q, p + q, p - q$ 中任两个都没有素公因子, 否则 p, q 也将有素公因子. 于是, 若面积 $pq(p+q)(p-q)$ 是一平方数, 它的因子必然都是平方数:

$$p = r^2, \quad q = s^2, \quad p + q = r^2 + s^2 = t^2, \quad p - q = r^2 - s^2 = u^2. \tag{1}$$

这样, r^2, s^2 的和与差也是平方数, 所以

$$r^4 - s^4 = (r^2 + s^2)(r^2 - s^2) = t^2 u^2 = v^2.$$

于是我们应该有一个平方数, 它等于一个平方数和另一个平方数的两倍之和, 同时组成这个和的两个平方数自己的和也是一个平方数.

根据 (1), 我们有

$$t^2 - u^2 = 2s^2, \quad 即 \quad t^2 = u^2 + 2s^2. \tag{2}$$

仍根据 (1), 有

$$u^2 + s^2 = r^2.$$

但如果一个正方形是一个正方形与另一个正方形两倍之和, 那么我可以容易地证明它的边也可表达为一个平方数和另一个平方数的两倍.

因为由 (2) 可知, $(t+u)(t-u) = t^2 - u^2 = 2s^2$, 故 $(t+u)(t-u)$ 是偶数, 于是 $t+u, t-u$ 之一为偶数, 可推出另一个也是偶数. 设

$$t + u = 2w, \quad t - u = 2x. \tag{3}$$

那么,

$$s^2 = (t+u)(t-u)/2 = 2wx.$$

统观 (3),(2),(1), 我们便知 w, x 的任何公因子都会成为 t, u, 或 t^2, u^2, 或 r^2, s^2 的公因子, 因而是 p, q 的公因子. 于是 w, x 是互素的; 这样, 因为 wx 是一平方数的两倍, 我们即有

$$w = y^2, \quad x = 2z^2, \quad 或 \quad w = 2z^2, \quad x = y^2.$$

在任一情形下我们都有

$$t = w + x = y^2 + 2z^2. \tag{4}$$

由此我们可得出结论: 所提到的边是直角三角形中两直角边作成的和, 其中单个平方数是底边, 另一平方数的两倍为垂直边.

若我们令 $y^2, 2z^2$ 是直角三角形的两边, 则斜边 h 满足

$$h^2 = (y^2)^2 + (2z^2)^2 = \frac{1}{2}[(y^2 + 2z^2)^2 + (y^2 - 2z^2)^2]$$

$$= \frac{1}{2}(t^2 + u^2) \qquad\qquad \text{依据 (3) 和 (4)}$$

$$= r^2. \qquad\qquad \text{依据 (1)}$$

因此 $h = r$, 且该三角形是有理的.

这个直角三角形将由两个平方数作成, 而且它们的和与差仍是平方数. 但可证明这两个平方比原来假定的和与差为平方数的两个平方要小一些.

原来的和与差均为平方数的两个平方数为 $p = r^2, q = s^2$, 它产生于直角边为 $p^2 - q^2$ 和 $2pq$ 的有理直角三角形, 其面积也假定为平方数. 我们现在有一个有理 (实际是整数) 直角三角形, 其互相垂直的两边为 y^2 和 $2z^2$, 面积 y^2z^2 也是平方数. 这个三角形小一些, 因为它的斜边 r 小于原三角形的直角边 $2pq$; 因此这给出了小一些的一对 (整数) 平方 p', q', 它们的和与差都是平方数.

这样, 如果存在两个平方数, 使得它们的和与差都是平方数, 那么存在另外的两个整数平方数, 它们有同样的性质, 但其和更小一些. 同理, 我们又可找到比上次找到的更小的和. 如此, 我们可以无限继续下去, 找到具有同样性质的整数平方数, 但它们会愈来愈小. 然而这是不可能的, 因为对任何我们想要给定的整数, 都不可能存在一个无限的整数序列使得比这个整数小.

这个矛盾意味着: 最初假定的有理直角三角形的面积为平方数是不成立的. 措伊滕和希思的版本比费马更直接地推出了矛盾 —— 他们注意到, 从假定的最初三角形派生出面积为 y^2z^2 的三角形, 能够通过重复的过程给出一个无限下降的整数面积序列. 韦伊 (1984, 77 页) 更进一步地缩短了证明.

费马的无限下降法的逻辑原则与数学归纳法所基于的原则是相同的, 即任意的一个自然数集合中有一个最小的数. 但这两个方法所适用的范围相当不同. 对归纳法, 人们需要对归纳步骤做合适的假定; 而对下降法, 需要找到一个合适的下降的量. 实际上, 下降法是更加专门的一种方法, 跟某些曲线的几何性质相伴而行 —— 我们将在 11.6 节及后面的章节中遇到亏格为 1 的曲线 (也可参见韦伊 (1984), 140 页). 巴歇提出的一般问题 —— 确定哪些数 n 可以成为直角三角形的面积 —— 事实上与亏格为 1 的曲线论有本

质的联系, 在 20 世纪, 科布利茨 (Koblitz, N.) (1985) 的漂亮工作复活了对此问题的探究.

习题

在有理直角三角形面积为平方数的假设下实施下降法, 可引出两个各自独立的有趣命题; 当然它们也是错的, 因为它们蕴含了这类三角形的存在性.

11.4.1 试证明: 若存在平方数 r^2 和 s^2, 使 $r^2 + s^2$ 和 $r^2 - s^2$ 都是平方数, 则可推出存在面积为平方数的有理直角三角形.

11.4.2 试证明: 从方程 $r^4 - s^4 = v^2$ 有非零整数解, 可推出存在面积为平方数的有理直角三角形 (提示: 它就是习题 11.4.1 中的同一三角形).

11.4.3 试根据习题 11.4.2 推导出 $n = 4$ 的费马大定理成立.

方程 $r^4 - s^4 = v^2$ 不可能有整数解的结论, 也可以用更直接的下降法证明, 从而避免费马使用的某些步骤. 主要步骤如下: 设 r, s 无素公因子, 从而 r, s, v 无素公因子.

$$r^4 - s^4 = v^2 \Rightarrow r^2 = a^2 + b^2, \ s^2 = 2ab, \ v = a^2 - b^2$$

对某两个非零整数 a, b 成立.

$$\Rightarrow a = c^2 - d^2, \ b = 2cd$$

对某两个非零整数 c, d 成立.

$$\Rightarrow c = e^2, \ d = f^2, \ c^2 - d^2 \ 是平方数$$

因为 $s^2 = 4cd(c^2 - d^2)$, 且 $c, d, c^2 - d^2$ 无素公因子.

$$\Rightarrow e^4 - f^4 = g^2$$

对小于 (r, s) 的数对 (e, f) 成立.

11.4.4 试验证上述推理中的每一步.

11.5 亏格为 0 的三次曲线上的有理点

费马曾正确地证明了他的大定理的说法很可疑, 因为他的大部分工作都是讨论低次 ($\leqslant 4$) 曲线的, 而且他极不可能预见到弗雷将 n 次的费马问题归结为一个关于三次曲线的问题. 人们普遍承认, 我们并不知道费马的方法是什么样的, 而且他从未谈到求曲线的有理点的问题. 然而, 要解释他关于丢番图方程的解法, 要把这些解法跟丢番图及欧拉或早或晚的、有相同脉络的工作联系起来, 考虑曲线上有理点的问题是最自然的途径. 我们已经描述过求二次曲线 (1.3 节) 及三次曲线 (3.5 节) 的有理点的方法. 现在, 我们将从亏格观点重新检视它们 —— 当考虑较高次的曲线时, 亏格将变得格外重要. 在本节, 我们将只限于考虑亏格为 0 的情形.

我们在 1.3 节看到二次曲线 C 的一个性质: 过 C 上有理点 P 的有理直线 L, 交 C 于第二个有理点, 条件是 C 的方程的系数是有理数. 而且只要将 L 沿着 C 转动, 我们就

可以得到 C 上所有的有理点 Q. 这种作图法还有另一个重要推论, 即它与 C 和 L 的有理性无关. 我们将 Q 的 x 和 y 坐标用 L 的斜率 t 表示, 即可得到 C 的经有理函数的参数化 (亦称 "有理参数化") (请记住: 有理函数并不一定要求系数是有理数).

例如, 在 1.3 节中, 在圆 $x^2 + y^2 = 1$ 上的作图给出了它的参数化

$$x = \frac{1-t^2}{1+t^2}, \quad y = \frac{2t}{1+t^2}$$

(图 11.2). 亏格为 0 的曲线可以定义为容许用有理函数实现参数化的曲线. 我现在要证明: 一些三次曲线的亏格也为 0, 办法是应用与笛卡儿的叶形线很相似的作图.

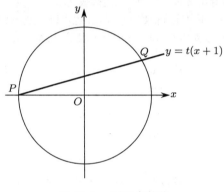

图 11.2 圆的参数化

叶形线在 7.3 节定义为其方程是

$$x^3 + y^3 = 3axy \tag{1}$$

的曲线. 原点 O 是叶形线上明显的有理点; 从图 11.3 可进一步清楚地看出 O 是该曲线的二重点. 因此, 过 O 的直线 $y = tx$ 与叶形线交于另一个点 P; t 变动时给出该曲线上所有其他的 P. 通过寻找作为 t 的函数的 P 的坐标, 我们便得到一个参数化.

为了求出 P, 我们将 $y = tx$ 代入 (1), 得到

$$x^3 + t^3 x^3 = 3axtx,$$

因此有

$$x(1+t^3) = 3at$$

及

$$x = \frac{3at}{1+t^3}, \tag{2}$$

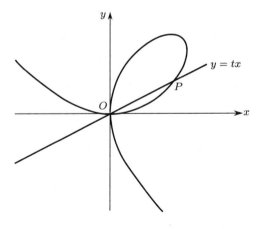

图 11.3　叶形线的参数化

故

$$y = \frac{3at^2}{1+t^3} \tag{3}$$

(这些参数方程印证了习题 7.3.1). 类似的作图可用到任一个有二重点的三次曲线上, 或者更一般地用到有 n 重点的 $n+1$ 次曲线上, 因此所有这些曲线的亏格皆为 0.

习题

需要注意的是, 曲线 $p(x,y)=0$ 的一个二重点会使过该二重点的直线 $y=mx+c$ (与曲线) 的交点方程有一个二重根.

11.5.1 观察上面将 $y=tx$ 代入 (1) 之后产生的方程的二重根.

11.5.2 试利用一般二重根的性质, 解释为什么一条斜率为有理数且经过一条有理系数的三次曲线上的有理二重点的直线, 必与该曲线交于另一个有理点.

我们还要注意, 跟二次曲线的作图一样, 叶形线上的所有有理点都可以用这种方法得到.

11.5.3 试证明: 若 x 和 y 是有理的, 则 (2) 和 (3) 中的 t 亦是有理的.

11.5.4 试从习题 11.5.3 推出: 叶形线上的有理点恰是那些具有有理 t 值的、直线与叶形线的交点.

11.6　亏格为 1 的三次曲线上的有理点

我们还不能给出亏格 1 的精确定义, 但亏格为 1 的情况太多了, 所有亏格不为 0 的三次曲线都具有亏格 1. 从 11.5 节我们知道亏格为 1 的三次曲线不能有二重点, 实际上它也不能有尖点, 因为这两种情况都会导出有理参数化 (尖点的一种情形, 见习题 7.4.1). 我们要讲的是可以将亏格为 1 的三次曲线参数化的函数. 这样的函数就是椭圆函数 —— 它们到 19 世纪才被定义, 克莱布施 (Clebsch, A.) (1864) 首次将它们应用于三次曲线的参数化.

椭圆函数的存在性的许多线索在它正式问世之前便为人所知, 但起初似乎着眼点在其他方面. 一开始, 丢番图和费马是如何得到丢番图方程的解还是个谜, 牛顿对他们的方法的解释 (1670s) 是弦和切线作图法 (3.5 节), 从而搞清了这第一个谜 —— 可能那时没人关注这件事. 但在数学家们真正搞懂弦和切线作图法之前, 他们必须说清楚一些函数, 诸如由法尼亚诺 (Fagnano, G. C. T.) (1718) 和欧拉 (1768) 所发现的函数 $1/\sqrt{ax^3 + bx^2 + cx + d}$ 的积分之间的一些令人迷惑的关系. 最终, 雅可比 (1834) 注意到弦和切线作图法也能解释清楚这些关系. 但雅可比的解释还是有点神秘. 当时, 虽然人们知道椭圆函数与积分有关, 但它并未被完全纳入数论和曲线论之中, 这种状况一直延续到庞加莱 (1901) 的著作出版.

椭圆函数的解析源头将在下一章中解释. 我们在这一节准备将它与导出三次曲线的共线点之间的代数关系联系起来. 有关整个故事更深入的论述可参见韦伊 (1984).

我们从牛顿所采用的三次曲线的方程开始 (7.4 节):

$$y^2 = ax^3 + bx^2 + cx + d. \tag{1}$$

图 11.4 显示出该曲线上当 $y = 0$ 时有三个不同的实数值 x.

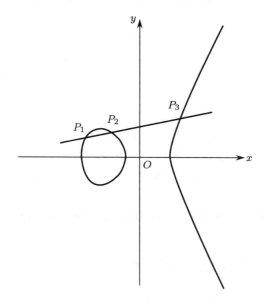

图 11.4   三次曲线上的共线点

在 3.5 节, 我们发现: 如果 a, b, c, d 是有理数, 而且 P_1, P_2 是该曲线上的有理点, 那么过 P_1, P_2 的直线与曲线相交于第三个有理点 P_3. 设这条直线的方程为

$$y = tx + k, \tag{2}$$

将 (2) 代入 (1), 则得到下面这样的一个方程

$$ax^3 + bx^2 + cx + d - (tx + k)^2 = 0. \tag{3}$$

三个点 P_1, P_2, P_3 的 x 坐标记为 x_1, x_2, x_3. 但是, 若 (3) 的根是 x_1, x_2, x_3, 则 (3) 的左端必为下列形式

$$a(x - x_1)(x - x_2)(x - x_3).$$

特别地, x^2 的系数必是

$$-a(x_1 + x_2 + x_3).$$

与 (3) 中 x^2 的实际系数相比, 得到

$$b - t^2 = -a(x_1 + x_2 + x_3);$$

因此

$$x_3 = -(x_1 + x_2) - \frac{b^2 - t^2}{a}. \tag{4}$$

若 $P_1 = (x_1, y_1), P_2 = (x_2, y_2)$, 则 $t = (y_2 - y_1)/(x_2 - x_1)$; 将它代入 (4), 我们最后得到

$$x_3 = -(x_1 + x_2) - \frac{b - ((y_2 - y_1)/(x_2 - x_1))^2}{a}, \tag{5}$$

此式给出的 x_3 是 P_1, P_2 的坐标的确切的有理组合. 正像我们已经知道的, 如果 P_1, P_2 都是有理点, 则 (5) 给出的 x_3 (以及 $y_3 = tx_3 + k$) 也是有理的.

出人意料的是: (5) 也是椭圆函数的加法定理. 它有一个推论, 即该曲线可用椭圆函数参数化为 $x = f(u), y = g(u)$, 使得 (5) 恰是表示 $x_3 = f(u_1 + u_2)$ 的方程, 此时有 $f(u_1) = x_1, f(u_2) = x_2, g(u_1) = y_1, g(u_2) = y_2$. 于是, 由 x_1, x_2 构造的直线得到 x_3, 可解释为是 x_1 和 x_2 的参数值 u_1 和 u_2 的加法. 第一个加法定理是法尼亚诺 (1718) 和欧拉 (1768) 用积分变换方法得到的. 欧拉认识到这种变换与数论有联系, 但他没有动手去做这方面的工作. 在更早的时候, 莱布尼茨也察觉到了这种联系, 他曾写道:

> 我 ⋯⋯ 记得曾建议过 (在某些人看来似乎很奇怪), 积分演算的进步很好地依赖于某种类型的算术的发展, 据我们所知, 丢番图是最早系统讨论这类算术的人.
>
> 莱布尼茨 (1702), 韦伊的译文 (1984)

雅可比 (1834) 是在收到欧拉关于积分变换的一卷著作之后, 第一次清楚地看到了这

种联系; 但是雅可比的洞察要被人们普遍接受, 还需要更好地澄清椭圆函数的概念. 我们将在第 12 和 16 两章中描述该澄清过程中的主要步骤.

习题

亏格为 1 的曲线不可能被有理函数参数化的证明, 可以模仿费马证明 $r^4 - s^4 = v^2$ 没有正整数解的方法. 其理由是: 有理函数的性态与有理数惊人地相似, 多项式起到了整数的作用, 次数则作为大小的度量. 用以解释这种思想的最方便的曲线是 $y^2 = 1 - x^4$, 它的亏格恰好是 1.

11.6.1 试证明: $y^2 = 1 - x^4$ 被 u 的有理函数参数化蕴含着这样的结论 —— 存在 $r(u), s(u), v(u)$, 使得

$$r^4(u) - s^4(u) = v^2(u).$$

为了模仿费马证明的其余部分 (或按照习题 11.4.4 的简化版本), 此时需要利用多项式的整除理论. 像自然数的理论一样, 它可以基于欧几里得算法. 由于是顺着 3.3 节中一样的基本思路做的, 所以我们在这里就省略不谈了.

我们还需要有理函数的 '毕达哥拉斯三元数组' 公式. 这可以用 1.3 节的几何方法来找到它, 此时要在 '有理函数平面' 中讨论, 其中的每个 '点' 是有理函数的有序对 $(x(u), y(u))$.

11.6.2 要说服自己相信, 有理函数平面上的 '线' 和 '斜率' 是讲得通的. 从而证明 '单位圆'

$$x^2(u) + y^2(u) = 1$$

上的每个不等于 $(0, -1)$ 的点都具有下列形式

$$x(u) = \frac{1 - t^2(u)}{1 + t^2(u)}, \quad y(u) = \frac{2t(u)}{1 + t^2(u)},$$

其中 $t(u)$ 是某个有理函数.

11.6.3 试根据习题 11.6.2 导出多项式的 '毕达哥拉斯三元数组' 的公式, 它很像通常的毕达哥拉斯三元数组的欧几里得公式.

现在可以模仿费马的证明了. 先说明 $r^4(u) - s^4(u) = v^2(u)$ 对多项式是不可能成立的, 因此 $y^2 = 1 - x^4$ 不存在有理函数的参数化. 由此可推出这对某些三次曲线是对的.

11.6.4 将 $x = (X + 1)/X, y = Y/X^2$ 代入方程 $y^2 = 1 - x^4$, 得到

$$Y^2 = X \text{ 的三次多项式}.$$

试推导出: 如果这条 X, Y 的三次曲线可以有理参数化, 则 $y^2 = 1 - x^4$ 也可以有理参数化.

11.7 人物小传: 费马

皮埃尔 · 费马 (图 11.5) 1601 年生于法国图卢兹附近的博蒙, 1665 年卒于离图卢兹不远的卡斯特尔. 我们对他的生平只知道个大概, 正如对他的数学了解得不够细致一样.

图 11.5 皮埃尔 · 德 · 费马

但是看来他的一辈子过得相对平稳, 无重大事件发生. 费马的父亲多米尼克 (Dominique) 是位富有的商人兼律师, 他的母亲克莱尔 · 德朗 (Claire de Long) 出身名门, 他们育有两子两女. 皮埃尔就在出生地上的中小学, 大学开始是在图卢兹念的, 1631 年在奥尔良大学完成学业并取得一个法律学位. 他在校的学业未必有多快的进步, 因为数学分了他的心. 就我们所知, 他最早的数学工作是 1629 年做的解析几何方面的问题; 按韦伊 (1984) 的意见, 费马的数论研究到四十来岁时才趋于成熟.

根据现有的证据, 费马似乎并不相信有所谓数学天才的俗见: 他开始数学研究时已不年轻, 工作时也没有那么强烈的热情, 一般还不愿意发表研究成果 (尽管有时对它们深感自豪). 真的, 在费马的时代, 几乎没有数学家以数学来谋生; 不过, 费马是最纯粹的业余数学家. 好像数学从来没有干扰过他的职业生涯.

事实上, 1631 年拿到法律学位之后, 他跟一位远房的表妹路易丝 · 德朗 (Louise de Long) 成亲, 收获了一份丰厚的嫁妆, 步入了舒适的律师生涯. 他的地位使他有资格被尊称为 '德 · 费马先生' (Monsieur de Fermat), 这时候人们知道他的姓名是 '皮埃尔 · 德 ·

费马". 他和路易丝共有 5 个孩子, 老大名叫克莱芒-萨穆埃尔 (Clement-Samuel), 后来编辑出版了他父亲的数学著作 (费马 (1670)). 费马一生中最引人关注和可怕的经历, 也许是在 1652—1653 年间他在图卢兹遭遇了一场突发的瘟疫. 开始有报告说他死了, 不过他是少数几个幸运的康复者之一.

在 17 世纪 60 年代, 费马的健康状况不佳. 原定 1660 年和帕斯卡的一次会面不得不取消, 因为两人的身体都不适合旅行. 结果, 费马失去了唯一一次会见重要数学家的机会. 他从未远离过图卢兹, 他的所有工作都是在跟外界的通信联系中完成的, 大都是跟巴黎的梅森学术圈里的成员交流. 1662 年后, 他的信件不再谈科学问题; 他签署的法律文件的日期一直延续到他去世前三天. 他卒于卡斯特尔 —— 当时正值法院循环审判时期 —— 并被葬于此地. 1675 年, 他的遗体迁葬到位于图卢兹的奥古斯丁教堂的费马家族墓地.

费马显然拒绝把数学置于他的律师职务之上, 因此人们对他的数学成就的深度和广度更难弄清楚. 我们可能永远也不会把费马的数学思想搞得足够清晰, 但人们已做出的尝试提高了我们进一步探索的信心和希望. 马奥尼 (Mahoney, M. J.) (1973) 对费马所有的数学成就进行了考察, 但未能对其数论工作给出适当公正的评述. 韦伊 (1984) 对费马的数论进行了出色的分析, 但对费马数学工作的其他侧面还有待做出相应的分析.

第 12 章

椭圆函数

导读

像数学中许多创新一样, 椭圆函数的出现和成长过程也屡遇绝境. 如我们在 9.6 节所见, 寻找积分演算的闭形式解失足于诸如 $1/\sqrt{1-x^4}$ 这样的被积函数, 因为没有 '已知' 的函数的导数是 $1/\sqrt{1-x^4}$.

最终, 数学家接受了这样的事实: $\int_0^x \frac{dt}{\sqrt{1-t^4}}$ 是一种新的函数. 它是被称为椭圆积分家族中的一员; 这族积分之所以被冠以椭圆的大名, 是因为其中有一个是定义椭圆弧长的积分.

人们研究的最简单的椭圆积分是 $\int_0^x \frac{dt}{\sqrt{1-t^4}}$, 它的许多性质是通过跟反正弦积分 $\int_0^x \frac{dt}{\sqrt{1-t^2}}$ 的性质的类比得到的. 然而, 它们都是精湛技巧的功绩, 就像不利用正弦函数来找出反正弦积分的性质一样.

真正的创新出现在 1800 年左右, 当时高斯认识到不必研究椭圆积分 $u = \int_0^x \frac{dt}{\sqrt{1-t^4}}$, 而代之以探讨作为 u 的函数的那个反函数 x (正如人们应该研究正弦函数而非反正弦积分一样). 他记 $x = sl(u)$, 发现 sl 像正弦函数一样是周期函数:

$$sl(u + 2\varpi) = sl(u), \text{ 其中 } \varpi \text{ 是某个正实数}.$$

更令人惊讶的是, sl 还有第二个周期 $2i\varpi$, 所以 sl 最好被视为复数的函数.

这些结果最初广为人知是在 19 世纪 20 年代, 当时阿贝尔和雅可比重新发现并出版了它们. 对双周期的更深入的洞察则是在 19 世纪 50 年代, 我们将在第 16 章目睹其尊容.

12.1 椭圆函数和三角函数

椭圆函数的故事是数学史中最奇妙的故事之一, 它始于一个复杂的分析概念 —— 形

如 $\int R(t, \sqrt{p(t)})dt$ 的积分, 其中 R 是一个有理函数, p 是一个三次或四次的多项式 ——最后到达的顶点却是一个简单的几何概念, 即环面. 理解它的最佳途径, 也许是把它与一个虚拟的三角函数的历史进行比较, 后者始于积分 $\int \frac{dt}{\sqrt{1-t^2}}$, 结果是发现了圆. 跟虚拟的三角函数的历史不同, 椭圆函数的实际发展确实发生在 17 世纪 50 年代到 19 世纪 50 年代之间.

最终对椭圆函数几何性质的认识, 要归功于最终对复数的存在性及其几何性质的认识. 实际上, 椭圆函数发展的后期历史与复数的发展如影随形, 后者是本书第 14 章到第 16 章的主题. 本章我们主要关心公元 1800 年前的那段历史, 当时复数尚未进入真正本质的发展阶段. 然而在主要故事中有一些次要情节, 理解它们并不需要复数, 它们却能很好地展现与虚拟的三角函数平行发展的特点. 现在来叙述其中的一个情节很合适, 因为它以简化的方式说明了这种平行性, 而且也跟第 11 章关于三次曲线参数化的含糊结尾接上了茬.

12.2　三次曲线的参数化

在讲到如何构造三次曲线的参数化函数时, 我们首先要重新构造圆 $x^2 + y^2 = 1$ 的参数化函数

$$x = \sin u,$$
$$y = \cos u,$$

而且假装不知道这条曲线的几何性质而只知道 x 和 y 之间的代数关系.

正弦函数可以定义为 $f^{-1}(x) = \arcsin(x)$ 的反函数 f, $f^{-1}(x)$ 也可用积分定义为

$$f^{-1}(x) = \int_0^x \frac{dt}{\sqrt{1-t^2}}.$$

最后, 我们可以将该积分看作方程 $y^2 = 1 - x^2$ 的派生物, 因为被积函数 $1/\sqrt{1-x^2}$ 就是 $1/y$. 为什么我们要用这个被积函数而非别的函数来定义 $u = f^{-1}(x)$, 从而使 x 成为一个函数 $f(u)$? 答案是这样的: 我们可以得到 $y = f'(u)$, 使得 x, y 双双都是参数 u 的函数. 这点由下面的演算就可以得到证实:

$$f'(u) = \frac{dx}{du} = \frac{1}{\dfrac{du}{dx}}$$

且

$$\frac{du}{dx} = \frac{d}{dx} \int_0^x \frac{dt}{\sqrt{1-t^2}} = \frac{1}{\sqrt{1-x^2}} = \frac{1}{y},$$

因此, $y = f'(u)$ (它自然就是 $\cos u$).

同样的构造方法完全可以使形如 $y^2 = p(x)$ 这样的关系实现参数化. 我们令

$$u = g^{-1}(x) = \int_0^x \frac{dt}{\sqrt{p(t)}}$$

以得到 $x = g(u)$, 然后对 u 求微分得到 $y = g'(u)$. 在某种意义上, 对形如 $y^2 = p(x)$ 的曲线参数化是平凡的 (我们从 8.4 节就知道, 这种形式的曲线包括了所有的三次曲线, 直至 x 与 y 的射影变换). 正如我们将在下一节看到的, 自 17 世纪始就一直在对 p 为三次、四次多项式的积分 $\int dt/\sqrt{p(t)}$ 进行研究; 然而直到 1800 年左右, 没有一个人想到要对它们求逆. 雅可比对积分和它的逆都有深刻的认识, 他在很难懂的文章 (1834) 中指出了积分与曲线上有理点的关系 (参见 11.6 节和 12.5 节). 这样看来, 好像他理解了前面说的参数化, 尽管首次清楚地描述这样的参数化是由克莱布施 (1864) 完成的.

习题

可能会发生积分 $\int_0^x dt/\sqrt{p(t)}$ 不收敛的情形, 这是由于 $t = 0$ 时, $1/p(t)$ 的性态所致. 但针对这种情况, 我们可对 a 的某个其他的值使用参数 $u = f^{-1}(x) = \int_a^x dt/\sqrt{p(t)}$.

12.2.1 试检验: $y = f'(u)$ 在改变定义后仍成立.

当三次曲线是 $y^2 = x^3$ 时, 它具有有理参数化. 上面构造的参数化函数确实成了有理函数.

12.2.2 给定 $y = x^{3/2}$, 试求 $x = f(u)$ 及 $y = f'(u)$, 其中 $u = f^{-1}(x) = \int_a^x dt/t^{3/2}$.

12.3 椭圆积分

形如 $\int R(t, \sqrt{p(t)})dt$ 的积分称为椭圆积分, 其中 R 是一个有理函数, p 是一个不含倍数因子的三次或四次多项式. 其所以得名是因为第一个例子出现在椭圆的弧长公式中. (椭圆积分取逆得到的函数称为椭圆函数, 需要经椭圆函数来进行参数化的曲线称为椭圆曲线. 放任地使用 '椭圆' 这个词是有点不幸的, 因为椭圆本身可以用有理函数来参数化, 因而它不是椭圆曲线!)

椭圆积分来自很多重要的几何问题和力学问题, 例如求椭圆及双曲线的弧长, 单摆的周期, 细弹性棒的变形. 读者可参见第 13 章, 例如梅尔扎克 (Melzak, Z. A.) (1976), 253-269 页. 当这些问题最初在 17 世纪晚期产生时, 所遇到的第一个障碍是莱布尼茨提出的对积分的要求: 它是 '闭形式' 的, 或能 '表达成初等函数'. 正如 9.6 节所提到的, 莱布尼茨认为一个积分问题 $\int f(x)dx$ 只有在已知一个函数 $g(x)$ 使得 $g'(x) = f(x)$ 时才称得上真正有解. 当时所谓 '已知' 的函数, 现在称为 '初等的' 函数, 是由代数函数、三角函数、指数函数以及它们的逆组成的.

所有试图用这些函数来表达椭圆积分的努力均告失败; 早在 1694 年, 雅各布·伯努利就猜想这项任务是不可能完成的, 这个猜想最后得到了刘维尔 (Liouville, J.) (1833) 的确认: 他发现一大类积分是非初等的. 同时, 数学家们发现了椭圆积分许多性质; 从对它们求逆所得到的椭圆函数, 即使不是初等的, 也可认为是已知的.

解开椭圆积分的众多秘密的关键是一种称为伯努利双纽线 (图 12.1) 的曲线. 该曲线在 2.5 节中简单地提到过, 是珀修斯环面截线之一, 它的笛卡儿方程为

$$(x^2 + y^2)^2 = x^2 - y^2$$

而极坐标方程为

$$r^2 = \cos 2\theta.$$

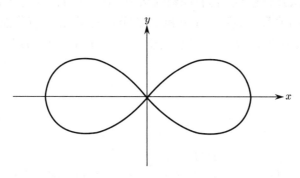

图 12.1 伯努利双纽线

第一个针对双纽线本身进行研究的人是雅各布·伯努利 (1694). 他证明它的弧长可用椭圆积分 $\int_0^x dt/\sqrt{1-t^4}$ 表达, 因此该积分被称为双纽线积分, 伯努利还给出了这种形式化的表达一个具体的几何解释. 其后在椭圆积分与椭圆函数理论上的进展, 都源自双纽线和双纽线积分之间的相互作用. 作为最简单的椭圆积分, 又在各方面都与反正弦积分 $\int_0^x dt/\sqrt{1-t^2}$ 十分相像的双纽线积分 $\int_0^x dt/\sqrt{1-t^4}$ 是最易于处理的. 人们往往能从双纽线积分中提炼出一些性质, 然后将它推广到更一般的椭圆积分上.

体现这种方法论的最著名的例子是加法定理的发现, 我们将在下一节讨论它.

习题

上面提到的双纽线的性质, 很容易利用标准的解析几何和微积分知识加以论证.

12.3.1 试从双纽线的极坐标方程

$$r^2 = \cos 2\theta$$

导出它的笛卡儿方程.

12.3.2 试利用双纽线的极坐标方程和极坐标的弧元素公式

$$ds = \sqrt{(rd\theta)^2 + dr^2},$$

导出双纽线的弧长由下式给出:

$$s = \int \frac{d\theta}{r}.$$

12.3.3 试通过将积分变量改变为 r, 从而得到双纽线的总长为 $4\int_0^1 dr/\sqrt{1-r^4}$ 的结论.

反正弦被积函数 $1/\sqrt{1-t^2}$ 可经过将 t 代换为 $2v/(1+v^2)$ 而有理化. 与此不同, 双纽线被积函数 $1/\sqrt{1-t^4}$ 不能经 t 的任一有理函数代换而有理化.

12.3.4 试根据 11.6 节中的习题解释为什么会有上述结论.

正是双纽线积分与费马关于方程 $r^4 - s^4 = v^2$ 不可能有正整数解的定理之间的这种联系, 导致雅各布·伯努利猜想用已知函数求双纽线积分是不可能的.

12.4 双纽线弧的倍弧

加法定理是一个公式, 它用 $f(u_1)$ 和 $f(u_2)$, 也许还有 $f'(u_1)$ 和 $f'(u_2)$ 来表示 $f(u_1 + u_2)$. 例如, 正弦函数的加法定理是

$$\sin(u_1 + u_2) = \sin u_1 \cos u_2 + \sin u_2 \cos u_1.$$

因为 $\sin u$ 的微商 (或称 "导数") $\cos u$ 等于 $\sqrt{1 - \sin^2 u}$, 我们也可以把加法定理写为

$$\sin(u_1 + u_2) = \sin u_1 \sqrt{1 - \sin^2 u_2} + \sin u_2 \sqrt{1 - \sin^2 u_1},$$

它表明 $\sin(u_1 + u_2)$ 是 $\sin u_1$ 和 $\sin u_2$ 的代数函数.

为了简化跟椭圆函数的比较, 我们考虑正弦加法定理的下述特殊情形:

$$\sin 2u = 2 \sin u \sqrt{1 - \sin^2 u}. \tag{1}$$

如果我们设

$$u = \arcsin x = \int_0^x \frac{dt}{\sqrt{1 - t^2}},$$

那么

$$2u = 2 \int_0^x \frac{dt}{\sqrt{1 - t^2}}.$$

但我们从 (1) 知道

$$2u = \arcsin(2x\sqrt{1 - x^2}),$$

所以

$$2 \int_0^x \frac{dt}{\sqrt{1 - t^2}} = \int_0^{2x\sqrt{1-x^2}} \frac{dt}{\sqrt{1 - t^2}}. \tag{2}$$

请记住: $\arcsin x = \int_0^x dt/\sqrt{1-t^2}$ 代表的是角 u, 参见图 12.2. 等式 (2) 告诉我们: 角 (或弧长) u 被加倍了, 即从 x 延长到了 $2x\sqrt{1-x^2}$. 后面这个数是 x 经有理运算和求平方根得到的, 因此是可以依据 x 用圆规和直尺构造的 (确认了几何上一个明显的事实, 即一个角的两倍是可以用尺规作图的).

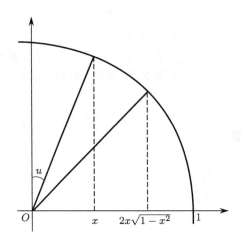

图 12.2 圆弧之倍弧

所有这些性质都跟双纽线及其弧长积分 $\int_0^x dt/\sqrt{1-t^4}$ 的性质相平行. 双纽线倍弧公式是法尼亚诺 (1718) 发现的, 它表明可以从原本难驾驭的椭圆积分里提取出几何信息; 我们也可以将其视为走向椭圆函数理论的第一步. 用我们的记号, 法尼亚诺公式可写为

$$2\int_0^x \frac{dt}{\sqrt{1-t^4}} = \int_0^{2x\sqrt{1-x^4}/(1+x^4)} \frac{dt}{\sqrt{1-t^4}}. \tag{3}$$

由于 $2x\sqrt{1-x^4}/(1+x^4)$ 是 x 经有理运算和开平方根得到的, 因此 (3) 跟 (2) 一样, 表明倍弧也可通过直尺和圆规构造出来.

习题

西格尔 (Siegel, C. J.) (1969, 3 页) 曾指出: 法尼亚诺通过两个代换导出他的公式, 这些代换类似于反正弦积分的普通代换. 下列习题用以比较在 $dt/\sqrt{1-t^2}$ 中作代换 $t = 2v/(1+v^2)$ 以及在 $dt/\sqrt{1-t^4}$ 中用 t^2 作类似代换的效果.

12.4.1 试证明: 代换 $t = 2v/(1+v^2)$ 导出 $\sqrt{1-t^2} = \frac{1-v^2}{1+v^2}$, 因此

$$dt/\sqrt{1-t^2} = 2dv/(1+v^2).$$

12.4.2 试证明: $t^2 = 2v^2/(1 + v^4)$ 导出 $\sqrt{1 - t^4} = \frac{1-v^4}{1+v^4}$, 因此

$$\frac{dt}{\sqrt{1 - t^4}} = \sqrt{2}\frac{dv}{\sqrt{1 + v^4}}.$$

它说明, 变量的改变对应于积分之间的某种关系, 它离法尼亚诺公式还差 "一半的路程".

12.4.3 试由习题 12.4.2 推出:

$$\sqrt{2}\int_0^x \frac{dv}{\sqrt{1 + v^4}} = \int_0^{\sqrt{2}x/\sqrt{1+x^4}} \frac{dt}{\sqrt{1 - t^4}}.$$

为了完成走向法尼亚诺公式的路程, 我们使用第二个类似的代换, 以重建双纽线积分.

12.4.4 试类似地证明: 代换 $v^2 = 2w^2/(1 - w^4)$ 导出

$$\frac{dv}{\sqrt{1 + v^4}} = \sqrt{2}\frac{dw}{\sqrt{1 - w^4}}.$$

12.4.5 试检验: 在习题 12.4.2 和 12.4.4 中的两次代换的总效果是

$$t = \frac{2w\sqrt{1 - w^4}}{1 + w^4},$$

而且积分间的对应关系就是法尼亚诺的倍弧公式.

12.5 一般的加法定理

法尼亚诺的倍弧公式留下了鲜为人知的奇妙之处, 直至欧拉收到一本法尼亚诺的著作的那一天答案才揭晓, 那是 1751 年 12 月 23 日 —— 这一天后来被雅可比称为 '椭圆函数理论的诞生之日'. 欧拉第一个看出法尼亚诺的代换技巧不仅仅是奇妙的侥幸之作, 而且揭露了椭圆积分的性态. 欧拉以他超人的解题技巧很快地就把它推广为非常一般的加法定理. 首先是关于双纽线积分的加法定理

$$\int_0^x \frac{dt}{\sqrt{1 - t^4}} + \int_0^y \frac{dt}{\sqrt{1 - t^4}} = \int_0^{(x\sqrt{1-y^4}+y\sqrt{1-x^4})/(1+x^2y^2)} \frac{dt}{\sqrt{1 - t^4}},$$

然后是关于积分 $\int dt/\sqrt{p(t)}$ 的, 其中 $p(t)$ 是任意的四次多项式. 通过与反正弦加法定理

$$\int_0^x \frac{dt}{\sqrt{1 - t^2}} + \int_0^y \frac{dt}{\sqrt{1 - t^2}} = \int_0^{x\sqrt{1-y^2}+y\sqrt{1-x^2}} \frac{dt}{\sqrt{1 - t^2}}$$

的类比, 西格尔 (1969, 1–10 页) 天才地重构了欧拉的一系列思想. 欧拉的结果很精彩, 但欧拉仅仅涉及椭圆积分, 而没有讨论作为它们的逆的椭圆函数, 所以人们可能还会对雅可比的断语吹毛求疵. 但是我们必须记住: 雅可比可以隔着一英里看清椭圆函数, 大概比我

们看清眼前的反正弦加法定理真的是关于正弦的定理还要容易!

我们必须提一句, 欧拉的加法定理没有涵盖所有的椭圆积分. 一般形式的积分 $\int R(t, \sqrt{p(t)})dt$ 可约化为三种类型, 欧拉研究的是第一类也是最重要的一类. 不同类型的椭圆积分的经典理论, 包括它们的各种加法定理和变换定理, 都是由勒让德 (Legendre, A.-M.) (1825) 加以系统化的. 具有讽刺意味的是, 这些东西都是在椭圆函数出现之前完成的, 而椭圆函数的出现使勒让德的大量工作成了过时之物.

这些早期的研究揭示了下面两类积分在形式上的相似性: $\int dt/\sqrt{p(t)}$, 其中 $p(t)$ 是四次多项式; 以及 $\int dt/\sqrt{q(t)}$, 其中 $q(t)$ 为二次多项式. 当 p 是三次多项式时它们没有真正的差别, 只要作一个容易的变换即可 (参见习题 12.5.1). 这就是为什么当 $p(t)$ 为三次多项式时, $\int dt/\sqrt{p(t)}$ 也被称为椭圆积分; 实际上, $\int dt/\sqrt{4t^3 - g_2t - g_3}$ 最终被证明是最合适作为椭圆函数论基础的一种积分 —— 它的逆是著名的魏尔斯特拉斯 $\wp$-函数.

这个积分的加法定理是

$$\int_0^{x_1} \frac{dt}{\sqrt{4t^3 - g_2t - g_3}} + \int_0^{x_2} \frac{dt}{\sqrt{4t^3 - g_2t - g_3}} = \int_0^{x_3} \frac{dt}{\sqrt{4t^3 - g_2t - g_3}},$$

其中 x_3 是过曲线

$$y^2 = 4x^3 - g_2x - g_3$$

上两点 $(x_1, y_1), (x_2, y_2)$ 的直线与曲线所交的第三点的横坐标 (参见 11.6 节). 至此, 我们从 12.2 节知道: 这条曲线经 $x = \wp(u), y = \wp'(u)$ 被参数化, 由积分的逆来定义; 该曲线的几何性质和加法定理之间存在某种联系. 但是这种联系异乎寻常地简单, 看来还需要做较深入的解释. 它属于复数领域, 我们将在下一节对它进行简要的阐述, 更彻底的解释见 16.4 和 16.5 节.

习题

12.5.1 试证明: 代换 $t = 1/u$ 将

$$\frac{dt}{\sqrt{(t-a)(t-b)(t-c)}}$$

变换为

$$\frac{-du}{\sqrt{u(1-ua)(1-ub)(1-uc)}}.$$

反之, 我们可将平方根号下的四次多项式变换为三次多项式, 即使该四次式不是习题 12.5.1 中得到的形式.

12.5.2 试对 t 作适当的代换, 将 $dt/\sqrt{1-t^4}$ 变换为 $\dfrac{du}{\sqrt{u \text{ 的三次多项式}}}$.

12.6 椭圆函数

由椭圆积分求逆而得到椭圆函数的思想归功于高斯、阿贝尔和雅可比. 高斯在 18 世纪 90 年代后期有了这种想法但没有公开发表; 阿贝尔在 1823 年独立于高斯获得此种想法, 并于 1827 年将它发表. 雅可比是否是独立完成的还不是很清楚. 他好像是在 1827 年开始有求逆的想法, 但这可能只是受了阿贝尔出版的文章的刺激. 无论如何, 雅可比的思想接着便以爆炸的速度向前发展, 并于两年后 (1829) 出版了第一本关于椭圆函数的书 《椭圆函数新理论基础》(*Fundamenta nova theoriae functionum ellipticarum*) (雅可比 (1829)).

高斯在 1796 年首先考虑了一个椭圆积分的逆, 该积分是 $\int dt/\sqrt{1-t^3}$. 他在下一年取得了更大进步: 求出了双纽线积分的逆. 他定义了 '双纽正弦函数' $x = sl(u)$, 其中

$$u = \int_0^x \frac{dt}{\sqrt{1-t^4}}.$$

他发现这个函数像正弦函数一样具有周期性, 其周期为

$$2\varpi = 4 \int_0^1 \frac{dt}{\sqrt{1-t^4}}.$$

高斯还注意到 $sl(u)$ 引出了对复变量的讨论, 因为由 $i^2 = -1$, 可得

$$\frac{d(it)}{\sqrt{1-(it)^4}} = \frac{id(t)}{\sqrt{1-t^4}},$$

因此 $sl(iu) = isl(u)$, 那么双纽正弦函数有第二个周期 $2i\varpi$. 于是, 高斯发现了椭圆函数最关键的性质之一, 即双周期性, 尽管在开始时他还没有认识到它的普遍性. 1799 年 5 月 30 日, 他发现了一个不同寻常的数值巧合, 于是椭圆函数的范围和它的重要性立刻浮现在高斯的脑海中, 他在当天的日记中写了如下的话:

> 我们已经算到 11 位, 得到 1 与 $\sqrt{2}$ 之间的算术–几何平均为 π/ϖ; 证实了这一事实必将开辟一个全新的分析领域.

高斯自 1791 年始 —— 当时他 14 岁, 就对算术–几何平均情有独钟. 两个正数 a 和 b 的算术–几何平均是如下定义的: 它是两个序列 $\{a_n\}$ 和 $\{b_n\}$ 的共同极限, 记为 $\text{agM}(a,b)$. 这两个序列的定义是:

$$a_0 = a, \quad b_0 = b,$$
$$a_{n+1} = \frac{a_n + b_n}{2}, \quad b_{n+1} = \sqrt{a_n b_n}.$$

要了解更多关于 agM 函数的理论和历史的信息, 可参见考克斯 (Cox, D. A.) (1984).

高斯很快就证明了确有 agM$(1, \sqrt{2}) = \pi/\varpi$. 他综合这些想法而创立的 '全新的分析领域' 确实是一片沃土. 它包括一般的椭圆函数, 稍后被雅可比重新发现的 θ 函数以及被克莱因重新发现的模函数等. 这个理论到 19 世纪 50 年代才得到明显的改进, 那时黎曼将椭圆积分置于适当的几何背景之下, 其双周期性就变得十分明显了.

不幸的是, 高斯实际上并未发表他关于椭圆函数的结果. 除了发表过 agM(a, b) 的一个表达式作为椭圆积分 (高斯 (1818)) 之外, 他一直无声无息, 直到 1827 年阿贝尔的结果问世时, 他立即宣称阿贝尔的结果是他自己的. 他在给贝塞尔的信 (高斯 (1828)) 中说:

> 我极可能无法很快地整理好我关于超越函数的研究, 我从 1798 年以来已研究了很多年 …… 而现在我知道, 阿贝尔先生先于我发表了, 从而卸去了我三分之一的发表 [文章的] 重负.

高斯宣称自己的结果比阿贝尔的还多是言不由衷的, 因为阿贝尔也有一些结果是高斯不知道的. 诚然, 高斯在求逆和双周期这些关键概念的发现方面有优先权, 但优先权不是一切, 高斯本人大概也知道这一点. 他自己最珍爱的关于 agM 与椭圆积分之间关系的发现不仅不是最早的, 而且是由拉格朗日 (1785) 发表出来的.

习题

下列习题表明: 双纽正弦和它的导数与通常的正弦及其导数 cos 十分相似.

12.6.1 试证明: $sl'(u) = \sqrt{1 - sl^4(u)}$.

12.6.2 试根据欧拉加法定理 (12.4 节) 推导出

$$sl(u + v) = \frac{sl(u)sl'(v) + sl(v)sl'(u)}{1 + sl^2(u)sl^2(v)}.$$

12.7 再说双纽线

双纽线上的弧的倍长问题, 可引出一些关于双纽线本身的有趣推论. 法尼亚诺使用类似的推理证明: 双纽线在一个象限中的弧可以用直尺和圆规分为 2,3,5 等份 (参见阿尤布 (Ayoub, R.) (1984)). 这就提出了一个问题: 对于哪些 n 可以将双纽线用直尺和圆规分为 n 等份. 回忆一下 2.3 节的内容, 高斯给出了针对圆的相应问题的答案 (1801, 论文 366 号). 正如在 2.3 节所述, 该答案是 $n = 2^m p_1 p_2 \cdots p_k$, 其中 p_i 是形如 $2^{2^h} + 1$ 的素数. 在介绍他的理论时, 高斯宣称:

> 我们将要解释的该理论的原理, 实际可以扩展到比我们将指出的范围广泛得多的领域. 它们不仅可以用于三角函数, 而且可以用于其他的超越函数, 例如那

些依赖于积分 $\int(1/\sqrt{1-x^4})dx$ 的函数.

然而, 在他现存的文稿中并未出现关于双纽线的、如同等分圆那样精确的结果. 他只是在 1797 年 3 月 21 日的日记中提到可以将双纽线五等分.

双纽线 n 等分问题的答案是阿贝尔找到的 (1827), 他将高斯不明不白的结论变为晶莹剔透的断言: 能够用尺规将双纽线 n 等分的这个 n, 恰与能 n 等分圆的 n 相同. 这个奇妙的结果比任何其他结果更好地突出了椭圆函数在几何、代数和数论中的统一作用. 此断言的现代证明可在罗森 (Rosen, M.) (1981) 的书中找到.

12.8 人物小传: 阿贝尔和雅可比

尼尔斯 · 亨里克 · 阿贝尔 (Niels Henrik Abel) 1802 年生于挪威西南沿海的芬诺岛, 1829 年卒于奥斯陆. 在短暂的一生中, 他虽赢得了欧洲最好的数学家的尊敬, 但也成为官方的冷漠态度、沉重的家庭负担和结核病的牺牲品. 他的令人心碎的故事, 跟同时代另一个领域的伟人, 诗人约翰 · 基茨 (John Keats) (1797—1823) 的经历不无相似之处.

像在他之前的几位数学家 (沃利斯、格雷戈里、欧拉) 一样, 阿贝尔是一名新教牧师的儿子. 他的父亲瑟伦 (Søren) 在哥本哈根大学以神学和文学造诣闻名, 并是他那个时代的新文学和社会改良的支持者. 他花钱大方, 特别是酒的消费甚至超越了理智; 他 1799 年跟安妮 · 玛丽 · 西蒙森 (Anne Marie Simonsen) 的婚姻, 最终导致了灾难. 漂亮的安妮 · 玛丽是位天资甚高的钢琴家和歌唱家, 但完全没有责任感, 后来竟然公开对丈夫不忠. 阿贝尔幼年时家庭尚能维系, 他由父亲负责教育; 到 1815 年他和他的兄长汉斯 · 马赛厄斯 (Hans Mathias) 被送进奥斯陆的教会学校时, 父母双亲已经处于酗酒和关系不稳的状态.

他在第一所学校的境遇比在家里好不了多少. 一些最好的教师已去了新开办的奥斯陆大学; 学校纪律糟糕到教职员和学生之间的争斗成了家常便饭. 数学教师巴德 (Bader) 特别粗暴, 甚至要打像阿贝尔这样的好学生; 他还把一个孩子暴打致死. 巴德因此被开除教职 (但未交付法庭审判). 1818 年学校任命了一位新的数学教师伯恩特 · 米凯尔 · 霍尔姆博 (Bernt Michael Holmboe). 霍尔姆博尽管不是一位有创造性的数学家, 但他了解数学, 而且是位能激励学生的老师. 他向阿贝尔介绍了欧拉的微积分教本; 阿贝尔则很快放弃了其他阅读而念起了牛顿、拉格朗日、高斯及其他人的著作. 1819 年, 霍尔姆博在他的成绩报告书中写道: '他有最杰出的天赋, 对数学有永不满足的兴趣和期望, 所以, 只要他活着, 就可能成为一名伟大的数学家" (参见奥雷 (Ore) (1957), 33 页). 奥雷告诉我们, 此引文中最后几个词是经过修正的, 原来的用词可能是 '世界级的第一流数学家". 霍尔姆博的评价可能是应校领导的要求缓和了用语. 至于霍尔姆博为什么用不祥之语 "只要他活着" 来平衡措辞仍是个谜, 可惜这话虽然令人不快但却接近于正确的预言.

在这所教会学校的最后两年间, 大约是 1820 年左右, 阿贝尔相信他已发现了五次方程的解. 奥斯陆的数学家都表示怀疑, 但又不能找出阿贝尔论证中的错误, 于是把他的解送给丹麦数学家费迪南·德根 (Ferdinand Degen) 审查. 德根也没能发现错误, 但为慎重起见, 他请阿贝尔给出更多细节和数值例证. 当阿贝尔尝试计算一个例证时, 他发现了自己的错误. 不过, 德根还提出了另一项建议: 阿贝尔最好把精力用在 '椭圆超越数' 上.

同时, 阿贝尔的家正在分崩离析. 汉斯·马赛厄斯在教会学校的表现只在开始时像个有前途的少年, 后来的成绩便滑落到班级的底部, 于是被送回了家, 最后成了个傻乎乎的低能人. 他的父亲于 1820 年酗酒而亡, 留下一个一贫如洗的家. 尼尔斯·亨里克成了这个家里年纪最大的承担家庭责任的成员, 他想方设法拯救姐姐伊丽莎白 (Elisabeth) 和弟弟彼得 (Peder) 于危难: 他为伊丽莎白找了另一个家; 他 1821 年进入奥斯陆大学时一直带着彼得.

在不长的时间内, 阿贝尔阅读了大学图书馆里的大部分高等数学著作, 并认真地开始了自己的研究. 到 1823 年, 他已发现了对椭圆函数而言是关键的反演, 证明了五次方程的不可解性, 还发现了关于积分的奇妙的一般定理 —— 现称阿贝尔定理, 其中隐含地导出了亏格的概念. 1823 年在去哥本哈根告诉德根这些结果的途中, 他遇到了克里斯蒂娜 ('克雷莉') ·肯普 (Christine (Crelly) Kemp) 并坠入爱河. 像阿贝尔一样, 她也出身于有良好教育背景但家境贫困的家庭; 她正在做家教为自己谋生. 阿贝尔余下的 6 年生命一直在劳碌奔波: 为了他的数学能得到学界的承认, 为了获得一个有足够薪酬从而能跟克雷莉成婚的职位.

1824 年, 他赢得了一笔政府基金, 用于旅行和跟其他科学家交流; 他在圣诞节跟克雷莉订了婚 —— 她此时在奥斯陆做家庭教师, 是阿贝尔为她安排的工作. 这项基金主要用于他去巴黎访问, 但在 1825 年末终于要启程时, 他一时冲动决定先绕道柏林去看朋友. 在那儿, 阿贝尔遇到了奥古斯特·克莱尔 (August Crell), 一位工程师兼业余数学家 —— 他正准备创建第一本德文数学杂志. 这次偶然的会面是幸运的, 因为克莱尔能够把阿贝尔的第一批重要成果传播到国际学界; 阿贝尔则能够提供高质量的论文, 保证这本新杂志的成功. 在会见有影响的数学家方面, 阿贝尔运气不佳. 在德国, 他没有努力设法去会见高斯, 因为他相信高斯是个 '绝对不易接近的人'; 在巴黎, 他也没能给柯西留下什么印象, 尽管他把阿贝尔定理的论文交给了柯西. 在巴黎逗留期间, 阿贝尔发现了关于双纽线的定理; 还坐着请人画了一幅肖像 —— 他唯一留世的画像 (图 12.3).

到 1826 年底, 阿贝尔的钱快花光了, 一天只能吃一顿饭. 他担心跟克雷莉失去联系: 她已返回哥本哈根, 很少给他写信. 12 月 29 日, 他离开巴黎去柏林, 这时他尚有钱支付路费, 同时收到了正盼着的克雷莉的来信 —— 终于等来了好消息! 克雷莉像以往一样, 等待着他的帮助. 这重又唤起了他对未来计划的憧憬. 1827 年 5 月, 阿贝尔经哥本哈根回到奥斯陆, 为克雷莉在挪威找到了另一份工作. 不幸的是, 奥斯陆大学仍然只愿意给他一份临时性工作, 工资少得可怜, 还不够偿还家庭债务. 1827 年 9 月, 阿贝尔第一篇关于椭圆函数的论文在克莱尔的杂志发表. 同月, 雅可比随着他首次宣布自己的成果登上了学术舞

图 12.3 尼尔斯 · 亨里克 · 阿贝尔

台, 其中有些成果阿贝尔知道如何去证明它们. 当雅可比的证明在几个月后发表时, 阿贝尔非常震惊: 他看到雅可比使用了反演方法, 而不知道它早已出现在阿贝尔的论文之中. 阿贝尔遇此打击, 最初心存怨恨, 想力争发表第二篇文章来 '打败' 雅可比. 可当得知雅可比真心对他的工作称赞有加时, 他释怀了, 放弃了忌恨之心. 事实上, 雅可比承认: 他最初的宣布是基于猜测, 而认识到反演在证明中的关键作用是在读了阿贝尔的论文之后.

1828 年 5 月, 阿贝尔终于接到了柏林方面为他提供一份体面工作的消息, 可是两个月后又撤销了. 原来克莱尔一直在活动, 支持阿贝尔获得这项任命, 但另一名候选人插进来挤在了他前头. 接着, 一群法国数学家向挪威–瑞典国王请愿, 希望国王为了阿贝尔的前程利用自己的影响力, 可奥斯陆大学仍然无动于衷. 时间不等人, 此时阿贝尔的健康状况急剧恶化, 1829 年他开始吐血. 克莱尔再次在柏林为阿贝尔的工作奔波, 但为时已晚. 1829 年 4 月 6 日, 克莱尔告诉他柏林已任命他为教授的信到达前两天, 阿贝尔与世长辞!

最近的一本阿贝尔传记, 非常详尽地描述了他的生活和所处的时代, 但是涉及他的数学的内容仍嫌不足, 参见斯蒂布豪格 (Slubhaug) (2000).

卡尔 · 古斯塔夫 · 雅各布 · 雅可比 (Carl Gustav Jacob Jacobi) (图 12.4) 1804 年生于玻茨坦, 1851 年卒于柏林. 他是银行家西蒙 · 雅可比 (Simon Jacobi) 三个儿子中的老二. 哥哥莫里茨 (Moritz) 后来成为一名物理学家, 是一种受欢迎的、叫做 '电铸术' 的伪科学的发明人, 因此他当时的名气比卡尔大. 弟弟爱德华 (Eduard) 则继承了家业. 家里还有一个女儿叫特雷泽 (Therese). 我们不知道雅可比母亲的名字, 但她的家系对这个家庭也很重要. 她的一位兄弟担起了教育雅可比的责任, 直到他 1816 年进中学读书. 雅可比在校几个月就升到了最高班, 可是他必须在校待够四年以达到进大学的年龄. 在校期间, 雅可比的古典语、历史学还有数学的成绩优秀. 他学习了欧拉的《无穷小分析引论》(*Introductio in analysin infinitorum*), 并像阿贝尔一样试图求出五次方程的解.

1821 年, 雅可比进入柏林大学, 头两年继续广泛的人文学科学习, 之后便自己钻研欧拉、拉格朗日、拉普拉斯的著作; 高斯相信他一有时间就在念数学. 雅可比 1824 年获得第一个学位, 并于 1825 年开始在柏林大学授课 (微分几何). 尽管天性迟钝、爱讽刺挖苦, 雅可比还是使自己的事业蒸蒸日上. 1826 年, 他来到柯尼斯堡大学, 次年就升任副教授, 1832 年成为教授. 雅可比在研究和教学中的充沛精力和热情, 弱化了他间或生硬粗暴的态度. 他把这两个特点融入了他一周多达 10 小时的课程: 讲授椭圆函数和他的最新发现. 跟今天不同, 这种高强度的教育方式在当时是闻所未闻的: 雅可比无疑为天资高的学生构建了一所学堂.

图 12.4　卡尔·古斯塔夫·雅各布·雅可比

1831 年, 他和玛丽·施温克 (Marie Schwink) 成婚 —— 玛丽的父亲原是名富商, 因投机而丧失了财产. 9 年后, 随着家庭成员不断增加 (最终有了 5 个儿子和 3 个女儿), 雅可比发现自己也陷入了类似的财务困境. 他的寡母已花完了父亲的财产, 他不得不给予支援. 1843 年, 他因工作过度而精疲力竭, 被诊断患上了糖尿病. 他的朋友狄利克雷 (Dirichlet, P.G.L.) 为他争取到一笔基金, 让他到意大利去疗养以恢复健康. 雅可比在那里住了 8 个月, 身体颇有起色, 回国已无大碍. 他被批准前往气候较温和的柏林; 工资也得以增加以适应首都较高的生活费用. 然而, 在 1849 年, 当局取消了他工资中的津贴部分; 他不得不搬出住宅而住进了小客栈, 并把家庭的其余成员送到小镇哥达 —— 那里的房租便宜. 1851 年早春, 他去看望家人后患上流感, 感冒未愈又染上了天花, 不到一周就辞别人世而去.

人们会记住他对许多数学领域做出的贡献, 其中包括微分几何、力学、数论以及椭圆函数. 他十分称道欧拉, 并计划出版欧拉的著作 —— 精简的版本终于在 1911 年开始面世. 实际上, 雅可比虽比欧拉稍逊一筹, 但在许多方面堪称是欧拉第二. 他虽然没有如阿贝尔那样看到椭圆函数本身丰富的内涵, 但确实看出了它是隐含在数论中的那些璀璨公式的源泉. 我们在他讨论椭圆函数的重要著作《椭圆函数新理论基础》(*Fundamenta nova*) (1829) 中可以找到惊人的公式汇集. 同时, 他深受阿贝尔思想的影响, 并无私地工作以使它们更好地为人们所了解. 他为了推广阿贝尔考虑过的椭圆积分和椭圆函数, 引进了术语 '阿贝尔积分' 和 '阿贝尔函数'; 并对他称之为 '我们时代最伟大的数学发现' 的阿贝尔的定理冠以 '阿贝尔定理' 之名.

第 13 章

力学

导读

在第 9 章, 我们从几何角度引入导数和积分概念, 它们分别是切线和面积. 几何肯定是微积分的问题和概念的一个重要源泉, 但并非是唯一的来源. 力学从一开始就在这方面起着重要作用.

力学概念之所以重要, 原因在于导数和积分本是运动概念所固有的内在性质: 速度是位移 (对时间) 的导数, 位移则是速度的积分.

还有, 力学乃是非代数曲线最初出现的唯一源泉; 例如, 摆线是一个圆顺着一条直线滚动形成的. 这些 "机械" 曲线刺激了微积分的发展, 理由极其简单: 它们无法进入纯代数的领域.

更强的刺激来自连续介质力学的发展, 它研究诸如柔性和弹性弦、流体的运动和热流这些事物的行为和性状. 连续介质力学涉及多变量的函数及其各种导数, 因此出现了偏微分方程.

某些最重要的偏微分方程, 诸如波动方程和热传导方程, 显然跟它们所起源的连续介质力学不可分割. 正是这些方程使数学家勇敢地去面对纯数学中的基本问题, 例如: 什么是函数?

13.1 微积分前的力学

这个意义含糊的题目反映出本节的双重目的: 对于微积分出现以前的力学做一个简要的概述; 同时断定这样一个论点, 力学即使不是在逻辑上, 也是在心理上是微积分本身诞生的必要条件. 本章的其余部分都围绕这个论点展开, 表明微积分中 (及微积分之外) 的若干重要领域都源自对力学问题的研究. 本书篇幅有限 —— 且不说缺乏 (力学方面的) 专门知识, 这就阻止了我们冒险深入力学概念的历史长河之中, 所以我们假定读者大致理解了时间、速度、加速度、力等类似概念, 而集中讨论由这些概念所引出的数学. 这些发展可追溯到 19 世纪. 更多的细节可在杜加斯 (Dugas, R.) (1957, 1958) 和特鲁斯德尔 (Truesdell, C.) (1954, 1960) 的书中找到. 在过去的 100 年间, 数学对力学是一种动力而不是相反. 20 世纪最突出的力学概念 —— 相对论和量子力学 —— 如果没有 19 世纪纯数学 (其中一些我们将在后面讨论) 的进步是不可能想象的.

我们在 4.5 节中已经提到, 阿基米德在古代力学中做出的唯一本质性贡献, 是引入了静力学原理 (杠杆的平衡要求两端的力矩相等) 和流体静力学原理 (浸在液体中的物体承受的浮力等于它所排开的流体的重量). 事实上, 阿基米德关于面积和体积的著名结果已经被发现; 正如他在《方法》(Method) 中揭示的, 他的方法是假设性地考虑不同图形切成薄片后的平衡问题. 如果我们说微积分就是发现极限的方法, 那么这一最早的不平凡的微积分成果依赖于力学概念.

人们也提到中世纪的数学家奥雷姆 (7.1 节) 使用坐标给出函数的几何表示. 事实上, 奥雷姆所表示的关系是速度 v 作为时间 t 的函数. 他知道位移可以用曲线下的面积来表达, 因此在加速度为常数时 (或像他所说的 '均匀变速度'), 位移等于全部时间 × 居中瞬时的速度 (图 13.1). 这个结果以 '默顿 (Merton) 加速度定理' 命名 (例如可参见克拉格特 (Clagett, M.) (1959), 355 页), 因为它起源于 14 世纪 30 年代牛津默顿学院的一群数学家. 第一个证明是算术的, 远没有奥雷姆的图形明了.

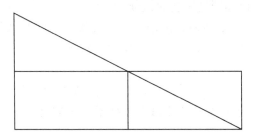

图 13.1 默顿加速度定理

在 14 世纪 30 年代, 人们从理论上理解了等加速度, 却并不清楚这是一种自然发生的事情 —— 即自由落体 —— 直到伽利略 (1564—1642) 的时代才出现转机. 伽利略在一封信 (伽利略 (1604)) 中宣布了一种与此等价的结果: 物体从 $t = 0$ 的位置下落的位移与 t^2 成正比. 起初他不能确定速度究竟是正比于时间 $v = kt$ (即加速度为常量) 还是正比于距离 $v = ks$, 但最后他正确地选取了 $v = kt$ 解决了这个问题 (伽利略 (1638)). 通过合成均匀增加的垂直速度与不变的水平速度, 伽利略首次导出了抛射体的正确运动轨迹: 抛物线.

在文艺复兴时期, 研究抛射体的运动是一件很重要的事, 人们大概经常观察这种运动; 然而在伽利略之前, 人们给出的轨迹是相当离谱的 (例如可参见图 6.3). 有一种来自亚里士多德 (Aristotle) 的信念: 运动之所以能够继续, 必有一个持续的力在起作用; 这导致数学家们忽视证据, 画轨迹时令水平速度衰减到 0. 伽利略摒弃了这一错误信念, 而坚信 '惯性定律': 一个物体在未受外力作用时保持常速运动.

习题

伽利略给出的抛射体运动的轨迹是抛物线, 这一结论很容易从下述假定得到: 抛射体受到的唯一的力是铅垂方向的, 因此其在水平方向的加速度为零.

13.1.1 试通过考虑面积来说明: 以常加速度 a 运动的物体, 经过时间 t 所走过的距离表示为 $c + at^2/2$.

13.1.2 假设抛射体具有铅垂方向的常加速度和水平方向的零加速度, 试说明其在时刻 t 的位置 (x, y) 由下述方程给定: $x = bt, y = c + at^2/2$.

13.1.3 从习题 13.1.2 推导出抛射体的运动轨迹是抛物线.

13.2 运动基本定理

当奥雷姆假定任一 (运动) 物体所走过的距离等于时间–速度图形下的面积时, 他可能认为可以将图形下的面积分割成许多对应于小的时间间隔的铅垂的细长片 (图 13.2). 在每一个这样的间隔内, 速度几乎是不变的; 因此, 它跟时间间隔的乘积 —— 相当于细长片的面积 —— 实际上等于在该时间间隔内走过的距离. 将所有细长片加在一起, 你就知道这全部的面积等于走过的全部距离. 不管怎样, 这就是奥雷姆的论证, 他已瞥见了一种重要的联系.

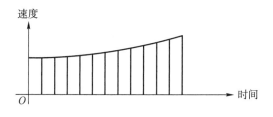

图 13.2　用面积表示距离

在 17 世纪 30 年代, 人们发现了这种关系的逆 (关系) —— 描述如何用距离导出速度. 此时, 数学家对求曲线的切线问题变得兴趣盎然, 他们发现这有助于将曲线视为动点的轨迹, 而切线的方向可作为这一运动的瞬时方向. 对于将点的运动视为两个速度 $\mathbf{u}$ 和 $\mathbf{v}$ 的结果, 那么该切线方向可以用向量和 $\mathbf{u} + \mathbf{v}$ (图 13.3) 来确定.

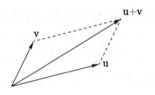

图 13.3　u 和 v 的向量和

向量加法的概念属于罗贝瓦尔, 他利用它求摆线的切线 —— 摆线是圆上一点当圆沿直线滚动时形成的轨迹. 他发现该动点的速度是其在两个方向上速度的向量和, 一个方向是沿直线方向的 (保持不变), 另一个是沿圆的切线方向的 (速率不变, 但方向随点的位置变动而改变).

现在, 我们来看任一沿铅垂直线运动的点的时间–距离图, 比如说在时刻 t 时它的速度为 v, 那么该图可以由在时刻 t 时水平速度为常数 1、铅垂速度为 v 的点来生成 (图13.4).

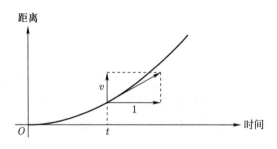

图 13.4　沿铅垂方向运动的点的时间–距离图

所以, 在时刻 t 时的切线的斜率就是 $v/1 = v$. 换言之, 速度是时间–距离图的斜率. 速度和距离间的这种关系是托里拆利 (Torricelli) 在 1640 年左右注意到的. 托里拆利还具有距离可作为时间–速度图下的面积的概念 (虽然他的这一概念并非来自奥雷姆, 但确是来自他的老师伽利略), 因此, 也许正是他首先瞥见了速度和距离间的这种逆关系:

距离是速度 (关于时间) 的面积,
速度是距离 (关于时间) 的斜率.

将此种逆关系称为运动基本定理似乎是合理的.

它对应于关于图的一个基本定理, 即我们常说的 '斜率' 是 '面积' 的逆运算. 当我们从任何一个量 (不必一定是速度) 的图出发, 先进行 '面积' 运算, 再进行 '斜率' 运算, 那么我们会回到最初的量. 巴罗 (Isaac Barrow) 首先在他 1670 年的《几何讲义》(*Lectiones Geometricae*) 中陈述了这条定理. 这几乎就是微积分的基本定理, 但还不完全是; 因为其中没有提及 '运算' 本身. 这里也还没有运算曲线斜率和面积的一般方法. 然而, 它确实迈出了第一步, 即注意到斜率和面积间的互逆关系; 运动的概念使这种关系显露于世.

力学中另一具有决定作用的内容是力和运动的关系. 这是牛顿提出的, 他的出发点是伽利略的惯性定律; 实际上它通常被称为牛顿第一定律. 它是牛顿 (1687, 13 页) 给出的他的第二定律的特殊情形; 第二定律说: 力跟质量 × 加速度成正比. 根据这一定律, 物体的运动由作用于其上的那些力的合成所决定. 对于铅垂力的情形, 斯蒂文 (1586) 就发现了正确的关于力的合成 —— 即力作为向量相加 —— 的定律; 而一般情形是罗贝瓦尔发现的 (刊印于梅森 (1636)). 可见, 运动由相应的加速度向量之和所决定, 这就是伽利略探究投射体运动使用的方法.

由加速度来决定速度和位移, 自然是个积分问题, 所以力学正当微积分初兴时为它提供了一类自然的问题. 而且力学的贡献还不止于此. 微积分的早期实践家相信: 连续性是函数最基本的属性, 他们能够定义连续性的唯一方法最终又求助于速度和位移对时间的依赖关系. 从这个观点看, 所有的积分和微分问题都是力学问题, 牛顿在解释如何使用他的无穷级数的演算时就是这样描述的:

> 现在, 在关于这种分析技巧的解释方面, 只剩下对一些典型问题还需要陈述, 特别将提及曲线的性质. 首先我会关注这类难事都可以归结为这样两个独特的问题 —— 允许我提及任何局部的加速或减速的运动所跨越的空间:
>
> 1. 连续地给定 (即在每一时刻) 空间的长度, 以求出在任何指定时刻运动的速度.
>
> 2. 连续地给定运动的速度, 以求出在任何指定时刻所跨越的空间的长度.
>
> 牛顿 (1671), 71 页

自然, 我们现在知道: 第一个问题要求解的可微性而非仅仅是连续性; 但微积分的先驱者们认为: 可微性蕴含在连续性之中, 因而没有认识到这是两个不同的概念. 事实上, 这是一个力学问题 —— 弦振动问题, 研究它可以使这种不同得以澄清 (参见 13.6 节).

13.3 开普勒定律和反平方律

自古以来, 天文学一直对数学发展有着强大的激励作用. 阿波罗尼奥斯和托勒密的本轮理论 (亦称周转圆理论) 引出了一组有趣的代数曲线和超越曲线, 如我们在 2.5 节中所见到的; 而且这个理论本身统治着西方的天文学, 一直到 17 世纪. 甚至哥白尼 (Copernicus, N., 1472—1543) 在《天体运行论》(*De revolutionibus orbium coelestium*) (1543) 中以自己的日心体系推翻托勒密的地球中心体系时, 也还是不愿意放弃本轮概念. 取太阳为体系的中心简化了行星的轨道, 但并不能带来圆形的轨道. 所以, 哥白尼接受了托勒密的哲学 —— 轨道必定由圆形的运动生成, 因此可用本轮加以模型化. 事实上, 他使用本轮的数目超过了托勒密.

"本轮" 的概念最终被开普勒所抛弃; 他发现: 解释火星现存观测数据的最简单的方法是假定其运行轨道为椭圆, 而太阳位于它的一个焦点上. 有鉴于此, 以及进一步对已知行星的观测数据的研究, 使他假定了三条定律; 前两条见于开普勒 (1609), 第三条则见于开普勒 (1619). 开普勒定律如下:

1. 行星的轨道是椭圆, 太阳位于椭圆的一个焦点上.
2. 连接太阳和行星的直线以常速率扫过天空.
3. 每颗行星的公转周期正比于 $R^{3/2}$, 其中 R 等于该行星轨道主轴长度的一半.

由于这些定律除了包含距离还包含时间 (跟开普勒错误地尝试用正多面体来解释行星轨道的大小不同), 它们为天文学的下一次伟大进步指明了方向: 牛顿在他的《原理》(1687) 中, 用引力来解释开普勒的定律. 他在书中证明, 这些定律可根据以下假定导出: 任意两个物体之间存在跟它们的质量成正比而跟它们之间距离的平方成反比的引力.

在此, 我们不来叙述牛顿的证明, 但本节的习题会邀你试着去证明第二定律. 要知道, 反平方律蕴含着椭圆轨道, 其理由并不十分明显. 我们将代之以说明: 为何反平方律对于开普勒第三定律的成立是必需的. 牛顿本人在《原理》第二卷推论 VI 到命题 IV 的部分就是这么做的.

我们只要考虑圆形轨道这一特殊情形就够了, 在此情形下, 对称性告诉我们: 行星沿切线方向作常速率运动. 我们假设该轨道的半径是 r, 切向速率是 $v(r)$. 牛顿第二定律说, 太阳施加的力正比于行星朝向太阳的加速度; 所以, 我们的第一个问题是: 求出物体以常速率 $v(r)$ 绕半径为 r 的圆运动时朝向该圆中心的加速度.

图 13.5 显示了计算该加速度的相关信息: 在该圆周上两个相近点处的速度向量 $\mathbf{v}_1$ 和 $\mathbf{v}_2$; 这两个向量的图及它们之间的差. 这两个相近点在位置上相差一个小角度 $d\theta$, 这也是速度向量 $\mathbf{v}_1$ 和 $\mathbf{v}_2$ 之间的夹角.

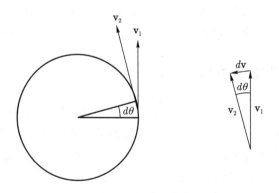

图 13.5　位于圆形轨道上的行星的速度向量

因为 $\mathbf{v}_1$ 和 $\mathbf{v}_2$ 两者的大小皆为 $v(r)$, 它们的差 $d\mathbf{v}$ 的大小当 $d\theta \to 0$ 时趋于 $v(r)d\theta$, 而其方向趋于跟 $\mathbf{v}_1$ 和 $\mathbf{v}_2$ 都垂直, 即朝向圆的中心.

由此可知, 该行星的加速度 $\frac{dv}{dt}$ 是指向太阳的, 其大小为

$$\frac{v(r)d\theta}{dt}.$$

当然, 该行星在时间 dt 内走过的弧长是 $rd\theta$, 即

$$v(r) = \frac{d}{dt}rd\theta = r\frac{d\theta}{dt}.$$

于是,

$$加速度 = v(r)\frac{d\theta}{dt} = \frac{v(r)^2}{r}.$$

因轨道的周长是 $2\pi r$, 所以

$$轨道的周期 = \frac{2\pi r}{v(r)}.$$

另一方面, 按照开普勒第三定律,

$$轨道周期 = ar^{3/2}, \text{ 其中 } a \text{ 是某个常数}.$$

该周期的两个表达式相等, 我们得到

$$ar^{3/2} = \frac{2\pi r}{v(r)},$$

故

$$v(r) = \frac{b}{r^{1/2}}, \text{ 其中 } b \text{ 为某个常数}.$$

于是, 利用上述加速度的表达式, 我们得到

$$加速度 = \frac{v(r)^2}{r} = \frac{b}{r^2}, \text{ 其方向指向太阳}.$$

最后, 根据牛顿第二定律, 因为力等于质量 × 加速度, 我们发现

$$力 = \frac{mb}{r^2}, \text{ 其方向指向太阳},$$

其中 m 是该行星的质量.

习题

开普勒第二定律并不依赖于反平方律. 奇怪的是, 如牛顿在《原理》卷 I 命题 II 所示, 它对于任何指向一个固定 "太阳" 的力作用下的运动同样成立.

　　牛顿通过一种运动, 即除了在小的恒定时间间隔有指向点 S 的瞬时 "脉冲" 作用外无其他作用力的运动, 来逼近有指向点 S 的连续引力作用的平滑运动. 结果, 该行星走过了一条多边形路径 (在图 13.6 中由 $\cdots A_1 A_2 A_3 \cdots$ 表示), 它在 $\cdots A_1 A_2 A_3 \cdots$ 这些点改变方向, 这些点正是接收到指向 S 的脉冲的点.

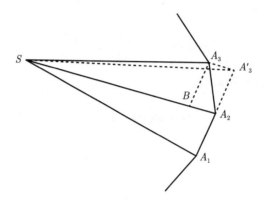

图 13.6　　在脉冲中心力的作用下的运动

13.3.1 试解释: 为什么线段 $A_1 A_2, A_2 A_3, \cdots$ 的长度正比于行星沿这些线段运行时的速率?

　　　　现假设该行星在点 A_2 接收到指向 S 的脉冲, 从而改变了它的速度, 其在 $A_2 B$ 方向上的改变量正比于长度 $A_2 B$. 由于此脉冲, 该行星在下一时间间隔终端到达点 A_3, 而不是到达 A_3' —— 要到达 A_3' 的话, 速度应保持不变.

13.3.2 试解释: 为什么 $BA_2 A_3' A_3$ 是平行四边形?

13.3.3 试由习题 13.3.2 推断三角形 $SA_1 A_2$ 和三角形 $SA_2 A_3'$ 具有相等的面积.

13.3.4 试由习题 13.3.3 推断三角形 $SA_1 A_2$ 和三角形 $SA_2 A_3$ 具有相等的面积.

13.3.5 现令脉冲间的时间区间长度趋于零. 结论是: 当一颗行星 P 在来自 S 的连续力的作用下平滑地运动时, 直线 SP 在同样的时间内扫过同样的面积 (即以常速率扫过空间区域).

13.4　天体力学

　　开普勒能发现他的第一定律是件特别幸运的事, 理由有二: 第一, 单颗行星跟太阳组成的系统, 以人们熟悉的曲线 (椭圆) 为该行星的轨道是非常特殊的; 第二, 若开普勒安排的观测更精确 —— 使他能探知其他行星和月亮导致的扰动效应 —— 那么, 他可能会发现行星的轨道毕竟不是椭圆, 而是更复杂的曲线.

　　当牛顿从引力的平方反比定律 (《原理》卷 I 第 III 节) 得到了那些轨道时, 他指出还存在更深层次 —— 无穷小层次 —— 的解释, 从而可以达到在整体层次上无法达到的简单性. 作用于一给定天体 B_1 上的力就是它所属系统中的其他天体 $B_2, \cdots, B_n$ 作用于它的力的向量和, 由平方反比定律可知这由它们的质量和跟 B_1 的距离所决定. 据牛顿第二定律, 这就决定了 B_1 的加速度. 类似地, 可确定 $B_2, \cdots, B_n$ 的加速度. 因此, 一旦给定了初始的位置和速度, 该系统的性状完全由平方反比定律所决定. 平方反比定律在描述一个天体的极限性状 —— 其加速度 —— 而非其整体性状 (如其轨道的形状或周期) 的意义下, 乃是一条无穷小定律.

我们知道, 精确地描述一个动力系统的可能性是极小的, 所以牛顿发现的只是在关注可行的无穷小性态的动力学基础. 不幸的是, 他在传播这种观点时 (对现今的读者而言) 拙劣地使用几何术语, 也许他相信微积分的内容不应出现在一本严肃的出版物中. 到了 18 世纪, 这种信念才被莱布尼茨和他的继承者所驱散. 用微积分术语明确而系统陈述的动力学, 是由欧拉和拉格朗日给出的. 后者认识到, 动力系统的无穷小性态一般可用微分方程组来描述, 而整体性态原则上可由这个方程组经积分导出.

尚待解决的问题是, 平方反比律是否确实对观察到的太阳系的整体性态做出了解释. 在一个只有两个天体的体系中, 牛顿 (1687, 166 页) 证明了: 每个天体相对于另一个都描绘出一条圆锥截线, 在正常的情况下就是开普勒说的椭圆. 对有三个天体的体系, 例如地–月–日体系, 不可能有简单的整体描述, 牛顿只能通过逼近的办法得到一个定性的结果. 太阳系中有许多天体, 可能存在极为复杂的运动性态, 数学家们用了 100 年时间也不能对观察到的某些实际天象做出说明.

一个著名的例子是土星和木星的所谓长期变化, 这是哈雷 (Halley, E.) 于 1695 年从当时已有的观测资料中发现的. 若干世纪以来, 土星一直在加速 (朝向太阳的螺旋形运动), 而木星则一直在慢下来 (向外的螺旋形运动). 问题是要解释这个现象, 并确定是否这样的运动还会继续, 最终导致土星毁灭, 木星消失. 欧拉和拉格朗日都在这个问题上无功而返; 然后在《原理》出版一百周年纪念时, 拉普拉斯 (Laplace, P.-S., 1787) 成功地解释了这种现象. 他说明土星和木星的长期变化是周期性的, 土星和木星每隔 929 年就会回到它们的初始位置. 拉普拉斯将此看作不仅是对牛顿的理论的确证, 而且证实了太阳系的稳定性, 尽管后者似乎仍是一个未决问题.

拉普拉斯引入了术语 "天体力学", 无疑还留给了人们有关天体运动的理论及他的里程碑式的著作《天体力学》(*Mécanique céleste*) —— 共五卷, 出版于 1799 年至 1825 年间. 1846 年随着海王星的发现, 他的理论在天文学领域里得到了最高荣誉 —— 海王星的位置是亚当斯 (Adams, J.) 和莱弗里尔 (Leverrier) 根据观测到的天王星轨道的摄动计算而得到的. 对于稳定性这个困难的问题, 庞加莱在他的三卷本著作《天体力学的新方法》(*Les méthodes nouvelles de la mécanique céleste*) (1892, 1893, 1899) 中再次进行了探讨. 在这部著作中, 庞加莱的注意力直指渐近性态, 在某种意义上考虑了趋向无穷大的问题以补充牛顿的无穷小观点; 他的方法对 20 世纪的动力学产生了极大的影响.

庞加莱曾揭示了一种令人惊奇的现象, 我们现称为 '混沌' 或 '对初始条件的敏感依赖'. 在许多动力系统中, 诸如相互间存在引力作用的三体或多体系统, 初始条件的一个微小的改变可导致结局的巨大改变. 所以, 即使该系统的演化在原则上是可料的, 但在实践中却可能无法做出预言, 因为若要预言就需要知道无限精确的初始条件.

西特尼科夫 (Sitnikov) (1960) 发现, 在三体系统中就存在令人惊异的 '无法' 预言的性态变化. 西特尼科夫系统包含两个 '太阳': 它们相互周期性地以椭圆轨道绕转; 以及一个无穷小 '行星', 它在一条直线上摆动, 该直线穿过两个太阳 (共同) 的质心并垂直于它们运动的平面. 假设我们以 '这两个太阳' 旋转周期为该系统的 '年'. 还假设我们有 '长年' 的记录, 记录中该行星曾穿过 '这两个太阳' 所在的平面, 而且这一纪录向过去无限延伸. 于是, 穿越平面的记录是某个非减整数序列, 比如:

$$\cdots, -1000000, -997, -300, -14, -13, -2, -1.$$

西特尼科夫系统令人惊异的性质在于: 整数的任何非减序列都能以这种方式实现. 所以, 即使知道所有过去穿越的年份, 下一次的穿越年却不可预测.

另一类令人惊异的性状发生在多体系统中, 即在有限时间内逃逸至无穷远. 也就是说, 在一个 n 体系统中, 所有初始状态为有限速度并位于有限距离处的天体中, 必有一个可以如此快地加速, 以至能在有限时间内到达无穷远处 (并有无限的速度). 夏志宏 (Xia) (1992) 首次对 $n = 5$ 的情形给出了证明.

近期, 在天体力学中发现的许多种类的病态性状, 可参见迪亚库 (Diacu) 和霍姆斯 (Holmes) (1996) 的著作, 他们的描述引人入胜.

习题

夏志宏给出的逃逸至无穷的例子, 最初似乎难以令人置信; 因为对一个天体而言, 它似乎不可能获得所需的无限能量. 然而, 即使对沿直线运动的两个点状天体组成的系统而言, 也是能够获得无限速度的 (由此获得无限动能). 蹊跷之处在于: 恰在两天体猛烈撞击的瞬间获得了无限速度. 我们假设两天体位于 x 轴上, 其中之一作为起点.

13.4.1 试证明

$$\frac{d^2x}{dt^2} = \frac{d}{dx}\frac{1}{2}\left(\frac{dx}{dt}\right)^2.$$

13.4.2 试从习题 13.4.1 推导出: 在直线两体问题中, 若一个天体位于起点 O 处, 另一个天体当 $x = 0$ 时达到无限速率.

13.4.3 试再证明 (无须找出关于距离的公式): 该天体在有限时间内到达 $x = 0$ 处.

13.5 机械曲线

笛卡儿在对《几何》只限于讨论代数曲线 (或如他所称的几何曲线, 参见 7.3 节) 给出理由时, 他明确地排除了某些经典的曲线, 所根据的理由却相当含糊; 他说它们

> 确实只归属于机械学, 而不属于我在这里考虑的曲线之列, 因为它们必须被想象成由两种独立的运动所描绘, 而且这两种运动的关系无法被精确地确定.
>
> 笛卡儿 (1637), 44 页

被笛卡儿归类为属于 '机械学' 的曲线曾是希腊人通过某种想象的机械装置所定义的曲线, 例如周转圆 (一个圆在另一个圆上滚动所描绘出的轨迹) 以及阿基米德的螺线 (一个点匀速地沿着一条均匀转动的线运动). 他大概知道螺线是超越的, 因为事实上它与一条直线有无限多个交点. 这跟代数曲线的性态不同, 代数曲线 $p(x, y) = 0$ 与一条直线 $y = mx + c$ 仅有有限个交点, 这些交点对应着方程 $p(x, mx + c) = 0$ 的有限多个解. 在牛顿 (1687) 的引理 XXVIII 中给出了存在超越曲线的清晰证明.

我们不知道笛卡儿是否从超越曲线中区分出诸如代数周转圆这样的曲线; 但无论如何, 他所说的 '机械的' 曲线明显地都是超越曲线. 随着 17 世纪力学与微积分学巨大的扩张, 情况依旧, 而且大部分新的超越曲线确实都来源于力学. 我们在本节要审视其中最重要的三种: 悬链线、摆线和弹性线.

悬链线的形状像一条悬挂着的绳, 假定这绳子柔软到了极点, 而且质量沿着绳长是均匀分布的. 事实上, 柔软性和质量的均匀性用悬挂链更易实现, 因此它被命名为悬链线 —— 英文字 '悬链线' (catenary) 是从拉丁字 '链' (catena) 而来的. 胡克 (Hooke, R.) (1675) 观察到: 一段小卵石砌成的拱门也呈同样的曲线状. 悬链线看起来和抛物线颇为相像, 伽利略起初也作如是想象. 当时只有 17 岁的惠更斯 (Huygens, C.) (1646) 对此进行了驳斥, 尽管当时他不能正确地确定出曲线的形状. 不过他确实说明了, 抛物线就是承受在水平方向均匀分布的重力的柔软的绳的形状 (它更接近悬索桥悬索的形状).

悬链线的问题最后被约翰·伯努利 (1691)、惠更斯 (1691) 和莱布尼茨 (1691) 分别独立地解决了, 他们都是为了回应 1690 年雅各布·伯努利提出的挑战. 约翰·伯努利证明: 该曲线满足微分方程

$$\frac{dy}{dx} = \frac{s}{a},$$

其中 a 为常数, $s =$ 弧长 OP (图 13.7).

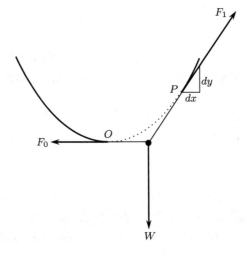

图 13.7 悬链线

他导出这个方程的办法是: 对链上 OP 部分作了代换. 注意到当 P 点切方向的力是 F_1, 水平方向的力是 F_0 时 —— 它与 P 点无关 —— 链处于平衡状态; 此时用质量等于 OP 的一点 W 来代换 OP 弧 (因此它与 s 成比例), 可达到同样的力的平衡. 比较这些力的方向和大小, 可得

$$\frac{dy}{dx} = \frac{W}{F_0} = \frac{s}{a}.$$

通过精巧的变换, 伯努利将上述方程约化为方程

$$dx = \frac{a\,dy}{\sqrt{y^2 - a^2}},$$

换句话说是约化为一个积分. 这个解非常简单, 当时就能叙述出来; 因为 x 是 y 的超越函数, 因此充其量可以表达成一个积分. 当然, 在今天, 我们知道这是一个 '标准' 函数, 可以简写为

$$y = a \cosh \frac{x}{a} - a.$$

摆线是由沿一条直线滚动的圆的圆周上的一点生成的曲线. 尽管它是周转圆家族中一种很自然的极限情形, 但直到 17 世纪才有人研究它, 那时它成了数学家心爱的曲线. 摆线有很多漂亮的几何性质, 还有更多值得注意的力学性质. 其中的第一个是惠更斯 (1659b) 发现的: 摆线是等时曲线. 一个质点沿着倒置的摆线滑动, 下降到最低点所需的时间是相等的, 与滑动的起点无关.

惠更斯 (1673) 利用摆线的一种几何性质 (惠更斯, 1659c), 将上述等时性用到摆钟上, 遂成为摆线经典的应用实例. 假定钟摆是一条无重量的线, 其端点处有一质点, 它在一条

摆线的两 '颊' (惠更斯称呼它们的用语, 参见图 13.8) 之间摇摆, 那么这个质点将沿着一条摆线游走.

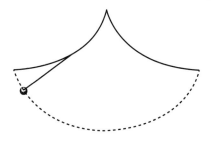

图 13.8　摆线钟摆

因此这种圆滚摆的周期与振幅无关. 这使得它在理论上优于通常的摆, 后者的周期只在小振幅时才逼近常数, 实际上涉及了椭圆函数. 在现实中, 由于存在摩擦力一类的问题, 圆滚摆并不比通常的摆更精确, 但由于它具有理论上的优势, 通常的摆在一段时间内被逐出了机械领域. 例如, 牛顿的《原理》常常谈到圆滚摆, 却从不提简单的摆.

摆线还有第二个值得注意的性质: 它是最速降线. 约翰 · 伯努利 (1696) 提出过一个问题: 求一条曲线, 使得质点沿着这条曲线从给定点 A 下降到给定点 B 所用时间最短. 他已经知道问题的答案是摆线; 后来这个问题又被雅各布 · 伯努利 (1697)、洛必达 (l'Hôpital, G.F.A.de) (1697)、莱布尼茨 (1697) 和牛顿 (1697) 等人各自独立解决. 这个问题比等时性更深刻, 因为必须要在从 A 到 B 的所有可能的曲线中把摆线挑选出来. 雅各布 · 伯努利的解法影响最深远, 因为它认出了该问题中的 '可变曲线' 概念. 现在认为这是变分法发展中重要的第一步.

弹性线是雅各布 · 伯努利的另一项发现, 它在另一个领域 —— 椭圆函数理论的发展中也具有同样重要的意义. 弹性线是指一根其端点被压紧的极细弹性悬杆所呈现的曲线. 雅各布 · 伯努利 (1694) 证明: 该曲线满足一个微分方程, 经他化简后方程形如

$$ds = \frac{dx}{\sqrt{1 - x^4}}.$$

为从几何上解释这个积分, 他引入双纽线并证明它的弧长恰好由这同一个积分表达. 这是研究双纽线积分的起点, 它包括上一章提到的法尼亚诺和高斯的重要发现. 欧拉对椭圆积分的研究也是受了弹性线的刺激. 欧拉 (1743) 给出了弹性线的一些图像, 表明它们具有周期性 (图 13.9). 这些图首次显示了椭圆函数真实的周期 —— 尽管周期性在第一个椭圆积分, 即椭圆的弧长中是隐含的 (真实的周期是椭圆的周长).

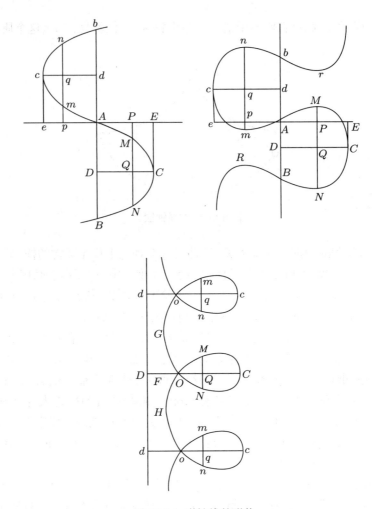

图 13.9　弹性线的形状

习题

从悬链线方程出发, 借助关于 $\frac{d^2y}{dx^2}$ 的一个奇妙公式可以导出双曲余弦函数 (cosh); 如果你不熟悉这个公式, 你应该首先来证明它.

13.5.1　试利用

$$ds = \sqrt{dx^2 + dy^2} \quad \text{和} \quad \frac{d^2y}{dx^2} = \frac{d}{dy}\frac{1}{2}\left(\frac{dy}{dx}\right)^2$$

将微分方程

$$\frac{dy}{dx} = \frac{s}{a}$$

变换为

$$\frac{dx}{dz} = \frac{a}{\sqrt{1+z^2}}, \tag{1}$$

其中 $z = dy/dx$.

13.5.2 试解出 (1) 中的 x, 从而证明原来的方程具有解

$$y = a \cosh \frac{x}{a} + \text{常数}.$$

解悬索桥方程相当地容易, 这就是为什么惠更斯能够在 17 岁对微积分知之不多的时候解决它.

13.5.3 试问: 如果在水平方向的负荷是均匀分布的 (如悬索桥的情形), 公式 $\frac{dy}{dx} = \frac{s}{a}$ 应如何修改?

13.5.4 试解由习题 13.5.3 得到的修改后的方程, 从而证明该解是一条抛物线.

最后, 我们可以证明悬链线确实是超越曲线.

13.5.5 试证明 sin 和 cos 是超越函数, 因此 sinh 和 cosh 亦然. 提示: 你可能需要使用复数.

13.6 弦振动

弦振动问题是数学中最丰饶的领域之一, 它是诸如偏微分方程、傅里叶级数以及集合论这样不同的数学分支的源泉. 还有一个值得注意之处: 它大概是从听觉中导出重要数学发现的唯一作品. 正如我们在 1.5 节看到的, 毕达哥拉斯发现了音调和弦长之间的关系 —— 当两条弦的长度之比是整数时, 人们能听到它们产生和谐的音调. 这从某种意义上说, 就是可能 '听出弦的长度". 后来在数学上发现的弦的重要性质 —— 例如, 泛音的存在 —— 最初就是由于听觉的刺激引发的. 参见多斯托洛夫斯基 (Dostrovsky, S.) (1975).

古代很多作者都认为音调的物理基础是振动频率, 但频率和长度之间的精确关系直到 17 世纪才被笛卡儿的老师伊萨克·贝克曼发现. 1615 年, 贝克曼用简单的几何方法证明了频率与长度成反比; 因此毕达哥拉斯的长度之比可解释为频率之 (反) 比. 后面的这一解释更为本质, 因为频率唯一地决定了音调, 而长度决定音调必须在弦的材质、截面和张力都固定的情况下来考虑. 梅森 (1625) 发现, 频率 v、张力 T、截面积 A、长度 l 之间的关系为

$$v \propto \frac{1}{l}\sqrt{\frac{T}{A}}.$$

第一个从数学假定出发导出梅森定律的是泰勒 (Taylor, B.) (1713), 他写的一篇文章标志着现代弦振动理论的开端. 由该文可知, 他发现了弦的最简单的、可能的瞬时形状, 即半正弦波

$$y = k \sin \frac{\pi x}{l},$$

同时得到普遍性的结论 —— 作用于 (弦的) 元素上的力与 d^2y/dx^2 成正比.

最后这个结果是达朗贝尔 (1747) 引发该理论惊人进步的出发点. 考虑到 y 对 t 以及 x 的关系, 达朗贝尔认识到加速度应由 $\partial^2y/\partial t^2$ 来表达, 而泰勒发现力应由 $\partial^2y/\partial x^2$ 来表达, 这就涉及了偏微商. 于是, 牛顿第二定律给出了现称为波动方程的方程

$$\frac{\partial^2 y}{\partial x^2} = \frac{1}{c^2}\frac{\partial^2 y}{\partial t^2},$$

其中的比例常数被写为 $1/c^2$. 这个新奇的偏微分方程未能阻止达朗贝尔前进的步伐, 他想出了这个方程有如下的一般解. 他改变时间尺度, 令 $s = ct$, 则方程可简化为

$$\frac{\partial^2 y}{\partial x^2} = \frac{\partial^2 y}{\partial s^2}. \tag{1}$$

由链式法则可知

$$d\left(\frac{\partial y}{\partial x} \pm \frac{\partial y}{\partial s}\right) = \frac{\partial^2 y}{\partial x^2}dx + \frac{\partial^2 y}{\partial x \partial s}(ds \pm dx) \pm \frac{\partial^2 y}{\partial s^2}ds$$

$$= \left(\frac{\partial^2 y}{\partial s^2} \pm \frac{\partial^2 y}{\partial x \partial s}\right)(ds \pm dx),$$

达朗贝尔由此得出结论:

$$\frac{\partial^2 y}{\partial s^2} + \frac{\partial^2 y}{\partial x \partial s}$$

是 $s + x$ 的函数, 而

$$\frac{\partial^2 y}{\partial s^2} - \frac{\partial^2 y}{\partial x \partial s}$$

是 $s - x$ 的函数, 于是

$$\frac{\partial y}{\partial x} + \frac{\partial y}{\partial s} = \int \left(\frac{\partial^2 y}{\partial s^2} + \frac{\partial^2 y}{\partial x \partial s}\right)d(s + x) = f(s + x),$$

类似地有

$$\frac{\partial y}{\partial x} - \frac{\partial y}{\partial s} = g(s - x).$$

这就给出了

$$\frac{\partial y}{\partial x} = \frac{1}{2}(f(s + x) + g(s - x)), \quad \frac{\partial y}{\partial s} = \frac{1}{2}(f(s + x) - g(s - x)),$$

最后得到

$$y = \int \left(\frac{\partial y}{\partial x}dx + \frac{\partial y}{\partial s}ds\right)$$

$$= \int \frac{1}{2}(f(s + x)(ds + dx) - g(s - x)(ds - dx))$$

$$= \Phi(s + x) + \Psi(s - x).$$

逆向进行这个论证, 我们看到函数 Φ 和 Ψ 可以是任意的, 至少只要它们允许所涉及的各种微分存在.

但是, 任意函数能任意到什么程度? 它是否可以像任意形状的弦一样的任意? 弦振动问题抓住了 18 世纪的数学家, 但后者却尚无足够的准备来回答这些问题. 他们理解的函数可以用公式表达, 也可能是个无穷级数, 但一直认为它们必须是可微分的. 但是, 振动弦的最自然的形状会存在一个不可微的点 —— 被拨动的弦松开时会出现三角状的形态 —— 所以自然现象似乎要求扩充函数概念, 使它超越公式的世界.

丹尼尔·伯努利曾宣称 (1753): 以物理学的观点看, 波动方程的解能够表达成一个公式, 即无限三角级数

$$y = a_1 \sin\frac{\pi x}{l}\cos\frac{\pi ct}{l} + a_2\sin\frac{2\pi x}{l}\cos\frac{2\pi ct}{l} + \cdots.$$

这使人们的思想变得更加混乱, 因为该公式相当于断言: 弦振动的任何模式都是由简单的模式迭加而成的. 他认为这在直观上是显然的. 级数中第 n 项代表第 n 个振动模式, 这推广了泰勒关于基本模式的公式, 加入了跟时间的相关性; 但是, 丹尼尔·伯努利没有给出计算系数 a_n 的方法.

我们现在知道他的直觉是正确的, 并知道在所有的波形中, 三角波形可用三角级数来表示. 但在彻底弄清诸如三角级数的性质等问题前, 上述观念还是顺利地迈进了 19 世纪. 三角波可用级数表示这个事实, 使得级数成为经典意义下的真正的函数, 数学家遂领会到级数表示并不能保证可微性. 后来, 连续性的问题也被提出来了, 关于三角级数收敛性的诸多微妙问题终于引导康托尔 (Cantor, G.) 发展了集合论 (见 24 章).

距今已有几百年历史的这些最初由纯物理问题引出的卓越成果, 自然并非是弦振动研究的唯一收获. 三角级数被证明在整个数学领域 —— 从热理论到数论 —— 都有极高的价值: 在热理论研究中, 傅里叶应用三角函数获得如此大的成功, 以至于三角级数被称为傅里叶级数; 它在数论中最著名的应用大概就是狄利克雷 (1837) 的一个证明, 即证明任一算术数列 $a, a+b, a+2b, \cdots$, 只要 $\gcd(a,b)=1$, 必包含无穷多个素数. 若毕达哥拉斯泉下有知, 真的要大加赞许了!

习题

最简单的热方程是一维形式的:

$$\frac{\partial T}{\partial t} = \kappa\frac{\partial^2 T}{\partial x^2},$$

其中 T 表示在时刻 t、位于无限延伸的金属直线上 x 处的温度. 这个方程可由牛顿冷却定律 (Newton's law of cooling) 导出; 该定律断言: 热在两点间的流动速度与它们的温度差成正比.

这样, T 在 x 与 $x+dx$ 之间的温度近似差 $\frac{\partial T}{\partial x}dx$ 将导致热量从 $x+dx$ 向 x 流动, 速度

与 $\frac{\partial T}{\partial x}dx$ 成正比. 但是在同时, 热量以差不多相同速度从 $x-dx$ 向 x 流动. 为求得流向 x 的净流量, 从而得到温度增加的速度 $\frac{\partial T}{\partial t}$, 我们要考虑 $\frac{\partial T}{\partial x}$ 变化的速度, 亦即 $\frac{\partial^2 T}{\partial x^2}$.

13.6.1 试根据这条论证线索, 用合理的方法推导出热方程

$$\frac{\partial T}{\partial t} = \kappa \frac{\partial^2 T}{\partial x^2}.$$

当用分离变量法解热方程时, 就能从热方程导出正弦和余弦函数.

13.6.2 假定热方程有形如 $T(x,t) = X(x)Y(t)$ 的解, 其中 X 和 Y 分别是单变量 x 和 t 的函数. 试证明

$$\frac{1}{Y(t)}\frac{dY(t)}{dt} = \frac{\kappa}{X(x)}\frac{d^2 X(x)}{dx^2} = \text{常数}.$$

13.6.3 试解释正弦和余弦都包含在 $X(x)$ 的解中.

13.7　流体动力学

自古代起人们就一直在研究液体流动的性质, 最初它是跟实际问题联系着的, 诸如水的供应和水力机械的使用问题. 但是在文艺复兴时期以前, 一直没有出现什么数学理论. 在微积分诞生前, 只能粗粗地讨论肉眼可见的量, 比如从容器口排放出液体的平均速度. 牛顿 (1687, 卷 II) 将无穷小方法引入了流体的研究, 但他的大量推理是不完全的, 这是由于他选择的数学模型不恰当或者就是错误的. 迟至 1738 年, 流体动力学这一研究领域才在丹尼尔·伯努利的经典著作《流体动力学》(*Hydrodynamica*) 中最终得到了命名, 但当时尚未发现流体运动的基本的无穷小定律.

第一个重要的定律是由克莱罗 (Clairaut, A.-C.) (1740) 发现的 —— 实际上, 他涉及此发现的文章本质上属于静力学范畴. 他对当时最热门的一个问题 —— 地球的形状 (或 '图形') 感兴趣. 牛顿曾指出, 地球由于旋转的结果必定会在赤道处有些膨胀, 自然这与现在的看法相似 (当时有此看法, 是因为清楚地观察到木星和土星有同样的现象发生), 但它遭到了反牛顿学说的卡西尼 (Cassini, J. D.) 的反对, 他力辩说地球是纺锤形的, 向两极方向拉长. 克莱罗参加了对拉普兰的实地考察, 以具体的大地测量证实了牛顿的猜想; 但他也从理论上研究这个问题, 即研究液体质量的平衡条件.

他考虑了作用在液体上的力的向量场, 并观察到它必须是现在我们所称的保守场或位势场. 亦即力沿着任何闭曲线积分必为 0; 否则液体就要流动. 他实际得到的条件等价于任何两点之间的积分必与路径无关. 在特殊的二维情形, 其中力在 x 轴和 y 轴方向上的分量为 P 和 Q, 此时被积分的量是

$$Pdx + Qdy.$$

克莱罗辩论说: 为了使积分与路径无关, 这个量必须是一个完全微分

$$df = \frac{\partial f}{\partial x}dx + \frac{\partial f}{\partial y}dy.$$

因此, $P = \partial f / \partial x, Q = \partial f / \partial y$, 且 P, Q 满足条件

$$\frac{\partial P}{\partial y} = \frac{\partial Q}{\partial x}. \tag{1}$$

这个条件确实是必要的, 但是位势 f 的存在包含着更多的数学微妙之处, 远非是当时的数学家所能预见的. 克莱罗对于从物理上看更自然的三维空间的分量 P, Q, R, 导出了相应的方程; 他还研究了 $f = $ 常数的等势面. 他也找到了地球图形问题的令人满意的解. 当一个点受的力是由重力和旋转力产生的, 则旋转椭球面处于一种平衡形态, 旋转轴是椭圆的短轴 (克莱罗 (1743), 194 页).

至于二维的方程 (1), 尽管在物理上太特殊、甚至还不够自然, 但它却有深刻的数学意义. 这个方程是在流体的动态状态中发现的, 其中 P, Q 是速度的分量而不是力的分量. 对于这种情形, 就如达朗贝尔 (1752) 用与克莱罗类似的推理所证明的, 流体是独立的且没有旋转流出现, 所以 (1) 仍然成立. 此时才浮现出另一个关键事实, 即 P, Q 满的第二个关系

$$\frac{\partial P}{\partial x} + \frac{\partial Q}{\partial y} = 0, \tag{2}$$

这是达朗贝尔从流体的不可压缩性导出的结论. 他考虑流体的一个无穷小矩形, 其四个顶点为 $(x, y), (x + dx, y), (x, y + dy), (x + dx, y + dy)$; 同时考虑一个平行四边形, 就是原矩形各顶点在无穷小时间区间内, 分别以已知的速度 $(P, Q), (P + (\partial P / \partial x)dx, Q + (\partial Q / \partial x)dx), \cdots$ 所到达的新位置所形成的图形. 这两个平行四边形面积相等就导致 (2). 在三维情形, 你可类似地得到

$$\frac{\partial P}{\partial x} + \frac{\partial Q}{\partial y} + \frac{\partial R}{\partial z} = 0.$$

但正如达朗贝尔所发现的: (1) 和 (2) 的意义在于它们能结合成单一的一个关于复函数 $P + iQ$ 的结果. 这一灵感的闪现成为 19 世纪由柯西与黎曼所发展的复函数论的基础 (参见 16.1 节).

习题

为了更直接地理解无旋流的概念, 先考虑显然在旋转的流是有帮助的. 例如, 平面围绕一个点的以常角速度 ω 进行的刚性旋转.

13.7.1 试对这种流证明: 在点 (x, y) 的速度分量为

$$P = -\omega y, \quad Q = \omega x,$$

并导出 $\frac{\partial P}{\partial y} - \frac{\partial Q}{\partial x} = -2\omega$.

于是, $\frac{\partial P}{\partial y} - \frac{\partial Q}{\partial x}$ 是对这种流的旋转量的度量. 事实上, 有时称其为 '旋转度' (rotation), 更加常用的术语是旋度 (curl) —— 这是詹姆斯·克拉克·麦克斯韦 (James Clerk Maxwell) 在 1870 年引入的.

$\frac{\partial P}{\partial x} + \frac{\partial Q}{\partial y}$ 这个量称为散度 (divergence), 因为它度量流体 '膨胀' 的总量. 你可以想象上述刚性流的散度为 0.

13.7.2 试检验: 围绕原点的刚性旋转其散度为 0.

对任何平面不可压缩流的散度为 0 这一结论, 有更直接的方法来加以说明, 办法是考虑流体要通过的一个固定的矩形.

考虑平面上一个四个顶点固定的矩形, 其顶点为 $(x, y), (x+dx, y), (x, y+dy), (x+dx, y+dy)$; 考虑通过矩形的流体的瞬时流量. 流体在 x 端的流速为 P, 因此流入量与 Pdy 成正比, 它从 $x+dx$ 端流出时速度为 $P + (\partial P/\partial x)dx$.

13.7.3 试说明: 流体的纯流入量为

$$-\left(\frac{\partial P}{\partial x} + \frac{\partial Q}{\partial y}\right) dx dy,$$

因此对不可压缩流而言, 其散度为 0.

13.7.4 试类似地证明: 对三维的不可压缩流有

$$\frac{\partial P}{\partial x} + \frac{\partial Q}{\partial y} + \frac{\partial R}{\partial z} = 0.$$

13.8 人物小传: 伯努利家族

无疑, 数学史上最杰出的家庭当属巴塞尔的伯努利家族 —— 在 1650 年至 1800 年间, 至少出了 8 位卓越的数学家. 其中 3 位, 即雅各布 (Jakob, 1654—1705) 和约翰 (Johann, 1667—1754) 兄弟以及约翰的儿子丹尼尔 (Daniel, 1700—1782), 位居有史以来最伟大的数学家之列 —— 你从本章讲述的他们的贡献也可以猜个八九不离十. 事实上, 所有这些叫伯努利的数学家对力学的贡献也很重要. 你可以在绍伯 (Szabó, I.) (1977) 和特鲁斯德尔 (Truesdell, C.) (1954, 1960) 的书中循迹到他们在这一领域的影响, 前一本书中还刊有他们中大部分人的肖像. 如果我们扩大视野, 还可以看到他们在数学和个人生活中有趣的层面. 伯努利家族的成员, 不仅个个富于数学天赋, 还共享着傲慢和嫉妒的性格, 这致使他们兄弟和父子间经常发生对抗. 在相继的三代人中, 父亲试图驾驭他们的儿子离开数学之路而从事其他事业, 但只能看着他们被迷人的引力吸回数学领域. 在雅各布、约翰和丹尼尔之间就上演了一幕激烈的冲突剧.

家族中的第一位数学家雅各布, 是尼古拉·伯努利 (Nicholas Bernoulli) 和玛加丽塔·舍瑙尔 (Margaretha Schönauer) 的长子 —— 父亲是巴塞尔一名成功的制药者和市民领袖, 母亲则是另一位富有的制药者的女儿. 其他三兄弟是: 尼古拉 (Nicholas), 后成为画家, 1686 年为雅各布画了幅肖像 (图 13.10); 约翰; 希罗内姆斯 (Hieronymus), 后者继承

图 13.10　雅各布·伯努利的肖像 (尼古拉·伯努利所画)

了家业. 他们的父亲原来希望雅各布研究神学, 开始他照办了, 1676 年取得了硕士学位. 不过, 他也开始自学数学和天文学, 并于 1677 年赴法国跟随笛卡儿的追随者学习. 1681 年, 他的天文学引起了他跟神学家之间的论战. 受 1680 年一颗大彗星出现的鼓舞, 他出版了一本小册子, 其中提出了决定彗星运行的定律, 并宣称可以预测彗星何时出现. 他的理论实际上并不正确 (牛顿的《原理》6 年后才问世), 但肯定跟当时的神学相冲突 —— 神学利用彗星的意外出没, 宣称它们是神祇不悦的信号. 雅各布认定他的前途在数学而非神学, 他相信那句箴言: *Invito Patre, Sidera verso* (违背父愿, 仰赖命运). 他的第二次学习之旅到了荷兰和英格兰, 遇到了胡克 (Hooke, R.) 和波义耳 (Boyle, R.); 1683 年, 他开始在巴塞尔讲授力学.

1684 年, 他和朱迪思·斯特潘努斯 (Judith Stepanus) 成婚; 他们有一子一女, 没有一个成为数学家. 在某种意义上, 他在数学方面的继承者是他的侄子尼古拉 (那位画家弟弟的儿子), 后者继续了他最具原创性的概率论研究. 他安排出版了雅各布有关这一主题的遗著《猜度术》(*Ars conjectandi*) (1713), 书中含有大数定律的第一个证明. 雅各布·伯努利定律刻画了长试验序列的性质: 试验的正结局具有固定的概率 p (这类试验现称伯努利试验). 说得明白些, 即对 "几乎所有" 的序列, 成功的试验的比例将 "接近" p.

1687 年, 雅各布成为巴塞尔大学的数学教授, 并和约翰 (雅各布一直在秘密地教他数学) 一起, 着手去掌握新的微积分方法 —— 它们出现在莱布尼茨的论文里. 做这件事挺困难, 可能雅各布比起约翰更是如此, 但到 17 世纪 90 年代, 这对兄弟的杰出发现已能和莱布尼茨本人的相媲美了. 在两人中间, 雅各布这位自学成才的数学家虽然思维不如弟弟敏捷, 但是理解得更加透彻: 他对每个问题都要刨根问底, 而约翰只要有个解就满足了 —— 在他心中 "快就是好!"

约翰是这个家的第十个孩子, 他的父亲打算让他从事商业. 当他缺乏从商的才能表露无遗时, 父亲允许他于 1683 年入学巴塞尔大学并于 1685 年获得文学硕士学位. 在校期间, 约翰听了他兄长的课 —— 如前所述, 他还私下向他学习数学. 在 1690 年发生围绕悬链线的竞争之前, 他们之间的对抗尚未表面化, 但雅各布早在 1685 年就对他年轻弟弟的才能感到不大自在. 就在这一年, 他劝约翰去研究医学, 并高度乐观地预测: 医学将为数学的应用提供巨大的机会. 约翰很严肃地进入医学领域, 1690 年得到硕士学位, 1695 年获得博士头衔; 可到此时, 他作为数学家的名气更大. 在惠更斯 (Huygens, C.) 的帮助下, 他获得了荷兰格罗宁根大学的数学教席, 从此便自由地专注于他真正的事业.

数学对医学的重大应用并未出现, 尽管约翰·伯努利确实发现了几何级数的一种有趣的应用, 它至今仍作为一桩生理学方面的小事在传播. 在他的《营养学》(De nutritione) 一书中, 约翰·伯努利 (1699) 假设均匀地分布于全身的物质每天按固定比例损失, 并由营养物替代, 由此计算出身体里几乎所有的物质每三年更新一次. 这一结果激起了当时的一场神学争论, 因为它隐含了肉体从其过去的物质中不可能再生的信念.

在 17 世纪 90 年代, 约翰·伯努利除力学外还对微积分做出了几项重要贡献. 其中之一是出版了这个学科的第一本教科书《无穷小分析》. 该书是在他的学生马奎斯·洛必达 (Marquis l'Hôpital) 的名下发表的 (1696), 明显是为了回报后者慷慨的财务补偿. 另一项和莱布尼茨共同做出的贡献是求偏微分的技术. 他们两位对这项发现保守了 20 年的秘密, 目的是利用它作为 '秘密武器' 研究各种曲线族的问题 (参见恩格斯曼 (Engelsman, S.B.) (1984)). 另有一些发现属于微积分通常开发的领域之外, 例如:

$$\int_0^1 x^x dx = 1 - \frac{1}{2^2} + \frac{1}{3^3} - \frac{1}{4^4} + \cdots.$$

约翰·伯努利的这项惊人成果 (1697) 可以利用 x^x 的适当的级数展开和分部积分法加以证明 (参见习题).

雅各布和约翰间的竞争, 在 1697 年围绕等周问题发展成了公开的敌对行为 —— 该问题在于寻找给定长度的曲线使它能围成的面积达到最大. 雅各布正确地认识到这涉及变分问题的计算, 并暂时秘而不宣; 相反, 约翰坚持发表了有错误的解答, 还说雅各布根本没有给出解答. 1701 年, 雅各布向巴黎科学院提交了他的解, 但不知为什么它一直保留在密封的信封内, 直到他去世后才打开. 可是, 甚至到了 1706 年正确的解答已经公开, 约翰仍拒绝承认他自己的错误和雅各布的分析之精妙.

约翰的妻子多萝西娅·福克纳 (Dorothea Falkner) 是巴塞尔市议会的副议长的女儿; 通过岳父的影响, 约翰在 1705 年得到了巴塞尔大学希腊语教授的职位. 这让他自格罗宁根返回了巴塞尔, 但他真正的目标仍是数学而不是希腊语. 当时雅各布正在病中, 他相信约翰正在通过希腊语作为跳板谋取自己的职位, 这平添了他死前的痛苦. 事态的发展不出其所料, 1705 年雅各布去世, 约翰当上了数学教授.

随着雅各布的亡故, 以及莱布尼茨和牛顿实际上的退休, 约翰愉快地成为世界上领头的数学家长达 20 年. 他感到特别骄傲的是, 面对牛顿拥护者的反对而成功地捍卫了莱布尼茨的光荣:

> 当时, 在英格兰, 为新的无穷小演算的最早发明权发起了反莱布尼茨大师的战争, 我无可奈何地卷入了其中, 我是被迫参加的; 莱布尼茨大师死后, 这场争论落在了我一个人身上. 众多英国的对手都开始攻击我的人生. 命运让我遭遇到凯尔 (Keil)、泰勒 (Taylor)、彭伯顿 (Pemberton)、罗宾斯 (Robins) 及其他各位先生的攻击. 简言之, 我像著名的霍拉提乌斯·科克列斯* 那样, 一个人站在海湾桥头抵御整支英国军队.
>
> 皮尔逊 (Pearson, K.) 的译文 (1978), 第 235 页

他这一时期的肖像显示了这位伯努利傲慢到极点的神态 (图 13.11).

图 13.11   约翰·伯努利

约翰最终于 1727 年遇到了他的对手 —— 那是他自己的学生欧拉. 此时并未发生公

---

* Horatio Cocles, 公元前 6 世纪末具神话色彩的罗马英雄人物, 据传他只身守卫罗马的一座河桥, 与大批敌军浴血奋战, 使罗马人把桥砍断. 他则跳河游向对岸. —— 译者引自《简明不列颠百科全书》

开的冲突, 他们只是有礼貌地交换信件, 内容涉及负数的对数; 约翰·伯努利已感到对自己的一些结果的理解还不如欧拉清楚. 结果, 约翰·伯努利又一次把误解了的东西顽固地坚持了 20 年, 而欧拉则继续发展他光辉的复对数和复指数的理论 (参见 16.1 节). 看来, 约翰·伯努利根本没有关注他学生的成功; 相反, 由于嫉妒, 他全神贯注于他儿子丹尼尔的成功.

丹尼尔·伯努利 (图 13.12) 是约翰 3 个儿子中的老二 —— 约翰的 3 个儿子后来都成了数学家. 老大名叫尼古拉 (Nicholas) (历史学家称其为尼古拉第二, 以区别于他的前辈数学家尼古拉), 1725 年因热病卒于圣彼得堡, 时年 30 岁. 最年轻的叫约翰第二 (Johann II), 是三人中成就最低的, 但他养育了下一代伯努利家族的数学家: 雅各布第二 (Jakob II) 和约翰第三 (Johann III).

图 13.12 丹尼尔·伯努利

丹尼尔的数学之路跟他父亲的十分相似. 在他十几岁的时候, 由他的哥哥当他的老师; 他父亲想让他经商, 但他不善此道, 于是同意丹尼尔学习医学.

1721 年, 他获得博士学位, 之后几次去争取巴塞尔大学的解剖学和植物学的职位, 终于在 1733 年获得成功. 然而, 此时他已渐渐深陷数学之中, 而且取得了不小的成功: 圣彼得堡科学院已向他发出了邀请. 在圣彼得堡时期 (1725—1733), 他构想出有关振动的各种模式的概念, 写出了《流体动力学》一书的第一稿. 虽然他没能发现流体动力学的基本偏微分方程, 但《流体动力学》做出了其他重要的贡献. 其一是系统地运用了能量守恒原理; 其二是给出了气体的运动理论, 包括导出现已公认的玻意耳 (Boyle, R.) 定律.

不幸的是, 《流体动力学》迟至 1738 年才出版. 这导致丹尼尔的优先权产生了问题, 而抢先者不是别人, 正是他自己的父亲约翰. 这位自封为在莱布尼茨和牛顿的优先权之争中的霍拉提乌斯, 试图在数学史中上演一场最厚颜无耻地窃取优先权的好戏: 他在 1743 年出版了一本关于流体动力学的书, 而所标的日期却是 1732 年. 丹尼尔惊愕之极, 他写信给欧拉:

> 我的整部《流体动力学》, 不是其中的一小部分, 事实上成了我欠父亲的债; 我立马被偷了个精光, 十年的工作成果瞬间丧失殆尽. 所有的命题都取自我的《流体动力学》, 我的父亲把他的作品称作**流体学, 是 1732 年首次公开的**, 因为我的《流体动力学》是在 1738 年才刊行的.
>
> 丹尼尔·伯努利 (1743), 摘自特鲁斯德尔的译文 (1960)

事情的经过不像丹尼尔说的那样清晰明了 (在特鲁斯德尔的书 (1960) 中有详细的评述), 但无论如何, 约翰·伯努利召来了不利的后果. 他的名声被这一事件玷污了, 甚至原本确是他首创的部分工作也得不到人们的承认. 丹尼尔则在公众中继续享有声望, 事业发达绵长, 1750 年成为物理学教授, 为热情的听众讲课直至 1776 年.

习题

13.8.1 试利用分部积分法证明:
$$\int_0^1 x^n (\log x)^n\, dx = \frac{(-1)^n\, n!}{(n+1)^{n+1}}.$$

13.8.2 试利用 $x^x = e^{x\log x}$ 的级数展开式导出
$$\int_0^1 x^x\, dx = 1 - \frac{1}{2^2} + \frac{1}{3^3} - \frac{1}{4^4} + \cdots.$$

第 14 章

代数中的复数

导读

我们在接下来的三章将再访代数、曲线和函数等主题, 观察它们是如何通过引入复数而得以简化的. 确实如此, 所谓的 "复数" 真的使事情变简单了.

在本章, 我们将看到复数来自何方 (不是你可能期待的二次方程, 而是来自三次方程), 并注意它们是如何简化对多项式方程的研究的. 方程理论变得更简单了, 原因是方程在复数范围内永远有解; 由此可导出方程具有的解的 "正确" 数目.

复数之所以有简化能力, 理由之一是它们的二维本性. 那额外的一维为方程的解提供了更多的住所. 例如, 方程 $x^n = 1$ 在实数范围内只有一个或两个解, 而在复数范围内有 n 个不同的解, 它们等间隔地分布在单位圆上.

更一般地, 复数给出了 n 等分任意角的方法. 该方法成立的原因是: 复数乘法包含了角的*加法*, 而且它跟三角学著名的棣莫弗公式 (de Moivre formula) 有关.

$x^n = 1$ 不是具有 "正确" 数目的解的唯一方程. 实际上, 任何 n 次方程都有 n 个复数解, 只要一个不差地把解全部计数. 这是代数基本定理, 它源自平面连续函数的简单的直观性质.

14.1 不可能的数

在前面几章中, 常常提到一些玄妙的事物 —— 关于 $\sin n\theta$ 的棣莫弗公式 (6.6 节), 多项式的因式分解 (6.7 节), 三次曲线的分类 (8.4 节), 分支点 (10.5 节), 亏格 (11.3 节) 以及椭圆函数的性质 (11.6 节和 12.6 节) 等 —— 都要引入复数才得以澄清. 复数的作用远不限于这几件事, 它乃是数学中的奇迹之一. 追踪其历史, 复数 $a + b\sqrt{-1}$ 在开始时被认为是 "不可能的数"; 它只在一个狭窄的代数领域中得到宽容, 因为这样的数似乎在解三次方程的过程中有用. 后来人们弄清楚复数具有几何意义, 而且最终导致了代数函数与共形映射、位势理论以及另一 '不可能的' 非欧几何的统一. 对 $\sqrt{-1}$ 悖论的解决, 产生了如此巨大的威力, 它那么美妙, 又出乎人们的预料, 以至于我们只能用 '奇迹' 这个词来描述才恰当.

在本章中, 我们要看看复数是怎样从方程理论中脱颖而出的, 以及怎样利用复数来证明方程论的基本定理 —— 从这一点可清楚地看出, 复数的意义远远超出了代数的范畴. 在 15 和 16 两章中, 我们将会讲到复数对曲线和函数理论的影响, 共形映射和位势理论就出现在其中. 非欧几何具有完全不同的起源, 但它在 19 世纪 80 年代跟函数论抵达了同一块场地, 这又多亏了复数. 这两个数学分支不期而遇的故事, 我们将在 18 章中讲述, 而在 17 章先做些几何方面的准备.

14.2　二次方程

在数学课程中引入复数的方式, 通常是指出在解诸如 $x^2 + 1 = 0$ 这样的二次方程时需要复数. 然而在二次方程最初出现时, 并不存在这种需要, 因为当时并不需要所有的二次方程都有解. 希腊几何蕴含了很多二次方程, 这是不难想象的 —— 那里研究了圆、抛物线及类似的曲线; 但人们不要求每个几何问题都有解. 比如要问一个特定的圆与一条直线是否相交, 答案可能为 '是' 或 '否'. 如果答 '是', 那么描绘交点的二次方程有解, 如果答 '否', 那么它没有解. 在这样的背景下, 是没有必要考虑 '虚幻的解' 的.

甚至在丢番图和阿拉伯数学家们手中出现了代数形式的二次方程时, 开始也不存在使用复数的理由. 人们仍然仅仅想要知道是否有实解; 如果没有, 那很简单, 就是无解. 当这种用几何上的填满正方形的方法 (参见 6.3 节) 解二次方程时, 这种回答明显是适当的, 实际上一直到卡尔达诺的时代都是这么做的. 负的面积的开方在几何上不存在. 若数学家使用更多的符号, 并敢于让符号 $\sqrt{-1}$ 自身有权作为一个对象来研究, 事情就不同了; 但这样的事没有发生在二次方程身上, 而当三次方程在人们心目中的地位追上二次方程时, 复数便成了三次方程舞台上一个不可或缺的角色. 下面我们就来讲这个故事.

14.3　三次方程

我们在 6.5 节已看到, 三次方程

$$y^3 = yx + q$$

的费罗–塔尔塔利亚–卡尔达诺解为

$$y = \sqrt[3]{\frac{q}{2} + \sqrt{\left(\frac{q}{2}\right)^2 - \left(\frac{p}{3}\right)^3}} + \sqrt[3]{\frac{q}{2} - \sqrt{\left(\frac{q}{2}\right)^2 - \left(\frac{p}{3}\right)^3}}.$$

当 $(q/2)^2 - (p/3)^3 < 0$ 时, 这个公式就包含复数. 然而, 这时我们不能再以无解为理由而对它不予理睬, 因为一个三次方程永远有至少一个实根 (原因是当 y 为充分大的正数时, $y^3 - px - q$ 是正的; 而当 y 为充分大的负数时, $y^3 - px - q$ 是负的). 于是, 卡尔达诺公式提出了这样的问题: 通过观察来找出跟诸如

$$\sqrt[3]{a + b\sqrt{-1}} + \sqrt[3]{a - b\sqrt{-1}}$$

这样的表达式相协调的实数.

卡尔达诺在他的著作《大术》(*Ars magna*) (1545) 中未能大胆地面对这个问题. 他的确有一次提到过复数, 但那只跟二次方程有关, 还伴随着这样的评论, 说 '这些数太微妙, 根本没有用处' (卡尔达诺 (1545), 37 章, 规则 II).

第一个严肃对待复数, 并利用它们实现了必要的协调的是邦贝利 (Bombelli, R., 1572). 邦贝利给出了复数的形式代数, 其特定的目标是将表达式 $\sqrt[3]{a + b\sqrt{-1}}$ 简化为 $c + d\sqrt{-1}$ 的形式. 他的方法能够让他证明, 确实可以从卡尔达诺公式得到某些最终的表达式. 例如, 按照卡尔达诺公式, 方程

$$x^3 = 15x + 4$$

的解是

$$x = \sqrt[3]{2 + 11\sqrt{-1}} + \sqrt[3]{2 - 11\sqrt{-1}}.$$

另一方面, 通过观察可知该方程有解 $x = 4$. 邦贝利预感到卡尔达诺公式中 x 的两个部分 (即两个三次根号) 分别具有 $2 + n\sqrt{-1}$ 和 $2 - n\sqrt{-1}$ 的形式; 他发现在形式上将这些式子取三次方后 (利用 $(\sqrt{-1})^2 = -1$) 确有

$$\sqrt[3]{2 + 11\sqrt{-1}} = 2 + \sqrt{-1},$$
$$\sqrt[3]{2 - 11\sqrt{-1}} = 2 - \sqrt{-1},$$

因此卡尔达诺公式也给出解 $x = 4$.

图 14.1 是邦贝利叙述他的结果的一页手稿的摹本, 如果我们虑及记号的不同以及诸如 $11\sqrt{-1}$ 被写作 $\sqrt{0 - 121}$ 等事实, 便不难辨认出前述公式.

很久以后, 赫尔德 (Hölder, O., 1896) 证明任一个表示三次方程解的代数公式, 必包含某个量的二次方根, 而被开方的量对某些特殊的系数值会变为负数. 对赫尔德的结论的一个证明可以在范德瓦尔登的书 (1949, 180 页) 中找到.

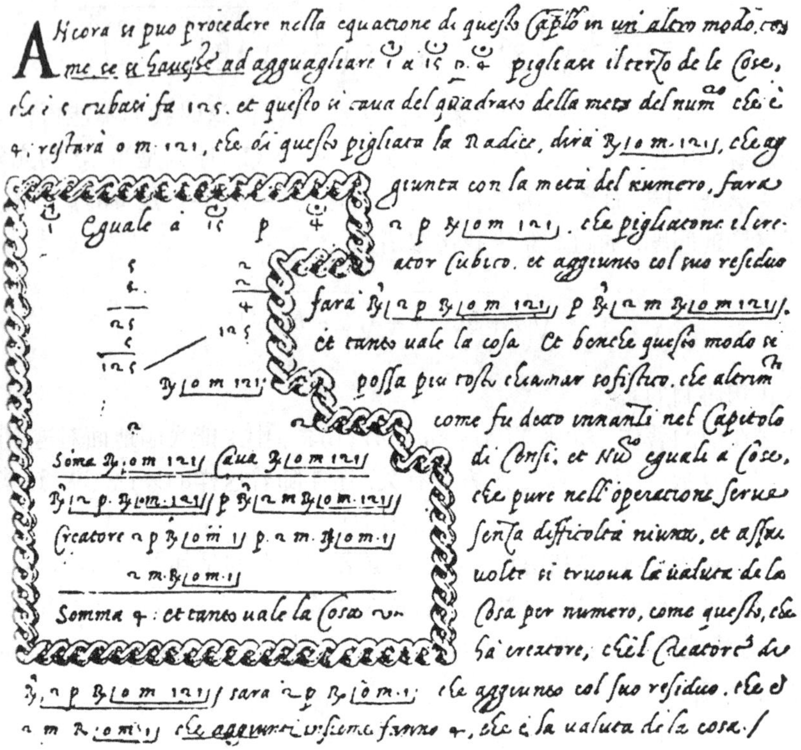

图 14.1　邦贝利的手稿

习题

14.3.1　试检验 $(2 + \sqrt{-1})^3 = 2 + 11\sqrt{-1}$.

也可以用倒推的方法, 构作一个具有一个 '明显' 解的三次方程, 这个解能够与卡尔达诺公式中像个庞然大物的解吻合. 下面是一个例子.

14.3.2　试检验 $(3 + \sqrt{-1})^3 = 18 + 26\sqrt{-1}$.

14.3.3　试由习题 14.3.2 中的等式来解释为什么有

$$6 = (3 + \sqrt{-1}) + (3 - \sqrt{-1}) = \sqrt[3]{18 + 26\sqrt{-1}} + \sqrt[3]{18 - 26\sqrt{-1}}.$$

14.3.4　试求出 p, q, 使得

$$18 = \frac{q}{2} \quad \text{和} \quad 26\sqrt{-1} = \sqrt{\left(\frac{q}{2}\right)^2 - \left(\frac{p}{3}\right)^3}.$$

14.3.5　试验算 6 是方程 $x^3 = px + q$ 的解, 其中 p, q 的值由习题 14.3.4 给出.

14.4 沃利斯对复数几何解释的尝试

尽管邦贝利成功地使用了复数, 但大多数数学家仍视之为不可能的事物; 当然, 直到今天我们仍称它们为虚数, 并且利用符号 i 来代表虚单位元 $\sqrt{-1}$. 第一个尝试给复数一个具体解释的是沃利斯 (1673). 我们将要看到这个尝试并不令人满意, 但无论如何它是有趣的、几乎成功的试验. 沃利斯想给出二次方程根的几何解释; 我们设二次方程为

$$x^2 + 2bx + c^2 = 0 \quad b, c > 0.$$

其根为

$$x = -b \pm \sqrt{b^2 - c^2},$$

因此当 $b \geqslant c$ 时它是实根. 此时, 根可以用实数直线上两点 P_1, P_2 表达, 该直线由图 14.2 所示的几何作图所决定. 当 $b < c$ 时, 从 Q 出发的线段 b 太短, 不能到达实数直线, 所以 "P_1, P_2 不可能在该直线上", 因而沃利斯 "在线外 $\cdots\cdots$ (在同一平面上)" 去寻找它们, 他的想法是正确的. 但他为 P_1, P_2 找到的位置并不恰当, 它们跟他的第一次作图的结果太接近了.

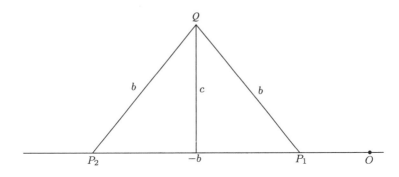

图 14.2 沃利斯对实根的作图

图 14.3 比较了沃利斯的 $P_1, P_2 = -b \pm i\sqrt{c^2 - b^2}(b < c)$ 的表达方式与现代的表达方式. 显然, 沃利斯以为 + 和 − 应该仍然对应着 "右方" 和 "左方", 尽管这导致了不可接受的推论 $i = -i$ (在表达式中令 $b \to 0$). 这一失察是可以理解的, 因为人们在沃利斯的时代甚至对负数都持怀疑的态度; 那时, 例如 $(-1) \times (-1)$ 的意义都模糊不清. 引入平方根之后, 这种模糊有增无减; 迟至 1770 年, 欧拉还在他的《代数》(Algebra) 中给出了一个 '证明': $\sqrt{-2} \times \sqrt{-3} = \sqrt{6}$ (欧拉 (1770b), 43 页).

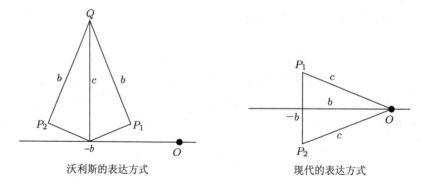

图 14.3　复根的作图

习题

$\sqrt{-2} \times \sqrt{-3} = \sqrt{6}$ 这个论断, 仅当我们约定 $\sqrt{6}$ 意味着是 6 的正平方根时 (这是我们现在标准的做法) 才是错误的, 如果令 $\sqrt{6}$ 表示 6 的一对平方根 $\pm\sqrt{6}$ 也未尝不可, 这时欧拉的论断就是正确的.

14.4.1 假设 $\sqrt{-2}$ 表示 -2 的一对平方根, $\sqrt{-3}$ 表示 -3 的一对平方根, $\sqrt{-2} \times \sqrt{-3}$ 表示所有可能的乘积, 试证明

$$\sqrt{-2} \times \sqrt{-3} = \sqrt{6}.$$

14.4.2 在通常的解释下, 下式

$$\sqrt{-2} \times \sqrt{-3} = -\sqrt{6}$$

成立吗?

14.5　分角问题

我们在 6.6 节看到, 韦达怎样将角的三等分问题跟解三次方程相联系, 以及莱布尼茨 (1675) 和棣莫弗 (1707) 如何用卡尔达诺型公式

$$x = \frac{1}{2}\sqrt[n]{y + \sqrt{y^2 - 1}} + \frac{1}{2}\sqrt[n]{y - \sqrt{y^2 - 1}} \tag{1}$$

来解角的 n 等分方程. 我们也看到这个公式和韦达关于 $\cos n\theta$ 和 $\sin n\theta$ 的公式很容易用下面的公式 (2) 来解释:

$$(\cos\theta + i\sin\theta)^n = \cos n\theta + i\sin n\theta, \tag{2}$$

后者通常冠以棣莫弗的名字. 但在实际上, 棣莫弗从未明确地叙述过 (2), 他得到的与此最接近的公式是 $(\cos\theta + i\sin\theta)^{1/n}$, 见于棣莫弗 (1730). (参见史密斯 (Smith, D.E.) (1959)

从棣莫弗的分角问题导出的级数.) 看来, 三角函数的代数运算尚不足以提供发现 (2) 的信息, 一切都有待于微积分揭示出它成立的深层理由.

约翰·伯努利关于积分的论文 (1702) 使得复数迈进了三角函数理论的大门. 由于观察到 $\sqrt{-1} = i$ 可使部分分式的分解达到最简的形式

$$\frac{1}{1+z^2} = \frac{1/2}{1+zi} + \frac{1/2}{1-zi},$$

伯努利看到其积分可给出 $\arctan z$ 的虚对数表达式, 尽管他没有写下所考虑的表达式, 而且显然对它的含义感到困惑. 我们在 16.1 节将看到欧拉如何澄清了伯努利的发现, 并将它发展为复对数和复指数的美妙理论. 这里我们要讲一下与此相关的情况: 伯努利 (1712) 再次拾起了这个思想; 这一次他计算这个积分, 得到了 $\tan n\theta$ 和 $\tan \theta$ 之间的一种代数关系. 他的推理如下. 设

$$y = \tan n\theta, \quad x = \tan \theta,$$

我们有

$$n\theta = \arctan y = n \arctan x,$$

于是经取微分可得

$$\frac{dy}{1+y^2} = \frac{ndx}{1+x^2}$$

或

$$dy\left(\frac{1}{y+i} - \frac{1}{y-i}\right) = ndx\left(\frac{1}{x+i} - \frac{1}{x-i}\right).$$

上式两边取积分将给出

$$\log(y+i) - \log(y-i) = n\log(x+i) - n\log(x-i),$$

即

$$\log\frac{y+i}{y-i} = \log\left(\frac{x+i}{x-i}\right)^n,$$

于是有

$$(x-i)^n(y+i) = (x+i)^n(y-i). \tag{3}$$

这实际上是明确使用 i 的第一个棣莫弗型的公式, 阿达玛 (Hadamard, J.-S.) 后来明白无疑地讲这是下述现象的第一个例子: 连接实领域中的两个真理间的最短路径, 有时要穿过复领域. 从 (3) 解出作为 x 的函数的 y, 即表示 $\tan n\theta$ 是 $\tan \theta$ 的有理函数, 这在只使用实的公式时很难得到. 实际上, 从 (3) 比较容易证明: y 是由 $(x+1)^n$ 中交错项组成的多

项式的商, 如果 + 号和 − 号也是交错出现的话 (见习题).

在整个 18 世纪, 数学家对 $\sqrt{-1}$ 的认识仍摇摆不定, 他们很愿意在推导有关实数的结论的中间过程利用它, 但是又怀疑它本身是否有具体的含义. 科茨 (Cotes, R.) (1714) 甚至使用了 $a + \sqrt{-1}\,b$ 代表平面上的点 (a, b) (像欧拉后来所做的那样); 他显然没有注意到 (a, b) 就是 $a + \sqrt{-1}\,b$ 的一种正当解释. 由于有关 $\sqrt{-1}$ 的结论受到怀疑, 所以可能的话, 他们会避开它们而去讲一个关于实数的等价的结果. 这可以解释为什么棣莫弗只叙述了 (1) 而没有 (2). 另一个避免出现 $\sqrt{-1}$ 的例子是 1716 年科茨发现的关于正 n 边形的著名定理, 它在科茨逝世后才出版 (1722):

若 $A_0, \cdots, A_{n-1}$ 是以 O 为圆心的单位圆上的等间隔点, 又若 P 是 OA_0 上一点, 使得 $OP = x$, 则 (图 14.4)

$$PA_0 \cdot PA_1 \cdot \cdots \cdot PA_{n-1} = 1 - x^n.$$

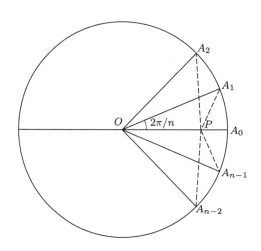

图 14.4 科茨定理

这个定理不仅把正 n 边形与多项式 $x^n - 1$ 联系起来, 而且在几何上实现了把 $x^n - 1$ 分解为实线性因式和二次因式. 由对称性知 $PA_1 = PA_{n-1}, \cdots$, 因此

$$PA_0 \cdot PA_1 \cdot \cdots \cdot PA_{n-1} = \begin{cases} PA_0 \cdot PA_1^2 \cdot PA_2^2 \cdot \cdots \cdot PA_{(n-1)/2}^2 & \text{若 } n \text{ 为奇,} \\ PA_0 \cdot PA_1^2 \cdot PA_2^2 \cdot \cdots \cdot PA_{n/2-1}^2 \cdot PA_{n/2}^2 & \text{若 } n \text{ 为偶.} \end{cases}$$

$PA_0 = 1 - x$ 是实线性因式, 当 n 为偶时 $PA_{n/2}$ 也是实的, 于是利用三角形 OPA_k 中的余弦定理可以得到

$$PA_k^2 = 1 - 2x \cdot \cos\frac{2k\pi}{n} + x^2.$$

由此来推出科茨定理的最容易的途径是: 将 PA_k^2 分解为复线性因式, 然后应用棣莫弗定理 —— 尽管我们只能猜测这是科茨的办法, 因为他叙述了这个定理而未给出证明. 科茨定理还有另一半内容, 它很像是分解 $1 + x^n$ 为实线性因式和二次因式. 这些因式分解是需要的, 据此可以将 $1/(1 \pm x^n)$ 分解为部分分式后进行积分, 这实际上是科茨的主要目的. 这样的问题在当时的数学研究中占有很高的地位, 它们刺激了其后对多项式分解的研究, 特别是首次试图证明代数基本定理.

习题

关于 $y = \tan n\theta$ 用 $x = \tan\theta$ 表示的约翰 · 伯努利公式, 对某些 n 的值是不对的, 因为公式忽略了一个可能的积分常数. 积分的结果应当是

$$\log(y + i) - \log(y - i) = n\log(x + i) - n\log(x - i) + C,$$

其中 C 是某个常数; 由此可得

$$\frac{y + i}{y - i} = D\frac{(x + i)^n}{(x - i)^n}, \tag{$*$}$$

其中 D 是某个常数 (它等于 e^C). 有时 $D = 1$ 公式便正确; 但有时我们需要 $D = -1$.

14.5.1 试证明: $D = 1$ 时, 该公式对 $n = 1$ 是正确的.

14.5.2 试利用 $\sin 2\theta$ 和 $\cos 2\theta$ 的公式或是其他公式, 证明:

$$\tan 2\theta = \frac{2\tan\theta}{1 - \tan^2\theta},$$

并检验这是由 $(*)$ 对 $D = -1$ 而不是 $D = 1$ 时导出的.

14.5.3 试利用习题 14.5.2 中的公式, 用 $\tan 2\theta$ 来表示 $\tan 4\theta$, 因此后者也可用 $\tan\theta$ 表示.

14.5.4 设 $y = \tan 4\theta, x = \tan\theta$, 则习题 14.5.3 的结果可表示为

$$y = \frac{4x - 4x^3}{x^4 - 6x^2 + 1}.$$

试验证这是从 $(*)$ 对 $D = -1$ 时导出的.

14.6 代数基本定理

代数基本定理是说, 每个多项式方程 $p(z) = 0$ 都有一个复数解. 正如笛卡儿所注意到的 (6.7 节), 方程有解 $z = a$ 意味着 $p(z)$ 有一个因式 $z - a$. 于是, 商 $q(z) = p(z)/(z - a)$ 是次数较低的多项式; 因此, 如果每个多项式都有一个解, 我们便可从 $q(z)$ 中再分解出一个因式; 设 $p(z)$ 次数为 n, 我们便可以不断地分解 $p(z)$ 为 n 个线性因式. 这种分解的存在性自然是代数基本定理的另一种陈述方式.

最初, 人们的兴趣局限于 $p(z)$ 是实系数多项式; 针对这种情形, 达朗贝尔 (1746) 注

意到: 如果 $z = u + iv$ 是 $p(z) = 0$ 的解, 则它的共轭 $\bar{z} = u - iv$ 也是. 因此, 实多项式 $p(z)$ 的虚线性因式总可以成对地结合成实二次因式:

$$(z - u - iv)(z - u + iv) = z^2 - 2uz + (u^2 + v^2).$$

这给出了代数基本定理的另一种等价的说法: 每一个 (实) 多项式 $p(z)$ 可表示为实线性因式和实二次因式的乘积. 在整个 18 世纪中, 该定理通常都是如此叙述的, 当时这样说的主要目的是使有理函数的积分成为可能 (参见 14.5 节). 这样也可以避免提到 $\sqrt{-1}$.

人们常常说, 证明代数基本定理的努力始于达朗贝尔 (1746), 而第一个令人满意的证明是由高斯给出的 (1799). 这种说法不应被无条件地接受, 原因则在于高斯本人. 高斯 (1799) 对达朗贝尔以来的证明做了批评, 指出它们都有严重的缺点, 然后给出了自己的证明. 他的意图是为了使读者确信这个新证明才是第一个可靠的证明, 尽管其中使用了一个未被证明的假设 (下节会对此做进一步的讨论). 这两个都不完全的证明到底哪个更可信呢? 随着时间的推移, 看法也在变化, 我相信今天对高斯 (1799) 的评价不同了. 现在我们可以利用标准的方法和定理补上达朗贝尔证明中的漏洞, 相反, 要补上高斯 (1799) 的证明中的漏洞却仍没有容易的办法.

为了完善这两个证明, 都得依赖于复数的几何性质和连续性概念. 18 世纪末之前的所有数学家都神秘地错过了对复数的几何洞察 —— 复数 $x + iy$ 等同于平面上的点 (x, y). 这是使达朗贝尔的证明不清楚的缘由之一, 而阿尔冈 (Argand, J. R.) (1806) 靠这种洞察力在修复达朗贝尔的证明过程中迈出了重要的一步. 高斯似乎有这种洞察力, 但在他的证明中却隐瞒了它的作用, 也许他以为他的同代人都没做好接受复数平面这种观念的准备.

至于连续性的概念, 无论是达朗贝尔还是高斯都理解得不太好. 高斯 (1799) 对未被证明的步骤中所涉及的困难, 故意一带而过, 他宣称:"就我所知, 从来没人怀疑过它. 但如果谁希望了解它, 我打算在另外的场合给出论证, 从而不会留下任何怀疑." (译文取自斯特洛伊克 (Struik, D.) (1969), 121 页.) 也许是为了防止对上述证明的批评, 他给出了第二个证明 (高斯 (1816)), 其中连续性的作用被减到了最低的限度. 第二个证明除了使用特殊情形下的中值定理外是纯代数的. 高斯假定一个实变量 x 的多项式函数 $p(x)$, 当 x 从 a 到 b 时取遍 $p(a)$ 和 $p(b)$ 之间所有的值. 第一个认识到连续性在证明代数基本定理时的重要性的人是波尔查诺 (Bolzano, B.) (1817), 他证明了多项式函数的连续性, 并尝试证明了中值定理. 后一项证明并不令人满意, 因为波尔查诺没有清晰的实数概念, 而该证明要建立于其上, 但这确实是个正确的方向. 在 19 世纪 70 年代, 实数定义终于脱颖而出 (例如, 戴德金分割; 4.2 节), 魏尔斯特拉斯 (1874) 严格地确立了连续函数的基本性质, 诸如中值定理和极值定理等. 这就不仅完整地补全了高斯的第二个证明, 也完整地补全了达朗贝尔的证明. 下一节我们将会讲到这些内容.

习题

一个实系数方程的复根必以共轭对的形式出现, 这是共轭的基本性质所致.

14.6.1 试直接根据定义 $\overline{u+iv}=u-iv$, 证明对任意两个复数 z_1, z_2, 有

$$\overline{z_1+z_2}=\overline{z_1}+\overline{z_2} \quad \text{和} \quad \overline{z_1 \cdot z_2}=\overline{z_1} \cdot \overline{z_2}.$$

14.6.2 试根据习题 14.6.1 推出: 对任意实系数多项式 $p(z)$ 有 $p(\overline{z})=\overline{p(z)}$, 因此 $p(z)=0$ 的复根以共轭对的形式出现.

14.7 达朗贝尔和高斯的证明

达朗贝尔证明中的关键内容是现称为达朗贝尔引理的命题: 如果 $p(z)$ 是一个非常数多项式, 且 $p(z_0)\neq 0$, 则 z_0 的任一邻域中必包含一个点 z_1, 使得 $|p(z_1)|<|p(z_0)|$.

达朗贝尔给出的这个引理的证明, 依赖于解出方程 $w=p(z)$ 中的 z, 并要求 z 表为 w 的分数幂级数. 我们在 9.5 节中已经提到, 牛顿 (1671) 已宣告存在这样的解, 但最终是由皮瑟 (Puiseux, V.-A.) (1850) 将其变得清楚而又严格的. 所以, 达朗贝尔当时的论证是没有坚实的根基的; 无论如何, 它没必要搞得那么复杂.

达朗贝尔引理的一个简单、初等的证明是由阿尔冈 (1806) 给出的. 阿尔冈是复数的几何表示的共同发现者之一 (第一个发现者大概是韦塞尔 (Wessel, C.) (1797), 但他的工作几乎一百年都无人知晓), 而且他给出的下述证明显示了复数的几何表示的实际效力.

$p(z_0)=x_0+iy_0$ 的值被解释为平面上这样的点 (x_0, y_0), 使得 $|p(z_0)|$ 等于从原点到 (x_0, y_0) 的距离. 我们希望找一个 Δz, 使得 $p(z_0+\Delta z)$ 到原点的距离比 $p(z_0)$ 的近. 若

$$p(z)=a_0 z^n+a_1 z^{n-1}+\cdots+a_n,$$

则

$$\begin{aligned}
p(z_0+\Delta z)&=a_0(z_0+\Delta z)^n+a_1(z_0+\Delta z)^{n-1}+\cdots+a_n\\
&=a_0 z_0^n+a_1 z_0^{n-1}+\cdots+a_n+A_1\Delta z+A_2(\Delta z)^2+\cdots+A_n(\Delta z)^n\\
&\quad (\text{对依赖于 } z_0 \text{ 的常数 } A_i, \text{ 它们不会全为 } 0, \text{ 因为 } p \text{ 不是常数.})\\
&=p(z_0)+A(\Delta z)+\varepsilon,
\end{aligned}$$

其中 $A=A_i(\Delta z)^i$ 含有第一个非零的 A_i, 而当 $|\Delta z|$ 很小时, $|\varepsilon|$ 比 $|A\Delta z|$ 还要小 (因为 ε 包含 Δz 的更高幂次). 那么很清楚 (图 14.5), 我们可以选择 Δz 的方向, 使 $A\Delta z$ 跟 $p(z_0)$ 的方向相反, 就得到 $|p(z_0+\Delta z)|<|p(z_0)|$. 这就完成了达朗贝尔引理的证明.

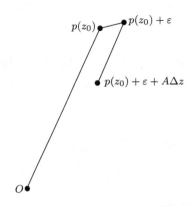

图 14.5　说明达朗贝尔引理的作图

　　为了完成代数基本定理的证明, 取任意一个多项式 p 并考虑连续函数 $|p(z)|$. 因为当 $|z|$ 很大时, $p(z) \approx a_0 z^n$, 因此在一个充分大的圆 $|z| = R$ 之外, $|p(z)|$ 是随 $|z|$ 增大的. 现在, 我们依据魏尔斯特拉斯极值定理可以得到一个使 $|p(z)| = 0$ 的 z; 该定理是说有界闭集合上的连续函数必达到极大值和极小值. 根据这个定理, $|p(z)|$ 在集合 $|z| \leqslant R$ 上达到最小值. 由定义知最小值 $\geqslant 0$; 如果它 > 0, 我们能据达朗贝尔引理推出矛盾: 或者是存在一个点 z, 使得 $|p(z)|$ 在 $|z| \leqslant R$ 中的值比极小值更小; 或者存在一个点 z, 使得 $|p(z)|$ 在 $|z| > R$ 中的值小于它在 $|z| = R$ 上的值. 由此可知存在一个点 z 使 $|p(z)| = 0$, 因此 $p(z) = 0$.

　　高斯的证明也利用了这样的事实: 当 $|z|$ 很大时, $p(z)$ 的性态与其最高次项 $a_0 z^n$ 的性态相仿; 同样也依靠连续性去证明在某个圆 $|z| = R$ 的内部存在一个点, 使得 $p(z) = 0$. 高斯考虑 $p(z)$ 的实部和虚部即 $\mathrm{Re}[p(z)]$ 和 $\mathrm{Im}[p(z)]$, 并研究了如下两条曲线

$$\mathrm{Re}[p(z)] = 0 \quad 和 \quad \mathrm{Im}[p(z)] = 0.$$

(容易看出, 这是两条代数曲线 $p_1(x, y) = 0$ 和 $p_2(x, y) = 0$, 只要将幂次 $z^k = (x + iy)^k$ 展开并分别合并实项和虚项就可以得到.) 他的目的是找到这两条曲线的交点, 因为在这样的点上有

$$0 = \mathrm{Re}[p(z)] = \mathrm{Im}[p(z)] = p(z).$$

当 $|z|$ 很大时, 这两条曲线接近 $\mathrm{Re}(a_0 z^n) = 0$ 和 $\mathrm{Im}(a_0 z^n) = 0$, 后者属于过原点的直线簇. 此外, $\mathrm{Re}(a_0 z^n) = 0$ 的这些直线与 $\mathrm{Im}(a_0 z^n) = 0$ 的那些直线交错地围绕原点绕行一周. 例如, 图 14.6 以实线和虚线显示了 $\mathrm{Re}(z^2) = 0$ 和 $\mathrm{Im}(z^2) = 0$ 交错的情形. 由此可知曲线 $\mathrm{Re}[p(z)] = 0$ 和 $\mathrm{Im}[p(z)] = 0$ 与足够大的圆 $|z| = R$ 也是交错相交的. 在这一点上高斯的论证可与达朗贝尔引理相比, 它正好也是能够做到严格化的.

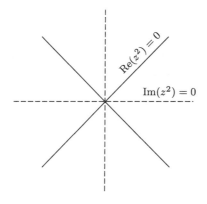

图 14.6 高斯证明中的直线

为了完成这个证明, 我们需证明曲线在圆内相交, 而这一步高斯认为没有人会怀疑. 他假定, 曲线 $\mathrm{Re}[p(z)] = 0$ 分离在 $|z| = R$ 圆外的部分将进入圆内, $\mathrm{Im}[p(z)] = 0$ 的分离部分亦然. 由于 $\mathrm{Re}[p(z)] = 0$ 的分离部分与 $\mathrm{Im}[p(z)] = 0$ 的分离部分在圆 $|z| = R$ 上是交错出现的, 所以它们在圆内的相关联的部分不相交 "显然是荒谬的". 我们只要想象图 14.7 所画出的场景, 就会感到高斯是正确的. 然而, 相关联部分的存在性的证明是非常难的 (要证明它们相交也不是显然的, 至少和证明中值定理一样难). 它的第一个证明是奥斯特洛夫斯基 (Ostrowski, A., 1920) 给出的.

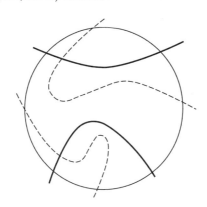

图 14.7 高斯证明中的曲线

我们现在的看法是, 达朗贝尔证明代数基本定理的路线似乎比较容易实行, 因为它只用到了连续函数的一般性质. 而高斯的路线, 虽然远看似乎同样容易, 但它要穿过人们仍然不熟悉的实代数曲线的领域. 弄清楚实代数曲线的交点比复代数曲线的更困难; 回顾起来, 它们真的比理解代数基本定理更困难. 确实, 正如下一章我们要讲的, 代数基本定理给了我们贝祖定理, 这个定理又帮我们解决了计算复代数曲线交点的问题.

习题

达朗贝尔引理对 $p(z_0 + \Delta z)$ 的表达式是 10.2 节讨论过的泰勒级数的例子. 当该函数是这里的多项式 p, 它的泰勒级数就是有限的, 因为 p 只有有限多个非 0 导数.

14.7.1 试证明: $A_1 = na_0z_0^{n-1} + (n-1)a_1z_0^{n-2} + \cdots + a_{n-1}$, 而且等号右侧的表达式即是 $p'(z_0)$.

14.7.2 试证明: $A_2 = \frac{n(n-1)}{2}a_0z_0^{n-2} + \frac{(n-1)(n-2)}{2}a_1z_0^{n-3} + \cdots + a_{n-2}$, 而且等号右侧的表达式即是 $p''(z_0)/2$.

14.7.3 试利用二项式定理证明 $A_k = p^{(k)}(z_0)/k!$, 因此

$$p(z_0 + \Delta z) = a_0z_0^n + a_1z_0^{n-1} + \cdots + a_n + A_1\Delta z + A_2(\Delta z)^2 + \cdots + A_n(\Delta z)^n$$

是泰勒级数公式的一个例子.

14.8 人物小传: 达朗贝尔

让·勒龙·达朗贝尔 (Jean le Rond d'Alembert) (图 14.8) 1717 年生于巴黎, 1783 年卒于该地. 他是一名私生子, 父亲是骑兵军官舍瓦利耶·德图什–卡农 (Chevalier Destouches-Canon), 母亲唐森夫人 (Madame de Tencin) 是一座画廊的女主人. 他母亲在他出生后即把他遗弃在圣母修道院的圣·让·勒龙教堂附近; 按给弃婴起名的习俗, 他在洗礼时取名让·勒龙. 随后父亲认领了他, 并把他寄养在制玻璃工卢梭 (Rousseau) 夫妇家. '达朗贝尔" 这个姓是较后才有的; 为什么用这个姓, 人们并不清楚.

卢梭夫妇作为养父母必定十分尽心尽责: 达朗贝尔一直跟他们生活在一起, 直到 1765 年. 他获有一笔父亲给的固定年金, 父亲还安排他到巴黎的奉行詹森主义的四国中学读书. 在那里, 他打下了良好的数学基础, 也滋长了对神学的反感且终身未变. 他短暂地研究过法律和医学, 在 1739 年转而投身数学.

在这一年, 他开始跟法国科学院通信联系, 他的抱负和才能很快给他带来了名气. 1741 年, 他成为科学院 (助理) 院士[*]; 1743 年, 发表了他最著名的著作《动力学》(*Traité de dynamique*). 达朗贝尔一直为从最初的低级职称迈向最高等级而奋斗着, 他不想失去他应得的位置. 在科学院, 他的奋斗目标就是胜过他的竞争对手. 不管是因为巧合还是天生的竞争心理, 达朗贝尔似乎总是在搞当时顶尖的数学家 —— 最初是克莱罗, 后来是丹尼尔·伯努利和欧拉 —— 研究的问题. 他还总是怕失去优先权, 所以往往落入这样循环往复的境地: 快速地发表, 接着是陷入关于其工作的内涵和意义的争论. 尽管他是个杰出的作者 (1754 年被选为法国科学院的终身院士), 但他提交的数学文章几乎总有瑕疵. 他的许多最好的想法, 要等欧拉加以修补和完善的解释之后才能被人理解. 因为欧拉做这件事时常常没有点明他的功劳, 达朗贝尔理所当然地感到愤怒; 结果, 他把精力浪费在了抱怨和争吵上, 而不是用在更值得做的、对自己工作的详细解释上.

---

[*] 当时科学院的职称分四等: 荣誉院士、终身院士、通讯院士和助理院士. —— 译注

图 14.8 让·勒龙·达朗贝尔

达朗贝尔不能全心专注于数学的另一个原因, 是他卷入了他那个时代更广泛的智力活动. 18 世纪 40 年代他登上学术舞台时, 主要是由于牛顿在解释行星运动方面取得的成功, 数学在各科学圈子里正享受着崇高威望. 数学成为进行理论研究的模式, 人们期望它能适当地把所有的知识组织在一起, 并能合理地指导人类的一切活动. 按照合乎理性的要求重组知识和人类行为的运动成为我们熟知的 '启蒙运动', 它在法国特别兴旺 —— 哲学家视之为推翻现存机构特别是教会的一种手段. 大约在 1745 年, 达朗贝尔沉迷在启蒙运动的骚动之中, 得意地出没于巴黎的沙龙和咖啡馆. 他跟那些主要的权威人物 —— 狄德罗 (Diderot, D.)、孔迪雅克 (Condillac, É. B.de) 和卢梭 (Rousseau, J.-J.) —— 交友; 他不乏模仿的才智和天赋, 常被要求出席那些最时尚的沙龙的活动.

启蒙运动并不限于口头宣传, 其最精彩的成就之一是那部 17 卷的《百科全书》(*En-cyclopédie*), 是狄德罗在 1745 年至 1772 年间编纂的. 达朗贝尔为《百科全书》写了长

篇序言 (*Discours préliminaire*), 其中总结了他关于知识统一性的观点. 这为该项计划的成功实施立了大功, 成为他当选法国科学院终身院士的主要理由. 他还是该书的科学编辑, 写了许多介绍数学的文章. 最终, 百科全书派中狄德罗领导的极端唯物主义者和伏尔泰 (Voltaire) 为首的比较温和的派别发生了分裂. 狄德罗偏向于生物学, 他一面为生物学假定了一种混乱的、伪数学的基础, 一面谴责通常的数学 '毫无用处'. 达朗贝尔站在伏尔泰一边, 于 1758 年断绝了与《百科全书》的关系.

不管怎么说, 智力活动的时尚正在离开数学; 在 18 世纪 60 年代, 达朗贝尔发现只有一位哲学家朋友还对数学感兴趣, 就是概率理论家孔多塞 (Condorcet, M.de). 约在此期间, 达朗贝尔遇到了他一生中的所爱之人, 她叫茱莉·德莱斯皮纳斯 (Julie de Lespinasse). 茱莉是德方夫人 (Madame du Deffand) 的远亲, 达朗贝尔参加过德方夫人主持的沙龙的活动. 因一次争吵得罪了该沙龙的成员, 茱莉在达朗贝尔的帮助下建起了自己的沙龙. 茱莉曾患天花, 达朗贝尔照料她恢复了健康; 而他病倒时, 她劝他搬来跟自己一起住. 正是在 1765 年, 他最终离开了养父母家. 其后的 10 年间, 他的生活是以茱莉的沙龙为中心展开的; 1776 年茱莉的亡故给了他沉重的一击. 当他从她的信里发现, 茱莉和他共度的 10 年间还在跟别的男人热情交往, 他的悲伤又添进了屈辱的成分.

达朗贝尔生命中的最后 7 年, 是在卢浮宫的一套小房间里度过的: 他被任命为法国科学院的终身秘书. 他发现自己已无法从事数学研究, 尽管那是唯一能引起他兴趣的事; 他对数学本身的前途也持悲观态度. 尽管悲观, 他还是尽其所能支持和鼓励年轻的数学家. 也许, 达朗贝尔晚年最大的成就是推动了拉格朗日和拉普拉斯的研究事业, 他在力学方面的许多工作最终都是由他们两位完成的. 想必这给了他某些满足感: 他预见到了他的这些有天赋的被保护人将大获成功, 即使他们事实上终结了他所熟悉的力学理论. 他未能预见到的是: 他的一项有关复数应用的小工作, 竟然在下个世纪大放异彩 (参见第 16.1 和 16.2 两节), 数学也将打破 18 世纪树立起的思想壁垒!

第 15 章

复数和复曲线

导读

代数基本定理 —— k 次多项式恰有 k 个复根 —— 使我们得到 m 次曲线和 n 次曲线 "正确" 的交点个数. 然而, 仅靠引入复坐标是不够的: 为对曲线相交情况进行正确的计数, 还要求我们在以下两方面调整看法.

1. 我们在对交点计数时, 必须考虑它们的重数; 这相当于在考虑多项式方程 $p(x) = 0$ 的根 $x = r$ 时, 要总计 $p(x)$ 含有多少个因子 $(x - r)$.

2. 我们必须以射影的观点看待直线, 所以应把无穷远交点考虑在内.
基于这两个理由以及其他一些因素, 代数几何在 19 世纪进入了以射影空间为背景的时代. 在本章, 我们会看到: 这种观点如何影响我们的代数曲线的图像.

最简单的这种曲线是复射影直线, 结果发现它看起来像个球面. 其他代数曲线看起来也都像曲面, 而它们可以比球面更复杂.

黎曼发现了有理曲线, 即可经有理函数参数化的曲线, 它们本质上跟球面是一样的; 而非有理曲线有 '洞', 因此跟前者有本质的区别. 这一发现揭示了拓扑学在研究代数曲线时的作用.

15.1 根与交点

代数曲线的交点和多项式的根有密切联系; 对这种联系的研究, 可远溯至梅内克缪斯通过抛物线与双曲线之交来完成 $\sqrt[3]{2}$ (即 $x^3 = 2$ 的一个根) 的作图 (2.4 节). 当然, 它们之间最直接的联系出现在多项式曲线的情形. 多项式曲线

$$y = p(x) \tag{1}$$

与坐标轴 $y = 0$ 的交点恰是下列方程的实根:

$$p(x) = 0. \tag{2}$$

如果 (2) 有 k 个实根, 则曲线 (1) 与轴 $y = 0$ 有 k 个交点. 在这里我们计算交点数和根数时同样都要计入重数. (2) 的一个根 r 是 μ 重根, 即是指 $p(x)$ 中 $(x - r)$ 的因式要出现 μ 次, 于是根 r 要算上 μ 次.

这种计数方法从几何上看也很自然. 例如曲线 $y = p(x)$ 在原点 0 处与轴 $y = 0$ 相交的重数是 2, 则一条 '逼近' 此轴的直线 $y = \varepsilon x$ 必与曲线相交两次 —— 一次靠近与此轴的交点, 另一次就在交点上. 因此, $y = x^2$ 和 $y = 0$ 的交点 (图 15.1) 可以被认为是两个重合的点, 而和 $y = \varepsilon x$ 的另一个交点, 当 $\varepsilon \to 0$ 时就趋于这个重合点. 类似地, 重数为 3 的交点, 可解释为 3 个不同交点的极限, 例如 $y = \varepsilon x$ 与 $y = x^3$ 的交点 (图 15.2).

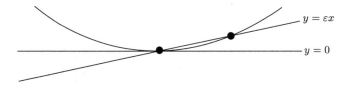

图 15.1   2 重交点

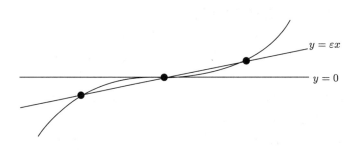

图 15.2   3 重交点

初看起来, 这种观点对四重点就失效了, 因为 $y = \varepsilon x$ 与 $y = x^4$ 仅交于两个点 $x = 0$ 和 $x = \sqrt[3]{\varepsilon}$. 我们的解释是, 这时还有两个复根 ($\sqrt[3]{\varepsilon}$ 乘以 1 的两个复立方根), 因此, 如果我们要得到几何上 '正确的' 交点数, 就不能忽略复根.

代数基本定理 (14.6 节) 告诉我们, 一个 n 次多项式方程 (2) 有 n 个根, 因此多项式曲线 (1) 与轴 $y = 0$ 应有 n 个交点. 然而, 为了得到 n 个根, 我们必须容许变量 x 取复数值; 因此, 为了得到 n 个交点, 我们必须考虑 x 和 y 为复值的 '曲线'. 这点以及代数基本定理的其他有价值的结果 (例如,'重合点' 的重数解释; 参见习题 15.1.1), 说服了 18 世纪的数学家在复数本身被理解之前就允许复根进入了曲线理论 —— 甚至是在代数基本定理被证明之前.

贝祖定理是这方面的一个最优美的成果: m 次曲线 C_m 与 n 次曲线 C_n 相交于 mn 个点. 如同我们在 8.6 节所看到的, 如果应用齐次坐标来计及无穷远点, 则 C_m 与 C_n 的交点对应于一个 mn 次齐次方程 $r_{mn}(x,y) = 0$ 的解. 现在我们可以使用代数基本定理证明, $r_{mn}(x,y)$ 是 mn 个线性因式的乘积:

$$r_{mn}(x,y) = y^{mn} r_{mn}\left(\frac{x}{y}, 1\right)$$
$$= y^{mn} \prod_{i=1}^{p} \left(b_i \frac{x}{y} - a_i\right), \text{ 对某个 } p \leqslant mn \text{ 成立,}$$

这是因为 $r_{mn}(x/y, 1)$ 是一个次数 $p \leqslant mn$ 的单变量 x/y 的多项式. 于是,

$$r_{mn}(x,y) = y^{mn-p} \prod_{i=1}^{p} (b_i x - a_i y)$$
$$= \prod_{i=1}^{mn} (b_i x - a_i y),$$

因为在前面的每个因子 y(如果有的话) 也是 $b_i x - a_i y$ 这种形式的.

由此得出方程 $r_{mn}(x,y) = 0$ 有 mn 个解, 因此 C_m 和 C_n 把重数计算在内共有 mn 个交点.

习题

15.1.1 试证明: $y = \varepsilon x$ 和 $y = x^n$, 当 $\varepsilon \neq 0$ 时交于 n 个不同的点, 并列出它们 (例如, 可借助于棣莫弗定理).

若一曲线 K 在原点 O 有一个二重点, 则直线 $y = tx$ 可以在 O 点与 K 有二重切触, 尽管靠近它的直线 $y = (t+\varepsilon)x$ 不与 K 在 O 以外但靠近 O 处相交. 这时二重切触可解释为与曲线的两个分支在 O 点切触.

15.1.2 考虑过曲线 $y^2 = x^2(x+1)$ 的二重点 O 的直线 $y = tx$, 试说明除了 $t = \pm 1$ 之外, 每条这样的直线都与该曲线在 O 点有二重切触. 当 $t = \pm 1$ 时, 你怎样计算重数?

15.1.3 试证明: $y = tx$ 与曲线 $y^2 = x^3$ 在曲线的尖点 O 也有二重切触. 你可以通过将 $y^2 = x^3$ 看作 $y^2 = x^2(x+\varepsilon)$ 的 '收缩' (令 $\varepsilon \to 0$) 的结果来解释这一点.

15.1.4 试证明: 直线 $y = tx$ 与双纽线 $(x^2 + y^2)^2 = x^2 - y^2$ 在 O 点有二重切触 —— 除了 t 的两个值, 对应这两个值时有四重切触.

15.1.5 试借助于已知的双纽线的形状 (图 12.1) 来解释习题 15.1.4 中得到的重数.

15.2 复射影直线

我们在 8.5 节中看到, 在 $\mathbb{R} \times \mathbb{R}$ 中的实直线 $\mathbb{R}$ 上增加一个无穷远点, 就形成一条性质上像圆的闭曲线. 确实, 一条实直线在实射影平面 $\mathbb{RP}^2$ 的球面模型跟球面上的大圆有很多相似的性质, 只要你承认球面上两个对径点是 $\mathbb{RP}^2$ 上的同一个点. 复 '直线' $\mathbb{C}$ 的情况与此类似, 但更难形象化了. $\mathbb{C}$ 已经是二维的了, 正如我们在高斯的代数基本定理的证明中看到的一样, 因此复 '平面' $\mathbb{C} \times \mathbb{C}$ 是四维的, 实际是不可能看见的.

为了避免涉足四维空间, 我们首先复习一下实投影直线引入的方法. 在 8.5 节, 我们在不经过原点 O 的水平平面上考虑通常的直线 L. 我们将每条直线 L 都扩充为射影直线 —— 其上的 "点" 是过 O 和 L 的平面内经过原点 O 的直线. 该直线族中的非水平直线对应于 L 上的点, 而水平直线对应于 L 上的无穷远点. 我们现在利用这种构造方法再次定性地, 或更确切地说是拓扑地, 展示射影直线与圆的等价性 (图 15.3).

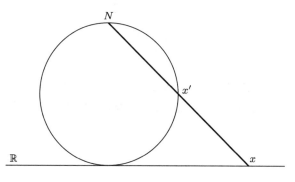

图 15.3 实射影直线

圆的最高点取作原点 N, 圆底部的点与 $L = \mathbb{R}$ 相切. 圆上的点和过 N 的直线间存在连续的一一对应关系. 每条非水平直线对应于它与圆的交点 $x' \neq N$, 而水平直线对应于 N 自身. 于是 $\mathbb{R}$ 的射影完备化, 记为 $\mathbb{RP}^1$, 是与圆拓扑地相同的, 意指它们之间存在连续的一一对应关系. 而且, 我们可以拓扑地将 $\mathbb{R}$ 的射影完备化理解为添加一个 "点" 的过程, 该 "点" 是 $\mathbb{R}$ 中的点沿任何方向趋向无穷时所 '逼近' 的, 因为形象地看, 当 x 沿两个方向趋于无穷时, x' 趋向于图中的圆上的同一点 N.

我们可以用同一办法, 利用图 15.4 实现 $\mathbb{C}$ 的射影完备化; 该图表现的是平面 $\mathbb{C}$ 到球面的球极平面投影. 每个点 $z \in \mathbb{C}$ 被投射到切球面 S 上的一点 z', 后者位于 z 与 S 的北极点 N 的连线上. 这就建立了 $\mathbb{C}$ 上的点 z 与球面上的点 $z' \neq N$ 之间的一种连续的一一对应. 而且, 当 z 从任一方向趋向无穷远时, z' 都趋向于 N; 因此, $\mathbb{C}$ 的射影完备化 $\mathbb{CP}^1$ 拓扑地等于一个完全球面 S, $\mathbb{C}$ 在无穷远处的点对应于 N.

自从人们在复分析研究中也想通过这种方法为 $\mathbb{C}$ 加上点 ∞ 从而使 $\mathbb{C}$ 完备化以来, 从 $\mathbb{C}$ 过渡到 $\mathbb{CP}^1$ 的做法在几何与分析研究中都用上了. 高斯似乎是看到关于 $\mathbb{C}$ 的 $\mathbb{C} \cup \infty$

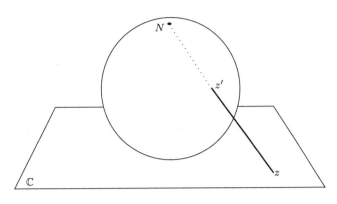

图 15.4　复射影直线

的优越性的第一人, 因此在分析中常常称 $\mathbb{CP}^1$ 为高斯球面. (不幸的是, 高斯关于这个题目的工作仅存若干未出版、也未标明日期的残篇; 参见高斯 (1819).) 代数几何学家称 $\mathbb{CP}^1$ 为 (复) 射影直线, 因为它形式上等价于实直线, 尽管它从拓扑观点看是个曲面. 类似地, 复曲线在拓扑上是一个曲面, 即分析学家熟知的黎曼面, 虽然代数几何学家喜欢称它为 '曲线'.

'曲面' 观点对研究复曲线的内在性质是有帮助的. 例如, 亏格概念 (在 11.3 节和 11.5 节中, 我们曾联系参数化引入过这个概念) 在曲面拓扑中非常简单 (参见 15.4 节). 另一方面, '曲线' 观点在研究曲线的交, 曲线在 $\mathbb{C} \times \mathbb{C}$ 中的嵌入或它的射影完备化 $\mathbb{CP}^2$ 时是有帮助的. 例如, 试图想象两个平面相交于 $\mathbb{C} \times \mathbb{C}$ 中一个点, 还不如代之以想象类似的实直线在实平面中的交, 即两个线性方程的单解. 毕竟, 我们对 $\mathbb{C}$ 的研究是为了排除在 $\mathbb{R}$ 中出现异常之事, 而不是为了做什么别的事; 我们期望实曲线的大部分性态都能为复曲线所保留.

习题

因为加法和乘法运算是连续函数, 很容易找到确定的复代数曲线与球面之间的一一连续映射.

15.2.1 试证明: 曲线 $Y = X^2$ 的射影完备化在拓扑上是一球面, 只要考虑曲线的参数表示

$$X = t, \quad Y = t^2,$$

其中 t 跑遍球面 $\mathbb{C} \cup \{\infty\}$. 也就是说, 要证明映射 $t \mapsto (t, t^2)$ 是一对一且连续的.

15.2.2 试类似地证明: 曲线 $Y^2 = X^3$ 的射影完备化在拓扑上是一球面, 所考虑的参数方程为

$$X = t^2, \quad Y = t^3,$$

其连续映射为 $t \mapsto (t^2, t^3)$.

15.2.3 考虑将 t 球面映到 $Y^2 = X^2(X+1)$ 的、由 $t \mapsto P(t)$ 定义的射影完备化之上, 其中 $P(t)$ 是

曲线与通过二重点的直线 $Y = tX$ (见习题 7.4.2) 的第三个交点.

试证明这个映射是连续的, 而且除了 $t = \pm 1$ 情况外是一一对应的, $t = \pm 1$ 都映为曲线上的点 O. 结论是: 这条曲线在拓扑上是将两点视为等同的一个球面 (图 15.5).

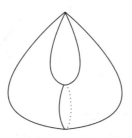

图 15.5   奇异球面

15.3   分支点

理解复曲线 $p(x,y) = 0$ 的拓扑形式的关键在于它的分支点 α, 牛顿–皮瑟关于 y 的在分支点的展开式就是从 $(x - \alpha)$ 的分数次幂开始的 (参见 10.5 节). 分支点的性质首先为黎曼 (1851) 所描述, 成为复函数革命性的新几何理论的一部分. 黎曼有一个思想 —— 数学史上最具启发性的思想: 为了表示复 x 和复 y 间的关系 $p(x,y) = 0$, 可以用表示变量 y 的曲面来覆盖表示变量 x 的平面 (或球面), 使得在给定点 $x = \alpha$ 之上的 y 曲面上的点 (或若干点) 的值就是满足 $p(\alpha, y) = 0$ 的 y 的值.

如果方程 $p(\alpha, y) = 0$ 对 y 是 n 次的, 则一般对一个给定的 α 有 n 个不同的 y 值, 因此在 $x = \alpha$ 邻域中的 x 平面之上, 有 n '层' y 曲面与之对应. 在有限多个例外的 x 值上, 由于根的重合, 层数减少. 牛顿–皮瑟理论说, y 在这类点上的性态像在 0 处的 x 分数次幂. 因此, 我们的主要问题是去理解 $y = x^{m/n}$ 的黎曼面在 0 的邻域中的性态.

通过看一个特殊的例子 $y = x^{1/2}$, 我们就可以足够好地抓住黎曼的思想. 如果我们考虑 y 平面中的单位圆盘, 试着使它变形, 以便让点 $y = \pm\sqrt{x}$ 位于 x 平面的单位圆盘中的 x 点的上方. 于是得到类似图 15.6 的结果.

如我们将在 16.1 节解释的, 在圆盘边界上的角 θ 是对应点 $e^{i\theta} = \cos\theta + i\sin\theta$ 的自变量. 如果

$$x = e^{i\theta} = e^{i(\theta + 2\pi)},$$

则给出了所有的值为

$$y = e^{i\theta/2}, \quad e^{i(\theta/2 + \pi)}.$$

分支点更生动的图示可参见图 15.7, 它取自早期讲述黎曼理论的教科书 (诺伊曼 (1865), 封面里页).

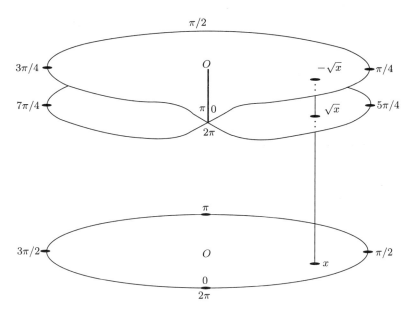

图 15.6 平方根的分支点

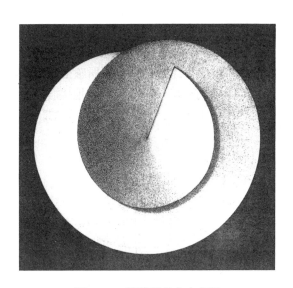

图 15.7 诺依曼的分支点图

　　需要注意的是, 分支点很难让人一目了然的外貌, 特别是那条自交的直线, 是在维数小于 4 时表示关系 $y^2 = x$ (它真的是需要研究的) 时得到的. 如果我们类似地要表示实数 x, y 之间的关系 $y^2 = x$, 可以沿着实轴 x 放置 y 轴, 使得 $y = \pm\sqrt{x}$ 出现在 x 的顶部, 于是在 0 处有一个很别扭的折叠的 "分支点" (图 15.8), 这是我们试图在一维空间表示这种关系的结果. 实际上, 该图的第二部分显示, 将此关系视为平面上的曲线时, 它在 0 点与在其他各点处一样光滑 (顺便提一句, 请注意图 15.8 中折叠的直线, 即实 y 轴, 它对应于图 15.7 中的自交直线).

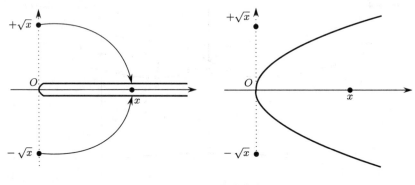

图 15.8 一维分支点

15.4 复射影曲线的拓扑

为了理解由 $y^2 = x$ 定义的复射影曲线的完整结构, 我们需要知道它在无穷远的性态. 在无穷远有另一个像在 0 点一样的分支点 (只要用 $1/u$ 替代 $x, 1/v$ 替代 y, 并注意 $v^2 = u$ 在 $y = 0, v = 0$ 附近的性态, 这与以前的情况是相同的). x 与 y 之间关系的拓扑结构可归结为图 15.9 的模型. 一个球面 (x 球面) 被两个球面所覆盖 (像洋葱的皮), 后两个球面顺着一根线从 0 到 ∞ 切开狭长的口子, 口子的边缘交叉地接合起来. 从 0 到 ∞ 的狭长切口是任意的, 但交叉接合对产生在 0 与 ∞ 的分支点是必需的.

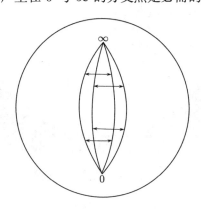

图 15.9 球面的覆盖

x 球面被这两个层状曲面所覆盖, 表示的是 '覆盖投影映射' $(x, y) \mapsto x$, 它将曲线 $y^2 = x$ 上的一般点映到它的 x 坐标, 说明它在除了分支点 0 和 ∞ 外具有 2 对 1 性质. 这两层曲面本身就抓住了该曲线的内在拓扑结构; 这种结构当把两层皮和 x 球面分开, 两层皮本身也彼此分开; 然后把所需的边接合在一起 (图 15.10), 便容易看清楚了. 被接合的边用相同的字母标注, 我们看到最后得到的曲面在拓扑上是一个球面.

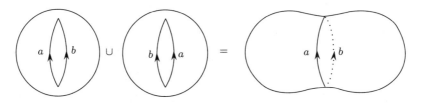

图 15.10   接合被分开的层

这个结果可以通过将该曲线上每个点 (x, y) 投射到 y 的方法更直接地得到, 因为那是该曲线和 y 轴之间的一一连续映射, 我们知道它在拓扑上是个球面 (要求包括 ∞ 在内). 该曲线的模型化是通过切开球面并接合各层而实现的, 这个方法可以扩大到所有的代数曲线. 牛顿–皮瑟理论蕴含了这样的结论: 任一代数关系 $p(x, y) = 0$ 都能被模型化为球面的有限多层覆盖, 并带有有限多个分支点. 最一般的分支点的结构是这样给定的: 规定好各层的交叉接合 (排列), 将位于分支点之间的各层切开 (必要时, 加入一些辅助点), 它们可以重新接合以产生给定的分支的性态.

这个方法最有趣的例证是三次曲线

$$y^2 = x(x - \alpha)(x - \beta).$$

这个关系定义了 x 球面的一个覆盖, 该覆盖是 2 层的, 因为对应每一个 x, y 有 $+$ 和 $-$ 的两个值, 它的分支点是 $0, \alpha, \beta$ 和 ∞ (在 ∞ 的分支点, 将在下面的习题中解释). 于是, 如果我们从 0 到 α, 以及从 β 到 ∞ 切开各层, 所需的接合如图 15.11 所示. 正如黎曼的发现一样, 我们发现该曲面是个环面, 因此它并非拓扑地等于球面. 这个发现对于理解三次

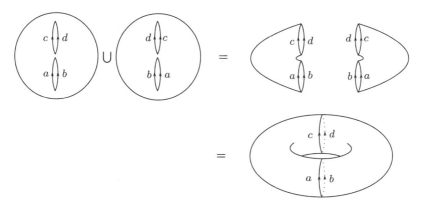

图 15.11   三次曲线各层的接合

曲线和椭圆函数是一个启示, 下章我们会谈到它.

考虑形如

$$y^2 = x(x - \alpha_1)(x - \alpha_2) \cdots (x - \alpha_{2n})$$

的关系, 人们很快看到有可能得到如图 15.12 所示的黎曼面. 这些曲面彼此的区别, 从拓扑上看就是 '洞' 的数目不同: 0 个洞对应球面, 1 个洞对应环面, 等等. 这一简单的拓扑不变量就是亏格, 它也决定了可将对应的复曲线参数化的函数的类型. 亏格其他的几何和分析性质将在下面几章中展开. 亏格的拓扑重要性是由莫比乌斯 (Möbius, A. F.) (1863) 确立的, 当时他证明了: 通常空间中的任意闭曲面都拓扑等价于在图 15.12 中看到的曲面形式中的一种.

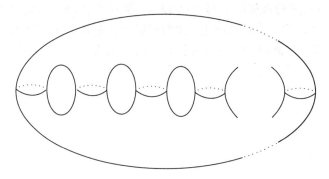

图 15.12　一般黎曼面

习题

我们可以将 '一维分支点' (图 15.8) 映射至无穷远, 从而看清实射影曲线 $y^2 = x$ 的拓扑 (结构).

15.4.1 试解释为什么实射影曲线 $y^2 = x$ 在无穷远有一个像在 0 处一样的分支点, 由此得出结论: 该曲线在拓扑上是一个圆.

三次曲线在无穷远的分支点可解释如下.

15.4.2 试利用代换 $x = 1/u, y = 1/v$ 证明: 曲线

$$y^2 = x(x - \alpha)(x - \beta)$$

在无穷远的性态, 如同曲线

$$v^2 = u^3(1 - u\alpha)^{-1}(1 - u\beta)^{-1}$$

在 0 点的性态, 由此推出它定性地类似于

$$v = u^{3/2}$$

的性态.

15.4.3 试考虑 $u = e^{i\theta}$ 上的点, 进而证明: $v = u^{3/2}$ 像 $v = u^{1/2}$ 一样, 在 0 点有一个分支点.

15.5 人物小传: 黎曼

伯恩哈德·黎曼 (Bernhard Riemann) (图 15.13) 1826 年生于汉诺威附近的布雷斯伦茨镇, 1866 年卒于意大利的塞拉斯卡. 他的父亲弗里德里希·黎曼 (Friedrich Riemann) 是一名新教牧师, 母亲叫夏洛特·埃贝尔 (Charlotte Ebell), 他们育有 6 个孩子, 伯恩哈德排行第二. 13 岁前, 父亲在该镇小学老师的协助下担起了教育伯恩哈德的职责, 而小伯恩哈德表现了对数学的非凡理解力, 以致有时候他们都跟不上他的思路. 1840 年, 为了上中学, 他搬到汉诺威和祖母一起生活. 1842 年祖母去世, 他继续在离家不远的吕讷堡的一所学校读书, 当时他的父亲已调到新的奎克博恩教区工作. 在吕讷堡, 他很幸运地遇到了一位赏识他才能的校长, 给了他欧拉和勒让德的书供他阅读. 故事说, 他仅花了 6 天就掌握了勒让德 800 多页的大书《数论》(*Théorie des Nombres*).

图 15.13　伯恩哈德·黎曼

上面描述的黎曼生活中光彩夺目的一面, 跟阿贝尔的情形没什么不同. 但跟阿贝尔一样, 他也有极悲哀的一面. 黎曼的家庭贫穷, 还遭受结核病的困扰. 他的母亲、三个姐妹和他本人最后都死于这种疾病. 但黎曼至少未受家庭不和的羁绊, 也不像阿贝尔那样悲惨地过早夭亡. 他的一辈子始终和他的家庭保持着紧密和亲切的关系; 他的婚姻生活延续得足够长并当上了父亲; 他也有时间将自己的重要思想发展成熟并得到了有效的延续. 黎曼出版的著作只有一卷 —— 比起任何一位活过 40 岁的重要数学家的都要少; 但是, 没有别的单卷著作能对现代数学有如此深刻的影响.

黎曼的数学家生涯, 在他 1846 年进入格丁根大学之后就开始了. 他原打算步父亲的后尘研究神学, 不过, 像他之前的欧拉和伯努利们一样, 数学对他的吸引力太强了, 他在父亲的认可之下改变了专攻的领域. 转向数学的原因, 不是他鄙视神学或哲学, 而是认识到自己的最大才能确在于此. 事实上, 黎曼笃信神灵, 精通哲学 —— 读者们一直对他博览德国哲学作品以致影响了他的写作风格感到惋惜.

1846 年的格丁根并非数学家们向往的圣地, 到那里读书可能是为了能和在那里教数学的伟大的高斯在一起. 那时的教授跟学生的关系相当疏远, 他们既不鼓励创造性的思维, 也不讲授当时正在进行的研究工作. 即使是高斯本人也只教初等课程. 一年后, 黎曼转到柏林大学*, 此地的环境更加民主 —— 雅可比、狄利克雷、施泰纳 (Steiner, J.) 和艾森斯坦 (Eisenstein, F.G.M.) 共同分享着他们最新的思想. 黎曼过于腼腆, 很难完全融入这样与众不同的偏激进的环境; 不过他跟艾森斯坦交上了朋友, 后者是比他高三个年级的同学; 他也从狄利克雷那里学到了很多东西. 黎曼后来的工作, 特别是所谓的准物理原理 —— 黎曼称之为狄利克雷原理 (实际是开尔文 (Kelvin, L.) 首先阐述的), 开创性地利用了狄利克雷的一些思想. 他从这一原理引出的重要结论中, 有这样一条定理: 拓扑亏格为 0 的曲线恰是那些能用有理函数加以参数化的曲线.

狄利克雷的特长是在纯数学中、特别是在数论中使用分析方法; 黎曼在广义上也被分类在分析学家之列. 然而, 他并不是今天那样的分析学专家. 他的研究领域囊括了从分析观点出发所能看到的全部数学. 他关注可以使用分析来阐释的所有数学, 从数论到几何无所不包; 同时, 他也关注分析本身需要从外部加以阐释的地方. 黎曼面的概念, 特别是亏格这一拓扑概念, 使得许多原来很难被发现的分析方面的结果几乎立刻变得一目了然. 黎曼对椭圆函数双周期性的说明, 就是利用拓扑来阐释分析理论的生动例证, 我们将在第 16.4 节一睹为快.

黎曼面的概念是在黎曼的博士论文中引进的 (黎曼 (1851)). 1849 年, 他返回格丁根, 拿到博士学位后, 开始为取得讲课职位做准备 —— 为此他需要撰写一篇论文, 他便写了关于傅里叶级数的文章, 其中引入了 '黎曼积分' 的概念. 真的, 黎曼积分并不属于黎曼最好的思想之列 —— 尽管是今天的学生最熟知的 —— 因为后来勒贝格 (Lebesgue, H.L.) 引进的积分更适合这一研究主题 (参见第 24 章). 另一件需要做的事是进行一次演讲, 为此他必须向大学教授会提交三个演讲题目. 高斯选定了其中最难的第三个: 论几何基础. 这正好给了黎曼闪亮登场的机会, 他的演讲 '论作为几何基础的假设" (*Über die Hypothesen, welche der Geometrie zu Grunde liegen*) 成了数学的经典之作 (黎曼 (1854b)). 他在其中引进了现代微分几何的主要思想: n 维空间, 度量与曲率, 以及用曲率控制空间的整体几何性质的方法. 高斯对二维空间的情形已掌握了这些思想 (见第 17 章); 此时正值他

---

* 当时德国的大学允许学生到其他大学游学. —— 译注

生命的最后一年, 看到黎曼已把他的想法推进到如此深广的程度, 高斯必定感到高兴并深受启迪.

接着, 黎曼成为一名教员. 令他满意的是听众可以组成了一个大班 (有 8 名学生之多!), 这完全出乎他的意料. 在以后的几年里, 他为可能是他最伟大的著作, 黎曼 (1857) —— 指向了代数几何 —— 准备素材; 而较早的著作, 黎曼 (1854b), 目标是微分几何. 此时, 戴德金是他的学生, 后来他把黎曼的理论改写为今天所使用的更代数化的形式. 戴德金还跟他人共同编辑了黎曼的全集, 撰写了关于黎曼生平的文章 (戴德金 (1876)) —— 本节传记资料的主要来源. 他在教员的岗位上获得了非常多的数学成果, 但收入只有学生自愿交的听课费, 几乎不能维持温饱. 他遭受的其他挫折接踵而来: 父亲和同胞姐妹克拉拉 (Clara) 亡故, 自己因工作过度劳累招致神经衰弱症.

高斯于 1855 年去世, 继任者是狄利克雷, 此时任命黎曼为副教授的活动失败了. 虽然升职未成, 但校方答应固定地付给黎曼工资. 1859 年狄利克雷故去后, 黎曼接替了他的职位. 1862 年, 他跟他姐妹的朋友埃莉泽·科赫 (Elise Koch) 成婚; 他们的女儿于 1863 年在比萨出生. 女儿出生前一年, 黎曼因健康原因来到了意大利, 他余生的大部分时间也是在意大利度过的. 他喜欢意大利和它的艺术宝藏, 意大利数学家也给予了他热情的接待. 他在比萨的两位朋友, 恩理科·贝蒂 (Enrico Betti) 和欧金尼奥·贝尔特拉米 (Eugenio Beltrami) 受黎曼思想的启发, 对拓扑学和微分几何学做出了重要贡献. 贝尔特拉米领会到黎曼的弯曲空间概念可用来作为非欧几何的基础, 这是一个革命性的发现, 可能黎曼自己并未预见到这个结果 (参见第 18 章).

黎曼旅居意大利的时间太短了: 1866 年夏, 他在马焦雷湖畔的谢拉斯卡庄园去世, 当时他夫人陪伴在他身旁. 戴德金这样描写他在尘世最后几天的状况 (这段文字未遵循他通常的写作风格, 但无疑深深打动了黎曼寡妻的心):

> 去世前一天, 他躺在一棵无花果树下, 欣赏着周围优美的景色, 写下他最后留在人间的话, 可惜没有写完. 临终前他十分平静, 没有挣扎和痛苦; 似乎他好奇地关注着灵魂正在离开肉体; 他的夫人按习俗递给他面包和葡萄酒, 他请她向家里的人传达他的爱, 说: "亲吻我们的孩子." 她告诉他这里的庄园主已为他做了祈祷, 而他已无力说话, 虔诚地睁开双眼 —— 表达 '请原谅我们 (对主人) 的打扰'; 她感到她握着的手渐渐变凉, 几次呼吸之后, 他纯洁、高尚的心停止了跳动. 在家乡老屋就深埋于心的宽厚胸怀伴随了他一生, 他跟他父亲一样忠实于上帝 —— 虽然方式不同.
>
> 戴德金 (1876)

人们说, 阿贝尔留下的遗产足够数学家忙碌 500 年, 黎曼的情形也可以这么说. 至今, 黎曼已去世 130 年, 纯数学中的一个重大的未决问题就是所谓的黎曼假设 —— 黎曼在他的一篇有关素数分布的文章 (1859) 中提出的猜想. 黎曼考虑欧拉函数 (在 10.7 中讨

论过),

$$\varsigma(s) = 1 + \frac{1}{2^s} + \frac{1}{3^s} + \cdots,$$

他引入希腊字母泽塔 (ς) 来表示它, 并将其扩展至 s 取复数值. 他观察到若 $\varsigma(s) = 0$, 则 $0 \leqslant \mathrm{Re}(s) \leqslant 1$, 而且 $\varsigma(s)$ 的零点的实部非常像是都等于 1/2. 他没有继续往下深究, 因为最初的观察对他的目的而言已足够了 —— 它已能为小于正整数 x 的素数个数 $F(x)$ 导出一个无穷级数. 后来的数学家认识到, 黎曼假设把素数的分布限制在一个古怪的范围内, 怪不得人们急切地想找到它的证明. 由于到今天为止的所有最好的数学家的努力统统归于失败, 也许只有出现另一位黎曼才能获得成功的证明!

第 16 章

复数与复函数

导读

洞察由复坐标给出的代数曲线 —— 从拓扑角度看, 一条复曲线就是一个曲面 —— 对由代数函数的积分所定义的函数有重要影响, 诸如对于对数函数、指数函数和椭圆函数即如此.

原来, 复对数是 "多值" 的, 原因在于复平面上存在具有相同端点的不同的积分路径. 由此得出其反函数, 即指数函数是周期函数. 事实上, 复指数函数是实指数函数和正弦、余弦函数的融合: $e^{x+iy} = e^x(\cos y + i\sin y)$.

从复的观点看, 椭圆函数的双周期性也变得明晰了. 定义椭圆函数的积分, 其积分路径位于环面上, 而环面上存在两种独立的闭路径.

复数的二维性, 强制性地把有趣和有用的金箍套在了可微复函数的头上. 这类函数定义了曲面之间的共形 (保角) 映射. 同时, 它们的实部和虚部满足所谓的柯西–黎曼方程, 后者控制流体的流动. 所以, 复函数可用于研究流体的运动.

最后, 柯西–黎曼方程蕴含柯西定理, 这一基础性定理保证可微复函数具有许多特性, 例如: 幂级数展开.

16.1 复函数

当邦贝利 (1572) 引入复数的时候, 他也暗含地引入了复函数. 三次方程 $y^3 = py + q$ 的解为

$$y = \sqrt[3]{\frac{q}{2} + \sqrt{\left(\frac{q}{2}\right)^2 - \left(\frac{p}{3}\right)^3}} + \sqrt[3]{\frac{q}{2} - \sqrt{\left(\frac{q}{2}\right)^2 - \left(\frac{p}{3}\right)^3}},$$

当 $(q/2)^2 < (p/3)^3$ 时, 它涉及复变量的立方根. 可以看到复数可用来解释三次方程的代

数解 (卡尔达诺) 和几何解 (韦达) 恰好相合, 或用来解释更一般的莱布尼茨–棣莫弗定理:

$$x = \frac{1}{2}\sqrt[n]{y + \sqrt{y^2 - 1}} + \frac{1}{2}\sqrt[n]{y - \sqrt{y^2 - 1}},$$

其中 $x = \sin\theta$ 且 $y = \sin n\theta$ (6.6 节), 这可能给了人们一种启示. 就三次方程而言, 我们可以在尼达姆 (Needham, T.) (1997, 59–60 页) 的书中欣赏这种启示. 但是数学家们只要能用代数方法进行检验就并不关心这些复函数.

理解复函数的需求, 只是随着超越函数, 特别是用积分定义的超越函数的登场才变得紧迫起来. 一个关键性的例子是对数函数, 它来自积分 $dz/(1 + z)$. 一旦理解了这个函数, 为什么会出现像莱布尼茨–棣莫弗定理这样的代数奇迹就一目了然了.

复对数的故事始于约翰·伯努利 (1702) 对下式的细心观察:

$$\frac{dz}{1 + z^2} = \frac{dz}{2(1 + z\sqrt{-1})} + \frac{dz}{2(1 - z\sqrt{-1})},$$

并引出一条结论: "虚对数表示了实圆扇形." 他虽然没有具体计算它的积分, 但他大概能够得到

$$\arctan z = \frac{1}{2i}\log\frac{i - z}{i + z},$$

因为欧拉在给他的一封信 (1728b) 中, 把一个类似的公式归功于他. 不过, 这可能是年轻的欧拉对他从前的老师表达的敬意, 因为约翰·伯努利在接下来的通信中, 表现出他对于对数的理解很差, 他坚称 $\log(-x) = \log x$, 理由是

$$\frac{d}{dx}\log(-x) = \frac{1}{x} = \frac{d}{dx}\log x,$$

尽管欧拉已经提醒过他 (1728b), 导数相等并不意味着积分相等. 欧拉接着指出复对数取无穷多个值.

与此同时, 科茨 (1714) 也发现了复对数与三角函数的关系:

$$\log(\cos x + i\sin x) = ix.$$

他认识到这一结果的重要性, 并将他的这项工作定名为 "和谐度量" (Harmonia measurarum), 这里的 "度量" 是指对数与反正切函数, 它们分别通过积分 $\int dx/(1+x)$ 和 $\int dx/(1+x^2)$ "度量了" 双曲线和圆. 很广的一类积分都可归结到这两种类型中, 但难以理解的是为什么这两种显然不相干的 "度量" 正是所需要的. 科茨的结果第一次 (除了约翰·伯努利 (1702) 的几乎要成功的工作之外) 把二者联系在一起, 他证明在广大的复函数领域中, 对数函数与反三角函数本质上是相同的.

关于它们之间关系的最简明扼要的阐述是 1740 年左右出现的, 当时欧拉将注意力从对数函数转到了它的逆, 即指数函数身上. 明确定义的公式

$$e^{ix} = \cos x + i \sin x$$

首先由欧拉公之于世 (1748a) —— 他是通过比较等式两边的级数展开得到这个公式的. 欧拉的这一公式化表述用单值函数 e^{ix} 给出了作为多值函数的对数 (科茨忽略了这点) 的简单解释: 这是余弦 cos 和正弦 sin 函数的周期性导致的结果. 高斯 (1811) 则在澄清了复积分的意义并指出它们与积分路径无关 (参见 16.3 节) 后, 直接从对数是一个积分的事实解释了其多值性.

欧拉的公式还表明

$$(\cos x + i \sin x)^n = e^{inx} = \cos nx + i \sin nx,$$

由此可给出莱布尼茨–棣莫弗公式更深刻的解释. 更一般地, cos 和 sin 的加法定理 (12.4 节) 可以看成指数函数的更简单的加法公式的推论, 后者形如

$$e^{u+v} = e^u \cdot e^v.$$

虚函数 e^{ix} 比它的实的组成部分 $\cos x$ 和 $\sin x$ 的凝聚力大得多, 没有它事情就难办得多; 欧拉公式给了数学家强大的推动力, 使得他们最终接受了复数. 关于对数和指数函数在复数发展中所起作用的更详细的评述可参阅卡约里 (Cajori, F.) (1913).

差不多与欧拉阐明 cos 和 sin 同时, 达朗贝尔发现在流体力学中很多实函数很自然地以复函数的实和虚部的形式成对地出现. 在 13.7 节中, 我们提到达朗贝尔 (1752) 发现了如下方程:

$$\frac{\partial P}{\partial y} - \frac{\partial Q}{\partial x} = 0 \tag{1}$$

和

$$\frac{\partial P}{\partial x} + \frac{\partial Q}{\partial y} = 0, \tag{2}$$

将二维稳定无旋流的两个速度分量 P 和 Q 联系在一起. 方程 (1) 和 (2) 来自下列要求, 即 $Qdx + Pdy$ 和 $Pdx - Qdy$ 是全微分, 此情形中的另一个全微分是

$$Qdx + Pdy + i(Pdx - Qdy) = (Q + iP)\left(dx + \frac{dy}{i}\right) = (Q + iP)d\left(x + \frac{y}{i}\right).$$

达朗贝尔由此得出结论: 该式意味着 $Q + iP$ 是 $x + y/i$ 的函数 f, 使得 $Q = \text{Re}(f), P = \text{Im}(f)$.

为了感受这个结果的力量, 我们必须忘记函数的现代定义: $u(x,y) + iv(x,y)$ 对任意 u,v 都是 $x + iy$ 的函数. 在 18 世纪的背景下, $x + iy$ 的 "函数" $f(x + iy)$ 是指它能从 $x + iy$ 经初等运算而得到; 最坏的情况 $f(x + iy)$ 也应是 $x + iy$ 的幂级数. 这时, 对 u,v 要加上很强的约束条件, 即

$$\frac{\partial u}{\partial x} = \frac{\partial v}{\partial y}, \quad \frac{\partial u}{\partial y} = -\frac{\partial v}{\partial x}.$$

这就是达朗贝尔在他的流体力学研究中所发现的方程, 但它们被称为柯西–黎曼方程, 因为这两位数学家强调了它在复函数研究中的关键作用. 柯西 (1837) 证明了函数 $f(z)(z = x + iy)$ 只有在可微的时候才可以表示为 z 的幂级数, 为复函数概念奠定了坚实的基础. 这样, 为了定义一个复函数 $f(z)$, 只要它关于 z 是可微的就足够了, 这保证了 f 的定义符合 18 世纪的严格性要求. 特别地, 由此可得: f 的一阶导数存在必然伴随着它的所有阶的导数存在, 而且 f 在任一邻域内的值决定了它在所有各处的值. 复函数概念中的这种 "刚性", 作为证明非平凡的性质的约束条件而言是足够了; 同时它又保留了足够的柔性 —— 也可以说是 "可变性" —— 以便去处理重要的一般情形.

习题

欧拉导出 $e^{ix} = \cos x + i \sin x$ 的过程, 很容易利用下述两个幂级数加以解释:

$$e^y = 1 + \frac{y}{1!} + \frac{y^2}{2!} + \frac{y^3}{3!} + \cdots$$

以及 9.5 节中的

$$\sin x = x - \frac{x^3}{3!} + \frac{x^5}{5!} - \frac{x^7}{7!} + \cdots.$$

16.1.1 假定 e^y 的级数对 $y = ix$ 亦成立, 试证明

$$e^{ix} = \left(1 - \frac{x^2}{2!} + \frac{x^4}{4!} - \frac{x^6}{6!} + \cdots\right) + i\left(x - \frac{x^3}{3!} + \frac{x^5}{5!} - \frac{x^7}{7!} + \cdots\right).$$

16.1.2 假定可对 sin 级数逐项求导 (即逐项求导数), 试证明

$$\cos x = 1 - \frac{x^2}{2!} + \frac{x^4}{4!} - \frac{x^6}{6!} + \cdots,$$

从而证明 $e^{ix} = \cos x + i \sin x$.

$e^{ix} = \cos x + i \sin x$ 的另一个推论是: $i = \cos \frac{\pi}{2} + i \sin \frac{\pi}{2} = e^{i\pi/2}$, 它可以帮我们计算奇特的数 i^i 的值.

16.1.3 试证明: i^i 的值是一个实数 (欧拉 (1746)). 它等于什么?

16.1.4 试利用对任意整数 n 有 $e^{2in\pi} = 1$ 这一事实, 给出表达所有 i^i 的值的公式 (欧拉 (1746)).

16.2 共形映射

　　另一个可以用复函数来澄清的重要且带有普遍性的研究对象是共形映射问题. 将球面 (地球表面) 映上到平面这一实际问题, 自古以来就吸引着数学家的注意. 在 18 世纪以前, 最著名的映射方面的数学成果是球极平面投影 (见 15.2 节) —— 它归功于活跃在公元 150 年左右的托勒密, 以及 1569 年墨卡托 (G. Mercator) 所使用的墨卡托投影 (这位墨卡托的名字是赫拉德 (Gerard), 不是发现 $\log(1+x)$ 的级数的那个 (Nicholas)). 这两种投影都是共形的, 即保持角度不变; 18 世纪数学家们称它保持 "小范围相似", 这意味着对任意区域 R, 当 R 的大小趋于 0 时, 其像 $f(R)$ 趋于 R 的一幅精确成比例的地图. 因为 "大范围相似" 显然是不可能的 —— 例如一个大圆不可能映射到一个将平面分为两个相等部分的闭曲线上 —— 共形性是我们能够做到的、保持球面区域的外观不变的最好方法. 保持角度不变在墨卡托投影中是有意为之的, 其目的是支持人们的航海活动. 而球极平面投影的共形性是哈里奥特 (Harriot, T.) 在 1590 年左右最先注意到的 (参见洛纳 (Lohne, J. A.) (1979)).

　　兰伯特 (Lambert, J. H., 1772)、欧拉 (1777) (球映上到平面) 以及拉格朗日 (1779) (一般的旋转曲面映上到平面) 等人促成了共形映射理论的进步. 这三位作者都使用了复数, 而拉格朗日的表述最清楚而且最一般. 他使用达朗贝尔 (1752) 的方法, 将具有两个实变量的一对微分方程合并为具有一个复变量的单个方程; 他还得到了这样一个结果: 任何两个将一个旋转曲面映上到 (x,y) 平面的共形映射, 都可通过一个将 (x,y) 平面映上到自身的复函数 $f(x+iy)$ 互相联系起来. 这些结果发展到极致便是高斯的结果 (1822) —— 他将拉格朗日的定理推广到任意曲面映上到平面的共形映射.

　　反之, 一个复函数 $f(z)$ 定义了一个 z 平面到自身之上的映射, 很容易看出这个映射是共形的. 事实上, 这是 f 的可微性的推论. 说极限

$$\lim_{\delta z \to 0} \frac{f(z_0 + \delta z) - f(z_0)}{\delta z}$$

存在, 就是说: 围绕 z_0 的圆盘 $\{z : |z - z_0| < |\delta z|\}$ 到围绕 $f(z_0)$ 的区域的映射, 当直径 $|\delta z|$ 趋于 0 时, 它趋向一个按比例缩放的映射. 如果导数表达为极形式:

$$f'(z_0) = re^{i\alpha},$$

那么, r 是这个极限映射缩放的比例因子, α 是旋转的角度. 黎曼 (1851) 似乎是将共形映射性视为复函数理论基础的第一人. 他在这个方向上最深刻的结果是黎曼映射定理. 该定理说, 任何被单闭曲线界定的平面区域可以被共形地映上为单位圆盘, 由此可知映射是一个复函数. 黎曼 1851 年证明此定理, 依赖的是位势函数的性质 —— 黎曼部分是根据物理直观, 即所谓的狄利克雷原理来论证这些性质的. 这样的推理为 19 世纪分析学不断

增长的严格性倾向所不容; 更严格的证明由施瓦兹 (1870) 和诺依曼 (1870) 给出. 然而, 当希尔伯特 (1900b) 将狄利克雷原理建立在一个坚实的基础上之后, 黎曼关于复变函数论扎根于物理的信仰最终得到了人们的认同.

习题

函数 $f(z)$ 的可微性蕴含着 $f(z)$ 是共形映射这一论断的成立是有条件的, 即 $f'(z) \neq 0$. 因为如果比例因子趋于 0, 那么便不能说 f 是一种缩放映射. 在 $f'(z) = 0$ 的点可以发现角的变化. 这里有一个例子.

16.2.1 试证明: $f(z) = z^2$ 定义一个共形映射, 除了 $z = 0$ 之外; 在 $z = 0$ 处它使角加倍.
　　　　　毫不奇怪, 我们可以将映射 $z \mapsto z^2$ 看作对平面 $\mathbb{C}$ 的一个两层覆盖 (与 15.4 节比较).

16.2.2 试证明: 映射 $z \mapsto z^2$ 除点 $z = 0$ 外是 2 对 1 的映射, 可以把角在点 $z = 0$ 的加倍跟该覆盖的分支点相关联.

16.2.3 试类似地描述映射 $z \mapsto z^3$ 在 $z = 0$ 处的性态.

16.3　柯西定理

我们已经看到由积分导出了有趣的复函数. 例如椭圆函数源自椭圆积分的逆 (12.3 节). 然而, 当初并不清楚当 z_0 和 z 都是复数时, $\int_{z_0}^{z} f(t)dt$ 意味着什么. 定义 $\int_{z_0}^{z} f(t)dt$ 为 $\int_C f(t)dt$ 很自然, 也没有任何技术困难, 后一积分表示 f 沿着曲线 C 从 z_0 到 z 的积分; 问题在于 $\int_C f(t)dt$ 似乎依赖于 C, 因此不可能是我们所希望的像是 z 的函数那样的东西.

第一个认识并解决这个问题的看来是高斯. 在高斯 (1811) 给贝塞尔 (Bessel, F.W.) 的一封信中, 他提出了这个问题并宣布了它的解法:

现在人们对 $z = a + ib$ 的 $\int \Phi(z)dz$ 怎样看? 显然地, 如果你希望从清楚的概念开始, 那就必须假定 z 从积分为 0 的值开始, 通过若干无穷小增量 (每次的增量形如 $\alpha + i\beta$) 变化到 $c = a + ib$, 然后将所有这些 $\phi(z)dz$ 加起来 …… 而现在 …… 从 z 的一个值沿着一条曲线到 z 的另一个值 $a + ib$ 连续转移, 可能有无穷多种方式. 我现在猜想: 对于两种不同的转移, 积分 $\int_0^c \phi(z)dz$ 总是得到同样的值, 只要 $\phi(z)$ 在表示这些转移的两条曲线围住的区域内永不变成无穷.

伯克霍夫 (Birkhoff, G.) (1973) 中高斯 (1811) 信的译文

高斯在这同一封信中还注意到, 如果 $\phi(z)$ 在这个区域中确实变为无穷, 则积分 $\int_0^c \phi(z)dz$ 一般沿着不同曲线将取不同的值. 他还特别注意到, 对应于从 1 到 c 的不同转移路径, $\log c$ 的无穷多个取值都缠绕在使 $\phi(z) = 1/z$ 变为无穷的点 $z = 0$ 的周围.

定理: $\int_{z_0}^z f(t)dt$ 在一个使 f 是有限 (且可微 —— 高斯没提及此点也无妨) 的整个区域中与积分路径无关, 现称为柯西定理; 因为柯西给出了它的第一个证明并得到了此定理的若干推论. 这个定理的一个等价而且更方便的说法是: 对于 f 在其中可微的区域中的任一条闭曲线 $\mathcal{C}, \int_{\mathcal{C}} f(t)dt = 0$. 柯西在 1814 年向巴黎科学院提交了一个证明, 但正式发表要等到 10 年之后 (柯西 (1825)). 柯西 (1846) 又提出了一个更简明的证明, 其基础是柯西–黎曼方程以及格林 (Green, G.) (1828) 和奥斯特洛格拉茨基 (Ostrogradsky, M.) (1828) 的定理 —— 后者把线积分和面积分联系在一起. 这后一个定理通常被称为格林定理, 它把微积分基本定理推广到两个变元的实函数 $f(x,y)$ 的情形, 其内容可这样叙述: 如果 $\mathcal{C}$ 是界定区域 $\mathcal{R}$ 的单闭曲线, f 是适度光滑的, 则有

$$\int_{\mathcal{C}} f\, dx = \iint_{\mathcal{R}} \frac{\partial f}{\partial y} dx dy,$$

$$\int_{\mathcal{C}} f\, dy = -\iint_{\mathcal{R}} \frac{\partial f}{\partial x} dx dy,$$

其中 $\iint_{\mathcal{R}}$ 表示 $\mathcal{R}$ 上的曲面积分, $\int_{\mathcal{C}}$ 表示以反时针方向沿着 $\mathcal{C}$ 的线积分 (两个公式中的符号差别反映了当 x 和 y 交换时, $\mathcal{C}$ 的意义的不同).

柯西定理很容易从格林定理得出. 若

$$f(t) = u(t) + iv(t)$$

是 f 分解为实部和虚部的分解式; 又若我们写出

$$dt = dx + idy,$$

则

$$\begin{aligned}
\int_{\mathcal{C}} f(t)dt &= \int_{\mathcal{C}} (u + iy)(dx + idy) \\
&= \int_{\mathcal{C}} (u dx - v dy) + i \int_{\mathcal{C}} (v dx + u dy) \\
&= \iint_{\mathcal{R}} \left(\frac{\partial u}{\partial y} + \frac{\partial v}{\partial x} \right) dx dy + i \iint_{\mathcal{R}} \left(\frac{\partial v}{\partial y} - \frac{\partial u}{\partial x} \right) dx dy \\
&= 0,
\end{aligned}$$

这是因为柯西–黎曼方程告诉我们有

$$\frac{\partial u}{\partial y} + \frac{\partial v}{\partial x} = 0 \quad \text{和} \quad \frac{\partial v}{\partial y} - \frac{\partial u}{\partial x} = 0.$$

此证明为了能应用格林定理, 要求 f 有连续的一阶导数. 证明中要求 $f'(t)$ 具有连续性的条件被古尔萨 (Goursat, E.) (1900) 撤掉了; 非常巧, 只要 f' 存在, 它就不仅是连续的, 而且存在任意阶导数. 这个结论源自 f 具有幂级数展开 —— 后者乃是柯西 (1837) 在假定 $\int_C f(t)dt = 0$ 的条件下导出的许多引人注目的结论之一. 于是, 根据古尔萨 (1900) 的文章可知, 复函数的可微性足以保证它有幂级数展开. 这个结果的一个推论是: f 在孤立点上一定是无穷大 —— 这是洛朗 (Laurent, P.-A., 1843) 得到的 (于是, f 有一个包括负幂次在内的展开, 称为洛朗展开). 另一个推论是: f 在分支点是多值的 —— 这是由皮瑟 (1850) 给出的 (于是, f 具有分数指数的幂级数展开, 即牛顿–皮瑟展开).

习题

柯西–黎曼方程很容易从 $f'(z)$ 的存在性得出, 即可从下述条件推出: 不论 $\delta z \to 0$ 走的是什么路径,

$$\lim_{\delta z \to 0} \frac{f(z + \delta z) - f(z)}{\delta z}$$

都取同一个值.

16.3.1 假设 $f(z) = u(x,y) + iv(x,y)$ 以及 $\delta z = \delta x + i\delta y$. 令 δz 沿着 x 轴 ($\delta y = 0$) 趋于 0, 且沿着 y 轴 ($\delta x = 0$) 也趋于 0, 再令所得的 $f'(z)$ 的两个值相等, 以此证明

$$\frac{\partial u}{\partial x} = \frac{\partial v}{\partial y}, \quad \frac{\partial u}{\partial y} = -\frac{\partial v}{\partial x}.$$

这些方程使我们可以方便地检验: 函数 $u(x,y) + iv(x,y)$ 是 $z = x + iy$ 的可微函数.

16.3.2 试检验: $u(x,y) = x^2 - y^2$ 和 $v(x,y) = 2xy$ 满足柯西–黎曼方程.

16.3.3 试将 $x^2 - y^2 + 2ixy$ 表示成 $z = x + iy$ 的函数.

16.4 椭圆函数的双周期性

柯西定理描述的复积分的性质使我们在理解诸如 $\int_0^z dt / \sqrt{t(t - \alpha)(t - \beta)}$ 的椭圆积分方面向前迈进了一步. 黎曼面的思想 (15.4 节) 则是朝同一方向迈出的另一重要步伐, 它使我们去想象从 0 到 z 的可能的积分路径. '函数' $1/\sqrt{t(t - \alpha)(t - \beta)}$ 自然是二值的, 利用如 15.4 节中的论证方法, 它可以表为 t 球面的双层覆盖, 分支点为 $0, \alpha, \beta, \infty$. 于是, 积分路径就可以正确地被视为该曲面上的曲线 —— 该曲面拓扑上是一个环面 (亦如 15.4 节所示).

环面上存在这样的闭曲线, 它们并不是环面上一块面积的边界, 诸如图 16.1 中所示的 C_1 和 C_2. 环面上不存在由 C_1 或 C_2 界定的区域 $\mathcal{R}$; 因此格林定理无法在此应用, 而且

事实上我们得到的是非零值

$$\omega_1 = \int_{\mathcal{C}_1} \frac{dt}{\sqrt{t(t-\alpha)(t-\beta)}},$$
$$\omega_2 = \int_{\mathcal{C}_2} \frac{dt}{\sqrt{t(t-\alpha)(t-\beta)}}.$$

因此积分

$$\Phi^{-1}(z) = \int_0^z \frac{dt}{\sqrt{t(t-\alpha)(t-\beta)}}$$

将是歧义的: 对于从 0 到 z 的某条路径 $\mathcal{C}$ 上得到的值 $\Phi^{-1}(z) = w$, 我们也可以给 $\mathcal{C}$ 添加上沿着 $\mathcal{C}_1$ 绕行 m 圈而沿着 $\mathcal{C}_2$ 绕行 n 圈的迂回之路 (从拓扑上看, 这是本质上最一般的积分路径), 从而使得到的值为 $w + m\omega_1 + n\omega_2$.

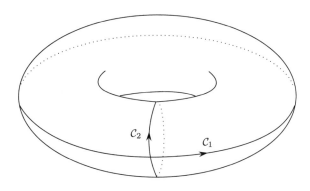

图 16.1 环面上的非边界曲线

由此导出: 逆关系 $\Phi(\omega) = z$ (对应于积分的椭圆函数) 对任意的整数 m, n 满足

$$\Phi(w) = \Phi(w + m\omega_1 + n\omega_2).$$

这就是说 Φ 是双周期的, 即具有周期 ω_1 和 ω_2. 双周期性的这种直观解释是由黎曼 (1851) 给出的, 他后来 (黎曼 (1858a)) 又根据这个观点发展了椭圆函数的理论.

　　令人关注的椭圆函数的级数展开 —— 它从分析上展示了椭圆函数的双周期性 ——是艾森斯坦 (Eisenstein, G.) (1847) 发现的. 正如艾森斯坦本人所指出的, 艾森斯坦级数的前身是欧拉发现的三角函数的部分分式展开, 例如

$$\pi \cos \pi x = \sum_{n=-\infty}^{\infty} \frac{1}{x+n}$$

(欧拉 (1748a), 191 页). 很显然 (至少在形式上是如此, 尽管人们不得不对这个和稍加注

意, 以确保其收敛), 当以 $x+1$ 代替 x 时它是不变的; 因此 $\pi \cos \pi x$ 的周期为 1 可直接从它的级数展开看出. 艾森斯坦证明了凡双周期函数都能有类似的表达式, 诸如

$$\sum_{m,n=-\infty}^{\infty} \frac{1}{(z+m\omega_1+n\omega_2)^2},$$

这个和当 z 被 $z+\omega_1$ 或 $z+\omega_2$ 替换时显然也是不变的 (当然也要为确保收敛性而做适当的解释). 于是, 我们得到一个周期为 ω_1 和 ω_2 的函数. 事实上, 上面的函数等同于 (可能差一个常数) 魏尔斯特拉斯 $\wp$ 函数, 在 12.5 节, 我们曾提到它是积分 $\int dt/\sqrt{4t^3-g_2t-g_3}$ 的逆. 魏尔斯特拉斯 ((1863), 121 页) 发现了 g_2, g_3 和周期 ω_1, ω_2 之间的关系:

$$g_2 = 60 \sum \frac{1}{(m\omega_1+n\omega_2)^4}$$

$$g_3 = 140 \sum \frac{1}{(m\omega_1+n\omega_2)^6},$$

其中的求和要经过所有 $(m,n) \neq (0,0)$ 的数对. 关于艾森斯坦和魏尔斯特拉斯的理论更加精辟的现代评述可在韦伊 (1976) 和罗伯特 (Robert, A.) (1973) 的书中找到.

习题

魏尔斯特拉斯 $\wp$ 函数的精确定义是

$$\wp(z) = \frac{1}{z^2} + \sum_{m,n\neq 0,0}^{\infty} \left(\frac{1}{(z+m\omega_1+n\omega_2)^2} - \frac{1}{(m\omega_1+n\omega_2)^2} \right).$$

这个级数比上面给出的艾森斯坦级数具有更好的收敛性, 但它的双周期性不是太明显. 我们可以如下地利用微分和积分手段证明双周期性 (实施这些手段是有效的, 因为魏尔斯特拉斯级数具有收敛性).

16.4.1 试通过逐项求导数证得

$$\wp'(z) = -2 \sum_{m,n=-\infty}^{\infty} \frac{1}{(z+m\omega_1+n\omega_2)^3},$$

从而得到 $\wp'(z+\omega_1) = \wp'(z)$ 及 $\wp'(z+\omega_2) = \wp'(z)$.

16.4.2 试积分刚得到的等式, 从而证明

$$\wp(z+\omega_1) - \wp(z) = c \text{ 及 } \wp(z+\omega_2) - \wp(z) = d,$$

其中 c, d 为常数.

16.4.3 试根据习题 16.4.2 导出

$$\wp\left(\frac{\omega_1}{2}\right) - \wp\left(-\frac{\omega_1}{2}\right) = c \quad \text{及} \quad \wp\left(\frac{\omega_2}{2}\right) - \wp\left(-\frac{\omega_2}{2}\right) = d.$$

16.4.4 但是 $\wp(z) = \wp(-z)$ (为什么?); 因此可得 $\wp$ 是双周期的.

16.5 椭圆曲线

我们已经见到了如下形式的非奇异的三次曲线

$$y^2 = ax^3 + bx^2 + cx + d, \tag{1}$$

它的重要性不仅体现在三次曲线本身 (参见牛顿的分类, 7.4 节和 8.4 节), 而且体现在数论 (11.6 节) 和椭圆函数论 (12.2 节) 上. 19 世纪数学最伟大的成就之一, 就是用统一的观点对三次曲线的所有这些表现进行了综合. 这种观点是被雅可比 (1834) 发现的, 而使它更清晰地成为复分析发展的焦点乃是黎曼 (1851) 和庞加莱 (1901) 共同的功劳. 椭圆曲线理论遂成为一门统一的学问, 并继续鼓舞着当代的很多研究者, 因为它似乎包含了一些数论中最迷人的问题. 例如, 我们已经知道如何利用椭圆曲线的性质证明费马大定理 (参见 11.3 节).

雅可比看到 (至少是内心感觉到), 曲线 (1) 可参数化为

$$x = f(z), \quad y = f'(z), \tag{2}$$

其中 f 和它的导数 f' 是椭圆函数. 知道了 f 和 f' 是双周期的, 比如说它们具有周期 ω_1 和 ω_2, 他也许就看到这给出了 z 平面 $\mathbb{C}$ 映上到曲线 (1) 的映射, 其中 (1) 上给定的点的原像是 $\mathbb{C}$ 中点集, 形如

$$z + \Lambda = \{z + m\omega_1 + n\omega_2 : m, n \in \mathbb{Z}\},$$

其中

$$\Lambda = \{m\omega_1 + n\omega_2 : m, n \in \mathbb{Z}\}.$$

Λ 称为 f 的周期格. $z + \Lambda$ 中的这些数 $z + m\omega_1 + n\omega_2$ 也被说成 "相对于 Λ 等价". 一个这样的等价类, 在图 16.2 中标上了星号.

参数表示 (2) 意味着在曲线上的点 $(f(z), f'(z))$ 和等价类 $z + \Lambda$ 之间存在一一对应关系. 今天我们表达这种关系的语言是说: 该曲线同构于这些等价类的空间 $\mathbb{C}/\Lambda$. 雅可比也许已经看到 $\mathbb{C}/\Lambda$ 是环面, 但这可能不是他的兴趣所在. 要看清楚这种关系, 我们可在 $\mathbb{C}$ 中取一个平行四边形, 它包含每个等价类的一个代表元, 将其边界上等价的点视为同一的

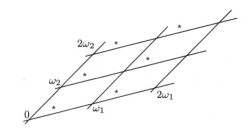

图 16.2　格–等价点

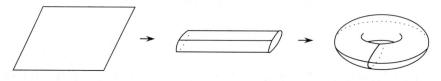

图 16.3　粘合构成环面

点 (即将对边粘合在一起, 如图 16.3 所示). 无疑, (1) 的环面形态通过 15.4 节给出的黎曼面的构作法会最终暴露出来.

魏尔斯特拉斯 (1863) 给出了一种将椭圆函数的双周期性与三次曲线的参数化二者都展现出来的漂亮方法. 魏尔斯特拉斯先从下列函数着手:

$$\sum_{m,n=-\infty}^{\infty} \frac{1}{(z+m\omega_1+n\omega_2)^2},$$

这个函数正如 16.4 节所说显然具有双周期性, 由此可定义函数

$$\wp(z) = \frac{1}{z^2} + \sum_{m,n\neq 0,0}^{\infty} \left(\frac{1}{(z+m\omega_1+n\omega_2)^2} - \frac{1}{(m\omega_1+n\omega_2)^2} \right),$$

它具有很好的收敛性, 并且也具有双周期性. 他做了简单的级数计算后证明

$$\wp'(z)^2 = 4\wp(z)^3 - g_2\wp(z) - g_3,$$

其中 g_2, g_3 是依赖于 ω_1 和 ω_2 的常数 —— ω_1, ω_2 已在 16.4 节定义过. 由此可得点 $(\wp(z), \wp'(z))$ 位于曲线

$$y^2 = 4x^3 - g_2 x - g_3 \tag{3}$$

上; 再稍做验算便可证明: (3) 实际上同构于 $\mathbb{C}/\Lambda$, 此处 Λ 是 $\wp$ 的周期的格. 所有曲线 (1) 可通过线性变换实现椭圆函数参数化.

我们称该曲线与 $\mathbb{C}/\Lambda$ 是 '同构的' (它来源于希腊语中表示 '相同形态' 的词), 原因不

仅在于二者都具有环面的形态, 它们还具有同样的代数结构, 这一点当我们考虑它们自然的 '加法' 运算时就会显露出来.

一旦曲线 (1) 参数化为

$$x = f(z), \quad y = f'(z),$$

人们便看到曲线上点的自然的 '加法', 即将它们的参数值相加. 由于 f 和 f' 的双周期性, 这个 '加法' 的确就是通常的 $\mathbb{C}$ 模 Λ 的加法. 特别地, 我们立刻可知 '点的加法' 具有一些通常加法的性质, 如交换性和结合性. 但正像 11.6 节所提到的, 参数值 z 的加法也反映在曲线的几何中. 这种关系的最简明的陈述归功于克莱布施 (Clebsch, A.) (1864). 该陈述说: 如果 z_1, z_2, z_3 是三个共线点的参数值, 则

$$z_1 + z_2 + z_3 = 0 \mod (\omega_1, \omega_2)$$

(或 $z_1 + z_2 + z_3 \in \Lambda$). 这意味着 '点的加法' 也有一个初等的几何解释. 附带说一句, 它的代数性质就远没有这么显然.

另一方面, '加法' 的直线解释给出了椭圆函数加法定理的最简单的解释. 如我们在 11.6 节看到的, 当 z_1, z_2, z_3 是共线三点的参数值时, $f(z_3)$ 作为 $f(z_1), f'(z_1), f(z_2), f'(z_2)$ 的有理函数是很容易计算的. 当然, 这公式最初是欧拉通过对 f 求积分的逆得到的 (见 12.5 节), 做起来非常困难.

接受以 $\mathbb{C}/\Lambda$ 作为曲线的 '正确' 描述的另一个理由是: 它给出了另一个看来与此无关的问题的答案, 即按射影等价性分类的问题的答案. 我们回忆一下 8.4 节的内容: 牛顿利用实射影变换将三次曲线归结为尖点类型、二重点类型和三个非奇异类型. 事实上, 所有带一个尖点的三次曲线都等价于 $y^2 = x^3$; 所有带一个二重点的都等价于 $y^2 = x^2(x+1)$; 而在复数域上, 非奇异类型间的差异消失了 —— 现在我们知道, 此时它们都等价于环面 $\mathbb{C}/\Lambda$. 剩下的问题是如何决定非奇异的三次曲线的射影等价性. 萨蒙 (Salmon, G.) (1851) 证明: 这是由某个复数 τ 决定的, τ 可以从曲线方程计算出来. 他从几何上定义了 τ, 使它的射影不变性一目了然, 无须去考虑椭圆函数. 而结果弄清楚 τ 不是别的, 恰是 ω_1/ω_2; 这意味着: 两条非奇异的三次曲线射影等价, 当且仅当其周期格具有同样的形状.

习题

严格地说, $\tau = \omega_1/\omega_2$ 这个比值仅仅决定了以 $0, \omega_1, \omega_2, \omega_1 + \omega_2$ 为顶点的平行四边形的形状.

16.5.1 试解释如何从 $\tau = \omega_1/\omega_2$ 定出该平行四边形相邻边的夹角及它们的长度比.

周期格

$$\Lambda = \{m\omega_1 + n\omega_2 : m, n \in \mathbb{Z}\}$$

可以看成是用这样的平行四边形铺满整个平面时其所有顶点的集合. 然而, 有无限多种不同形状的平行四边形给出同样的 Λ. 所以, 数 τ 不应单独地拿来刻画 Λ 的形状.

16.5.2 试证明 Λ 也可以用由 $\tau + 1$ 给定其形状的平行四边形来铺就.

16.5.3 更一般地, 试证明: Λ 可由格中任意两元素 $\omega_1' = a\omega_1 + b\omega_2$ 和 $\omega_2' = c\omega_1 + d\omega_2$ 生成, 只要 $ad - bc = \pm 1$. 提示: 将 (ω_1, ω_2) 写为列向量, 作矩阵乘积, 变为列向量 (ω_1', ω_2'), 再反向变回 (ω_1, ω_2), 变换行列式为 1.

16.5.4 试由习题 16.5.3 导出: 格 $\Lambda = \{m\omega_1 + n\omega_2 : m, n \in \mathbb{Z}\}$ 的形状可由整个复数族 $\frac{a\tau+b}{c\tau+d}$ 所刻画, 其中 $\tau = \omega_1/\omega_2$ 而 a, b, c, d 是整数, 要求 $ad - bc = \pm 1$.

有一些复变量 τ 的函数, 它们仅仅依赖于格 Λ, 因此对于每个刻画格的形状的数 $(a\tau + b)/(c\tau + d)$ 取相同的值.

16.5.5 考虑 16.4 节中的 g_2 和 g_3, 它们显然是格 Λ 的函数 $g_2(\Lambda)$ 和 $g_3(\Lambda)$. 试说明 g_2^3/g_3^2 和 $g_2^3/(g_2^3 - 27g_3^2)$ 全是 τ 的函数.

后面这个函数恰恰就是著名的模函数, 我们曾在 6.7 节讲述五次方程的解时提到过它. 更多有关它的奇妙性质的信息, 可参见麦基 (Mckean, H.) 和莫尔 (Moll, V.) (1977) 的书.

16.6 单值化

刻画非奇异的三次曲线时允许用椭圆函数将它们参数化, 后者是它们的拓扑形式. 此时的两个周期对应着两个本质上不同的、围绕环面的回路 (图 16.1).

曲线上 x, y 的值用单参数 z 的联立函数来表示, 有时被称为单值表示 (uniform representation). 所以, 代数曲线用这种方式参数化的问题, 就成为著名的单值化问题. 一旦理解了椭圆的情况, 那么解决任意代数曲线单值化的问题就依赖于对曲面有更好的理解, 包括它们的拓扑, 与它们的闭曲线相联系的周期性以及这种周期性如何在 $\mathbb{C}$ 中反映出来等. 这些问题在 19 世纪 80 年代首先为庞加莱和 F·克莱因所研究. 他们的工作导致了庞加莱 (1907) 和克贝 (Koebe, P.) (1907) 对单值化问题的彻底解决.

然而, 在庞加莱和 F·克莱因的初期工作中, 比解决单值问题更重要的是某些思想的奇妙汇聚. 他们发现多重周期性在 $\mathbb{C}$ 中可由变换群反映出来, 所论及的变换的类型很简单: $z \mapsto (az + b)/(cz + d)$, 称为线性分式变换. 线性分式变换推广了与椭圆函数周期性自然联系在一起的线性变换 $z \mapsto z + \omega_1$ 和 $z \mapsto z + \omega_2$. 然而, 变换 $z \mapsto z + \omega_1$ 和 $z \mapsto z + \omega_2$ 在代数与几何上都很直白 —— 它们可交换, 它们生成一般变换 $z \mapsto z + m\omega_1 + n\omega_2$, 后者只是平面上的简单平移 —— 但更一般的线性分式变换则不是那么容易理解的. 线性分式变换通常是不可交换的, 要搞清楚其神秘之处必须同时领悟它在代数、几何与拓扑各方面的特点.

这种联立的思维方式已被证明在群论和拓扑学中产生了丰硕成果, 我们将在 19 章和 22 章中见到它们. 当庞加莱 (1882) 发现线性分式变换可以给非欧几何一种自然的解释时, 几何也被赋予了新的生命 —— 在这之前非欧几何一直是数学中如花边装饰般的珍奇玩意儿. 在下面两章, 我们将看到非欧几何的根源, 以及庞加莱的发现怎样使这个领域发生了改观.

习题

除椭圆函数外, 在线性分式变换下出现周期性的第一个例子, 当属上节习题中提到过的模函数. 人们最终弄清楚, 模函数的周期性可以由两个线性分式变换生成, 那就是 $z \mapsto z+1$ 和 $z \mapsto -1/z$.

16.6.1 试检验 $z \mapsto z+1$ 和 $z \mapsto -1/z$ 属于线性分式变换

$$z \mapsto \frac{a\tau + b}{c\tau + d}, \text{ 其中 } a, b, c, d \text{ 是整数且 } ad - bc = \pm 1.$$

16.6.2 试证明: 变换 $z \mapsto z+1$ 和 $z \mapsto -1/z$ 两者是不可交换的.

16.6.3 试证明: 两个变换 $z \mapsto z+1$ 和 $z \mapsto -1/z$ 都将上半平面 ($\operatorname{Im} z > 0$) 映到自身, 而 $z \mapsto -1/z$ 将单位圆的内部和外部互换.

16.7 人物小传: 拉格朗日和柯西

约瑟夫 · 路易 · 拉格朗日 (Joseph Louis Lagrange) (图 16.4) 1736 年生于意大利的都灵, 1813 年卒于巴黎. 他的父亲朱塞佩 · 拉格朗日亚 (Guiseppe Lagrangia) 是都灵公共事务部的司库; 母亲特雷莎 · 格罗索 (Teresa Grosso) 是位医生的女儿, 属于富有的孔蒂家族. 他是家中 11 个孩子里的老大. 虽有如此的背景, 拉格朗日家并不富裕, 因为他父亲做了几次不明智的金融投机. 拉格朗日最终欣慰地意识到自己失去了成为富有的浪荡公子的机会, 他说: "要是我继承了大笔财产, 恐怕我就不会全身心地投入数学了."

图 16.4 约瑟夫 · 路易 · 拉格朗日

1753 年他 17 岁的时候, 首次邂逅微积分; 此后他的数学才能得到了飞速发展. 到 1754 年, 他已在写信告知欧拉他的发现了; 1755 年, 他成为都灵皇家炮兵学校的教授. 1756 年他才 20 岁, 普鲁士就提供给他一个上等的职位, 但他或是因为过于腼腆, 或是因为不愿离开家而放弃了. 随着名气的飙升, 他还得到了达朗贝尔的支持. 当 1766 年欧拉离开柏林时, 达朗贝尔便安排拉格朗日接替欧拉的位置. 1767 年, 也许因失去在都灵的家庭的陪伴, 他跟表妹维多利亚·孔蒂 (Vittoria Conti) 成婚. 他在 1769 年给达朗贝尔的信中称, 他选定的夫人 '是我最好的表妹之一, 曾长期跟我的家庭生活在一起; 她是非常好的家庭主妇, 极端朴实", 还补充说他们还没有孩子, 也根本不想要.

虽然婚姻的开端平淡无奇, 而且拉格朗日和他妻子的身体都欠佳, 但随着时间流逝, 他们的关系日趋紧密. 当她的健康状况恶化时, 拉格朗日担起了看护的责任; 她于 1783 年去世, 拉格朗日悲伤到了极点. 他对工作的态度变得极度消沉, 对数学的未来也极度悲观. 他给达朗贝尔的信中称: '我不能说在今后的 10 年里, 我还会继续研究数学. 我还觉得矿脉已挖得很深, 除非发现新的矿脉, 否则它将被放弃." 之前不久, 拉格朗日刚刚写完他最伟大的著作之一《分析力学》(*Mécanique analytique*), 但当印刷商把书送到他手里时, 他都没翻开看一眼就搁在了他的书桌上.

弗雷德里克二世于 1786 年去世, 拉格朗日在柏林的位置岌岌可危. 不过, 意大利和法国给他提供了几个职位, 1787 年他接受了巴黎科学院的一个职位. 环境的改变并未明显地恢复他的精神状态和对数学的热情. 尽管他总是受到各种社交和科学聚会的欢迎, 他对此却总是抱着不失礼貌的超然态度, 理解但不介入. 他的超然至少使得他能挺过 1789 年的大革命 —— 这场革命要了他最亲密的朋友孔多塞 (Condorcet, M. de) 和拉瓦锡 (Lavoisier, A. L.) 的命. 实际上, 这场革命激起了拉格朗日的某种积极性. 1790 年, 他成为度量衡委员会的成员, 该委员会制定了今天还在广泛使用的、科学方面的度量系统. 大革命期间, 在拉格朗日、拉普拉斯和学生听众之间进行的 '小组讨论会", 是数学重要而有趣的灵光一现, 有关情况可参见德龙 (Dedron, P.) 和伊塔德 (Itard, J.) 的书 (1973), 第 302—310 页.

1792 年, 拉格朗日和一名天文学家同事的女儿, 不到 20 岁的伦尼-弗朗索瓦斯-阿代拉伊德·勒莫尼耶 (Renee-Francoise-Adelaide Le Monnier) 结婚. 从此他对生活和数学的兴趣复活了, 甚至年过七十还对天体力学做出了光辉的贡献, 并把它们写进了《分析力学》的第二版. 他于 1813 年过世, 被安葬在巴黎的先贤祠内.

拉格朗日的盛名在于他毫不妥协地以形式化方法来研究分析和力学. 他视所有的函数为幂级数, 并把所有的力学问题化归为对这类函数的分析, 而不使用几何. 他引以为豪的是他的《分析力学》里没有一张图. 他担心因 '不能发现新的矿脉" 而不得不放弃数学的想法当然毫无根据, 不过这要是他在坦陈自己的方法也有个极限, 那倒是可以理解的. 实际上, 19 世纪分析学的巨大进展要归功于几何的复兴, 而非其他原因. 特别地, 拉格朗日自己视函数为幂级数的观点也只在复函数范围内是明智的, 而且这种观点也已反映在由高斯和柯西发现的复积分的几何理论之中.

奥古斯坦–路易·柯西 (Augustin-Louis Cauchy) (图 16.5) 1789 年生于巴黎, 那时巴士底狱暴动刚刚过去几个星期, 但他绝不是这场革命的 '产物'. 他的父亲路易–弗朗索瓦 (Louis-François) 是位律师兼政府官员, 在恐怖时期跟夫人玛丽–玛德琳·德塞斯特 (Marie-Madeleine Desestre) 逃离了巴黎. 奥古斯坦–路易是他们 6 个孩子中的老大. 柯西一辈子都站在极端的反对革命的立场上, 坚持保皇分子的观点. 当时全家居住在阿尔居埃镇, 父亲对柯西进行了早期教育. 拉普拉斯是他家的邻居, 他的访客有一些著名的科学家, 柯西从他们那里也受到了不少教益. 据说, 拉格朗日预言柯西日后会成为科学才子, 但规劝他父亲在柯西 17 岁前不要给他数学书看.

图 16.5　奥古斯坦–路易·柯西

当拿破仑在 18 世纪末登上权力宝座时, 柯西的父亲回到政府部门就职, 全家迁回了巴黎. 柯西在中学专注于古典语, 1804 年完成中学学业; 之后就迈向了科学之路. 1805年, 他进入多科工艺学校; 1807 年又转入道路桥梁学校; 大约在 1809 年开始了他的工程师生涯. 1810 年, 他前往瑟堡协助建立拿破仑的海军基地, 据说他随身带着拉普拉斯的《天体力学》(*Mécanique céleste*) 和拉格朗日的《解析函数论》(*Traité des fonctions analytiques*).

他的第一件重要的数学工作是解决了拉格朗日向他提出的一个问题: 证明任何凸多面体都是刚性的. (更精确地说: 证明凸多面体的二面角由它们的面唯一确定.) 他的证明值得去进一步了解, 要得到它也不难, 可参见柳斯捷尔尼克 (Lyusternik, L.A.) 的

书 (1966). 柯西的定理部分地解决了欧拉的一个猜想: 任何闭曲面都是刚性的; 事实上, 它是所能得到的最好的正面结果, 因为康奈利 (Connelly, R.) (1977) 发现了一个非凸多面体不是刚性的. 柯西第二个重大发现是, 他于 1812 年证明了费马的如下猜想: 每一个整数至多是 n 个 n 角形数的和 (参见第 3.2 节).

柯西积分定理是他 1814 年递交给法国科学院的, 这使他迈进了数学研究的主流. 他还设法追赶政治潮流 —— 形势正再次有利于保皇主义者; 1816 年, 科学院清洗了一批主张共和的成员, 柯西则被任命为院士. 同时, 他也成为多科工艺学校的教授; 在 19 世纪 20 年代, 他经典的分析教科书, 以及他创立的最重要的弹性理论都在该校出版面世. 他还得到了巴黎大学和法兰西学院的职位. 他和阿洛伊西·德布厄 (Aloïse de Bure) 于 1818 年成婚, 育有两个女儿.

1830 年的温和革命, 使奥尔良的路易–菲利普国王取代了波旁王族的国王查理十世; 在柯西的眼里, 这是一场灾难. 根据他坚守的一些古怪的原则, 柯西拒绝向新国王进行效忠宣誓. 这意味着他必须放弃他的职位, 但柯西做得更绝 —— 他离开家, 自愿跟随老国王流亡. 直到 1838 年他才返回巴黎; 等他再次得到以前的一个职位已是 10 年后的事了. 具有讽刺意味的是, 他能重返教授岗位还得感谢这场革命, 因为它取消了对国王的效忠宣誓. 他返回巴黎大学后源源不断地发表数学论文, 直到 1857 年去世.

第 17 章

微分几何

导读

如第 13 章所述, 微积分使我们得以研究非代数曲线: '机械' 曲线 —— 今称之为超越曲线. 微积分计算的不仅是这些曲线的基本特性, 比如它们的切线和曲线下的面积, 还有一些更精致复杂的性质, 比如曲率; 曲率原是几何学的一个基本概念, 不仅对平面曲线而且对高维的对象也很基本.

曲率概念对曲面研究尤为重要, 因为它可以内在地来定义. 内蕴曲率 —— 现在人们称之为高斯曲率 —— 在曲面被弄弯时不会改变, 所以对它的定义不需要参考环绕曲面的空间.

这就打开了研究内蕴曲面几何的大门. 在任何光滑曲面上, 你可以定义 (靠得充分近的) 任意两点间的距离, 由此就可以定义 '直线' (最短长度的曲线)、角度、面积, 等等.

于是, 问题来了: 一张曲面的内蕴几何在多大程度上类似于经典的平面几何? 对常曲率的曲面, 两者的差异反映在两条欧几里得公理上: 直线无限长公理和平行公理.

在像球面那样的常正曲率的曲面上, 所有的直线长度有限, 而且不存在平行线. 对于零曲率的曲面, 其上可能存在有限长直线; 不过, 若所有的直线都无限长, 平行公理就成立了. 最有趣的是常负曲率的情形, 因为它导致了非欧几何的实现, 我们将在第 18 章看到其中的缘由.

17.1 超越曲线

在第 9 章中, 我们看到 17 世纪微积分的发展受到曲线的几何问题的强烈刺激. 微分从构造切线的方法中脱颖而出, 积分则源于对面积和弧长的计算. 微积分不仅解开了经典曲线及笛卡儿定义的代数曲线的秘密, 而且扩张了曲线自身的概念. 一旦它能够用来精确地表示斜率、长度和面积, 也就有可能使用这些量来定义新的非代数的曲线. 这样的曲线被笛卡儿称为 '机械的' (见 7.3 节和 13.5 节), 而莱布尼茨称之为 '超越的'. 代数曲线可以在一定深度上用纯代数方法加以研究, 与之相反, 超越曲线的研究则与微积分密不可分. 因此, 一组新的几何思想, 即 '无穷小' 或微分几何的思想, 开始从超越曲线的研究中应运而生就毫不足怪了.

令人惊奇的倒是超越曲线研究的一个副产品, 它第一次给出了一个古代弧长问题的解. 这个问题是希腊人针对圆这种代数曲线提出的; 它等价于一个面积问题 ('化圆为方'), 因为圆的面积和弧长都与 π 的求值有关. 我们现在知道, π 是一个超越数 (2.3 节), 所以圆的弧长问题对于只使用初等方法的希腊人而言是无法解决的. 第一条其弧长可以用初等方法求得的曲线是哈里奥特于 1590 年前后发现的. 它是由极方程定义的曲线

$$r = e^{k\theta},$$

即著名的对数螺线或等角螺线.

哈里奥特并没有给出这个指数函数, 他只知道该曲线的等角性质 —— 其切线与半径向量之间的夹角为常角 ϕ (与 k 有关). 螺线出现在他关于航海术和地图投影法 (见 16.2 节) 的研究中, 所谓地球投影是指斜驶线在球面上的投影 (图 17.1). 斜驶线是一曲线, 它与子午线相交时夹角为一常数; 用航海业的术语说, 它表示船只按固定的罗盘方向行驶.

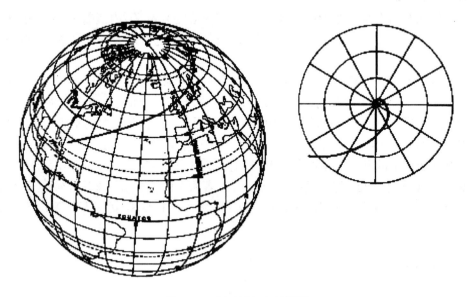

图 17.1　斜驶线与它的投影

没有微积分作工具, 哈里奥特只好依赖精巧的几何方法与简单的极限论证. 下面的图 17.2 (选自洛纳 (1979), 273 页) 解释了他的作图方法, 55° 角的螺线可用边为 s_1, s_2,

$s_3, \cdots$ 的多边形来逼近, 这些边与原点 p 相连时生成的三角形 $T_1, T_2, T_3, \cdots$ 可再组合成三角形 ABT, 因此后者的面积就等于螺线围成的面积 (当把这些重复的面积统统加在一起之后). 我们还可以看出

$$BT + TA = s_1 + s_2 + s_3 + \cdots = \text{螺线的长度}.$$

当用较短边 $s'_1, s'_2, s'_3, \cdots$ 进行逼近, 别的方面仍使用同样的方法, 结果出现同样的三角形 ABT: 底边为 a, 两底角都为 $55°$ 的等腰三角形. 因此, 我们已经发现了这条光滑曲线的长度和它围出的面积.

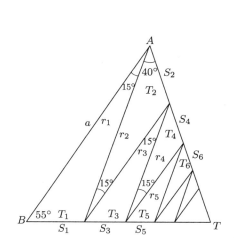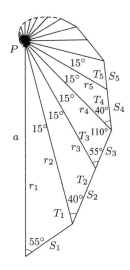

图 17.2   螺旋线所围面积的作图

哈里奥特的工作没有发表, 等角螺线的弧长被托里拆利 (1645) 重新发现. 渐渐地, 弧长问题被更系统地理解为积分问题, 尽管后者往往是相当难对付的问题. 尼尔 (Neil, W.) 和赫拉特 (Heuraet, H. van.) 在 1657 年第一次给出一条代数曲线, 即 '半三次抛物线' $y^2 = x^3$ 的解. 很快, 雷恩 (Wren, C.) 解决了摆线的问题, 他的解法是沃利斯 (1659) 给出的. 雷恩结果中最引人注意的内容是: 摆线上一段拱形的长度等于其生成圆直径的有理数倍 (即 4 倍).

正如在 13.5 节中所提及的, 摆线的另外一些显著的性质与机械运动有关, 其中之一, 我们将在下一节从几何观点重新加以解释.

有一条我们尚未把它跟机械运动联系起来的超越曲线是牛顿 (1676b) 的曳物线. 牛顿用下述性质定义该曲线: 从切点到 x 轴的切线长度是常数 (图 17.3). 可见该曲线满足

$$\frac{dy}{ds} = \frac{y}{a},$$

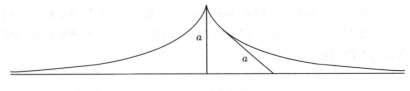

图 17.3 曳物线

其中 s 表示弧长. 利用 $ds = \sqrt{dx^2 + dy^2}$, 可以解出这个微分方程, 得到

$$x = a \log \frac{a + \sqrt{a^2 - y^2}}{y} - \sqrt{a^2 - y^2},$$

这个代表该曲线的方程是惠更斯 (1693b) 以更几何化的语言给出的. 惠更斯指出, 这条曲线可解释为被一长度为 a 的细绳拉动的石块经过的路径 (因此称为曳物线). 于是, 曳物线也有了某种机械学的意义. 事实上, 它可以由著名的机械曲线 —— 悬链线 —— 构造出来, 构造的方法见于下一节. 然而, 它最重要的作用在于它能生成伪球面, 17.4 节将讨论这种曲面.

习题

用弧长积分公式 $\int \sqrt{1 + \left(\frac{dy}{dx}\right)^2} dx$ 计算 $y^2 = x^3$ 的弧长, 是今天十分普通的一道习题.

17.1.1 试证明: $y = x^{3/2}$ 在 O 和 $x = a$ 之间的弧长是

$$\frac{8}{27}\left((1 + \frac{9a}{4})^{3/2} - 1\right).$$

同样地, 根据对数螺线的极方程以及指数函数的知识, 我们很容易推导出对数螺线的性质.

17.1.2 试证明: 对数螺线是自相似的. 就是说, $r = e^{k\theta}$ 乘上一个因子 m 放大为 $r = me^{k\theta}$, 后者给出的曲线跟原来的曲线相合 (事实上, 它是原来的螺线旋转所致).

　　雅各布 · 伯努利深深地被对数螺线的这一性质所打动, 以至于安排好将螺线刻在他的墓碑上, 墓志铭文则是 "*Eadem mutata resurgo*", 意为 "虽被改变, 我却依旧". (参见雅各布 · 伯努利 (1692), 213 页.)

17.1.3 试从对数螺线的自相似性导出它的等角性.

　　上面给出的曳物线方程可如下导出.

17.1.4 试解释为什么从常切线性质可推出 $\frac{dy}{ds} = \frac{y}{a}$, 然后在这个方程的两侧皆乘以 $\frac{ds}{dx} = \sqrt{1 + (\frac{dy}{dx})^2}$, 并推导出

$$\frac{dx}{dy} = \pm \frac{\sqrt{a^2 - y^2}}{y}.$$

17.1.5 试通过微分检验 $x = a \log \frac{a + \sqrt{a^2 - y^2}}{y} - \sqrt{a^2 - y^2}$ 满足习题 17.1.4 中的微分方程, 并说明当 $y = a$ 时 x 取到那个适当的值.

17.2 平面曲线的曲率

微分几何中最重要的概念之一是曲率. 这个概念从曲线、曲面一直发展到高维空间, 产生了很多重要的数学与物理学成果, 其中包括对 "空间" "时–空" 和 "万有引力" 的数学意义和物理意义的澄清. 本节中, 我们将看到 17 世纪曲线论中的曲率论的肇始. 我们所讨论的仅限于平面曲线的情况; 空间曲线需要额外考虑 "挠率" (扭曲) 的概念, 它不在我们的讨论之列.

正像曲线 C 在 P 点的方向用它的直线逼近 (即过 P 的切线) 来决定一样, C 在 P 点的曲率, 由一个逼近圆来决定. 牛顿 (1665c) 是第一位挑选圆来定义曲率的人: 过 P 的圆, 其中心 R 是过 P 的法线与过曲线上临近点 Q 的法线交点的极限位置 (图 17.4). R 称为曲率中心, $RP = \rho$ 是曲率半径, $1/\rho = \kappa$ 就是曲率. 由此即可推出: 半径为 r 的圆具有常曲率 $1/r$. 仅有的另一种常曲率的曲线是直线, 其曲率为 0. 这是牛顿 (1671) 发现的下述曲率公式的推论:

$$\rho = \frac{[1 + (dy/dx)^2]^{3/2}}{d^2y/dx^2}.$$

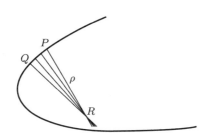

图 17.4 过曲线上邻近点的法线

曲线 C 与 C 的曲率中心的轨迹 C' 之间, 存在一种有趣的关系. C 是 C' 的所谓渐伸线, 直观地说, C 是从 C' 展开的一段弦的端点走过的路径 (图 17.5). 直观上很清楚, 弦的端点 Q 同时也在以 P 为圆心的圆上运动, 点 P 则是弦与 C' 相切的切点.

惠更斯 (1673) 用来设计圆滚摆 (13.5 节) 的摆线的几何性质, 现在可以更简单地看为: 摆线的渐伸线是另一条摆线. 另外两个关于渐伸线的极好的结果是伯努利兄弟得到的. 雅各布·伯努利 (1692) 发现对数螺线的渐伸线是另一条对数螺线; 约翰·伯努利 (1691) 则发现曳物线是悬链线的渐伸线.

曲率的另一个有用且直观的定义, 是由克斯特纳 (Kaestner, A. G.) (1761) 给出的, 结果发现它跟前述的定义等价. 他把曲率定义为切线旋转的速率, 即 $d\theta/ds = \lim\limits_{\Delta x \to 0} (\Delta\theta/\Delta s)$, 这里 $\Delta\theta$ 是曲线上长度为 Δs 的弧两端处切线的夹角. 由此定义可推出, 对单闭曲线 $\mathcal{C}$, 有 $\int_{\mathcal{C}} \kappa ds = 2\pi$, 因为切线沿着围绕 $\mathcal{C}$ 的回路转了一整圈. 在 17.6 节, 我们将看到这个结果可有趣地推广到非平面的曲面上的曲线.

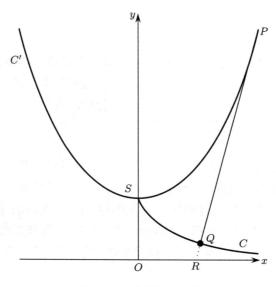

图 17.5　渐伸线的构作

习题

尽管牛顿曲率公式很复杂, 但对曲率 κ 为 0 的情形, 解出 y 还是相当容易的.

17.2.1 试利用该公式证明: $\kappa = 0$ 蕴含了 y 是 x 的线性函数的结论.

17.2.2 试证明: 对半径为 r 的圆, $d\theta/ds = 1/r$; 并导出: 对任意曲线有 $d\theta/ds = \kappa$.

将曳物线描述为悬链线的渐伸线, 在研究伪球面时会带来方便. 我们在下面的习题中, 会利用这种手段向前迈出几步. 图 17.5 中的曲线 C' 现在被假定是悬链线 $y = \cosh x$, 它与 y 轴相交于点 S, 此时 $y = 1$.

17.2.3 设 $S = (0, 1)$, $P = (\sigma, \cosh \sigma)$ 是悬链线 $y = \cosh x$ 上的两点, 试利用弧长积分证明:

$$\text{弧长 } PS = \sinh \sigma = PQ.$$

17.2.4 试求出 P 处切线的方程, 并用它证明 $R = (\sigma - \cosh \sigma, 0)$. 然后利用 PQ 的值得出

$$QR = \frac{1}{\sinh \sigma} = \frac{1}{PQ}.$$

17.2.5 最后, 再次利用 PQ 的长度证明

$$Q = (\sigma - \tanh \sigma, \quad \text{sech}\, \sigma),$$

并说明曳物线 C 的参数方程

$$x = \sigma - \tanh \sigma, \quad y = \text{sech}\, \sigma$$

蕴含了曳物线的笛卡儿方程 (此时 $a = 1$)

$$x = \log \frac{1 + \sqrt{1 - y^2}}{y} - \sqrt{1 - y^2}.$$

17.3 曲面的曲率

最初定义三维空间中曲面 S 上一点 P 处的曲率是这样考虑的: 含有过 P 点处法线的平面, 将在 S 上截出一条平面曲线, 可用该平面曲线的曲率表示 S 的曲率. 自然, 在 P 点垂直于曲面 S 的不同的平面, 可与 S 交出完全不同的曲线, 它们的曲率也不同, 如图 17.6 所示的圆柱面的情况即是.

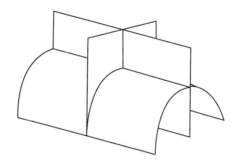

图 17.6　柱面的截线

然而, 在这些曲线中必有一个曲率最大的和一个曲率最小的 (它可能是负的, 因为我们按照曲率中心在曲面的不同侧而给出正、负不同的曲率符号). 欧拉 (1760) 证明, 这两个曲率 κ_1 和 κ_2 —— 称为主曲率, 出现在垂直的截线上, 由这两个值可以定出与主截线夹角为 α 的截线的曲率

$$\kappa = \kappa_1 \cos^2 \alpha + \kappa_2 \sin^2 \alpha.$$

就以上情形而言, 曲面曲率就隶属于平面曲线的曲率了. 一个较深刻的思想出现于高斯研究测地线 (用于测量与地图制作) 的工作中: 曲面的曲率是可以内在地从曲面的特性中探知的, 所谓 '内在地探知' 是指完全在曲面上进行的度量. 例如, 地球的曲率是基于勘探者和测量员的测量确定的, 而不依赖于在空间中的观察 (注意高斯所处的时代). 高斯 (1827) 做出了不寻常的发现, 即量 κ_1 和 κ_2 能够内在地定义, 因此能够作为曲率的内在度量. 他对这个结果感到十分自豪, 称之为 'theorema egregium' (极好的定理). 特别地, 由此导出的 κ_1 和 κ_2 —— 现被称作高斯曲率 —— 是由自然的弯曲 (没有褶皱和伸缩) 形成的.

例如, 对于平面而言, $\kappa_1 = \kappa_2 = 0$, 这就是零高斯曲率. 因此, 任一由平面弯曲而成的曲面, 如柱面亦是如此. 我们可以证明此时的 theorema egregium 成立, 因为柱面的主曲率中的一个显然为 0.

两个曲面 S_1 和 S_2, 如果它们互相由另一个弯曲而成, 则称它们是等距的. 更精确地, 说两个曲面 S_1 和 S_2 是等距的, 是指存在 S_1 上的点 P_1 和 S_2 上的点 P_2 之间的一一对应关系, 使得

$$S_1 \text{ 中 } P_1 \text{ 与 } P_1' \text{ 间的距离 } = S_2 \text{ 中 } P_2 \text{ 与 } P_2' \text{ 间的距离.}$$

其中的距离是在各自曲面内部的度量. theorema egregium 更为精确的描述是: 如果 S_1 和 S_2 是等距的, 则 S_1 与 S_2 在对应点有相同的高斯曲率. 逆陈述是不真的: 存在 S_1 和 S_2 不是等距的, 尽管它们之间存在一个一一 (且连续的) 对应, 但它们在对应点上的高斯曲率相同. 在斯特鲁贝克 (Strubecker, K.) (1964, 卷 3, 121 页) 中给出了一个例子, 其中含有非常值高斯曲率的曲面.

对于常值高斯曲率的曲面, 等距与曲率之间保持了更好的一致性, 下节我们会提到它. 从现在起, 除非另加说明, 否则曲率都是指高斯曲率.

17.4　常曲率曲面

最简单的常正曲率曲面是半径为 r 的球面, 它在所有点的曲率都是 $1/r^2$. 其他曲率为 $1/r^2$ 的曲面只能在弯曲球面的某些部分时得到; 然而希尔伯特 (1901) 已证明: 所有这样的曲面都会有一些边或点, 使它在这些地方变得不再光滑. 我们已经注意到, 平面是 0 曲率的, 所有由平面或它的一部分弯曲而得的曲面也应如此.

尚待探讨的问题是: 是否存在常负曲率的曲面. 在通常的空间中, 这样的曲面在每个点都有反向的主曲率, 如马鞍形状的曲面 (图 17.7). 明金 (Minding, F.) (1839) 给出了一些常负曲率的曲面, 其中最为著名的是伪球面 —— 它是一条曳物线绕着 x 轴旋转而得到的旋转曲面 (图 17.8). 这种曲面早在 1693 年就被惠更斯研究过, 他求出了它的表面积 —— 是有限的, 还求出了它所包裹的立体的体积和质量中心 —— 它们也都是有限的 (惠更斯 (1693a)).

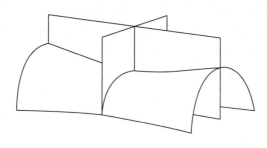

图 17.7　马鞍形

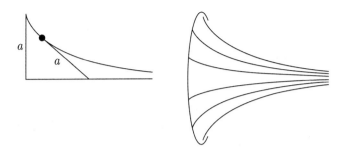

图 17.8　曳物线和伪球面

在某种意义下, 伪球面是柱面的负曲率对应物; 因此, 人们想知道是否存在一种更像平面的负曲率曲面呢. 希尔伯特 (1901) 证明: 在通常空间中, 不存在光滑无界的常负曲率曲面. 这就排除了类平面情形的出现, 并且说明了伪球面是 "有边" 的. 但是, 人们通过将非标准的长度概念引入欧氏平面, 从而得到一个负曲率的 "平面". 贝尔特拉米 (Beltrami, E.) (1868a) 的这一发现, 我们将在下一章讨论 —— 同时讨论非欧几何中涉及负曲率的有关事情.

当我们回到等曲率的曲面 S_1 和 S_2 是否是等距的这一问题时, 也可以略微感知这些几何的暗喻. 甚至在常曲率的情况下, 这个问题的答案仍是否定的, 因为平面跟柱面就是不等距的. 那么何时答案为真呢, 这时需要平面上任一足够小的部分可以等距地映到柱面上的任一部分. 明金 (1839) 证明: 对于两个具有相同常曲率的曲面, 类似的结果为真. 取 $S_1 = S_2$, 这个结果可以解释为刚性运动在 S_1 中是可能的; S_1 中的物体可通过无收缩也无拉伸的运动到达 S_1 中的任何一部分, 只要该部分大到足以容下它. 后面的限制是必需的, 例如对于伪球面而言, 当 $x \to \infty$ 时它变得无限地狭窄.

可实现刚性运动是平面欧氏几何的基础, 随着支持刚性运动的弯曲的曲面的发现, 欧几里得几何可以看为更广的一类事物的特例 —— 即零曲率的情形. 曲面上更广泛的几何概念, 一旦有了一个适当的 "直线" 概念便开始登上数学舞台. 这是下节要讲的内容.

习题

17.2 节把曳物线看成悬链线的渐伸线, 这使我们清楚地洞悉到伪球面的两个主曲率, 并使我们理解为什么伪球面具有常负曲率.

17.4.1　试将图 17.5 中的 PQ 解释为曳物线的曲率半径, 因此亦可解释为伪球面上一段截线的曲率, 这间接地表明 QR 是其曲率半径.

17.4.2　假定 PQ 和 QR 事实上是主曲率半径, 试从习题 17.2.4 中导出:

$$\text{伪球面上任一点处的高斯曲率} = -1.$$

17.5 测地线

一条 '直线' 或所谓的测地线有两种等价的定义, 一种说的是它具有最短距离性质, 另一种则说出了它的零曲率性质. 在历史上首先出现的是最短距离的定义, 尽管从数学上看它较为深奥, 而且会带来不便, 原因是测地线段并不一定是两点之间的最短线. 例如, 在球面上, 两个相邻的点 P_1, P_2 之间有两条测地线: 即过 P_1, P_2 的大圆的较短部分和较长部分. 为了把两种定义包容在一起, 我们可以这样说: 测地线给出了球面上任意足够接近的两点间的最短距离. 但谈到最短距离, 即便是很接近的两点 P_i, P_j 间的最短距离, 都要去演算变分问题以求出从 P_i 到 P_j 间哪条曲线具有最短的长度. 尽管如此, 雅各布 · 伯努利和约翰 · 伯努利就是由此给出测地线的首个定义的; 而且欧拉 (1728a) 顺着这条路径找到了测地线满足的微分方程.

一条更基本的路径是, 对于曲面 S 上的曲线 C, 其上的点 P 处的测地曲率 κ_g 可定义为 C 在过点 P 的 S 的切平面上的正交投影的通常曲率. 正如人们所期望的, 测地曲率也可以内蕴地定义, 高斯 (1825) 就是以这种方式引入 κ_g 的. 于是, 测地线即是测地曲率为 0 的曲线. 这是博内 (Bonnet, P. O.)(1848) 给出的定义.

由后一个定义可立即说明, 球面上的大圆是测地线, 因为它们在切平面上的投影是直线. 另一些例子有柱面上的水平直线、竖直圆和螺旋线 (图 17.9). 这些都是由平面上的直线当平面卷成柱面时形成的. 伪球面以及其他负曲率曲面上的测地线描述起来都没这么简单. 下一章将说明, 当人们将这些常负曲率曲面适当地映射到平面上时, 问题就变得简单了.

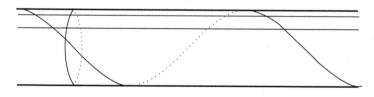

图 17.9　柱面上的测地线

习题

17.5.1 试问伪球面上的那些圆, 即位于与伪球面的轴垂直的平面上的圆是不是测地线? 请给出一个定性的论证来支持你的答案.

我们可以首先考虑锥面 —— 它也是由平面弯曲而成的, 这样可以使这个问题的解答容易些. 为了避免锥面顶点处的不光滑性, 我们可略去这个点.

17.5.2 试证明锥面上这样的圆, 即在垂直于它的轴的平面上的圆不是测地线.

17.5.3 试证明: 锥面上存在非光滑的测地线, 这是指这样的曲线, 它们的测地曲率除了在某些没有切线的点之外皆为 0.

17.6 高斯–博内定理

在 17.2 节, 我们注意到

$$\int_{\mathcal{C}} k\,ds = 2\pi,$$

$\mathcal{C}$ 是平面上一单闭曲线. 此结果有一个针对曲面的深刻推广, 即所谓的高斯–博内定理. 在曲面上, κ 必须用测地曲率 κ_g 代替, 该定理表述为

$$\int_{\mathcal{C}} \kappa_g\,ds = 2\pi - \iint_{\mathcal{R}} \kappa_1\kappa_2\,dA,$$

其中 A 表示面积, $\mathcal{R}$ 是 $\mathcal{C}$ 围成的区域 (博内 (1848)). 高斯本人发表的仅仅是它的一种特殊情形, 或毋宁说是一种特殊情形的极限, 即 $\mathcal{C}$ 是测地三角形. 当然, 对于这种情况, 沿着 $\mathcal{C}$ 的边界满足 $\kappa_g = 0$, 且在顶角处 κ_g 变为无穷. 我们舍去三个顶点并利用小段弧 ds 将顶角处变光滑后, 可以看到 (图 17.10) 有

$$\int_{\mathcal{C}^*} \kappa_g\,ds \cong \alpha' + \beta' + \gamma',$$

其中 α', β', γ' 是该三角形的外角, $\mathcal{C}^*$ 是对三角形 $\mathcal{C}$ 的光滑化逼近.

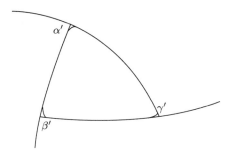

图 17.10 光滑化测地三角形

然后, 让光滑化的部分趋于 0, 我们便得到

$$\int_{\mathcal{C}^*} \kappa_g\,ds = \alpha' + \beta' + \gamma' = 3\pi - (\alpha + \beta + \gamma),$$

其中 α, β, γ 是该三角形的内角. 引入一个量

$$(\alpha + \beta + \gamma) - \pi,$$

称为该三角形的角盈 (因为一个通常的三角形, 内角之和为 π), 我们便有

$$\int_C \kappa_g ds = 2\pi - \text{角盈},$$

高斯 (1827) 的结果是

$$\text{角盈} = \iint_{\mathcal{R}} \kappa_1 \kappa_2 dA.$$

我们看到高斯曲率的积分比曲率 $\kappa_1 \kappa_2$ 具有更基本的几何意义. 事实上, 高斯是先想到角盈, 然后是曲率积分, 到最后才是曲率本身. 分解为主曲率的想法大概是在他回过头来将几何思想融入分析形式之后才有的; 在这个过程中, 发现的顺序是倒过来的. 东布罗夫斯基 (Dombrowski, P.) (1979) 利用高斯未发表的工作中的线索, 对高斯原来的工作过程做了一个看似是真实的重新构作.

在常曲率 $\kappa_1 \kappa_2 = c$ 的情况下, 角盈的作用可以看得更明白. 此时有

$$\text{角盈} = c \times \mathcal{R} \text{ 的面积},$$

所以角盈给出了面积的一种度量 —— 这是高斯在一封信 (1846a) 中宣布的一个结果, 而他在 1794 年已知道这个结论. 事实上, 这个结果对球面的特例在 1603 年就已为托马斯·哈里奥特所知 (见洛纳 (1979)). 哈里奥特的美妙证明如下 (图 17.11).

延长三角形 ABC 的各边, 将球面分为 4 对全等的对径的三角形 (图 17.11a). 我们用 $\triangle_{\alpha\beta\gamma}$ 来表示三角形 ABC 及它的对径三角形 $A'B'C$ 的面积, 另外三对三角形的面积分别记为 $\triangle_\alpha, \triangle_\beta, \triangle_\gamma$, 它们各自补足对应于角 α, β, γ 的球面上包含 $\triangle_{\alpha\beta\gamma}$ 的 '切片' (图 17.11b).

因为切片的面积是 $2r^2$ 乘以角度, r 是球的半径, 我们有

$$\triangle_{\alpha\beta\gamma} + \triangle_\alpha = 2r^2\alpha,$$
$$\triangle_{\alpha\beta\gamma} + \triangle_\beta = 2r^2\beta,$$
$$\triangle_{\alpha\beta\gamma} + \triangle_\gamma = 2r^2\gamma,$$

将它们相加得到

$$3\triangle_{\alpha\beta\gamma} + (\triangle_\alpha + \triangle_\beta + \triangle_\gamma) = 2r^2(\alpha + \beta + \gamma). \tag{1}$$

另一方面,

$$2(\triangle_{\alpha\beta\gamma} + \triangle_\alpha + \triangle_\beta + \triangle_\gamma) = \text{球面面积} = 4\pi r^2,$$

将其代入 (1) 式得

$$\triangle_{\alpha\beta\gamma} = r^2(\alpha + \beta + \gamma - \pi).$$

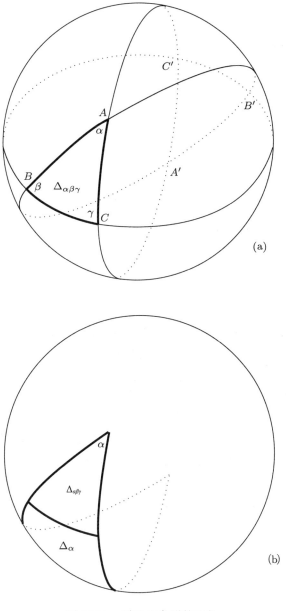

图 17.11 球面三角形的面积

这正是所要求的结论, 因为 $1/r^2 =$ 球面曲率.

高斯对这个结果相对于负曲率的情形也很感兴趣, 此时三角形三内角之和小于 π, 所以我们有了角亏而不是角盈. 高斯对这种情形的研究不仅引导他得到了高斯曲率而且还引导他进入了非欧几何的领域.

习题

初看上去, 球面上的面积用角度而不是长度来度量, 这确实令人感到意外. 然而, 为什么面积要用角盈来度量, 存在一个普遍的理由 (除了高斯–博内定理之外), 这种想法仅仅对角盈为 0 的情形 —— 即欧氏平面是失效的.

17.6.1 三角形被一条通过顶点的线分成两个三角形 $\triangle_1$ 和 $\triangle_2$. 试证明:

$$\text{角盈} (\triangle) = \text{角盈} (\triangle_1) + \text{角盈} (\triangle_2).$$

17.6.2 试从习题 17.6.1 推出: 若任一多边形 Π 分成若干个三角形 $\triangle_i$, 则

$$\text{角盈} (\Pi) = \text{角盈} (\triangle_1) + \text{角盈} (\triangle_2) + \cdots.$$

于是, 角盈函数就和面积函数一样具有加法性质. 可以证明, 对任一加法函数, 只要它是连续的, 就一定是面积的常数倍 (参见博诺拉 (Bonola, R.) (1912), 46 页).

17.7 人物小传: 哈里奥特和高斯

本章和上一章所描述的托马斯·哈里奥特 (Thomas Harriot) 的发现, 似乎肯定了他在数学史上的地位, 但也许他是伴随在其他做出过若干更深刻贡献的人 —— 诸如德萨格 (Desargues, G.) 和帕斯卡 —— 周围工作的. 所以很不幸, 哈里奥特的实际地位尚不清晰. 17、18 世纪对他赞美有加的人的夸张说法, 让事情难辨真伪; 直到最近, 他的文章仍处于凌乱和难以寻找的状态, 这使对他的任何说法都很难确证. (哈里奥特身后留下的近 4000 页的文字中, 大约有 140 页被斯特多尔 (stedall, J) (2003) 译出并加了注释, 但其内容不包括他的任何几何作品.) 此外, 哈里奥特是个深居简出的人, 人们很少了解他的生平. 他生活在沃尔特·罗利爵士 (Sir Walter Raleigh)、克里斯托弗·马洛 (Christopher Marlowe) 和盖伊·福克斯 (Guy Fawkes) 的世界里 —— 一个可怖但令人着迷又充满危险的世界; 他可能以为要生存就必须过隐秘的生活. 结果, 我们现在对哈里奥特的了解, 正如雪莉 (Shirley, J. W.) 写的传记 (1983) 所解释的, 所依据的事实不足, 大量内容只能根据对他同时代言行不加保密者的了解加以外推.

我们对哈里奥特早期生活的所知来自一份纪录: 1577 年 12 月进入牛津大学, 年龄 17 岁, 其父是 '平民'. 有关他家庭的唯一消息得自于他 1621 年立的遗嘱, 其中提到一位姐妹和一位远房亲戚. 似乎他没有孩子, 也从未结过婚. 在牛津大学, 哈里奥特获得了常规的古典语学士学位, 但他必定接触过欧几里得的几何和天文学, 这是读硕士学位必修的课程. 他大概听过理查德·哈克卢特 (Richard Hakluyt) —— 名著《航海学》(*Voyages*) 的作者 —— 的课, 后者当时正开始宣讲由 16 世纪航海家发现的新大陆的地理学.

可能正是哈克卢特促使哈里奥特于 16 世纪 80 年代早期前往伦敦, 找到了沃尔特·罗利爵士. 罗利那时大约 30 岁, 是接近伊丽莎白女王权力中枢的人中最有权势的一位,

幻想通过探险来发大财. 他必定对掌握航海方面数学知识的哈里奥特有深刻的印象; 1583 年左右, 哈里奥特成了罗利家的家庭教师, 并有相当的自由进行自己的研究. 哈里奥特开班讲授航海知识, 这是罗利为 1585 年由理查德·格伦维尔爵士 (Sir Richard Grenville) 领导的前往弗吉尼亚的跨海航行所做准备的一部分, 他们的目标是试图在新大陆建立第一个英国殖民地. 尽管此次尝试未获成功, 但却是哈里奥特一生中最大的冒险. 他学习了印第安人的语言和风俗, 写了一本有关这次殖民活动的书《关于新发现的弗吉尼亚地域的简要而真实的报告》(1588) —— 哈里奥特生前发表的唯一的著作.

有了罗利的资助, 哈里奥特有了稳定的收入, 他此后的一生一直如此. 然而, 他也得受罗利政治命运的摆布. 到 1592 年, 40 岁的罗利感到自己作为将近 60 岁的女王的宠信之人越来越难受了; 他秘密地跟女王的一名仆人伊丽莎白·司罗克莫顿 (Elizabeth Throckmorton) 结了婚. 可能他早在 1588 年就跟这名女仆结婚, 但不管怎么说, 当罗利夫人 1592 年生下儿子时秘密终于暴露, 罗利被关进了伦敦塔. 哈里奥特并未因跟罗利有直接的联系而遭难, 不过他经罗利跟克里斯托弗·马洛发生了关联, 后者因无神论的主张在 1593 年引发了一场耸人听闻的审判.

马洛是位诗人兼剧作家, 过着间谍的神秘生活, 还有其他不良的行为; 可控告他的事由不计其数, 尽管现在不好说哪一项是真的. 对哈里奥特而言, 不幸的是马洛反对宗教的第二项罪是: '他断言摩西只不过是个骗子, 罗利家的那个哈里奥特比他能干多了.' 事有凑巧, 这场审判以如下事件而告终: 马洛在一次发生在小酒馆的争吵中被谋杀. 哈里奥特并未被传唤出庭作证, 但在公众中留下了被怀疑的把柄.

哈里奥特没有遗弃罗利, 但他足够精明, 继续寻找新的资助人; 他找到的是亨利·珀西 (Henry Percy), 第九任的诺森伯兰伯爵. 亨利以 "鬼才伯爵" 著称, 是罗利的朋友, 像他一样喜欢科学和哲学. 1593 年他给了哈里奥特一笔资助, 后来变成每年 80 英镑的年金. 这笔钱是当时教师最高工资的两倍, 使他在伯爵的领地、靠近伦敦的泰晤士地区有了一幢房子, 还雇了仆人. 这幢房子人称 '西翁屋', 是他余生居住的家和图书室.

可惜, 哈里奥特又一次不幸地选错了朋友. 伯爵的堂兄弟托马斯·珀西 (Thomas Percy), 租用了议会议事大厅下面的地下室, 于 1605 年 11 月 5 日在这一著名的地点用炸药谋杀国王詹姆斯一世. 哈里奥特被拖进了这场官司, 遭到审查并被短期关押, 因为怀疑他曾秘密地给国王算命. 詹姆斯一世遭受了巫术的惊吓, 于是不管三七二十一, 把所有的数学家都视为占卜师和巫师. 最后, 尽管没有找到不利于哈里奥特的证据, 但这位伯爵可遭了大罪: 1605 年至 1621 年一直被关在伦敦塔里.

同时, 罗利的境遇更惨. 在伦敦塔关押期间病了好几次, 1616 年获释后率领一支探险队去寻找神秘的黄金国*. 当他狼狈不堪地返回英国之后, 仍按 1603 年老的叛逆罪被再次收监坐牢. 哈里奥特保存了几份私人文件, 其中之一是他摘录的罗利于 1618 年行刑前的讲话 (参见雪莉 (1983), 447 页).

---

* El Dorado, 想象中位于南美亚马孙河岸上的城市. —— 译注

罗利死后一个月, 天空出现了一颗明亮的彗星, 哈里奥特最后一项重要的科学研究活动就是对它进行了观测. 疼痛的鼻癌曾折磨了他好几年, 1621 年在去伦敦访问时癌症最终夺去了他的生命. 他葬于针线街的圣克里斯托弗教堂 —— 后于 1666 年的伦敦大火中被烧毁. 该地现为伦敦银行的一部分, 1971 年 7 月 2 日是哈里奥特逝世三百五十周年, 他原来的墓碑的复制品被树立于此.

图 17.12 是存于牛津大学三一学院的一幅肖像. 图左上角的拉丁文题字写道: 肖像画于 1602 年, 被画者 32 岁. 这跟哈里奥特在牛津大学的登记并不相符 (按此登记, 1602 年他是 42 岁), 但人们相信这确是他的肖像.

图 17.12　托马斯·哈里奥特

卡尔·弗里德里希·高斯 (Carl Friedrich Gauss) 1777 年生于德国不伦瑞克, 1855 年卒于德国格丁根. 他是格布哈德·高斯 (Gebhard Gauss) 和多罗西娅·本茨 (Dorothea Benze) 唯一的儿子, 不过其父在前一次婚姻中还育有一子. 格布哈德主要靠手工劳动维持生计, 也做一点会计工作; 据说高斯三岁时就纠正过父亲的算术计算错误. (读者要记住, 关于高斯年轻时的故事是他本人年老时讲出来的, 有几处未免夸大了他的早熟.) 高斯不像他的父亲, 相信自己的天赋得自于母亲. 他 1784 年开始上学, 老师比特纳 (Büttner) 很快认识到这孩子的能力, 并单为他买了程度更深的书本. 比特纳的助手马丁·巴特尔斯 (Martin Bartels) (1769—1836) 也给了高斯特殊的关照. 巴特尔斯本人当时是位刚出道的数学家, 后来成为喀山大学的教授, 是罗巴切夫斯基 (Lobachevsky, N.I.) 的老师 (参见下一章).

　　高斯于 1788 年进入中学, 在 1791 年赢得了不伦瑞克公爵按年提供的补助金, 它大致相当于今天的政府奖学金. 他还被选进了为杰出的中学生创办的新的理科学校 —— 卡洛琳学院. 1792 年至 1795 年间, 高斯在该校就读, 学习了牛顿、欧拉和拉格朗日的著作, 并开始自己的研究工作, 主要是进行诸如求算术几何平均这样的数值计算. 1795 年, 他离开不伦瑞克来到跟汉诺威州毗连的格丁根求学, 该地当时在英国的乔治三世统治之下. 公爵可能喜欢让高斯留在不伦瑞克, 就读当地的海尔姆斯台特大学, 当然还会继续给他财务支持. 高斯之所以选择格丁根大学, 是因为那里有更好的图书馆; 他后来曾轻蔑地谈起过这所大学的数学教授克斯特纳 (Kaestner, A. G.). 确实, 高斯在学生时代的成就 —— 始于正十七边形的尺规作图 (第 2.3 节), 并以代数基本定理的证明告终 (第 14.7 节) —— 使他老师的成就相形见绌. 诚然, 人们可以提出疑问: 克斯特纳有关曲率的定义 (17.2 节) 是否对高斯后来研究微分几何毫无用处.

图 17.13　卡尔·弗里德里希·高斯

　　1798 年, 高斯回到不伦瑞克, 在这里一直生活到 1807 年. 图 17.13 就是他在这一时期的肖像画, 这时他正处于一生中最愉快和最多产的阶段. 1801 年, 高斯发表了他的伟大的数论著作《算术研究》(*Disquisitiones arithmeticae*); 同年, 以准确预测小行星 '谷神星' 的位置这一壮举迈入了天文学领域; 1805 年他和约翰娜·奥斯多夫 (Johanna Osthoff) 成婚. 1804 年在给他的朋友福尔考什·波尔约 (Farkas Bolyai) 的信中, 高斯在谈到约翰娜

时异常地热情和开放:

> 一位漂亮的女士, 她的面庞反衬出内心的宁静, 她健康、温存, 多少带点幻想的
> 眼神, 一切无可挑剔 —— 这是一方面; 她开朗、谈吐优雅, 受过良好教育 ——
> 这是另一方面; 她有天使般平和、沉稳、谦逊和纯真的灵魂, 不会去伤害任何
> 生灵 —— 这是最重要的.

译自考夫曼–比勒 (Kaufmann-Bühler) 的书 (1981), 49 页

如果约翰娜活得更长久些, 高斯可能会变成完全不同的一个人. 但在 1809 年她在生下他们的第三个孩子不久便去世了. 这个打击对高斯过于沉重, 使他再也无法恢复往日平静的心态.

约翰娜亡故不到一年, 高斯跟格丁根大学一位教授的女儿米纳·握尔德克 (Minna Waldeck) 成婚. 约翰娜是位制革匠的女儿; 而米纳的出身则完全不同, 她社会地位高, 有自己的追求, 这使高斯感到不安和局促. 例如, 他们订婚不久, 他就不得不告诉米纳别给他母亲写信, 因为她不识字. 米纳身体不好, 1811 年至 1816 年间他们共生育了 3 个孩子, 之后米纳便成了老病号. 高斯发现他很难承担如此重负, 加之他没有精心照料孩子的热情, 真是雪上加霜! 1830 年, 家庭的紧张关系终于爆发: 他的大儿子欧根 (Eugen) 在跟父亲争吵后愤然移居美国. 次年, 米纳因结核病撒手人寰.

高斯在他人生不愉快的时期, 数学成果也较少; 究其原因, 家庭拖累的影响还不如他对职业选择的影响大. 1807 年, 他出任格丁根天文台的台长; 1817 年, 他的一部分天文研究被测地工作所替代; 从 1818 年至 1825 年, 他每年夏季都要到野外为汉诺威地区进行艰苦的大地测量. 高斯似乎很少对他的人生选择表示过后悔 —— 他不喜欢教书, 认为其他数学家也没教过他什么 —— 但是, 我们不能说他对天文学和测地学的贡献比对数学的贡献还大. 事实上, 他从测地学研究中得到的最好成果, 是他的共形映射和复函数理论 (第 16.2 节) 以及内蕴的曲率概念 (第 17.3 节).

在 19 世纪 30 年代, 随着年轻的物理学家威廉·韦伯 (Wilhelm Weber) 来到格丁根, 高斯好似经历了一次学术上的再生. 这两位合作者热情地投入磁学的研究, 使高斯在理论和实践 (发明电磁电报) 两方面都大获成功. 可惜, 两人的合作于 1837 年被迫终止, 因为韦伯敢于拒绝向汉诺威的新国王做效忠宣誓而遭到解雇.

高斯在此后有过愉快的时候, 那是他的学生艾森斯坦和戴德金带来的, 当然还有黎曼 1854 年论几何基础的讲演. 大半生都游离于其他数学家之外的高斯, 终于发现有学生能理解他的思想并加以发扬光大, 这必定令他感到欣慰. 要是他能更早地发现这一点, 数学的发展会是什么样子呢? 留给我们的唯一答案只有好奇!

第 18 章

非欧几里得几何 (简称非欧几何)

导读

令人意想不到的是, 曲面几何竟有助于人们对平面几何的理解. 在欧几里得系统地提出平面几何的公理 2000 多年之后, 微分几何证明: 平行公理不能从欧几里得的其他公理推导出来.

长期以来, 人们一直期望平行公理是其他公理的推论, 但始终没有找到证明. 特别地, 相反的假设 P_2 —— 过给定直线外一点可引不止一条直线与其平行 —— 并不会导致矛盾. 在 19 世纪 20 年代, 波尔约和罗巴切夫斯基提出: P_2 所导出的是一类可以接受的新的几何学 —— 非欧几里得几何.

然而, 为证明 P_2 不会导致矛盾, 需要找出满足 P_2 和其他欧几里得公理的一个模型, 即要寻找一种数学结构, 其中的对象称为 "点" 和 "直线", 且该结构满足用 P_2 替代平行公理后的欧几里得公理体系.

贝尔特拉米 (1868a) 首先找到了这样的一个结构: 以测地线为其 "直线" 的常负曲率曲面. 通过对这种曲面的各种映射, 贝尔特拉米又发现了其他模型, 包括一种射影模型, 其中的 "直线" 是单位圆盘上的直线段; 还有一种共形模型, 其中的 "角" 就是普通的角.

最后, 庞加莱 (1882) 证明: 贝尔特拉米的共形模型可在复分析中自然产生. 已出版的一些文章中出现了非欧几里得 "直线" 模式图, 最著名的属于施瓦茨 (1872). 所以, 非欧几何实际上是已有数学的一部分, 只是之前人们对它的几何性质尚不理解.

18.1 平行公理

19 世纪以前, 欧几里得的几何无论是作为公理系统还是作为对物理空间的描述, 都享受着绝对权威的地位. 欧几里得的那些证明被认为是逻辑严格性的典范, 他的公理则被看成是有关物理空间的正确陈述. 即使在今天, 欧几里得几何仍是最简单的一种几何类型, 它为日常事物所涉及的物理空间提供了一种最简单的描述. 然而, 除了日常生活的世界, 还存在一个浩瀚的宇宙, 我们只有借助一种扩展了的几何才能理解它. 几何概念的扩展最初起因于人们不满意欧几里得的一条公理, 即平行公理.

就我们的目的而言, 平行公理如下的陈述方式是最方便的:

公理 P_1 对于每一条直线 L 和 L 外一点 P, 恰好只存在一条过 P 的直线不与 L 相交.

公理 P_1 有许多等价的说法, 其中有些跟上面的叙述比较接近, 例如欧几里得自己的说法:

> 若一条直线和两条直线相交, 使得同侧内角的和小于两个直角, 那么当这两条直线无限延伸时, 必在小于两直角的一侧相交.
>
> 希思 (1925), 第 202 页

公理 P_1 的其他等价说法则面目全非了. 例如,

(i) 三角形内角和 $= \pi$ (欧几里得).

(ii) 跟一条直线等距的点的轨迹亦是一条直线 (哈塔姆 (al-Haytham), 约公元 1000 年).

(iii) 存在不同大小的相似三角形 (沃利斯 (1663); 参见福韦尔 (Fauvel, J.) 和格雷 (Gray, J.) (1988), 第 510 页).

于是, 否认平行公理也就否认了 (i), (ii) 和 (iii). 特别地, 否认 (iii) 意味着不可能存在比例模型, 因为原对象上的三个点和它的比例模型上的三个对应点将定义两个大小不同的相似三角形.

平行公理有如此众多的不同说法, 使许多人相信它表述的是直线在逻辑上必然成立的性质, 应该已蕴含在欧几里得的其他公理之中. 于是, 人们很自然地努力想来证明这一点.

最执着的一次尝试属于萨凯里 (Saccheri, G.), 他写了一本题为《欧几里得无懈可击》(*Euclides ab omni naevo vindicatus*) 的书 (1733). 萨凯里的证明计划的第一步是对平行公理的否认分为两种情形:

公理 P_0 过 P 的直线皆与 L 相交.

公理 P_2 至少有两条过 P 的直线不与 L 相交.

下一步是由它们导出矛盾从而否定它们. 他成功地从公理 P_0 出发, 利用欧几里得的其他公理 —— 诸如直线可以无限延长这样的公理 —— 导出了矛盾. (这些附加的假定确实是需要的, 因为球面上的大圆除了长度有限外同样具有直线的某些性质.)

萨凯里没能从公理 P_2 导出矛盾, 却导出了如下结果: 在过 P 但不与 L 相交的直线

中有两条处于极端的位置, 记作 M^+ 和 M^-, 称为 L 的平行线或渐近线 (图 18.1), 任何一条完全位于 M^+ 和 M^- 之间的直线 M, 跟 L 具有一条公共的垂线, 而且, 该垂线的位置当 M 趋于 M^+ 或 M^- 时将趋于无限远处. 由公理 P_2 导出的这些结论虽然古怪, 但并未引出矛盾; 萨凯里意识到矛盾从他身边溜走了, 并试图通过向无穷进军把它追回来.

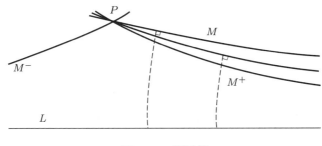

图 18.1   渐近线

他宣称, 渐近线 M^+ 将和 L 交于无穷远处, 它们在那里有一条公共的垂线. 这也许看似有理, 条件是要使用射影几何中类似的论证; 但欧几里得肯定不会接受它. 而且, 这时仍然不存在矛盾. 萨凯里只是说, 这个结论 '跟直线的性质不一致' (萨凯里 (1733), 第 173 页), 也许可以设想成图 18.2 中那样的相交. 但为什么两条渐近的线不是在无穷远处相切触呢? 其后的历史表明, 这正是对萨凯里的 '矛盾' 的适当的分析 (参见第 18.5 节). 所以, 萨凯里的结果并不如他想象的那样是在迈向对平行公理的证明; 它们乃是非欧几里得几何的第一批定理 —— 在非欧几何中, 平行公理被公理 P_2 所取代.

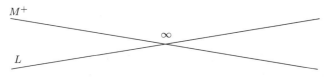

图 18.2   假设的在无穷远处的相交

习题

平行公理和三角形内角和之间的联系, 非常直接也很优美.

18.1.1   试依据欧几里得版本的平行公理推导以下结论: 一直线与两条平行直线相交, 其内角和等于 π.

18.1.2   利用习题 18.1.1 和图 18.3 中的作图 (其中 CD 平行于 AB), 证明 $\alpha + \beta + \gamma = \pi$.

18.1.3   试依据习题 18.1.2 推导出: 任一四边形的四个内角和等于 2π, 特别地, 存在四内角皆为直角的正方形.

于是, 涉及正方形的那些定理, 诸如毕达哥拉斯定理, 只有在假定满足欧几里得平行公理的条件下才成立.

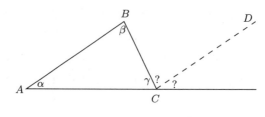

图 18.3 三角形内角和

18.2 球面几何

萨凯里因 P_0 与无限直线不相容而拒绝它, 这就避免了去考虑球面上那种十分自然的几何 —— 其中 P_0 成立, 大圆可看成是 "直线". 在古代, 由于天文学家和航海家的需要, 人们开发出了球面几何, 并已熟知球面三角形的边长和面积公式. 但球面仍是欧几里得空间几何中的对象, 所以人们起初忽略了从公理的角度来看待球面几何的意义, 尽管最初对公理 P_2 的探究是受了在球面上进行的模拟的启发.

兰伯特 (Lambert, J. H.) (1766) 做出了令人印象深刻的发现, 即公理 P_2 蕴含了如下结论: 内角为 α, β, γ 的三角形面积与所谓的角亏 $\pi - (\alpha + \beta + \gamma)$ 成比例. 换言之,

$$\text{面积} = -R^2 (\alpha + \beta + \gamma - \pi),$$

其中 R^2 是某个正的常数. 当重新发现了哈里奥特定理, 即半径为 R 的球面上的三角形面积公式

$$\text{面积} = R^2 (\alpha + \beta + \gamma - \pi),$$

兰伯特便反复思考: 这 "几乎可以得出一种在虚半径的球面上成立的新的几何". 可能从未有人解释过半径为 iR 的球面是什么样的, 但利用复数来生成一种假设的几的公式, 这种想法被证明是富有成果的.

人们发现, 从公理 P_2 导出的公式也能通过在相应的球面几何公式中以 iR 代替 R 得到. 例如, 高斯 (1831) 从公理 P_2 导出: 半径为 r 的圆的周长等于 $2\pi R \sinh r/R$. 同样的结果只要在 $2\pi R \sin r/R$ 中以 iR 代替 R 就可得到, 而 $2\pi R \sin r/R$ 恰是球面上半径为 r 的圆的周长 (注意, 此处的 r 是在球面上度量的. 参见习题 18.2.1).

F·克莱因 (1871) 称对应于公理 P_2 的几何为双曲几何. 之所以这样称呼它的一个理由是: 它的公式都包含双曲函数, 而球面几何的公式包含的是圆函数 (即三角函数). 兰伯特 (1766) 引入了双曲函数, 并注意到它们和圆函数的类比, 但是他未能把球面公式彻底地转换成双曲公式. 首先做到这一点的是陶里奴斯 (Taurinus, F.A.) (1826), 他属于跟高斯通信讨论几何问题的小圈子里的学者.

这就给了双曲几何站立起来的第二条腿, 可惜它脚下的地还不稳固. 看来, 无论是

高斯还是陶里奴斯都未给双曲几何找到一种令人信服的解释, 尽管高斯 (1827) 已离 '高斯–博内' 定理很接近了. 如第 17.6 节所说, 该定理表明: 常负曲率的曲面所对应的几何中, 角亏和面积成比例; 高斯知道伪球面就是这样的曲面. 高斯的学生明金 (Minding, F.) (1840) 甚至证明了三角形的双曲公式在伪球面上亦成立, 但当时无人来说明该结果可能对双曲几何有重要意义. 也许, 伪球面不适合当作 '平面' 是很清楚的, 因为它只在一个方向上是无限的. 直到 1868 年, 贝尔特拉米 (Beltrami, E.) 把伪球面扩充为真正的双曲平面 —— 它是在局部上像伪球面而在一切方向上都是无限的曲面 —— 双曲几何才终于有了坚实的基础.

习题

18.2.1 试证: 位于半径为 R 的球面上的、半径为 r 的圆 C 的周长 (图 18.4) 等于 $2\pi R \sin(r/R)$.

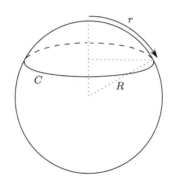

图 18.4 球面上的半径和周长

18.2.2 试证: 当 $R \to \infty$ 时, $2\pi R \sin(r/R)$ 和 $2\pi R \sinh(r/R)$ 都趋于 $2\pi r$.

这些结果说明, 实际上非欧几何在 '小尺寸上是欧几里得几何' —— 当尺寸趋于零时, 非欧几何的公式趋于欧几里得几何的公式.

对求三角形角度和的公式, 以上说法亦成立.

18.2.3 试从哈里奥特的面积公式推导出: 当球面三角形的尺寸趋于零时, 其内角和趋于 π.

18.3 波尔约和罗巴切夫斯基的几何

位于高斯和贝尔特拉米之间的、对双曲几何做出最重要贡献的人是罗巴切夫斯基 (Lobachevsky, N. I.) 和亚诺什·波尔约 (János Bolyai), 他们发表了各自独立发现的非欧几何, 发表的时间分别为: 罗巴切夫斯基 (1829), 波尔约 (1832b). 他们勇于为非传统的几何辩护, 一直受到应得的称赞. 然而, 他们工作的直接影响还是微小的. 他们的大部分结果已为高斯和他圈子里的人所知, 有可能是从已有的出版物和私人接触中斩获的. 兰伯特 (1766) 和陶里奴斯 (1826) 的工作业已出版; 波尔约的父亲 F·波尔约是高斯终身的朋友, 罗巴切夫斯基的老师巴特尔斯亦然. 无论如何, 他们的工作尽管比之前的结果更系统, 也更具说服力, 但开始时很少引起别人的关注. 我们已经说过, 利用微分几何来论证双曲几何的合理性要到 1868 年才受到关注. 在那个时代, 似乎没有理由那么认真地对待双曲几何.

现在看来, 波尔约和罗巴切夫斯基的那些定理, 非常好地统一了他们的前辈较零散的工作. 其内容包括三角形的边和角的基本关系 (双曲三角学), 依照角亏来度量多边形的面积以及计算圆的周长和面积的公式. 罗巴切夫斯基 (1836) 在求多面体体积时得到 $\int_0^\theta \log 2|\sin t| dt$ 这样远非是初等的函数, 从而开辟了一片新的天地.

波尔约和罗巴切夫斯基都考虑了满足公理 P_2 的三维空间, 并广泛使用这种空间特有的一种曲面: 极限球面. 极限球面是 '球心位于无限远处的球面", 它并非是双曲平面. 高斯的学生瓦赫特尔 (Wachter) 在 1816 年的一封信 (发表于施特克尔 (Stäckel, P.) 的论文 (1901)) 中评论说: 极限球面的几何实际上是欧几里得几何. 这个令人吃惊的结果被波尔约和罗巴切夫斯基重新发现, 他们并预见到: 它使欧几里得几何从属于双曲几何. 我们在第 18.5 节将看到: 这个观点是如何在贝尔特拉米的工作中得到证实的.

18.4 贝尔特拉米的射影模型

对双曲几何的兴趣在 19 世纪 60 年代被重新点燃, 起因于已在 1855 年过世的高斯的未发表过的工作面世了. 当数学家知道高斯曾严肃地研究过双曲几何, 便很快接受了非欧几里得的概念和思想. 波尔约和罗巴切夫斯基的工作从被忽视转而迎来了光明, 贝尔特拉米 (1868a) 用微分几何的观点研究它们, 给出了非欧几何的具体的解释 —— 他的所有前辈都没有发现这种解释.

贝尔特拉米对曲面的几何感兴趣, 他之前已找到了这样的曲面: 将曲面的测地线变成直线, 从而把它们映射成平面 (贝尔特拉米 (1865)). 于是, 它们成了常曲率的曲面. 对球面这种正曲率的曲面, 所论的映射是投向切平面的中心投射 (图 18.5), 当然它只是把半个球面映为整个平面.

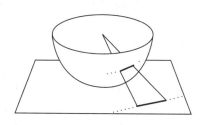

图 18.5　中心投射

另一方面, 对负常曲率的曲面而论, 这种映射将整个曲面只映为平面的一部分. 选自 F · 克莱因 (1928) 的图 18.6 显示了几种这样的映射 (中间的那个是伪球面).

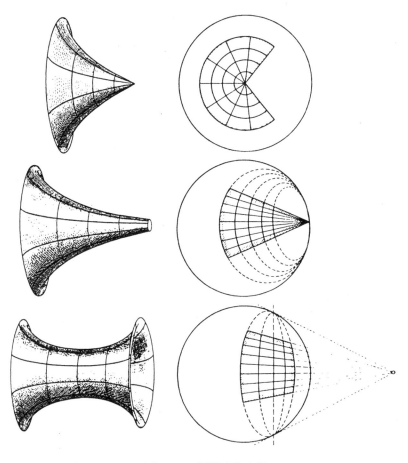

图 18.6　保测地线映射

　　每一个负向弯曲的曲面 S 被映上为单位圆盘的一部分. 贝尔特拉米 (1868a) 认识到该圆盘可被视为 S 向 '无限平面' 的一种自然的扩展, 于是迂回地解决了在普通空间中构作具有负的常曲率的、'类似平面的' 曲面的问题. 此时, 人们把圆盘看作 '平面', 把其中的线段看作 '直线', 圆盘上两点间的 '距离' 看作两点在曲面 S 上的原像间的距离. 以这种方式给定圆盘上两点 P, Q 间 '距离' 的函数 $d(P, Q)$, 对单位圆盘内的所有的点都有意义, 所以 '距离' 的概念被推广到了整个开圆盘. 当 Q 趋近单位圆时, $d(P, Q)$ 趋于无穷, 所以 '平面' 从而其中的 '直线' 在这种非标准的 '距离' 概念下确实是无限的.

　　于是, 欧几里得的所有公理, 除了平行公理之外, 都满足于这种有了新的解释的 '平面' '直线' 和 '距离'. 代替平行公理的自然是公理 P_2, 因为过给定 '直线' L 外的一点 P 有不止一条 '直线' 不与之相交 (图 18.7).

　　贝尔特拉米还注意到, 这种 '平面' 的刚性运动由于保持直线不变, 所以必定是一种射影变换. 它们恰是将单位圆盘映上为自己的平面射影变换. 结果, 双曲平面的这种模型

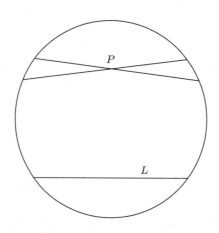

图 18.7　平行公理不成立

通常被称为射影模型. 凯莱 (Cayley, A.) (1859) 已经注意到: 这些射影变换可以用来在单位圆盘内定义 '距离' $d(P,Q)$ —— 若保持单位圆盘的变换将 P 变为 P', 将 Q 变为 Q', 则说 $d(P,Q) = d(P',Q')$ —— 但他没有认识到由此得到的几何就是波尔约和罗巴切夫斯基的几何.

　　伪球面并没有被射影模型完全取代, 因为它保留了原有的 '真实' 的距离和角度, 而在射影模型中它们必须被变形. 双曲平面中一条特殊的曲线叫极限圆, 即中心在无限远处的圆, 它在伪球面上表现得特别清楚. 你可以按照贝尔特拉米的说法 (1868a) 来想象: 由无限细薄的覆盖物、经无限次的转圈缠绕出那个伪球面; 那么这个覆盖物的边 (它是顺着伪球面的外缘的) 就是一个极限圆. 图 18.6 中位于中间的那个图所表示的是: 覆盖物转一圈的图像用实线画出, 而虚线所表示的是连续不断地解开缠绕所形成的一个个极限圆.

习题

　　F·克莱因的三张图展现了双曲平面刚性运动的三种类型.

　　1. 旋转: 此时平面上的一个点被固定, 其他所有的点都围绕着它沿双曲圆运动. (双曲圆是这样的点的运动轨迹, 它始终跟一个固定点保持不变的距离.)

　　2. 极限旋转: 此时无限远处的一个点被固定, 而该平面上的所有其他的点都在以无限远处的固定点为中心的极限圆上运动.

　　3. 平移: 此时有一条 '直线' 沿其本身运动, 平面上的其他点则沿其等距曲线运动. (等距曲线是这样的点的运动轨迹, 它始终跟一条 '直线' 保持不变的 '距离'.)

18.4.1 试在图 18.6 的上图和下图中选出双曲圆和等距曲线.

18.4.2 请看图 18.6 中上部的那张图. 若此时的旋转中心不在圆盘的中心, 你觉得该双曲圆可能是欧几里得的圆吗?

18.4.3 注意观察: 跟那条不变 '直线' 保持非零距离的等距曲线并不是 '直线'. 问: 该平移使等距曲线上的点比不变曲线上的点移动得更远吗?

18.4.4 试在双曲平面上给出三个点的例子, 使它们不是 '共线', 而是不在一个双曲圆上.(要是觉得这个问题太难, 可以在阅读完下一节后再试试.)

18.5 贝尔特拉米的共形模型

双曲平面的射影模型会使角度以及长度发生变形. 你能够在伪球面上的渐近测地线的形态上观察到这一点, 它们显然在无限远处趋于切触的状态, 而被映上为直线后在单位圆盘边界处以非零角度相遇 (图 18.6). 贝尔特拉米 (1868b) 发现, 保持原来的角度不变的模型 —— 所谓的共形模型 —— 可以通过牺牲 '直线' 的直性而获得. 事实上, 他的基本共形模型不是针对平面的一部分, 而是针对半球面的一部分而言的. 它建基于射影模型, 它的 '直线' 就是射影模型的 '直线' 上面的半球面上的垂直截线 (因此是个半圆) (图 18.8). 半球面上两点间的 '距离' 等于射影模型中位于它们下面的点之间的 '距离'. 下面我们将看到, 半球面上的 '距离' 还有更简单、更直接的定义.

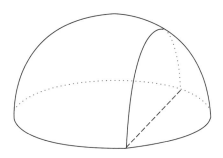

图 18.8   半球面和射影模型

两种平面共形模型, 可由半球面模型经过球极平面投影获得, 如我们在第 16.2 节所知, 球极平面投影保持角度不变并将圆变为圆. 它们中的前一个是圆盘 (图 18.9), 通过改变尺度可取成是单位圆盘. 第二个 (图 18.10) 是半平面, 我们取其为上半平面, 即 $y > 0$. 由于半球面模型中的 '直线' 是圆形的并正交于赤道, 所以平面共形模型中的 '直线' 也是圆形的且分别正交于圆盘边界和半平面, 或在例外的情形就是直线. 为了避免一再提到例外情形 —— 即过圆盘中心的线段和半平面中 $x =$ 常数的直线 —— 我们考虑直线是半径为无穷的圆的情形.

共形模型的优点之一是: 其他重要的曲线 —— '双曲圆'、极限圆和等距曲线 —— 也是真正的圆. 每一条跟给定 '直线' L 等距的曲线都是过 L 在边界上的端点的圆. 极限圆是跟边界相切的圆, 而在半平面模型中, 直线 $y =$ 常数. 不跟边界相遇的圆是双曲 '圆', 它的中心 —— 跟其上所有的点等 '距' —— 并非是欧几里得式的中心. 图 18.11 给出了几条这样的曲线. 还需注意, 渐近 '直线' 在 '无限远' (即边界) 处相切, 且该边界是它们公共的垂线, 于是, 这就解答了萨凯里 (第 18.1 节) 认为是矛盾的情形.

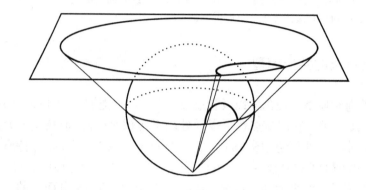

图 18.9   共形圆盘模型

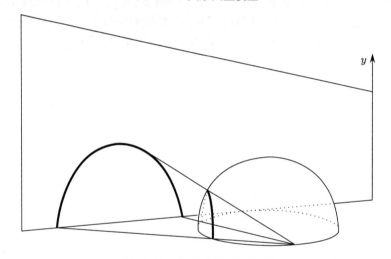

图 18.10   共形的半平面模型

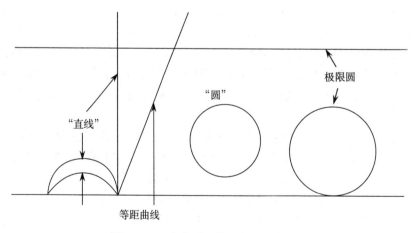

图 18.11   在半平面模型中的几条曲线

'距离' 在半平面模型中特别容易表现. 两个无限逼近的点 (x, y) 和 $(x + dx, y + dy)$ 之间的距离为

$$ds = \frac{\sqrt{dx^2 + dy^2}}{y},$$

即, 用 y 除欧几里得距离. 于是, 如我们所期待的, 当一个点趋于半平面的边界 $y = 0$ 时, '距离' $\to \infty$. 让 x 保持为常数, 我们通过积分发现: 沿着一条垂线, 当 y 减小时, 其 '距离' 相对于欧几里得距离呈指数状增加. 例如, 对于一连串的点, 即相应的 $x = 0$, 而 $y = 1, \frac{1}{2}, \frac{1}{4}, \cdots$, 它们之间的 '距离'* 是相等的. 上述 ds 的公式首先为刘维尔 (1850) 所得, 他直接将伪球面映入半平面, 并为简化作了变量的变换. 然而, 刘维尔并未认识到: 植入了他的 '距离' 公式的半平面是双曲几何的一种模型. 为共形圆盘建立的 '距离' 公式, 黎曼 (1854b) 在贝尔特拉米之前已经得到, 但他也没有去关注双曲几何.

贝尔特拉米 (1868b) 不仅以统一的方式得到了这些模型, 而且还扩展了 n 维空间的概念. 例如, 他给出了一种波亚约和罗巴切夫斯基考虑的三维空间的模型: 通常的 (x, y, z) 平面的上半部分, 即 $z > 0$, '距离' 为

$$ds = \frac{\sqrt{dx^2 + dy^2 + dz^2}}{z}.$$

此时, '直线' 是正交于 $z = 0$ 的半圆, '平面' 是正交于 $z = 0$ 的半球面. 若限定这样的 '距离' 函数在这样的半球面上成立, 这就给出了贝尔特拉米的半球面模型. 所以, 半球面模型可视为位于双曲三维空间中的双曲平面. 半空间模型中的极限球面是跟 $z = 0$ 相切的球面以及 $z = $ 常数的平面. 贝尔特拉米 (1868b) 指出, 在 $z = $ 常数的平面上, 我们有

$$ds = \sqrt{dx^2 + dy^2 + dz^2}/\text{常数},$$

即 '距离' 跟欧几里得距离成比例. 所以, 他直接证明了瓦赫特尔的奇妙定理: 极限球面的几何是欧几里得几何.

习题

利用曳物线的参数方程 (参见习题 17.2.5)

$$x = \sigma - \tanh \sigma, \quad y = \operatorname{sech} \sigma,$$

可按下述步骤进行伪球面到半平面的映射. 首先, 我们用沿曳物线的弧长 τ 替换参数 σ.

18.5.1 试证: $\tau = \int_0^\sigma \sqrt{1 + \left(\frac{dy}{dx}\right)^2} \, dx = \log \cosh \sigma$; 因此 $y = e^{-\tau}$.

现取 τ 和旋转角 X 作为曳物线绕 x 轴旋转所得的伪球面上的坐标.

---

* 指两两相邻的数 $1/2^n$ 和 $1/2^{n+1}$ 之间的距离. —— 译注

18.5.2 试证: 在伪球面的圆形截面上由角 dX 所对的长度为

$$ydX = e^{-\tau}dX,$$

因此, 伪球面上附近的点 (X, τ) 和 $(X + dX, \tau + d\tau)$ 间的距离由下式给定:

$$ds^2 = e^{-2\tau}dX^2 + d\tau^2.$$

18.5.3 最后, 引入变量 $Y = e^{\tau}$, 可得到结论: $ds = \frac{\sqrt{dX^2+dY^2}}{Y}$.
于是, 只要 (X, Y) 平面上的距离由下式定义:

$$ds = \frac{\sqrt{dX^2 + dY^2}}{Y},$$

则伪球面就被保距地映入到 (X, Y) 平面上. 根据以上论述可得: 伪球面上的测地线对应于中心位于 X 轴的半圆. 这有助于说明第 17.5 节提出的问题 —— 如何描述伪球面上的测地线.

18.5.4 试解释: 为什么 (X, Y) 平面上对应于伪球面的区域, 以 $X = 0$ 和 $X = 2\pi$ 为边界, 并位于某条 $Y = $ 常数 (> 0) 的直线之上.

18.5.5 通过考虑穿过习题 18.5.4 所描述的区域的半圆, 试证: 伪球面上不存在光滑的闭测地线.

18.6 利用复数的解释

欧几里得平面的特征之一, 是在其上存在正规镶嵌: 可用正多边形镶嵌平面. 这样的镶嵌有三类, 分别基于正方形、等边三角形和正六边形 (图 18.12). 每类镶嵌联系着一种平面的刚体运动群, 它把这类镶嵌图案映上为自身. 例如, 单位正方形图案, 经平行于 x 和 y 轴的单位平移以及围绕原点旋转 $\pi/2$, 映上为自身; 这三种运动可生成所有使镶嵌回到自身的运动. 如果我们说 $z = x + iy$, 则这些生成的运动由下述变换给出:

$$z \mapsto z + 1, \quad z \mapsto z + i, \quad z \mapsto zi.$$

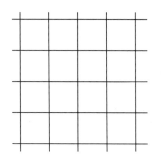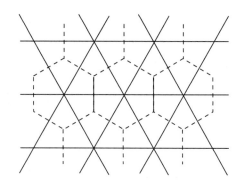

图 18.12 欧几里得平面上的镶嵌

三角形和六边形镶嵌具有类似的运动群, 由下述变换生成:

$$z \mapsto z+1, \quad z \mapsto z+\tau, \quad z \mapsto z\tau,$$

其中 $\tau = e^{i\pi/3}$ 是等边三角形的第三个顶点, 其他两个顶点位于 $0, 1$ 处 (图 18.13). 更一般地, 欧几里得平面的任何运动可以由平移 $z \mapsto z+a$ 和旋转 $z \mapsto ze^{i\theta}$ 组合而成.

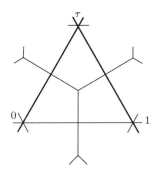

图 18.13   三角形和六边形镶嵌间的关系

球面上经由正多面体的中心射影也能实现有限多种正规镶嵌 (2.2 节). 图 18.14 显示的是对应于二十面体的球面镶嵌. (每个面已被进一步细分为 6 个全等三角形.) 使这样

图 18.14   球面上的二十面体镶嵌

的镶嵌映上为自身的运动, 也可以被表示为复变换, 办法是凭借球极平面投影将球面解释为 $\mathbb{C} \cup \{\infty\}$ (16.2 节). 高斯 (1819) 发现, 球面的任何运动都可通过下述形式的变换表示:

$$z \mapsto \frac{az+b}{-\bar{b}z+\bar{a}},$$

其中 $a, b \in \mathbb{C}$, 而字母上的横杠表示是复共轭数.

双曲平面的共形模型可视为 $\mathbb{C}$ 中的两个部分: 单位圆盘 $\{z : |z| < 1\}$ 和半平面 $\{z : \mathrm{Im}(z) > 0\}$. 它们的刚体运动是一种共形变换, 可用复函数表示; 庞加莱 (1882) 获得了完美的发现, 找到了它们的形式: 对于圆盘的情形为

$$z \mapsto \frac{az+b}{\bar{b}z+\bar{a}},$$

对于半平面的情形为

$$z \mapsto \frac{\alpha z + \beta}{\gamma z + \delta},$$

其中 $\alpha, \beta, \gamma, \delta \in \mathbb{R}$. 此时可能存在无穷多种正规镶嵌, 因为正 n 角形的角通过增加面积的办法可变得任意小. 例如, 对所有的 $n \geqslant 7$, 存在等边三角形的镶嵌, 其中的每个顶点处有 n 个三角形; 对其他的多边形可能存在类似的变化 (参见习题).

在庞加莱 (1882) 给出双曲几何的复的解释前, 人们已经知道了某些这样的镶嵌 —— 甚至在所有的双曲几何模型出现之前就已如此. 图 18.15 显示了一种由角度为 $\pi/4$ 的等边三角形组成的镶嵌, 它是高斯生前未发表、也未注明日期的工作 (《全集》(Werke), 第 VIII 卷, 104 页).

另外一些镶嵌可从所谓的超几何微分方程产生, 黎曼 (1858b) 和施瓦茨 (1872) (这是最早发表的例子, 图 18.16) 在相同的背景下重新发现了它们.

庞加莱 (1882) 依据双曲几何来解释这些镶嵌, 首次表明双曲几何是先于它存在的数学中的一个部分, 但其几何性质以前一直未被人们所理解.

庞加莱 (1883) 在随后的文章中解释了线性分式变换

$$z \mapsto \frac{az+b}{cz+d}$$

的几何性质, 我们已经了解了其中一些特殊情形: 它们表示的是二维的欧几里得的、球面的和双曲的几何的刚体运动. 他证明: 平面 $\mathbb{C}$ 的每一个线性分式变换都可以由边界平面为 $\mathbb{C}$ 的三维半平面的双曲运动导出; 所以, 庞加莱的定理包含了瓦赫特尔和贝尔特拉米关于在三维双曲几何中表示二维的欧几里得的、球面的和双曲的几何的那些定理.

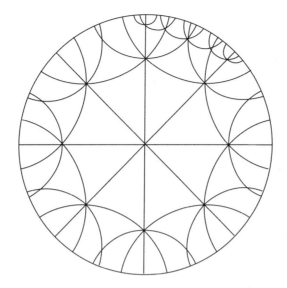

图 18.15 高斯镶嵌

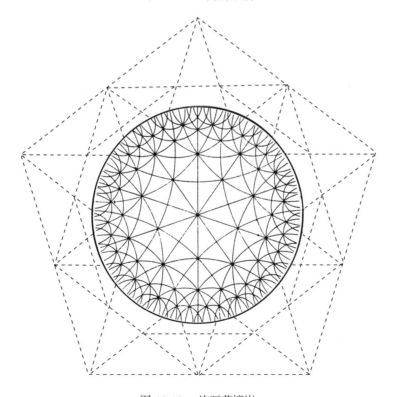

图 18.16 施瓦茨镶嵌

习题

18.6.1 试证: 双曲平面中的三角形所有角的和小于 π.

18.6.2 试推演如下结论: 对每个 $n \geqslant 7$, 都存在角为 $2\pi/n$ 的等边三角形.

18.6.3 再推演下述结论: 在某种意义上, 存在角度为零的三角形, 而它们的面积是有限的.

18.6.4 试对正 n 角形找出相应的结论.

18.7 人物小传: 波尔约和罗巴切夫斯基

亚诺什·波尔约 1802 年生于科洛斯堡, 该地当时属匈牙利的特兰西瓦尼亚地区 (现为罗马尼亚的克卢日县), 1860 年卒于匈牙利的毛罗什–瓦萨尔海伊 (现为罗马尼亚的特尔古穆列什). 他的父亲福尔考什 (Farkas) (他的德文名字是沃尔夫冈 (Wolfgang)) 是位数学、物理学和化学教授; 他的母亲苏珊娜·冯阿尔科什 (Susanna von Árkos) 是位外科医生的女儿. 亚诺什从父亲那里接受了早期教育, 1815 至 1818 年间还到新教福音学院上过学 —— 他父亲在那里教书. 福尔考什和高斯曾是格丁根大学的同学, 福尔考什希望亚诺什也能像他一样在那里求学, 但年轻的波尔约另有志向, 向往军人生涯. 1818 年至 1822 年间, 他在维也纳帝国工程学院就读, 之后加入了军队.

在军队里, 亚诺什的格斗能力无人能敌, 闻名遐迩; 但却因屡遭热病侵袭, 最终在 1833 年退役. 他返回毛罗什–瓦萨尔海伊跟父亲一起生活; 二人相处不久, 他便于 1834 年搬到家庭的小片地产上生活. 他和主妇罗萨莉·冯奥尔班 (Rosalie von Orbán) 建了一所房子; 他们生育了三个孩子. 他很可能就此像笛卡儿那样, 作为在乡村休闲的绅士, 开始自己的数学生涯. 可惜很不幸, 波尔约的数学生涯在 1833 年就中止了, 世界要等到他死后才知道他所成就的事业.

亚诺什继承了他父亲对几何基础的热情; 热情之高使福尔考什在 1820 年几乎是不顾一切地让儿子远离平行线问题: "你不应该以这种方式去试探平行线问题, 我知道这样做的结果 —— 我也曾在无尽的夜晚思考这个问题, 几乎夜夜如此, 失去了我生活中的所有乐趣" (施特克尔 (Stäckel, P.) (1913), 76 页至 77 页). 自然, 亚诺什对父亲的警告置若罔闻, 并最终找出了福尔考什未能注意到的方法. 在几次试图证明欧几里得的平行公理失败之后, 他便放弃了这种打算, 转而开始以公理 P_2 为起点往下推导结果. 到 1823 年, 他得到的结果看来已如此完美 —— 它们总应该具有某种真实性吧; 于是, 他很得意地写信给父亲: "从无到有, 我创立了另一个全新的世界."

福尔考什并不愿意接受这种新几何; 但在 1831 年 7 月, 他同意把儿子得到的结果寄给高斯. 时间过去了 6 个多月, 高斯一直没有回信 (显然, 期间正遇高斯的夫人去世). 高斯的回应, 可想而知是一封充满自私的信:

现在谈谈你儿子的工作. 我首先要说我不能称赞这个成果, 这可能让你感到震

惊, 可是我别无选择, 因为称赞它无疑就是在称赞自己. 论文的全部内容, 你儿
子的思路, 他所得出的结果, 几乎处处和我自己的思考相吻合; 我的部分工作
时间一直花费在这个问题上, 已长达 30—35 年.

高斯 (1832b)

在信的后文, 高斯又像感谢阿贝尔 (参见第 12.6 节) 为 '他免去' 写出自己成果的 '麻烦'
那样, 以同样的理由拐弯抹角地感谢了波尔约, 并提出了一个进一步研究的问题: 求 (新
几何中的) 四面体的体积.

正如我们现在所知, 高斯在这个时候确实得到了许多非欧几何的结果, 包括为了测试
他的年轻对手而提出的体积问题 (参见高斯 (1832a)). 不过, 他把自己对非欧几何的理
解追溯到 35 年前, 几乎肯定有误. 晚至 1804 年, 当福尔考什·波尔约写信给他讨论平
行线问题时, 高斯除了表示希望有一天能解决这个问题之外, 并未给福尔考什提供任何帮
助 (参见考夫曼–比勒 (1981), 第 100 页).

高斯的应答使亚诺什·波尔约幻想破灭, 陷入深深的痛苦; 但他没有立刻放弃努力.
他把自己的成果作为他父亲的著作《为好学青年的数学原理论著》(F·波尔约 (1832a))
的附录发表; 然而, 其他数学家对此毫无回应, 他泄气了, 从此不再发表任何东西. 他也忧
虑他的几何可能最终存在着矛盾. 我们知道, 这种可能性要到 1868 年才被彻底排除, 那
时高斯、波尔约和罗巴切夫斯基都已作古.

尼古拉·伊万诺维奇·罗巴切夫斯基 (Nikolai Ivanovich Lobachevsky) (图 18.17) 1792
年生于诺夫哥罗德, 1856 年卒于喀山. 他是伊万·马克西莫维奇·罗巴切夫斯基 (Ivan
Maksimovich Lobachevsky) 和普拉斯科维亚·亚历山德洛芙娜 (Praskovia Aleksandrovna)
的儿子. 尼古拉 5 岁那年父亲去世, 他母亲带着 3 个孩子迁到了喀山. 经不懈的努力, 她
得以使孩子们获得奖学金入学接受教育. 1807 年, 尼古拉进入刚成立两年的喀山大学学
习. 他的指导教师就是高斯以前的老师马丁·巴特尔斯; 但尼古拉跟高斯的几何思想似乎
不存在波尔约跟高斯那样的关系, 因为巴特尔斯在高斯离开学校后就跟他没有接触.

罗巴切夫斯基其后一直生活在喀山 —— 1814 年成为教授, 为这所大学的成长做出了
许多贡献. 他在 1832 年跟富有的贵族小姐瓦尔瓦拉·阿列克谢芙娜·莫伊谢耶娃 (Var-
vara Alekseevna Moisieva) 成婚, 1837 年因对教育的贡献被封为贵族. 这对夫妇育有 7
个孩子.

罗巴切夫斯基研究平行线问题始于 1816 年, 当时他正在讲授几何. 开始他以为能够
证明欧几里得的平行公理. 渐渐地, 他意识到了一种研究途径和方法, 在其中平行线规定
了其他的几何性质, 比如面积的性质. 1832 年, 他撰写了《几何学》(Geometriya) 一书, 特
意把不依赖平行公理的定理跟需要该公理的定理区分开来. 然而此时他仍相信欧几里得
的这条公理, 所以在这一时期波尔约走在了他前头. 罗巴切夫斯基发表非欧几何的文章始
于 1829 年, 但开始时未受到关注, 因为文章是用俄文写的, 喀山大学也鲜为人知. 1837 年

图 18.17　尼古拉 · 伊万诺维奇 · 罗巴切夫斯基

他在克莱尔杂志用法文发表的一篇文章迎来了广泛的读者, 但似乎只有高斯一人认识到它的重要性. 事实上, 高斯被打动了: 他收集罗巴切夫斯基在毫无名气的喀山出版物上的作品, 并自学俄语以便阅读它们; 高斯还安排把罗巴切夫斯基选入格丁根皇家科学院, 并写信给他表示祝贺 (参见邓宁顿 (Dunnington) (2004), 187 页), 但再次没让后者的观点广为流传. 他的态度直到他去世后出版的一封信 (1846b) 才公诸于众. 照例, 高斯的第一个想法是捍卫自己的优先权, 而他对自己何时发现非欧几何的记忆, 好像随着年纪变老又有了改善. 信中有这样的话:

> 罗巴切夫斯基称其为虚几何. 你知道, 我有相同的信念已有 54 年 (自 1792 年算起), 后来又有了确确实实的扩展, 这些我不想在此深谈. 对我而言, 罗巴切夫斯基的文章没有实质上的新东西, 不过他解释他的理论的方法跟我的不同, 是一种精巧的方法, 体现了真正的几何精神.

考夫曼–比勒 (1981), 150 页

无论如何, 罗巴切夫斯基不会像波尔约那样容易泄气. 尽管外国数学家保持沉默, 俄国数学家持反对态度, 他晚年还遭受失明之苦, 罗巴切夫斯基却义无反顾地继续精炼和扩展他的理论. 其工作的最后版本《泛几何学》(*Pangéométrie*) 发表于 1855—1856 年 —— 这是他生命的最后一年.

第 19 章

群论

导读

本书接下来的三章, 涉及 "近世" 代数, 或称抽象代数, 它来自古老的有关方程的代数学. 本章我们关注群论.

群论在今天常被描述为对称理论. 确实, 群乃是自古以来的对称对象所具有的内在性质. 然而, 从对称的对象中提炼出一种代数仍要进行高度的抽象, 而群第一次现身的场所正是早已出现的某种代数问题.

第一批非平凡的例子之一是整数模 p (p 为素数) 后所形成的群, 这是欧拉 (1758) 为证明费马小定理时所使用的. 当然, 欧拉并没有意识到他正在使用一个群. 但他确实用到了群的某个显示其特征的性质, 即逆元素的存在性.

类似地, 拉格朗日 (1771) 在研究方程根的置换时, 也没有意识到群的概念. 但他用到了 n 个事物的置换群 S_n 以及它的一些子群.

正是伽罗瓦 (1831a), 他第一个抓住了群的概念, 并使用它出色地解释了方程可根式解的条件. 特别地, 他能够解释为什么一般五次方程不可能有根式解. 这些发现改变了代数的面貌, 尽管开始时几乎没有数学家认识到这一点.

在 19 世纪下半叶, 群的概念从代数扩展到几何; 这是在克莱因 (1872) 注意到以下事实后发生的: 每种几何都由一种变换群所刻画. 我们在第 23 章将对这个具有十分丰硕成果的思想做进一步的探究.

19.1 群的概念

群的概念是数学中最重要的、起统一作用的思想之一. 它把非常广泛的各种数学结构合在一起考虑, 只要它们存在合成或 '乘积' 的概念. 这样的乘积包括通常的数的算术乘积, 但更典型的例子是函数的乘积或复合. 设 f 和 g 是函数, 则 fg 是这样的一个函数 —— 对变量 x, 它的值是 $f(g(x))$. (于是, fg 意味着 '先用 g 作用, 然后用 f 作用". 我们必须要注意次序, 因为一般 $gf \neq fg$.)

群 G 形式上定义为一个带有运算的集合, 此运算一般称为乘法并用并置的方式表达; 该集合中有一个特殊元素, 叫做单位元, 记为 1; 对于每个 $g \in G$, 存在 g 的逆元素, 记为 g^{-1}; 它们具有下列性质:

(i) $g_1(g_2 g_3) = (g_1 g_2)g_3$ 对所有 $g_1, g_2, g_3 \in G$ 成立.　　　　　　　(结合性)

(ii) $g1 = 1g = g$ 对所有 $g \in G$ 成立.　　　　　　　　　　　　　(单位元性质)

(iii) $gg^{-1} = g^{-1}g = 1$ 对所有 $g \in G$ 成立.　　　　　　　　　　　(逆性质)

这些公理是从研究特殊的群开始经过一个多世纪的发展才成型的, 其间它们的基本面貌逐渐地浮现了出来. 在本章的其他各节, 我们将看到在这个发展过程中起了重要作用的一些群. 在实践中, 性质 (i) 和 (ii) 通常是显然的, 十分重要的是要确保这种乘法运算对 G 上所有元素都是有定义的. 很多数学概念是随着期望某些乘积能够存在而被创造出来的, 开始时人们往往并没觉悟到这些概念本身的作用.

例如, 我们在 8.2 节中见到的透视图的透视图一般不再是透视图. 于是, 如果我们取透视变换 f 和 g 的 '乘积' fg 为先作用 g, 然后作用 f, 则 fg 并不总是属于透视变换的集合. 射影变换集则是透视变换集的最小的扩张, 使乘积在其上永远有定义, 乃是有限个透视变换的乘积的集合.

另一些例子说明, 概念起源于想要让某类对象有逆. 例如, 负数可以认为是为了使自然数集合 $\{0, 1, 2, 3, \cdots\}$ 扩张到整数集 $\mathbb{Z}$, 在其中让每个元素都有加法运算下的逆. (在与此类似的情形中, 群的运算很自然地记为 $+$, 单位元记为 0, 而 g 的逆记为 $-g$.) 另一个例子是直线 $\mathbb{R}$ 扩张为实射影直线 $\mathbb{RP}' = \mathbb{R} \cup \{\infty\}$, 这保证了每个线性分式函数都有逆. 同样地, 通过添加无穷远点而使平面扩大, 以保证每个射影变换有一个逆, 因为它能使被射影到无穷的点可以再被射影回来.

有时, 逆的存在并非是故意为之的结果; 之前, 在有限集的情形中, 重复应用群运算最终可导致单位元. 最简单的例子是循环群 $\mathbb{Z}_n$, 它由数 $0, 1, 2, \cdots, n-1$ 组成, 实行 '相加模 n" 的运算; 这里的单位元是 0, 而 $n-1$ 是 1 的逆, 因为二者的和模 n 等于 0. 类似地, $n-2$ 是 2 的逆, $n-3$ 是 3 的逆, 等等.

也许最早使用逆元的非平凡的例子出现在 '模 p 乘法" 的运算中 —— 欧拉 (1758) (他之前可能还有费马) 用它给出了费马小定理的、本质上属于群论的证明. 回忆我们在 5.1 节曾说过, 整数 m 和 n 称为 mod p 同余, 如果它们的差是 p 的整数倍; 在 5.2 节则说过, b 是 a 关于模 p 乘法的逆, 如果 $ab \bmod p$ 同余 1, 即存在一个整数 k, 使 $ab + pk = 1$. 若 p 是素数, a 不是 p 的倍数, 则满足上式的 b 可以通过对互素的 a 和 p 施行欧几里得算法得到 (参见 3.3 节和 5.2 节). 欧拉在他的证明中并未定义一个群, 但对我们来说要做到这一点很容易 (重述欧拉的证明见习题). 该群的元素是数 $0, 1, 2, \cdots, p-1$, a 和 b 的

乘积定义为 $ab \bmod p$, 其中 $ab \bmod p = 1, 2, \cdots, p-1$ 中的一个数, 它模 p 同余于 ab. 群的性质 (i) 和 (ii) 来自通常的算术, (iii) 如我们所见可以从欧几里得算法得到.

前面的例子说明了几何与数论对群概念的影响. 更具决定性的影响来自方程论, 在 19.3 节我们会简要地谈到它. 但首先我们要了解一些关于子群 (群中的群) 的内容, 以及子群何时被称为 '除' 一个群. 群概念发展的更详尽的评述可在武辛 (Wussing, H.) (1984) 的书中找到.

习题

在 $p = 5$ 时, 可以很好地引入 $\bmod p$ 乘法下的逆. 此时不需要使用欧几里得算法来找到这些逆 —— 只需乘以 < 5 的数, 直到得到乘积同余于 $1 \pmod 5$.

19.1.1 试求 $2, 3$ 和 4 在 $\bmod 5$ 乘法下的逆.

这里是使用 $\bmod p$ 的逆对费马小定理的证明. 从非零数

$$1, 2, \cdots, (p-1)$$

$\bmod p$ 出发并将它们全部乘以非零的 $a(\bmod p)$.

19.1.2 注意: 如果将上面所得的最后结果乘以 $a(\bmod p)$ 的逆, 则我们又回到

$$1, 2, \cdots, (p-1).$$

试问: 为什么这可以说明下列各数

$$a \cdot 1 \bmod p, a \cdot 2 \bmod p, \cdots, a \cdot (p-1) \bmod p$$

是彼此不同且非零的?

19.1.3 试从习题 19.1.2 推导出: 若 $a(\bmod p)$ 是非零的, 则

$$\{a \cdot 1 \bmod p, a \cdot 2 \bmod p, \cdots, a \cdot (p-1) \bmod p\}$$

与

$$\{1, 2, \cdots, p-1\}$$

是同一集合.

19.1.4 试由习题 19.1.3 导出:

$$a^{p-1} \cdot 1 \cdot 2 \cdots (p-1) \bmod p = 1 \cdot 2 \cdots (p-1) \bmod p.$$

19.1.5 最后, 试导出:

$$a^{p-1} \bmod p = 1 \bmod p,$$

即

$$a^{p-1} \equiv 1 \pmod p$$

(费马小定理).

19.2 子群和商群

群的概念在变得清晰明朗之前, 是数学中内在的、长期未言明的概念 —— 从引入负数起就存在着争议. 第一个关于这个主题的实质性定理 —— 现称为拉格朗日定理, 也是在群的概念形式化前出现的. 但是在这里, 我们将使用现代术语来阐释它.

群 G 的一个子集 H 称为 G 的一个子群, 是指 H 也是一个群 (其运算跟使 G 成为群的运算一样). 例如, 整数集 $\mathbb{Z}$ 在加法运算下是实数群 $\mathbb{R}$ 的子群. 拉格朗日定理关注群 H 的元素个数, 我们称之为群 H 的阶, 并记为 $|H|$. 该定理说:

如果 H 是有限群 G 的子群, 则 $|H|$ 可以除尽 $|G|$.

拉格朗日 (1771) 证明了这个定理的一种特殊情形. 若尔当 (Jordan) (1870) 证明了一般情形并慷慨地将其归在拉格朗日的名下. 该证明依靠 H 的陪集这个概念. 对每个 G 中的 H, 我们有左陪集

$$gH = \{gh_1, gh_2, \cdots, gh_k\}, \text{ 其中 } H = \{h_1, h_2, \cdots, h_k\}.$$

简言之, gH 是 g 从左面乘以 H 的每个元素后所得结果组成的集合. (类似地可定义陪集 Hg, 但在这个证明中不需要它.) 陪集的关键性质是:

1. 每个陪集 gH 有 $|H|$ 个元素, 因为我们可以给陪集 gH 的每个元素左乘 g^{-1}, 而得到 H 的全部元素.

2. 任何两个不同的陪集 g_1H 和 g_2H 是不相交的. 原因是, 如果 g_1H 和 g_2H 有公共元素 g, 则我们对 H 中某些元素 h_1, h_2 有

$$g = g_1h_1 = g_2h_2.$$

但这样就有

$$g_1 = g_2h_2h_1^{-1} \text{ (右乘 } h_1^{-1}),$$

由此知道

$$g_1H = g_2(h_2h_1^{-1}H) = g_2H,$$

因为 $h_2h_1^{-1}$ 是 H 的元素, 而 H 乘以它的任一元素仍回到 H.

由于这两个性质, G 可以分裂为不相交的集 gH 之并, 每个不相交集的大小为 $|H|$, 所以除得尽 $|G|$. □

在某些条件下, 陪集相乘也有意义, 相乘规则是

$$g_1H \cdot g_2H = g_1g_2H.$$

为了使这个规则有意义, 无论是 $g_1'H = g_1H$ 还是 $g_2'H = g_2H$, 我们必须得到相同的结果: $g_1'g_2'H = g_1g_2H$. 这恰好发生在对 G 中的每个 g 有 $gH = Hg$, 在这个条件下, 我们有

$$
\begin{aligned}
g_1'g_2'H &= g_1'Hg_2' &&\text{因为 } g_2'H = Hg_2', \\
&= g_1Hg_2' &&\text{因为 } g_1H = g_1'H, \\
&= g_1g_2'H &&\text{因为 } g_2'H = Hg_2', \\
&= g_1g_2H &&\text{因为 } g_2'H = g_2H.
\end{aligned}
$$

如果 G 的子群 H 满足对每个 G 中的 g 有 $gH = Hg$, 我们就称 H 是 G 的一个正规子群; 这时, 这些陪集形成一个群, 称为 G/H, 即 G 对 H 的商群. 从 G 继承下来的那些性质是很容易验证的 (参见习题).

如果 G 有这样的性质: 对 G 中所有的元素 g 和 g', 有 $gg' = g'g$ 成立 (此时, 我们称 G 是阿贝尔群或交换群, 其理由将在下一节解释), 则显然对任一子群 H 都有 $gH = Hg$. 这意味着阿贝尔群 G 的任一子群都是正规的, 我们便可以作商群 G/H. 因此, 正规子群的概念只有当 G 不是阿贝尔群时才重要. 这时, 要去理解 G 的结构, 第一步就要去寻找正规子群.

所有这一切都是伽罗瓦第一个理解和说清楚的, 我们将在下一节介绍他的工作.

习题

G/H 这种群的性质是从子群乘积的定义, 即 $g_1H \cdot g_2H = g_1g_2H$ 得出的.

19.2.1 试证明:
$$
g_1H(g_2H \cdot g_3H) = (g_1H \cdot g_2H) \cdot g_3H
$$
当且仅当
$$
g_1(g_2g_3) = (g_1g_2)g_3,
$$
因此 G/H 中的结合律可以从 G 中的结合律得出.

19.2.2 试证明: $H = 1H$ 是 G/H 的单位元.

19.2.3 试问 gH 在 G/H 中的逆是什么? 并解释你的答案.

最小的非阿贝尔群是有六个元素的群, 我们可以把它们看成具有等边三角形那样的 '对称'. 如果我们将等边三角形先放在一个位置上, 它可以有六种运动 (包括原地不动这种 '运动'), 使得运动后的形状与之前的完全一样. 这些运动可以通过运动前后其顶点 A, B 和 C 的位置加以识别 (图 19.1).

这六种运动构成一个群 (称为 S_3, 理由在下一章给出), 其运算就是合成运动. 我们把每个运动看成是该三角形内的点 p 的函数 $f(p)$ 来进行合成; 所以, '先取函数 f 然后取函数 g' 意味着得到运动的合成 $gf(p)$, 这在 19.1 节中已经提到过.

19.2.4 为什么仅有六种运动导致其位置看起来是一样的? 为什么这个群不是阿贝尔群?

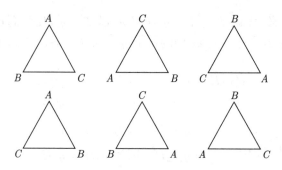

图 19.1   等边三角形的对称

19.2.5 试说明: S_3 的一个子群 H, 由三个旋转运动组成, 旋转角度分别为 0°, 120° 和 240°, 由图 19.1 中上面一行的三个图所表示.

19.2.6 图 19.1 中下面一行的三个图代表对 S_3 中的某个 g 的陪集 gH. 试描述运动 g, 并证明 Hg 是跟 gH 相同的集.

19.2.7 试证明群 G 中任何一个只有两个陪集的子群 H 一定是正规子群.

19.3   置换与方程论

我们从 11.1 节知道, 早在 1321 年莱维 · 本 · 热尔松就发现了 n 件东西有 $n!$ 种置换方式. 这些置换都是可逆函数, 它们构成一个群 S_n (称为对称群), 其中的乘法是合成. 然而, 它们在合成下的性态在 18 世纪以前从未被考虑过. 直到范德蒙德 (Vandermonde, A.-T.) (1771) 和拉格朗日 (1771) 将置换的思想应用到多项式方程的根上, 才首次真正发现了置换的群论性质. 同时, 范德蒙德和拉格朗日还发现, 这是理解方程有无根式解的关键.

他们从一个观察结果开始, 即如果方程

$$x^n + a_1 x^{n-1} + \cdots + a_{n-1}x + a_n = 0 \tag{1}$$

有根为 $x_1, x_2, \cdots, x_n$, 则

$$x^n + a_1 x^{n-1} + \cdots + a_{n-1}x + a_n = (x - x_1)(x - x_2) \cdots (x - x_n), \tag{2}$$

将等式右方乘开并比较等式两边的系数, 则发现 a_i 是 $x_1, x_2, \cdots, x_n$ 的某种函数. 例如

$$a_n = (-1)^n x_1 x_2 \cdots x_n,$$
$$a_1 = -(x_1 + x_2 + \cdots + x_n).$$

这些函数是对称的, 即在任意一个 $x_1, x_2, \cdots, x_n$ 的置换之下都保持不变, 因为 (2) 的右方在这种置换下是不变的. 由此可知, 任一 $a_1, a_2, \cdots, a_n$ 的有理函数也是 $x_1, x_2, \cdots, x_n$ 的对称函数. 根式解方程的目标就是对 $a_1, a_2, \cdots, a_n$ 作有理运算或根式运算以便得到方程的根, 即那些完全不对称的函数 x_i.

因此, 根式必须用某种方法约化为对称的, 我们可以看看二次方程的情形. 方程

$$x^2 + a_1 x + a_2 = (x - x_1)(x - x_2) = 0$$

的根是

$$x_1, x_2 = \frac{-a_1 \pm \sqrt{a_1^2 - 4a_2}}{2} = \frac{(x_1 + x_2) \pm \sqrt{x_1^2 - 2x_1 x_2 + x_2^2}}{2};$$

我们注意到, 对称函数 $x_1 + x_2$ 与 $x_1^2 - 2x_1 x_2 + x_2^2$ 在引入了二值的 $\sqrt{}$ 后产生了两个非对称函数 x_1, x_2. 一般地, 引入根号 $\sqrt[p]{}$ 后, 函数取值的数目增加 p 倍, 而对称性缩减了 p 倍 —— 其意是指: 保持函数不变的置换群的规模缩减为原来的 $1/p$.

范德蒙德和拉格朗日发现, 他们能够根据所对应的置换群 S_3 和 S_4 的对称缩减来解释以前得到的三次方程和四次方程的解. 他们还发现了子群的一些性质, 例如, 拉格朗日发现了现称为 '拉格朗日定理' 的一个特例: 子群的阶数整除群的阶数. 但是, 他们不能充分理解当方程的次数 $n \geqslant 5$ 时, 根式与 S_n 的子群之间的关系. 鲁菲尼 (Ruffini, P.) (1799) 和阿贝尔 (1826) 对 S_5 取得了足够的进步, 才得以证明五次方程的不可解性, 但他们两人都未领悟到在处理任意方程时都要注意根式与置换之间的关系. 事实上, 他们也没自觉意识到群概念. 我们能够用群论术语解释他们的结果也仅仅是后知之明.

这个概念, 而且是 '群' 这个字, 来源于伽罗瓦 (1831b). 和群概念一起, 伽罗瓦引入了正规子群的概念, 后者最终解开了根式可解性的秘密. 伽罗瓦证明, 每个方程 E 都有一个由根的置换组成的群 G_E, 这种置换保留系数的有理函数不变; 他还证明: 由引入一个根式造成的对称性的约化, 对应于一个正规子群. 更确切地说, 如果 E 是一个可以根式解的方程, 则存在一个子群链

$$G_E = H_1 \supseteq H_2 \cdots \supseteq H_k = \{1\},$$

使得每个 H_{i+1} 是 H_i 中的正规子群, 而 H_i/H_{i+1} 是循环群. (进而, 若 H_i/H_{i+1} 是 n 阶循环群, 则从 H_i 到 H_{i+1} 这一步对应于引入一个 n 次根.) 这样的群 G_E 现称为可解群.

可解群的例子是 S_3 和 S_4, 这是人们可以从已经知道的对应方程的可解性所期待的. 同样不难看出, 所有有限的阿贝尔群是可解的; 所以, 每个其群是阿贝尔群的方程都是根式可解的 —— 此结果属于阿贝尔 (1829). 这就是我们称这样的群为 '阿贝尔群' 的缘由. 若 E 是一般的 n 次方程, 那么 $G_E = S_n$; 通过证明 S_n 对 $n \geqslant 5$ 是不可解的, 鲁菲尼和阿贝尔的那个定理又重新有了用武之地. (不妨参见迪克森 (1903).)

上面简略描述的伽罗瓦的思想只是伽罗瓦理论的一部分. 该理论的另一部分是他的域论, 这里需要澄清有理函数的概念. 群论和域论形成了目前著名的 '伽罗瓦理论' (不妨参见爱德华 (Edwards, H.M.) (1984)). 人们可能认为本是伽罗瓦理论的顶点并超越了代数界限的一项成果, 目前却被忽视了. 这项成果指的是用椭圆函数及相关的函数来解方程 —— 人们若想了解它们, 必须去参考早期的书籍, 如若尔当 (Jordan, C.) (1870) 和 F·克莱因 (1884) 等人的著作. 这个理论最大的成功是埃尔米特 (1858) 在伽罗瓦 (1831a) 提供的线索下用椭圆模函数得到一般五次方程的解 (亦参见 6.6 节和 19.8 节).

习题

最简单的置换是对换, 它将两个事物相互交换, 其他的都保持不动.

19.3.1 试证明任一置换是对换的乘积, 即 n 个事物的任一排列总可以通过重复使用对换来实现.

n 个事物的所有置换形成的群 S_n 有一个非常重要的子群 A_n, 它由所有下述意义下的偶置换组成.

$\{1, 2, \cdots, n\}$ 的一个偶置换是指这样的置换, 其中存在偶数个逆序 (指对 $i < j$, 有 $f(i) > f(j)$ (克莱姆 (Cramer, G.) (1750), 658 页)). 你可以这样来设想: 将 $1, 2, \cdots, n$ 排成两行, 一行在上, 一行在下, 在上面一行的 k 及下面一行的 $f(k)$ 之间划一道线. 图 19.2 依此方法显示了置换 $f(1) = 2, f(2) = 3, f(3) = 1$ 的这种做法.

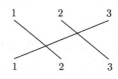

图 19.2　置换图

19.3.2 试解释: 为什么置换为偶的, 当且仅当它的图有偶数个交点.

19.3.3 试证明: 偶置换的乘积仍为偶置换, 因此 $\{1, 2, \cdots, n\}$ 的偶置换构成一个群 A_n. (它称为交错群.)

19.3.4 试证明: 置换的偶性不依赖于如何将数 $1, 2, \cdots, n$ 指派给 n 个事物. (提示: 如果指派的数被 g 置换, 证明此时置换 f 被换为 $g^{-1}fg$.)

19.3.5 若 g 为奇换, 即 $g \in S_n - A_n$, 试证明集 $gA_n = \{gf : f \in A_n\}$ 全部是 S_n 的奇置换, 因此 A_n 恰包含了 S_n 一半的成员.

由习题 19.3.5 和 19.2.7 可推导出 A_n 是 S_n 的正规子群; 因此, 我们总可以作循环商群 $S_n/A_n = \mathbb{Z}_2$. 于是, 解一般 n 次方程真正的问题就是通过寻找 A_n 中的正规子群来 "解" A_n.

结果证明, 群 S_3 是可解的, 因为它的正规子群 A_3 已经是循环群了. 这可以通过研究 A_3 中的置换看清楚, 但更容易的办法是从几何上解释 S_3 的置换.

19.3.6 试将上一节习题中讨论过的等边三角形的对称群, 解释为 3 元素的全部置换构成的群 S_3.

19.3.7 试用上述解释方式, 证明旋转组成的循环子群是 A_3.

我们这里所说的 '解释', 给出了三角形对称群与 S_3 在技术上被称为同构的一个例子. 两个群同构是指它们的元素之间有一一对应, 而且保持群的运算, 这就确定了两个群具有 '相同形态" (我们曾在 16.5 节中, 在同样的意义下使用过这种表达方式). 我们称旋转群的子群是 '循环的', 实际上蕴含了一种同构, 即旋转 $0°, 120°, 240°$ 分别跟 $\mathbb{Z}_3$ 中的成员 $0, 1, 2$ 配对.

19.3.8 试证明: 正四面体的对称群与 S_4 同构. 又, A_4 中的成员对应于什么样的对称?

19.4 置换群

伽罗瓦理解的 '群' 就是有限集合的置换群, 所以他的定义仅叙述了群中两个置换的乘积必须也是群中的元素. 结合性、单位元和逆元素的存在是他的假定的推论; 确实在伽罗瓦看来, 这些性质都太明显了, 以至于没被他看得那么重要. 伽罗瓦的工作到 1846 年才发表; 那时, 有限置换群的理论已由柯西 (1844) 接手研究并加以系统化. 柯西同样在他的群定义中仅要求它在乘法下封闭, 但他认识到单位元和逆的重要性, 并引入记号 1 代表单位元, f^{-1} 代表 f 的逆.

凯莱 (Cayley, A.) (1854) 第一个考虑了存在更抽象的群元素的可能性, 为此他需要假定结合性 (顺便提一句, 有一个群运算的结合性不是很显然的, 即通过在三次曲线上由弦作图所定义的群, 参见 11.6 节和 16.5 节). 他取的群元素就是简单的 '符号', A 与 B 象征性的乘积写为 $A \cdot B$, 并满足结合性 $A \cdot (B \cdot C) = (A \cdot B) \cdot C$; 单位元 1 服从 $A \cdot 1 = 1 \cdot A = A$ 的定律. 然而, 他还假定每个群都是有限的. 这意味着不需再假定逆元素的存在性, 而只要假定消去律有效即可.

凯莱所定义的有限群中逆元素的存在性可根据柯西 (1815) 的文章及柯西 (1844) 内容更完全的文章的论证推导出来. 如 $A \in G$, 则幂 $A^2, A^3, \cdots$ 都属于 G, 因此它们最终包含了同一元素的回归:

$$A^m = A^n, \quad \text{其中 } m < n.$$

那么, 假定消去律成立, 则双方消去 A^m, 则 A^{n-m} 是单位元 $1, A^{n-m-1}$ 是 A 的逆.

对于无限群, 上述论证不再成立, 我们首先需要假定逆存在. 从历史上看, 几何是无限群最重要的来源, 我们将在 19.6 节中阐述它. 在将凯莱的抽象群论扩展到无限镶嵌对称群时, 迪克 (Dyck, W., 1883) 首次在群的定义中提到逆. 在 19.7 节我们将回过头来讨论迪克的群概念.

凯莱有一条定理 (1878) 表明, 群概念的抽象在某种意义下是无意义的, 因为所有的群本质上都与置换群相同. 凯莱仅仅对有限群证明了这个定理, 因为这时它更有价值, 当然这个证明很容易推广到任意群 (参见习题).

习题

凯莱定理的证明如下. 给定任一群 G, 它将 G 中的任一 g 跟函数 $\times g$ 相结合, 该函数将每个 G 中之 h 映为 hg.

19.4.1 试说明用函数 $\times g^{-1}$ 可起到恢复原状的作用, 从而证明函数 $\times g$ 是 G 的一个置换.

19.4.2 试说明: 不同的群元素 g_1 和 g_2 给出不同的函数 $\times g_1, \times g_2$, 因此 G 中的元素 g 与 G 的置换 $\times g$ 间存在一一对应关系.

19.4.3 试说明: 应用 $\times g_1$ 可得到 G 中的置换, 所以 $\times g_2$ 是用 $\times g_1 g_2$ 得到的置换.

于是, 在前一节习题所阐述的意义下, 置换 $\times g$ 构成的群同构于群 G. 这是以确切的方式说明了 G 和置换群是 "本质上相同" 的.

19.5 多面体群

凯莱定理说每个群都是置换群, 对它最漂亮的阐释是由正多面体提供的 —— 原来正多面体的旋转群是 S_4 和 S_5 的重要的子群. 如果我们想象一个多面体 P 占据了空间中一个区域 R, P 的旋转可视为 P 以不同方式安放在 R 中.

我们从四面体 T 的旋转开始: T 有四个顶点 V_1, V_2, V_3, V_4, 所以 T 的每个旋转由四个事物 V_1, V_2, V_3, V_4 的置换所决定. 总共存在 $4 \times 3 = 12$ 个旋转, 因为 V_1 可以放在 R 中 4 个顶点的任何一处, 之后对于剩下的顶点 V_2, V_3, V_4 形成的三角形有 3 种选择. 你可以检验如下结论成立: 固定一个点而旋转其他 3 个点的置换是偶的, 这说明 T 的所有的对称是 4 个顶点 V_1, V_2, V_3, V_4 的偶置换. 但由 19.3 中的习题可知, S_4 中所有偶置换的子群 A_4 有 $1/2 \times 4! = 12$ 个元素, 所以 T 的旋转群恰是 A_4.

全置换群 S_4 可由立方体的旋转来实现. 立方体中被置换的 4 个元素是长对角线 AA', BB', CC', DD' (图 19.3).

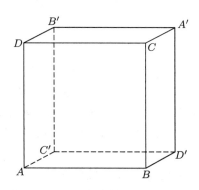

图 19.3 立方体和它的对角线

首先, 我们必须验证对角线的每种置换都是确实可行的. 此时, 很显然对角线的位置 (心中要牢记对角线的端点是一对一可交换的) 实际上决定了立方体的位置 (习题 19.5.1). S_4 也是八面体的旋转群, 因为八面体和立方体之间存在对偶关系, 参见图 19.4. 每个立方体的旋转显然是它的对偶八面体的旋转, 反之亦然.

同样地, 十二面体和二十面体之间的对偶关系 (图 19.4) 表明了它们具有相同的旋转群. 原来这个群就是 A_5, 即 S_5 中偶置换的子群. 十二面体有这样的五个元素, 其偶置换决定了这些旋转, 而它们都是由那些 4 顶点组形成的四面体 (参见图 19.5).

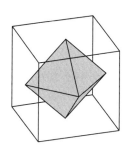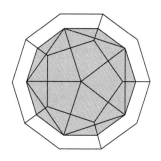

图 19.4　对偶多面体

图 19.5　十二面体中的四面体

要了解更多关于多面体群的信息, 可参见 F · 克莱因 (1884) 的著作. 这本书将方程论跟正多面体的旋转及复变函数联系在一起. 复变量可使正多面体被球面 $\mathbb{C} \cup \{\infty\}$ 上的正规镶嵌所代替, 而它们的旋转就被线性分式变换 (如在 18.6 节中所做的) 所代替. F · 克莱因 (1876) 证明: 除平凡的情形之外, 所有的有限线性分式变换群都以这种方式来自多面体的旋转.

正多面体也是另一种引入群的方法的源泉, 这另一种方法即使用生成元和关系的群表示法. 哈密顿 (1856) 证明: 二十面体群可以由 3 个元素 ι, χ, λ 以下述关系生成:

$$\iota^2 = \chi^3 = \lambda^5 = 1, \quad \lambda = \iota\chi. \tag{1}$$

这意味着二十面体群中任一元素都是 ι, χ, λ 的乘积 (可能有重复), 而且 ι, χ, λ 之间的任何关系都能从关系 (1) 中推出. 迪克 (1882) 给出立方体群和四面体群的类似表示, 而对于某些有限的镶嵌群, 他的表示法首次一般地讨论了生成元和关系. 我们将在 19.7 节再回来讨论这个问题.

习题

19.5.1 试证明: 立方体对角线的每个置换是可实现的; 例如, 只要证明每个对换都是可实现的即可.

19.5.2 试证明: 对角线置换唯一决定了立方体的位置.

现考虑立方体的下述旋转:

$$\iota = \text{围绕过对边中点的直线的 } 180° \text{ 旋转},$$

$$\chi = \text{围绕对角线的 } 120° \text{ 旋转}.$$

它们显然满足 $\iota^2 = \chi^3 = 1$.

19.5.3 试证明: $\iota\chi = \lambda$, 其中

$$\lambda = \text{围绕过对立面中心的直线的 } 90° \text{ 旋转},$$

其中所涉及的直线, 正如在图 19.6 中所画出的直线 (这些直线是固定于立方体所在的空间而非立方体上).

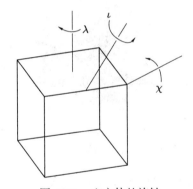

图 19.6 立方体的旋转

19.5.4 试根据习题 19.5.3 推导出: 对于该立方体有 $\iota^2 = \chi^3 = (\iota\chi)^4 = 1$.

19.5.5 试证明: 对于四面体的类似的 ι 和 χ, 满足

$$\iota^2 = \chi^3 = (\iota\chi)^3 = 1;$$

而对于十二面体类似的 ι 和 χ, 满足

$$\iota^2 = \chi^3 = (\iota\chi)^5 = 1.$$

19.6 群和几何

如正多面体所表明的: 几何上的对称性从根本上说是群论的概念. 更一般地, 几何中很多 '等价' 的概念可解释为在某些变换群作用下保持不变的性质. 然而, 要讲清几何之

所以能得益于群论思想, 有必要对一些经典概念做一些修正.

几何中最早的等价概念是 "全等". 希腊人理解图形 F_1 和 F_2 全等, 是指可让 F_1 作一刚性移动而成为 F_2, 但运动这个概念仅仅对于单个图像有意义, 不同图像的运动的 '乘积' 是没有意义的, 因此人们没有运动群的概念.

默比乌斯 (1827) 迈出的一步, 为群论进入几何铺平了道路: 他把运动的概念扩充到全平面, 从而给出了运动乘积的意义. 事实上, 默比乌斯考虑了平面的所有连续变换, 它们保持直线的平直性; 并辨识出这些变换中的几个子类: 它们保持长度 (全等)、形状 (相似) 及平行性 (仿射性). 他证明大多数保持平直性的最一般的连续变换恰是射影变换; 于是, 默比乌斯一下子便定义出了全等性、相似性、仿射性以及射影等价性的概念, 作为在某些类变换之下不变的性质. 这里所说的类就是群 —— 一旦认识了群的概念, 这是显然的. 人们对群的概念的认识是缓慢的, 标志性事件是: F · 克莱因 (1872) 依据群论重述了默比乌斯的思想.

F · 克莱因的系统陈述以爱尔兰根纲领之名著称于世, 因为他是在爱尔兰根大学宣布他的观点的. 他的思想是将每一种几何跟保持其特征性质不变的变换群联系在一起. 所以, 这些特征性质显露了群的不变量. 例如, 平面欧几里得几何的群是在 $\mathbb{R}^2$ 中保持点 (x_1, y_1) 和 (x_2, y_2) 之间的欧几里得距离 $\sqrt{(x_2 - x_1)^2 + (y_2 - y_1)^2}$ 不变的变换 —— 欧几里得刚体运动的群. 因此, 正是根据群的这个定义, 欧几里得距离是个不变量.

更有趣的例子是曾在 8.6 节中研究过的实射影直线 $\mathbb{RP}^1$ 的群. 在该节中, 我们从群 —— 线性分式变换的群 —— 出发, 发现了它的不变量 '交比', 这在直观上一点都不显然. 类似地, 平面射影几何跟 $\mathbb{RP}^2$ 中的射影变换的群相联系, 其基本不变量同样是交比.

平面双曲几何则鉴于其射影模式, 可以用将单位圆映上为本身的射影变换的群来定义. 对爱尔兰根纲领有过重要影响的确实是凯莱 (1859), 他在文章中第一次证明这个群决定了一种几何; 随后, F · 克莱因 (1871) 证实了这个群的元素是双曲几何的刚体运动. 毫不奇怪, 它的基本不变量是双曲距离, 后者原来是交比的函数.

当几何以群的术语重建之后, 一些几何问题就自然变成了关于群的问题. 例如正规镶嵌问题, 对应的是保持将镶嵌映上为自身的运动构成的完全运动群的一个子群. 在双曲几何中, 镶嵌的分类问题是非常困难的, 而几何与群论思想之间的相互借鉴已被证明是颇见成效的. 在庞加莱 (1882, 1883) 和 F · 克莱因 (1882b) 的这些工作中, 群论如同催化剂一般使几何、拓扑和组合思想实现新的综合, 我们将在 19.7 节和 22.7 节讨论这方面的内容.

习题

如果我们将几何对象 (点、直线、曲线等) 看作是空间 S 的子集 X, 那么诸如全等这样的关系都可以按如下方式由 S 的变换群产生. 现有映射 $g : S \to S$ 构成的群 G, 而每个几何对象 X 有一个 G-轨道 $\{g(X) : g \in G\}$, 后者由 X 被 G 的元素所映上到的对象组成.

例如, 若 Δ 是平面 $\mathbb{R}^2$ 上一个三角形, G 由 $\mathbb{R}^2$ 上一切保持长度的变换组成, 则 $\{g(\Delta) :$

$g \in G$} 由所有与 Δ 全等的三角形组成. 这个例子表明: 同一 G-轨道的成员在依赖于 G 的意义下是 '等价的'. 事实上, 我们总能够以此方式由群得到等价关系. 下面是另一个例子.

19.6.1 如果 $G = \{\mathbb{R}^2$ 上保持相似性的变换\}, 试问对三角形 Δ 而言, $\{g(\Delta) : g \in G\}$ 是什么?

对任一变换群 G, 我们在 S 的两个子集 X, Y 之间定义一个关系 $X \cong_G Y$ (X 是 G-等价于 Y 的):

$$X \cong_G Y \Leftrightarrow X \text{ 在 } Y \text{ 的 } G\text{-轨道中.}$$

那么, G 的群性质蕴含着关系 $\cong_G$ 的下列性质.

19.6.2 试证明关系 $\cong_G$ 有下列性质:

$$X \cong_G X \qquad\qquad\qquad \text{(自反性)}$$
$$X \cong_G Y \Rightarrow Y \cong_G X \qquad\qquad \text{(对称性)}$$
$$X \cong_G Y \text{ 和 } Y \cong_G Z \Rightarrow X \cong_G Z \qquad \text{(传递性)}$$

19.6.3 在习题 19.6.2 解答中的哪些要点包含了 G 中单位元的存在性、逆的存在性及乘积的存在性?

据 2.1 节习题中的定义, 习题 19.6.2 给出的那些性质说明 $\cong_G$ 是个等价关系. 我们还要注意, 自反性和传递性实际上蕴含着对称性, 条件是在欧几里得的普适概念 1 中关于传递性应叙述为 '等价于同一事物的事物彼此等价'.

19.6.4 试证明对于 $\cong_G$, 普适概念 1 成立:

$$X \cong_G Y \text{ 和 } Z \cong_G Y \Rightarrow X \cong_G Z.$$

你会看到, 这个证明涉及了逆, 前面仅仅证明对称性才用到它. 这证实了欧几里得的普适概念 1 在某种意义下是传递性与对称性的结合.

让我们回顾一个特殊的群及其不变量, 这里要给出群的不变量使群显得非常清晰的一个例子.

19.6.5 给定 $\mathbb{RP}^1$ 上的三个点 A, B, C, 试证明存在唯一的第四个点 x, 使得交比

$$\frac{(C-A)(x-B)}{(C-B)(x-A)}$$

具有给定的值 y.

19.6.6 试根据习题 19.6.5 推导出以下结论: $\mathbb{RP}^1$ 的每个线性分式变换, 由它在任意三个点 A, B, C 上的值所决定.

19.7 组合群论

如在 19.5 节中提到的, 正多面体群是第一个用生成元和关系定义的群. 然而, 对于像这样的有限群, 人们主要关心的是其表现的简单和优美, 没有引发存在性的问题. 对任何有限群 G, 人们可以轻易地得到有限生成元集合 (即 G 的所有元素 $g_1, \cdots, g_n$) 以及定义关系 (即生成元满足的方程 $g_i g_j = g_k$). 自然, 对任意无限群也可以做同样的论证, 给出无

限多个生成元和定义关系, 但这样做没有任何益处. 真正的问题是对于无限群, 只要可能就要找出有限的生成元集和定义关系.

这类问题中首先被解决的是关于某些正规镶嵌的对称群问题, 这些例子是最初对生成元和关系进行系统研究的基础 —— 这方面的研究是由 F·克莱因的学生迪克所开创的. 迪克的文章 (1882, 1883) 为群论奠定了这方面的基础, 现在称之为组合群论. 想了解其中更多的技巧方面的信息, 以及组合群论发展的更详尽的历史, 可参阅钱德勒 (Chandler, B.) 和马格努斯 (Magnus, W.) (1982) 的著作.

图 19.7 解释了如何从镶嵌自然地导出生成元和关系. 这个镶嵌以欧几里得平面上单位方格形成的正规镶嵌为基础, 而每个方格被分为黑或白的三角形, 从而排除了旋转和反射的对称. 保留下来的对称是由以下两种变换生成的:

1. 长度为 1 的水平平移,
2. 长度为 1 的竖直平移.

这两个生成元有明显的关系

$$ab = ba;$$

这蕴含了下述结论: 此群的任一个元素可以写为 $a^m b^n$. 若 $g = a^{m_1} b^{n_1}$ 且 $h = a^{m_2} b^{n_2}$, 则 $g = h$ 仅当 $m_1 = m_2, n_1 = n_2$ 时成立; 亦即 $g = h$ 是关系 $ab = ba$ 的推论. 于是, 这个群中的所有关系 $g = h$ 都是根据 $ab = ba$ 得来的, 这意味着后一关系就是该群的定义关系.

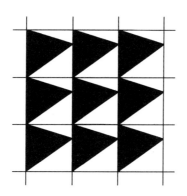

图 19.7　平面的一种镶嵌

在此情形下的定义关系非常显然, 容易使我们忽视以下事实, 即通过双曲平面上的镶嵌来了解其定义关系更加明显: 生成元和关系可以从镶嵌读出来. 群元素对应于该镶嵌中的一个个单元 —— 目前例子中的单元就是正方形. 当我们规定对应于群的单位元的正方形为正方形 1, 那么正方形 1 被群元素 g 移到的那个正方形可称为正方形 g. 生成元 $a^{\pm 1}, b^{\pm 1}$ 是将正方形 1 移到相邻的正方形的群元素. 它们生成了这个群, 因为正方形 1 可以经一系列从正方形到相邻正方形的移动被移到任何其他的正方形. 关系就对应于有相同效果的移动序列, 或者相当于说对应于这样的移动序列, 正方形 1 将被移回到它的初始位置. 这些移动序列都是由围绕一个顶点的回路构成的 (图 19.8), 即序列 $aba^{-1}b^{-1}$. 这样全部关系都能从 $aba^{-1}b^{-1} = 1$, 或等价地从 $ab = ba$ 得来.

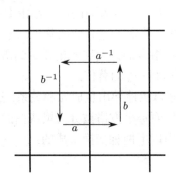

图 19.8　围绕一个顶点的回路

庞加莱 (1882) 推广了这些思想, 他证明: 所有正规镶嵌的对称群, 无论是球面、欧几里得平面还是双曲平面上的, 都可以用有限多个生成元和关系来表示. 生成元对应着将基本单位移到相邻单位的移动, 因此对应着基本单位的边. 定义关系则对应着基本单位的顶点. 这些结果对拓扑学也很重要, 我们将在第 22 章介绍其内容.

迪克 (1882) 从这些例子出发, 经过抽象将群的概念以精巧的技术表达出来, 其中也包括正规子群. 后续工作比较简单, 由德恩 (Dehn, M.) 完成并为他的学生马格努斯 (1930) 所使用. 一个群 G 由生成元集 $\{a_1, a_2, \cdots\}$ 和定义关系集 $\{W_1 = W_1', W_2 = W_2', \cdots\}$ 所定义. 每个生成元 a_i 称为一个字母, a_i 有逆 a_i^{-1}, 字母和逆字母的任意有限序列 ('乘积') 称为字.

两个字 W, W' 称为是等价的, 如果 $W = W'$ 是定义关系导出的结果, 即通过一系列用子字 W_i' 替代 W_i (或相反) 并利用子字 $a_i a_i^{-1}, a_i^{-1} a_i$ 消去 (或插入) 一些子字, 使得最后 W 转换为 W'. G 的元素是下列等价类的集合

$$[W] = \{W' : W' \text{ 等价于 } W\},$$

两个等价类 $[U]$ 和 $[V]$ 的乘积定义为

$$[U][V] = [UV],$$

其中 UV 表示拼接字 U 和 V 的结果. 你必须检验这个乘积的定义是合理的, 一旦证明成功, 19.1 节所列出的群的性质 (i), (ii) 和 (iii) 便容易得到了.

习题

下面就来验证类 $[W]$ 具有群的性质.

19.7.1 若 U 与 U' 等价, 试证明 UV 与 $U'V$ 等价. 再利用这一结果以及对 V' 的类似结果, 得出如下结论: 乘积 $[U][V]$ 与 $[U]$ 和 $[V]$ 中代表元的选取无关.

19.7.2 $[U]([V][W]) = ([U][V])[W]$ 是平凡的. 为什么?

19.7.3 试证明: 1 等价于空字类.

19.7.4 试证明: $[W]^{-1} = [W^{-1}]$, 其中 W^{-1} 是从后往前写 W、同时改变每个幂次的符号的结果.

最小的非阿贝尔群 S_3, 也是具有有趣定义关系的最小的群. 如 19.2 节的习题, 我们取 S_3 为等边三角形的对称群.

19.7.5 试说明: S_3 由围绕其中心做 $120°$ 旋转 r, 以及围绕铅锤对称轴做 $180°$ 旋转 s 所生成. 同时证明 r 和 s 满足以下关系:
$$r^3 = s^2 = 1, \quad r^2 s = sr.$$

19.7.6 试从习题 19.7.5 推导出 S_3 的每个元素可写成如下形式:
$$r^m s^n, \quad 其中 \ m = 0, 1, 2; n = 0, 1.$$

19.7.7 试从习题 19.7.6 断定: $r^3 = s^2 = 1$ 以及 $r^2 s = sr$ 是 S_3 的定义关系.

19.7.8 试通过类似的论证, 证明一个正 n 边形的对称群具有定义关系 $r^n = s^2 = 1, r^{n-1} s = sr$.

19.8 有限单群

一个群被称作单群, 是指除了其自身和群 $\{1\}$ (指只有唯一的成员且是单位元的群) 之外, 它没有其他正规子群. 之所以这么称呼它是因为单群不能通过正规子群 H 作商群 G/H 来 "化简". 从这种简单性的意义下看, 单群就像是素数, 后者不能通过被比它更小的数整除而 "化简". 当然, 我们不能就此宣称单群或素数就不复杂!

事实上, 最明显的有限单群的例子是素数, 或更精确地说是对素数 p 的循环群 $\mathbb{Z}_p$. $\mathbb{Z}_p$ 是单群, 因为它仅有的子群就是它自身和 $\{1\}$ (多亏了拉格朗日定理, 它告诉我们一个群的子群的大小*, 必须能等分该群的大小). 事实上, 它们是仅存的阿贝尔单群, 我们从现在起将忽略它们. 有趣和重要的单群是非阿贝尔的, 而第一批这种单群的例子就是伽罗瓦在研究多项式方程时发现的.

最小的非阿贝尔群是 A_5, 是对五样东西或五种行动实施所有的 60 个偶置换构成的. A_5 的单性对于用根式解五次方程而言是不可逾越的障碍. 正如我们在 19.3 节中看到的, 五次方程的群是 S_5, 即由五个元素的全部 120 个置换组成的. 用根式解五次方程等价于

---

* 群的大小是指其元素的个数, 也称为群的阶. —— 译注

寻找一个 (正规) 子群的链:

$$S_5 \supseteq H_1 \supseteq H_2 \supseteq \cdots \supseteq \{1\},$$

使得这个链中每一个群对下一个群的商群是循环群. 我们可以迈出的第一步是,

$$S_5 \supseteq A_5,$$

但我们不能再往前走了, 因为 S_5 没有任何非平凡的正规子群且 A_5 是单群.

　　A_5 是单群的证明 (见下面的习题) 可以延伸, 从而证明: 对所有的 $n \geqslant 5$, A_n 是单群. 所以, 伽罗瓦实际上发现了一整类单群的无穷家族. 他还在研究模方程 —— 它源于椭圆函数 —— 时发现了三个值得注意的单群. 这些研究的起点是法尼亚诺 (Fagnano) (1718) 公式, 此公式用于计算双扭线的倍弧 (见 12.4 节):

$$2\int_0^x \frac{dt}{\sqrt{1-t^4}} = \int_0^y \frac{dt}{\sqrt{1-t^4}}, \ \text{其中} \ y = \frac{2x\sqrt{1-x^4}}{1+x^4}.$$

这给出了 x 和 y 之间的多项式方程, 它对 y 是 2 次的:

$$y^2\left(1+x^4\right)^2 = 4x^2(1-x^4).$$

在 19 世纪早期, 勒让德、高斯、阿贝尔、雅可比等人将法尼亚诺的发现推广到其他椭圆积分, 并将倍弧推广到 n 倍弧的情形. 伽罗瓦仅留下用 5,7 和 11 来乘的神秘评注 (蕴含了它们产生的次数为 5,7 和 11 的方程). 这些评注写在他去世前夜写的一封信中.

　　原来, 5 次模方程等价于一般的五次方程, 这就是埃尔米特 (1858) 能用椭圆模函数解一般五次方程的原因. 然而, 7 次和 11 次模方程的群的阶分别为 336 和 1320, 所以它们不是对称群 S_n. 这些新群的性质是若尔当 (1870) 揭示的. 它们可以看作是 (我们现在所谓的) 有限射影直线的交换群.

　　什么是有限射影直线? 它就像是我们在 8.6 节讨论过的实射影直线 $\mathbb{RP}^1 = \mathbb{R} \cup \{\infty\}$, 只是要用有限域替代 $\mathbb{R}$. 有限域是伽罗瓦发现的, 我们在 19.1 节讨论的模 p 的加法和乘法时就见过其中的一些有限域. 由于这两种运算与通常的加法和乘法具有同样的性质 —— 特别是, 每个非零元素皆有逆 —— 我们可以在 $\mathbb{F}_p = \{0, 1, 2, \cdots, p-1\}$ 中像通常一样作运算、解方程, 等等. 进而, 如果我们同意如下运算是惯例, 即 $1/0 = \infty$ 和 $1/\infty = 0$, 那么在 $\mathbb{F}_p \cup \{\infty\}$ 上的线性分式函数是有意义的. 所以, 我们可以视 $\mathbb{F}_p \cup \{\infty\}$ 为有限射影直线, 并视其线性分式函数为 '投影'. 进而, 交比在 $\mathbb{F}_p \cup \{\infty\}$ 上都是有意义的, 而且依据在 8.6 节中使用的同样的推理可知, 该交比在线性分式函数作用下是不变的.

因此之故, 这些函数做成的群

$$x \to \frac{ax+b}{cx+d}, \text{ 其中 } a,b,c,d \in \mathbb{F}_p, \text{ 且 } ad-bc \neq 0,$$

被称为一般射影线性群 PGL$(2,p)$. (这里使用 2 的理由是: 系数 a,b,c,d 的表现就像是一个 2×2 矩阵 $\begin{pmatrix} a & b \\ c & d \end{pmatrix}$ —— 参见 23.1 节.) 原来, PGL$(2,5)$, PGL$(2,7)$ 和 PGL$(2,11)$ 分别是次数为 5,7 和 11 的模方程的群. 而且, 这些群 PGL$(2,p)$ 中的每一个皆包含一个称为 PSL$(2,p)$ 的单子群, 它的大小是原群的一半. 这是若尔当 (1870) 证明的.

我们不在这里证明 PSL$(2,p)$ 是单的, 也不去证明 PSL$(2,5)$ 同 A_5 一样, 但我们能进一步证实, 当把 PSL$(2,5)$ 的元素解释为是射影直线

$$\mathbb{F}_5 \cup \{\infty\} = \{0,1,2,3,4,\infty\}$$

之间的变换时, 它有 60 个元素. 关键是要注意到, 对射影直线上的任一线性分式函数 $f(x) = \frac{ax+b}{cx+d}$, 可由它在三个点, 比如 $f(0), f(1), f(\infty)$ 上的值所决定. 这是因为任何第四个点 x 与 $0,1,\infty$ 有确定的交比, 而 $f(x)$ 与 $f(0), f(1), f(\infty)$ 有相同的交比, 该交比唯一地决定了 $f(x)$. 同样, $f(0), f(1), f(\infty)$ 可以是 $0,1,2,3,4,\infty$ 中任一不同值的三元数组, 因为我们可以针对 a,b,c,d 来解方程

$$\frac{a0+b}{c0+d} = f(0), \quad \frac{a1+b}{c1+d} = f(1), \quad \frac{a\infty+b}{c\infty+d} = f(\infty).$$

于是, PGL$(2,5)$ 中的元素个数等于从 $0,1,2,3,4,\infty$ 中任取三个不同的数的取法数, 即

$$6 \cdot 5 \cdot 4 = 120.$$

至此, 当我们视线性分式函数为集合 $\{0,1,2,3,4,\infty\}$ 的置换时, PGL$(2,5)$ 不是单群的理由是: 它有一个 '明显' 的正规子群. 例如, 函数 $f(x) = x+1$ 有如下功能:

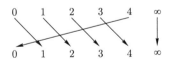

—— 这是一个偶置换. 另一方面, 函数 $g(x) = 2x$ 的功能如下:

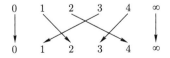

—— 这是一个奇置换. 所以, 那些偶置换的子群 PSL$(2,5)$ 不是 PGL$(2,5)$ 的全部. 事实

上, 它的大小只有 PGL(2,5) 的一半, 有 60 个元素. 这也弄清楚了它是正规子群, 是单群, 与 A_5 同构.

类似地, 我们能看到 PGL(2,7) 有 $8 \cdot 7 \cdot 6 = 336$ 个元素, 其中一半是偶置换. 因此, 偶置换的子群 PSL(2,7) 有 168 个元素, 原来它是单正规子群. 伽罗瓦考虑的第三个群是 PSL(2,11), 同样, 它原来是有 660 个元素的单群. 碰巧, PSL(2,7) 是除 PSL(2,5) = A_5 外的最小的非阿贝尔单群. PSL(2,7) 在几何中呈现出其他几种惊人的外貌, 读者可以在格雷 (Gray) (1982) 的文章中见到.

这些例子仅仅让我们略微地感觉到了单群的世界. 无论如何, 它们暗示了单群世界中最迷人的一种特征 —— 即存在着像实射影直线一样的那种无穷结构的有意义的有限模拟. 关于单群世界的更多内容, 我们将在 23 章中展现给读者.

习题

A_5 是单群的理由相当简单, 读者只需了解一些关于置换的知识便能理解. 这些知识包括在 19.3 节的习题中探究过的有关偶置换的性质, 以及我们要在这里探究的将置换分解成轮换.

我们称 $(a_1, a_2, \cdots, a_k)$ 是 $\{1, 2, \cdots, n\}$ 的一个置换 f 的 k-轮换, 是指对不同的数 a_1, $a_2, \cdots, a_k$, 有

$$f(a_1) = a_2, f(a_2) = a_3, \cdots, f(a_k) = a_1.$$

$\{1, 2, \cdots, n\}$ 中的每个数属于 f 的某个 k-轮换, 所以 f 是它所有不相交的轮换的乘积. 例如, 若 f 是

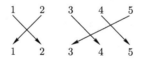

则 $f = (1,2)(3,4,5)$. 这就从 19.3 节的习题得出如下结论, 即 $\{1,2,3,4,5\}$ 的偶置换中, 仅有的偶 k-轮换是 3-轮换或 5-轮换.

19.8.1 从各轮换分解中略去 1-轮换, 试证明 A_5 中的元素 (非单位元) 仅可能有的轮换分解的类型是 (a,b,c), $(a,b)(c,d)$ 和 (a,b,c,d,e).

19.8.2 记住 $g \cdot f$ 意指先实行 f, 后实行 g. 试验证:

      (i) $(1,2,3,4,5) \cdot (2,1,4,3,5) = (1,5,3)$.

      (ii) $(1,2)(3,4) \cdot (1,2)(4,5) = (3,4,5)$.

前面的习题证明了: A_5 的任一子群 H, 只要包含 (a,b,c,d,e) 的 "足够多" 的 $(a,b)(c,d)$ 类型的元素, 它也必包含 3-轮换. 我们现在研究当 H 是正规的且不等于 $\{1\}$ 时会发生什么情况, 并且证明这样的 H 包含 "足够多" 的元素以确保 3-轮换的呈现.

回忆 19.2 节的内容可知, A_5 的正规子群 H 对 A_5 中的每个 g 满足 $gH = Hg$. 由此可得 $gHg^{-1} = H$, 即如果 h 在 H 中, 那么对 A_5 中任一个 g, 有 $h = ghg^{-1}$.

19.8.3 试证明: 如果 H 包含一个 5-轮换 (a,b,c,d,e), 则它对每个 A_5 中的每个 g 也包含 5-轮换 $(g(a)$, $g(b), g(c), g(d), g(e))$.

19.8.4 试证明: 如果 H 包含 2-轮换 $(a,b)(c,d)$ 的一个乘积, 则它对 A_5 中的每个 g 也包含 2-轮换 $(g(a), g(b))(g(c), g(d))$ 的乘积.

19.8.5 试根据习题 19.8.3 和 19.8.4, 以及在 19.8.2 中所做的计算, 推导出: H 包含一个 3-轮换.

19.8.6 试根据前面的习题推导出: H 包含所有的 3-轮换.

为证明 A_5 是单的, 现只剩下去证明: 正规子群 $H \neq \{1\}$ 事实上包含 A_5 的所有成员.

19.8.7 试利用 3-轮换产生 A_5 的其他元素, 用以证明 $H = A_5$.

19.9 人物小传: 伽罗瓦

埃瓦里斯特 · 伽罗瓦 (Evariste Galois) (图 19.9) 1811 年生于巴黎附近的拉赖因堡, 1832 年在一场决斗中受伤后卒于巴黎. 他短暂的悲剧人生充满神秘, 使他成为数学方面最富浪漫色彩的人物; 有几部传记都把伽罗瓦刻画成被误解的天才和既成体制的牺牲品. 然而, 罗斯曼 (Rothman, T.) (1982) 以丰富而翔实的文献说明, 伽罗瓦并不那么适合担当这样的角色. 尽管现知的他的生活状况, 可以满足任何人编写戏剧的需要, 但他的悲剧属于更经典的那一类, 其间的奥妙在于他具有自我牺牲的人格.

图 19.9 15 岁时的埃瓦里斯特 · 伽罗瓦

伽罗瓦的父亲叫尼古拉斯–加布里埃尔 · 伽罗瓦 (Nicholas-Gabriel Galois), 是一所寄宿学校的校长, 后担任拉赖因堡的市长; 其母阿代拉伊德–马里耶 · 德曼特 (Adelaïde-Marie Demante) 出身于法律世家; 他们共育有三个孩子, 伽罗瓦排行老二. 他的父母都受过良好的教育, 看来伽罗瓦有过愉快的童年, 即使是非传统的. 一直到 12 岁, 他的教育者都是他的母亲 —— 一位严厉的古典学者, 给他灌输拉丁语、希腊语知识, 以及对克己主义道德规范的尊重. 他的父亲远非克己主义者, 而是位以独特方式反传统的人, 当法国正在返回帝制时成了一名拥护共和政体者. 1823 年 10 月, 埃瓦里斯特入读著名的路易大帝皇家学校, 罗伯斯庇尔 (Robespierre) 和维克托·雨果 (Victor Hugo) 都曾是这所学校的学生, 后来的学生中包括数学家夏尔·埃尔米特 (Charles Hermite), 他发现了五次方程的超越解. 伽罗瓦的家庭背景似乎不存在任何跟数学的因缘, 他在校期间也要等到 1827 年 2 月才开始学习它. 所以, 他要在数学上取得进展, 必定要以超过历史上任何人的高速度、更贪婪地去啃读数学 —— 也许应该把 1665—1666 年间的牛顿除外; 其结果毫不令人奇怪: 学校的报告第一次提到他在其他科目方面的进步不能令人满意. 关于他的特点的评语说: '有个性','内向', 开始表现出 '有独创性'. 在这一时期, 伽罗瓦学习了勒让德的《几何原理》(Geometry) 和拉格朗日有关方程论及解析函数的著作. 他相信自己已做好了进入多科技术学校的准备, 但由于忽略了在规定的标准考试科目方面的准备, 他未能通过入学考试.

1828 年, 他来了好运: 遇到了一位发现他数学天赋的老师, 路易–保罗–埃米尔·里夏尔 (Louis-Paul-Emile Richard). 这催生了伽罗瓦的第一件出版物: 一篇讨论连分数的论文, 1829 年 3 月发表于热尔岗主办的《年刊》(Annales) 上. 还得感谢里夏尔, 他使伽罗瓦早期的好几件作品得以存世, 并已在布尔涅 (Bourgne, R.) 和阿兹拉 (Azra, J.-P.) 的著作 (1962) 中发表. 他们收集了里夏尔当年保存的年级考查论文, 以及后来由埃尔米特为子孙们保留的这类文章. 选自 1828 年的一篇文章显示: 像阿贝尔一样, 伽罗瓦最初也相信自己能解决五次方程的问题.

人们可能以为: 在受人尊敬的期刊上发表论文, 对一名 17 岁的数学家自然是一种鼓舞; 但伽罗瓦并不满足. 他对使他落榜的多科技术学校的考官怀恨在心, 而里夏尔支持他 —— 声称无须考试就应录取伽罗瓦. 不消说, 没有发生这等好事, 招来的是更糟糕的失望.

伽罗瓦已经开始研究他的方程论, 1829 年 5 月向巴黎科学院递交了这一主题的首篇论文. 柯西是审稿人, 似乎对此文留有不错的印象 (参见罗斯曼 (1982), 89 页); 可是几个月过去, 仍未见文章发表. 之后, 在 1829 年 7 月, 伽罗瓦的父亲自杀身亡. 起因是件微不足道的小事, 甚至可以说是儿戏 —— 拉赖因堡的牧师对他的一次恶意攻击 —— 但因此引发了这位老伽罗瓦无法抗拒的政治激情. 埃瓦里斯特也无法抗拒丧父的激动. 他对现存的政治和教育体制的怀疑越发强烈, 到了偏执的程度. 突然间, 牺牲自己生命的想法似乎有了实现的可能. 父亲死后几天, 他第二次参加多科技术学校的入学考试 —— 这几乎是最后一根救命稻草, 可是他再次落榜, 被这所学校拒之门外.

遭受了这些摧毁性的打击后, 伽罗瓦仍锲而不舍地参加各种考试; 1829 年 11 月, 他成功地考入名望稍逊一些的高等师范学校. 1830 年初, 他将他的方程理论付诸印刷 (不是通过科学院), 发表了三篇论文. 然而, 1830 年更具决定性影响的事件是反对波旁王朝的七月革命. 这给了伽罗瓦一次理想的机会, 发泄因父亲的死和自己屡遭落榜之耻积聚的愤怒; 他成了共和政体的煽动者. 他跟主张共和体制的领导人布朗基 (Blanqui) 和拉斯帕伊 (Raspail) 交上了朋友, 开始在高等师范学校进行政治煽动 —— 1830 年 12 月, 他因撰写反对校长的文章被学校开除了. 同月, 波旁王族逃离法国; 如第 16.7 节所述, 柯西跟随他们流亡国外.

一离开高等师范学校, 伽罗瓦就加入了共产主义者的大本营 —— 国民卫队的炮兵部队, 专心从事革命活动. 在 1831 年 5 月 9 日举行的共和主义者的一次盛宴上, 他手中拿着匕首提议举杯祝饮, 恐吓说要新国王路易-菲利普 (Louis-Philippe) 的命. 第二天伽罗瓦被捕, 在圣佩拉吉监狱关到 6 月 15 日; 接着他以威胁国王生命罪受审, 但几乎立即被无罪释放, 理由是他即年轻又愚蠢. 这次无罪开释实在是宽厚之举, 因为在庭审中伽罗瓦充分发泄了他的不满. 他承认仍打算杀死国王 ——'如果他出卖国家", 并进一步说: 国王 '即使过去不是, 也很快会变成叛国者".

在 1831 年的法国革命纪念日 (7 月 14 日), 伽罗瓦第二次被捕, 罪名是非法拥有枪支和穿着国民卫队制服 (国民卫队已于 1830 年底被遣散). 他被关押在圣佩拉吉监狱直到 10 月份, 接着又被判继续坐牢 6 个月. 伽罗瓦变得十分沮丧, 有一次想起父亲, 竟然也试图自杀. 所以, 当他最终听到来自科学院的消息, 说他们正在退回他的手稿 —— 尽管还请他递交一份有关他的理论的更完全的报告 —— 他的心情坏到了极点. 事实上, 伽罗瓦确实开始修改他的工作, 但主要精力倾注于写一篇序言, 痛斥现存的科学机构和院士们, 特别是 '那些对阿贝尔的死心怀内疚的人". 他最后 6 周的刑期是在一所私人疗养院里度过的 —— 因为巴黎流行霍乱, 一些犯人被移送到了此地. 在环境相对宽松的时候, 伽罗瓦又重新开始他的研究, 并设法写了几篇哲学随笔.

1832 年 4 月 29 日, 他获释出狱. 非常遗憾, 接下来他生命中最后一个月的情况, 我们知之甚少. 他在 5 月 25 日写信给他的朋友舍瓦利耶 (Chevalier), 表示他对生活已不抱任何幻想, 并暗示原因是失恋. 看来, 那个女人是斯特凡妮·迪莫泰 (Stéphanie Dumotel), 那所私人疗养院的住院医生的女儿. 现存有两封她给伽罗瓦的信, 尽管它们被撕毁过 (可能是伽罗瓦本人所为), 但还留有部分内容可辨. 日期为 5 月 14 日的信中说: '让我们结束这段恋情吧." 另一封信提到有个什么人给她带来了悲伤, 她的口气让伽罗瓦感到自己有责任去保卫她. 这是否是引起致命决斗的原因, 我们不得而知. 也可能伽罗瓦觉得这场决斗早已在威胁着他. 1831 年伽罗瓦首次入狱时, 有一位志同道合者叫拉斯帕伊 (Raspail, F. V.), 他在那年的 7 月 25 日从监狱发出的信中引用了伽罗瓦的话: '我告诉你, 我会在为某个卖弄风情的女子的决斗中丧生. 为什么? 因为她会邀我向另一个损害她名誉的人复仇" (拉斯帕伊 (1839), 89 页). 伽罗瓦在决斗前夜写给朋友的几封信中, 再次说起一个 '邪恶败德的卖弄风情的女人".

他还写道:'原谅那些杀死我的人, 因为他们有良好的信仰." 事实上, 他的决斗对手是信仰共和主义的同伴佩舍厄 · 德尔宾维利 (Pescheux d'Herbinville). 此后那些喜欢写阴谋活动的作家一直猜测德尔宾维利真的是一名警察, 但没有证据能加以核实, 而他参加革命的证据却像伽罗瓦的一样确凿. 警察之说大概反映了 20 世纪对决斗的不解, 我们不再能理解或同情这种行为 (尽管我们仍然夸赞成功的决斗者, 比如波尔约和魏尔斯特拉斯). 对伽罗瓦的这次决斗, 我们可能找不到合理的解释; 但他父亲的自杀和伽罗瓦本人的自毁倾向, 无疑是事件发生的条件. 伽罗瓦相信他将因小而可鄙的事而死, 不料竟让他说中了, 这就是悲剧之所在!

数学的悲剧则是, 伽罗瓦过世时他的工作尚未全部完成. 决斗的前夜, 他写了一封长信给舍瓦利耶, 概述了他的发现并希望 "有人能找出它的用处, 整理其中的杂乱之处". 后来, 舍瓦利耶和阿尔弗雷德 · 伽罗瓦 (Alfred Galois, 埃瓦里斯特的弟弟) 复制了他的数学论文, 寄送给了高斯和雅可比, 但未获回音. 第一位自觉地研究这些论文的数学家是刘维尔, 他在 1843 年就坚信它们的重要性并安排予以发表. 1846 年, 这些论文终于面世; 到 19 世纪 50 年代, 该理论的代数部分开始逐渐进入教科书. 但正如第 19.3 节所示, 伽罗瓦的工作绝不止于此. 伽罗瓦还讲到过代数方程和超越函数之间的联系, 并隐秘地涉及了 '非单值性理论'. 后者很可能是在关注代数函数的多值性, 我们可以完全相信, 伽罗瓦考虑的就是后来由黎曼的工作所替代的课题. 至于超越函数, 我们知道埃尔米特 (1858) 完成了伽罗瓦的一项研究, 解决了用椭圆模函数解五次方程的问题; 若尔当 (1870) 则揭示了控制这类函数性状的群的理论. 不过, 这些结果只触及皮毛, 现在仍存在这样的可能性: 更重要的 '伽罗瓦理论' 尚待人们去发现.

第 20 章

超复数

导读

本章讲述一般化带来意想不到后果的故事. 我们在试图将实数概念一般化到 n 维时, 发现仅在四种维度下可以行得通: $n = 1, 2, 4, 8$. 但在 $\mathbb{R}^n$ 中, "像数一样的" 性质远非共性, 而是一种罕见和有趣的例外.

"像数一样的" 性质这一意识是由 $n = 1, 2$ —— 即我们已经知道的实数 $\mathbb{R}$ 和复数 $\mathbb{C}$ 的性质引起的. 实数系 $\mathbb{R}$ 和复数系 $\mathbb{C}$ 有着共同的代数和几何性质.

共同的代数性质是: 它们都构成域; 域由支配加法和乘法的九条运算法则所决定, 如 $ab = ba$ 和 $a(bc) = (ab)c$ (乘法的交换律和结合律). 共同的几何性质是: 存在绝对值 $|u|$; 它用于度量 u 到 O 的距离, 且具有乘性 $|uv| = |u||v|$.

在 19 世纪 30 年代和 40 年代, 哈密顿 (Hamilton) 和格雷夫斯 (Graves) 长期艰苦地在 $\mathbb{R}^n$ 中寻找 "像数一样的" 性质, 但他们只是走近但未命中目标. 超出 $\mathbb{R}$ 和 $\mathbb{C}$ 的范围, 只有两类超复数系几乎要达标了: 对 $n = 4$, 即四元数代数 $\mathbb{H}$, 其运算除了乘法交换律外满足所有其他所要求的性质; 对 $n = 8$, 即八元数代数 $\mathbb{O}$, 其运算除了乘法的交换律和结合律外具有所有其他所要求的性质.

尽管缺少了域的某些性质, $\mathbb{H}$ 和 $\mathbb{O}$ 仍可以用作射影平面的坐标. 在此背景下, 丧失域的某些性质具有值得注意的几何方面的意义. 丧失交换律对应于失去帕普斯定理; 丧失结合律则对应于失去德萨格定理.

20.1 复数的后知之明

第 14 章告诉我们, 人们在 16 世纪首次认识到在解三次方程时需要复数. 数学家被迫将 $\sqrt{-1}$ 加进数的行列, 是为了使由卡尔达诺公式给出的解跟三次方程有明显的实数解相符合. 正如我们在 15 和 16 两章中所见到的, 随着光阴流逝, 人们发现复数在几何和分析中也是不可或缺的. 对于复数的 "后知之明", 是说我们认识到复数与 '不可能' 和 '虚幻' 毫不相干. 它们和所谓的 '实' 数一样真实, 因为二维的事物跟一维的事物一样实在. 它们同样具有被称为 '数' 的权利 —— 复数和实数有同样的算术性态.

但如果说复数具有如此的真实性 —— 而不仅是由于卡尔达诺公式的间接而侥幸的影响 —— 那么它们就应该更早地在数学史上被独立地观察到. 天文学史上出现过一件可与此相比的情况, 有助于我们搞清这个问题. 海王星是经由亚当斯和莱弗里尔的计算在 1846 年被发现的, 我们在 13.4 节已经知道这一事实. 显然, 海王星一直在那儿存在着, 它可能更早地被观察到 —— 在它具有的特殊重要性被人们认识到之前. 但实际上它的发现是很偶然的. 科瓦尔 (Kowal, C. T.) 和德雷克 (Drake, S,) (1980) 对伽利略的观测记录进行核对时发现, 他在 1612 年已经观察到海王星, 但未认识到它是一颗行星. (他甚至观测到它有明显的相对于恒星的运动, 但他可能将此归因于观测误差.)

丢番图曾经对复数做过一次类似的 '观测', 但没有认识到它的全部性质. 他没有 $i = \sqrt{-1}$ 的想法 —— 我们今天倾向于认为这是复数的出发点; 但他做了另一件具有决定意义的事, 就是对由通常的数组成的数对进行了运算. 这出现在他关于两平方数和的工作中; 其意义在于, 类似地对四平方数和八平方数的和的探究, 预示了四维 '数' 与八维 '数' 的发现, 这正是本章的主题. 因这些 '数' 的维数高于复数, 故称它们为超复数. 我们将讲到称它们为 '数' 有若干理由, 但先细述一下丢番图的发现是很有益处的.

20.2 数对的算术

丢番图在他的《算术》(*Arithmetica*) 第三卷的问题 19 中指出:

65 自然有两种方式分为两个平方之和, 即 $7^2 + 4^2$ 和 $8^2 + 1^2$. 这归因于如下事实, 即 65 是 13 和 5 的乘积, 而 13 和 5 都是两平方之和.

显然, 他知道两平方和的乘积本身仍是个两平方和, 这源于下述等式:

$$(a_1^2 + b_1^2)(a_2^2 + b_2^2) = (a_1a_2 \mp b_1b_2)^2 + (b_1a_2 \pm a_1b_2)^2.$$

通常, 丢番图只是解释一般结果, 对于上述情形又具体取了 $a_1 = 3, b_1 = 2, a_2 = 2, b_2 = 1$. 后来的数学家理解了他的用意: 哈津 (al-Khazin) 在约公元 950 年就注意到了上面那个一般的等式, 丢番图实际上是在注释这个等式 —— 该等式的证明是 1225 年斐波那契在《平方数书》(*Book of Squares*) 中给出的.

虽然丢番图是在讲平方和 $a^2 + b^2$ 的乘积, 但他实际上运算的是数对 (a, b), 因为他把 $a^2 + b^2$ 视为以 a, b 为一对直角边的直角三角形斜边上的正方形. 在他的等式中如采用上边的正负号, 他描述的是从取定的两个直角三角形 (a_1, b_1) 和 (a_2, b_2) 以产生第三个

三角形 $(a_1a_2 - b_1b_2, b_1a_2 + a_1b_2)$ 的规则, 即让它的斜边等于先取定的两个三角形斜边的乘积.

现在, 如果我们将数对 (a, b) 理解为 $a + ib$ 而非三角形, 则丢番图的规则不是别的, 正是复数的乘法规则, 因为

$$(a_1 + ib_1)(a_2 + ib_2) = (a_1a_2 - b_1b_2) + i(b_1a_2 + a_1b_2).$$

我们把他的斜边 $\sqrt{a^2 + b^2}$ 称为 $a + ib$ 的绝对值 $|a + ib|$; 他的等式 (取上面的正负号) 正是绝对值的乘法性质:

$$|a_1 + ib_1||a_2 + ib_2| = |(a_1 + ib_1)(a_2 + ib_2)|.$$

于是, 在某种意义下, 丢番图 '观察' 到了复数乘法的规则, 以及它所蕴含的关于绝对值乘法的性质. 显然, 这里没有加法规则, 即没有给出由 $(a_1, b_1), (a_2, b_2)$ 这两个数对生成数对 $(a_1 + a_2, b_1 + b_2)$ 的规则, 所以丢番图没有真正给出数对的算术 —— 人们还需要耐心地等待.

在数学家感到有必要追问什么是复数之前, 复数已经 '不得不' 出现在代数中, 还管起了几何和分析中的事. 哈密顿 (1835) 肯定地给出 '什么是复数?' 的答案: 一个复数是一个有序的实数对 (a, b), 而且这些实数对依下列规则可做加法和乘法:

$$(a_1, b_1) + (a_2, b_2) = (a_1 + a_2, b_1 + b_2),$$
$$(a_1, b_1) \times (a_2, b_2) = (a_1a_2 - b_1b_2, b_1a_2 + a_1b_2).$$

以实数对代替 $a + ib$ 的理由, 自然是为了排除有争议的对象 $i = \sqrt{-1}$. 一旦这样做了, 就很容易找到 (a_1, b_1) 与 (a_2, b_2) 相乘和相加的规则, 无非是将 $a_1 + ib_1$ 与 $a_2 + ib_2$ 的加法和乘法规则用数对重写一遍. 这很像是变了一个诡秘的戏法: 利用 $i^2 = -1$ 找到乘法规则之后又把 i 变没了 —— 直到我们又回想起丢番图找到该乘法的规则时根本没有借助于 $\sqrt{-1}$, 才明白其中的奥秘.

哈密顿认识到实数对的乘法本身就是一个重要问题. 事实上, 他对于更大的三元数组和四元数组等的乘法问题都感兴趣. 例如, 显然存在三元数组的加法, 即向量加法:

$$(a_1, b_1, c_1) + (a_2, b_2, c_2) = (a_1 + a_2, b_1 + b_2, c_1 + c_2),$$

它可以推广到对任意 n 的 n 元数组. 但三元数组相乘是什么意思呢? 显然不存在任何明显的方法将数对的乘法规则推广到三元数组. 哈密顿被这个问题折磨了好几年; 在很长一段时间内, 他能向学界报告的进步只涉及数对的算术. 我们在后面将会看到, 重要的事情

是必须彻底澄清什么是一维和二维情形下的算术, 以及高维情形下算术又该是什么样的.

习题

如果谁还怀疑在复数自身被认识之前居然有人能注意到复数的乘法, 我们可举另一个例子, 那是韦达 1590 年左右在他的著作《三角形的生成》(Genesis triangulorum) 中提出的.

韦达独立地发现了丢番图的乘法规则, 他当时取两个三角形来生成第三个; 但韦达使用此规则的目的完全不同. 他想的不是 (直角三角形) 斜边相乘, 而是角的相加问题.

20.2.1 假定有两个直角三角形. 一个的直角边为 a_1, b_1, 其中 b_1 所对的角为 θ_1; 另一个的直角边为 a_2, b_2, 其中 b_2 所对的角为 θ_2. 试写出 $\tan\theta_1, \tan\theta_2$ 和 $\tan(\theta_1 + \theta_2)$.

20.2.2 试从习题 20.2.1 推导出: 边为 $a_1 a_2 - b_1 b_2, b_1 a_2 + a_1 b_2$ 的直角三角形有一个角为 $\theta_1 + \theta_2$. (对着哪条边?)

20.2.3 试用复数 $a + ib$ 的极坐标形式 $r(\cos\theta + i\sin\theta)$ 来解释丢番图和韦达的结果.

甚至有人推测说, 复数的乘法, 至少是 "数对的乘法" 就在普林顿 322 泥板 (1.2 节) 记载的那堆神秘的毕达哥拉斯三元数组中.

为了更充分地考察上述推测, 我们需要看一下习题 1.2.1 中的完全三元数组 (a, b, c). 结果表明, 每个数对 (a, b) 都具有形式 $(a_1 a_2 - b_1 b_2, b_1 a_2 + a_1 b_2)$, 此时 (a_1, b_1) 和 (a_2, b_2) 是较小的整数对. 这就是说, $a + ib = (a_1 + ib_1)(a_2 + ib_2)$. 更让人吃惊的是, 除去 $(3, 4, 5)$ 的倍数 $(45, 60, 75)$, 每个 $a + ib$ 是一个完全平方, 其因子含 $\pm i$. 下面是几个不太困难的证明题.

20.2.4 试对 $(a, c) = (119, 169)$ 证明: $b = 120$, 而且 $119 + 120i$ 是个完全平方数. 提示: 注意 $169 = 13^2 = $ 斜边^2.

20.2.5 试证明: 对于 $(a, c) = (161, 289)$ 有类似的结果成立.

20.3 ＋ 和 × 的性质

在 19 世纪 30 年代, 哈密顿与他的同事皮科克 (Peacock, G.)、德摩根 (de Morgan, A.) 和约翰 · 格雷夫斯 (John Graves) 致力于推进数的概念的扩展. 当时, 数的概念的扩张已经有了一系列的成果 —— 从自然数及有理数到实数及复数 —— 皮科克注意到其中涉及一个不变性原理. 那是指每次随着数概念的扩张, 某些加法与乘法的性质都一直保持着.

在当时, 这些 "永久成立" 的性质并不十分清晰, 其中大部分是在戴德金 (1871) 给出域的定义后才具体化的. 域这个概念还有另一个独立的起源, 即 1830 年左右伽罗瓦关于方程论的工作. 为了方便起见, 我们从域的定义出发, 然后解释它在哈密顿探索 n 元数组算术时的作用.

一个域是一些对象的集合, 在集合上定义了 ＋ 和 × 运算 —— 它们具有某些性质或者说满足某些 "定律". 为了简明地陈述这些性质, 我们也使用 － 运算. 注意, "–" 被解释为一种运算符, 它将自然数 a 转化为负数或加法逆元 $-a$. 一个负数的负数是有定义的, 即我们永远有 $--a = a$; 差 $a - b$ 定义为 $a + (-b)$. 所以, ＋ 和 － 有如下性质:

$$a + (b + c) = (a + b) + c, \qquad\qquad \text{(结合律)}$$

$$a + b = b + a, \qquad\qquad \text{(交换律)}$$

$$a + (-a) = a, \qquad\qquad \text{(加法逆元性质)}$$

$$a + 0 = a. \qquad\qquad \text{(0 的性质)}$$

另有类似的一组性质描绘 $\times$ 的性态:

$$a \times (b \times c) = (a \times b) \times c, \qquad\qquad \text{(结合律)}$$

$$a \times b = b \times a, \qquad\qquad \text{(交换律)}$$

$$a \times 1 = a, \qquad\qquad \text{(1 的性质)}$$

$$a \times 0 = 0. \qquad\qquad \text{(0 的性质)}$$

还有一条 $+$ 和 $\times$ 互相作用的规则:

$$a \times (b + c) = a \times b + a \times c. \qquad\qquad \text{(分配律)}$$

以上性质定义了所谓的有单位元的交换环, 其最典型的例子就是整数的集合 $\mathbb{Z}$.

域的定义就是在上面的性质之外再加上存在乘法逆元 a^{-1}, 后者对每个 $a \neq 0$ 有定义并满足

$$a \times a^{-1} = 1. \qquad\qquad \text{(乘法逆元性质)}$$

域的典型例子就是有理数系 $\mathbb{Q}$、实数系 $\mathbb{R}$ 和复数系 $\mathbb{C}$.

为了理解超出这些数系之外的数, 哈密顿多引入了一条这些数系公有的性质: 存在乘法绝对值, 它是一个实值函数 $|\ |$, 具有性质

$$a \neq 0 \Rightarrow |a| \neq 0, \quad |ab| = |a||b|.$$

如我们在 20.2 节中所见, 复数的乘法绝对值本质上是丢番图发现的 —— 远在复数本身被发现之前. 哈密顿并不知道这一事实, 因为他没有研究数论; 应该说, 他十分幸运地并不知道数论中关于三元数组乘法绝对值有过什么结论. 如果他知道自己将遭遇什么样的境况, 那么超复数接下来的历史大概就十分不同了.

20.4 三元数组与四元数组的算术

丢番图的《算术》中有很多关于两平方和的结论. 这是很自然的, 因为毕达哥拉斯三元数组有悠久的历史, 而且因为丢番图本人对这个主题做出的贡献 —— 说明两平方和可

以 "相乘"* . 该书中也有一些四平方和的研究成果, 它们导致巴歇 (Bachet de Méziriac, C. G.) (1621) 做出猜想, 即每个正整数是四个平方之和. 这个猜想的最终证明由拉格朗日给出 (1770). 但是丢番图没怎么提到三平方和; 大概三平方和不能 "相乘" 对他来说是很显然的.

例如, $3 = 1^2 + 1^2 + 1^2, 5 = 0^2 + 1^2 + 2^2$ 都是三平方和, 但它们的乘积 15 却不是. 这说明可能不存在如下形式的恒等式

$$(a_1^2 + b_1^2 + c_1^2)(a_2^2 + b_2^2 + c_2^2) = A^2 + B^2 + C^2,$$

其中 A, B, C 是 a_m, b_m 和 c_m 的整系数组合. 这又意味着也不可能存在带有乘法绝对值的三元数组的乘积

$$(a_1, b_1, c_1)(a_2, b_2, c_2) = (A, B, C),$$

至少当 A, B, C 是 a_m, b_m 和 c_m 的这种组合时是如此.

数学史上最不寻常的失察事件之一, 是哈密顿未能注意到上述事实或是其他证据, 而是坚持研究三元数组的乘积至少达 13 年之久 (从 1830 到 1843 年). 在这些年的大多数时间里, 他希望 (对三元数组) 得到上面所列的域的所有性质, 还加上乘法绝对值的性质.

他弄懂了复数的例子之后, 用三元数组 (a, b, c) 表示 $a + ib + jc$, 于是乘法问题归结为确定乘积 i^2, j^2 和 ij 的问题. 他希望 $i^2 = j^2 = -1$, 所以只需找到实系数 α, β, γ 使得 $ij = \alpha + i\beta + j\gamma$. 但他未获成功. 特别地, 它似乎不可能满足带有乘法交换律的分配律. 在 1843 年, 他只简单地让 $ij = 0$ (这违反了乘法绝对值的性质), 接着

做出了一个我以为是**不太苛刻**的假设, 即假定

$$ij = -ji: \quad 或者是 \ ij = +k, \quad ji = -k,$$

乘积 k 的值仍然不确定 ⋯⋯ 这使我觉得, 也许不应该把自己**限制**在寻找诸如 $a + ib + jc$ 或 (a, b, c) **三元数组**身上, 而应代之以关注诸如 $a + ib + jc + kd$ 或 (a, b, c, d) 的**四元数** (quaternion) 的**不完美的形式**, 符号 k 为**一种新的单位算子**.

哈密顿 (1853), 143–144 页

哈密顿抛弃了可交换的乘法后, 其他的一切事情便都豁然开朗了. 他后来在写给儿子的一封信中是这样描写的:

事情发生在这个月 (即 1843 年 10 月) 的 16 日, 恰好是星期一, 是爱尔兰皇家科学院评议会开会的日子. 我步行前往主持会议, 你母亲和我一起沿着皇家运

---

* 此处的可以 "相乘" 指两个平方和相乘的乘积仍是一个平方和. —— 译注

河走着 …… 间或她对我说些什么, 一股思想的潜流出现在我心中, 最后导致
了一个结果 …… 好像电路接通, 火花飞溅, 我多年的预想 (好像我立刻看穿
了) 终于成为方向明确的思想和工作 …… 我立刻取出袖珍本, 它现在还在,
我把它们记在一些页上. 我无法抑制我的兴奋, 一反常态做出了不太冷静的举
动 —— 用刀子在布鲁厄姆 (Brougham) 桥的石头上刻下了用符号 i, j, k 表示
的基本公式:

$$i^2 = j^2 = k^2 = ijk = -1,$$

它包含着问题的解答, 当然, 刻在石上的文字要经过很长时间才会被腐蚀掉.

哈密顿 (1865)

袖珍本中不仅记下了 ij, ji, jk, kj, ki, ik 的值 —— 它们都可以从基本公式中导出 ——
而且给出了四元数一般乘积的四个分量:

$$(a + ib + jc + kd)(\alpha + i\beta + j\gamma + k\delta)$$
$$= (a\alpha - b\beta - c\gamma - d\delta) + i(a\beta + b\alpha + c\delta - d\gamma)$$
$$+ j(a\gamma - b\delta + c\alpha + d\beta) + k(a\delta + b\gamma - c\beta + d\alpha).$$

跟他以前的所有尝试一样, 哈密顿的出发点是绝对值的乘法性质, 或用他的话来说:
是 '乘积的模等于各因子的模的乘积". 这推广了复数的绝对值的乘法性质, 而且说明两个
非零的四元数的乘积仍是非零的四元数.

四元数 $\alpha + \beta i + \gamma j + \delta k$ 的绝对值的平方为 $\alpha^2 + \beta^2 + \gamma^2 + \delta^2$, 所以四元数的乘积
给出下列恒等式, 它表明了四个平方和的乘积仍是四个平方之和:

$$(a^2 + b^2 + c^2 + d^2)(\alpha^2 + \beta^2 + \gamma^2 + \delta^2)$$
$$= (a\alpha - b\beta - c\gamma - d\delta)^2 + (a\beta + b\alpha + c\delta - d\gamma)^2$$
$$+ (a\gamma - b\delta + c\alpha + d\beta)^2 + (a\delta + b\gamma - c\beta + d\alpha)^2.$$

如果哈密顿曾学习过数论, 他就会知道这个公式, 因为这个等式是欧拉 (1748c) 发现的,
而且欧拉和拉格朗日还用它证明了所有自然数都是四个平方之和.

哈密顿起先以为这个四平方恒等式是他的原创, 但在发现四元数后的几个月里, 他和
他的朋友约翰·格雷夫斯捕捉到了关于三平方和与四平方和的新信息. 这使格雷夫斯渐
渐悟出, 他们绝不应该预想存在一个三平方等式, 因为 $3 = 1^2 + 1^2 + 1^2$ 和 $21 = 1^2 + 2^2 + 4^2$
都是三平方和, 但它们的乘积 63 却不是. 然后他翻阅文献而且

于上星期五, 我看了拉格朗日 (他的原意应是勒让德) 的《数论》 (*Théorie des
Nombres*), 并且第一次感到我追踪前辈数学家成就的行动开始得太晚了. 例

如, 使我确信一般定理

$$(x_1^2 + x_2^2 + x_3^2)(y_1^2 + y_2^2 + y_3^2) = z_1^2 + z_2^2 + z_3^2$$

不成立的那种方法, 正是勒让德所提到的方法, 他给出的那个例子, 也正是我想到的, 即 $3 \times 21 = 63$. 63 是不能表成三平方和的.

接着我又了解到定理

$$(x_1^2 + x_2^2 + x_3^2 + x_4^2)(y_1^2 + y_2^2 + y_3^2 + y_4^2) = z_1^2 + z_2^2 + z_3^2 + z_4^2$$

是欧拉的.

格雷夫斯 (1844) 给哈密顿的信

想一想真是很有趣, 如果哈密顿知道有四平方和的等式而不存在三平方和的等式, 那么他发现四元数就大大地容易了. 但数学发现的过程很少是一帆风顺的. 也许, 用在三元数组上的无望的努力对他有好处 —— 因为他不想无功而返, 否则他可能不会乐意抛弃掉乘法的交换性.

习题

15 不是三 (整数) 平方之和, 这可以通过检验比 15 小的平方数 $0, 1, 4, 9$ 的所有可能的和来验证. 另一方面, 我们还可以得到更一般性的结论. 习题 3.2.1 和 3.2.2 就证明了形如 $8n + 7$ 的自然数不是三平方和.

这样的数是取之不尽、用之不竭的, 所以很容易理解勒让德和格雷夫斯都恰好遇见了 $3 \times 21 = 63$ 的例子.

20.4.1 试找出形如 $8n + 7$ 的最小数 (因此它不是三平方之和), 使它是两个非零三平方和之乘积.

我们可以改进习题 3.2.2 的结果, 使它适用于有理数平方和 (对丢番图来说这将是更有趣的情形).

20.4.2 试证明: 如果存在有理数 x, y, z, 使得 $x^2 + y^2 + z^2 = 7$, 则 $7s^2$ 是三个整数的平方和 —— 其中 s 是某个整数. 再证明上述结论部分 '则 $7s^2$ 是 ……" 是不可能成立的.

20.4.3 试推广习题 20.4.2 的论证, 从而证明 $8n + 7$ 对任何 n 都不是三个有理数平方之和.

有意思的是, 丢番图实际上已经 (在他的《算术》卷 VI, 问题 14 中) 注意到了 15 不是两个有理数平方之和. 习题 20.4.3 证明, 15 甚至也不是三个有理数平方之和 —— 这个结果丢番图也可能已经知道, 因为这两个结论的证明是类似的. (为了证明 15 不是两个有理数平方和, 只要使用除以 4 的余数就够了, 你不妨一试!)

20.5 四元数、几何与物理

哈密顿可能在获得他的发现的瞬间就知道, 值得用自己的余生来关注四元数, 但最初即便是他最好的朋友都对此持怀疑态度, 约翰·格雷夫斯在 1843 年 10 月 26 日写给他的信中说:

> 你必定是在很大胆的心境下开始愉快地思考 ij 与 ji 的不同 …… 关于下述构成一个循环的式子
>
> $$ij = -ji = k$$
> $$jk = -kj = i$$
> $$ki = -ik = j,$$
>
> 你是否真的得到过暗示, 事实上存在着类似于这种循环的过程, 或运算, 或现象, 或概念呢?

哈密顿写回信暗示它在物理上有应用, 而且宣称四元数肯定能用来导出球面三角中的定理. 格雷夫斯在收到这封信后又回应说:

> 这个体系中的某些东西仍令我困惑. 我一点也不清楚到底在什么范围内, 我们可以自由地、任意地创造出想象中的东西, 并赋予它超自然的性质 …… 不妨假定你的那些符号都有物理原形, 它们能导出你的四元数, 你又怎么会如此幸运, 依靠你的**发明**模式得到了你的体系呢?

(想更多地了解这些信件的内容, 可参见由格雷夫斯的兄弟罗伯特 (Robert) 写的哈密顿传: 格雷夫斯 (1975), 卷 3, 443 页.)

当然, 格雷夫斯关于幸运的质疑是在开玩笑, 但这仍是一个好问题. 很多数学家和物理学家都惊异于纯数学变得具有应用价值, 或是数论和代数转变成了几何与物理. 就四元数的情形而言, 其中潜藏过更多令人惊奇的东西.

四元数不仅真的涉及球面三角的内容, 而且它在几何方面的表现之前已经被发现过两次! 第一次出现于高斯 (1819) 未发表的关于球面旋转的著作, 哈密顿不可能知道这个结果; 第二次出现在罗德里格斯 (Rodrigues, O.) 发表的作品 (1840) 中, 它 (照例) 逃过了哈密顿的注意.

高斯的结果最容易解释清楚, 因为我们在 18.6 节中已经提到过: 每个球面旋转能够用一个形如

$$f(z) = \frac{az + b}{-\bar{b}z + \bar{a}}$$

的复函数表达. 任一个这样的函数又可用下述它的系数矩阵表达:

$$\begin{pmatrix} a & b \\ -\bar{b} & \bar{a} \end{pmatrix};$$

不难验证, $f_1 f_2$ 的矩阵是 f_1 和 f_2 的矩阵的乘积. 这样的球面旋转就可以用上述类型的矩阵的乘积来研究 —— 它包含一对复数 a 和 b. 若令

$$a = \alpha + i\beta, \quad b = \gamma + i\delta,$$

则这样的矩阵可以用四个实参数 $\alpha, \beta, \gamma, \delta$ 写出. 然后, 我们可把所得的矩阵写为带有系数 $\alpha, \beta, \gamma, \delta$ 的四个特殊矩阵的线性组合:

$$\begin{aligned} \begin{pmatrix} a & b \\ -\bar{b} & \bar{a} \end{pmatrix} &= \begin{pmatrix} \alpha + i\beta & \gamma + i\delta \\ -\gamma + i\delta & \alpha - i\beta \end{pmatrix} \\ &= \alpha \begin{pmatrix} 1 & 0 \\ 0 & 1 \end{pmatrix} + \beta \begin{pmatrix} i & 0 \\ 0 & -i \end{pmatrix} + \gamma \begin{pmatrix} 0 & 1 \\ -1 & 0 \end{pmatrix} + \delta \begin{pmatrix} 0 & i \\ i & 0 \end{pmatrix} \\ &= \alpha \mathbf{1} + \beta \mathbf{i} + \gamma \mathbf{j} + \delta \mathbf{k}. \end{aligned}$$

这四个特殊矩阵 $\mathbf{1}, \mathbf{i}, \mathbf{j}, \mathbf{k}$ 起着四元数中 $1, i, j, k$ 的作用, 因为

$$\mathbf{i}^2 = \mathbf{j}^2 = \mathbf{k}^2 = \mathbf{ijk} = -\mathbf{1}.$$

事实上, 凯莱 (1858) 也发现了同样的矩阵, 他指出这是四元数的一种新的实现方式. 今天这些矩阵常被称为泡利 (Pauli, W.) 矩阵, 特别是在物理界. 它们在量子论中被重新发现 —— 球面旋转在量子论中也是很重要的研究对象.

习题

凯莱矩阵

$$\mathbf{1} = \begin{pmatrix} 1 & 0 \\ 0 & 1 \end{pmatrix}, \quad \mathbf{i} = \begin{pmatrix} i & 0 \\ 0 & -i \end{pmatrix}, \quad \mathbf{j} = \begin{pmatrix} 0 & 1 \\ -1 & 0 \end{pmatrix}, \quad \mathbf{k} = \begin{pmatrix} 0 & i \\ i & 0 \end{pmatrix}$$

使四元数基本性质的证明变得很容易.

20.5.1 试证明: $\mathbf{i}^2 = \mathbf{j}^2 = \mathbf{k}^2 = \mathbf{ijk} = -\mathbf{1}$, 以及 $\mathbf{ij} = \mathbf{k}$, 等等.

由此推出任意一个四元数 $\alpha + \beta i + \gamma j + \delta k$ 可以用复矩阵来表示:

$$\alpha \mathbf{1} + \beta \mathbf{i} + \gamma \mathbf{j} + \delta \mathbf{k} = \begin{pmatrix} \alpha + i\beta & \gamma + i\delta \\ -\gamma + i\delta & \alpha - i\beta \end{pmatrix}.$$

这种表示令人愉快的特色是, 四元数绝对值平方就是跟它对应的矩阵的行列式. 由于绝对值的平方频频出现, 所以人们给了它另一个简单的名字: 范数.

20.5.2 试证明:

$$\det \begin{pmatrix} \alpha + i\beta & \gamma + i\delta \\ -\gamma + i\delta & \alpha - i\beta \end{pmatrix} = \alpha^2 + \beta^2 + \gamma^2 + \delta^2.$$

范数的乘法性质来自行列式的乘法性质: 对任两个 2×2 矩阵 A 和 B, $\det AB = \det A \det B$. 四元数的另一个代数性质也来自于今天人们熟知的矩阵性质: 加法是结合且交换的; 乘法是结合而非交换的; 分配律成立, 而每个具有非零行列式的矩阵有乘法逆.

类似于复数 $\mathbb{C}$ 中的共轭, 四元数也有共轭运算. $q = \alpha + \beta i + \gamma j + \delta k$ 的共轭定义为 $\bar{q} = \alpha - \beta i - \gamma j - \delta k$.

20.5.3 试证明: $q\bar{q} = \alpha^2 + \beta^2 + \gamma^2 + \delta^2$ (即 q 的范数 $|q|^2$), 因此可以用 $\bar{q}$ 和 $|q|$ 表示 q 的乘法逆.

四元数的乘积跟 3 维向量空间中的两个众所周知的积运算有关: 标量积 $u \cdot v$ 和向量积 $u \times v$. 若我们记 3 维向量为

$$u = u_1\mathbf{i} + u_2\mathbf{j} + u_3\mathbf{k}, \quad v = v_1\mathbf{i} + v_2\mathbf{j} + v_3\mathbf{k},$$

那么, 标量积和向量积定义如下:

$$u \cdot v = u_1 v_1 + u_2 v_2 + u_3 v_3$$

和

$$u \times v = \begin{vmatrix} \mathbf{i} & \mathbf{j} & \mathbf{k} \\ u_1 & u_2 & u_3 \\ v_1 & v_2 & v_3 \end{vmatrix} = (u_2 v_3 - u_3 v_2)\mathbf{i} - (u_1 v_3 - u_3 v_1)\mathbf{j} + (u_1 v_2 - u_2 v_2)\mathbf{k}.$$

20.5.4 试证明: 若 u 和 v 是实部为零的四元数 ("纯虚四元数"), 那么

$$uv = -u \cdot v + u \times v.$$

20.5.5 试根据习题 20.5.4 推导出: 对任一单位纯虚四元数有 $u^2 = -1$; 而且当且仅当 u 垂直于 v 时, uv 是纯虚数.

20.6 八元数

哈密顿和他的朋友格雷夫斯曾长期讨论给实数的三元数组和其他 n 元数组定义乘法的问题. 四元数的发现显然促进了格雷夫斯本人对 n 元数组问题的思考, 他在 1843 年 12 月告诉哈密顿自己的一个有趣的发现: 一个具有绝对值乘法的八元系统, 他称之为八元组 (octave). 哈密顿祝贺了格雷夫斯的发现, 但指出八元组不如四元数那么好, 因为它们的乘法不仅是非交换的, 还是非结合的. 他同意安排出版格雷夫斯的发现, 但未能彻底兑现, 其结果是凯莱 (1845b) 重新发现了八元组, 而且是在格雷夫斯的优先权得到普遍承认之前. 所以, 它常被称为凯莱数, 或凯莱–格雷夫斯数. 今天, 我们一般称其为八元

数 (octonion), 八元数集合记作 $\mathbb{O}$.

八元数是实数的八元组, 带有通常的向量加法与标量乘法. 标准的基向量 $(1, 0, 0, 0, 0,$ $0, 0, 0)$, $(0, 1, 0, 0, 0, 0, 0, 0), \cdots, (0, 0, 0, 0, 0, 0, 0, 1)$ 分别称为 $\mathbf{1}, \boldsymbol{i}, \boldsymbol{j}, \boldsymbol{k}, \boldsymbol{l}, \boldsymbol{m}, \boldsymbol{n}, \boldsymbol{o}$, 所以任一个八元数可以写作下列形式:

$$\alpha + \beta \boldsymbol{i} + \gamma \boldsymbol{j} + \delta \boldsymbol{k} + \varepsilon \boldsymbol{l} + \zeta \boldsymbol{m} + \eta \boldsymbol{n} + \theta \boldsymbol{o}.$$

它们满足分配公理, 所以任何八元数乘积的值由 "虚单位元" $\mathbf{1}, \boldsymbol{i}, \boldsymbol{j}, \boldsymbol{k}, \boldsymbol{l}, \boldsymbol{m}, \boldsymbol{n}, \boldsymbol{o}$ 的乘积所决定. 每个虚单位元的平方是 -1, 图 20.1 给出了不同的基向量间的所有乘积. 任何两个基向量的乘积是包含它们的 "线" 上的第三个向量, 正、负号取决于作乘积的那两个向量的位置和箭头的方向. 这些 "线" 含有一个过 $\boldsymbol{i}, \boldsymbol{j}$ 和 $\boldsymbol{k}$ 的圆; 实际上, 所有的 "线" 都是像这样假定的 —— 你应该想象给它们中的每一条都加上第三条线段, 将端点都连接起来.

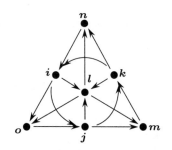

图 20.1 八元数基向量的乘积

对八元数的乘法做出更为简单描述的是迪克森 (迪克森 (1914), 15 页). 迪克森的描述推广了哈密顿的数对乘法的定义; 事实上, 它表明了从 $\mathbb{R}$ 导出 $\mathbb{C}$, 从 $\mathbb{C}$ 导出 $\mathbb{H}$, 从 $\mathbb{H}$ 导出 $\mathbb{O}$ 有同样的乘积构造. 每一个系统是由前一系统的有序数对 (a, b) 组成的, 数对的乘法规则是

$$(a_1, b_1) \times (a_2, b_2) = (a_1 a_2 - \bar{b}_2 b_1, b_2 a_1 + b_1 \bar{a}_2),$$

字母上面的横杠表示共轭运算, 它改变所有虚单位元的符号 (因此共轭对实数不起作用). 特别地, 八元数可视为两个四元数 a 和 b 的数对 (a, b). 在这种情况下, 必须注意定义中乘积的确切顺序, 因为四元数乘积一般是非交换的.

八元数 $p = \alpha + \beta \boldsymbol{i} + \gamma \boldsymbol{j} + \delta \boldsymbol{k} + \varepsilon \boldsymbol{l} + \zeta \boldsymbol{m} + \eta \boldsymbol{n} + \theta \boldsymbol{o}$ 的绝对值平方等于 $p\bar{p} = \alpha^2 + \beta^2 + \gamma^2 + \delta^2 + \varepsilon^2 + \zeta^2 + \eta^2 + \theta^2$, 根据绝对值的乘积性质给出的一个恒等式表明: 两个八平方和的乘积仍是八平方和. 发现了这一结论之后, 格雷夫斯又调研了有关这类恒等式的文献, 揭示了欧拉 1748 年 (尽管实际上公开发表得晚一些) 得到的关于四平方的恒等式, 并发现在迪根 (Degen, C.F.) (1822) 的文章中出现了他自己的恒等式. 至此, 八元数像复数和四元数一样, 首次宣告了它们在平方和理论中的存在性.

习题

迪克森公式

$$(a_1, b_1) \times (a_2, b_2) = (a_1 a_2 - \bar{b}_2 b_1, b_2 a_1 + b_1 \bar{a}_2)$$

可以用来作为八元数乘法的定义, 但首先我们必须检验这个公式给出了四元数乘法的正确定义. 为此, 可利用凯莱通过 2×2 复数矩阵表示四元数的方法 (习题 20.5.1 和习题 20.5.2). 每个四元数 $\alpha + \beta i + \gamma j + \delta k$ 都可表示为一个复数矩阵

$$\begin{pmatrix} \alpha + i\beta & \gamma + i\delta \\ -\gamma + i\delta & \alpha - i\beta \end{pmatrix},$$

我们记这个矩阵为 $M(\alpha + i\beta, \gamma + i\delta)$, 因为它是由一对复数 $\alpha + i\beta, \gamma + i\delta$ 决定的. 如果我们将这对复数更简单地记为

$$a = \alpha + i\beta,$$
$$b = \gamma + i\delta,$$

就能用它们来证明迪克森的乘积公式

$$(a_1, b_1) \times (a_2, b_2) = (a_1 a_2 - \bar{b}_2 b_1, b_2 a_1 + b_1 \bar{a}_2)$$

对应于凯莱的矩阵乘积公式. 即, 我们需要证明

$$M(a_1, b_1) M(a_2, b_2) = M(a_1 a_2 - \bar{b}_2 b_1, b_2 a_1 + b_1 \bar{a}_2).$$

20.6.1 试证明:

$$M(a, b) = \begin{pmatrix} a & b \\ -\bar{b} & \bar{a} \end{pmatrix}.$$

为此, 需要对任意复数 a_1, b_1, a_2, b_2 计算 $M(a_1, b_1) M(a_2, b_2)$, 并证明它等于 $M(a_1 a_2 - \bar{b}_2 b_1, b_2 a_1 + b_1 \bar{a}_2)$.

描述八元数的单位元乘积的图 20.1, 选自弗赖登塔尔 (Freudenthal, H.) (1951) 的书. 正如我们所期待的, 它表明 $ij = k$, 因此 i, j, k 与四元数中的单位元的性质一样. 因为 $i \to j \to k$ 这条 '线' 经过 k 到 i 的箭头成为封闭的, 所以它又表明 $kj = i$, 类似地 (利用从 m 到 o 的无形的箭头) 有 $jm = o$ 和 $mo = j$.

20.6.2 当 i, j, k, l, m, n, o 利用四元数单位元 $\mathbf{i}, \mathbf{j}, \mathbf{k}$ 定义为

$$l = (0, 1),$$
$$i = (\mathbf{i}, 0), \quad m = (0, \mathbf{i}),$$
$$j = (\mathbf{j}, 0), \quad n = (0, \mathbf{j}),$$
$$k = (\mathbf{k}, 0), \quad o = (0, \mathbf{k})$$

时, 试验证用迪克森的乘积公式可得到同样结果.

20.7 $\mathbb{C}, \mathbb{H}$ 和 $\mathbb{O}$ 的独特性

我们预先在 $\mathbb{C}, \mathbb{H}$ 和 $\mathbb{O}$ 中的两平方、四平方以及八平方的恒等式跟范数之间建立的和谐关系, 说明 $\mathbb{C}, \mathbb{H}$ 和 $\mathbb{O}$ 不是随机出现的珍奇事物, 它们确有非常特殊的结构. 事实上, 它们是独成一家的. 如果我们定义一个超复数系为由实的 n 元数组 $(n \geqslant 2)$ 组成的系统, 它具有向量加法、乘法分配律以及相乘的绝对值, 那么:

- $\mathbb{C}$ 是仅有的超复数系, 其中的乘法满足交换律和结合律. 这是魏尔斯特拉斯 (Weierstrass, K.) (1884) 证明的.
- $\mathbb{H}$ 是仅有的另一超复数系, 其中的乘法满足结合律, 这是弗罗贝尼乌斯 (Frobenius, G.) (1878) 证明的.
- $\mathbb{O}$ 是仅有的又一超复数系. 这是由胡尔维茨 (Hurwitz, A.) (1898) 证明的.(在证明过程中, 胡尔维茨证明: 除了 $n = 1, 2, 4, 8$ 之外, 不存在 n 平方恒等式.)

从那时起, 人们陆续发现 $\mathbb{C}, \mathbb{H}$ 和 $\mathbb{O}$ 跟数学中其他许多 '特殊' 的结构有联系. 其中最值得注意的一个是它们通过帕普斯和德萨格的定理跟射影几何发生的联系.

帕普斯定理是经典几何定理, 它属于射影几何, 看似有点偶然. 8.8 节的习题提到过它. 该定理说: 如果六边形的顶点 $ABCDEF$ 交替地位于两条直线上, 那么该六边形的对边的交点位于同一条直线上 (图 20.2).

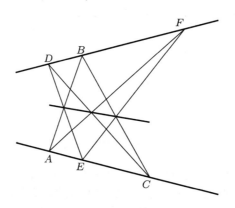

图 20.2　帕普斯定理

这条定理在射影几何中有深远意义, 因为它只涉及点和线以及它们是否相交, 而它的证明要用到距离概念. 平面上的德萨格定理与此类似, 我们在 8.3 节中已提到它; 它是一个没有射影证明的射影定理, 而更加令人不解的是, 空间中的德萨格定理确实有一个射影证明.

冯·施陶特 (Staudt, K.G.C.von) (1847) 和希尔伯特 (1899) 的工作揭秘了这些现象, 给出了令人惊讶的解释. 1847 年, 冯·施陶特给出了 $+$ 和 $\times$ 的几何结构, 让每个射影平面用超复数来 '坐标化'. 希尔伯特则在 1899 年做出了奇妙的发现, 于是射影平面的几何

与对应的超复数系的代数紧密地联系在一起:

- 帕普斯定理成立 ⇔ 该超复数系是交换的.
- 德萨格定理成立 ⇔ 该超复数系是结合的.

反之, 任一超复数系 $\mathbb{K}$, 都能通过本质上如 8.5 节中的齐次坐标的构作产生一个射影平面 $\mathbb{KP}^2$. 于是由希尔伯特定理可知:

- $\mathbb{RP}^2$ 和 $\mathbb{CP}^2$ 满足帕普斯定理,
- $\mathbb{HP}^2$ 满足德萨格定理但不满足帕普斯定理, 而
- $\mathbb{OP}^2$ 两者都不满足.

希尔伯特的这些结论说明了为什么帕普斯和德萨格的定理都没有射影证明. 这是因为这些定理不是对所有的射影平面都成立的, 而仅仅对那些具有足够的代数结构的才成立. 这是代数对几何的巨大贡献, 当然也使人们领悟了几何对代数的贡献. 可以严肃地说, 帕普斯定理 '解释' 了为什么 $\mathbb{R}$ 和 $\mathbb{C}$ 有可交换的乘法, 因为描述一个满足帕普斯定理的射影平面要比描述一个域简单 (可减少公理的数目). 这可能是希尔伯特研究几何基础最引人关注的方面. 它说明从费马和笛卡儿开始的将几何研究转向代数研究的漫长的历史趋势可能正在走向终点.

习题

弗赖登塔尔的八元数单位元的图 (图 20.1) 本身就有射影平面的结构, 这就是为什么我们要称共线的 (或同一回路上的) 三点为 '线' 的缘故.

20.7.1 试验证弗赖登塔尔图中的 7 个点 (八元数单位元) 和 7 条 '线' 满足下列性质:

- 过任何两点恰恰只有一条 '线'.
- 任意两条 '线' 恰有一个公共 "点".

这样的结构称为有限射影平面, 这种平面以发现者的名字命名为法诺 (Fano) 平面. 这个图使得证明 $\mathbb{O}$ 是非结合的变得很容易.

20.7.2 试找出八元数单位元 a, b, c 的一个三元数组, 使得 $a(bc) \neq (ab)c$.

我们在构作高维超复数系时出现的乘法结构的弱化 (在 $\mathbb{H}$ 中失去了交换性, 在 $\mathbb{O}$ 中失去了结合性), 暗示我们不能无限制地继续去构造超复数系. 事实上, 如果我们根据迪克森的乘法规则用八元数对构作 16 维系统, 就不能有乘法绝对值. 这是因为它包含 '零因子' —— 即存在非零元素, 而它们相乘的积为零元素 (0,0).

20.7.3 试证明: 八元数单位元的非零元素对 $(i, n), (k, l)$ 的迪克森乘积为 $(0,0)$. 并找出八元数单位元的另一个数对 (a, b), 使得 $(i, n)(a, b) = (0,0)$.

20.7.4 试证明: 在任何一个有绝对值 $|\,|$ 乘法的数系中, 由 $x \neq 0, y \neq 0$ 必有 $xy \neq 0$. (因此, 八元数的数对组成的系统不可能有绝对值乘法.)

20.8 人物小传: 哈密顿

数学世界是逻辑和有序的世界, 所以数学家在个人的生命中, 时时都在寻找秩序. 通常, 他们能找到它 (否则很难做数学!), 尽管人类的世界并不那么井然有序. 有时, 当他们找不到秩序时, 结果可能上演数学和人生的双重悲剧. 伽罗瓦的情形就是如此, 另一个例子就是哈密顿.

威廉·罗恩·哈密顿 (William Rowan Hamilton) (图 20.3) 生于都柏林, 呱呱坠地恰在 1805 年 8 月 3 日到 4 日间的午夜时分. 他的父亲阿奇博尔德 (Archibald) 是位律师; 母亲叫萨拉 (Sarah), 照顾他到 3 岁, 后因家庭财政困难, 年幼的威廉被送给了阿奇博尔德的兄弟詹姆斯 (James) 及其夫人悉尼 (Sydney) 抚养. 叔叔詹姆斯是离都柏林约 40 英里的特里姆地方的英国国教副牧师和教师, 担当起了父亲和教育者的双重责任, 不过他的教育方法十分古怪. 他在威廉 3 岁时这样教他拼写:

> 詹姆斯把拼好的每个词用印刷体写在卡片上; 他从所有以 A 为首字母的单音节词开始, 并依次按字母表顺序往下进行, 但直到他能找遍这类拼写的词之后才开始新的一组词; 他要搜遍所有的拼写读本和辞典 ⋯⋯ 所以, 他对大多数孩子有拼写困难的词 —— 不少成年人也掌握不好的 —— 弄得了如指掌 ⋯⋯ 他现在打算最后再检查一遍 (单音节词), 接着就要准备双音节的词了.
>
> 1808 年 10 月 17 日悉尼给萨拉·哈密顿的信, 参见格雷夫斯
>
> (Graves, R. P.) (1975), 第一卷, 第 31 页

此时, 威廉还学了 10 以内的数的加、减和乘法, 但数学不是他童年学习的主要内容. 詹姆斯叔叔主要是位古典学者, 兼对亚洲语言感兴趣; 威廉则是位理想的学生. 他 3 岁开始学希伯来语, 到 5 岁已学过拉丁语和希腊语, 8 岁时学了意大利语和法语, 到 10 岁又学了阿拉伯语、梵文和波斯语. 他到了这个年龄, 我们才又听说他跟数学的联系: 威廉给他姐姐格雷斯 (Grace) 的一封信中说 '我跟叔叔已经念了欧几里得 (《几何原本》) 第一卷接近一半的内容" —— 按当时的标准, 这是不错的成绩.

13 岁是哈密顿劳心生活的转折点. 他似乎明白自己懂的语言已经足够多了: 他为其他学习者写了一本关于古叙利亚语语法的小书, 自己便不再去学新的语种. 同时, 他遇到了一个可在智力竞赛中打败他的孩子: 美国的计算天才齐拉·科尔伯恩 (Zerah Colburn). 在计算诸如 1811 年里含有多少分钟, 以及大数的因子分解等问题时, 科尔伯恩的奇思妙想总能超过哈密顿. 但这样的经历绝没有让他泄气, 反而激发了他的求知欲. 当科尔伯恩退出算术智力竞赛, 并于两年后返回演员行列后, 哈密顿向他请教计算方法; 结果哈密顿发现自己能简化他的方法. 这也许是哈密顿最早从事的数学研究.

图 20.3　威廉·罗恩·哈密顿爵士

　　1823 年, 哈密顿进入都柏林的三一学院, 开始他在科学和古典语两方面的与众不同的学术生涯. 其后 3 年间, 他为自己光辉的数学人生奠定了基础, 可惜也给他痛苦的个人生活埋下了伏笔. 哈密顿富于幻想 —— 他喜欢《罗密欧和朱丽叶》以及华兹华斯 (Wordsworth) 的诗 —— 1824 年 8 月 17 日, 他邂逅了他的梦中情人, 迷人的凯瑟琳·迪斯尼 (Catherine Disney).

　　她的家人是詹姆斯叔叔的朋友, 她的几位兄弟后来成为哈密顿在三一学院的朋友. 哈密顿对凯瑟琳一见钟情, 她似乎也有投桃报李之意; 但这位通晓所有语言中的所有词汇的大男孩, 却没有用其所长向她传送爱慕之情. 也许他认为, 在看到有结婚的任何可能之前, 或是在完全了解她的感受之前, 表达这种感情是不适当的; 总之, 他的犹豫是致命的. 1825 年 2 月, 凯瑟琳在家人的鼓动下跟年岁较大也更有钱的求婚者订了婚, 他们于 5 月 25 日结为伉俪. 哈密顿绝望至极, 几近自杀, 从此再也没能真正恢复. 所幸, 他的数学精神未被摧垮.

　　此时, 他的第一篇重要数学论文使他得以重新振作, 该文题为《光束理论》—— 1827 年提交给爱尔兰皇家科学院. 这篇论文使得他被任命为天文学教授和敦辛克天文台台长, 这对一名 22 岁的学者而言是惊人的成就. 他的名气不断增长, 在接下来的几年里, 他跟以下几位结交为友, 对他的劳心生活产生了影响: 诗人华兹华斯和柯勒律治 (Coleridge); 数学家约翰·格雷夫斯 (John Graves) 和查尔斯·格雷夫斯 (Charles Graves), 以及他们的同胞兄弟罗伯特 (Robert), 后者最终撰写了哈密顿的传记.

　　上述境遇又给他遭受下一次伤及心灵的灾难埋下伏笔. 1830 年, 哈密顿在天文台的学生中来了一位贵族青年, 酷爱天文学, 人称阿代尔阁下 (Lord Adare). 他一次又一次地邀请哈密顿到访他家的宅第, 位于利默里克郡的阿代尔庄园. 1831 年, 哈密顿在庄园遇上了他一生中第二个喜爱的人, 年仅 18 岁的、美丽聪明的埃伦·德维尔 (Ellen de Vere) —— 她对罗曼蒂克的诗文的评价和赞赏, 甚至超过了哈密顿本人.

　　他们看似是完美的一对; 这时他有钱、有地位, 还得到她家庭的支持. 那他怎么会失败呢? 这要归咎于他刚碰到一点麻烦的信号就放弃了! 埃伦不经意间曾随口说起 '她除了待在柯瑞 (她的家乡), 到哪里生活都不会愉快'. 哈密顿将此视为对方有礼貌的断然拒绝 —— 这便成了这次恋爱的终点. 他再次退却, 写了一首十四行诗抚慰自己破碎的心; 诗的标题是 '致埃伦·德维尔, 她说她除了待在柯瑞, 到哪里生活都不会愉快'. 过了一段时间, 埃伦嫁给了另一个人, 当然离开了柯瑞!

　　哈密顿返回数学王国以减轻痛苦, 并在 1832 年把他的光学理论提升到了一个新的水平. 作为对《光束理论》(*Theory of Systems of Rays*) 的补充, 他在 1832 年描述了一个引起轰动的崭新发现 —— 由纯数学预见到的一种新的物理现象, 即以前未被观测到的锥形折射. 这种现象是指: 单一光线进入晶质材料板后发散成一个中空的锥体. 哈密顿的预言被三一学院的汉弗莱·劳埃德 (Humphrey Lloyd) 的实验所证实, 它是许多这类预言中的第一个. 最著名的预言包括以下两个: 据 1864 年的麦克斯韦方程预言的电磁波, 以及据 1915 年的爱因斯坦的广义相对论预言的光线弯曲. 跟上述两项预言一样, 哈密顿的成功绝非侥幸. 他的预言奠基于深刻而有力的数学理论, 它可以推广到其他许多情形, 现在称为哈密顿动力学.

　　在感情生活方面重新获得了一些自信之后, 他在海伦·贝利 (Helen Bayly) 身上发现了一桩他称之为 '前景渺茫的、可能的婚姻' —— 海伦跟他住得很近, 比他年长两岁. 前景虽然渺茫, 但这次他铁了心要抵抗一切反对之声. 不顾海伦的身体孱弱 (她提醒过他自己的身体状况), 也不顾他的家庭成员的一致反对, 他们在 1833 年 4 月 9 日结了婚. 他们的蜜月在海伦已守寡的母亲的避暑小屋度过 —— 期间哈密顿没有停止撰写他的数学论文.

　　当他们返回在敦辛克天文台的家时, 之前帮他料理家务的哈密顿的姐姐已迁走. 他的家庭生活一下子陷入了无序状态, 因为海伦经常生病或是根本不在家; 哈密顿只有借酒浇愁, 依赖酒精以求得精神安慰. 尽管如此, 他研究数学的劲头仍然不减. 1835 年, 他被封为爵士; 1837 年被选为爱尔兰皇家科学院院长; 1843 年, 他 (如我们所知) 发现了四元数.

　　也许这是真的: 哈密顿在四元数上花费了太多的时间, 以致到他 1865 年去世前再也没做其他什么事. 无论如何, 四元数改变了数学的进程, 虽然并不是按照哈密顿设想的路走的. 在 19 世纪 80 年代, 乔赛亚·威拉德·吉布斯 (Josiah Willard Gibbs) 和奥利弗·赫维赛德 (Oliver Heaviside) 创立了我们现在所称的向量分析, 他们本质上是通过将四元数的实 ("标量") 部和虚 ("向量") 部分开讨论而得到的. 哈密顿的追随者看到简单和优美的四元数被肢解, 愤慨至极; 但这种思想在物理学和工程学中受到理解和欢迎, 今天仍在其中具有支配力.

哈密顿的传记至少有 3 部, 哪一部都值得一读. 格雷夫斯的 3 卷本 (1975) 就其包含的大量通信而言极其难得. 汉金斯 (Hankins, T. L.) (1980) 取材可靠、有趣, 还包括适当的数学内容. 奥唐奈 (O'Donnell, S.) (1983) 阐述了哈密顿的心理状态, 并对他童年在语言方面的早熟提出质疑, 令人耳目一新. 要想更多地了解四元数如何奇异地蜕变为向量分析, 可参见克罗 (Crowe, M. J.) (1967).

第 21 章

代数数论

导读

抽象代数从古老的代数方程中显现的另一个概念是环, 它起因于试图寻找方程的整数解. 走向环这一概念的前几步是欧拉 (1770b) 迈出的. 他发现了最容易借助无理数或虚数求出其整数解的方程.

高斯则认识到, 这些用作帮手的数之所以起作用是因为它们有像整数那样的行为举止. 特别地, 它们接受使唯一素因子分解成立的 '素' 的概念.

在 19 世纪 40 年代和 50 年代, 许多数学家进一步推进了 '代数整数' 的概念; 其成熟的标志是戴德金 (1871) 在有限次的数域中定义了代数整数的概念. 至此, 人们对数域已获得了相当多的经验; 库默尔还注意到: 这样的域并不总是能让唯一素因子分解成立的.

库默尔针对这个难点找到了一种办法, 即引进他称之为理想数 (类比几何中引进诸如无穷远点这种 '理想' 的对象) 的新数学对象. 戴德金则用具体的他称为 '理想' 的数集来代替库默尔未加定义的 '理想数''. 于是, 他通过证明 '理想' 满足唯一素因子分解而使理想数复活.

我们今天所知的环论, 在很大程度上是为戴德金的理想论建立一个总体框架的结果. 它的存在要归功于埃米 · 诺特 (Emmy Noether), 不过, 她总是说: '这些在戴德金那里都已经有了.'

21.1 代数数

整数是数学中最简单的对象, 然而历史表明, 整数中隐藏着很深的秘密. 众多的数学分支学科, 诸如几何、代数和分析等, 都被召唤来澄清表面上很简单的整数的概念. 特别地, 一种更一般的整数的概念本身似乎也很有用. 例如, 我们在 5.4 节中已经看到, 佩尔方

程 $x^2 - Ny^2 = 1$ 的整数解是如何借助于形如 $a + b\sqrt{N}$ 的无理数得到的; 我们又从 10.6 节看到, 神秘的斐波那契数列如何在 $(1 + \sqrt{5})/2$ 的帮助下才得以解释. 这些都是用代数数阐释整数性态的例子.

19 世纪, 强有力的代数数的理论逐渐发展壮大, 其目标在于更清晰地阐明通常的数论. 代数数在这方面功勋卓著, 同时也增强了自身的生命力; 到 20 世纪, 它的概念已被抽象的环论、域论和向量空间理论据为己用. 我们在本章后面几节要概述事情的原委, 但本章的主要目的仍是解释代数数论本身, 这是其全部发展中的灵感之所在.

首先, 我们来叙述定义: 代数数是满足如下形式的方程

$$a_n x^n + a_{n-1} x^{n-1} + \cdots + a_1 x + a_0 = 0, \text{ 其中 } a_0, a_1, \cdots, a_n \in \mathbb{Z}$$

的解. 字母 $\mathbb{Z}$ 代表整数, 它源自德文字 'Zahlen', 其意为 '数'. 我们有时称它们为 '普通' 整数或有理整数, 以避免跟 21.3 节中定义的代数整数相混淆.

代数数显然包括 $\sqrt{2}$ (方程 $x^2 - 2 = 0$ 的解), $\sqrt[3]{2}$ (方程 $x^3 - 2 = 0$ 的解), 不太显然的也包括 $\sqrt{2} + \sqrt{3}$ (参见习题 21.1.1). 最早在数论中系统地使用代数数的数学家是拉格朗日和欧拉, 时间在 1770 年左右. 一个引人注目的例子是欧拉 (1770b) 给出的, 他当时利用代数数 $\sqrt{-2}$ 证明了费马的下述断言: 方程 $y^3 = x^2 + 2$ 仅有的正整数解是 $x = 5, y = 3$ (此问题事实上可追溯到丢番图, 他在《算术》卷 VI 的问题 17 中提到了它的整数解).

欧拉的论证是不完全的, 但基本上是正确的; 后来我们通过更精细地研究 $a + b\sqrt{-2}(a, b \in \mathbb{Z})$ 组成的集合 $\mathbb{Z}[\sqrt{-2}]$ 而完善了该证明. 具体的推导如下.

假定 x 和 y 是整数, 使得 $y^3 = x^2 + 2$. 那么

$$y^3 = (x + \sqrt{-2})(x - \sqrt{-2}).$$

假定形如 $a + b\sqrt{-2}$ 的数的 '性态类似于' 普通整数, 我们便可以断定 $x + \sqrt{-2}$ 和 $x - \sqrt{-2}$ 都是立方数 (因为它们的乘积是立方数 y^3). 亦即, 存在 $a, b \in \mathbb{Z}$, 使得

$$\begin{aligned} x + \sqrt{-2} &= (a + b\sqrt{-2})^3 \\ &= a^3 + 3a^2 b\sqrt{-2} + 3ab^2(-2) + b^3(-2\sqrt{-2}) \\ &= a^3 - 6ab^2 + (3a^2 b - 2b^3)\sqrt{-2}. \end{aligned}$$

依据实部和虚部分别相等, 我们得到

$$\begin{aligned} x &= a^3 - 6ab^2 \\ 1 &= 3a^2 b - 2b^3 = b(3a^2 - 2b^2), \text{ 对某两个 } a, b \in \mathbb{Z} \text{ 成立}. \end{aligned}$$

仅有的乘积为 1 的整数是 1×1 和 $(-1) \times (-1)$, 因此 $b = \pm 1$, 于是从第二方程可得 $a = \pm 1$. 那么, 仅有的 x 的正解出现在 $a = -1, b = \pm 1$ 的时候, 由此得 $x = 5$, 因此 $y = 3$. □

这是想象力的绝妙飞翔: 数 $a + b\sqrt{-2}$ 的性态像普通整数这件事, 实际上是能证明的. 该证明依赖于 $\mathbb{Z}[\sqrt{-2}]$ 中的整除性理论 —— 结果发现它类似于 $\mathbb{Z}$ 中的整除性, 后者已在 3.3 节中讨论过.

习题

21.1.1 试证明: 数 $\sqrt{2} + \sqrt{3}$ 满足方程 $x^4 - 10x^2 + 1 = 0$.

在开始研究 $\mathbb{Z}[\sqrt{-2}]$ 中的可除性之前, 重新温习我们对整数 $\mathbb{Z}$ 的认识是有用的, 特别是有关平方数、立方数及它们的因子的性态.

21.1.2 试利用唯一素因子分解证明: 正整数 n 是平方数, 当且仅当 n 的素因子分解中出现的素数都是偶次幂的.

21.1.3 设 l 和 m 为正整数, 它们没有公共的素因子, 且 lm 为平方数, 试利用习题 21.1.2 证明 l 和 m 都是平方数.

21.1.4 试类似地证明: 如果 l 和 m 是无公共素因子的整数, 且如果 lm 是立方数, 则 l 和 m 都是立方数.

所以为了证明数 $x + \sqrt{-2}$ 和数 $x - \sqrt{-2}$ 有这些结果, 我们首先要知道它们之间没有公共素因子. 下一节我们将引入范数的概念, 它将这类整除性问题简化为普通整数的整除性问题.

21.2 高斯整数

除了 $\mathbb{Z}$ 自身之外, 与整数性态相似的最简单的集合是 $\mathbb{Z}[i]$, 即形如 $a + bi$ 的数的集合, 其中 $a, b \in \mathbb{Z}$. 这些数称为高斯整数, 因为是高斯 (1832c) 第一个研究了它们并证明了它们的基本性质. $\mathbb{Z}[i]$ 不仅像 $\mathbb{Z}$ 一样在 $+, -, \times$ 运算之下封闭, 而且也有其素数和唯一素因子分解定理.

通常的素数可定义为大于 1 的整数, 且不是比它小的整数之乘积. 只要我们对高斯整数给出其可感知的 '大小' 的定义, 高斯素数就可以用同样的方法来定义. 通常的绝对值 $|a + ib| = \sqrt{a^2 + b^2}$ 给出了一种合适的对大小的度量, 所以我们说一个高斯整数 α 为高斯素数的条件是: $|\alpha| > 1$, 且 α 不是绝对值更小的高斯整数的乘积.

我们可以等价地用绝对值的平方 —— 即所谓的 α 的范数 $N(\alpha)$ 来定义高斯素数. 具体地说, 称 α 是高斯素数, 如果 $N(\alpha) > 1$ 且 α 不是范数更小的高斯整数的乘积.

范数的优越之处在于: $N(a + ib) = a^2 + b^2$ 是一个普通的正整数, 所以我们可以充分利用整数的已知性质. 例如我们可以立刻看出所有的高斯整数都有高斯素因子分解. 即, 如果 α 不是高斯素数, 则必有 $\alpha = \beta\gamma$, 其中 $N(\beta), N(\gamma)$ 都小于 $N(\alpha)$. 如果 β, γ 都是高斯素数, 则我们已得到了 α 的高斯素因子分解; 不然的话, 至少其中有一个可以分解为其范数更小的高斯整数之积, 等等. 这个过程必然会终止, 因为范数是普通非负整数, 它不可能无限制地缩小. 最终, 我们一定能得到 α 的高斯素因子分解.

这种素因子分解的唯一性是一个比较深刻的结论, 为了证明它, 比较方便的办法是回到对绝对值大小的度量, 并将 $|a+ib|$ 看作是原点 O 到 $a+ib$ 之间的距离. 这给出一个令人吃惊的几何证明, 证明高斯整数有 '带余除法'.

$\mathbb{Z}[i]$ 的除法性质 对任意 $\alpha, \beta \in \mathbb{Z}[i]$ 且 $\beta \neq 0$, 存在 $\mathbb{Z}[i]$ 中的数 μ 和 ρ, 使得

$$\alpha = \mu\beta + \rho, \ 且 \ |\rho| < |\beta|.$$

证明 当 $\mu \in \mathbb{Z}[i]$, 倍数 $\mu\beta$ 是由 $\pm\beta$ 和 $\pm i\beta$ 这样的项组成的和. 由此可知, 因从 O 到 β 和 $i\beta$ 的两条直线垂直, 故数 $\mu\beta$ 必然落在边长为 $|\beta|$ 的某个方格的角上, 如图 21.1 所示.

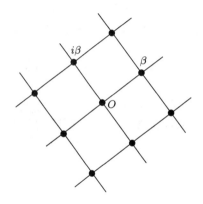

图 21.1 $\mathbb{Z}[i]$ 中 β 的倍数

这时, α 位于某个小方格中, 如果我们令

$$\rho = \alpha - \ 最近的小方格顶点 \ \mu\beta,$$

于是 α 到距它最近的两边的垂线长度都 $\leqslant |\beta|/2$ (不妨画张图来看). 由于三角形两边之和大于第三边, 故有

$$|\rho| < \frac{|\beta|}{2} + \frac{|\beta|}{2} = |\beta|,$$

这就是我们所要证明的. □

$\mathbb{Z}[i]$ 的除法性质有下列推论 —— 3.3 节中所描述的自然数除法的那些结论跟它们相平行.

1. $\mathbb{Z}[i]$ 有欧几里得算法: 任取 $\alpha, \beta \in \mathbb{Z}[i]$, 重复地在这一对数中以小除大, 其间保留较

小的数和余数. 最后以得到 $\gcd(\alpha,\beta)$ 作为结束, $\gcd(\alpha,\beta)$ 是 α,β 的公因子中其范数最大者.

2. 存在 $\mu,\nu \in \mathbb{Z}[i]$, 使得 $\gcd(\alpha,\beta) = \mu\alpha + \nu\beta$.

3. 若 ϖ 是高斯素数且整除 $\alpha\beta$, 则 ϖ 整除 α 或 β.

4. 高斯整数的高斯素因子分解是唯一的, 除了因子次序不论外可能差一个范数为 1 的因子 (即因子 $\pm1, \pm i$).

习题

我们从 20.2 节知道绝对值是可乘的, 因此范数也可乘: $N(\alpha\beta) = N(\alpha)N(\beta)$. 确实, 这只是丢番图恒等式的重述. 由此可知, 如果 α 整除 γ (即对某个 β 有 $\gamma = \alpha\beta$), 则 $N(\alpha)$ 整除 $N(\gamma)$ (因为 $N(\gamma) = N(\alpha)N(\beta)$).

于是, 我们基于普通整数的整除性得到了高斯整数整除性的判别准则. 除此之外, 它还使我们能够去证明某个高斯整数是高斯素数.

21.2.1 试通过考虑 $N(4+i)$ 以证明 $4+i$ 是高斯素数.

21.2.2 试证明: 形如 a^2+b^2 的普通素数不是高斯素数; 并找出它的高斯素因子分解.

现在我们将上述 $\mathbb{Z}[i]$ 的除法性质的论证做些变动, 以证明 $\mathbb{Z}[\sqrt{-2}]$ 也具有这种除法性质. 即, 若 α 和 $\beta \neq 0$ 是 $\mathbb{Z}[\sqrt{-2}]$ 中的两数, 则存在 $\mu,\rho \in \mathbb{Z}[\sqrt{-2}]$, 使得

$$\alpha = \mu\beta + \rho, \text{ 且 } |\rho| < |\beta|.$$

21.2.3 试证明: 任意 $\beta \in \mathbb{Z}[\sqrt{-2}]$ 的倍数 $\mu\beta$ 位于矩形格子的角点上, 每个矩形格子的边长为 $|\beta|$ 和 $\sqrt{2}|\beta|$.

21.2.4 试由习题 21.2.3 和毕达哥拉斯定理推演出: 任一 α 跟离它最近的倍数 $\mu\beta(\beta \neq 0)$ 的距离小于 $|\beta|$; 从而导出 $\mathbb{Z}[\sqrt{-2}]$ 有上述除法性质.

与 $\mathbb{Z}[i]$ 的情形一样, 该除法性质可导出求 $\gcd$ 的欧几里得算法, 并最终导出 $\mathbb{Z}[\sqrt{-2}]$ 中的唯一素因子分解. 这可以使我们填补上前一节所述的欧拉论证中的漏洞, 只要我们检验当 $y^3 = x^2 + 2$ 时, $\gcd(x+\sqrt{-2}, x-\sqrt{-2}) = 1$ 即可.

21.2.5 试证明: 如果 x 和 y 是满足 $y^3 = x^2 + 2$ 的普通整数, 则 x 是奇数.

最后, 我们要借助 $\mathbb{Z}[\sqrt{-2}]$ 中的范数,

$$N(a+b\sqrt{-2}) = \left|a+b\sqrt{-2}\right|^2 = a^2 + 2b^2.$$

21.2.6 试证明: $N(x+\sqrt{-2})$ 是奇数, 而 $N(2\sqrt{-2}) = 2^3$; 因此

$$1 = \gcd(x+\sqrt{-2}, 2\sqrt{-2}) = \gcd(x+\sqrt{-2}, x-\sqrt{-2}).$$

$\mathbb{Z}[\sqrt{-2}]$ 中的唯一素因子分解, 对 11.4 节中费马所证明的一个成果给出了容易的证明. 这是林坦 (Lin Tan 的音译) 告诉我的.

21.2.7 假设对普通整数 s,t,u 有 $t^2 = u^2 + 2s^2$. 试通过在 $\mathbb{Z}[\sqrt{-2}]$ 中对等式两边进行素因子分解来证明: t 也可表为 $p^2 + 2q^2$, 其中 p,q 是普通整数.

21.3 代数整数

高斯整数是代数数中漂亮的特例, 它的 "性态很像" 整数, 但是一般的 "整数" 概念应该是什么尚不清楚. 经过狄利克雷、库默尔、艾森斯坦、埃尔米特和克罗内克在 19 世纪 40 年代和 50 年代间的探索和开发, 戴得金 (1871) 提出了下列定义, 代数整数是下列形状的方程的根:

$$x^n + a_{n-1}x^{n-1} + \cdots + a_1 x + a_0 = 0, \ 其中 \ a_0, a_1, \cdots, a_{n-1} \in \mathbb{Z}. \qquad (*)$$

所以, 代数整数的这个定义来自代数数的定义 (21.1 节), 只要限定多项式的首项系数为 1即可, 人们常称这种多项式为首 1 多项式.

这样定义的一个理由源于艾森斯坦 (1850) 证明的一个结论, 即满足这种方程的数在运算 $+, -$ 和 $\times$ 之下是封闭的. 由此可知, 由于代数数继承了 $\mathbb{C}$ 中 $+, -$ 和 $\times$ 的性质, 因此代数整数构成了具有单位元的交换环, 后者的定义见 20.3 节.

另一个限于首 1 多项式的理由是, 有理代数整数实际上就是普通的整数. 首 1 多项式的这个性质是由高斯 ((1801), 11 节) 指出的, 而且证明十分容易. 我们假定方程 (*) 有一个有理解, 它不是普通整数. 于是, 我们可以假定其可表为 $x = r/pq$, 其中 p, q, r 是普通整数, p 是除不尽 r 的素数. 将 x 的这个值代入 (*), 并遍乘 $(pq)^n$, 我们便得

$$r^n = -a_{n-1}r^{n-1}(pq) - \cdots - a_1 r(pq)^{n-1} - a_0(pq)^n.$$

但这是不可能的, 因为 p 可以整除右方, 却不能整除左方.

实际上, 研究由所有代数整数构成的环是很困难的, 我们更愿意研究小一些的环, 诸如 $\mathbb{Z}[i]$ 或 $\mathbb{Z}[\sqrt{-2}]$ 等. 上一节的习题说明, $\mathbb{Z}[\sqrt{-2}]$ 为欧拉关于 $y^3 = x^2 + 2$ 在 $\mathbb{Z}$ 中仅有一个正解的证明提供了完美的舞台.

像 $\mathbb{Z}[i]$ 和 $\mathbb{Z}[\sqrt{-2}]$ 这样的环, 其优点是具有范数的概念, 它使我们可以定义素数的概念并能证明环中每个元素都有素因子分解. 但是, 素因子分解的唯一性却不能得到保证; 在某种意义上, 我们能在 $\mathbb{Z}[i]$ 和 $\mathbb{Z}[\sqrt{-2}]$ 中获得上述唯一性确是一件幸事.

更典型的代数整数环是

$$\mathbb{Z}[\sqrt{-5}] = \{a + b\sqrt{-5} : a, b \in \mathbb{Z}\}.$$

在这种环中, $|a + b\sqrt{-5}| = \sqrt{a^2 + 5b^2}$, 因而其范数为

$$N(a + b\sqrt{-5}) = a^2 + 5b^2.$$

如前所述, 我们定义素数为这样的数, 其范数大于 1 且不能表为其范数较小的数之积; 和

在 $\mathbb{Z}[i]$ 中的情形一样, $\mathbb{Z}[\sqrt{-5}]$ 中的每个成员都可因子分解为 $\mathbb{Z}[\sqrt{-5}]$ 的素数之积.

如果在 $\mathbb{Z}[\sqrt{-5}]$ 中 β 整除 α, 则在 $\mathbb{Z}$ 中 $N(\beta)$ 整除 $N(\alpha)$ —— 这个结论同样成立. 因此 α 是 $\mathbb{Z}[\sqrt{-5}]$ 中的素数, 乃是指 $N(\alpha)$ 不能被更小的且不为 1 的范数所整除, 即它不能被形如 $a^2 + 5b^2(\neq 1)$ 的更小的整数整除. $\mathbb{Z}[\sqrt{-5}]$ 中的素数的例子有:

$$
\begin{aligned}
2, &\quad \text{因为 } N(2) = 4, \\
3, &\quad \text{因为 } N(3) = 9, \\
1 + \sqrt{-5}, &\quad \text{因为 } N(1 + \sqrt{-5}) = 6, \\
1 - \sqrt{-5}, &\quad \text{因为 } N(1 - \sqrt{-5}) = 6.
\end{aligned}
$$

由此可得 6 在 $\mathbb{Z}[\sqrt{-5}]$ 中两种不同的素因子分解:

$$
6 = 2 \cdot 3 = (1 + \sqrt{-5})(1 - \sqrt{-5}).
$$

库默尔在 19 世纪 40 年代发觉了唯一素因子分解失败的例子, 并且认识到这是个很严重的问题, 他写道:

> 实数 (此处指普通整数) 可进行素因子分解这一优点对任一给定的数而言总是成立的, 但它却不属于复数 (即代数整数), 这太让人惋惜了. 若情况确实如此, 整个理论也仍在这样的困境下工作, 那么它很容易就会寿终正寝. 由于这个原因, 我们一直在思考的复数似乎是有缺陷的, 我们必须好好地问一问, 人们该不该再去寻找另一类数, 它能保持实数所具有的这种基本性质.
>
> 韦伊 (1975) 对库默尔 (Kummer, E.E.) (1844) 文章的译文

结果, 库默尔发现了 "另一类数", 它保持了唯一素因子分解的性质, 并被他称之为理想数. 今天, 我们知道它的名字叫理想.

习题

虽然有些普通分数, 像 1/2, 不是代数整数, 而有些 "代数分数" 却是.

21.3.1 试证明: 黄金比 $(1 + \sqrt{5})/2$ 是一个代数整数.

21.3.2 试找出满足方程 $x^3 - 1 = 0$ 的三个代数整数.

艾森斯坦定理说, 代数整数在 $+, -$ 和 $\times$ 之下是封闭的; 戴德金 (1871) 利用线性代数给出了这个定理的一个新证明.

21.3.3 设代数整数 α 和 β 满足方程

$$
\begin{aligned}
\alpha^a + p_{a-1}\alpha^{a-1} + \cdots + p_1\alpha + p_0 &= 0, \\
\beta^b + q_{b-1}\beta^{b-1} + \cdots + q_1\beta + q_0 &= 0.
\end{aligned}
$$

试从上述式子推导出: 任一幂次 $\alpha^{a'}$ 都可写成 $1, \alpha, \alpha^2, \cdots, \alpha^{a-1}$ 的线性组合, 其系数为普通整数, 而任一幂次 $\beta^{b'}$ 可写为 $1, \beta, \beta^2, \cdots, \beta^{b-1}$ 的线性组合, 其系数为普通整数.

21.3.4 现令 $\omega_1, \omega_2, \cdots, \omega_n$ 表示形如 $\alpha^{a'}\beta^{b'}$ 的乘积 $n = ab$, 其中 $a' < a$ 且 $b' < b$. 试证明: 如果 ω 表示 $\alpha + \beta, \alpha - \beta$ 或 $\alpha\beta$ 中的任何一个, 则我们可有 n 个方程, 其系数为普通整数 $k_j^{(i)}$:

$$\omega\omega_1 = k_1'\omega_1 + k_2'\omega_2 + \cdots + k_n'\omega_n,$$
$$\omega\omega_2 = k_1''\omega_1 + k_2''\omega_2 + \cdots + k_n''\omega_n,$$
$$\vdots$$
$$\omega\omega_n = k_1^{(n)}\omega_1 + k_2^{(n)}\omega_2 + \cdots + k_n^{(n)}\omega_n.$$

21.3.5 试解释为什么习题 21.3.4 中的方程有 $\omega_1, \omega_2, \cdots, \omega_n$ 的非零解, 因此其行列式

$$\begin{vmatrix} k_1' - \omega & k_2' & \cdots & k_n' \\ k_1'' & k_2'' - \omega & \cdots & k_n'' \\ \cdots & \cdots & \cdots & \cdots \\ k_1^{(n)} & k_2^{(n)} & \cdots & k_n^{(n)} - \omega \end{vmatrix} = 0.$$

同时解释为什么这是对于 $\omega = \alpha + \beta, \alpha - \beta$ 或 $\alpha\beta$ 的首 1 方程式, 其系数为普通整数.

21.4 理想

库默尔并没有清晰明了地定义他的 '理想数'. 但他注意到: 有时素代数整数的性态就好像存在非平凡的乘积, 从它们的性态推断, 这应该就是它们的 '理想因子' 的性态. 戴德金 (1871) 证明了 '理想因子' 可以被理解为具体的数的集合, 他称这些集合为理想. 在他 (1877) 的工作中, 他用 $\mathbb{Z}[\sqrt{-5}]$ 中的数来解释他的方法, 说明 2 和 3 的性态就像是素数的乘积 —— $2 = \alpha^2$ 和 $3 = \beta_1\beta_2$, 然后他又说明如何把 α, β_1 和 β_2 理解为理想.

我们在这里将采用稍为不同的途径来达到同样的目的; 我们先用理想重新写出 $\mathbb{Z}$ 和 $\mathbb{Z}[i]$ 中的整除性理论和 gcd, 然后利用它们导出 $\mathbb{Z}[\sqrt{-5}]$ 中的 gcd. 呈现为 α, β_1 和 β_2 的理想原来是代数整数的 gcd.

$\mathbb{Z}$ 中的理想

在 $\mathbb{Z}$ 中有下述人们熟知的事实:

$$2 \text{ 整除 } 6, 3 \text{ 整除 } 6, \quad \gcd(2, 3) = 1.$$

这些事实可以用集合的语言来表述:

$$(2) = \{2 \text{ 的倍数}\}, \quad (3) = \{3 \text{ 的倍数}\}, \quad (6) = \{6 \text{ 的倍数}\},$$

它们都是理想的例子. 与前两个事实等价的是:

$$(2) \text{ 包含 } (6), (3) \text{ 包含 } (6),$$

它们可以被总结为一句口号: 整除即包含. 为表达第三个事实, 我们考虑另一个理想, 即 (2) 与 (3) 之和:

$$(2) + (3) = \{a + b, a \in (2), b \in (3)\}.$$

很清楚, $\gcd(2,3)$ 整除集合 $(2) + (3)$ 中的任一成员, 而且实际上也不难证明

$$(2) + (3) = \{1 \text{ 的倍数}\} = (1) = (\gcd(2,3)).$$

一般地, 我们称环 R 的子集合 I 是理想, 如果:
- $a \in I$ 且 $b \in I \Leftrightarrow a + b \in I$,
- $a \in I$ 且 $m \in R \Leftrightarrow am \in I$.

那么, 对任一 $a \in \mathbb{Z}$, 集合 $(a) = \{a \text{ 的倍数}\}$ 显然是一个理想, 被称为由 a 生成的主理想. 不难证明 (细节请看下面的小段和习题):
- $\mathbb{Z}$ 中所有的理想都是由某个 a 生成的 (a),
- a 整除 $b \Leftrightarrow (a)$ 包含 (b),
- $(a) + (b) \Leftrightarrow (\gcd(a,b))$.

由于 $\mathbb{Z}$ 中的理想对应于 $\mathbb{Z}$ 中的数, 所以理想的语言并没有告诉我们尚不知道的东西. 然而, 当把理想的概念推广到其他能够想象到的环时, 就会给我们带来新的洞察力.

$\mathbb{Z}[i]$ 中的理想

我们从 21.2 节知道, $\mathbb{Z}[i]$ 与 $\mathbb{Z}$ 有很多类似之处, 原因是它们都有同样的除法性质. 当那些类似之处被扩充到 $\mathbb{Z}[i]$ 的理想上面时, 该除法性质又会对此做出解释. 特别地, 它能解释为什么 $\mathbb{Z}[i]$ 中的所有理想的形状都是 $(\beta) = \{\beta \text{ 的倍数}\}$.

假设 I 是 $\mathbb{Z}[i]$ 中的一个理想, 我们来考虑 I 中具有最小范数的非零元素 β. 此时, I 包含 β 的倍数集合 (β), 因为一个理想包含其中任一元素的所有倍数. 同时, 根据除法性质, I 不能包含任何 $\alpha \notin (\beta)$: 如果存在这样的一个 α, 则有一个倍数 $\mu\beta$ 使 $0 < |\alpha - \mu\beta| < |\beta|$. 但 $-\mu\beta \in I$, 因此 $\alpha - \mu\beta \in I$, 这跟我们选取 β 是 I 中非零范数最小的元素相矛盾.

于是, $\mathbb{Z}[i]$ 中的理想由 $\mathbb{Z}[i]$ 中某个元素 β 的所有倍数组成, 我们在图 21.1 中已经看到它是具有跟 $\mathbb{Z}[i]$ 同样形状的一个集合. 任何 $\mathbb{Z}[\sqrt{-n}]$ 中的主理想也一样: 它们都有同样的 (矩形) 形状*. 事实上, (β) 是 β 的倍数的集合, 由元素 β 和 $\beta\sqrt{-n}$ 的和组成, 它勾画出了一个矩形, 其形状跟 $\mathbb{Z}[\sqrt{-n}]$ 中生成元素 1 和 $\sqrt{-n}$ 所勾画出的矩形一样.

---

* 指理想中的元素位于矩形的顶点上. —— 译注

$\mathbb{Z}[\sqrt{-5}]$ 中的理想

环 $\mathbb{Z}[\sqrt{-5}]$ 含有一个理想, 它跟 $\mathbb{Z}[\sqrt{-5}]$ 本身的形状不同. 我们料想到了这点, 因为在 $\mathbb{Z}[\sqrt{-5}]$ 中唯一素因子分解不成立, 因此除法性质也不成立; 然而, 它能令人满意地看明白不成立的理由.

主理想 (2) 与 $(1+\sqrt{-5})$ 的和 I 就是这样的一个理想,

$$(2) + (1+\sqrt{-5}) = \{2m + (1+\sqrt{-5})n : m, n \in \mathbb{Z}\},$$

图 21.2 显示了它的一个部分.

图中清楚地显示: I (由黑点组成) 不具有如 $\mathbb{Z}[\sqrt{-5}]$ (由黑点与白点组成) 那样的矩形形状 —— 任一黑色点的相邻点中不含有垂直方向上的任何两个黑色的点.

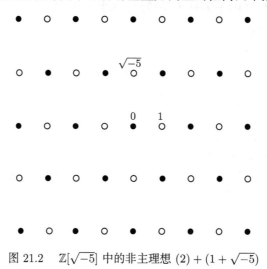

图 21.2　$\mathbb{Z}[\sqrt{-5}]$ 中的非主理想 $(2) + (1+\sqrt{-5})$

于是, I 的成员不可能是任何 $\beta \in \mathbb{Z}[\sqrt{-5}]$ 的倍数. 如果你喜欢, 可以认为它们是一个 '理想数' 的倍数, 但这个理想数在 $\mathbb{Z}[\sqrt{-5}]$ 的外面.

习题

上面的讨论蕴含了理想和的定义: 若 A 和 B 是理想, 则

$$A + B = \{a + b : a \in A, b \in B\}.$$

当然你需要检验这样定义的 $A + B$ 是否仍是理想.

21.4.1 试检验: $A + B$ 具有理想的两个定义性质.

在 $\mathbb{Z}$ 中, 我们知道对某两个 m 和 n, $\gcd(a, b) = ma + nb$. 这使我们很容易用 gcd 来描述主理想之和 $(a) + (b)$.

21.4.2 试证明: 在 $\mathbb{Z}$ 中, $(a) + (b) = (\gcd(a, b))$.

我们在下一节将利用这一概念来求任何理想的 gcd. 此刻, 我们继续探讨 $\mathbb{Z}[\sqrt{-5}]$ 中由两个主理想之和产生的非主理想.

21.4.3 试证明: 从 O 到 2 和 $1 + \sqrt{-5}$ 的两个向量所确定的平行四边形跟从 O 到 3 和 $1 - \sqrt{-5}$ 的向量所确定的平行四边形具有相同的形状. 提示: 考虑复数之比, 它可给出关于边长之比及两边夹角的信息 (同样的想法在 16.5 节的习题中出现过).

21.4.4 试从习题 21.4.3 导出: 理想 $(3) + (1 - \sqrt{-5})$ 与理想 $(2) + (1 + \sqrt{-5})$ 具有相同的形状.

21.4.5 试证明: 理想 $(3) + (1 - \sqrt{-5})$ 与理想 $(3) + (1 + \sqrt{-5})$ 具有相同的形状.

到目前为止, 我们仅发现了 $\mathbb{Z}[\sqrt{-5}]$ 中有两种不同的理想的形状: $\mathbb{Z}[\sqrt{-5}]$ 本身的形状 —— 所有主理想都具有这种形状, 以及非主理想 $(2) + (1 + \sqrt{-5})$ 的形状.

可以证明, $\mathbb{Z}[\sqrt{-5}]$ 中任一理想的形状必是这两种形状中的一种, 这两种形状代表了戴德金所谓的 $\mathbb{Z}[\sqrt{-5}]$ 的理想类. 这个术语可追溯到二次型的早期理论 —— 在该理论中, 具有同一判别式 $b^2 - 4ac$ 的二次型 $ax^2 + bxy + cy^2$ 被分成一些等价类, 这些等价类的个数称为类数. 拉格朗日 (1773a) 证明, 任一判别式为 -20 的二次型, 等价于 $x^2 + 5y^2$ (即 $x + y\sqrt{-5}$ 的范数) 或等价于 $2x^2 + 2xy + 3y^2$. 这两种二次型对应着 $\mathbb{Z}[\sqrt{-5}]$ 中的这两个理想类. 更多有关二次型等价类的内容, 参见 21.6 节.

21.5 理想因子分解

在 $\mathbb{Z}$ 中, 我们知道 '整除即包含", 因为

$$a \text{ 整除 } b \Leftrightarrow (a) \text{ 包含 } (b).$$

那么在 $\mathbb{Z}[\sqrt{-5}]$ 中, 我们可以说非主理想 $(2) + (1 + \sqrt{-5})$ 的性态像 2 和 $1 + \sqrt{-5}$ 的公因子, 因为

$$(2) + (1 + \sqrt{-5}) \text{ 包含 } (2), (2) + (1 + \sqrt{-5}) \text{ 包含 } (1 + \sqrt{-5}).$$

确实, 我们可以期待 $(2) + (1 + \sqrt{-5})$ 是 2 和 $(1 + \sqrt{-5})$ 在 $\mathbb{Z}[\sqrt{-5}]$ 中的最大公因子, 因为 $(a) + (b) = (\gcd(a, b))$ 在 $\mathbb{Z}$ 中永远成立.

不仅如此, 我们还可以期望 $(2) + (1 + \sqrt{-5})$ 是素数. 在 $\mathbb{Z}$ 中, 我们注意到 p 是素数当且仅当理想 (p) 是极大的; 即, 真包含 (p) 的理想只有 $\mathbb{Z}$ 自身. 这是因为任一 $a \notin (p)$ 相对于 p 是互素的, 因此有 $ma + np = 1$ 对某些 $m, n \in \mathbb{Z}$ 成立. 所以 1 属于任一包含 a 和 p 的理想.

证明 $(2) + (1 + \sqrt{-5})$ 是极大的甚至更容易. 我们假定 $a = m + n\sqrt{-5} \notin (2) + (1 + \sqrt{-5})$, 这意味着 m 为偶数. 但此时 $a - 1 \in (2) + (1 + \sqrt{-5})$, 因此 1 在任何包含 a 及 $(2) + (1 + \sqrt{-5})$ 的理想之中. 这样的理想就是 $\mathbb{Z}[\sqrt{-5}]$ 自身.

总结: 如果 $\mathbb{Z}[\sqrt{-5}]$ 中的理想有如同在 $\mathbb{Z}$ 中那样的整除性质, 则 $(2) + (1 + \sqrt{-5})$ 是 2 与 $1 + \sqrt{-5}$ 的 gcd, 而且它是素的. 戴德金 (1871) 定义了理想的乘积, 使得整除性的性态正是我们所期待的.

定义 若 A 和 B 是理想, 则

$$AB = \{a_1b_1 + a_2b_2 + \cdots + a_kb_k : a_1, a_2, \cdots, a_k \in A, b_1, b_2, \cdots, b_k \in B\}.$$

容易检验 AB 是一个理想, 还可检验 (稍微难一点) 整除性的包含概念跟通常的包含概念是相同的: B 整除 A, 是指存在一个理想 C, 使得 $A = BC$. 然而真正令人高兴的是: 理想的乘积解释了 6 在 $\mathbb{Z}[\sqrt{-5}]$ 中的素因子分解的不唯一性

$$6 = 2 \cdot 3 = (1 + \sqrt{-5})(1 - \sqrt{-5}),$$

原来这两种分解可以进一步地分解为同样的素理想之乘积. 事实上, 我们有
- (2) 是素理想 $(2) + (1 + \sqrt{-5})$ 的平方,
- (3) 是理想 $(3) + (1 + \sqrt{-5})$ 和理想 $(3) + (1 - \sqrt{-5})$ 的乘积, 这两个理想都是素的,
- $(1 + \sqrt{-5})$ 是 $(2) + (1 + \sqrt{-5})$ 和 $(3) + (1 + \sqrt{-5})$ 的乘积,
- $(1 - \sqrt{-5})$ 是 $(2) + (1 + \sqrt{-5})$ 和 $(3) + (1 - \sqrt{-5})$ 的乘积.

作为例子, 我们证明以上所列出的第一个结论.

2 的理想因子分解: $(2) = [(2) + (1 + \sqrt{-5})]^2$.

由理想乘积的定义可知

$$4 = 2 \times 2 \in [(2) + (1 + \sqrt{-5})]^2,$$
$$2 + 2\sqrt{-5} = 2 \times (1 + \sqrt{-5}) \in [(2) + (1 + \sqrt{-5})]^2,$$
$$-4 + 2\sqrt{-5} = (1 - \sqrt{-5})^2 \in [(2) + (1 + \sqrt{-5})]^2.$$

将 $[(2) + (1 + \sqrt{-5})]^2$ 中的三个元素 $4, 2 + 2\sqrt{-5}$ 和 $-4 + 2\sqrt{-5}$ 相加, 我们就发现 $(2) \in [(2) + (1 + \sqrt{-5})]^2$. 由此可知, 所有 2 的倍数都在 $[(2) + (1 + \sqrt{-5})]^2$ 之中, 即 $[(2) + (1 + \sqrt{-5})]^2$ 包含 (2).

反之, $[(2) + (1 + \sqrt{-5})]^2$ 中的任一元素是形如 $2m$ 和 $(1 + \sqrt{-5})n$ 的项的乘积之和. 任一含有 $2m$ 的乘积是 2 的倍数, 所以它是含有 $(1 + \sqrt{-5})^2 = -4 + 2\sqrt{-5}$ 的一个乘积. 于是, $[(2) + (1 + \sqrt{-5})]^2$ 中的任一元素都是 2 的倍数, 因此 $[(2) + (1 + \sqrt{-5})]^2$ 按照要求包含在 (2) 中.

习题

上面列出的其他的理想因子分解和这些因子是极大理想的证明都可以按上述例子的做法去完成.

21.5.1 试依次证明 9 和 6 从而 3 都属于下面两个理想的乘积

$$[(3) + (1 + \sqrt{-5})][(3) + (1 - \sqrt{-5})],$$

故 $[(3) + (1 + \sqrt{-5})][(3) + (1 - \sqrt{-5})]$ 包含理想 (3).

21.5.2 试证明: $[(3) + (1 + \sqrt{-5})]$ 的一个元素乘以 $[(3) + (1 - \sqrt{-5})]$ 的一个元素是 3 的倍数, 所以 (3) 包含 $[(3) + (1 + \sqrt{-5})][(3) + (1 - \sqrt{-5})]$.

21.5.3 考虑一个包含 $(3) + (1 + \sqrt{-5})$ 的理想 A 及一个不属于 $(3) + (1 + \sqrt{-5})$ 的元素 a. 试证明: A 包含 1 或 2, 在后一情形中 A 同时也包含 1.

21.5.4 试从习题 21.5.3 推导出: $(3) + (1 + \sqrt{-5})$ 是 $\mathbb{Z}[\sqrt{-5}]$ 中的极大理想, 并类似地证明 $(3) + (1 - \sqrt{-5})$ 是极大理想.

21.6 重访平方和

代数数论有很悠久的家族谱系, 它似乎可追溯到公元前 1800 年左右巴比伦人发现的毕达哥拉斯三元数组. 巴比伦人如何能造出三元数组, 至今仍然是个谜, 似乎是他们的随意所为, 但在丢番图的著作中能清楚地辨认出一种生成它们的方法. 这种方法就含在 20.2 节讲过的丢番图两平方恒等式中:

$$(a_1^2 + b_1^2)(a_2^2 + b_2^2) = (a_1 a_2 - b_1 b_2)^2 + (a_1 b_2 + b_1 a_2)^2.$$

这个恒等式让我们从两个毕达哥拉斯三元数组 (a_1, b_1, c_1) 和 (a_2, b_2, c_2) "合成" 得到第三个三元数组 $(a_1 a_2 - b_1 b_2, a_1 b_2 + b_1 a_2, c_1 c_2)$.

对丢番图而言, 关注的焦点从三元数组 (a, b, c) 转移到了数对 (a, b) 上, 特别是关注两平方和 $a^2 + b^2$. 丢番图曾说过 (20.2 节), 65 是两平方和, 因为 $65 = 5 \times 13$, 而 5 和 13 都是两平方和. 为了理解什么样的数是两平方之和, 我们显然要考虑它们的因子, 于是问题浓缩为要知道哪些素数可表为两平方和. 显然, 费马是第一位看出这是关于两平方和的终极问题的人. 无论如何, 费马 (1640b) 第一个回答了这个问题: 一个奇素数 p 是两个平方的和, 当且仅当 p 是形如 $4n + 1$ 的数.

按照他一贯的风格, 费马不加证明地叙述了这条定理. 第一个发表定理证明的是欧拉 (1749), 后来又有了一连串越来越精巧的证明, 作者都是些杰出的数学家, 通常他们都在证明中炫示自己的新方法: 例如拉格朗日 (1773b) (二次型理论), 高斯 (1832c) (高斯整数) 以及戴德金 (1877) (理想论).

拉格朗日的二次型理论事实上是代数数论的前兆, 它是由费马叙述的三定理组以及费马不能解决的一个问题刺激而生的. 三个定理是关于形如 $x^2 + y^2$ (受丢番图启发而得), $x^2 + 2y^2$ 和 $x^2 + 3y^2$ 的奇素数 p 的, 定理可分别叙述如下:

$$p = x^2 + y^2 \Leftrightarrow p \equiv 1 (\text{mod } 4), \qquad\qquad \text{(费马 (1640b))}$$
$$p = x^2 + 2y^2 \Leftrightarrow p \equiv 1 \text{ 或 } 3 (\text{mod } 8), \qquad\qquad \text{(费马 (1654))}$$
$$p = x^2 + 3y^2 \Leftrightarrow p \equiv 1 (\text{mod } 3). \qquad\qquad \text{(费马 (1654))}$$

费马未能解决的问题是应如何刻画形如 $x^2 + 5y^2$ 的奇素数的性态. 这里有一个令人困惑的新现象: 像 3 和 7 这样的素数并非形如 $x^2 + 5y^2$, 它们的乘积却是形如 $x^2 + 5y^2$ 的.

拉格朗日 (1773b) 能够证明费马的三个定理, 并且使用他的二次型等价理论解释了 $x^2 + 5y^2$ 的不规则的性态. 如果我们对形如 $ax^2 + bxy + cy^2$ 的数感兴趣, 那么我们还需要观察从 $ax^2 + bxy + cy^2$ 经过以下变量变换得到的二次型 $a'x'^2 + b'x'y' + c'y'^2$:

$$x' = px + qy, \quad y' = rx + sy, \text{ 其中 } p, q, r, s \in \mathbb{Z} \text{ 且 } ps - qr = \pm 1,$$

因为这样的变量变换 $(x, y) \mapsto (x', y')$ 是 $\mathbb{Z} \times \mathbb{Z}$ 上一对一的映射, 所以新的二次型所表示的数恰恰就是老的二次型表示的那些.

拉格朗日称这样的二次型是等价的, 而且他注意到它们有相同的判别式: $b^2 - 4ac = b'^2 - 4a'c'$. 此外, 他发现

所有判别式为 -4 的二次型都等价于 $x^2 + y^2$,

所有判别式为 -8 的二次型都等价于 $x^2 + 2y^2$,

所有判别式为 -12 的二次型都等价于 $x^2 + 3y^2$,

但是却存在两个判别式皆为 -20 但不等价的二次型, 就是 $x^2 + 5y^2$ 和 $2x^2 + 2xy + 3y^2$. 通过对 $x^2 + 5y^2$ 的 '隐形伙伴' $2x^2 + 2xy + 3y^2$ 的曝光, 拉格朗日解释了形如 $x^2 + 5y^2$ 的数的性态. 它们不能孤立地加以理解, 而只能看作是与形如 $2x^2 + 2xy + 3y^2$ 的数相互作用的一类数. 事实上, 形如 $x^2 + 5y^2$ 的素数是那些 $\equiv 1$ 或 $9 (\text{mod } 20)$ 的数, 而形如 $2x^2 + 2xy + 3y^2$ 的素数是那些 $\equiv 3$ 或 $7 (\text{mod } 20)$ 的数. 后者中任两个素数之积是 $\equiv 1$ 或 $9 (\text{mod } 20)$ 的数, 它们都是形如 $x^2 + 5y^2$ 的数.

高斯似乎知道二次型理论可用别的东西代替, 至少在某个方面可用 '二次整数' 理论来代替. 他关于 $\mathbb{Z}[i]$ 的理论确实能代替拉格朗日关于二次型 $x^2 + y^2$ 的理论. 但高斯也知道, 在某些情形下, 所对应的二次整数没有唯一素因子分解 (这大概是他能从别处最早认识到唯一因子分解的重要性的原因). 他没能找到避开这一障碍的路; 所以, 库默尔创造了

理想数这件事可以看作是对难倒了伟大高斯的这个问题的解答.

我们不清楚库默尔研究如 $\mathbb{Z}[\sqrt{-5}]$ 这样的二次整数环上的理想数理论到了什么程度, 因为他实际上感兴趣的是高次代数整数, 即所谓的分圆整数. 正如其名称所显示的, 它们起源于圆的分割理论 (2.3 节和 14.5 节). 设 $1, \zeta_n, \zeta_n^2, \cdots, \zeta_n^{n-1}$ 是方程

$$x_n - 1 = 0$$

的解, 它们代表单位圆上 n 个等间隔的点. 这些数

$$a_0 + a_1\zeta_n + a_2\zeta_n^2 + \cdots + a_{n-1}\zeta_n^{n-1}, \text{ 其中 } a_0, a_1, \cdots, a_{n-1} \in \mathbb{Z}$$

构成了分圆整数环 $\mathbb{Z}[\zeta_n]$.

在库默尔时代, 人们认为 $\mathbb{Z}[\zeta_n]$ 是解决费马大定理的关键, 因为如果 $a, b, c \in \mathbb{Z}$ 满足 $a^n + b^n = c^n$, 那么 n 次幂 $a^n + b^n$ 可因式分解为 $\mathbb{Z}[\zeta_n]$ 中的 n 个线性因子. 事实上, 这就是拉梅 (Lamé, G.) (1847) 错误 '证明' 的基础. 然而, 库默尔注意到这样的推理是不对的, 因为恰好在 $\mathbb{Z}[\zeta_n]$ 中唯一素因子分解不成立. 库默尔证明, 当 $n \geqslant 23$ 时这种情形就会发生, 他创立的理想数理论就是试图修补这一缺陷. 在这方面, 理想数只取得了部分成功 (这不要紧, 现在怀尔斯 (Wiles, A.) 已经证明了费马大定理), 然而它们在别处还有价值. 戴德金修正了库默尔的思想, 并给出了理想的概念 —— 今日代数中不可或缺的概念.

关于如何用理想来讨论形如 $x^2 + 5y^2$ 的素数的问题, 请参看阿廷 (Artin, M.) (1991) 或史迪威 (Stillwell, J.) (2003) 的书; 更多关于 $x^2 + ny^2$ 的历史, 参见戴德金 (1877) 的导言以及考克斯 (Cox, D. A.) (1989) 的书. 后者追求代数数研究中另一条引人注目的脉络 —— 模函数. 正如在 16.5 节的习题中提到的, 模函数是格子形状的函数, 这说明它为什么能用来表现虚二次整数的理想. 欲知详情可参见考克斯的书或麦基 (McKean, H.) 和莫尔 (Moll, V.) (1997) 的书.

习题

证明费马关于 $x^2 + y^2, x^2 + 2y^2$ 和 $x^2 + 3y^2$ 的定理可以循着一个 '容易的方向' 去做, 即借助于同余式的证明. 循此方向可知: 如果素数被 4,8,3 除后的余数是错的, 那么它不能被相应给定的二次型所表示. (跟习题 1.5.2 和习题 3.2.1 相比.)

21.6.1 试证明:

1. 奇素数 $x^2 + y^2 \not\equiv 3 \pmod 4$.
2. 奇素数 $x^2 + 2y^2 \not\equiv 5$ 或 $7 \pmod 8$.
3. 奇素数 $x^2 + 3y^2 \not\equiv 2 \pmod 3$.

证明费马的定理的 '困难方向', 即要找出 x^2 和 y^2, 使之可以表达有正确余数的素数, 其中涉及的内容和方法超出了我们能在这里讲到的范围. 然而, 对于 $x^2 + y^2$ 和 $x^2 + 2y^2$ 而言, 它涉及的 $\mathbb{Z}[i]$ 和 $\mathbb{Z}[\sqrt{-2}]$ 中的唯一素因子分解, 这两者倒是在本章中较前的部分就讨论过了.

对于 $x^2 + 3y^2$, 其证明涉及比整数环 $\mathbb{Z}[\sqrt{-3}]$ 更大的环

$$\mathbb{Z}\left[\frac{1+\sqrt{-3}}{2}\right] = \left\{m + \frac{1+\sqrt{-3}}{2}n : m, n \in \mathbb{Z}\right\}.$$

21.6.2 试证明: $(1+\sqrt{-3})/2$ 是代数整数, 且 $\mathbb{Z}[(1+\sqrt{-3})/2]$ 包含 $\mathbb{Z}[\sqrt{-3}]$.

21.6.3 试证明: $2, 1+\sqrt{-3}, 1-\sqrt{-3}$ 是 $\mathbb{Z}[\sqrt{-3}]$ 中的素数, 从而推导出 4 在 $\mathbb{Z}[\sqrt{-3}]$ 中有两种不同的素因子分解.

21.6.4 试通过像对 $\mathbb{Z}[i]$ 和 $\mathbb{Z}[\sqrt{-2}]$ 所做的那种几何论证方法, 证明 $\mathbb{Z}[(1+\sqrt{-3})/2]$ 有唯一素因子分解.

21.7 环和域

克罗内克曾有一段名言:"上帝创造了自然数, 其余的是人类的工作." (出处可见于韦伯 (Weber, H.) (1892) 为他作的讣闻.) 代数数论在他心中占的分量最重, 因为跟戴德金一样, 克罗内克也看到了数论是那些最有趣的问题的源泉, 是促成一切数学概念的灵感之所在. 我们至少应该赞同数论刺激了两个最重要的代数概念 —— 环和域的诞生.

也许, 走向抽象代数的第一步是引入负数 —— 由自然数创造出了整数环 $\mathbb{Z}$. 这似乎是很困难的一步, 因为很多世纪以来, 数学家们 (可以说从丢番图到笛卡儿) 都生活在地处两地之间的客栈里, 负数在此间只得到部分的承认 —— 有时允许它出现在中间计算过程中, 但不允许作为结果出现. 同样地, 将希腊的 "比" 演化为有理数域 $\mathbb{Q}$ 也花了很长时间.

所以, 抽象化的第一层次是创造了加法和乘法的逆运算, 它是在几千年间不自觉地发生的. 下一个抽象化层次是建立环和域的公理, 这是 19 世纪主要在代数数论影响下出现的. 环的公理本质上就是照抄代数整数与普通整数共享的 + 和 × 的性质; 域的公理则是代数数和有理数共享的性质.

域的概念隐含在阿贝尔和伽罗瓦关于方程的理论中; 戴德金引进有限次数域作为代数数域的背景使这个概念变得清晰了. 戴德金看到所有代数整数组成的环不是一个合适的环, 因为它没有 '素数'. 道理在于如 α 是代数整数, $\sqrt{\alpha}$ 也是代数整数, 因此在所有代数整数组成的环中总有非平凡的因子分解 $\alpha = \sqrt{\alpha}\sqrt{\alpha}$. 另一方面, 在由单个的 n 次代数数 α 生成的域

$$\mathbb{Q}(\alpha) = \{a_0 + a_1\alpha + \cdots + a_{n-1}\alpha^{n-1} : a_0, a_1, \cdots, a_{n-1} \in \mathbb{Q}\}$$

中, 代数整数有较好的性态. $\mathbb{Q}(\alpha)$ 中的代数整数 β, 其范数 $N(\beta)$ 是普通整数, 这就保证了素数的存在, 就像我们在特殊的 $\mathbb{Z}[i]$ 和 $\mathbb{Z}[\sqrt{-2}]$ 中见到的一样, 它们是次数为 2 的域 $\mathbb{Q}(i)$ 和 $\mathbb{Q}(\sqrt{-2})$ 中的代数整数.

当把注意力转向 n 次域 $\mathbb{Q}(\alpha)$ 后, 戴德金还揭示了其向量空间的结构: $\mathbb{Q}[\alpha]$ 的基为 $1, \alpha, \cdots, \alpha^{n-1}$, 这些基元素在 $\mathbb{Q}$ 上是线性无关的; 以及 $\mathbb{Q}[\alpha]$ 在 $\mathbb{Q}$ 上的维数 (等于其次数). 我们知道, 线性代数有悠久的历史, 至少可追溯到两千年前的中国, 而现在, 代数数论又赋予了它更强的一般性, 并最终揭示出了它的基本概念.

抽象化的下一个层次出现在 20 世纪 (克罗内克称之为新的、古怪的曲解), 是一位女数学家埃米·诺特 (Emmy Noether) 的研究成果. 在 20 世纪 20 年代, 她为了讨论诸如群和环等不同代数结构所具有的共性, 开发了一些概念. 群和环具有的共性之一是同态或称保结构映射. 一个映射 $\varphi: G \to G'$ 称为群的同态, 如果 $\varphi(gh) = \varphi(g)\varphi(h)$ 对任意 $g, h \in G$ 成立. 类似地, 一个映射 $\varphi: R \to R'$ 称为环的同态, 如果 $\varphi(r+s) = \varphi(r) + \varphi(s)$ 和 $\varphi(rs) = \varphi(r)\varphi(s)$ 对任意 $r, s \in R$ 成立. 从这种比较高的观点看正规子群 (19.2 节) 和理想, 它们可以被看作是同一概念的特例. 它们都是同态 φ 的核: 就是被 φ 映为单位元 (对群而言是 1, 对环则是 0) 的元素组成的集合.

习题

目前尚不清楚对任意代数数 α, 上面定义的 $\mathbb{Q}(\alpha)$ 是否是一个域. 最困难的事情是证明它的任何两个元素的商也是它的一个元素. 通过对特殊情形 $\mathbb{Q}(i)$ 的解决之道, 我们可以略知其困难之所在.

21.7.1 试证明: 若 $a_1, b_1, a_2, b_2 \in \mathbb{Q}$, 则 $\frac{a_1 + ib_1}{a_2 + ib_2}$ 可具有 $a + ib$ 的形式, 其中 $a, b \in \mathbb{Q}$.

一个群同态的核是一个正规子群这件事也不显然, 部分原因是 19.2 节给出的正规子群的定义对证明此事而言不是最方便的. 利用 21.4 节给出的理想的定义来证明环同态的核是一个理想却比较容易.

21.7.2 假定 R 是一个环, φ 将 R 映入另一个环, 满足 $\varphi(r+s) = \varphi(r) + \varphi(s)$ 且 $\varphi(rs) = \varphi(r)\varphi(s)$ 对任意 $r, s \in R$ 成立, 试证明

$$\{r : \varphi(i) = 0\}$$

具有理想的两条定义性质.

核与理想的等价性, 可以在 $\mathbb{Z}$ 中用理想 (3) (即 3 的倍数) 来解释.

21.7.3 试找出 $\mathbb{Z}$ 中以 (3) 为核的同态.

21.8 人物小传: 戴德金、希尔伯特和诺特

理查德·戴德金 (Richard Dedekind) (图 21.3) 1831 年出生于高斯的家乡不伦瑞克的一个书香门第. 他的父亲尤利乌斯 (Julius) 是卡洛琳学院的法学教授, 母亲卡罗琳·埃姆佩里乌斯 (Caroline Emperius) 是该校另一位教授的女儿. 理查德家的家规甚严, 他是 4 个子女中最小的. 他们几乎一辈子都生活在不伦瑞克; 理查德跟姐姐尤丽叶 (Julie) 一直住在一起 (他们两人都未成婚), 直到 1914 年. 这听起来未免枯燥, 但在这种看似平淡的生活背景中却出现了数学中的革命性行动, 它像伽罗瓦的工作一样撩人心扉.

戴德金在高中阶段发觉化学和物理学在逻辑上不够严谨, 之后就对数学产生了兴趣. 在 1850 年进入格丁根大学前, 他曾就读于注重科学教育的卡洛琳学院 —— 高斯也在此上过学. 在格丁根大学期间, 他跟黎曼成为朋友, 学业飞速长进; 1852 年他在高斯指导下完成了一篇论文. 1855 年高斯去世, 继任高斯职位的是狄利克雷, 他成为影响戴德金数学生涯的第三位重要人物. 戴德金曾在瑞士苏黎世的多科技术学校 (即现在所称的 ETH) 任职了短短的几年时间 —— 那是跟黎曼竞争获得的职位; 之后戴德金返回不伦瑞克的多科技术学校工作, 直到他去世. 这所学校不是名校, 但家乡的舒适环境使他能专心致志于数学.

图 21.3　理查德 · 戴德金

戴德金是高斯的最后一名学生, 高斯的数论工作是戴德金众多研究灵感的源泉, 正如它们成为 19 世纪许多伟大的德国数学家的灵感来源一样. 当戴德金起步时, 新一代的德国数学家艾森斯坦、狄利克雷和克罗内克开始理解高斯的思想, 并取得了进一步的成就. 特别是狄利克雷, 他的行文优美、可读性高的著作《数论讲义》(Lectures on Number Theory) (狄利克雷 (1863)) 使高斯的思想更易被人接受 —— 它简化了高斯的大部分难懂的二次型理论, 还加入了他自己的若干出众的新结果和证明. 狄利克雷讲义中的高潮是类数公式, 它统一地表述了给定判别式的不等价二次型的数目. 该讲义由戴德金编辑, 在狄利克雷去世 4 年后的 1863 年首次出版. 戴德金对这项编辑出版计划极端认真, 实际上成了他终身的工作: 在 1871 年, 1879 年和 1894 年几次再版, 每次都增加补充材料, 致使补充材料的量超过了狄利克雷著作本身. 理想论首次出现在 1871 年的版本里, 1879 和 1894 年的版本又将其拓展和深化, 最终还包含了不少伽罗瓦理论.

但是, 其他数学家对理想论的低调反应让戴德金颇感失望; 在 1877 年, 他尝试一种更通俗的阐述方式. 戴德金 (1877) 的著作对现代读者而言几乎是完美之作 —— 清晰、简要而且具有诱导性 —— 但对他同时代的人来说显然还是太过抽象. 我们将在下面看到,

直到希尔伯特 (1897) 给出了全新的解释, 人们才真正理解了理想论.

同时, 戴德金对数学还做出了其他几项伟大的贡献, 但也是慢慢地才在数学的大地上生根发芽的:

- 实数理论中的 '戴德金分割",
- 黎曼曲面理论中的对数函数域,
- 自然数表征中的 '归纳集".

这些成就的共同点以及让戴德金的同时代人感到难以掌握的, 就是他处理作为数学对象的无穷集的思想和方法. 戴德金具体研究无穷集始于 1857 年, 当时他正在探讨属于剩余类算术范畴的模 n 同余问题, 同余类的表述如下:

$$0 \bmod n = \{0, \pm n, \pm 2n, \cdots\},$$
$$1 \bmod n = \{1, 1 \pm n, 1 \pm 2n, \cdots\},$$
$$\vdots$$
$$n - 1 \bmod n = \{n - 1, n - 1 \pm n, n - 1 \pm 2n, \cdots\},$$

它们按如下规则进行加法和乘法运算:

$$(i \bmod n) + (j \bmod n) = (i + j) \bmod n,$$
$$(i \bmod n)(j \bmod n) = (i \cdot j) \bmod n.$$

(我们在第 19.1 节讲过模 n 乘法, 但没有提及同余类.)

通过对 (剩余类的) 代表进行加和乘给出加集和乘集的概念, 可直接转移到戴德金分割上, 借助于某种修正又可以转移到理想和黎曼曲面上. 戴德金希望如此丰硕的应用能使他的同事相信 '数学的对象是集合" 的思想, 但这种思想很难推销. 最初, 只有康托儿 (Cantor, G) 加入他的行列: 康托儿研究无穷集理论的热情跟戴德金从事应用的热情一样高 (参见第 24 章).

戴德金不得不等待几十年, 他的思想才进入了数学发展的主流 (有时要等到其他人重新发现它们之后 —— 例如, 他的自然数理论成了 '佩亚诺公理"), 所幸他的寿命足够长. 他卒于 1916 年, 享年 84 岁.

大卫 · 希尔伯特 (David Hilbert) (图 21.4) 1862 年生于柯尼斯堡, 1943 年卒于格丁根. 他的父亲奥托 (Otto) 是位法官, 大卫的数学才能可能来自母亲的遗传, 但我们对她知之甚少, 只晓得她的娘家姓埃尔特曼 (Erdtmann). 柯尼斯堡位于普鲁士偏僻的东部 (即现在的加里宁格勒, 是俄罗斯很小的一块飞地), 但它强大的数学传统可回溯到雅可比. 希尔伯特于 1880 年进入那里的大学, 结交了两位好友. 一位是比他小两岁的赫尔曼 · 闵可夫斯基 (Hermann Minkowski), 昔日的数学神童; 一位是长他三岁的阿道夫 · 胡尔维

茨 (Adolf Hurwitz), 自 1884 年起就是柯尼斯堡大学的教授. 这三位经常在长时间的散步中讨论数学, 希尔伯特似乎以这种方式接受了他的基本数学教育. 在以后的生活中, 他也以 '数学散步' 作为教育学生的重要手段.

图 21.4　大卫·希尔伯特

　　希尔伯特最初的研究兴趣是不变量理论, 一个在当时受到高度关注的代数课题. 不变量的一个初等例子是二次型的判别式 $b^2 - 4ac$, 拉格朗日 (1773b) 注意到它在二次型变换为其等价形式时保持不变 (参见第 21.6 节). 到希尔伯特的时代, 不变量理论已经像是一处浓密的丛林, 研究的成败主要取决于你使用复杂的计算之刀进行砍伐的本领. '不变量之王', 埃尔兰根大学的保罗·戈丹 (Paul Gordan) 的名声就来自他的文章 —— 从头到尾几乎全是方程式; 事实上, 有故事说他有一名助手, 任务是在那些必要的地方填上词汇. 1888 年, 希尔伯特在解决不变量理论的主要问题时, 把所有复杂的计算抛在脑后而使用了纯粹的概念推理: 希尔伯特基本定理证明了所有二次以上的型的不变量都存在, 但无须把它们一一计算出来!

　　戈丹一开始完全不相信并疾呼 '这不是数学, 这是神学!', 但最后希尔伯特的思想进一步发展到可以计算出那些不变量, 此时戈丹不得不承认这毕竟仍是数学. 希尔伯特本人则继续前行去征服其他领域. 事实上, 这成为他大部分数学生涯中的工作模式: 用几年时间彻底研究一个主题, 使它发生倾覆性的变化, 然后就去研究完全不同的主题.

　　希尔伯特研究不变量理论的成功, 使他能稳坐柯尼斯堡大学的职位; 1892 年, 他和凯特·耶罗施 (Käthe Jerosch) 成婚 —— 她是位才女, 在他的许多工作中起到了秘书和研究助理的作用. 特别地, 她为他 1897 年的巨作《数论报告》(*Zahlbericht*) 编制了参考书目, 代数数论就是在该书中趋于成熟的. 1893 年, 希尔伯特受德国数学家联盟的委托撰写关于代数数论的报告, 该报告最终成为一部长达 300 页的书 (希尔伯特 (1897)), 它回溯到二次型和费马大定理并展望了类域论, 后者是 20 世纪的重大研究课题.

当戴德金在几年前提出代数数论时, 数学界尚未做好思想准备; 现在数学家们看到了其中的要旨, F·克莱因便邀请希尔伯特到格丁根大学任数学教职 —— 从 1895 年起到去世, 他一直是该校的数学教授.

完成《数论报告》后, 希尔伯特转而研究几何基础, 我们在第 1.6、2.1、19.6 及 20.7 节中都触及过这个主题. 他再次获得了好几项巨大的成功 —— 最终填补了欧几里得几何中的缺陷, 发现了帕普斯和德萨格定理的代数意义, 但也留下了一些未了结的事. 希尔伯特认识到, 通过实数坐标建立欧几里得几何的模型并不能恰好用来证明这种几何是相容的; 人们还需要首先证明实数理论是相容的. 希尔伯特发现, 后者是否成立并不显然, 因此把它列为他 1900 年在巴黎提出的 23 个数学问题中的第二个. 之后他便丢下这个主题转而研究数学物理.

然而, 一直没有人找到实数理论的相容性证明; 到 20 世纪 20 年代, 希尔伯特感到有必要重返这一主题. 后来变得很有名的希尔伯特纲领, 首先需要一种数学的形式语言, 使 '证明' 这个概念本身可依据精确的公式操作规则从数学上加以定义. 纲领的这一方面是可行的, 怀特黑德 (Whitehead, A. N.) 和罗素 (Russell, B.) 1910 年的著作《数学原理》(*Principia Mathematica*) 做的就是这件事. 不过, 难点在于去证明那些规则不会导致矛盾. 希尔伯特纲领正是在这里卡了壳 —— 哥德尔 (Gödel, K.) 在 1931 年证明了 '不会导致矛盾' 这件事绝不可能实现. 哥德尔著名的不完全性定理 (第 24 章) 证明: 不存在这样的相容性证明, 而用新的公理以扩展形式语言的后果只能使相容性证明更难达到.

希尔伯特属于最早宣扬哥德尔成果的学者之列, 因此受到人们的尊敬. 哥德尔定理第一个完全的证明出现在希尔伯特和贝尔奈斯 (Bernays, P.) 的书 (1938) 里. 不过, 希尔伯特结束他的科学生涯的厄运, 不仅是由于他的一个数学梦想的破灭, 而且是因为他的数学团体的毁灭. 格丁根的没落始于 1933 年, 当时纳粹在德国登上了权力宝座, 并开始解雇和开除犹太教授. 短短几年, 大多数有才能的德国数学家逃离了家园, 在格丁根只留下了年老体衰的希尔伯特一人. 他于 1943 年 2 月 14 日告别人世.

在 1933 年被强迫离开格丁根的犹太数学家中, 有一位是埃米·诺特 (Emmy Noether) (图 21.5), 从多方面看她自然是戴德金和希尔伯特的后继者. 埃米·诺特 1882 年生于德国的爱尔兰根, 1935 年卒于美国宾夕法尼亚州的布林莫尔. 她是数学家马克斯·诺特 (Max Noether) 和伊达·考夫曼 (Ida Kaufmann) 4 个孩子中的老大. 在孩提时期, 她喜欢音乐、舞蹈和各种语言, 并打算成为一名语言教师; 1900 年, 她取得了担任英语和法语教师的资格.

图 21.5　埃米·诺特

　　当时的德国,不允许妇女正式地进入大学学习; 也很少有女孩子愿意非正式地读大学,因为毕业后想当大学老师也需要获得特许. 但是, 少数中学教员被允许上大学接受 '继续教育". 1900 年, 埃米·诺特成为其中的一员, 进入爱尔兰根大学学习数学. 她在那里遇到了 '不变量之王' 保罗·戈丹, 在他的指导下于 1907 年完成了一篇论文. 自然, 论文的主题是不变量理论, 埃米后来把它描述为是件 '废物", 但不能说撰写这篇论文完全是在浪费时间. 今天的物理学家称赞了她早期获得的一项关于力学系统的不变量的成果.

　　1910 年, 戈丹退休, 教授职位出现空缺; 1911 年, 恩斯特·菲舍尔 (Ernst Fischer) 接替了戈丹的位置. 菲舍尔在今天名气不大, 但诺特的代数能力在跟他一起工作的时间里,似乎有了突飞猛进的提高. 她放弃了戈丹一味借助计算的方法, 很快掌握了戴德金和希尔伯特的概念推理的方法, 以致希尔伯特在 1915 年邀请她到格丁根来工作. 但要在格丁根得到一个职位就另当别论了 —— 据称, 希尔伯特在嘲笑当时格丁根大学排除女教授的政策时说过这样的话: '这里是大学, 不是澡堂" —— 所以要到 1922 年学校才给诺特提供了一个非正式的职位.

　　在 20 世纪 20 年代, 诺特正处于创造力的高峰时期, 她发现了跟她的才能相适应的学生. 其中有埃米尔·阿廷 (Emil Artin), 他解决了两个希尔伯特问题; 还有 B·L·范德瓦尔登, 他在 1930 年出版的《近世代数》(*Moderne Algebra*) 中把诺特的思想传播给了世界. 诺特本人经常谦虚地称: '这些在戴德金的工作中已经都有了", 并鼓励她的学生去阅读戴德金 (在编辑狄利克雷著作时写) 的补充材料, 以便由学生自己做出判断. 所以, 尽管诺特的代数非常抽象, 但她的学生都能了解它直接来自高斯和狄利克雷的数论. 不幸的是, 这种联系在范德瓦尔登的《近世代数》中被割断了; 所以在接下来的一代学生中, 许多人在成长过程中并不知道这种联系. 近年来, 这种割裂的倾向得到了可喜的扭转; 特别地, 埃米尔·阿廷的儿子迈克尔 (Michael) 就是利用数论来说明理想论的 (阿廷 (1991)).

第 22 章

拓扑

导读

在第 15 章, 我们看到黎曼发现的拓扑概念 "亏格" 在研究代数曲线时的重要性. 在本章, 我们将看到拓扑如何以其自身的方法和问题成为数学中的主要领域.

自然, 拓扑跟几何之间有相互作用, 拓扑概念首先在几何中被注意到是常见的现象. 一个重要的例子是欧拉示性数, 它最初是作为多面体的一个特征被关注的, 之后才被发现它对任意闭曲面都很有意义. 如今, 我们更倾向于认为: 两者中拓扑是第一位的, 它支配着几何中会发生些什么. 例如, 高斯–博内定理似乎表明欧拉示性数掌控着曲面全曲率的值.

拓扑和代数之间也有相互作用. 在本章, 我们聚焦于基本群 —— 这是描述几何对象上可变形闭环的各种变化方式的群. 在球面上, 所有闭环皆能收缩为一个点, 故该基本群是平凡无奇的; 在环面上, 则存在多种类型的闭环; 但它们都是两个特殊环 a 和 b 的组合, 使得 $ab = ba$.

1904 年, 庞加莱给出著名猜想: 具有平凡基本群的三维闭空间拓扑地等价于三维球面. 这个庞加莱猜想在 2003 年才被证明, 借助的方法来自微分几何. 这说明几何与拓扑间的相互作用仍在继续.

22.1 几何与拓扑

拓扑所关心的是那些在连续变换之下保持不变的性质. F · 克莱因在爱尔兰根纲领 (其中简要地提到了拓扑, 当时用的是它的老名字位置分析 (*analysis situs*)[*]) 中说, 它是连续可逆变换群的, 或同胚的 "几何学". 关于变换所作用的 "空间", 甚至是 "连续的" 含义在纲领中都没有说得很清楚. 当这些术语用最一般的方式进行解释, 它们仅服从某些公

---

[*] 位置分析亦可称 '位相分析'. —— 译注

理 (此处不赘述), 我们便有了一般拓扑学* 的概念. 一般拓扑学的定理, 在从集合论到分析所遍及的领域内都很重要, 但它们的几何味道不浓. 我们在本章关心的是几何拓扑学, 其中的变换都是 $\mathbb{R}^n$ 或 $\mathbb{R}^n$ 的某些子集上的通常的连续函数. 例子有曲面间的所谓 "拓扑" 等价, 我们在 15.4 节说到过这种等价.

几何拓扑学比一般拓扑学能让人多辨出一些 "几何" 的味道, 尽管这种 "几何" 必是离散或组合类型的. 通常的几何量 —— 像长度、角度和曲率 —— 都允许连续变化, 因此不可能在连续变化下保持不变. 所谓拓扑不变的量是指诸如图形的 "片" 的数目及图形中 "洞" 的数目等这类事物. 结果发现, 拓扑的组合结构常常可以从通常几何的组合结构 —— 像多面体、镶嵌图形等的结构反映出来. 在曲面拓扑的情形下, 拓扑结构的这种几何模型是如此的完美, 以至于拓扑学实质上变成了通常几何的一部分. 这里的 "通常" 是指有长度、角度或曲率概念的几何, 不一定是欧几里得几何. 事实上, 大多数曲面的天然几何模型是双曲型的.

余下的问题是, 就整体而言拓扑是否永远从属于通常几何. 人们猜想三维的情形确实如此, 其 "几何化猜想" 已在近期被证明 (参见 22.8 节). 从这里也似乎真的看出双曲几何是最重要的几何 (参见瑟斯顿 (Thurston, W. P.) (1997) 或威克斯 (Weeks, J. R.) (1985)). 在四维或四维以上的情形要做如此猜想未免太显鲁莽, 尽管在目前的一些突破性成果中, 几何方法一直显得很重要 (例如唐纳森 (Donaldson, S. K.) (1983) 的工作). 本章中, 我们将无奈但爽快地主要限于讨论曲面的拓扑, 这样做利多弊少. 因为曲面拓扑是我们能充分理解的, 也是和本书其他部分的背景材料有关联的唯一的拓扑领域. 很幸运, 这个领域对于以例说明一些重要的拓扑概念也是足够的, 同时, 它在数学上也易于处理而且很直观.

我们从曲面拓扑的历史起点开始我们的行程, 这就是多面体理论.

22.2 笛卡儿和欧拉的多面体公式

多面体的第一个拓扑性质似乎是笛卡儿在 1630 年左右发现的. 笛卡儿关于这个主题的短文已丢失, 但其内容可从莱布尼茨在 1676 年做的一个摹本中得知; 1860 年人们在莱布尼茨的一堆文章中发现了此摹本, 并发表于普鲁埃 (Prouhet, E.) (1860) 的著作中. 对这篇短文的详细研究, 包括其译文和莱布尼茨手写的摹本, 可参见费德里科 (Federico, P. J.) (1982) 的著作.

欧拉 (1752) 重新发现了这个性质, 它现在以欧拉示性数之名著称于世. 如果多面体有 V 个顶点, E 条边, F 个面, 则它的欧拉示性数是 $V - E + F$. 欧拉证明, 对所有凸多面体, 这个量肯定是不变的, 即

$$V - E + F = 2,$$

这个等式就是著名的欧拉多面体公式. 笛卡儿已经得到了同样的结果, 不过是用两个公式

---

* 又称 "点集拓扑学". —— 译注

表达的:

$$P = 2F + 2V - 4, \quad P = 2E,$$

其中 P 是笛卡儿所称的 '平面角' 的个数: 平面角是由一对相邻边决定的面上的夹角. 关系式 $P = 2E$ 来自以下明显的事实: 每条边都参与了两个角的构成. 应该强调的是, 笛卡儿的 '平面角' 丝毫不涉及角的度量, 因此它恰如欧拉的 '边' 一样是个拓扑概念. 所以笛卡儿的结论与欧拉的一样同属于拓扑学范畴, 尽管他没有提炼出欧拉示性数这样好的概念. 但确实有人抓住欧拉与笛卡儿的结论之间的细微差别, 以证明欧拉发明了拓扑学而笛卡儿没有 (可参见费德里科 (1982) 对不同见解的评论).

实际上, 这两位数学家中没有一个充分地从拓扑学的角度去理解这个多面体公式. 他们都在其证明中使用了非拓扑的概念, 像角的度量等; 他们没有认识到 '顶点' '边' 和 '面' 在任意曲面上的意义: 边不一定是直线, 面不一定是平面. 另一些关于欧拉多面体公式的早期证明, 也要依赖角的度量及其他通常的几何量. 例如勒让德 (1794) 的证明假定了多面体能够投射到球面上, 然后使用了关于球面多边形角盈与面积之间的哈里奥特关系式 (习题 22.2.1 和 22.2.2).

最先从纯粹拓扑的角度理解 $V - E + F$ 的人大概是庞加莱 (1895). 事实上, 庞加莱将欧拉示性数推广到了 n 维图形上, 而就多面体而言他的基本看法是: 一个顶点将一条边分为两条边, 一条边将一个面分为两个面. 由此可知, 无论怎样将一个多面体的边和面再细分都保持 $V - E + F$ 不变: 如果在一条边上引入一个新顶点, 则 V 和 E 同时增长 1; 如果在一个面上引入一条新的边, 则 E 和 F 也同时增长 1. 对这种细分过程的有意义的反过程 —— 称为共合 (amalgamation) 过程, 同样保持 $V - E + F$ 不变.

$V - E + F$ 在凸多面体类上的不变性是指: 能够证明该类中任一多面体 P_1 可以通过细分和共合转变为类中另一任意的多面体 P_2. 有一个看似合理的论证是黎曼 (1851) 提出的, 是将 P_1 和 P_2 看作是同一个曲面, 例如球面的细分. 假定 P_1 和 P_2 的边仅相交有限次, 将 P_1 叠加在 P_2 之上, 给出一个公共的细分多面体 P_3, 于是它的 $V - E + F$ 的值与 P_1 和 P_2 的值应该相同. 因此, P_1 和 P_2 的 $V - E + F$ 的值相等. 但仅相交有限多次的假定很难验证. 另一种也能产生非球曲面的 $V - E + F$ 的值的方法, 我们将在下节给以说明.

近期有一本迷人的讲述欧拉示性数及其历史的书, 作者是里什森 (Richeson, D. S.) (2008).

习题

下面是勒让德 (1794) 对欧拉多面体公式的证明.

22.2.1 将凸多面体投射到球面上, 它的面就成了球面多边形. 试利用公式

$$球面 n 边形的面积 = 角度和 - (n - 2)\pi$$

推导出:

$$\text{整个面积} = 4\pi = \left(\sum \text{所有的角} \right) - \pi \left(\sum \text{所有的 } n \right) + 2\pi F.$$

22.2.2 试证明:

$$\sum \text{所有的 } n = 2E, \quad \sum \text{所有的角} = 2\pi V$$

因此有

$$V - E + F = 2.$$

欧拉示性数的不变性给出了仅存在 5 种正多面体的简单的拓扑证明. 实际上, 它证明了只有 5 种多面体是拓扑正则的: 对某两个 $m, n > 2$, 它们的 '面' 是拓扑球面上的拓扑 m 边形, 在每个顶点处有 n 个多边形相交. 我们下面要证明 $V - E + F = 2$ 只对下列数对成立:

$$(m, n) = (3, 3), (3, 4), (3, 5), (4, 3), (5, 3),$$

它们对应着已知的正多面体 (2.2 节).

22.2.3 设已知有 F 个面, 试推导出 $E = mF/2$ 和 $V = mF/n$.

22.2.4 试应用公式 $V - E + F = 2$ 导出 $4n/(2m + 2n - mn)$ 是一个正整数.

22.2.5 试证明: $2m + 2n - mn > 0$, 即 $2\frac{m}{n} + 2 > m$, 仅对上面列出的数对 (m, n) 成立.

22.2.6 试检验对这些数对而言, $2m + 2n - mn$ 能整除 $4n$.

22.3 曲面的分类

在 19 世纪 50 年代至 80 年代, 几条不同的研究路线都提出了对曲面进行拓扑分类的要求. 一条路线是欧拉传下来的寻求对多面体的分类. 另一条是来自黎曼的关于代数曲线的黎曼面表达法 (1851, 1857). 与此相关的是庞加莱 (1882) 和 F·克莱因 (1882b) (见 22.6 节) 所考虑的镶嵌对称群的分类问题. 最后, 还有通常空间中光滑闭曲面的分类问题 (默比乌斯 (1863)). 当沿着这些不同的研究路线发现在各种情形下曲面都可被边 (当然不一定是直线) 细分使得它变成了一个广义的多面体时, 这些路线就收敛到了一起. 广义多面体传统上称为闭曲面, 现代的拓扑学家则将其描述为紧且没有边界的曲面.

针对欧拉示性数 $V - E + F$ 的不变性的细分论证适用于任何一个广义多面体, 不仅仅是那些同胚于球面的多面体, 也不仅仅是由平的面和直的边构成的多面体. 不同的数学家, 诸如黎曼 (1851) 和若尔当 (1866), 得到了同一个结论, 即任一闭曲面 (在同胚的意义下) 由它的欧拉示性数所决定. 图 22.1 所示的是默比乌斯 (1863) 发现的 '范式' 曲面, 它们代表了那些可能有不同的欧拉示性数的曲面. 看起来, 这些范式肯定在拓扑上是不同的, 因为它们具有的 '洞' 的数目不同. 论证的主要部分在于证明任何一个闭曲面必与其中之一同胚.

黎曼的假设 (曲面是黎曼面) 和默比乌斯的假设 (曲面可以光滑地嵌入 $\mathbb{R}^3$) 对于纯拓扑证明而言都太专门, 而且它们还都暗含着一个假设, 即 '可定向性' (双侧性). 从广义多

面体的公理定义 (axiomatic definition) 出发的严格证明是由德恩和赫戈 (Heegaard, P.) (1907) 给出的. 结果发现, 闭可定向曲面的确就是图 22.1 中给出的那些, 但除此之外还存在不可定向曲面, 它们与可定向曲面是不同胚的.

图 22.1 闭可定向曲面

不可定向曲面可定义为包含默比乌斯带的曲面; 默比乌斯带是一个非闭的曲面, 1858 年由默比乌斯和利斯廷 (Listing, J.B.) 彼此独立地发现 (图 22.2).

闭不可定向曲面不可能是黎曼面, 也不可能出现在没有自交的 $\mathbb{R}^3$ 中; 但无论如何它们确实包含一些重要的曲面, 像射影平面 (习题 8.5.3). 不可定向曲面在同胚的意义下也是由欧拉示性数决定的.

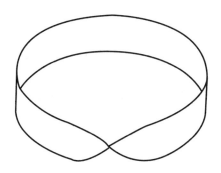

图 22.2 默比乌斯带

闭可定向曲面的默比乌斯范式由 F · 克莱因 (1882b) 给出了标准的多面体结构. 它们都是只有一个面的 "极小" 的细分, 而且除了球面外恰只有一个顶点. 当曲面的克莱因细分沿着边切开, 便可得到基本多边形. 由它们可以将记有同样字母的边视为同一 (从而可粘在一起) 而重造曲面 (图 22.3 以及图 22.11 和图 22.13).

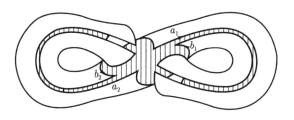

图 22.3 由边的粘贴构作曲面

在多边形上推证问题比在曲面上或它的多面体结构上推证问题往往更方便. 例如, 自布拉哈纳 (Brahana, H. R.) (1921) 以来, 关于此分类定理的大部分证明, 一直使用多边形而不使用多面体,'切开并粘贴' 这些多边形 (代替细分和共合), 终于得到克莱因基本多边形. 基本多边形的欧拉示性数 χ 很容易计算, 并且 χ 与亏格 g ('洞' 的个数) 相关:

$$\chi = 2 - 2g$$

(习题 22.3.1). 当然, 用亏格决定曲面比欧拉示性数更简单, 但是我们将看到欧拉示性数更好地反映了曲面的几何性质.

习题

22.3.1 试证明: 亏格 $g \geqslant 1$ 的曲面的标准多面体, 其 $V = 1, E = 2g, F = 1$, 因此 $\chi = 2 - 2g$.

亏格为 g 的曲面的标准多边形, 其边界路径形为 $a_1 b_1 a_1^{-1} b_1^{-1} a_2 b_2 a_2^{-1} b_2^{-1} \cdots a_g b_g a_g^{-1} b_g^{-1}$, 其中相继的字母表示相继的边, 指数为 -1 的项表示有反方向的箭头. 将标以同一字母的边相粘贴, 注意箭头方向要一致.

22.3.2 每个序列 $a_i b_i a_i^{-1} b_i^{-1}$ 称为一个环柄. 试画这样一个曲面, 它是将 $a_i b_i a_i^{-1} b_i^{-1} c$ 为边界的曲面的相配的边粘贴后所得的曲面, 从而确认这个术语的所指. 所得曲面应是一个 '环柄状' 的曲面, 其边界为曲线 c.

另一个简单的基本多边形是 '其对边粘贴在一起的 $2n$ 边形', 即, 该多边形边界路径为

$$a_1 a_2 \cdots a_n a_1^{-1} a_2^{-1} \cdots a_n^{-1}.$$

22.3.3 试证明: 对于 $n = 2$ 和 $n = 3$ 这两种情况, 从多边形 $a_1 a_2 \cdots a_n a_1^{-1} a_2^{-1} \cdots a_n^{-1}$ 得到的曲面都是环面.

22.3.4 试证明: 若 n 为偶数, 多边形 $a_1 a_2 \cdots a_n a_1^{-1} a_2^{-1} \cdots a_n^{-1}$ 的顶点在粘贴后变为单个的一个顶点; 若 n 为奇数时, 它们变为两个顶点. 因此对于任何 n 都可以求出曲面的欧拉示性数.

22.4 笛卡儿和高斯–博内

笛卡儿手稿中的第一个定理是关于凸多面体全 '曲率' 的出色陈述, 初看起来它并不涉及任何拓扑内容. 它是一条显而易见的定理 —— 凸多边形的外角之和等于 2π —— 在 (三维) 空间中的类似情形. 这个定理的结论可以通过考虑一条直线绕着多边形移动一整圈而直观地得到 (图 22.4).

图 22.5 显示的是另一个不同的证明, 它可以推广到多面体的情形.

在每个顶点处构造一个单位圆的扇形, 其边界是过该顶点的两条边的法线. 很清楚, 该扇形的角等于该顶点处的外角. 而且, 相邻扇形的相邻边垂直于同一条边, 因此它们平行. 所以这些扇形可以拼在一起形成一个完整的圆盘, 其全角 (圆周) 是 2π.

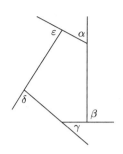
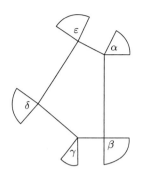

图 22.4 绕着多边形移动一整圈　　　　图 22.5 添加以法线为界的扇形

为了将它推广到多面体, 需在每个顶点 P 处定义外立体角, 它就是以 P 为中心的单位球面上的一个扇形 (的面积), 该扇形是被在 P 点垂直于边的平面所界定的 (图 22.6).

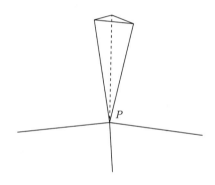

图 22.6 外立体角

如前所述, 相邻扇形的相邻边是平行的, 因此这些扇形全体可拼成一个完整的单位球, 全部外立体角 (面积) 是 4π. 笛卡儿只叙述了全外立体角是 4π, 但并没有定义外立体角. 前述的证明基于波利亚 (1954a) 重新构作的证明.

关于多边形的那个定理有一个类似的关于单闭光滑曲线 $\mathcal{C}$ 的定理, 即 $\int_{\mathcal{C}} \kappa ds = 2\pi$ (17.2 节). 这引起了我们的好奇心, 想问笛卡儿定理有没有关于光滑闭凸曲面 $\mathcal{S}$ 的类似呢? 比如说 $\iint_{\mathcal{S}} \kappa_1 \kappa_2 dA = 4\pi$, 其中 $\kappa_1 \kappa_2$ 是高斯曲率. 答案是肯定的; 事实上, 高斯 (1827) 给出了一个与多面体证明类似的证明, 不过利用的是高斯曲率的另一个表征.

如果我们在曲面 $\mathcal{S}$ 上取一个很小的测地多边形 $\mathcal{P}$, $\mathcal{P}$ 的 "全曲率" 可以由一个 "外立体角" $\mathcal{A}$ 表示 —— $\mathcal{A}$ 是由所有那些跟 $\mathcal{S}$ 上沿 $\mathcal{P}$ 的边界的法线相平行的线界定的 (图 22.7). 高斯证明: $\mathcal{A}$ 的大小, 即它所切出的单位球面的面积等于 $\iint_{\mathcal{P}} \kappa_1 \kappa_2 dA$. 但同时也很清楚, 由于相邻外立体角 $\mathcal{A}$ 的相邻边的平行性, 对应于 $\mathcal{S}$ 的由于测地多边形 $\mathcal{P}$ 的分拆所得的所有的 $\mathcal{A}$ 可拼成整个球. 因此 $\iint_{\mathcal{S}} \kappa_1 \kappa_2 dA = 4\pi$.

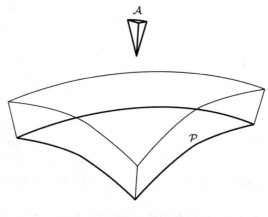

图 22.7 全曲率的立体角

这是高斯–博内定理的 "全局" 形式. 当笛卡儿的定理于 1860 年首次出版之时, 高斯–博内定理已广为人知, 两者之间的相似性被贝特朗 (Bertrand, J.) (1860) 所关注. 但是贝特朗认定: "高斯那些漂亮的概念无论如何都不能认为是笛卡儿定理的推论." 这在狭义上也许是正确的; 但无论如何, 笛卡儿和高斯–博内定理可彼此视为对方的极限情形. 高斯–博内 ⇒ 笛卡儿, 这是通过将曲面上的曲率集中在顶点上, 直到它变成了多面体而实现的; 而笛卡儿 ⇒ 高斯–博内, 是通过增加多面体顶点的个数, 直到它变成光滑曲面的结果. 有一件事很有趣, 虽然也许有偶然性, 即笛卡儿确实使用 "曲率" 这个字来描述外立体角.

22.5 欧拉示性数与曲率

笛卡儿的定理有另一个更 "内蕴" 的证明, 它揭示了这样一个事实, 即全部外立体角之和确实等于 $2\pi\times$ 欧拉示性数. 实际上, 全部外角的知识可产生多面体的欧拉示性数公式的一个证明. 这似乎使我们见到了笛卡儿发现他那个版本的公式之路.

关键的一步是证明顶点 P 处的外立体角可内蕴地表示为 $2\pi - (\alpha_1 + \alpha_2 + \cdots + \alpha_n)$, 其中 $\alpha_1, \alpha_2, \cdots, \alpha_n$ 是在 P 处相交的面的面角. 它们不是界定外立体角的面之间的夹角 $\alpha_1', \alpha_2', \cdots, \alpha_n'$, 但是结果发现 (习题 22.5.1), 对每个 i 有

$$\alpha_i + \alpha_i' = \pi;$$

据此, 由哈利奥特定理 (17.6 节) 可知外立体角的度量由 $\alpha_1' + \alpha_2' + \cdots + \alpha_n'$ 给出, 因而也就可以由 $\alpha_1 + \alpha_2 + \cdots + \alpha_n$ 得到.

现在知道 P 处的外立体角等于 $2\pi - \sum P$ 处的面角, 由此得到

$$\text{总外立体角} = 2\pi V - \sum \text{所有的面角},$$

其中 V 是顶点的总数. 若将所有的面角按照面的类型分类, 我们还发现 (习题 22.5.2) 有

$$\sum \text{所有的面角} = \pi(2E - 2F),$$

于是

$$\text{总外立体角} = 2\pi(V - E + F)$$
$$= 2\pi \times \text{欧拉示性数}.$$

在凸多面体的情形, 我们已经知道总外立体角 $= 4\pi$, 由此给出欧拉示性数 $= 2$. 更重要的是, 这个推导对具有任意一个欧拉示性数的多面体都成立, 说明总外立体角确实与欧拉示性数是相同的, 顶多差一个常数倍.

对高斯–博内定理也有一个类似的内蕴证明, 它也是对任意欧拉示性数都成立的, 即有

$$\text{全曲率} = \iint_{\mathcal{S}} \kappa_1 \kappa_2 \, dA = 2\pi \times \text{欧拉示性数}$$

(习题 22.5.3). 拉格朗日 (1794) 对欧拉多面体公式的证明是在假定常曲率的情况下进行的.

这样, 欧拉示性数就规定了曲面的全曲率. 特别地, 如果曲面的曲率是常数, 它必与欧拉示性数有同样符号. 如此一来, 它就和曲面的几何有了联系. 如我们在 17.4 节中所见, 常正曲率的曲面有它的球面几何学, 零曲率的曲面上有欧几里得几何, 负曲率的曲面上有双曲几何. 我们在下一节将看到, 存在一种自然的方式将常曲率强加给具有任意欧拉示性数的曲面. 这说明曲面的自然的几何按照其欧拉示性数为正、为零或为负而分别对应于球面几何、欧几里得几何或双曲几何. 此外, 如果取曲率的绝对值为 1, 则高斯–博内定理将给出

$$\text{面积} = |2\pi \times \text{欧拉示性数}|.$$

这使曲面的拓扑学完全从属于几何, 至少对于可定向曲面是如此, 因为上述结果是说, 曲面的拓扑是完全由它的曲率的符号及它的面积决定的.

这些结论蕴含在庞加莱和 F·克莱因 19 世纪 80 年代的著作中. 也许是 F·克莱因首先清楚地看到, 曲面的几何是如何决定了它的拓扑性质的 (例如可参见 F·克莱因 (1928), 264 页).

习题

图 22.8 所表示的是多面体顶点 P 周围的区域, 以及中心位于 O 的、由垂直于过 P 的边的平面 OAB, OBC, OCA 所界定的 P 的外立体角.

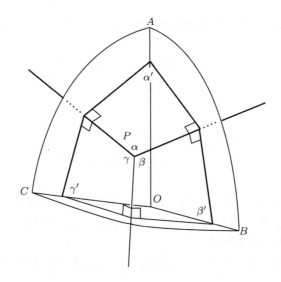

图 22.8   多面体的顶点区域

22.5.1   试说明图中存在所标明的直角, 从而说明有

$$\alpha + \alpha' = \pi, \quad \beta + \beta' = \pi, \quad \gamma + \gamma' = \pi.$$

现在我们要搞清楚面角与 E 和 F 的关系, 用下列写法是有帮助的

$$F = F_3 + F_4 + F_5 + \cdots,$$

其中 $F_3 = 3$ 边形面的个数, $F_4 = 4$ 边形面的个数, 等等.

22.5.2   试证明:

$$E = \frac{1}{2}(3F_3 + 4F_4 + 5F_5 + \cdots);$$

并推导出: 对于一个通常的多面体 (即, 它的面是平面), 有

$$\sum \text{ 所有的面角 } = \pi(2E - 2F),$$

推导中要用到一个事实, 即 n 边形内角和为 $(n-2)\pi$.

22.5.3   试证明高斯–博内定理的全局形式:

$$\iint_{\mathcal{S}} \kappa_1 \kappa_2 dA = 2\pi \times \text{ 欧拉示性数};$$

方法是将闭曲面 $\mathcal{S}$ 分割成测地多边形, 再利用通常形式的高斯–博内定理 (17.6 节).

22.6　曲面和平面

在 16.5 节, 我们注意到一个椭圆函数定义了从平面到环面的一个映射. 在拓扑背景下看待这样的映射很有趣 —— 它们在拓扑学中被称为万有覆盖. 通常, 一个从曲面 $\tilde{S}$ 到曲面 S 之上的映射 $\varphi : \tilde{S} \to S$ 称为一个覆盖, 是指它是一个局部同胚映射 —— 即限制在 $\tilde{S}$ 的充分小的一片区域上的同胚映射. 16.5 节中的从平面映上到环面的映射是一个覆盖, 因为当我们局限于任意一个小于周期平行四边形的区域时, 映射是同胚的.

我们已经遇见过的另一个覆盖的有趣例子是球面映上到射影平面的映射, 它是克莱因 (1874) 给出的 (8.5 节). 该映射将球面的一对对径点映射到射影平面上的同一点, 因此如果我们将映射局限于球面上比半球面小的任一部分上, 该映射就是同胚的.

还有一个例子是贝尔特拉米 (Beltrami, E.) (1868a) 的用极限圆扇形对伪球面的覆盖 (18.4 节). 从拓扑的观点看, 这个覆盖与半柱面被半平面的覆盖相同 (图 22.9). 所有这些覆盖在下述意义上都是万有的, 即覆盖曲面 $\tilde{S}$ (球面或平面) 只能被 $\tilde{S}$ 自身所覆盖.

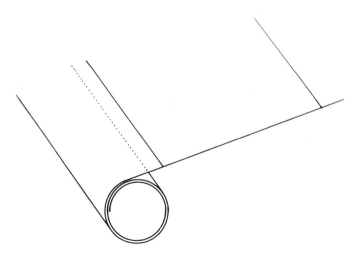

图 22.9　覆盖一个柱面

非万有覆盖的例子是环面被柱面的覆盖, 直观看来它像是一条吞噬自己尾巴的无限长的蛇 (图 22.10). 这个覆盖之所以是非万有的, 原因在于柱面又能被平面覆盖, 正像图 22.9 中的半柱面被半平面覆盖一样. 事实上, 将这些覆盖进行合成, 即平面 → 柱面 → 环面, 我们就回到了第一个例子: 平面 → 环面的覆盖.

因为球面只能被它自身覆盖, 所以覆盖的第一批有趣的例子都是关于亏格 ⩾1 (即欧拉示性数 ⩽0) 的可定向曲面. 所有这样的可定向曲面都可被平面覆盖. 此外, 每个不可定向曲面能够被一个可定向曲面双覆盖 —— 与射影平面被球面覆盖的方式相同; 所以需要我们理解的主要是平面对亏格 ⩾1 的可定向曲面的万有覆盖.

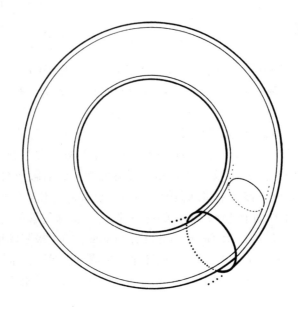

图 22.10　覆盖一个环面

这方面的基本思想属于施瓦茨 (Schwarz, H. A.), 这一思想通过 F · 克莱因 (1882a) 给庞加莱的信而广为人知. 为构造曲面 S 的万有覆盖, 我们取无限多个 S 的基本多边形 F, 将它们排列在平面上, 使相邻的两个 F 以 F 在 S 上自交的方式相交. 例如, 图 22.11 中的环面 T 有该图右侧所示的正方形的基本多边形 F, 它们在 S 中沿着 $\vec{a}$ 和 $\vec{b}$ 自交 (图中的箭头表示: 每条边除了标号 (字母) 还有方向).

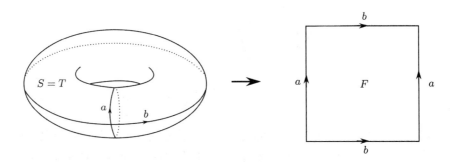

图 22.11　环面及其基本多边形

如果另取无限多个分离的 F 并按 $\vec{a}$ 到 $\vec{a}, \vec{b}$ 到 $\vec{b}$ 的方式连接相邻的 F, 我们便得到一个平面 $\tilde{T}$, 其中 F 的镶嵌方式如图 22.12 所示. 此时, 万有覆盖 $\tilde{T} \to T$ 就定义为将 $\tilde{T}$ 中的每个 F 以自然的方式映上到 T 中的 F 的映射.

图 22.12 的镶嵌可用欧几里得平面上的正方形来实现. 因此我们可以在环面上建立

起欧几里得的几何学: 定义环面上 (足够接近的) 两个点之间的距离为它们在平面上适当的原像之间的欧几里得距离. 特别地, 环面上的 "直线" (测地线) 是欧几里得平面上的直线原像. 这种环面几何当然不是真正平面上的几何, 因为它有封闭的测地线, 诸如线段 a 和 b 的像. 然而, 当局限在足够小的区域内时, 它就是欧几里得几何. 例如环面上的三角形的内角和为 π.

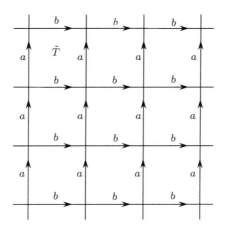

图 22.12　环面覆盖的镶嵌方式

对于亏格大于 1 的曲面, 即欧拉示性数为负的曲面, 高斯–博内定理预知其曲率是负的, 因此其自然的覆盖平面应是双曲的. 这也可以从其万有覆盖上的镶嵌的组合性质直接看出. 例如亏格为 2 的曲面 S 的基本多边形 F 是一个八边形 (图 22.13).

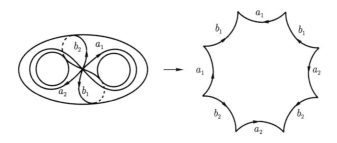

图 22.13　亏格为 2 的曲面及它的基本多边形

在这个万有覆盖中, 在每个顶点处都必须有 8 个这种八边形相交, 如同单个的 F 的 8 个角在 S 上相交一样. 这样的镶嵌在欧几里得平面上用正八边形是不可能实现的, 但它却存在于双曲平面中, 恰如图 22.14 所示.

事实上, 这种镶嵌可以在高斯镶嵌 (图 18.15) 中融入三角形而得到. 一般亏格大于 1 的镶嵌可以类似地在双曲平面上以几何方式实现, 它们也属于庞加莱 (1882) 和 F·克莱因 (1882b) 所考虑的双曲镶嵌之列. 距离函数, 从而曲率和局部几何都可以从覆盖平面中

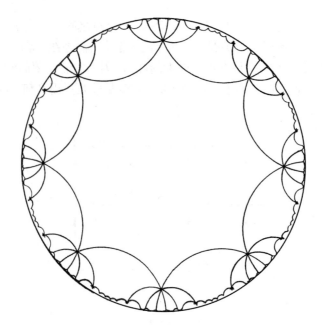

图 22.14　亏格为 2 的覆盖的镶嵌方式

迁移到曲面上, 如同我们上面对环面所做的那样.

习题

当亏格大于 1 的曲面以常负曲率曲面的形式实现时, 它们的亏格可以根据它们的面积读出.

22.6.1　试证明: 亏格为 p 的可定向曲面的基本多边形是 $4p$ 边形, 其内角和为 2π.

22.6.2　试推导出它的欧拉示性数正比于它的角亏, 因此正比于其面积.

22.6.3　试利用习题 22.3.1 得出面积确定亏格的结论.

22.7 ■ 基本群

另一种探究万有覆盖 $\tilde{S}$ 的含义的方法是利用它在曲面 S 上的道路. 当一个点 P 在 S 上运动时, P 的每一原像 $\tilde{P}$ 在 $\tilde{S}$ 上做类似的运动. 差别仅在于当 P 穿越 S 上的基本多边形的边时, $\tilde{P}$ 会穿过 $\tilde{S}$ 上的一个基本多边形到了另一个多边形. 于是, 即便是 P 回到了起点, $\tilde{P}$ 也不一定回到起点. 事实上, 我们可以看到 $\tilde{P}$ 的位移在某种意义上度量了 P 缠绕曲面 S 的程度. 图 22.15 形象地绘出了一个例子. 当 P 大约按照 $\vec{a}$ 的方向缠绕环面 S 一周时, $\tilde{P}$ 在 $\tilde{S}$ 上从线段 $\vec{a}$ 的一端漫游到另一端.

我们说, 在 S 上起点为 O 的两条闭道路 p, p' "以同样方式缠绕" 或说它们是同伦的, 是指 p 可以在 O 点固定且不离开曲面的情况下形变为 p'. 现设 P 的道路 p 形变为 p'

且 O 点固定, 那么 $\tilde{P}$ 的道路 $\tilde{p}$ 将形变到一个具有同样起点和终点 $\tilde{O}^{(1)}$ 和 $\tilde{O}^{(2)}$ 的曲线 $\tilde{p}'$. 因此, 每个同伦类就简单地对应于将 $\tilde{O}^{(1)}$ 移动到 $\tilde{O}^{(2)}$ 的万有覆盖 $\tilde{S}$ 的一个位移. 当然, P 的不同的原像 $\tilde{P}$ 始于 O 的不同原像 $\tilde{O}^{(1)}$, 但在 $\tilde{S}$ 上单个的位移将它们都移动到其最终位置 $\tilde{O}^{(2)}$. 此外, 该位移将 $\tilde{S}$ 的整个镶嵌移动到它自身上: 这是该镶嵌的刚性运动.

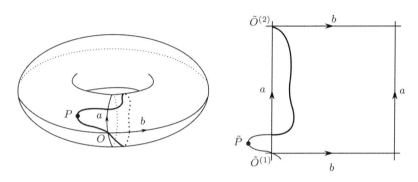

图 22.15 在覆盖曲面上的绘图

于是, 我们已经从同伦闭道路这一拓扑概念再一次回到了通常的几何领域. 我们还得到了称为 S 的基本群的群. 从几何角度看, 这个群是将镶嵌映上为自身的 (包括将每条边映为有相同标号 (字母) 的边)、$\tilde{S}$ 的运动群. 从拓扑角度看, 它是 S 上有公共起点 O 的闭道路的同伦类构成的群. 同伦类的乘积定义为其代表道路相继通过构成的道路.

庞加莱 (1895) 首次从拓扑上给出了基本群的定义. 庞加莱的定义适用于相当一般的图形, 这些图形的万有覆盖并不一目了然, 因此他并未把基本群一般地视为覆盖的运动群. 然而, 庞加莱此前已经研究过镶嵌的运动群 (1882). 他从拓扑观点重新考虑这些早先的结果 (1904), 从而得到了上述解释. 这篇文章对于后来德恩 (1912) 和尼尔森 (Nielsen, J.) (1927) 的工作有很大影响, 而且间接地影响到当代关注双曲几何的大潮的形成.

在庞加莱 (1895) 的文章中出现了基本群的更一般的概念, 它的影响还超出了拓扑的范围. 例如, 对于任一 "合理描述的" 图形 $\mathcal{F}$, 有可能计算出 $\mathcal{F}$ 的基本群的生成元和定义关系 (defining relation). 基本群的定义关系可能具有相当的任意性 (事实上, 是完全的任意性, 其证明可参见德恩 (1910), 以及塞弗特 (Seifert, H.) 和特雷法尔 (Threfall, W.) (1934), 180 页). 于是问题便产生了: 群的性质能否由它的定义关系来确定呢? 人们想知道, 例如, 何时两个不同的关系集定义同一个群. 后一个问题是蒂策 (Tietze, H.) (1908) 在追随庞加莱的工作所写的第一篇文章中提出的. 蒂策有个惊人的猜想 —— 尽管那时还不能精确地表达 —— 该问题是不可解的. 此后该问题被称为群的同构问题, 被奥迪安 (Adyan, S. I.) (1957) 证明在下述意义下确实不可解, 即不存在一种算法能对所有定义关系的有限集解答该问题. 奥迪安的结果基于算法理论, 我们将在第 24 章进行概述.

在综合了奥迪安的结果和蒂策 (1908) 以及前面提到的塞弗特和特雷法尔的工作后,

马尔可夫 (Markov, A.) (1958) 能够证明同胚问题的不可解性. 这是一个判定问题: 给定两个 "合理描述的" 图形 $\mathcal{F}_1$ 和 $\mathcal{F}_2$, 判定 $\mathcal{F}_1$ 是否同胚于 $\mathcal{F}_2$. (关于同构问题与同胚问题不可解性的完全证明, 可以在史迪威 (Stillwell, J) (1993) 的文中找到, 而该问题的历史见之于史迪威 (1982) 的文章.) 于是, 庞加莱关于基本群的构造导致了相当出人意料的结论: 拓扑学的这个基本问题是不可解的.

习题

以下习题有助于我们把基本群看成是上一节中图像化的万有覆盖平面的运动群. 该图表明: 任一等同于单位元的运动序列对应于图中由边组成的一条闭路径.

22.7.1 试解释: 为什么环面的基本群由满足定义关系

$$aba^{-1}b^{-1} = 1$$

的元素 a, b 所生成?

22.7.2 类似地, 试解释: 为什么亏格为 2 的曲面的基本群由满足定义关系

$$a_1 b_1 a_1^{-1} b_1^{-1} a_2 b_2 a_2^{-1} b_2^{-1} = 1$$

的元素 a_1, b_1, a_2, b_2 所生成.

22.7.3 试说明: 前一个群是交换群而后者不是.

22.8　庞加莱猜想

同伦概念和与之联系的基本群, 正是庞加莱对拓扑学的众多贡献之一. 他的另一贡献在于同调概念, 它从代数角度抓住了拓扑对象和它们的边界之间的关系. 我们可以从曲面上曲线的状态瞥见这种关系. 图 22.16 给出了三个例子.

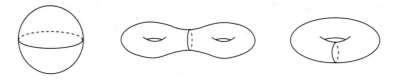

图 22.16　边界曲线和非边界曲线

图中左边是球面, 并画上了赤道线. 赤道给出了上半球面和下半球面之间的疆界 (即, 二者的边界), 每个半球面从拓扑上看都是一个圆盘. 图中右边是环面, 画在其上的那条曲线不是边界 —— 环面上没有哪一个部分以这条曲线为其边界, 我们在 16.4 节已注意到这一现象.

我们在图的中间部分看到的是亏格为 2 的曲面和一条成为曲面左半部分和右半部分边界的曲线. 不过, 这条曲线不像球面上的赤道, 它并不能成为拓扑圆盘的边界, 不能收缩到一个点. 所以, 图中间的例子表明: 成为边界的概念比起同伦于一个点的概念是粗略的. 但是, 这个概念对于区分现称为 $\mathbb{S}^2$ 的球面和其他闭曲面已足够精细: $\mathbb{S}^2$ 是唯一其上的每条简单闭曲线都是边界的闭曲面.

$\mathbb{S}^2$ 的三维类比是所谓的 3-球面, 记为 $\mathbb{S}^3$; 它可定义为 $\mathbb{R}^4$ 中离原点单位长距离的点的集合. $\mathbb{S}^3$ 也可以更拓扑化地定义为在 $\mathbb{R}^3$ 中添加无穷远点的结果, 正如在 15.2 节中我们在平面上添加无穷远点得到 $\mathbb{S}^2$ 一样. $\mathbb{S}^3$ 和 $\mathbb{R}^3$ 是三维流形 (或简称为 3-流形) 最简单的例子, 它们是这样的空间, 其中的每个点都有同胚于立体球内部的一个邻域. $\mathbb{R}^3$ 是 '开' 的 3-流形, 而 $\mathbb{S}^3$ 是 '闭' 的; 人们想知道: $\mathbb{S}^3$ 是否能像 $\mathbb{S}^2$ 跟其他闭曲面区分的同样方式, 跟其他闭 3-流形相区别.

1900 年, 庞加莱猜想: $\mathbb{S}^3$ 是唯一其上的所有闭曲线都成为边界的闭 3-流形. 这次他错了, 因为庞加莱 (1904) 自己发现了一个奇怪的反例. 现在知道它是一个同调球面, 因为它有如 $\mathbb{S}^3$ 一样的同调但并不跟 $\mathbb{S}^3$ 同胚. 在庞加莱的同调球面上每一条简单闭曲线都成为一块曲面的边界, 但并不总是一个拓扑原盘. 所以, 庞加莱修正了他 1900 年的猜想: 若闭联通的 3-流形 M 上的每一条简单闭曲线都成为一个圆盘的边界, 则 M 同胚于 $\mathbb{S}^3$. 这便是著名的庞加莱猜想 —— 20 世纪最著名的数学问题之一.

'每一条简单闭曲线都成为一个圆盘的边界" 这一条件被称为 M 的单连通性. 等价于这一性质的陈述是:

- M 中的每一条闭曲线收缩到一个点.
- M 的基本群等于 $\{1\}$.

同调球面的存在说明, 三维的情形比二维更复杂, 但它们到底有多复杂并非一目了然. 关于 3-流形的进一步结果来得像冰河运动般缓慢, 它们又常常展现新的复杂性. 德恩 (1910) 发现有无穷多的同调球面; 亚历山大 (1919) 找到了两个具有同样基本群 (但不是群 $\{1\}$) 的非同胚的 3-流形; 怀特黑德 (1935) 发现了一个开 3-流形, 它是可缩的但不同胚于 $\mathbb{R}^3$.

在 20 世纪 50 年代和 60 年代, 人们终于得到了一些好消息, 一系列明确的结果表明 3-流形在某些方面是 '良态' 的. 然而, 这些消息中不包括庞加莱猜想的证明. 取而代之, 有关该猜想的发展进入到高维情形, 即斯梅尔 (1961) 证明了关于 $\mathbb{S}^n$ $(n \geqslant 5)$ 的类似猜想. 这个类似猜想说, 任一闭连通流形同胚于一个球, 若其中所有的拓扑球都是可缩的. 不幸的是, 虽三维比二维困难, 但五维在某些方面却比三维容易 (拓扑学家说五维有 '更多让人回旋的余地"). 所以, 斯梅尔的证明无助于让经典的庞加莱猜想变得更明朗, 也无助于阐明关于 $\mathbb{S}^4$ 的类似猜想.

庞加莱猜想对 4-流形的类似结果, 最终被弗里德曼 (1982) 所证明. 弗里德曼的证明是种绝技, 它同时解决了几个长期存在的关于 4-流形的问题. 他的方法能完全奏效令他的许多同事感到惊讶, 似乎人们能毫无疑问地针对经典庞加莱猜想找到类似的方法.

确实, 在 20 世纪 70 年代晚期, 一种全新的解决庞加莱猜想的方法, 在威廉·瑟斯顿的手上已经成形. 像庞加莱和德恩一样, 瑟斯顿对流形的几何化感兴趣, 并以常曲率曲面实现所有闭曲面的拓扑形式作为例证. 他猜想, 所有 3-流形可能以类似的方法被实现, 尽管会更复杂. 顶替三种二维常曲率几何, 你有八种 '匀称' 的三维几何. 而顶替每个 3-流形 M 的单一几何 (结构), 你有一种把 M 分割成很多块的 '剖分', 每块携有八种几何中的一种. 瑟斯顿的几何化猜想说: 每个闭连通 3-流形都跟一个具有这种剖分的流形同胚. 庞加莱猜想便成为针对正曲率流形的几何化猜想的一个特例. 关于庞加莱猜想如何演进到这一巅峰的详情, 可参见米尔诺 (2003) 的阐述.

瑟斯顿的几何化猜想可以用来证明许多实例, 但是在 20 世纪 80 年代早期, 几何化似乎耗尽了其潜力. 但这并没有让某些拓扑学家完全失望, 他们仍然寄希望于用纯拓扑的方法来证明庞加莱猜想. 然而, 更多的几何出现了, 为数不少, 微分几何也在其中. 同时, 只考虑 '匀称' 的几何不够了; 你必须考虑具有任意光滑度几何的流形, 并使这种几何 '流' 向匀称状态.

'流向匀称状态' 的思想起始于哈密顿 (1982); 在 2003 年, 格里戈里·佩雷尔曼 (Grigory Perelman) 把它带上了成功之路, 证明了瑟斯顿的几何化猜想. 佩雷尔曼必须战胜大量的困难, 因其技巧精深无法在此描述; 不过, 哈密顿的思想及其难度可以借助低维流形 —— 曲线和曲面 —— 加以说明.

如图 22.17 所显示, 一维闭流形可以被平面上的光滑闭曲线所实现.

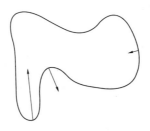

图 22.17　曲线的曲率流

假设该曲线足够光滑, 其上的每个点都有一曲率. 我们用有向直线段 (箭头) 表示该曲率, 箭头的长度正比于曲率 (值), 其方向指向曲率中心. 现假定我们让曲线 '流动', 使得每个点朝曲率箭头所指方向移动, 其速度正比于箭头长度. 对于该曲线而言, 一般的趋势是向一个点收缩, 其收缩过程中的形状会趋向一个极限. 这似乎极有道理, 且能够被证明: 曲线的形状趋于一个圆. 于是 (不必惊讶), 所有闭的 1-流形都可几何实现为一个圆.

现在考虑 $\mathbb{R}^3$ 中光滑闭曲面的类似变化过程. 这里有几个问题. 我们必须考虑使用哪种曲率概念, 因为高斯曲率并非唯一的选择. 而且, 即使选定了合适的曲率概念, 我们还是可能得不到所想要的结果. 有些曲面同胚于球面, 像图 22.18 中的那个, 但它们可能不向标准的、常曲率的球面的形状流动.

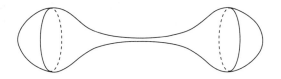

图 22.18　流动不令人满意的拓扑球面

这是因为细颈处的高曲率造成此处的收缩比低曲率的两端的收缩快, 导致在形状上其颈处变得永远比两端处更细. 摆脱这种处境的方法既极端又有效. 我们来实施外科手术: 切断颈部并光滑地密封切口, 如图 22.19 所示. 于是, 当我们让这两部分的曲率流连续地变动, 每一部分的形状都将趋于标准球面. 随着对曲率流动行为的精致分析, 借助外科手术, 使得证明 "二维庞加莱猜想" —— 所有单连通闭曲面同胚于 $\mathbb{S}^2$ —— 变得可能了. 当然, 我们从曲面的拓扑分类出发, 已经能更容易地证明它. 重要的是, 曲率流动的思想也适用于 3-流形, 其中的分类定理尚未得到.

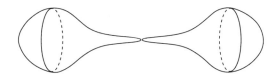

图 22.19　外科手术的结果

适合于 3-流形的流动称为里奇曲率流, 由哈密顿 (1982) 引入. 哈密顿能证明里奇曲率流在许多情形下起作用, 但在 3-流形的环境中会出现更复杂的坏的情况 (类似于细颈的形成), 这使他陷入困境. 他所遇到的困难被佩雷尔曼在 2003 年极漂亮地解决了. 佩雷尔曼 2002 年和 2003 年在国际互联网上公布了三篇文章, 给出的只是他的证明的概要; 但之后专家们发现: 这些文章包含了建造一个完全证明所必需的所有思想和概念. 读者不妨去参看摩根 (Morgan) 和田 (Tian) (2007) 的文章.

佩雷尔曼本人显然相信他会被证明是正确的, 所以没有再发表文章, 似乎已隐居起来. 2006 年, 他被授予数学界最受尊敬的奖项 —— 菲尔兹奖章, 但他拒绝领奖. 这些事实背后隐藏的完整故事有待被告知, 不过, 纳萨 (Nasar) 和格鲁伯 (Gruber) (2006) 在《纽约客》上的那篇迷人文章, 包含了至今我们所知的大部分情况.

习题

在下面的习题中, 我们探讨流形上那样一些曲线之间的关系, 它们或形成圆盘的边界 (即, 它们收缩到一个点, 因此在基本群中等于 1), 或形成更一般的曲面的边界. 我们用字母 $a, b, \cdots$ 表示有固定起点的闭曲线, 也用来表示与之相对应的基本群中的元素.

22.8.1 试利用习题 22.3.2 证明: 对基本群中任意的元素 a 和 b, 存在基本群中等于 $aba^{-1}b^{-1}$ 的元素 c, 它形成一个曲面 (环柄) 的边界. (提示: 将环柄变形, 使其边界 c 任意接近曲线 a 和 b.)

22.8.2 试由习题 22.8.1 推导以下结论: 形成曲面边界的、基本群的元素, 正是那些当基本群被 '阿贝尔化' (即允许生成元可交换) 后变为等于 1 的元素.

庞加莱同调球面的基本群由满足定义关系

$$(ab)^2 = a^3 = b^5$$

的元素 a 和 b 所生成. 这个群称作二元二十面体群.

22.8.3 试说明: 在二元二十面体群的关系中增加关系 $(ab)^2 = 1$ 便得到习题 19.5.5 中的二十面体 (或十二面体) 群.

22.8.4 试从 22.8.3 推导以下结论: 二元二十面体群至少有 60 个元素. (更难一些的是证明它事实上有 120 个元素.)

22.8.5 试从另一方面证明: 在二元二十面体群中增加关系 $ab = ba$ 便得到群 $\{1\}$.

22.9 人物小传: 庞加莱

亨利 · 庞加莱 (Henri Poincaré) (图 22.20) 1854 年生于 (法国) 南锡, 1912 年卒于巴黎. 他的父亲莱昂 (Léon) 是位医生, 担任南锡大学的医学教授; 亨利在安逸的学术环境下长大成人. 他和他的妹妹阿林 (Aline) 的教育最初由母亲负责, 而庞加莱后来发现他的数学才能来自他的外祖母. 他在 5 岁时得过一场白喉病, 损害了健康, 使他远离了比较激烈的儿童游戏. 作为补偿, 他组织了看手势猜字谜的游戏和短剧, 后来又成为一名热心的舞者. 庞加莱和他家庭的许多照片见之于 '百周年纪念册' (1955) —— 它成为庞加莱《全集》第 11 卷的第二部分.

由于不参与大多数的游戏, 庞加莱就有充裕的时间来读书和学习; 他 8 岁开始上学, 进步神速. 他的能力首先体现在法语作文方面; 到中学毕业时, 他已显露出让人敬畏的数学才能. 1873 年, 他在一次全国性的数学竞赛中赢得头奖, 并以入学考试第一名的成绩进入综合工科学校. 那时刚发生过普法战争 (1870—1871). 战争期间, 庞加莱的家乡洛林省遭受德国入侵者的进攻; 庞加莱则陪伴父亲乘救护车四处奔波, 结果他成了法国的热情爱国者. 然而, 他从来不认为德国数学家应该对他们同胞的残忍行为负责. 战时, 他为阅读新闻而学习了德文, 后来他很好地利用这方面的知识跟他的德国同行富克斯 (Fuchs, L) 和 F · 克莱因进行交流.

在综合工科学校, 庞加莱的学业仍然优秀, 尽管由于在作图和实验课上表现得笨手笨脚而失去了第一名的位置. (他作图课的成绩虽然平平, 但绝不是零分; 而人们经常讲的故事给人的印象是吃 '零蛋'. 庞加莱的课业成绩可参见 '百周年纪念册' (1955).) 奇怪的是, 他在这一阶段的计划是成为一名工程师 —— 从 1875 年到 1879 年, 他到矿业学校学习, 同时却在撰写数学方面的博士论文. 在 1879 年成为卡昂大学的数学教师之前, 他当过短

图 22.20　亨利·庞加莱

期的采矿工程师. 正是在卡昂大学, 庞加莱得到了他第一个重要发现: 在研究复函数理论时给出了非欧几何的一个直观模型. 他曾思考过线性分式变换的周期性, 那是他在拉扎勒斯·富克斯 (Lazarus Fuchs) 的著作中偶然读到具有这种性质的函数后开始的. 这种函数来自微分方程, 庞加莱曾努力从分析学的角度去理解它们, 但被不期而遇的几何灵感迷住了:

> 这事恰好发生在我离开卡昂 —— 我当时住在那儿 —— 去进行矿业学校资助的地质旅行途中. 旅行的环境使我忘记了我的数学工作. 到达库唐斯后, 我们上了一辆公共马车去一个什么地方. 正当我踏上登车的阶梯那一刻, 毫无任何思想准备和先兆, 一个想法出现在我的脑中: 我一直用来定义富克斯函数的变换跟非欧几何的变换是一样的.

庞加莱 (1918); 译文来自霍尔斯特德 (Halsted), 1929, 387 页

这一基础性的几何发现 (以及随后很快发现的拓扑学), 使富克斯函数的面貌焕然一新; 这颇有点像黎曼发现椭圆函数应该定义在环面上那样, 使它们得到清晰的阐释. 接下来的几年, 庞加莱狂热地工作以发展这些思想, 并和 F·克莱因展开了友好的竞争. 对于他的写作风格 —— 不守规矩, 缺少严格性, 尽管十分易读 —— 有人持保留态度, 但对他的卓越才华无人置疑. 1881 年, 他被任命担任巴黎大学的教职, 并一直在那里工作到他生命的终

点, 期间赢得了未曾有过的崇高荣誉. 1881 年, 他和路易丝·普兰 (Louise Poulain) 成婚; 他们有一个儿子和三个女儿.

正如我们在 22.6 节和 22.7 节中看到的, 庞加莱对富克斯函数的研究把他引向了拓扑学. 他的另一项伟大发明 —— 微分方程的定性理论, 也是由此引出的. 庞加莱在他的《天体力学的新方法》(*Les méthodes nouvelles de la mécanique céleste*) (1892, 1893, 1899) 中就使用这种定性理论, 研究诸如力学系统的长期稳定性问题, 这可能是自牛顿以来在天体力学方面取得的最伟大的进步. 庞加莱的拓扑思想, 不仅仅是给复分析和力学输入了新的生命; 它们合在一起还开创了一个重大的新领域: 代数拓扑学. 在 1892 年至 1904 年间的论文中, 庞加莱建立了一座由概念和技巧组成的武器库, 它们可以让拓扑学家继续工作 30 年. 直到 1933 年胡雷维奇 (Hurewicz, W.) 发现了基本群在高维情形下的类似物, 才在庞加莱的武器库中添加了重要的新武器.

庞加莱也许是最后一位掌握所有数学分支的数学家. 像欧拉一样, 他滔滔不绝地在数学的一切领域中撰写文章; 事实上, 在科普作品方面他还超过了欧拉. 他写了许多本有关科学及其哲学的著作, 它们在 20 世纪早期是畅销书. 要不是他五十几岁突遭疾病侵袭, 他会像欧拉一样多产. 1911 年, 他迈出了不寻常的一步, 发表了一篇未完成的、关于三体问题周期解的文章, 因为他相信自己活不到能完成证明的那一天了. 这条 '庞加莱的最后定理' 真的在他 1912 年去世时尚未得以证明; 不过就在 1913 年, 美国数学家 G·D·伯克霍夫 (Birkhoff) 完成了这个定理的证明.

第 23 章

单群

导读

我们在第 19 章已经看到, 当伽罗瓦在解释为什么有些方程可解而另一些却不可解时, 群的概念便应运而生. 方程的可解性对应着一种群, 它可分解为商群而得以 '简化'; 所以想要知道哪些方程不可解, 取决于能否知道哪些群不能被 '简化'. 那些不能通过分解而得以简化的群就是所谓的单群.

跟多项式方程相联系的群都是有限群. 所以, 人们很有兴趣将有限单群分类. 伽罗瓦发现了一个有无限多个这类群 —— 交错群 A_n, 其中 $n \geqslant 5$ —— 的家族, 以及其他三个令人兴奋的单群的例子, 我们现在称之为有限射影直线的对称群.

然而, 要在 19 世纪预见有限单群的分类实在太困难了. 结果发现, 比较容易 (尽管仍然非常困难) 的是对连续单群进行分类. 这是由李 (Lie)、基灵 (Killing) 和嘉当 (Gartan) 在 19 世纪 80 年代和 90 年代完成的. 每一个连续单群是带有超复坐标的 $\mathbb{R}, \mathbb{C}, \mathbb{H}$ 或 $\mathbb{O}$ 中的任一空间中的对称群.

在分类工作的进程中, 人们注意到单个的连续单群可以通过用有限域代替超复数系来生成无限多个有限单群, 这些 '李型单群' 在 20 世纪 60 年成功问世. 它们连同交错群以及素数阶的循环群, 已经给出了除有限多个有限单群外的全部单群.

当然, 识别所有例外的情形 —— 26 个散在单群, 乃是所有问题中最难的问题.

23.1 有限单群和有限域

在 19.8 节, 我们引入了一些有限单群的例子, 如伽罗瓦发现的 A_5, PSL(2, 5), PSL(2, 7) 和 PSL(2, 11) 等. 那里的简短介绍也许会给人一种印象, 好像伽罗瓦和若尔当已合力抓住了单群、有限域和有限几何之间的联系. 但这几乎是不可能的. 这些概念还要经过 100 多年才逐渐表露清晰, 甚至有限域上的射影几何这个概念, 直到 1906 年才为众人所了解. 在本节, 我们将填充整个故事中的概念部分, 直到有限几何被发现, 为的是更好地说明它们的广度和深度. 它们聚集于线性群这个概念, 而这个概念成熟于迪克森 (Dickson) (1901a) 的著作《线性群, 对伽罗瓦域论的解释》(*Linear Groups, with an Exposition of the Galois Field Theory*).

今天, 我们很容易将线性群定义为其元素在某个域上的矩阵所组成的群 (简称矩阵群). 矩阵是凯莱 (Cayley) (1855) 引入的, 但是直到 20 世纪它才被用来作为群的元素; 究其原因, 也许是因为群最初都是指置换群, 在很长一段时间内, 这被认为是表达群的最合适的方式. 在以迪克森 (1901a) 为代表的过渡阶段, 人们已允许由线性方程所定义的线性变换作为群的元素.

如我们已经看到, 有限域的概念可追溯到伽罗瓦; 确实, 19.8 节曾提到伽罗瓦发现的东西还不只是有限域 $\mathbb{F}_p$, 而且若尔当 (1870) 用有限域定义了线性群. 随着有限域 $\mathbb{F}_p$ 的登场 —— 其元素是 $0, 1, 2, \cdots, p-1$, 其运算是模 p 的加法和乘法, 域 $\mathbb{F}_{p^n}$ 也亮相了 —— 对每个自然数 n, $\mathbb{F}_{p^n}$ 的元素是系数在 $\mathbb{F}_p$ 中的 $n-1$ 次多项式. 例如, 域 $\mathbb{F}_4$ 的元素是 $0, 1, x, 1+x$, 其运算显然是模 2 的加法和乘法, 加法规则是 $x^2 + x + 1 = 0$.

由此可知, 存在有 4 个, 8 个和 9 个元素的域, 因为 $4 = 2^2$, $8 = 2^3$ 和 $9 = 3^2$. 在这些域上的射影直线的变换, 给出了一个未受若尔当注意的新的单群, 以及两个老的单群:

- PSL$(2,4)$ = PGL$(2,4)$ 有 $5 \cdot 4 \cdot 3 = 60$ 个元素, 它恰好同构于 A_5.
- PSL$(2,9)$ 有 $10 \cdot 9 \cdot 8 / 2 = 360$ 个元素, 它恰好同构于 A_6.
- PSL$(2,8)$ = PGL$(2,8)$ 有 $9 \cdot 8 \cdot 7 = 504$ 个元素, 这是科尔 (Cole) (1893) 发现的一个新的单群.

科尔在具有非素数个元素的域上构造单群的做法, 鼓舞了莫尔 (Moore) (1893) 的研究, 后者证明每个有限域都同构于一个伽罗瓦域 $\mathbb{F}_{p^n}$, 而且只要 $p > 3$, $n > 1$, 那么所有的群 PSL$(2, p^n)$ 全是单群. 实际上, 当 $p^n > 3$ 时所有的群 PSL$(2, p^n)$ 都是单的; 确实, 除了 $(m, q) = (2, 2)$ 和 $(2, 3)$ 外, 对所有的 $m, q \geqslant 2$, PSL(m, q) 是单的. 这是迪克森 (1901a) 证明的, 方法是将 PSL(m, q) 定义为某个由 m 个变量的线性变换构成的线性群. 今天, 我们将 PSL(m, q) 定义为 $m \times m$ 的、行列式为 1 的矩阵构成的群, 矩阵中的元素取自 $\mathbb{F}_q$, 而且对单位矩阵及其负矩阵组成的子群做出商群.

在此历史的特定时刻, 理解线性变换似乎比理解它们变换的空间更容易. 不过, 几何在 1905 年追上来了; 那年, 维布伦 (Veblen) 定义了域 $\mathbb{F}_q$ 上的 m 维射影空间 (参见维布伦和伯西 (Bussey) (1906)), 而且, 射影几何不是唯一的一类可以通过用有限域替代基本数直线而被 '有限化' 的几何. 对于像 $\mathbb{R}^n$ 中的旋转群那样的群, 我们也能找到相似的东西, 它们是典型的单群. 看来, 进一步研究有限单群依赖于我们更好地去理解诸如旋转群那样的连续群. 我们将在 23.3 节继续秉持这一观点. 结果发现其成效令人吃惊, 不过它还未能阐明全部有限单群.

甚至在连续群产出许许多多有限群之前, 即在 19 世纪 60 年代, 有五个神秘的有限单群从天而降; 鉴于其发现者是埃米尔·马蒂厄 (Émile Mathieu), 现在人们称其为马蒂厄群. 它们不是作为连续群的有限域类比出现的, 揭示并认清其独特性质经历了百年之久.

习题

我们研究 $\mathbb{F}_4$ 时, 要命名其元素为 $0, 1, x, x+1$, 并要知道它们的加法表和乘法表. 这使我们能够确定基本的线性分式函数 $y \mapsto y+1$ 和 $y \mapsto ky$ $(k \neq 0)$, 以及在射影直线 $\mathbb{F}_4 \cup \{\infty\}$ 上确定 $y \mapsto 1/y$.

23.1.1 试检验 $\mathbb{F}_4$ 的元素满足以下加法表和乘法表 (略去乘以 0 这种显然的情况):

+	0	1	x	$x+1$
0	0	1	x	$x+1$
1	1	0	$x+1$	x
x	x	$x+1$	0	1
$x+1$	$x+1$	x	1	0

×	1	x	$x+1$
1	1	x	$x+1$
x	x	$x+1$	1
$x+1$	$x+1$	1	x

23.1.2 试借助于这些表格或其他办法证明: 函数 $y \mapsto y+1$, $y \mapsto ky$ $(k \neq 0)$, 以及 $\mathbb{F}_4 \cup \{\infty\}$ 上的 $y \mapsto 1/y$ 都是偶置换.

23.1.3 试从 23.1.2 推导出 $\mathrm{PGL}(2,4) = \mathrm{PSL}(2,4)$ 有 $5 \cdot 4 \cdot 3 = 60$ 个元素. 为什么这个结论蕴含了它同构于 A_5?

下列习题可能有助于我们再次看到 19.8 节中所提到的 $\mathrm{PGL}(2,7)$ 和 $\mathrm{PGL}(2,11)$ 的几何意义.

23.1.4 试找出 $\mathrm{PGL}(2,7)$ 和 $\mathrm{PGL}(2,11)$ 中的奇置换.

23.1.5 试推导出 $\mathrm{PGL}(2,7)$ 中的偶置换构成的子群有 168 个元素, 而 $\mathrm{PGL}(2,11)$ 中的偶置换构成的子群有 660 个元素.

23.1.6 试证明: 不存在阶为 336 和 1320 的对称群.

23.2 马蒂厄群

回顾 19 世纪中叶, 那时所有的群都被视为置换群, 热点问题是一个群 G 怎样才是 '可迁的' (亦称 '可传递的'). 当 G 的元素对集合 S 中的成员进行置换时, 若 S 中的任一成员可以通过 G 中的置换被送到 S, 则称 G 为 1-可迁的; 而 2-可迁的则指 S 中的任一对有序成员, 可以被 G 中的置换送到另一对任意有序的成员处. 依此类推.

对称群 S_n, 其成员皆是 $\{1, 2, \cdots, n\}$ 上的置换, 它对每个 $k \leqslant 1$ 都是可迁的. 这一点很清楚, 因为对任一小于等于 n 的数组成的 k 数组 $(a_1, a_2, \cdots, a_k)$, 皆可以被送到任一其他的 k 数组 $(b_1, b_2, \cdots, b_k)$, 只要选取一个 $\{1, 2, \cdots, n\}$ 上的置换 σ, 使得

$$\sigma(a_1) = b_1, \sigma(a_2) = b_2, \cdots, \sigma(a_k) = b_k.$$

交错群 A_n 也是 k-可迁的, 只要 k 是小于等于 n 的奇数; 这一点容易证明 (参见习题).

但是, 除了这些明显的例子, 高阶可迁群是很难找到的. 这一研究方向上最好的结果是马蒂厄 (1861, 1873) 发现的, 他找到了四个置换群, 是 4-可迁或 5-可迁的, 以及一个相关的 3-可迁群. 值得注意的是, 这些马蒂厄群也是单群, 所以才在本章获得了一席之地. 它们是首批发现的独立于无限交错群和射影群家族之外的单群.

这五个马蒂厄群记作 $M_{11}, M_{12}, M_{22}, M_{23}$ 和 M_{24} —— 字母下标表示被置换的对象数目. 每个群的可迁数及阶 (即其元素的个数) 列于下表.

群	可迁数	阶
M_{11}	4	$11 \cdot 10 \cdot 9 \cdot 8$
M_{12}	5	$12 \cdot 11 \cdot 10 \cdot 9 \cdot 8$
M_{22}	3	$22 \cdot 21 \cdot 20 \cdot 16 \cdot 3$
M_{23}	4	$23 \cdot 22 \cdot 21 \cdot 20 \cdot 16 \cdot 3$
M_{24}	5	$24 \cdot 23 \cdot 22 \cdot 21 \cdot 20 \cdot 16 \cdot 3$

现在我们知道, 马蒂厄群 M_{11}, M_{12}, M_{23} 和 M_{24} 是仅有的、与 S_n 和 A_n 不同的、4-可迁和 5-可迁的有限群. 这一点是在 20 世纪 80 年代找到全部有限单群之后才变得确定无疑. 然而, 这些极端对象的存在, 暗示在其他数学领域存在着极端对象, 其中一些是被独立观察到的. 也许, 最令人赞叹的是神秘的 M_{23} 和 M_{24} 的转化物, 即人们所知的戈莱 (Golay) 码.

编码理论在 20 世纪 40 年代的发展, 是为了解决有 '噪声干扰时的通信' 问题. 大多数通信遭受着因噪声产生的错误所带来的损害. 于是问题产生了: 为了使错误得以被发现和纠正, 什么样的信息编码方法最好?

典型地, 一个信息会被打乱成 '字符串', 它们是一些具有某固定长度 k 的 0 与 1 组成的序列 (二进制序列). 被选定的字符串构成所谓的码. 困难之点在于, 并非所有长度为 k 的序列都属于这个码, 这使得一些 (不是太多) 错误的数字会产生一个不属于该码的 k-数字序列, 表明错误已经发生. 而且, 如果一个码中任何两个字符串有比如 d 个或更多个数字的差异, 那么, 我们可以纠正一个错误小于 $d/2$ 的 k-数字序列 σ, 办法是用该码中 (独特) 的序列 τ —— 它跟 σ 的差小于 $d/2$ 个数字 —— 来替代它.

显然, 如果将每个字符发送两次或三次就能够发现并纠正错误, 但这会大大增加信息的长度. 编码理论的目标是使信息长度的增加最小而获得最大量的纠错, 即对于给定的 d 和给定的字符数, 你想要让 k 尽可能地小. 例如, 对于 $d = 3$, 已经知道 $k = 7$ 是你可以用来得到 16 个字符串的最小长度, 下面的码就做到了这一点:

0000000   0100101   1000110   1100011

0001111   0101010   1001001   1101100

$$0010011 \quad 0110110 \quad 1010101 \quad 1110000$$

$$0011101 \quad 0111001 \quad 1011010 \quad 1111111$$

该码属于汉明 (Hamming) (1950), 现以汉明 $(7, 4)$ 码著称. 更值得关注的是令人惊奇的戈莱 (1949) 的 $(23, 12)$ 码. 戈莱码包含 $2^{12} = 4096$ 个长度为 23 的二进制序列, 其中任意两个序列至少有 7 个数字不同 (所以有 3 个错误数字得以纠正).

如果我们视 0 和 1 为域 $\mathbb{F}_2$ 中的元素, 那么戈莱码就是 23 维空间 $\mathbb{F}_2^{23}$ 中的 4096 个点的高度对称的集合. 该码的对称性由空间 $\mathbb{F}_2^{23}$ 上的线性变换群得以实现, 而且这个对称群正是 M_{23}. 群 M_{24} 就出现在附近, 是 $\mathbb{F}_2^{24}$ 的一个相关子集的对称群, 即所谓的扩展的戈莱码; 它包含 4096 个长度为 24 的二进制序列, 其中任两个之间至少有 7 个数字不同. 这些发现归功于佩奇 (Paige) (1957), 以及阿斯穆斯 (Assmus) 和马特森 (Mattson) (1966).

这一跟编码理论的联系, 使得人们重新唤起了对马蒂厄群的兴趣. 我们将会看到, 在 20 世纪 60 年代, 新的有限单群的发现达到了高潮. 不过, 我们首先有必要对 '老' 单群以及它们跟所谓的 '连续' 群的联系有更好的理解.

习题

可迁性是射影几何很重要的特征; 如图 23.1 所提示的: 平面上的任意三个点可投射到一条射影直线上的任意三个点, 由此可知, $\mathbb{RP}^1$ 的线性分式变换是 3-可迁的.

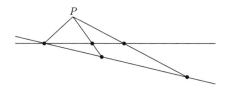

图 23.1　三个点到三个点的投射

23.2.1 试用代数方法证明上述结果, 并解释为什么此证明对有限射影群 $PGL(2, q)$ 是有效的.

23.2.2 试根据习题 23.2.1 推断出 $PGL(2, q)$ 中的偶置换构成的子群 $PSL(2, q)$ 是 3-可迁的.

前两个马蒂厄群被称为强可迁的, 因为它们具有下列性质.

23.2.3 试证明: 对置换 11 个对象的 4-可迁群而言, M_{11} 的大小可能是所允许的最小的了, 而 M_{12} 是置换 12 个对象的具有最小可能大小的 5-可迁群.

汉明 $(7, 4)$ 码及戈莱 $(23, 12)$ 码是著名的完满码, 基于以下理由. 汉明码的 "一位纠错" 性, 意指每个不在该码中的、7 维空间 $\mathbb{F}_2^7$ 的元素, 跟一种独特的码的成员相差一个或多个数字. 使汉明码完满的原因是, 不在该码中的 $\mathbb{F}_2^7$ 的每个元素, 实际上跟一个独特的码的成员恰好相差一个数字. 换言之, 如果我们定义一个码的成员 τ 的 1-邻域由 $\mathbb{F}_2^7$ 中那些与 τ 最多只有一个数字不同的 σ 所构成, 那么码的那些成员的 16 个 1-邻域无交叠地填满 $\mathbb{F}_2^7$.

23.2.4 试证明: 汉明码的任一成员的 1-邻域有八个元素, 并由此导出汉明码是完满码.

我们可以类似地定义戈莱 (23, 12) 码的成员 τ 的 3-邻域, 它由 $\mathbb{F}_2^{23}$ 中跟 τ 最多有 3 个数字不同的 σ 所构成.

23.2.5 试证明: 戈莱 (23, 12) 码的任一成员的 3-邻域有 2^{11} 个元素, 并推导出戈莱 (23, 12) 码是完满的.

23.3 连续群

连续群理论是挪威数学家索弗斯 · 李 (Sophus Lie) 在 19 世纪 70 年代创立的. 起初, 他的目标是发展一种针对微分方程的, 像伽罗瓦的多项式方程理论那样的理论. 他看到, 每一个微分方程有一个类似于伽罗瓦群的群, 但该群是 '连续' 而非有限的, 而且 '单' 群也是前进路上的障碍. 于是, 他很快将注意力转向连续群的分类, 并且 (特别地) 去识别其中的单群.

'连续群' —— 即我们现称的 "李群", 其定义有些难以捉摸, 这种群的 "单" 性的定义也有点微妙. 这里, 我们只满足于给出几个例子, 并证明其中一个的单性. 如果想知道更详细的内容 (当然仍是初等的), 请参见史迪威 (Stillwell) (2008).

最容易理解的连续群的例子是数直线 $\mathbb{R}$ 在加法运算下所成的群. 该群在如下意义上是 '连续的': 群的运算 $x, y \mapsto x + y$, 群的逆运算 $x \mapsto -x$ 是连续函数. 相关的例子是复平面上的单位圆

$$\mathbb{S}^1 = \{z : |z| = 1\},$$

它在显然是连续的复数乘法运算下构成群. $\mathbb{S}^1$ 也称为 SO(2), 是特殊正交或旋转群家族里的第一位成员. 我们可以将 SO(2) 的成员 z 解释为平面的旋转, 因为对某个 θ 有

$$z = \cos\theta + i\sin\theta,$$

故用 z 乘复数时, 就将平面 $\mathbb{C}$ 围绕 O 旋转 θ 角. 所以, SO(2) 中的群运算也可视为角的加法, 这是认定 SO(2) 是连续的另一种方法.

$\mathbb{R}$ 和 SO(2) 两者都是阿贝尔群, 所以并未引起人们太大的兴趣.

第一个有趣和重要的连续群是 SO(3), 即三维空间 $\mathbb{R}^3$ 的旋转群. 如果我们取 $\mathbb{R}^3$ 的一个旋转 r, 它是围绕过 O 的轴 $\mathcal{A}$ 进行的, 并绕 $\mathcal{A}$ 旋转 θ 角; 那么, 空间的这种旋转会构成一个群并不明显. 给定一个绕轴 $\mathcal{A}$ 转角度 θ 的旋转 r, 以及一个绕轴 $\mathcal{B}$ 转角度 φ 的旋转 s, 我们是否能肯定组合 sr 可以有定义明确的轴 $\mathcal{C}$ 和角度 χ? 显然, 欧拉 (1776) 首先给出了 (肯定的) 回答. 我们今天能非常容易找到这个答案, 窍门就是视每个旋转为两个反射的乘积, 如图 23.2 所示.

图中左边的图形表示平面上的一对直线 $\mathcal{L}$ 和 $\mathcal{M}$, 它们相交于 O, 夹角为 $\theta/2$. 如果一个点 X 对 $\mathcal{L}$ 作 (到 X' 的) 反射, 接着对 $\mathcal{M}$ 作 (到 X'' 的) 反射, 则 X' 与 X'' 之间的夹

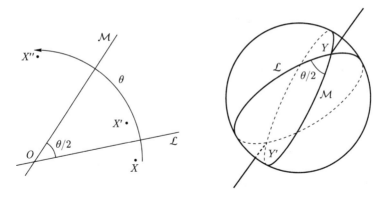

图 23.2   经由一对反射呈现的旋转

角很清楚是 θ. 更一般地, 围绕任一点 Y 转动 θ 角所成的旋转都能对过 Y 的任意两条交角为 $\theta/2$ 的直线连续作反射 (应在适当的意义下进行度量) 来实现. 同样的事情对球面关于任一轴的旋转也成立, 因此对空间 $\mathbb{R}^3$ 亦然. 图 23.2 中右边的图形表明, 对于轴 YY' 旋转 θ 角这件事 (右边的图形), 只要对任何两个过 Y 和 Y', 交角为 $\theta/2$ 的大圆作反射就足够了. 等价地, 你可以让球面对任意两个有如下性质的平面作反射即可: 它们沿直线 YY' 相交, 交角为 $\theta/2$.

现在假设, 我们想找到对球面实施两次旋转的结果: 先实施围绕过 P 的轴、转动 θ 角的旋转 r, 然后再实施围绕过 Q 的轴、转动 φ 角的旋转 s. 利用有选取反射大圆的自由, 我们通过关于大圆 $\mathcal{L}$ 和 $\mathcal{M}$ (其交角为 $\theta/2$) 的一对反射来实现 r, 其中 $\mathcal{M}$ 经过 P 和 Q (参见图 23.3).

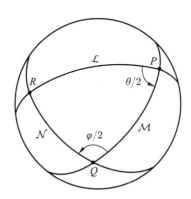

图 23.3   寻找旋转之乘积

然后, 我们通过对经过 Q 的 $\mathcal{M}$ 和 $\mathcal{N}$ (其交角为 $\varphi/2$) 的一对反射实现 s. 由于对 $\mathcal{M}$ 相继进行的反射相互抵消, 于是有

$sr =$ 对 $\mathcal{L}$ 的反射, 接着对 $\mathcal{M}$ 的反射, 然后再对 $\mathcal{M}$ 的反射, 最后对 $\mathcal{N}$ 的反射

$\quad =$ 对 $\mathcal{L}$ 的反射, 然后对 $\mathcal{N}$ 的反射

$\quad =$ 围绕轴 RR' 转动 χ 角的旋转,

其中 R 是由大圆 $\mathcal{L}, \mathcal{M}$ 和 $\mathcal{N}$ 做成的球面三角形的第三个顶点, $\chi/2$ 则是它的第三个角.

因此, 旋转的乘积仍是一个旋转. 和以往一样, 这个 '乘积' 运算满足结合律, 因为它是函数的乘积. 同样清楚的是, 旋转的逆仍是一个旋转 (同样的轴, 角度则是负的). 所以在这种乘积运算下的旋转构成群. 最后, 直觉告诉我们, 乘积运算和逆运算连续地依赖于该轴的位置和旋转的角度. 所以, 群 SO(3) 是连续的. 我们将在下一节看到, 在证明 SO(3) 是单群时, 连续性起着决定性的作用.

习题

另一个跟 SO(3) 紧密相关的重要李群, 是由单位四元数

$$Q = a + b\mathbf{i} + c\mathbf{j} + d\mathbf{k}, \text{ 其中 } a^2 + b^2 + c^2 + d^2 = 1$$

在四元数乘法运算下构成的群.

23.3.1 试利用 20.5 节的习题中提到的关于四元数的范数和逆的性质, 证明单位四元数构成一个连续群.

作为几何对象, 单位四元数群是 3-球面 (三维球面) $\mathbb{S}^3$, 因为它是由 $\mathbb{R}^4$ 中距中心单位距离的点组成的. 作为一个群, 它称为 SU(2), 这里的 SU 代表 '特殊酉群', 而此中的数字 2 表示每个四元数可视为一个 2×2 的复矩阵, 正如我们在 20.5 节中所见. 在那里, 我们看到在四元数和球面旋转之间的联系, 而在这里, 我们给出一种由凯莱 (1845a) 发现的更直接的联系.

一个单位四元数 q 可以产生纯虚四元数 $p = b\mathbf{i} + c\mathbf{j} + d\mathbf{k}$ 组成的三维空间 $\mathbb{R}\mathbf{i} + \mathbb{R}\mathbf{j} + \mathbb{R}\mathbf{k}$ 的一个旋转. q 的作用是将每个这样的 p 送至 $q^{-1}pq$. 这一事实可有下面的习得以论证.

23.3.2 试证明: 对某个角度为 θ 和某个单位长的纯虚四元数 u, 每个单位四元数可唯一地写成 $q = \cos\theta + u\sin\theta$ 的形式.

23.3.3 试用习题 23.3.2 的记号证明: $q^{-1} = \cos\theta - u\sin\theta$. 并推导出: 对任一实数 a 有 $q^{-1}aq = a$, 并且 $q^{-1}uq = u$.

23.3.4 试利用 20.5 节习题中所述的范数乘法的性质 $|q_1 q_2| = |q_1||q_2|$, 以及 $|r - s|$ 是任意两个四元数 r 和 s 间的距离这一事实, 证明: 用任一单位四元数 q 所作的乘法保持距离不变.

由此可知: $p \mapsto q^{-1}pq$ 将三维空间 $\mathbb{R}\mathbf{i} + \mathbb{R}\mathbf{j} + \mathbb{R}\mathbf{k}$ 映到它自身并确定 u 的实倍数直线不变. 实际上, 这个映射是 $\mathbb{R}\mathbf{i} + \mathbb{R}\mathbf{j} + \mathbb{R}\mathbf{k}$ 以 u 为轴的旋转. 我们可以通过观察该映射 $p \mapsto q^{-1}pq$ 对 $\mathbb{R}\mathbf{i} + \mathbb{R}\mathbf{j} + \mathbb{R}\mathbf{k}$ 中的一对相互垂直并都垂直于 u 的单位向量 v 和 w 所起的作用, 来证明这一事实, 同时找出旋转的角度.

23.3.5 试利用习题 20.5.4 的结论来解释: 为什么我们能够假设 $uv = w, vw = u, wu = v, uv = -vu,$ $vw = -wv,$ 以及 $wu = -uw.$

23.3.6 试证实 $q^{-1}vq = v\cos 2\theta - w\sin 2\theta$ 和 $q^{-1}wq = v\sin 2\theta + w\cos 2\theta$, 并推导出: $p \mapsto q^{-1}pq$ 是转动角为 2θ 的旋转.

因而, 以 u 为轴、转动角为 φ 的旋转可以通过映射 $p \mapsto q^{-1}pq$ (其中 $q = \cos\frac{\varphi}{2} + u\sin\frac{\varphi}{2}$) 来实现. 同样, 如果再进行一次旋转, 它以 u' 为轴, 转动角为 φ', 我们通过映射 $p \mapsto q'^{-1}pq'$ ($q' = \cos\frac{\varphi'}{2} + u'\sin\frac{\varphi'}{2}$) 来实现. 其结果是映射 $p \mapsto (qq')^{-1}p(qq')$, 所以旋转的乘积对应于四元数的乘积.

看来, SU(2) 似乎和 SO(3) 完全一样, 其实不然. 两个单位四元数对应着各自空间的旋转. 如果 q 产生某个旋转, 则 $-q$ 亦然, 因为 $(-q)^{-1}p(-q) = q^{-1}pq$. 于是, SO(3) 中每个元素实际对应着单位四元数组成的 3-球面上的一对对径点 $\pm q$. 听来耳熟吗? 回忆 8.5 节所述, 射影平面 $\mathbb{RP}^2$ 上的 "点" 是普通球面上的对径点对; 那么很清楚, 该 3-球面上的一对对径点 $\pm q$ 应是射影空间 $\mathbb{RP}^3$ 中的 "点". 那么, SO(3) 作为几何对象不是别的, 正是 $\mathbb{RP}^3$.

23.4 SO(3) 的单性

为了证明 SO(3) 是单群, 我们考虑正规子群 $H \neq \{1\}$, 目的是证明 $H = $ SO(3). 由于 H 是正规的, 故 $gH = Hg$, 因此对 SO(3) 中的每个 g, $gHg^{-1} = H$. 换言之, 对 SO(3) 中的每个 g 和 H 中的每个 h, ghg^{-1} 都在 H 中, 这让我们可以从一个非平凡元素 h 作出很多 H 的元素, 而实际上我们可以构造出 SO(3) 的所有元素. 我们的构作始于一个以 $\mathcal{A}$ 为轴, 转动非零角度 θ 的特殊的 h, 共分为三个步骤:

第一步. H 包含一个围绕任意轴 $\mathcal{B}$ 旋转角度 θ 的旋转.

看看理由, 令 g 是将轴 $\mathcal{A}$ 移动到轴 $\mathcal{B}$ 的旋转. 那么, ghg^{-1} 是一个以 $\mathcal{B}$ 为轴、旋转角度为 θ 的旋转, 因为:
- g^{-1} 将轴 $\mathcal{B}$ 移动至轴 $\mathcal{A}$ 的位置.
- h 将 $\mathbb{R}^3$ 绕轴 $\mathcal{A}$ 旋转角度 θ.
- g 将位于 $\mathcal{A}$ 的轴移动回初始位置 $\mathcal{B}$.

第二步. H 包含了所有转动角位于某 α 与某 $\beta (\alpha < \beta)$ 之间的区间内的旋转.

我们从前一节知道, 当以 PP' 为轴、转动角为 θ 的旋转 r 跟以 QQ' 为轴、转动角为 θ 的旋转 s 相乘, 其积相当于以 RR' 为轴、转动角为 χ 的旋转, 图 23.4 展示了 R 和 $\chi/2$.

现在假定 P 是固定的, 允许 Q 连续地沿着一个过 P 的固定大圆移动. 当它接近 P 时, R 也接近 P; 因此, 三角形 PQR 几乎是欧几里得式的, 它的三个角之和接近于 π. 由此得出: $\chi/2$ 接近于 $\pi - \theta$. 当 P 移动更远时, 球面三角形 PQR 将变得更大, 因此根据 17.6 节知, 它的各角的和也变得更大, 于是 $\chi/2$ 也将变得更大. 因为 $\chi/2$ 是依 Q 的位置连续变动的, 它必定会取到在某个 α 与 β $(\alpha < \beta)$ 所限定的区间内的所有的值.

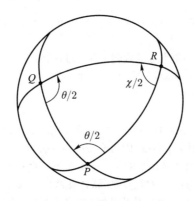

图 23.4　乘积旋转的角

第三步. H 包含转动任意角度的旋转.

因为 $\alpha < \beta$, 在 α 与 β 之间的区间包含形如 $[2m\pi/n, 2(m+1)\pi/n]$ 的子区间, 其中 m, n 是某些整数. 于是, 从第二步和第一步可得出 H 包含所有如下的旋转: 它们围绕某个固定轴 $\mathcal{B}$ 转动, 转动的角度在 $2m\pi/n$ 和 $2(m+1)\pi/n$ 之间. 当然, H 也包含其成员的所有乘积. 因此包含它们的 n 次幂 —— 以 n 乘那些角度. 但是, 如果我们用 n 乘位于 $2m\pi/n$ 和 $2(m+1)\pi/n$ 之间的角, 那我们就得到所需要的所有的角.

再次实施第一步的操作, 我们便得到了关于所有轴及所有角度的旋转, 所以 H 包含 SO(3) 的所有元素, 这就是本节开始所宣称的目标.　　　　　　　　　　　□

李注意到包括 SO(3) 在内的许多李群的单性, 但他的 '群' 和 '单性' 的概念多少跟我们的有些不同. 按他的观点, '群' 包含 '无穷小元素', 他用这些元素来确定单性. 今天, 我们称李群的 '无穷小元素' 是在单位元上的切向量, 我们还在此基础上建立起所谓的李群的李代数这一独立的代数结构. 李代数有一种 '乘积' 运算, 称为李括号, 它跟群运算也完全不同; 例如, 李括号不满足结合律.

无论如何, 考察一下李代数是个好主意. 对李代数而言, 有个很自然的单性概念; 一个单李群有一个单李代数, 而检验代数的单性比检验群的单性会容易些. 如果有缺点的话, 就是一个单李代数可能不只来自一个单李群. 例如, 从前面的一组习题知道群 SO(2) 和 SO(3) 有相同的李代数, 所以 SO(2) 的李代数应当是单群. 然而, 群 SO(2) 却不是单的; 它有一个由元素 1 和 −1 构成的正规子群. 这个问题是由于李代数无法 '发现' 群中远离单位元的元素, 所以它漏掉了一个其非单位元成员都远离单位元的正规子群 (这正是 SO(2) 的情况). 这倒不一定是坏事. 事实上, 很多作者都是在其李代数为单的情况下来定义李群是单的.

习题

对于一个容易直观化的李群, 比如圆 $\mathrm{SO}(2) = \{z : |z| = 1\}$, 其在单位元点的切空间也容易直观化, 此例中是过 1 的垂直线. 为了获得诸如 $\mathrm{SO}(3)$ 或 $\mathrm{SO}(2)$ 的切空间, 我们需要从群的 "内部" 来观察切向量. 为此, 我们取切向量为一个动点经过单位元素 1 时的速度向量. 就 $\mathrm{SO}(2)$ 而言, 我们可以看到这种用速度向量解释切向量的办法, 给出了跟几何上对切线的解释同样的结果 —— 沿该圆运动的任一点都有沿切线方向的速度.

对于像 $\mathrm{SO}(2)$ 这样的群, 我们利用速度的解释便可以用微分来计算速度向量. 事情是这样的. 我们假定 $q(t)$ 给出 $\mathrm{SU}(2)$ 中点的位置, 它是 t 的 (可微) 函数, 为方便可设 $q(0) = 1$. 于是, 动点经过 1 时的速度恰为 $q'(0)$.

23.4.1 试解释为什么对处于 $\mathrm{SU}(2)$ 中的 $q(t)$ 给出的条件是 $q(t)\overline{q(t)} = 1$.

23.4.2 对等式 $q(t)\overline{q(t)} = 1$ 进行微分, 然后令 $t = 0$, 试推导出每个切向量 $q'(0)$ 满足

$$q'(0) + \overline{q'(0)} = 0,$$

这蕴含了 $q'(0)$ 是纯虚四元数 (为什么?).

相反, 我们可以证明每个纯虚四元数是 $\mathrm{SU}(2)$ 的切向量.

23.4.3 选取 p 使得 $q(t) = \cos\theta t + p\sin\theta t$ 是 $\mathrm{SU}(2)$ 的一条路径, 试证明每个纯虚四元数是 $\mathrm{SU}(2)$ 在单位元处的切向量.

于是, $\mathrm{SU}(2)$ 在单位元处的切空间是纯虚四元数的空间 $\mathbb{R}\mathbf{i} + \mathbb{R}\mathbf{j} + \mathbb{R}\mathbf{k}$. 至此, 我们有了很好地跟 $\mathrm{SU}(2)$ 平行的事物, 它在单位元处的切空间是一条铅垂线, 即一条在虚方向的直线. 然而, 直线上的向量代数潜力太小 —— 它们只能做加法和用实数来乘. 另一方面, 对 $\mathrm{SU}(2)$ 的切空间中的向量也有令人感兴趣的李括号运算, 它反映了群 $\mathrm{SU}(2)$ 中的共轭运算 $u, v \mapsto uvu^{-1}$.

为了看清 $\mathrm{SU}(2)$ 中的共轭运算在切空间如何起作用, 我们考虑 $\mathrm{SU}(2)$ 中过 1 的两条路径 $u(s)$ 和 $v(t)$, 它们满足 $u(0) = v(0) = 1$. 对路径

$$w_s(t) = u(s)v(t)u(s)^{-1}$$

进行对 t 的微分, 我们得到在切空间 $\mathbb{R}\mathbf{i} + \mathbb{R}\mathbf{j} + \mathbb{R}\mathbf{k}$ 中的一条路径

$$w_s'(0) = u(s)Vu(s)^{-1} = x(s),$$

其中 $V = v'(0)$ 是 $v(t)$ 在单位元处的切向量.

23.4.4 试解释为什么路径 $x(s)$ 的切向量 $x'(0)$ 也是 $\mathbb{R}\mathbf{i} + \mathbb{R}\mathbf{j} + \mathbb{R}\mathbf{k}$ 的成员, 并通过求微分证明

$$x'(0) = UV - VU,$$

其中 $U = u'(0)$ 是 $u(s)$ 在单位元处的切向量.

于是, 我们有了在切空间中的一种运算 $U, V \mapsto UV - VU$, 它反映了该群中的共轭关系. $UV - VU$ 称为 U 与 V 的李括号, 通常记为 $[U, V]$.

23.4.5 试对 $U, V = \mathbf{i}, \mathbf{j}, \mathbf{k}$ 计算 $[U, V]$, 从而直接证明: 对于 $\mathbb{R}\mathbf{i} + \mathbb{R}\mathbf{j} + \mathbb{R}\mathbf{k}$ 中的任何 U 和 V, $[U, V]$ 都在 $\mathbb{R}\mathbf{i} + \mathbb{R}\mathbf{j} + \mathbb{R}\mathbf{k}$ 中.

23.4.6 试证明: 若 $\mathbf{i}' = \mathbf{i}/2, \mathbf{j}' = \mathbf{j}/2, \mathbf{k}' = \mathbf{k}/2$, 则 $\mathbf{i}',\mathbf{j}',\mathbf{k}'$ 之间的李括号运算恰好满足跟 $\mathbf{i},\mathbf{j},\mathbf{k}$ 之间的向量乘积运算同样的关系.

所以, SU(2) 的李代数, 我们称之为在李括号作用下的 SU(2) 的切空间, 它与在向量乘积运算下的 $\mathbb{R}^3$ 本质上是一样的. 发现这个李代数竟是我们已知的某种东西真是太微妙了.

23.4.7 试解释: 为什么 SU(3) 和 SU(2) 有相同的李代数?

23.5 单李群和单李代数

旋转群 SO(3) 是其他很多单李群的原型, 人们是循着两个方向推广 "旋转" 概念而获得那些单李群的. 我们可以把 $\mathbb{R}^3$ 的旋转推广到 $\mathbb{R}^n$ 的旋转; 我们还可以用 $\mathbb{C}$ 或 $\mathbb{H}$ 来替代 $\mathbb{R}$.

$\mathbb{R}^n$ 的旋转定义为 $\mathbb{R}^n$ 中一个保持长度和方向的线性变换, 如果我们用矩阵 A 表示 $\mathbb{R}^n$ 的线性变换, 则一定有

$$A \text{ 保持长度} \Leftrightarrow AA^{\mathrm{T}} = \mathbf{1},$$

其中 A^{T} 表示 A 的转置矩阵, $\mathbf{1}$ 表示单位矩阵. 通过对该等式取行列式可知 $\det A = \pm 1$. 这样的矩阵称为正交矩阵; 行列式为 1 的称为特殊正交矩阵. 后者是保持方向的矩阵, 其名称源自 $\mathbb{R}^n$ 的旋转群就叫特殊正交群 SO(n).

SO(n) 的李代数记为 $\mathfrak{so}(n)$, 其成员是形如 $A'(0)$ 的矩阵; 其中, $A(t)$ 是过 SO(n) 中的单位元的矩阵的光滑路径. 由 SO(n) 的定义可得

$$A(t)A(t)^{\mathrm{T}} = \mathbf{1}.$$

就该等式对 t 求微分, 并利用 $A(0) = \mathbf{1}$, 你会发现 (见习题):

$$A'(0) + A'(0)^{\mathrm{T}} = \mathbf{0},$$

其中 $\mathbf{0}$ 是零矩阵. 这意味着 $\mathfrak{so}(n)$ 中的每个矩阵 $A'(0)$ 是斜对称的, 即矩阵第 i 行和第 j 列的元素就是第 j 行和第 i 列的元素取负号. 特别地, 所有对角线上的元素都是零.

因而, 李代数 $\mathfrak{so}(n)$ 由 $n \times n$ 斜对称矩阵组成. (确实如此, 正如我们在习题中对 $n = 3$ 所展示的.) 反映 SO(n) 中的共轭运算的李括号运算是 $[U, V] = UV - VU$, 根据的是我们在前一节中针对 SU(2) 所做的同样的论证, 只是在这里要用矩阵 U, V 替代四元数.

所有李代数 $\mathfrak{so}(n)$ 当 $n \geqslant 3$ 时都是单的, 但有一个奇怪的例外 $\mathfrak{so}(4)$. 这些结论是李在 19 世纪 80 年代发现的, 尽管他使用了跟我们不同的语言, 即我们在前一节提到的 "无穷小" 变换的语言.

单李代数反映了它所对应的群的单性, 或者说, 情况差不多是这样的. SO(4) 肯定不是单的; SO(3), SO(5), SO(7), $\cdots$ 是单的; 而 SO(6), SO(8), SO(10), $\cdots$ 几乎是单的, "几

乎" 的意思是指它们仅有的正规子群是 $\{1, -1\}$.

当用 $\mathbb{C}$ 替代 $\mathbb{R}$ 时, $\mathbb{C}^n$ 中存在一个类似的 '旋转群', 称为特殊酉群 $SU(n)$. 最后, 在 $\mathbb{H}^n$ 中也存在一个类似的 '旋转群', 称为辛群 $Sp(n)$. 这些推广的旋转群的李代数分别用 $\mathfrak{su}(n)$ 和 $\mathfrak{sp}(n)$ 表示. 李还发现它们是单的, 所以它们对应的群 $SU(n)$ 和 $Sp(n)$ "几乎是单的". 由于这些群中的每一个的最大正规子群是有限群, 所以其非单位元的元素不会靠近单位元, 因此它们不会被李代数探测到.

值得注意的是, 李所发现的单李代数, 包含除五个之外的所有现有的单李代数. 这五个例外被基灵 (Killing) (1888) 和嘉当 (Cartan) (1894) 所发现. (嘉当证明了曾被基灵认为不同的两个李代数实际是全同的; 他还补上了基灵证明中的一些漏洞.) 李从未怀疑过这些例外李代数及其对应的群; 很多人认为基灵对它们的发现乃是史上最伟大的数学成就之一. (例如, 可参见科尔曼 (Coleman) (1989) 的文章.) 确实, 这应是 19 世纪最伟大的数学成就之一.

这五个例外李代数称为 G_2, F_4, E_6, E_7 和 E_8; 这些名字也赋予了相应的群, 这样做当然并不严谨. 这些代数 G_2, F_4, E_6, E_7 和 E_8 的维数分别是 $14, 52, 78, 133$ 和 248. 它们以非常恰当的方式扩充了起因于 $\mathbb{R}, \mathbb{C}$ 和 $\mathbb{H}$ 坐标空间的经典李代数家族, 即以八元数空间 $\mathbb{O}$ 替代 $\mathbb{R}, \mathbb{C}$ 和 $\mathbb{H}$. 经典家族是无限的, 因为经典空间可以有任意的维数 n, $\mathbb{O}$ 则不然, 因为正如第 20 章提到的, 它并不能支撑起维数 $n \geqslant 3$ 的射影空间. 确实, 所有这五个例外李代数和它们的群, 是跟 $\mathbb{O}$ 以及八元数射影平面 $\mathbb{OP}^2$ 联系着的.

第一个指出例外李群和 $\mathbb{O}$ 之间联系的是嘉当 (1908), 他注意到 14 维群 G_2 是 $\mathbb{O}$ 的自同构群. 自同构群是 $\mathbb{O}$ 到其自身的可逆映射 φ, 使得对 $\mathbb{O}$ 中所有的 u 和 v 有

$$\varphi(u+v) = \varphi(u) + \varphi(v) \quad \text{及} \quad \varphi(uv) = \varphi(u)\varphi(v).$$

(作为这个结果的先例, 值得提一下 $SO(3)$ 是 $\mathbb{H}$ 的自同构群. 实际上, $\mathbb{H}$ 的每个自同构群是纯虚四元数空间的旋转.) 八元射影平面 $\mathbb{OP}^2$ 有两个天然的交换群: 一个是保持长度的变换群, 它恰好是 F_4; 另一个保持直线的变换群恰是 E_6. 群 E_7 和 E_8 也源自 $\mathbb{OP}^2$, 但它们在某种程度上太复杂了, 故不在此描述. $\mathbb{O}$ 与例外李代数间几乎是神秘的关系网, 直到弗赖登塔尔 (Freudenthal) (1951) 和蒂茨 (Tits) (1956) 的工作才揭开了谜底.

习题

作为矩阵微分的例子, 考虑下述 $SO(3)$ 中的矩阵路径:

$$A(t) = \begin{pmatrix} \cos t & -\sin t & 0 \\ \sin t & \cos t & 0 \\ 0 & 0 & 1 \end{pmatrix}.$$

23.5.1　试描述由 $A(t)$ 所表示的空间的旋转.

23.5.2　试通过计算 $A'(0)$ 来证明:

$$I = \begin{pmatrix} 0 & -1 & 0 \\ 1 & 0 & 0 \\ 0 & 0 & 0 \end{pmatrix} \text{ 在 } \mathfrak{so}(3) \text{ 中}.$$

再通过在 SO(3) 中选取合适的矩阵, 以证明 $\mathfrak{so}(3)$ 包含矩阵

$$J = \begin{pmatrix} 0 & 0 & -1 \\ 0 & 0 & 0 \\ 1 & 0 & 0 \end{pmatrix} \quad \text{和} \quad K = \begin{pmatrix} 0 & 0 & 0 \\ 0 & 0 & -1 \\ 0 & 1 & 0 \end{pmatrix}.$$

现在, 我们要应用一种基本的微分法则, 即乘积法则, 它甚至适用于非交换乘积.

23.5.3　试模仿通常对乘积法则的证明, 求证:

$$\frac{d}{dt}A(t)B(t) = A'(t)B(t) + A(t)B'(t).$$

23.5.4　试根据习题 23.5.3 推导以下结论: 对于 SO(3) 中一条过单位元 1 的路径 $A(t)(A(0) = 1)$, 有 $A'(0) + A'(0)^{\mathrm{T}} = 0$.

23.5.5　假定 $A(t)$ 和 $B(t)$ 都是 SO(3) 中过单位元 1 的路径, 满足 $A(0) = B(0) = 1$. 试通过对 $A(t)B(t)$ 和 $A(rt)$ 求微分来证明: $\mathfrak{so}(3)$ 在加法和用实数 r 来乘的运算下是闭的.

由习题 23.5.2 和 23.5.5 可知 $\mathfrak{so}(3)$ 包含所有实的斜对称矩阵

$$xI + yJ + zK = \begin{pmatrix} 0 & -x & -y \\ x & 0 & -z \\ y & z & 0 \end{pmatrix}.$$

现在我们考察这种矩阵的李括号运算 $[U, V] = UV - VU$.

23.5.6　试证明: $[I, J] = K, [J, K] = I, [K, I] = J$; 从而解释为什么在李括号运算下的矩阵 $xI + yJ + zK$ 表现得像在向量乘积运算下的向量 $x\mathbf{i} + y\mathbf{j} + z\mathbf{k}$ 一样.

这就进一步证实了 $\mathfrak{so}(3)$ 和向量乘积代数间的同构关系, 在前面的习题 23.4.7 中已通过 $\mathfrak{su}(2)$ 和 $\mathfrak{so}(3)$ 间的同构注意到了这一点. 现在, 我们利用向量积的性质断言 $\mathfrak{so}(3)$ 是单的. 但首先要清楚, 一个李代数是 "单" 的意味着什么?

从李群 G 中的共轭运算和其对应的李代数 $\mathfrak{g}$ 中的共轭运算的平行性可知, G 的正规子群 H (它在 G 的所有元素的共轭运算下是闭的) 对应于 $\mathfrak{g}$ 的一个子空间 $\mathfrak{h}$, 它在 $\mathfrak{g}$ 的所有元素的共轭运算下是闭的. 这样的子空间称为理想, 因为它与一个环中的理想大致类似 (21.4 节). 继续这种类比, 如果李代数的理想只能是 $\{0\}$ 和它本身, 则我们称该李代数是单的.

由此可知: 一个单李群 G 总有一个单李代数 $\mathfrak{g}$. 不过, 直接证明 $\mathfrak{g}$ 的单性往往更容易; 对 $\mathfrak{so}(3)$ 而言就是如此, 只要我们视其为向量乘积代数即可.

23.5.7　假设 $\mathfrak{I}$ 是向量乘积代数 $\mathbb{R}\mathbf{i} + \mathbb{R}\mathbf{j} + \mathbb{R}\mathbf{k}$ 中的理想, 该代数包含一个非零元素 $x\mathbf{i} + y\mathbf{j} + z\mathbf{k}$. 对 $\mathbb{R}\mathbf{i} + \mathbb{R}\mathbf{j} + \mathbb{R}\mathbf{k}$ 中适当的元素作向量乘积, 试证明 $\mathfrak{I}$ 也包括一个元素 $r\mathbf{i}$, 其中 r 为不等于零的某个实数.

23.5.8 试从习题 23.5.5 和 23.5.7 推导出 $\mathfrak{T} = \mathbb{R}\mathbf{i} + \mathbb{R}\mathbf{j} + \mathbb{R}\mathbf{k}$, 所以 $\mathfrak{so}(3)$ 是单的.

23.6 再谈有限单群

李、基灵和嘉当对单李代数的分类工作给有限单群的研究注入了新的活力. 在域 $\mathbb{R}$ 和 $\mathbb{C}$ 中添加有限域的思想, 过去只知道应用于射影群, 现在可以应用于许多其他的连续群. 迪克森 (Dickson) (1901a, b) 发现了一种新的单群的无限族, 它对应于李所发现的无限族; 还发现一种对应于例外群 G_2 的无限族. 四年后, 他又发现了对应于 E_6 的无限族. 之后有近 50 年的间歇期, 到 20 世纪 50 年代, 这些有限李型群的故事终于尘埃落定, 这主要应归功于谢瓦莱 (Chevalley) (1955) 的工作.

当时, 有限单群的总体情况跟单李群非常相似, 只是规模更大. 大多数有限单群都是无限族的成员: 素数阶的循环群, $n \geqslant 5$ 时的交错群 A_n, 以及关于每个单李代数 (其成员对应于有限域) 的无限族. 由于每个例外李代数产生一个有限单群的无限族, 所以, 任意一个在该无限族外的有限单群比之例外李代数就更是一个例外了. 它们被称为散在单群, 这是伯恩赛德 (Burnside) (1911) 命名的, 他用这个名字称呼马蒂厄群. 直到 1960 年, 人们只知道马蒂厄群是散在群; 在近 100 年的时间里, 人们一直固执地拒绝对其进行分类.

原来, 还有 21 个散在群有待发现, 要发现它们并证明不存在另外的有限单群需要付出巨大的努力.

随着费特 (Feit) 和汤普森 (Thompson) (1963) 一篇论文的发表, 数学家开始领悟到单群所面临的问题有多么困难. 费特和汤普森对 1911 年伯恩赛德提出的问题给予了否定的回答; 该问题是: 是否存在奇数阶的非交换单群? 伯恩赛德的问题提得很自然, 因为所有已知的非交换单群都是偶数阶的 (如我们已经知道最初发现的几个群的阶为 $60, 168, 360, 504, 660, \cdots$). 但是, 为了回答这个问题, 费特和汤普森不得不想出一个令人生畏的论证, 它竟然长达满满的 255 页. 这样长的证明在群论研究中无先例可循 —— 也许在所有的数学中也是如此 —— 然而, 这仅仅是开始. 在有限单群分类完成之前, 专家们还不得不去整理、领悟和消化 1000 页以上的证明.

伴随着像费特和汤普森所得到的那样的定理 —— 它们断言许多类的群中不包含单群 —— 人们在狭小的区域苦苦地寻找哪里还允许单群的存在, 就像在路边的裂缝里长出的花.

近百年来, 第一批有限单群是杨科 (Janko) 在 1965 年发现的. 杨科当时试图证明某类群中没有单群, 他最后认识到存在一个新的单群 —— 一个阶为 175560 的群 —— 现在称为 J_1. 这是杨科最终发现的四个单群中的第一个, 也是最小的一个; 这四个单群现在称为 J_1, J_2, J_3, J_4.

另一值得注意的单群族是康韦 (Conway) 在 1967 年发现的. 康韦的出发点在马蒂厄群 M_{23} 和 M_{24} 以及戈莱码的领域内. 正如我们在 23.2 节提到的, 扩展的戈莱码是空间

$\mathbb{F}_4^{24}$ 中高度对称的子集, $\mathbb{F}_4^{24}$ 中的点是坐标为 0 或 1 的、长为 24 的序列. 这个集合的对称群就是 M_{24}. 我们也能在 '通常' 的 24 维空间 $\mathbb{R}^{24}$ 上用 M_{24} 构造高度对称的整数坐标的点集. 这项工作是由利奇 (Leech) (1967) 完成的, 他所得的高度对称集现称为利奇格 (在此背景下, '格' 意为整点集, 使得任何两个点的向量和仍在此集中).

利奇努力让群论学家对他的格的对称性感兴趣, 但收效甚微. 康韦虽不是群论学家, 却决定每周抽出一点儿时间来研究利奇格, 毕竟他还有其他工作要做. 就在他第一次坐下来考虑这个问题的晚上, 他竟然取得了戏剧性的进展, 发现了一个数字:

$$2^{22} \cdot 3^9 \cdot 5^4 \cdot 7^2 \cdot 11 \cdot 13 \cdot 23 = 8315553613086720000,$$

他相信这是一个新单群的阶 (或是其阶的两倍). 他略带些许惶恐地打电话告诉汤普森这个数字; 要知道汤普森可是群论的行家里手, 他能够仅凭其阶数辨认出潜在的单群. 果然, 汤普森 20 分钟后给他回了个电话, 肯定地告诉康韦: 需要把此数减半就能得到一个单群; 他还补充说, 在这个单群邻近还有另外两个潜在单群. 六个小时后, 康韦找到了第一个单群, 然后就去睡觉了. 在一个星期内, 他又找到了汤普森所预言的另两个单群.

由于散在单群的发现, 利奇格似乎成了散在单群宇宙里的某类引力中心, 在它的引力场内有不少于 12 个群 —— 5 个马蒂厄群, 3 个康韦群和 4 个其他的群. 这增强了人们心中的一种印象: 极端数学对象趋于聚集. M_{24} 是一个极端的传递群, 戈莱码是一个极端高效的码, 而利奇格是 $\mathbb{R}^{24}$ 中的一个极端稠密的球形填装. 这就是说, 如果你以利奇格上每个点为单位球的球心, 那么这些球恰好彼此相切, 它们填充 $\mathbb{R}^{24}$ 的稠密程度, 跟任何尽可能密集地球体格子排列一样. 利奇格的这一性质长期受到怀疑, 只是到最近才被科恩 (Cohn) 和库玛尔 (Kumar) (2004) 所证明.

有两本极好的书从数学和人类学的观点讲述了更多利奇格的故事, 作者分别是汤普森 (1983) 和罗南 (Ronan) (2006). 后者还把有限单群理论的故事推向高潮, 即所谓魔群的发现. 我们将在下节讨论魔群令人难以置信的性质.

23.7 魔群

最后被认定确实存在的那个最大的散在群, 是我们现在称之为魔群的群. 戈尔德·菲舍尔 (Gerd Fischer) 在 1973 年首次对其存在性提出怀疑; 在 20 世纪 80 年代, 人们才对如何清晰地构建魔群有了足够的认识, 之前它一直生活在数学的边缘地带. 第一个重要的事实是康韦在 1974 年发现的, 即它的阶为:

$$2^{46} \cdot 3^{20} \cdot 5^9 \cdot 7^6 \cdot 11^2 \cdot 13^3 \cdot 17 \cdot 19 \cdot 23 \cdot 29 \cdot 31 \cdot 41 \cdot 47 \cdot 59 \cdot 71,$$

这个数大约等于 10^{54}. 魔群的超大体型使它很难接近. 例如, 如果你试图查验魔群为某个

空间 $\mathbb{R}^n$ 中的一个对称事物, 那么这种空间的最低维数是 $n = 196883$. 随便提一下, 这个数是群的阶数分解后最后三个素数的乘积, 即 $47 \cdot 59 \cdot 71$.

当魔群在 1980 年由罗伯特·格里斯 (Robert Griess) 完成其最终构建时 (出版物见格里斯 (1982)), 大家才如释重负; 当然, 此时仍积聚着大量未全部了结的难事. 一方面, 需要证明现有的有限单群的列表已经完全了. 在 (大约 2004 年) 群论专家确信这项工作真的完成之前, 还需要写出数千页的论文; 不过, 我们还是不知道究竟是否存在一个容易得到的证明! 另一方面, 有大量信息围绕在魔群周围, 又陡然增加了它的神秘性.

神秘的核心是 196883 这个数. 因为它的后继数 196884 是数学上一个已经知道的数, 但它所在的数学分支 —— 模函数理论, 跟魔群没有明显的联系. 我们已不止一次见到模函数在本书中露面: 在 6.7 节提到解五次方程时; 在 12.6 节谈到椭圆函数理论时; 在 16.6 节出现具有非欧周期的函数时; 在 21.6 节研究二次整数时, 等等. 然而, 把模函数的这些现身联系在一起是件相对容易的事, 你可以参见麦基恩 (McKean) 和莫尔 (Moll) (1997) 的书.

1978 年, 约翰·麦凯 (John McKay) 首先注意到魔群的 196883 和模函数的 196884 之间的联系, 这种联系看起来更像是一种巧合. 毕竟, 在数学中会出现许许多多的 6 位数; 它们两个紧挨在一起不是不可能的. 但是让我们看看 196884 是如何在模函数 $j(\tau)$ 中出现的. 我们在 16.5 节的习题中看到, 函数 $j(\tau)$ 当用 $\tau + 1$ 替代 τ 时重复其值. 所以, $j(\tau)$ 的周期为 1. 因为如此, j 可以展开成傅里叶级数, 把它写成 q 的幂级数是恰当的; 这里的 q 是指

$$\cos 2\pi\tau + i \sin 2\pi\tau = e^{2i\pi\tau} = q.$$

此时的幂级数为

$$j(\tau) = q^{-1} + 744 + 196884q + 21493760q^2 + \cdots.$$

埃尔米特 (1859) 做出了第一个这样的表达式. 令人啼笑皆非的是, 出版时该表达式出了个错, 写成:

$$j(\tau) = q^{-1} + 744 + 196880q + 21493760q^2 + \cdots.$$

如果这个错未被察觉, 也许它跟魔群的联系就不会被人注意到!

麦凯的观察并非巧合: 他关注了 $j(\tau)$ 的级数中的全部系数. 有一系列的数描绘了魔群, 这些数被称为魔群的特征次数, 它们是 $1, 196883, 21296876, 842609326, \cdots$, 而前 $n+1$ 个特征次数之和等于 $j(\tau)$ 的级数展开中 q^n 的系数, 你愿意计算多少项都如此. 看来, 必定有什么道理可以解释这两个数的序列的一致之处, 但是原因何在呢? 康韦称这个未知的理论是 "怪异的 moonshine", 他借鉴了英国人和美国人使用 moonshine 这个词时的两种含义 (译注: 分别为 "月光" 或 "妄想"), 意指该议题是模糊的, 也许是虚幻的, 是基于不合

法地汲取信息而生的.

　　麦凯还关注了模函数与例外李代数 E_8 之间的联系; 另一些人则注意到它与利奇格的关联. 'moonshine' 似乎照亮了许多极端的数学对象.

　　今天, 我们对被 moonshine 照亮的大多数联系有了理性的解释, 使用的是漂亮的新数学. 甘农 (Gannon) (2006) 可能找到了对这种新数学的涉及面很广的解释. 最令人惊奇的是, 它的关键要素之一来自物理学, 实际来自物理学中高度推测性的部分 —— 弦理论. 这是博尔夏兹 (Borcherds) (1994) 发现的. 弦理论是十分正常的数学; 不过还不属于可以被接受的物理学, 因为尚未观测到称为 '弦' 的数学对象的物理踪迹.

　　这是一种奇怪的现象, 但并非没有先例. 想一想开普勒的太阳系模型使用了嵌套多面体 (2.2 节). 结果发现, 这个模型在物理上是失败的, 但这并不是正多面体的错. 实际上, 多面体在物理学的其他部分很有用, 比如在晶体理论中. 一些数学物理学家抱着这样的希望: 某一天, 人们可能会发现, 即使是魔群, 也会在物理宇宙中发挥某种作用.

习题

23.7.1　试检验: 魔群前三个特征次数之和等于模函数展开中 q^2 项的系数.
　　　　这种模函数展开式引导埃尔米特 (1859) 得到一个奇怪的数值结果:

$$e^{\pi\sqrt{163}} = 262537412640768744$$

(一个整数!), 它准确到小数点后 12 位. 在埃尔米特时代, 要靠蛮力计算来证明 $e^{\pi\sqrt{163}}$ 不是整数十分困难. 埃尔米特知道, $e^{\pi\sqrt{163}}$ 必定会跟一个整数相差很小的量, 这要感谢克罗内克 (Kronecker) (1857) 发现的一个值得注意的结果: 如果 $\mathbb{Q}[\sqrt{-N}]$ 中有唯一素因子分解, 则 $j(\sqrt{-N})$ 是一个普通的整数. 克罗内克的结果起源于模函数与格子形状之间的联系, 我们在 21.6 节中简要地提到过这一点.
　　　　使 $\mathbb{Q}[\sqrt{-N}]$ 中的整数有唯一因子分解的 N 的最大值恰是 $N = 163$. 这个唯一因子分解的例子, 埃尔米特是知道的, 所以他知道:

$$j(\mathbb{Q}[\sqrt{-163}] \text{ 中的任一整数}) = \text{一个普通的整数}.$$

23.7.2　试通过求 τ 满足的二次方程证明:

$$\tau = (1 - \sqrt{-163})/2 \text{ 是 } \mathbb{Q}[\sqrt{-163}] \text{ 中的一个整数}.$$

23.7.3　试将 $\tau = (1-\sqrt{-163})/2$ 代入 $q = e^{2\pi\tau}$ 的幂级数 $j(\tau)$ 中, 用以证明 $e^{\pi\sqrt{163}} =$ 整数$-$很小的数.

23.7.4　试确认: 习题 23.7.3 中的那个整数等于 $(640320)^3 + 744$.

23.8 人物小传: 李、基灵和嘉当

索弗斯·李 (Sophus Lie), 1842 年 12 月 17 日诞生于挪威诺峡湾的一个小农业社区. 他的父亲约翰·赫尔曼·李 (Johan Herman Lie) 是路德教派的牧师, 之前当过教师; 他母亲婚前的名字是梅特·马伦·斯塔贝尔 (Mette Mare Stabell), 来自特隆赫姆. 索弗斯是他们六个孩子中最小的. 约翰教孩子们音乐、语言、历史和地理知识; 而索弗斯最初学习数学时的老师似乎是他的姑妈爱德尔 (Edle).

在 1850 年年底, 约翰被派往莫斯, 那是挪威东南部离奥斯陆 (当时叫克里斯蒂安尼亚) 不远的一个港口. 在全家移住莫斯期间, 他们有幸看到发生在 1851 年 7 月 28 日的一次日全食. 1857 年, 索弗斯入学克里斯蒂安尼亚的尼森拉丁语学校, 为入大学做准备; 1859 年, 他踏入了克里斯蒂安尼亚大学. 图 23.5 就是他学生时代的照片.

图 23.5　索弗斯·李

李很享受他的学生生活: 他是热心的体操选手、徒步旅行者和登山爱好者, 还是学校理科学生社团的积极成员. 他似乎对数学没有特殊的兴趣, 幸好, 在 1862 年数学家路德维希·西罗 (Ludvig Sylow) 教过他, 为李未来的数学成就播下了种子. 西罗对群论做出过开创性的贡献, 还开授了第一批群论课中的一门课, 李是听这门课的两三个学生之一. 那时, 李对微分几何更感兴趣 —— 他于 1863 年曾在理科学生社团报告过渐屈线 —— 当时, 可解方程有 '可解群' 的概念还只是寄宿在他内心的深处.

1864 年, 正当李结束他的理科学习之际, 挪威进入了民族主义者发动骚乱的时期. 挪威跟瑞典及丹麦的关系变得很紧张, 许多学生入学军官训练学校. 李自己也考虑今后从事军人职业, 但最终由于视力太差而放弃了这个想法. 1866 年, 他的身心经历过一段抑郁

期, 不过在 1867 年就康复到能做天文学方面的公开演讲了. 1868 年, 他到达了人生的一个转折点: 开始认真地研究几何, 同时越来越相信群论将变得更重要.

1869 年, 李到德国和法国游学以进一步学习几何. 大约在 10 月 24 日, 他跟年仅 20 岁的菲力克斯·克莱因 (Felix Klein) 在柏林相遇. 李和克莱因有共同的兴趣: 排在第一位的是尤里乌斯·普吕克 (Julius Plücker) —— 他是克莱因的老师 —— 的工作, 排在第二位的是他们两位刚刚了解的那个领域 —— 群论.

1870 年, 李游学到巴黎, 在那里跟克莱因会合而行. 他们跟加斯东·达布 (Gaston Darboux) 见了面, 后者关于曲面微分几何的工作给李以极大的鼓舞和启示; 他们还会见了卡米耶·若尔当 (Camille Jordan), 这是位有多方面才能的数学家, 当时他刚完成了有关群论的大作, 以及与之相伴的有限群理论 (参见若尔当 (1870)). 此次经历使这两位年轻人坚信: 他们的未来在于群论. 当然, 他们走的是不同的路径: 李进入了连续群理论, 克莱因则进入了离散群理论.

1870 年, 普法战争爆发, 克莱因必须立即回德国. 李稍微多待了一些时日, 因为挪威是此次战争的中立国; 但在 8 月, 他被当作德国间谍遭到拘捕: 他笔记本里的数学符号被认为是密码. 在监狱度过了四周后, 他终于使当局相信他真的是个数学家; 当然达布的居间调停也起了部分作用.

侥幸逃过一劫, 他迅速离开法国, 继续到意大利和德国游学, 包括跟克莱因在杜塞尔多夫的重聚. 12 月, 他返回克里斯蒂安尼亚, 还因在法国的冒险经历而成了某类名人. 1871 年, 克里斯蒂安尼亚大学授予他博士学位; 1872 年他被任命为数学教授, 并在这一岗位工作到 1886 年. 在此期间, 他为他的连续群理论打下了基础, 单人独骑地发现了该学科的主要定理. 他还找时间跟他人 (即, 西罗) 合作编辑出版阿贝尔全集; 并跟安娜·伯奇 (Anna Birch) 成婚, 成为三个孩子的父亲.

尽管如此, 李在挪威感到学术上很孤单, 他的工作很少获得承认也让他颇感失望. 发生这种情况的部分原因是他的工作很新奇, 部分也是由于他的表述还不够清晰. 1884 年, 克莱因有了个好主意, 送他刚从莱比锡大学毕业的学生弗里德里希·恩格尔 (Friedrich Engel) 到克里斯蒂安尼亚大学当李的助手. 恩格尔成为李心目中理想的校订者, 在 1888 至 1893 年间, 他们一起写就了三大卷有关 '变换群' 的著作. 期间, 克莱因于 1886 年离开莱比锡到了格丁根; 李被指定接替他的位置, 所以李和恩格尔富有成果的合作又在莱比锡延续了一段时间.

李从未真正习惯于德语和德国文化. 他的工作负担很重, 又看不到挪威的风光. 在 1889—1890 年间, 他又患了一次抑郁症, 在医院住了几个月. 大约就在这个时候, 他跟恩格尔和克莱因的关系破裂, 之后再也没能完全恢复. 在他关于变换群的著作最后一卷的序言中, 李写道:

> 我不是克莱因的学生, 反之亦然, 尽管这可能接近事实.

不管克莱因对这件小事有什么感受, 它并未阻止他推荐李为首届罗巴切夫斯基奖得主, 该奖是喀山科学协会于 1897 年提议创立的. 李赢得了这个奖, 从而使他能凯旋返回克里斯蒂安尼亚. 然而, 他的健康状况不断恶化, 使他没有时间享受归国的愉快. 1899 年, 他因恶性贫血撒手人寰.

有关李的生活详情, 特别是他数学之外的生活, 可参见斯蒂布豪格 (Stubhaug) (2002) 写的极好的传记.

威廉·基灵 (Wilhelm Killing) 1847 年 5 月 10 日诞生于德国西部的布尔巴赫, 他父亲是当地的法律事务员, 母亲是一名药师的女儿卡塔琳娜 (Katharina). 直到 19 世纪 80 年代末, 他的学术生涯和李的几乎处在平行的轨道上 —— 他们都不知道对方的工作 —— 变化出现在基灵对例外李代数的伟大发现之后.

基灵早年曾在靠近他出生地的威斯特伐利亚地区的好多个城镇住过. 1860 年, 他在布里隆上了高中; 1865 年, 在慕尼黑开始大学的学习. 当时, 慕尼黑大学的教学水平相当低, 基灵主要靠自学. 跟李很像, 他对普吕克的工作有特别深的印象. 为了接受更好的教育, 他于 1867 年来到柏林大学, 在这儿有数学能力正处于高峰期的魏尔斯特拉斯和库默尔. 在魏尔斯特拉斯的指导下, 基灵在 1872 年完成了一篇关于二次曲面族的学位论文.

在柏林, 他还遇到了艺术学院教授的女儿安娜·科默 (Anna Commer). 他们在 1875 年成婚, 共养育了四子二女.

基灵对魏尔斯特拉斯称赞有加, 但这并不意味着他想成为一名研究型数学家. 魏尔斯特拉斯本人在很多年里是一名高中教师, 基灵也是如此. 他在 1870—1871 年中断了学业去到吕藤市的一所高中教书, 他父亲已当上了该市的市长. 那所学校因缺乏教师而处于崩溃的边缘; 基灵每周要上 36 小时的课, 教授和辅导所有的课程. 然而, 耽搁一年真是意外的幸事, 因为他回柏林时魏尔斯特拉斯正把注意力转向非欧几何. 于是, 基灵对常曲率空间着了迷并开始研究它们, 甚至当他离开柏林去当一名高中数学教师的时候依然如此. 1879 年, 他返回布里隆到他就读过的中学任教.

基灵利用业余时间搞研究, 发表了几篇文章, 这让他获得了一份新工作. 经魏尔斯特拉斯推荐, 他于 1880 年来到霍席亚南学府 —— 这是一所培养天主教教士的学校, 位于东普鲁士偏僻的布劳恩斯贝格. 在远离其他数学家、前途无望的背景下, 基灵逐渐揭开了一个奇妙新世界的面纱. 非欧几何引领他回答这样的问题: 什么样的空间形式能支撑起几何的各种概念, 这继而又引领他进入变换群及其切空间. 他独立于李发现了我们现称为李代数的领域.

基灵像李一样, 发现广义的旋转群都有单李代数. 跟李不同, 他注意到: 这些旋转群并非所有可能的单代数的成因. 在 1884 年, 这两位数学家通过菲力克斯·克莱因相互认识了. 李对基灵的工作不以为然, 尽管恩格尔很赞赏它; 恩格尔的鼓励可能帮助了基灵坚信他对五个例外群的发现. 关于这段插曲的详细的报道和关于基灵生活的更多细节, 可参见霍金斯 (Hawkins) (2000) 著作的第 4 章和第 5 章. 图 23.6 展现的是 1889 年的基灵, 他大约在此前后发表了他的发现.

图 23.6 威廉·基灵

1892 年, 他返回明斯特担任数学教授, 后成为明斯特大学的校长. 他在教学、管理和慈善事业中度过他的余生. 1900 年, 第二次颁发的罗巴切夫斯基奖恰当地承认了他的研究成果. 1923 年 2 月 11 日, 基灵与世长辞.

埃利·嘉当 (Élie Cartan), 1869 年 4 月 9 日诞生于法国东部接近里昂的多洛米约. 他是乡村铁匠约瑟夫·嘉当 (Joseph Cartan) 和安妮·科塔兹 (Anne Cottaz) 的儿子. 他上小学的时候, 受到一位学校督学安托南·迪博 (Antonin Dubost, 后成为杰出的政治家) 的关注. 迪博为埃利争取到一笔资金上学, 他先在格勒诺布尔的高中学习, 1888 年又进入高等师范学校深造. 1894 年, 埃利以空前绝后的著名论文《有限单群和连续群的结构》(*Sur la structure des groupes simples finis et continus*) 获得高师的博士学位.

在这篇论文中, 他给出了基灵关于例外李代数的结果的第一个完全的证明, 并纠正了基灵的一些错误. 特别要指出, 正是嘉当发现只有五个例外, 而非基灵曾列出的六个, 因为基灵没有注意到他列出的那些代数中有两个是同构的. 由于嘉当是第一位对基灵的结果做出完全又正确的证明, 后来的许多作者无视基灵的工作, 把他的一些关键性的思想归于嘉当. 嘉当本人则把全部功劳给予基灵; 不过, 基灵的黯然失色也许是不可避免的, 因为嘉当变得越来越强大了.

1903 年, 他被任命为南锡大学的教授; 1904 年, 他和玛丽-路易莎·布里安科尼 (Marie-Louise Brianconi) 成婚. 他们共生育了三子一女. 有两个儿子不幸英年早逝; 大儿子昂利 (Henri) 成为一名杰出的数学家, 2008 年去世时已 104 岁. 因此我们可以说, 无与伦比的两代数学人使我们跟李群发现前的 1869 年的数学世界分手了. 从 1869 年开始, 许许多多的变化发生了, 它们应归功于嘉当父子.

1909 年, 埃利·嘉当前往巴黎, 开始了他在索邦大学长期的学术生涯; 起初当一名讲师, 1912 年出任微积分教授, 1920 年是理论力学教授, 1924 年是高等几何教授. 他在 1940 年退休,1951 年辞世. 图 23.7 是他在 1930 年左右拍的照片.

图 23.7　埃利 · 嘉当

他担任的一系列教职提醒我们, 他把李群理论带进了全盛期, 使它跟微分几何、数学物理结合在一起. 他还使李群跟超复数及拓扑学的联系真相大白, 这在 19 世纪是做梦也想不到的. 漂亮的例子有在复数和四元数中出现的李群, 因为复数乘法和四元数乘法都是连续群运算.

正如在习题 23.4 中指出的, 绝对值为 1 的复数在乘法下是闭的, 它们是同构于圆或 '1-球面' $\mathbb{S}^1$ 的李群. 类似地, 绝对值为 1 的四元数形成同构于 3-球面 $\mathbb{S}^3$ 的李群. 所以, 大家熟知的几何或拓扑对象 $\mathbb{S}^1$ 和 $\mathbb{S}^3$ 也可视为李群. 令人惊讶的是, 它们在这方面都是例外群. 利用代数拓扑的方法, 嘉当 (1936) 还证明了引人注目的结果: $\mathbb{S}^1$ 和 $\mathbb{S}^3$ 是仅有的具有连续群结构的球面.

埃利 · 嘉当在李理论方面的名声, 跟他在微分几何及数学物理方面的声望遥相匹配; 在后两个领域, 他不仅引入了李群, 还引入了诸如微分形式、活动标架和旋量的概念. 关于他的生活, 特别是关于他的工作的更多信息, 可参见阿基维斯 (Akivis) 和罗森菲尔德 (Rosenfeld) (1993) 的著作.

第 24 章

集合*、逻辑和计算

导读

集合论和形式逻辑的发展, 最终解决了人们在 19 世纪长期关注的无穷在数学中的作用问题. 集合论是作为无穷的数学理论提出的; 形式逻辑则是作为证明的数学理论提出的 (部分是为了避免在涉及无穷的推理时可能出现的悖论).

在本章, 我们讨论这两个学科的发展, 它们的相互影响促成了 20 世纪数学令人难以置信的结果. 集合论和逻辑学两者一起, 使人们对 '什么是数学? ' 这个问题有了全新的认识. 不过, 它们原来是把双刃剑.

- 集合论使无穷这一概念变得十分清晰, 但它也表明: 无穷的复杂性出乎人们的预料 —— 实际上它比集合论本身更复杂.
- 形式逻辑包含了所有已知的证明方法, 但同时它也表明: 这些方法是不完全的. 特别地, 任何合理的、强大的逻辑体系都无法证明其自身的相容性 (一致性).
- 形式逻辑是可计算性的起因, 它给出了算法可解问题的严格定义. 然而, 一些重要的问题原来是不可解的.

你可能会以为形式证明的极限太遥远了, 普通数学家对此不感兴趣. 但在下一章, 我们将展示这些极限是如何在最现实的数学领域 —— 组合学中达到的.

24.1 集合

集合这个概念得以在 19 世纪晚期在数学中建立, 乃是试图回答有关实数的问题的结果. 我们对实数的直观感受 —— 它们构成一条无空隙的 '直线' —— 有点神秘, 数学家从古代起就一直在努力加以解释. 它是 '运动' 概念的基础, 芝诺曾试图用他的悖论挑战

---

* set, 它和其他名词搭配使用时常译为 '集', 如点集、自然数集、可数集、博雷尔集等. —— 译注

运动的概念; 它在 17 世纪又随着微积分一起再次浮出水面; 当高斯在他 1816 年的代数基本定理的证明中使用中值定理时, 它再次闯入代数领域. 正如我们在 14.6 节指出的, 波尔查诺 (1817) 认识到需要给中值定理一个证明, 但他当时尚不具备作为证明的可靠基础的实数概念.

然而, 波尔查诺确实领悟了 $\mathbb{R}$ 的完全性 —— 这表示不存在间隙 —— 是必不可少的. 他发现了 (实数具备的) 上确界性质 (又称最小上界性质) —— 每个有界实数集都有一个上确界, 以及等价的区间套性质, 即, 若

$$a_0 < a_1 < a_2 < \cdots < b_2 < b_1 < b_0,$$

则必存在一个数 x, 使得

$$a_0 < a_1 < a_2 < \cdots \leqslant x \leqslant \cdots < b_2 < b_1 < b_0.$$

为了证明这些性质, 我们必须回答以下问题: 什么是实数? 大约在 1870 年左右, 若干等价的答案出现了, 它们都涉及无穷集或无穷序列. 其中最简单的一个属于戴德金 (1872), 他把实数定义为一种剖分 (或称 "分割"), 它将有理数分为两个集合 L 和 U, 使得 L 中的每个成员都小于 U 中的所有成员. 如果你预先有了实数的概念, 例如说一个实数是直线上的点 x, 此时, L 和 U 由 x 所唯一决定, 分别是在 x 左边和右边的两个有理点的集合. 因此, 若 x 是预先就存在的, 那么, L 和 U 无非就是借助于有理数来讨论 x 的辅助概念, 这跟欧多克索斯的做法一样 (4.2 节). 戴德金的重大突破在于, 他认识到并不需要预先假定 x 的存在: x 可以用一集合对 (L, U) 来定义. 这样, 有理数集合的概念成为实数概念的基础.

戴德金分割为连续的数直线 (number line) $\mathbb{R}$ 给出了一种精确的模型, 因为它们填满了有理数间所有的空隙. 事实上, 无论有理数在哪里出现空隙, 填充它的实数本质上就是空隙本身: 在它左边和右边的集合对 L, U. 关于 $\mathbb{R}$ 的这种完全性的性质, 还有其他的表述方式, 都能够容易地从戴德金的定义导出. 例如, 每个有界实数集 (L_i, U_i) 有上确界 (L, U). L 就是集合 L_i 的并集.

看来, 戴德金已解决了一个古老的问题: 如何依靠离散性来解释连续性; 但他透彻的洞察力还揭开了一些更深刻问题的面纱. 处于中心地位的问题是: $\mathbb{R}$ 的完全性需要跟它的不可数性相伴; 这个现象是康托尔发现的 (1874). 可数集合是指这样一类集合, 其元素能和自然数集合 $\mathbb{N} = \{0, 1, 2, \cdots\}$ 的元素之间建立一一对应关系; 有理数集合和代数数集合就属于可数集合 —— 这一事实康托尔也已经发现. 但若 $\mathbb{R}$ 是可数的, 这意味着所有的实数可包含在一个序列 $x_0, x_1, x_2, \cdots$ 中. 康托尔 (1874) 证明这是不可能的. 办法是对于任何由不同实数组成的序列 $\{x_m\}$, 都能从中选出一个子序列 $a_0, b_0, a_1, b_1, a_2, b_2, \cdots$, 使得

$$a_0 < a_1 < a_2 < \cdots < b_2 < b_1 < b_0$$

而每个 x_m 必位于区间套 $(a_0, b_0) \supset (a_1, b_1) \supset (a_2, b_2) \supset \cdots$ 中的某个区间之外. 由此可得, 所有 (a_n, b_n) 的任何一个公共元素就是一个不等于任一 x_m 的实数 x. 当区间的序列是有限的时候, 显然它们的公共元素是存在的; 当该序列是无限的时候, 根据完全性它也是存在的, 就是 a_n 的上确界 (最小上界). 公共元素 x 即是给定序列 $\{x_m\}$ 中的 '空隙'.

习题

康托尔 1874 年关于 $\mathbb{R}$ 不可数的证明, 基于下述构造法. 给定由不同实数组成的序列 $x_0, x_1, x_2, \cdots$, 他通过一种挑选 $a_0, b_0, a_1, b_1, \cdots$ 的方法发现了其中的 '空隙', 挑选的办法如下:

$$a_0 = x_0,$$
$$b_0 = 满足 \ x_m > a_0 \ 中的第一个 \ x_m,$$
$$a_1 = 满足 \ a_0 < x_m < b_0 \ 并在 \ b_0 \ 之后的第一个 \ x_m,$$
$$b_1 = 满足 \ a_1 < x_m < b_0 \ 并在 \ a_1 \ 之后的第一个 \ x_m,$$
$$a_2 = 满足 \ a_1 < x_m < b_1 \ 并在 \ b_1 \ 之后的第一个 \ x_m.$$
$$\vdots$$

24.1.1 试解释为什么序列 $a_0, b_0, a_1, b_1, a_2, b_2, \cdots$ 确实具有上面所述的 '空隙' 特性: 每个都在区间套 $(a_0, b_0) \supset (a_1, b_1) \supset (a_2, b_2) \cdots$ 中的一个区间之外.

我们现在来考察自然数集合扩展到多大仍然是可数集.

24.1.2 试给定一种规则, 让下述序列继续下去, 使之包含所有的正有理数:

$$\frac{1}{1}, \frac{2}{1}, \frac{1}{2}, \frac{3}{1}, \frac{2}{2}, \frac{1}{3}, \frac{4}{1}, \frac{3}{2}, \cdots.$$

24.1.3 由此, 如何得出所有的有理数组成的集合是可数的?

24.1.4 基于有限字母表的所有单词, 可以这样来列举: 先列出单字母的词, 然后是双字母的词, 以此类推. 试利用这样的列举来证明: 由整系数多项式组成的集合是可数的, 因此代数数的集合是可数的.

康托尔利用后一结果证明了超越数的存在. 即, 令 $\{x_m\}$ 是代数数的序列; 我们知道它们并非全部是实数, 所以其他任何实数都是超越数.

24.2 序数

自发现之日起, $\mathbb{R}$ 的不可数性就成了对集合论专家和逻辑学家的巨大挑战. 序数理论最成功地应对了这种挑战, 它出自康托尔 (1872) 对傅里叶 (Fourier, J.) 级数的研究 (参见 13.6 节). 函数 f 的傅里叶级数的存在性主要依据 f 的不连续集的结构, 这引出了对点集的复杂性进行研究的需求. 康托尔根据集合取极限点的运算 —— 称为首要运算 (prime operation, 记作 ′ (即去掉所给集合中的那些非极限点 —— 译注)) —— 可重复进行的次数来度量复杂性. 例如, 若 $S = \{0, 1/2, 3/4, 7/8, \cdots, 1\}$, 那么可进行一次首要运算, 此时 $S' = \{1\}$. 有可能 S' 本身也有极限点, 所以 S'' 也存在. 事实上, 你能找到这样的集合 S, 使得对一切有限的 n, 所有的 $S', S'', \cdots, S^{(n)}$ 都存在, 所以你能设想重复无穷多次首要运算. 对于所有的 $S^{(n)}$ 皆存在的情形, 康托尔 (1880) 取它们的交, 从而定义

$$S^{\infty} = \cap_{n=1,2,3,\cdots} S^{(n)}.$$

他把 ∞ 视为第一个无穷序数. 为了避免在即将讲到的更高阶的无穷数时出现混乱, 我将使用现代的记号 ω 代表第一个无穷序数.

跃上 ω 这个平台, 再往前走就容易了. $(S^{(\omega)})' = S^{(\omega+1)}, (S^{(\omega+1)})' = S^{(\omega+2)}, \cdots$, 这个新的无穷序列的交是 $S^{\omega \cdot 2}$, 其中 $\omega \cdot 2$ 是继 $\omega, \omega+1, \omega+2, \cdots$ 之后的第一个无穷数. 在 $\omega \cdot 2$ 之后, 我们有

$$\omega \cdot 2 + 1, \omega \cdot 2 + 2, \cdots, \omega \cdot 3, \cdots, \omega \cdot 4, \cdots, \cdots, \omega \cdot \omega, \cdots.$$

实际上, 所有这些都能通过对实数集合重复进行大量的首要运算而实现. 我们还可以独立地研究上述过程中得到的序数, 把它们看作是自然数的一种推广.

康托尔 (1883) 将序数看成是由两种运算生成的:

(i) "后继" (运算): 它对每个序数 α, 给出紧接着它的下一个序数 $\alpha + 1$.

(ii) "上确界" (运算): 它对每个序数集 $\{\alpha_i\}$ 给出大于等于所有 α_i 的最小序数.

这些概念的最优美的形式化表述是冯·诺伊曼 (von Neumann, J.) 给出的 (1923). 空集 $\varnothing$ (康托尔没有考虑它) 被取定为序数为 0 的集合, α 的后继是 $\alpha \cup \{\alpha\}$, 而 $\{\alpha_i\}$ 的上确界就是 α_i 的并集. 于是,

$$0 = \varnothing,$$
$$1 = \{0\},$$
$$2 = \{0, 1\},$$
$$\cdots$$
$$\omega = \{0, 1, 2, \cdots, n, \cdots\},$$
$$\omega + 1 = \{0, 1, 2, \cdots, n, \cdots, \omega\},$$

以此类推. 于是, 序数的自然顺序由属于 (表示 '属于' 的数学符号是 "$\in$") 集合的全体成员给定; 特别地, 序数 α 的成员就是所有比 α 小的序数.

康托尔的运算 (ii) 能生成大得令人吃惊的序数, 因为它具有给出超越任何已定义的

序数的集合的力量. 特别地, 如康托尔所做的 (1883), 只要你一思考可数序数的概念, 那么不可数序数就要露头了. 他定义一个序数 α 是可数的 (他后来同样定义了势 (cardinality) 或基数 $\aleph_0$ 的可数性), 如果 α 与 $\mathbb{N}$ 之间存在一一对应关系的话. 例如,

$$\omega \cdot 2 = \{0, 1, 2, \cdots, \omega, \omega + 1, \omega + 2, \cdots\}$$

是可数的, 因为它明显地可一一对应于

$$\mathbb{N} = \{0, 2, 4, \cdots, 1, 3, 5, \cdots\}.$$

所有可数序数的上确界是最小的不可数序数 ω_1. 跟 ω_1 一一对应的那些集合的基数是紧接着可数基数 $\aleph_0$ 之后的下一个基数 $\aleph_1$. 基数为 $\aleph_1$ 的序数具有一个基数为 $\aleph_2$ 的上确界 ω_2, 等等.

在找到了这种按部就班地生成接连不断的不可数基数的方法之后, 康托尔重新考虑了不可数集 $\mathbb{R}$. 尽管没有一种一目了然的方法以序数的方式来生成 $\mathbb{R}$ 的成员, 但康托尔猜想 $\mathbb{R}$ 的基数是 $\aleph_1$. 此后, 该猜想以 "连续统假设" 闻名于世. 到 1900 年, 人们认为这是集合论中一个突出的未解决问题, 希尔伯特 (1900a) 把它作为他向数学界提出的 23 个著名问题中的第一个. 自 1900 年以来, 涉及连续统问题有两个突出的成果, 可是从中似乎还看不大出连续统假设是正确的. 哥德尔 (1938) 证明, 连续统假设跟标准的集合论公理是相容的; 而科恩 (Cohen,1963) 证明, 其否命题也跟标准的集合论公理相容. 所以, 连续统假设是独立于标准集合论的, 就像平行公设独立于欧几里得的其他公设一样. 这是否意味着像 '直线' 概念那样, '集合' 的概念也可以有合乎道理的各种不同的解释呢? 这一点目前尚不清楚.

习题

对每个可数序数 α, 在 $[0, 1]$ 中存在一个序型为 α 的有理数集. 例如集合 $\{0, 1/2, 3/4, 7/8, \cdots\}$ 的序型为 ω.

24.2.1 试给出 $[0, 1]$ 中有理数集的一个例子, 使其序型为 $\omega \cdot 2$.

24.2.2 试给出 $[0, 1]$ 中有理数集的一个例子, 使其序型为 $\omega \cdot \omega$.

24.2.3 试给出 $[0, 1]$ 中的序型为 $\alpha_1, \alpha_2, \alpha_3, \cdots$ 的有理数系, 并解释如何得到 $[0, 1]$ 中的一个有理数集, 而其序型至少跟 $\{\alpha_1, \alpha_2, \alpha_3, \cdots\}$ 的上确界一样大.

24.2.4 试解释: 为什么对每个可数序数 α 都存在 $[0, 1]$ 中的序型为 α 的有理数集.

24.3 测度

傅里叶级数理论要研究不连续集合的理由, 是傅里叶于 1822 年发现了这些级数依赖

于积分. 假定

$$f(x) = \frac{1}{2}a_0 + \sum_{n=1}^{\infty}(a_n \cos n\pi x + b_n \sin n\pi x),$$

傅里叶推导出公式

$$a_n = \int_{-1}^{1} f(x)\cos n\pi x dx, \quad b_n = \int_{-1}^{1} f(x)\sin n\pi x dx.$$

于是, 所假定的级数的存在性依赖于 a_n 和 b_n 的积分表示的存在性, 而这又取决于 f 不连续 (间断) 的状况. 人们已经知道 (尽管没有严格的证明) 所有的连续函数都有积分; 接下来的问题是, 是否应该或能够为不连续函数定义其积分. 黎曼 (1854a) 积分概念给出了第一个确切的回答 —— 这是所有学习过微积分的学生都熟悉的 —— 它基于用阶梯函数来逼近被积函数. 任何具有有限多个不连续点的函数, 都有黎曼积分; 事实上, 某些 (但并非全部) 具有无穷多个不连续点的函数也有黎曼积分. 不存在黎曼积分的经典的函数是狄利克雷 (1829) 给出的函数:

$$f(x) = \begin{cases} 1, & \text{若 } x \text{ 是有理数}, \\ 0, & \text{若 } x \text{ 是无理数}. \end{cases}$$

最后, 人们又引进了更一般的积分 —— 勒贝格积分 —— 来应对这类函数, 但这是人们把关注的焦点从积分问题转向更基本的测度问题之后发生的. 测度将 (直线 $\mathbb{R}$ 上的) 长度概念、(平面 $\mathbb{R}^2$ 上的) 面积概念等推广到一般的点集上. 由于积分可视为图形下的面积, 所以它跟测度概念的依存关系是清楚的, 尽管人们并没有立刻认识到首先需要弄清楚直线上的集合的测度.

这种需要起源于哈纳克 (Harnack, A.) (1885) 的发现: $\mathbb{R}$ 的任何可数子集 $\{x_0, x_1, x_2, \cdots\}$ 能够被一组长度为任意小的区间所覆盖. 即 x_0 被长度为 $\varepsilon/2$ 的区间覆盖, x_1 被长度为 $\varepsilon/4$ 的区间覆盖, x_2 被长度为 $\varepsilon/8$ 的区间覆盖,……, 使得所用到的区间的总长度 $\leqslant \varepsilon$. (顺便一提, 这是 $\mathbb{R}$ 不是可数集的另一证明.) 这似乎表明可数集合很 "小" —— 我们现在称它具有零测度 —— 但对于像有理数那样的稠密的可数集合, 数学家不愿意说它小. 第一个回应是若尔当 (1892) 给出的, 类似于黎曼积分那样来定义测度, 利用区间的有限并集来逼近 $\mathbb{R}$ 的子集. 根据这一定义, "稀疏" 的可数集合, 如 $\{0, 1/2, 3/4, 7/8, \cdots\}$ 确实具有零测度, 但像有理数那样的稠密集合根本是不可测的.

博雷尔 (Borel, E.) (1898) 是第一位从哈纳克的结果认识到应该用区间的可数并集来度量 $\mathbb{R}$ 的子集的人. 他把任何区间的测度定义为它的长度, 并利用取补运算和可数不相交并集把可测性概念推广到越来越复杂的集合. 即, 若一个包含在某区间 I 内的集合 S 具有测度 $\mu(S)$, 那么

$$\mu(I - S) = \mu(I) - \mu(S),$$

并且, 若 S 是集合 S_n 的不相交并集, 其测度为 $\mu(S_n)$, 则

$$\mu(S) = \sum_{n=1}^{\infty} \mu(S_n).$$

现在, 我们称从所有有限区间出发可由取补和可数并运算所得到的集合为博雷尔集. 勒贝格 (1902) 从博雷尔的思想引出了其逻辑结论: 他指定测度为零的博雷尔集合的任一子集合的测度亦为零. 由于并非所有这样的集合都是博雷尔集合, 所以这就把测度概念推广到了更大的一类集合: 它们和博雷尔集合相差一些测度为零的集合. 可以证明, 这类勒贝格可测集跟 $\mathbb{R}$ 所有子集组成的类有相同的基数. 但有个问题很有趣, 即是否所有可测集合就是 $\mathbb{R}$ 的所有子集合, 我们一会儿就回来讨论它.

博雷尔–勒贝格测度的一个特殊性质是它的可数可加性: 若 $S_0, S_1, S_2, \cdots$ 是不相交的可测集合, 那么

$$\mu(S_0 \cup S_1 \cup S_2 \cup \cdots) = \mu(S_0) + \mu(S_1) + \mu(S_2) + \cdots.$$

这很容易从博雷尔关于可数不相交并集的测度定义得出, 因为任何可数并集可以重新组成为一个可数不相交并集.

勒贝格证明, 可数可加性给出了一种积分概念, 它在涉及极限的性状方面比黎曼积分更好. 例如, 它有单调收敛性: 若 $f_0, f_1, f_2, \cdots$ 是正可积函数的递增序列, 且当 $n \to \infty$ 时, $f_n \to f$, 那么对于勒贝格积分而言, 我们有 $\int f_n dx \to \int f dx$, 而这对于黎曼积分一般并不为真 (参见习题 24.3.1).

博雷尔指出可数可加性的另一个动机涉及概率论. 若一个 '事件' E 被形式化为一个点的集合 S ('有利结局'), 那么 E 的概率可定义为 S 的测度. 某些十分自然的事件原本就是可数并集, 因此其概率测度必须是可数可加的. 在非形式化的概率论中, 可数可加性的出现被追溯到 1690 年, 那年雅各布 · 伯努利解答了他于 1685 年提出的下述问题:

> A 和 B (两人) 玩一个骰子, 谁第一个掷出幺点就是胜者. A 掷一次, 接着 B
> 也掷一次. 然后 A 掷两次, B 亦如此. 依此类推, 直到出现赢家. 问他们获得
> 成功的机会的比?

为了解决这个问题, 雅各布 · 伯努利 (1690) 把 A (或 B) 获胜这一事件分解为 A(或 B) 在第一次掷时、第二次掷时、第三次掷时、$\cdots$ 获胜的子事件, 并把这样可数多个子事件发生的概率相加. 由柯尔莫戈洛夫 (Kolmogorov, A.N.) (1933) 创立的形式化概率论, 就是基于可数可加测度理论的所有这类论证之上的.

可以说, 通过对 $\mathbb{R}$ 的不可数性的证明, 集合论为测度论的发展铺平了道路; 这样一

来, $\mathbb{R}$ 的可数子集便可以被认为是 "小" 的集合. 另一方面, 测度论本身说明了 $\mathbb{R}$ 的不可数性 (根据哈纳克的结论); 事实上, 测度论把可数集评估为 "小" 集合, 极大地影响了集合论后来的发展.

实际上, "理论上所希望的测度论" 的公理 (诸如 $\mathbb{R}$ 的所有子集皆可测), 跟 "理论上所希望的集合论" 的公理 (诸如连续统假设) 之间存在着冲突和对立*; 而为了解决这种冲突而做的努力却暴露出了集合论的更基本的问题. 这些问题没有被改变成更清晰的其他形式 —— 那是人们针对几何中的疑问使用的方法, 例如平行公理被改变成其他的形式 —— 而是被转向了所谓的选择公理和大基数公理, 下一节我们会讨论它们.

习题

24.3.1 试说明: 除 n 个点外取值皆为零的函数 f_n, 其在任何区间上的黎曼积分的值为零; 而且非黎曼可积的狄利克雷函数是这些函数 f_n 当 $n \to \infty$ 时的极限.

博雷尔集的复杂程度可粗略地由可数并集和用来定义它们的补集的数目来度量. 这里给出几个简单的例子.

24.3.2 试证: 区间的可数并集的补集是单个的一个点, 因此任何可数集是博雷尔集.

24.3.3 试推导: 无理数集是博雷尔集.

24.3.4 问: 0 和 1 间的无理数集的测度是多少?

24.4 选择公理和大基数

通常所说的选择公理表述如下: 对任何 (以非空集合为元素的) 集合 S, 存在一个选择函数 f, 即对于每个 $x \in S$, 若 x 非空, 则有 $f(x) \in x$. (于是, f 从 S 中的每个非空集合 x 中 "选择" 了一个元素.) 该公理看起来很有道理, 所以早期的集合论专家几乎都不自觉地使用它; 最早引起关注的是策梅洛的一个证明 (1904): 任何集合都可以良序化 (即, 都可以跟序数实现一一对应). 这好像是在向连续统假设迈进. 但策梅洛只是在对 S 的子集组成的集合给定了选择函数的条件下, 证明了 S 的良序的存在性. 此时人们并没有从中看到清晰明了的、$\mathbb{R}$ 良序化的踪迹. 当然, 如果有人怀疑存在 $\mathbb{R}$ 的良序化, 那么就会怀疑选择公理. 当人们发现在测度论中选择公理会引出难以置信的结果时, 怀疑之心就有增无减了.

第一个令人难以置信的结果是维塔利 (Vitali, G.) (1905) 发现的: 圆可以被分解为可数多个不相交的全等集. 因为全等集具有相同的勒贝格测度, 所以容易得出结论: 所论及的集合不是勒贝格可测的 (根据可数可加性; 参见习题 24.4.2–24.4.4).

---

* 是否一定存在冲突, 还得看怎样陈述连续统假设. 比如, 采用一种避免使用选择公理的陈述, 将连续统假设陈述为 "每一个不可数的实数子集合一定含有一个非空完备子集", 那么, 这样陈述的连续统假设和 "所有实数子集都可测" 就可以不发生冲突 —— 参见索洛韦 (Solovay) 的工作. —— 译注

一些更反常的分解由下列数学家给出: 豪斯多夫 (Hausdorff, F.) (针对球面) (1914); 巴拿赫 (Banach, S.) 和塔斯基 (Tarski, A.) (针对球) (1924). 巴拿赫–塔斯基定理说, 单位球可分解为无限多个集合, 在空间中做刚性运动时可形成两个单位球! 这说明并非球的所有子集都是可测的, 即使你要求的只是有限的可加性而非可数可加性. 瓦贡 (Wagon, S.) (1985) 对这些反常分解进行了出色的讨论, 并阐述了它们跟数学其他部分的联系.

测度在理论上引出反常分解的结果, 是几何上很自然的一个假设造成的, 即全等集具有同样的测度. 如果人们丢开这个假设, 只是要求可数可加性和非平凡性 (即, 不是所有的子集都是零测度的), 那么跟选择公理的冲突似乎也就烟消云散了. 无矛盾性也一直是在这样的假设下导出的; 但乌拉姆 (Ulam, S.) (1930) 证明: 任何具有这种测度的集合必定异常地大 —— 事实上, 它大到居然比 $\aleph_1, \aleph_2, \cdots, \aleph_\omega, \cdots$ 还要大, 并成为集合论本身的一种模型. 所以, 如果 $\mathbb{R}$ 具有非平凡可数可加测度, 则 $\mathbb{R}$ 必定远远大于 $\aleph_1$, 那么我们仍然面临着跟连续统假设的冲突. (第 24.8 节将讲述更多 "大基数" 的模型.)

比上述可测性更可取的公理可能是关于 $\mathbb{R}$ 的所有子集的勒贝格可测性. 据维塔利定理, 它跟选择公理有冲突; 但无论如何, 索洛韦 (Solovay, R.M.) (1970) 证明了它跟集合论是相容的, 条件是大基数的存在. 谢拉 (Shelah, S.) (1984) 证明了大基数假定是必要的.

这样一来, $\mathbb{R}$ 的所有子集的可测性就跟足够大的集合 —— 它为整个集合论建立模型 —— 的存在性密切地联系在了一起. 这种令人极为惊异的概念似乎回答了许多基本问题. 下一节探查集合论对逻辑的影响时, 我们将会发现自己又再次被拉回到这个问题上. 对于想更多地了解集合论发展的细节、特别是那些有争议的公理的人而言, 我们建议他们去读范达伦 (van Dalen, D.) 和蒙纳 (Monna, A.) 的书 (1972). 至于大基数理论的近期发展 —— 有人相信它们将对连续统假设提供新的解决线索, 可参见卡纳摩利 (Kanamori, A.) (1994) 和武丁 (Woodin, W. H.) (1999) 的著作.

习题

选择公理甚至会出现在初等分析中, 当人们试图对连续函数的概念形式化时就是如此. 普通的用无穷序列给出的定义, 仅当我们假定选择公理成立时才等价于标准的 ε–δ 定义.

若对任一序列 $\{a_n\}$, 当 $a_n \to a$ 时我们有 $f(a_n) \to f(a)$, 则称 f 在 $x = a$ 处序列连续.

24.4.1 试证: 在选择公理成立的条件下, 若 f 在 a 处不连续, 则 f 在 a 处非序列连续. (由科恩 (1963) 的结果推知, 没有选择公理是无法证明这个命题的.)

维塔利对圆的分解如下. 对 0 和 2π 间的每个 θ, 令 $S(\theta)$ 为单位圆上这样的点的集合, 它们的角度跟 θ 相差 2π 的有理倍数. 于是, 当 $\theta - \phi = 2\pi \times r$ (此处 r 是有理数) 时, $S(\theta) = S(\phi)$; 否则 $S(\theta) \cap S(\phi) = \varnothing$.

24.4.2 令 S 是这样的集合 (其存在性由选择公理保证), 它恰好含有来自每个不同的 $S(\theta)$ 中的一个元素, 并令其对每个有理数 r 有

$$S + 2\pi r = \{\theta + 2\pi r : \theta \in S\}.$$

(所以 $S + 2\pi r$ 是指 S 旋转了 2π 的有理倍数 $2\pi r$.) 试说明: 集合 $S + 2\pi r$ 中的任意两个或者全等或者不相交.

24.4.3 试说明: 圆是集合 $S + 2\pi r$ 的可数并集.

24.4.4 试说明: $\mu(S) = 0$ 和 $\mu(S) > 0$ 这样两个假设是矛盾的, 因此可得出 S 是非可测的结论.

24.5 对角线论证法

$\mathbb{R}$ 的不可数性还被康托尔 (1891) 用一种非常简单的方法证明了. 他的论证直接针对的是 $\mathbb{N}$ 的所有子集组成的集合 $2^{\mathbb{N}}$, 当然经过适当的变化, 该论证方法有些变种, 类似地适用于整数函数的集合 $\mathbb{N}^{\mathbb{N}}$ 和 $\mathbb{R}$ (它可以通过各种方式看成是跟整数函数的集合一样的集合). 为了证明 $\mathbb{N}$ 的子集的数目可以多到不可数的地步, 你必须证明 $\mathbb{N}$ 的所有子集 S_n 的任一可数汇集 $S_0, S_1, S_2, \cdots$ 都是不完全的, 即可以构作出一个不同于所有 S_n 的新的集合 S. S 就是所谓的对角集合 $\{n : n \notin S_n\}$, 显然它不同于标有脚标 n 的那些 S_n. 这就是所要证明的.

S 的 "对角线" 特征可以这样来看: 有一张由 0 和 1 组成的表格, 其中

$$\text{第 } n \text{ 行的第 } m \text{ 项} = \begin{cases} 0, & \text{若 } m \notin S_n, \\ 1, & \text{若 } m \in S_n. \end{cases}$$

换言之, 第 n 行由 S_n 的特征函数的值组成. S 的特征函数只不过就是将该表的对角线上的值取 "相反" 的值[*]. 实数序列 $x_0, x_1, x_2, \cdots$ 同样可以被对角线化, 做法是制作这样的一个表格, 它的第 n 行由 x_n 的十进小数的数字组成. 为对角线上的数字取 "相反" 的值一种适当的方法是: 将所有的 1 转变为 2, 而将其他所有的数字转变为 1. (得到的是位于小数点后的由 1 和 2 组成的序列, 它定义一个实数 x, 其十进制小数展开是唯一的. 因此 x 的十进制小数展开不仅跟所有的 x_n 的不同, 而且肯定是定义了一个不同的数.)

更一般地说, 对于任一以整数为各行的元素的表格, 即任一整数函数 f_n 的序列, 你都可以构作一个不等于 f_n 的整数函数 f, 办法是沿着表格的对角线改变其上的值. 事实上, 此背景下的对角线论证法是杜布瓦雷蒙 (du Bois-Reymond, P.) 首先给出的 (1875), 其目的是构作一个比序列 $f_0, f_1, f_2, \cdots$ 中所有的函数以更快速度增长的 f (习题 24.5.1). 事后分析, 你甚至能在康托尔对 $\mathbb{R}$ 的不可数性的第一个论证 (1874) 中察觉到对角线构作法 (习题 24.5.2).

对角线论证法在集合论中很重要, 因为它能毫无困难地被推广, 用于证明任何集合的所有子集的数目大于其元素的个数 (习题 24.5.3); 由此可知: 不存在最大的集合. 但一开始人们并没有注意到, 对角线论证法能导出在更为具体的层次上的结果. 这是因为如果一

---

[*] 即, 原来是 0 的取成 1, 原来是 1 的取成 0. —— 译注

个表格从整体上是可计算的, 则该表格的对角线就是可计算的. 因此, 这种论证法不仅仅告诉你如何给 $f_0, f_1, f_2, \cdots$ 的列表中加上一个新的函数 f, 它还表明如何在一串可计算函数中添加一个新的可计算函数. 换言之, 要计算所有可计算函数的列表是不可能的. 当然, 这同样适用于对可计算实数列表的计算. 这一惊人的结果在早期使用对角线论证法时未被触及, 原因是当时的数学家并没有把可计算性看成是一个重要的概念, 实际上他们根本不认为它是个数学概念. 然而, 对选择公理的争论帮助人们对可构造函数和不可构造函数之间的差异认识得更清楚. 在 20 世纪 20 年代, 逻辑学家开始更严肃地探究可计算性的概念; 正如哥德尔 (1946) 后来所说的, 可计算性成为数学上的一个精确概念, '可算是个奇迹".

习题

对角线构造法对于构造比一个给定的可数集的成员更 "大" 的函数或实数, 是一种相当自然的方法.

24.5.1 给定整数函数 $f_0, f_1, f_2, \cdots$, 试定义一个整数函数 f, 使得当 $m \to \infty$ 时, 对每个 n 都有 $f(m)/f_n(m) \to \infty$. 提示: 对所有 $m \geq n$, 设法做到 $f(m) \geq n f_n(m)$.

24.5.2 试说明: 若 $a_0 < a_1 < a_2 < \cdots$ 是一个实数的有界序列, 那么 $\{a_0, a_1, a_2, \cdots\}$ 的上确界 (即最小上界) a 在下述意义上就是该序列的 '对角线数". 即, 存在整数 $k_0 < k_1 < k_2 < \cdots$, 使得 a 的十进小数在第 k_n 位之后的数字大于相应的 a_n 的十进小数的数字.

最后一道习题要对任一集合 I 应用对角线构造法, 以证明 I 具有比其元素数目更多的子集数目.

24.5.3 设 I 为任一集合, 并令 $\{S_i\}$ 是 I 的子集的汇集, 它的元素跟 I 的元素 i 之间存在一一对应关系. 试证: 该汇集的自然的 '对角线' 集合 S 是 I 的不等于所有 S_i 的子集.

24.6 可计算性

可计算性的概念首先是由图灵 (Turing, A.) (1936) 和波斯特 (Post, E.L.) (1936) 正式提出的, 他们各自独立地给出了一种计算机的定义 —— 现称图灵机. 图灵机 M 由下述集合和函数给定: 两个有限集合 —— 表示它内部状态的集合 $\{q_0, q_1, \cdots, q_m\}$ 和一个符号集合 $\{s_0, s_1, \cdots, s_n\}$, 及一个转移函数 T —— 它确定了 M 在 (q_i, s_j) 下的行为. M 可想象成是划分成一串方格的无限长的带子, 每个方格内可写有 s_j 中的一个符号. (就大部分目标而言, 可假定 M 的初始状态是具有有限多个空格的带子: s_0 为表示空格的符号.) M 将依据其内部状态 q_i 进行一次转换: 将 s_j 改写为 s_k, 然后将方格向右或向左移一格, 并进入一个新的状态 q_l. 这样, 转移函数由有限多个方程给出:

$$T(q_i, s_j) = (m, s_k, q_l),$$

其中 $m = \pm 1$ 表示向右或向左移一格.

为了用图灵机 M 来计算一个函数 $f: \mathbb{N} \to \mathbb{N}$, 必须对输入 ($f$ 的自变量) 和输出 (f 的值) 做某些约定. 最简单的情形见图 24.1. 此时的带子除如图所示的 n 个写有 1 的格子 (称为 n1-区组) 和 $f(n)$ 个写有 1 的格子 (称为 $f(n)$1-区组) 外, 其余格子皆为空格; M 始于 n1-区组最左端的 1, 即状态 q_0, 止于 $f(n)$1 - 区组最左端的 1. M 由于进入停止状态而停止 —— 此处停止状态即状态 q_h, 在这种状态下, M 不再从 $(q_h, 1)$ 转移. 可计算函数就是能用图灵机 M 以这种方式表示的函数.

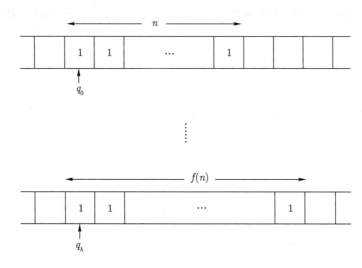

图 24.1　用图灵机计算一个函数

由此可知, 只存在可数多个可计算函数 $f: \mathbb{N} \to \mathbb{N}$, 因为只存在可数多个图灵机. 实际上, 我们可以计算所有图灵机的列表: 首先列出进行一次转移的、有限多个图灵机, 然后列出进行两次转移的图灵机, 并依次做下去. 这好像跟上一节的发现相背, 那里说所有的可计算函数的列表是不可计算的; 而图灵 (1936) 已认识到它确实不可能. 此中容易使人出错的问题是: 并非所有的 (图灵) 机都定义了函数, 而把所有定义了函数的图灵机挑出来是不可能的. 当然, 排除任何跟图 24.1 所示的不一样的情形下停机的机器是可能的; 困难在于是否知道停机将会发生. 准确地说, 这一困难妨碍了对角线函数的计算.

如果对每一部机器 M 和每一个输入都能决定 M 是否最终会停机, 那么, 我们就能找到第一部关于输入 1 停机的机器, 下一部关于输入 2 停机, 接着是关于输入 3 停机的, 依此类推. 通过改变相应的输出 (若输出的是数则加 1, 否则就取值为 1), 我们能计算不同于所有可计算函数的函数了.

这一矛盾表明: 给定了机器和输入, 决定停机是否最终会发生的问题是不可解的. 这就是所谓的停机问题; 不可解性正确地说明了没有图灵机能解决它. 亦即, 若 '输入为 n 的 M 最终将停机吗?" 这个问题是以某固定、有限的字母系统表述的, 那么以这些问题为输入, 将不存在能给出其答案作为输出的机器. 就我们所知, 这一结论的意义是: 求解无限多问题集的所有可能的规则或算法都能被图灵机所实现. 此即哥德尔 (1946) 所指的 '可算是个奇迹'.

今天, 计算机已无孔不入, 人们普遍认为 '可计算性' 有绝对精确的含义 —— 跟图灵机的可计算性意义相同. 甚至人们熟知这样的事实: 所有的计算都能在一部足够强大的计算机上进行; 这跟图灵 (1936) 发现的通用图灵机是一致的. 然而, 这些说法在 20 世纪 30 年代实属惊人之谈, 尤其是对哥德尔 —— 他已证明 (1931): 相关的 '可证性' (provability) 概念不是绝对的. 我们会在下一节进一步讨论它. 简言之, 造成差异的原因在于: 新的可计算函数不可能由对角线化产生, 而新的定理却能!

在 1936 年, 停机问题并没有明显的数学意义, 不过它似乎也不比数学中其他未解决的算法问题更困难. 于是, 人们第一次合理地猜想: 通常数学中的某些问题是不可解的. 进而, 若能证明一个特殊问题 P 蕴含了停机问题的一个解, 则 P 的不可解性就可能严格地被证实. 这个方法被图灵 (1936) 和丘奇 (Church, A.) (1936) 用于证明形式逻辑中某些问题的不可解性. 丘奇 (1938) 还对通常数学中的不可解性提出了更强的候选者: 群的字问题.

假定给定群 G 中一组有限的定义关系 (19.7 节) 以及一个字 w, 所谓群的字问题是指在 G 中判定是否 $w = 1$ 的问题. 字问题和停机问题不光有表面上的类似之处. 群 G 对应于机器 M, G 中的字对应于 M 的带子上的表达式, 而 $w = 1$ 对应于停机. G 的定义关系大致对应于 M 的转移函数. 不幸的是, 并不存在等价于在 G 中消去逆元的机器, 这造成了严重的技术性困难; 所幸的是, 诺维科夫 (Novikov, P.S.) (1955) 克服了这些困难. 他成功地建立起两者间有效的类似关系, 从而得到了字问题的不可解性. 这又导出一大批有重要意义的数学问题的不可解性, 其中包括 22.7 节提到的同胚问题. (那里给出的参考文献是史迪威 (Stillwell, J.) (1993), 其中有字问题不可解性的证明.)

希格曼 (Higman, G.) (1961) 按诺维科夫的思想重新做了更深入的研究, 表明在群的背景下可计算性是很自然的数学概念. 希格曼证明, 有限生成群 H 具有一组可计算的定义关系, 当且仅当 H 是具有一组有限生成关系的有限生成群的子群. 于是,'计算' 等同于被生成元和关系所 '有限定义' 的群中的 '生成'.

习题

实际上, 图灵 (1936) 通过对可计算实数的思考并施以对角线论证, 已发现停机问题的不可解性. 该论证类似于上述使用可计算函数的论证, 但略显凌乱. 当存在图灵机 M 以如下方式表示实数 x 时, 就定义该实数是可计算的:

- 从空带开始, M 在带子的后续方格上打印 x 的十进制数字, 最终要填充上最初扫描的方格右边的每一个方格 (如必要, 可在某个点后都打印 0).
- 左边的方格可以被预先的计算所使用和重用, 但右边的方格一旦被写入就不可以重写.

24.6.1 试说明: 不存在一种算法能用来识别以这种定义方式来定义实数的图灵机. 因为这样的算法可以给出一种方法, 算出一个跟所有的可计算数不同的数.

24.6.2 试通俗地解释: 为什么每一个图灵机 M 都可以被转换成机器 M', 使得当且仅当 M' 不停机的情况下, M 定义一个可计算数.

24.6.3 因此可证: 不存在能够解决停机问题的图灵机.

24.7 逻辑和哥德尔定理

自莱布尼茨时代以来 —— 也许更早, 人们一直在尝试数学推理的机械化; 直到 19 世纪晚期, 通过用集合来定义所有的数学对象, 从而使数学主体得到澄清后, 这一尝试才走上成功之路. 随着许多涉及数、空间、函数及相似的概念归约到单一的集合概念, 相应的公理的数目也可减缩, 这似乎对数学是必然的. 几乎在同时, 布尔 (Boole, G.) (1847) 特别是弗雷格 (Frege, G.) (1879) 对逻辑原理的研究, 导致了一种规则体系, 它能推断出任一给定的公理集的所有逻辑结论. 这样两条研究路线共同提供了一种可能性: 一个完的、严格的、原则上是机械化的体系可用来推导出所有的数学.

试图实现这种可能性的、最严格和彻底的努力, 是怀特黑德 (Whitehead, A. N.) 和罗素 (Russell, B.) 的大部头著作《数学原理》(*Principia Mathematica*) (1910). 《数学原理》使用了集合论公理, 还同时使用了数目不多的一组推理规则, 并以一种完全形式化的语言推导出通常的数学中的本质部分. 使用形式语言的目的是为了避免自然语言的含糊和模棱两可, 以使证明能够机械地加以检验. 当时, 证明检验的机械化本身还不是一个目的, 而只是为了保证严格性. 1900 年, 怀特黑德和罗素开始写《数学原理》时, 他们相信自己就是要达到 19 世纪的那个目标: 得到一个完全和绝对严格的数学体系. 他们没有认识到, 他们的体系的严格性 —— 机械地检验证明的可能性 —— 事实上跟完全性是不相容的 (incompatible). 哥德尔 (1931) 证明, 存在可用《数学原理》的语言表示的真语句, 但却不能从其公理导出. (除非《数学原理》是不相容的, 此时所有的语句都能从其公理导出. 实际上, 相容性假设很重要, 我们在本节结尾处将看到其重要的程度.)

哥德尔定理刚登场时引起了轰动. 它不仅冲击了以前有关数学和逻辑的观念, 而且其证明既新颖又令人迷惑. 哥德尔利用了《数学原理》中证明的机械化性质, 在《数学原理》本身语言的范围内定义了一个关系: "《数学原理》的第 n 个语句是可证的." 据此, 他能编造出一个语句, 这个语句实际是这样说的: '这个语句不是可证的". 哥德尔语句如果是真的, 那么它就不是可证的. 而如果它不真, 那么《数学原理》就证明了一个不真的语句. 无论出现哪种情形, 《数学原理》中的可证性跟真与不真风马牛不相及.

哥德尔的证明, 对他同时代的人而言太难理解了. 他把处理作为数学对象的语句的新奇方法, 跟表示其本身不可证性的几近矛盾的句子 (句子 '这个语句不真" 是矛盾的) 结合在了一起. 波斯特 (1944) 用较少似非而是的方式给出了哥德尔定理的证明, 办法是由经典的对角线论证导出它. 波斯特方法的关键之处是提出了递归可枚举集的概念. 集合 W 被称为递归可枚举的, 若其成员的列表可计算 —— 譬如可由图灵机将它们打印在机器的带子上. (当然, 若 W 是无限集, 计算将永远进行下去.) 递归可枚举集的范例是形式体系的定理集, 诸如《数学原理》所示的那种. 对这样的体系, 你能计算所有语句的列表, 所有有限的语句序列的列表, 并通过选出那些属于证明的语句序列, 计算所有定理的列表 —— 因为一个定理无非就是一个证明的最后一行.

波斯特的想法是: 去关注那些关于递归可枚举集的、在一给定的体系 Σ 中被证明的定理, 并由它们去计算 '对角线语句'. 由于递归可枚举集跟图灵机联系在一起, 所以有可能去枚举 $\mathbb{N}$ 的递归可枚举子集 —— 记为 $W_0, W_1, W_2, \cdots$ 按合理的约定, 令 W_n 为第 n 部机器输出的数集. (顺便提一下, 选出适当的机器是不成问题的, 正如选出可计算函数一样, 因为我们并不在乎 W_n 是否是空集.) 对角线集 $D = \{n : n \notin W_n\}$, 跟每个 W_n 都不等, 它无疑不是递归可枚举的; 但下列集合是递归可枚举的:

$$\mathrm{Pr}(D) = \{n : \Sigma \text{ 证明 } ``n \notin W_n\text{''}\}.$$

D 的这个 '可证部分' 是递归可枚举的, 因为我们可以对 Σ 的定理列表, 并选出形如 '$n \notin W_n$' 的定理. 假设 Σ 只证明正确的语句, 则 $\mathrm{Pr}(D) \subseteq D$; 但 $\mathrm{Pr}(D) \neq D$, 因为 $\mathrm{Pr}(D)$ 是递归可枚举的而 D 不是. 这直接表明: 在 D 而非 $\mathrm{Pr}(D)$ 中存在 $n_0, n_0 \notin W_{n_0}$, 因为 '$n_0 \notin W_{n_0}$' 这个语句不是可证的.

更好的是, 具有这种性质的独特的 n_0 成为递归可枚举集 $\mathrm{Pr}(D)$ 的指标. 若 $W_{n_0} = \mathrm{Pr}(D)$, 则 $n_0 \in W_{n_0}$ 等价于 $n_0 \in \mathrm{Pr}(D)$, 这意味着 '$n_0 \notin W_{n_0}$' 是可证的. 可是此时 $n_0 \notin W_{n_0}$ 是真的, 条件是 Σ 只证明正确的语句; 于是, 我们得到了矛盾. 因此 $n_0 \notin W_{n_0}$. 这又等价于 $n_0 \notin \mathrm{Pr}(D)$, 它意味着 '$n_0 \notin W_{n_0}$' 不是可证的. (顺便请注意, 此论证的最后部分揭示出 '$n_0 \notin W_{n_0}$' 是这样的语句, 它表示了它本身的不可证性.)

这似乎表明, 波斯特在 20 世纪 20 年代就知道这种通向哥德尔定理的门径, 比哥德尔本人的证明问世更早. 然而, 波斯特从更一般的观点看待不完全性 —— 作为任意递归可枚举体系的性质, 阻挡了他前进的步伐; 直到他对可计算性成为在数学上可定义的概念感到满意后才继续前行. 1925 年 12 月, 波斯特构想出一个计划, 用以证明《数学原理》的内容是不完全的, 但正如他日后写的那样, '该计划包含了为其他数学和逻辑工作事先健身的成分, 但并未指望会出现一个哥德尔!' (波斯特 (1941), 418 页).

哥德尔定理源自对通常的数学证明之性质的反思. 更具压倒性影响的、著名的哥德尔第二定理则源自对哥德尔定理本身的证明的反思. 事实上, 尽管后者的证明不同寻常, 但却能够用通常的数学语言来表述.

我们已用非形式的图灵机语言描述了波斯特对哥德尔定理的证明; 经过努力, 我们可用数论中的小语种, 所谓的佩亚诺算术 (Peano Arithmetic, 简记为 PA) 的语言来表述它.

确实, 这一 "语句算术化" 是哥德尔最重要的思想之一. 通过用 PA 表达他的证明, 他展示了经典数学的不完全性. PA 是一种关于 $\mathbb{N}$ 的加法和乘法的语言*, 并以基本的逻辑和数学归纳作为证明机器. 只要将图灵机带子上的符号序列用数字来解释†, 图灵机就可用 PA 来讨论; 此时, 它们在计算过程中发生的变化变成了关于数的运算. 靠这种解释, '$n_0 \notin W_{n_0}$' 和 'Σ 未证明 '$n_0 \notin W_0$'' 变成了 PA 的语句.

此时此刻, 记着在哥德尔定理证明中用到的关于 Σ 的假设很重要; Σ 证明的只是正确的语句. 这一假设不能丢弃 (因为一个不正确的定理通常能用来导出所有的语句), 但它可以减弱为这样的假设, 即 Σ 不能证明 '$0 = 1$' 这个语句. 由于后一假设是指一个确定的元素 (语句 '$0 = 1$' 的数目) 不属于一个确定的递归可枚举集 (Σ 的定理集), 故它能表示为 PA 的语句 $\mathrm{Con}(\Sigma)$. 特别地, PA 可通过语句 $\mathrm{Con}(\mathrm{PA})$ 表示其本身的相容性. 经这些修正, 针对 $\Sigma =$ PA 的哥德尔定理变为下述 PA 的语句:

$$\mathrm{Con}(\mathrm{PA}) \Rightarrow \text{PA 证明不了 '}n_0 \notin W_{n_0}\text{'}.$$

如我们所见, 语句 '$n_0 \notin W_{n_0}$' 等价于其本身的不可证性, 故与此等价的语句就是

$$\mathrm{Con}(\mathrm{PA}) \Rightarrow n_0 \notin W_{n_0}.$$

此时, 哥德尔注意到他的证明能够在 PA 中进行. (希尔伯特和贝尔奈斯 (Bernays, P.) (1936) 给出了一个相当麻烦的证明.) 因此, 若 $\mathrm{Con}(\mathrm{PA})$ 可在 PA 中证明, 那么 '$n_0 \notin W_{n_0}$' 也能根据基本逻辑来证明. 可是, 如果 PA 是相容的, 那么根据哥德尔定理, '$n_0 \notin W_{n_0}$' 不能在其中被证明, 因此两者都不能是 $\mathrm{Con}(\mathrm{PA})$. (哥德尔自然有一个不同的不可证语句, 但它同样被 $\mathrm{Con}(\mathrm{PA})$ 所蕴含, 等价于其本身的不可证性.)

断言 $\mathrm{Con}(\mathrm{PA})$, 即 PA 的公理是相容的, 在某种程度上比公理本身更强. 类似地, 若 Σ 是任一包括 PA 的体系 (诸如《数学原理》的体系或其他集合论体系), 则 $\mathrm{Con}(\Sigma)$ 不能在相容的 Σ 中被证明. 此即哥德尔第二定理.

习题

如果对语句 '$n_0 \notin W_{n_0}$' 能表示其本身的不可证性还觉得不清楚, 那么详细写出其理由是有益的.

24.7.1 试填充下式中用省略号 ($\cdots\cdots$) 表示的部分, 以建立整条等价链:

$$n_0 \notin W_{n_0} \Leftrightarrow \cdots\cdots \Leftrightarrow \Sigma \text{ 证明不了 '}n_0 \notin W_{n_0}\text{'}.$$

---

* PA 实际揭示的是关于自然数加法和乘法的基本性质, 或是对这些性质的一种认识. —— 译注
† 这种解释是 "系统而有效的", 解释的系统性和有效性恰是哥德尔不完全性定理证明的两大关键之一, 另一关键是对角线方法. —— 译注

哥德尔定理的一种值得关注的新形式是蔡廷 (Chaitin) (1970) 发现的. 跟哥德尔本人的版本一样, 蔡廷的版本很容易用计算的语言加以解释. 我们称 0 和 1 的有限序列 σ 为计算随机的, 若它不能用其描述比 σ 短的图灵机 (由空白带子) 产生. 为了公平地比较长度, 我们假定图灵机本身也写成 0 和 1 的序列 (这使得 "计算随机" 依赖于我们对图灵机的编码方法; 但这也无妨 —— 蔡廷定理的证明只假设该编码方法是可计算的).

24.7.2 试给出一种非形式的论证, 用以解释: 为什么 10^{100} 个相继的 0 的序列不是计算随机的?

24.7.3 试说明: 至多有 $2^n - 1$ 个图灵机的长度描述小于 n.

24.7.4 试从习题 24.7.3 推断: 存在无穷多个计算随机序列.

尽管计算随机序列普遍存在, 但要发现它们却十分困难. 蔡廷不完全性定理说, 任一可靠形式系统只能证明有限多个如下形式的定理: "σ 是计算随机的."

与此相反, 为了证明蔡廷定理, 需要假设存在一个形式系统 —— 因此存在一个图灵机 —— 它产生无穷多个形如 "σ 是计算随机的" 定理, 而且不存在这种形式的假陈述. 现在我们假定 M 的长度比如为 10^6.

24.7.5 试非形式地解释: 如何将 M 转换为机器 M', 从而由 M 的输出找到第一个形如 "σ 是计算随机的" 定理, 其中 σ 至少有 10^{100} 个数字.

24.7.6 试再非形式地解释: 为什么 M' 的长度小于 10^{100}.

24.7.7 试从习题 24.7.6 推断: 我们得到了一个矛盾; 因此这样的 M 并不存在.

24.8 可证性和真理

上一节强调了哥德尔定理是个二者择一的命题: 形式体系 Σ 或无法证明真语句, 或证明错误的语句. 哥德尔第二定理等同于语句 $\mathrm{Con}(\Sigma)$ 或是真的但不可证, 或是错的却可证; 但是, 该证明并没有说对特定的 Σ, 比如说是 PA 还是《数学原理》, 哪种情况会实际发生. 为什么会出现这样的情形又不违反哥德尔定理本身呢? 除了 Σ 实际上是不相容的之外, 可能存在非形式的证明, 可证明 $\mathrm{Con}(\Sigma)$ 是真的!

无论如何, 哥德尔定理告诉我们: 把 $\mathrm{Con}(\Sigma)$ 加入体系 Σ 中, 并不会使我们失去什么. 如果 Σ 是不相容的, 那么它已毫无价值, 加进 $\mathrm{Con}(\Sigma)$ 也不会让事情变得更坏. 如果 Σ 是相容的, 那么我们就获益, 因为 $\mathrm{Con}(\Sigma)$ 是个不能单独由 Σ 证明的、新的数学真理. 在这种情况下, 哥德尔定理给出了一种方法来超越任何给定的形式体系. 知道 $\mathrm{Con}(\Sigma)$ 超出了 Σ 的辖域 (若 Σ 是相容的), 对数学家有实际的价值, 因为它意味着试图去证明任何蕴含 $\mathrm{Con}(\Sigma)$ 的语句是毫无意义的. 如果谁想使用这样的语句, 应把它作为新的公理.

实际上, 数学上重要的语句都是以这种方式形成的, 集合论中的大多数语句更是如此, 其中相容性蕴含于 "大集" 的存在. 通常的集合论公理体系 (称为策梅洛–弗伦克尔公理体系, 或缩写为 ZF) 可粗略地表述为:

(i) $\mathbb{N}$ 是一个集合.

(ii) 依据确定的运算形成更多的集合, 其中最重要的是幂集 (取集合的所有子集) 和替换集 (取定义域是一个集合的函数的值域).

据此, ZF 的那些公理可用任一包含 $\mathbb{N}$ 的、在幂集和替换集下封闭的集合来建立其模型. 这样的集合必须十分大 —— 比其存在性可在 ZF 内证明的任何集合都要大 —— 但如果它存在, 那么 ZF 必须是相容的, 因为两个矛盾的语句不可能是真的实际存在的对象. 所以, 上述意义下的大集合的存在蕴含了 Con(ZF).

若 ZF 是相容的, 那么 ZF + Con(ZF) 也是相容的; 但需要更大的集合以满足扩大的公理体系. 这些大集存在公理称为无穷公理 (axioms of infinity). 由于它们蕴含 Con(ZF), 所以它们不能在 ZF 中被证明. 特别地, 你无法证明 $\mathbb{R}$ 的所有子集上的非平凡测度的存在性, 因为如 24.4 节已指出的, 这蕴含了一个大集的存在. 事实上, $\mathbb{R}$ 上非平凡测度的存在是一条远比前述公理强得多的无穷公理. 哥德尔 (1946) 做出了重要推测: 任何真的但不可证的命题, 乃是某个无穷公理的推论.

近期, 已在数论中找到一些涉及 "大" 的性质, 它们蕴含了 Con(PA). 第一条这类性质是帕里斯 (Paris, J.) 和哈林顿 (Harrington, L.) (1977) 发现的, 他们使用了对拉姆齐 (Ramsey, F.P.) (1929) 的组合定理的一种修正. 帕里斯和哈林顿找到了一个语句 σ; 该语句说: 对每一个 $n \in \mathbb{N}$, 存在一个 m, 使得容量 $\geqslant m$ 的集合具有确定的组合性质 $C(n)$. 他们证明 σ 可由无限集的拉姆齐定理推出 (参见 25.7 节); 但是, 函数

$$f(n) = \text{使得容量为 } m \text{ 的集合具有性质 } C(n) \text{ 的最小的那个 } m$$

比任何其存在性得以在 PA 中证明的可计算函数都增长得快. 所以, 在某种意义上, σ 断言了 "大" 函数的存在. 性质 $C(n)$ 使得人们能够判定一个有限集是否具有它; 因此 σ 蕴含了 (很简单, 必定在 PA 中) f 是可计算的. 这直接表明 σ 不能在 PA 中被证明; 但事实上帕里斯和哈林顿证明了更强的结论: σ 蕴含 Con(PA).

哥德尔定理表明, 纯形式地看待数学会使我们丢失某些东西; 无穷公理则表明, 丢失的要素可能在数学上是有趣和重要的. 尽管如此, 公认的观点似乎仍然是: 数学在于由确定的公理出发、形式地演绎出各种定理. 早在 1941 年, 波斯特就反对这种观点:

> 使作者持续困惑不解的是, 哥德尔卓越的成就已问世 10 年, 它对关于数学的性质的流行观点的影响却只是让人们看到了需要许多的形式体系, 而不是一个通用体系. 而我们宁愿看到在这些方向的研究必然会导致一种逆转: 19 世纪晚期和 20 世纪早期的完全公理化的倾向将实现向意义和真理的回归.
>
> 波斯特 (1941), 345 页

我相信, 波斯特当时说的就是这个意思. 在哥德尔之前, 数理逻辑的目标一直是将所有的数学都精炼成一组公理. 人们期待着, 比如数论中的一切都可以从 PA 出发经形式演

绎而得到, 即要忘掉 PA 的公理具有任何意义. 哥德尔证明, 事情不是这样的; 特别地, 表示相容性的语句 Con(PA) 并不能以如此方式得到. 然而很清楚, 通过了解 PA 公理的意义, 人们就知道它们是相容的: 矛盾的语句在有 + 和 × 的 N 的实际结构中没有其容身之处. 所以, 正是看出 PA 中的意义的能力, 使我们领会了 Con(PA) 是真理, 从而超越了形式证明的威力*.

习题

在不假定相容性是不可证的条件下, 策梅洛在 1928 年发现了 "大" 集不可证的一个论证 (贝尔 (Baer) (1928) 提到了策梅洛的相关通报). 由于该发现早于哥德尔本人的工作, 它似乎应被公正地称为策梅洛不完全性定理. 这个定理说: 若 "大" 集存在, 则该事实在 ZF 中是不可证的.

为了铺设通往策梅洛论证的道路, 我们需要解释如何用序数来度量集合的 "复杂程度"——称为集合的秩. 最简单的集合是空集, 其秩被指定为 0. 对每一个序数 α, 秩小于等于 $\alpha+1$ 的集就是指: 秩 $\leqslant \alpha$ 的集, 加上秩 $\leqslant \alpha$ 的集组成的集的所有子集.

24.8.1 试说明: $1 = \{0\}$ 的秩为 1; 更一般地, $n+1 = \{0, 1, \cdots, n\}$ 的秩为 $n+1$.

若 λ 不是形如 $\alpha+1$ 的序数, 那么秩 $\leqslant \lambda$ 的集就是那些秩 $\alpha < \lambda$ 的集, 加上秩 $< \lambda$ 的集组成的集的所有子集.

24.8.2 试说明: 序数 $\omega = \{0, 1, 2, \cdots\}$ 的秩为 ω.

24.8.3 更一般地, 试说明: 任一序数 α 的秩为 α.

本质上, 这是 ZF 的一条公理 (基础公理), 即每一个集都有一个秩.

序数 λ 称为不可达的, 若秩 $< \lambda$ 的集在幂运算和置换运算下封闭. 于是, 若存在不可达的 λ, 则秩 $< \lambda$ 的集构成 ZF 的一个模型. 并且, 若存在不可达的序数, 则必存在一个最小的不可达序数, 记作 μ.

24.8.4 试说明: 秩 $< \mu$ 的集, 乃是 ZF 的一个模型加上语句 "不存在不可达序数".

24.8.5 试从习题 24.8.4 推导出: 若存在不可达的序数, 则该事实在 ZF 中是不可证的.

24.9 人物小传: 哥德尔

库特 · 哥德尔 (Kurt Gödel, 图 24.2) 1906 年生于摩拉维亚的布吕恩 (现为捷克共和

---

* 我们对哥德尔不完全性定理有以下解释: 它所揭示的只是 PA 所反映出来 (或代表) 的关于自然数加法和乘法运算规律认识的不完全性以及任何可以通过走捷径轻易达到认识巅峰的想法必然是幻想. 比如说, 如果只是考虑自然数的加法而不同时考虑自然数的乘法, 那么将那些关于乘法的规律排出后的纯粹加法算术就是完全的, 即此时通过形式证明所能得到的结论和能够表述的真理是同一的. 再比如, 特征为 0 的域公理系统是不完全的 ($XX = -1$ 这个方和就在实数域中无解, 而在复数域中有解), 在这里通过域论公理系统形成证明所能得到的结论和关于数的加法和乘法能够表述的真理是不同一的; 但是, 特征为 0 的代数封闭域公理系统就是关于复数加法和乘法运算规律的完全的认识. 在这里, 通过形式证明所能得到的结论和能够表述的真理是完全同一的. 此外, "Con(PA) 是真理" 实际上在集合论公理系统 ZF 之下也是可以被形式地证明的. 我们应当尽量减少对哥德尔不完全性定理的误读. 不要忘记, 稍早一些的哥德尔关于一阶逻辑的完备性 (completeness) 定理明确表明: 在一阶逻辑系统之下, 任何相对真理都和形式证明意义下的逻辑推论完全同一. —— 译注

国的布尔诺), 1978 年卒于普林斯顿. 其父鲁道夫·哥德尔 (Rudolf Gödel) 是一家纺织企业的主事, 母亲名叫玛丽安娜·汉德舒 (Marianne Handschuh), 他是他们的第二个儿子. 他的双亲都是该地区富有的、讲德语的少数派的成员, 其母曾在布吕恩的一所法国学校读过书. 母亲对库特的成长有举足轻重的影响, 至少在信教和求学方面如此. 他参加路德教会的活动, 对天主教会则很冷淡 —— 其父名义上属于天主教会.

图 24.2   库特·哥德尔

哥德尔的童年大体上过得挺愉快, 他的好奇心颇重 —— 大家都知道他是家里的 Herr Warum ("为什么?" 先生). 这个家庭是幸运的, 因为第一次世界大战对布吕恩的影响相对较小, 甚至战后摩拉维亚并入新建的国家捷克斯洛伐克, 也没有对哥德尔的家庭造成什么影响. 哥德尔小时候最令人不安的事件是他在 6 或 7 岁时患过风湿热病; 他 8 岁时知道风湿热病会损害心脏. 之后, 他一直相信 —— 直至他生命的终点 —— 他的心脏很弱; 可是医生找不到相应的证据, 哥德尔因此对医生这门职业产生了怀疑. 这导致了 20 世纪 40 年代他跟死神擦肩而过的险情: 当时他得了十二指肠溃疡却不去治疗, 整日提心吊胆, 出现了抑郁症的倾向.

念完中学, 哥德尔来到维也纳 (其父的出生地) 读大学. 开始, 他在数学和物理之间举棋不定, 但在听了数论学家富特温勒 (Fürtwangler, P.) 的一轮精彩讲课后, 他便决定选择数学. 汉斯·哈恩 (Hans Hahn) —— 他对实函数理论中的点集问题感兴趣 —— 把他领进了逻辑和集合论领域. 哈恩在 1926—1928 年间让哥德尔参加了著名的维也纳哲学学会的活动, 后又成为他的论文导师. 维也纳学会的目标是借助于形式逻辑将科学和哲学建立在严格的基础之上, 无疑对哥德尔的工作产生了强烈的影响. 然而, 他的不完全性定理明显地打击了维也纳学会, 正如它会打击数学中的形式主义者一样. 事实上, 哥德尔在发现他的定理之前很久, 就已不知不觉地离开了维也纳学会, 因为他的哲学倾向跟他们的完全相反. 维也纳学会将其哲学建立在严格的实证基础上; 相反, 哥德尔在哲学 (形而上学) 方面的兴趣在于幽灵和恶魔 (不妨参见克赖泽尔 (Kreisel, G.) (1980), 155 页).

1927 年, 哥德尔跟他未来的妻子阿得勒 · 波尔克特 (Adele Porkert) 相遇, 她是维也纳一所夜总会的舞者. 他的父母反对这门婚事, 理由是她比哥德尔大 6 岁, 而且以前还结过婚; 所以这一对情侣直到 1938 年才完婚. 有情人终成眷属, 朋友们注意到哥德尔参加她跟同伴的聚会时变得非常热情. 他们没有孩子, 阿得勒可能是唯一能偶然地使哥德尔回到现实生活之中的人.

哥德尔 1929 年成为奥地利公民, 1931 年发表不完全性定理后名望鹊起. 他应邀访问美国, 并三次造访普林斯顿高等研究院. 不过在其间, 他几次患抑郁症入精神病院治疗. 1938 年, 希特勒吞并了奥地利, 社会环境变得越来越令人感到压抑, 尽管哥德尔似乎没有感知到纳粹的威胁. 他谴责过奥地利 '懒散、办事草率" 的局面; 但只是在他被鉴定为适合服兵役时 —— 哥德尔认为这是无法律依据的鉴定, 他才决定离开奥地利.

在这段生活紧张的时期 (1937—1940), 哥德尔思考了集合论中的主要问题, 证明了选择公理和连续统假设的相容性. 1940 年, 他在自己第二次名望大振时来到普林斯顿. 他取得了普林斯顿高等研究院的一个职位, 并在那里度过下半生. 20 世纪 40 年代早期, 他继续勤勉地钻研集合论. 1942 年, 他找到了选择公理独立性的一个证明, 但未发表 —— 原因是他发现自己不能对连续统假设证明同样的结论 (即证明: 若集合论是相容的, 人们就能可靠地假定选择公理为真而连续统假设为假). 当然, 这些结论最终被科恩 (Cohen, P.) 所得 (1963).

1943 年后, 哥德尔的主要精力用于哲学研究. 确实, 如克赖泽尔 (1980, 150 页) 所指出的: 哥德尔的所有发现皆来自他哲学上的敏锐 —— 加上适当的但又是初等的数学技巧. 例如, 不完全性定理源自对可证性和真理之间差异的洞察. 哥德尔 (1949) 出人意料地尝试着开辟另一个有哲学趣味的数学领域 —— 相对性理论. 他证明, 包含闭类时线的爱因斯坦方程有解, 因而理论上存在时间旅行的可能性. 后来, 哥德尔计算了人回到自己的过去去旅行, 所需的能量大到不可能获得的程度, 不过让信号来往于过去和现在还是有可能的. 真的, 他似乎相信这就是幽灵可能存在的基础 (克赖泽尔 (1980), 155 页).

哥德尔理所当然地并不情愿向公众表达这些观点. 因为即使是不完全性定理, 因暗中牵涉智力和机器的相对关系问题, 便引起了广泛的争议; 所以他没有发表他的上述哲学观点. 不过, 他个人的观点 —— 智力比机器更强大 —— 可能很重要, 这使他成为预见到不完全性定理的第一人. 我们可以毫不夸张地说, 哥德尔能敏锐地接纳科学上的非传统思想, 从而为他的非传统定理的诞生铺平了道路.

第 25 章

组合学

导读

在本书最后一章, 我们来考察另一个到 20 世纪才成熟的领域: 组合学. 像 19 世纪前的数论一样, 20 世纪前的组合学也被认为是缺乏深度和统一性的初等主题. 我们现在认识到, 组合学就像数论一样是非常深奥的, 它跟数学的所有部分都有联系. 我们在这里将强调其中恰好跟前面章节的主题有联系的部分, 但又不会完全牺牲组合学本身的独特性.

组合学常常被称为 "有限数学", 因为它研究的是有限的 (又称有穷的) 对象. 不过, 有限的对象无穷无尽, 而且有时候对一个无穷集中所有的成员同时进行推理更方便. 实际上, 组合学是使用生成函数 (已见于 10.6 节) 开创了这种观念的.

组合学中其他重要的无限 (无穷) 原理有无限鸽笼原理和柯尼希 (König) 无穷引理. 我们先用数论和分析学中的经典证明来展示它们, 然后用 20 世纪的图论和拉姆齐 (Ramsey) 理论说明之. 拉姆齐理论引导我们得到帕里斯–哈林顿 (Paris-Harrington) 定理的一个证明; 该定理在 24.8 节中提到过, 并被当作一个不能靠 PA 的严格、有限的推理来证明的定理.

无限推理对于图论是必不可少的. 该领域起源于拓扑学, 现在也仍然跟它紧密相关; 但图论在其他方向上已扩展得非常远. 今天, 图论正在探索有限可证性的边界, 这是由哥德尔不完全性定理首先加以考察和探究的课题.

25.1 什么是组合学?

组合学是数学中一门快速成长的大学科, 其历史悠久. 但是, 直到现在它仍只是由孤立的碎片所组成, 没有统一的观念. 我们在前面的章节中见到过这样一些碎片:

- 排列和组合. 如我们在 11.1 节所见, 在中世纪中国的代数中就使用了二项式系数 $\binom{n}{k}$

和帕斯卡三角形. 莱维 · 本 · 格尔雄 (Levi ben Gershon) 独立地将 $\binom{n}{k}$ 解释为每次从 n 个东西中取 k 个的组合数, 并利用这一解释证明了

$$\binom{n}{k} = \frac{n!}{(n-k)!k!}.$$

今天, 我们可以说他是从组合学的角度解释了 $\binom{n}{k}$. 别的不谈, 这种解释表明 $\binom{n}{k} = \frac{n!}{(n-k)!k!}$ 总是一个整数 —— 这个结果从算术角度看并不显然. 事实上, 高斯的《算术研究》(见 17.7 节) 给出了该结果的第一个 "直接" 的证明, 使用的是素因子分解和可除性两个概念. 高斯的证明比起组合学的证明长得多.

- 生成函数. $\binom{n}{k}$ 的代数解释是: 它是 $(1+x)^n$ 中 x^k 项的系数; 这种解释对证明二项式系数的其他性质很方便; 例如, 帕斯卡三角形的性质

$$\binom{n+1}{k} = \binom{n}{k-1} + \binom{n}{k}.$$

若一个函数, 它把作为 x 的各幂次的系数组成的数列整体打包 —— 指 $\binom{n}{0}, \binom{n}{1}, \cdots,$ $\binom{n}{n}$ 经由

$$(1+x)^n = \binom{n}{0} + \binom{n}{1}x + \cdots + \binom{n}{n}x^n$$

的方式被整体打包 —— 则它被称为生成函数. 如我们在 10.6 节所见, 生成函数也能将数的无穷序列以简洁的方式整体打包. 特别地, 斐波那契序列 $F, F_1, F_2, \cdots$ 是由下列函数整体打包的:

$$\frac{x}{1 - x - x^2} = F_0 + F_1 x + F_2 x^2 + \cdots.$$

由此导出令人惊讶的公式:

$$F_n = \frac{1}{\sqrt{5}} \left[\left(\frac{1 + \sqrt{5}}{2} \right)^n - \left(\frac{1 - \sqrt{5}}{2} \right)^n \right].$$

- 欧拉多面体公式. 这在 22.2 节中讨论过. 它揭示了多面体的组合性质. 无论多面体的形状和大小如何, 其顶点、边和面的数目 V、E 和 F 必满足 $V - E + F = 2$.

这些碎片的共同点聚焦于数学中有限、离散的对象方面, 它们能够用自然数来计数. 据此理由, 组合学也被称为有限数学、离散数学或简称为 '计数' 学. 假如你尝试给出一个形式的、公理式的定义, 那么你可以说: 组合学是一门关于有限集合的理论. 对于有限集合论有一组标准的公理, 即在 24.8 节提到的 ZF 公理中去掉断言存在无限 (穷) 集的那条公理. 我们把这个公理体系简称为 'ZT–无穷'.

实际上, 组合学家没有去证明 'ZF–无穷' 中的定理, 因为这乏味到令人难以忍受. 尽管如此, 从这种观点出发还是能获得某些见识的. 首先, 它揭示了组合学在某种意义上等价于初等数论. 这一结论来自阿克曼 (Ackermann) (1937) 的工作, 他指出: 数论和有限集合论互相 '包含'.

之所以说有限集合论包含数论, 因为如我们在 24.2 节所见, 自然数可以被定义为某种有限集. 即, 0 是空集, 且

$$1 = \{0\}, 2 = \{0,1\}, \cdots, n+1 = \{0,1,2,\cdots,n\}, \cdots.$$

有限集理论中的公理还允许人们来证明归纳法原则, 戴德金和皮亚诺曾发现该原则是初等数论的基础.

反过来, 初等数论 '包含' 有限集合论, 是在更微妙的意义上成立的. 有限集能够用自然数来编码, 而且, 有限集的运算能够用自然数的运算来编码 (实际上, 是用可由加法和乘法定义的运算来编码). 这是哥德尔发现的, 是他关于不完全性证明方法中的一部分 (24.7 节). 由此推断: 组合学的每一个定理都被数论的一个定理所编码, 所以组合学和数论本质上是等价的.

于是, 若组合学被定义为有限集合论, 我们便可以说: 组合论正好跟初等数论具有同样的深度和困难度 —— 这当然已足够说明问题了. 实际上, 这个定义引出了哥德尔不完全性在组合论中投下的可怕阴影. 正如初等数论中存在不能用初等数论公理 (即, '皮亚诺公理') 证明的语句, 在有限集合论中也存在不能用有限集合论公理证明的语句. 值得关注的是: 比起数论而言, 在组合学中实际发生这种语句更自然. 我们将在 25.8 节看到一些实例.

基于这些理由, 组合学不可能是完完全全的 '有限' 数学. 自 19 世纪以来, 组合学的演变证实了这一点. 涉及无限集的假设一直在组合学中不断地被使用 (如它们在较长时间内也被数论所使用一样) —— 常常是为了方便, 但有时是出自逻辑的需要. 在随后的章节中, 我们会探究从有限到无限的演变.

习题

一个引人注目的例子是所谓的卡塔兰数 C_n, 它对由 n 对括号表达的有效字符串进行计数. 有效字符串可归纳地定义如下:

- 空字符串是有效字符串.
- 若 a 和 b 是有效字符串 —— 可能是空的, 则 $a(b)$ 和 $(a)b$ 亦然.

25.1.1 试通过对可能的有效字符串计数, 确认 $C_0 = 1, C_1 = 1, C_2 = 2$ 和 $C_3 = 5$.

25.1.2 试解释: 为什么 $C_{n+1} = C_0 C_n + C_1 C_{n-1} + C_2 C_{n-2} + \cdots + C_n C_0$.

现在, 令

$$C(x) = C_0 + C_1 x + C_2 x^2 + \cdots$$

是卡塔兰数的生成函数.

25.1.3 试计算 $C(x)^2$, 从而证明:

$$x^n \text{ 的系数} = C_0C_n + C_1C_{n-1} + C_2C_{n-2} + \cdots + C_nC_0.$$

25.1.4 试从习题 25.1.3 推导出: $C(x)$ 满足方程

$$1 + xC(x)^2 = C(x),$$

所以

$$C(x) = \frac{1 \pm (1-4x)^{1/2}}{2x}.$$

25.1.5 试用二项式定理展开 $(1-4x)^{1/2}$, 并从习题 25.1.4 推导出

$$C_n = \frac{1 \cdot 3 \cdot 5 \cdots (2n-1)}{(n+1)!}2^n.$$

25.1.6 试再证明:

$$C_n = \frac{1}{n+1}\binom{2n}{n}.$$

25.2　鸽笼原理

有限集的一个显著性质是: 若有 n 个对象 ("鸽子") 被分配在数目小于 n 的一组集合 ("鸽笼") 中, 那么一定有某个集合被分配到至少两个对象. 这个性质称为鸽笼原理 (又称抽屉原理 —— 译注), 它首先由狄利克雷在 1840 年左右用来证明了一系列定理 (参见戴德金为狄利克雷的书 (1863) 写的 '补充 VIII'), 其中之一是下述数论定理:

狄利克雷逼近定理. 对于任一无理数 α 及任一整数 $Q > 1$, 存在正整数 p 和 q, 其中 $0 < q \leqslant Q$, 且 $|q\alpha - p| < \frac{1}{Q}$.

例如, 设 $Q = 100$ 且 $\alpha = \pi$. 按照逼近定理, 存在一个整数 $q \leqslant 100$ 和一个整数 p, 使得

$$|q\pi - p| < 1/100.$$

事实上, 对 π 的一个有理数逼近 $\frac{p}{q} = \frac{355}{113}$ 确实如此, 这个逼近值是中国数学家祖冲之 (公元 429—500) 发现的. π 和 $\frac{355}{113}$ 之间的差小于 $1/1000000$, 而我们实际上得到

$$|113\pi - 355| < \frac{1}{10000}.$$

就这种情形而言, 我们做的比该定理让我们预期的结果更好.

为了证明这条定理, 我们考虑 $Q+1$ 个数

$$0, 1, \alpha - p_1, 2\alpha - p_2, \cdots, (Q-1)\alpha - p_{Q-1},$$

其中 $p_1, p_2, \cdots, p_{Q-1}$ 是使得上述所有的数都在 0 和 1 之间的整数. 现在, 我们如果把从 0 到 1 的区间分成长度为 $1/Q$ 的子区间, 那么我们就有 Q 个包含 $Q+1$ 个数的子区间. 根据鸽笼原理便知: 至少有两个数在同一个子区间中, 因此它们之间的距离 $\leqslant 1/Q$. 由于这两个数的差必是 $q\alpha - p$ 的形式 —— 其中 p 是整数, q 是 $\leqslant 1/Q$ 的整数, 于是我们得到

$$|q\alpha - p| \leqslant 1/Q, \text{ 其中 } 0 < q < Q. \qquad \square$$

再谈佩尔方程

狄利克雷用他的逼近定理证明佩尔方程 $x^2 - Dy^2 = 1$ (参见 3.4 节) 总有整数解. 他在证明中还使用了无限鸽笼原理 —— 即, 在有限多个集合中分布无穷多个对象, 那么其中至少有一个集合是无穷集.

给定一个非平方整数 D, 狄利克雷通过疏删所有整数对 (p, q) 的无穷集, 找到了整数 x 和 y, 使得 $x^2 - Dy^2 = 1$.

他的第一步是找出满足下式的无穷多组这样的数对:

$$p^2 - Dq^2 = (p - q\sqrt{D})(p + q\sqrt{D}) \leqslant 3\sqrt{D}.$$

做法是在狄利克雷逼近定理中取 $\alpha = \sqrt{D}$ 并令 $Q \to \infty$, 于是给出无穷多对 (p, q) 使得

$$|p - q\sqrt{D}| \leqslant 1/q.$$

然后, 因为

$$|p + q\sqrt{D}| = |p - q\sqrt{D} + 2q\sqrt{D}| \leqslant |p - q\sqrt{D}| + |2q\sqrt{D}|,$$

我们有

$$|p + q\sqrt{D}| \leqslant 3q\sqrt{D}.$$

因此,

$$p^2 - Dq^2 = (p - q\sqrt{D})(p + q\sqrt{D}) \leqslant \frac{1}{q} \cdot 3q\sqrt{D} = 3\sqrt{D}.$$

他的第二步是应用无穷鸽笼原理:

- 因为小于 $\sqrt{D}$ 的整数只有有限多个, 所以 $p^2 - Dq^2$ 必定对无穷多对 (p, q) 取同一个值 N.

- 这些数对 (p,q) 中有无限多个 p 被 N 除留下同样的余数 A.
- 在 p 的余数为 A 的数对 (p,q) 中, 有无穷多对包含这样的 q, 它们被 N 除留下同样的余数 B.

于是在第二步结束时, 我们得到一个整数 N 和数对 (p,q) 的无穷集, 使得

- 每个数对 (p,q) 都满足 $p^2 - Dq^2 = N$.
- 所有的 p 被 N 除都留下同样的余数 A.
- 所有的 q 被 N 除都留下同样的余数 B.

现从该集中取两对数 (p_1, q_1) 和 (p_2, q_2), 对应的 $p_1 - q_1\sqrt{D}$ 和 $p_2 - q_2\sqrt{D}$ 是相异的. 由此可得, 数

$$x - y\sqrt{D} = \frac{p_1 - q_1\sqrt{D}}{p_2 - q_2\sqrt{D}} \qquad (*)$$

中的 x 和 y 都是非零的. 我们还可以得到

$$x + y\sqrt{D} = \frac{p_1 + q_1\sqrt{D}}{p_2 + q_2\sqrt{D}},$$

因此 (将最后两个方程相乘) 有:

$$x^2 - Dy^2 = \frac{p_1^2 - Dq_1^2}{p_2^2 - Dq_2^2} = \frac{N}{N} = 1.$$

这样, 我们在 x 和 y 是整数的条件下得到了佩尔方程的非平凡解. 这最后一步是常规计算. 首先, 我们从 $(*)$ 可得

$$x = \frac{p_1 p_2 - q_1 q_2 D}{N} \quad \text{和} \quad y = \frac{q_1 p_2 - q_2 p_1}{N}.$$

我们还知道, 由于所有 p 留下的余数为 A, 而所有 q 留下的余数为 B, 那么对于整数 a_1, a_2, b_1, b_2 有

$$p_1 = a_1 N + A, \quad p_2 = a_2 N + A, \quad q_1 = b_1 N + B, \quad q_2 = b_2 N + B. \qquad (**)$$

余下的事就是将 $(**)$ 中的式子代入 $p_1 p_2 - q_1 q_2 D$ 和 $q_1 p_2 - q_2 p_1$, 看代入后的结果能否被 N 整除. 这最后一步是容易的 (假定对如何处理 $A^2 - B^2 D$ 给出某种指导的话), 所以我们把它留在习题中.

习题

25.2.1 试证明:

$$\frac{p_1 - q_1\sqrt{D}}{p_2 - q_2\sqrt{D}} = \frac{p_1 p_2 - q_1 q_2 D}{N} - \frac{q_1 p_2 - q_2 p_1}{N}\sqrt{D}.$$

25.2.2 试经表达式 $(**)$ 所示进行代换, 证明 N 整除 $q_1 p_2 - q_2 p_1$.

25.2.3 设 $p_1^2 - q_1^2 D = N$, 试经表达式 $(**)$ 所示的代换证明 N 整除 $A^2 - B^2 D$.

25.2.4 试经表达式 $(**)$ 所示的代换和习题 25.2.3 来证明: N 整除 $p_1 p_2 - q_1 q_2 D$.

25.3 分析与组合学

在 19 世纪的数学中, 无限鸽笼原理在下面关于实数的定理中有另一次重要表现. 像这样的一个定理的证明, 首先由波尔查诺 (1817) 在他试图证明中值定理的过程中给出. 不过, 直到 19 世纪 60 年代, 魏尔斯特拉斯在他有关实数、极限和连续性的全面而详细的理论中再次证明这个定理, 它才受到人们的理解和赞赏.

波尔查诺–魏尔斯特拉斯定理. 若 S 是 0 和 1 之间的一个无限点集, 则其中存在一个点 X, 它的每个邻域都包含 S 中不同于 X 本身的点.

X 的邻域是个点集, 由跟 X 的距离在 $\varepsilon(\varepsilon > 0)$ 之内的所有点组成. 我们称点 X 是 S 的一个极限点, 是指 X 的每个邻域都包含 S 中的无限多个点. 所以, 波尔查诺–魏尔斯特拉斯定理断言: 单位区间中的任一无限点集都有极限点. 这使它成为分析学的一个定理, 但正如我们将在 25.6 节所见, 波尔查诺–魏尔斯特拉斯定理当作组合学的重要内容也是合适的.

为了证明这条定理, 我们要无限次地应用无限鸽笼原理.

我们首先将单位区间 $[0,1]$ 分为两半, 即 $[0,1/2]$ 和 $[1/2,1]$. 因为无限集 S 分布在这两个区间中, 所以其中至少有一个包含 S 中的无限多个成员. 我们就取定这样的一个半区间 (比如说, 靠左的半区间包含 S 中的无限多个成员), 并称之为 I_1. 类似地, 我们再找出 I_1 的一半, 它也包含 S 中的无限多个点, 并记为 I_2, 以此类推.

上述操作的结果, 如图 25.1 所示, 便得到 $[0,1]$ 的一个无限子区间序列 $I_1, I_2, I_3, \cdots,$

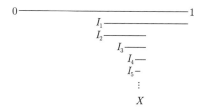

图 25.1   构造极限点 X

其中每个子区间都包含 S 中的无限多个成员. 注意, 每一个区间 I_{n+1} 是 I_n 的一半, 所以根据 24.1 节指出的区间套的性质, 必存在一个属于所有 $I_1, I_2, I_3, \cdots$ 的公共点 X.

显然, X 的每个邻域都包含 $\{I_n\}$ 中的一个区间; 因而包含 S 中的无限多个点, 所以 X 是 S 的一个极限点. □

波尔查诺–魏尔斯特拉斯定理有如下有趣的推论:

单调子序列定理. 任一实数的无限序列 $x_1, x_2, x_3, \cdots$ 包含一个无限单调子序列.

我们称一个子序列 $y_1, y_2, y_3, \cdots$ 是单调的, 若 $y_1 \leqslant y_2 \leqslant y_3 \leqslant \cdots$ 或 $y_1 \geqslant y_2 \geqslant y_3 \geqslant \cdots$. 例如, 序列

$$0, 1/2, 1/3, 2/3, 1/4, 3/4, 1/5, 4/5, \cdots$$

包含单调子序列 $0, 1/2, 2/3, 3/4, 4/5, \cdots$.

为证明这条定理, 我们假定序列 $x_1, x_2, x_3, \cdots$ 包含无限多个不同的数. (如若不然, 那么该序列必包含一个常数序列, 即一种平凡的单调序列.) 若该序列是无界的, 则我们能通过在无界的方向上不断地选择数而找到一个无限单调子序列. 若该序列是有界的, 那么根据波尔查诺–魏尔斯特拉斯定理, 由它的成员构成的集 S 具有一个极限点.

现在出现两种可能性: S 有无限多个大于 X 的成员, 或者 S 有无限多个小于 X 的成员. 当 S 有无限多个大于 X 的成员时, 令 y_1 是它们中的任意一个. 因 X 是 S 的极限点, 那么 X 和 y_1 之间存在无限多个 S 的成员. 于是, 我们顺着其元素大于 y_1 的序列 $x_1, x_2, x_3, \cdots$ 寻找, 最终会找到位于 X 和 y_1 之间的 y_2, 之后是位于 X 和 y_2 之间的 y_3, 等等. 这就给出了一个大于 X 的无限单调子序列 $y_1 > y_2 > y_3 > \cdots$.

类似地, 当 S 有无限多个小于 X 的成员, 我们只需从中取一个记作 y_1, 随之便得到一个小于 X 的无限单调序列 $y_1 < y_2 < y_3 < \cdots$. □

我们将在 25.7 节看到, 单调子序列定理可以不诉诸极限点而用更 '组合' 的方法加以证明. 然而, 极限点 X 为单调子序列提供了一个 "目标" 来接近, 就像跟踪热源的导弹一样, 这有助于让证明变得更容易. (如果存在多个极限点, 那样更好: 这枚导弹有不止一个目标了.) 这里给出了第一个暗示: 分析学 —— 我们对于像直线那样的连续性结构的直觉 —— 可以引导我们到达离散数学中的结论. 在 25.7 节, 我们甚至会看到这种直觉如何引导我们到达有关有限集的结论.

但首先, 是时候看看有限组合学的一些典型的概念和结果了.

习题

25.3.1 试直接对整数序列证明这个单调序列定理.

25.3.2 试证明下述二维版本的波尔查诺–魏尔斯特拉斯定理: 单位正方形内的任一无限点集都有极限点.

25.3.3 试证明: 平面上不同的点 $P_1, P_2, P_3, \cdots$ 构成的收敛序列包含点 $Q_i = (x_i, y_i)$ 的一个收敛子序列, 该序列在 $x_1, x_2, x_3, \cdots$ 是单调和 $y_1, y_2, y_3, \cdots$ 是单调的意义下是 "单调的".

25.4 图论

本章的前三节, 我把组合学摆在了经典的数论、几何和分析学的背景之下. 我的目的是想表明: 组合学有着深深的根系, 所以我们大概可以期待在这个主题中会有大事发生. 这确实是真的, 但同样真实的是: 组合学是数学中最朴素的 (无先入知识的) 分支, 你几乎可以没有其他学科背景而进入其中. 组合学中最朴素的分支当属图论 —— 这个主题直观易懂, 同时它又与数学的其他部分有着丰富的联系. 在本节, 我们用 22.2 节讨论过的欧拉多面体公式作为例子来说明这些联系.

首先, 图论研究的 "图" 是什么? 它不是在分析学和解析几何中研究的函数的图形. 它是由顶点和边组成的 (通常是有限的) 结构. 像在几何中那样, 我们把顶点想象成点 (不过在图中用粗大一些的点表示), 而把边想象成连接两个不同顶点 (一对顶点) 的线; 同时, 顶点的位置和边的形状是无关紧要的: 只要讲清楚哪些顶点由边所连接, 图就完全确定了. 通常的约定是: 一对给定的顶点, 最多只有一条边相连接. 因此, 图在本质上只是一对集合: 其中一个是被称为顶点的对象组成的集合, 另一个是由不同的顶点对为对象组成的集合 (边的集合).

这是图的一种抽象的定义, 但我们通常只画如图 25.2 中所显示的四种图.

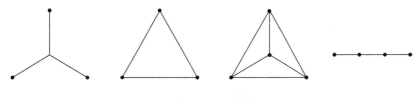

图 25.2   四种图

精确地说, 图 25.2 中有四种连通图; 一个图被称为是 "连通的", 意指在其中的任意两个顶点间有一条 "路径" 相连. 一条路径则是指不同的边组成的序列, 而每条边跟接下来的一条边有一个公共的顶点. 图 25.2 也可以看成是有四个 "连通分支" 的一个不连通的图的图像. 当然, 我们的注意力一般集中在连通图上.

树

树是指不含闭路径的连通图; 一条路径称为是闭的, 是指它的起始顶点 (亦称起点) 和终端顶点 (亦称终点) 是同一个点. 所以, 图 25.2 中的第一个和最后一个图都是树.(此外, 图 25.2 中最后那个图的边形成一条路径, 而图 25.2 中第二张图的边形成一条闭路径.) 图 25.3 显示的是另一种树.

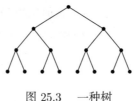

图 25.3　一种树

如果我们有一棵树, 令 V 表示其顶点数, E 表示其边数, 则我们有如下结论:

树的 "欧拉公式". 对任一棵树, $V - E = 1$.

我们通过对 V 实施归纳法证明之. 当 $V = 1$, 我们的树只有一个顶点, 因此不存在边, 所以 $V - E = 1$. 现假设该定理对顶点数 $\leqslant k$ 的树成立, 并想象我们有一棵具有 $k + 1$ 个顶点的树 T. 在 T 中, 我们能找到一个顶点 v, 它只是一条边 e 的端点, 办法是沿着任何可能的路径去找. 这条路径必定到达一个 "终端" 顶点 v, 因为 T 不含闭路径. 那么, 当我们同时去除 v 和 e, 我们就有了顶点数 $V' = k$ 的树 T', 因此据归纳假设知其边数 $E' = k - 1$. 接着就得到了所需的结果: T 有 k 条边.　　　　□

平面图

我们称关于树的公式 $V - E = 1$ 为 '欧拉公式", 因为它是欧拉多面体公式的天然前导. 事实上, 它导致了多面体公式向平面上所画图形的推广.

一个图称为平面图是指: 它的顶点是在一个平面上的点, 它的边是在同一平面上的弧, 而且边仅在它们的端点处相交. 平面图也把所有凸多面体的图纳入囊中, 因为任何凸多面体都能一对一投射到平面上 (例如, 先把多面体投射到环绕着它的球面上, 然后再将球面经球极平面投影法投射到平面上). 作为例子, 我们考虑如图 25.4 所显示的四面体、立方体和八面体的平面图.

图 25.4　多面体的平面图

平面图 G 除了有顶点和边, 还有面. G 的面是由 G 的边切割平面所得的那些区域 (想一想沿着 G 的边真的去切开平面). 比如你看到的立方体的平面图, 应该有六个面. 第一个利用平面图证明欧拉多面体公式的是柯西 (1813b). 柯西仅考虑了多面体的图, 但他的想法可以自然地扩展到所有的平面图, 从而使证明变得相当简单.

任意一棵树都可以描绘成一个必然具有一个面的平面图, 因为这里不存在闭路径使得在平面上产生若干独立的区域. 所以, 树的平面图满足 $V - E + F = 2$, 这就是欧拉多

面体公式. 事实上, 我们有:

欧拉平面图公式. 对任一具有 V 个顶点、E 条边和 F 个面的连通平面图, 有

$$V - E + F = 2.$$

该公式可对 G 中闭路径数进行归纳推理来证明. 若不存在闭路径, 那么 G 是一棵树, 我们按上面的解释知 $V - E + F = 2$.

若 G 包含一条闭路径 p, 我们考虑 p 中的任一条边 e. 从 G 中去掉 e 得到的图 G' 是连通的, 因为任何先前由 e 连接的顶点仍然通过 p 的剩余部分 (绕远路) 连接着. 并且, G' 有较少的闭路径, 可归纳地得到: 它的顶点数、边数和面数 V'、E' 和 F' 满足 $V' - E' + F' = 2$.

对于 G 本身, $V = V'$, $E = E' + 1$ (因为 G 多了边 e), $F = F' + 1$ (因为 G 在边 e 的两侧各有一个面, 这两个面在去掉 e 后合二为一了). 于是得到所需的 $V - E + F = 2$, 归纳论证完成. □

必须承认, 这个证明的倒数第二步并不像看起来那么容易. 平面上的一条闭路径 p 有其 "内部" 和 "外部" 似乎很显然 —— 因此, 存在一个在 e "内" 侧的面, 另一个则在 e 的 "外" 侧 —— 但这实际上是一条精致的拓扑学定理, 称作若尔当曲线定理. 若尔当 (1887) 认识到这条定理需要证明, 但他的证明是错的! 第一个满足现代严格标准的证明是维布伦 (1905) 给出的.

若尔当曲线定理之所以困难, 是因为它涉及的是任意曲线, 它们可能复杂到无以复加的地步. 这些复杂的对象真的不属于组合学, 所以我们在上面的证明中就含糊敷衍过去了. 欧拉公式的完全证明, 无论如何都必须对平面上的闭路径做些重要的事情, 诸如对多边形证明若尔当曲线定理. 限制在多边形情形的论证比较容易, 可通过假定所有平面图的边是直线 (据瓦格纳 (1936) 的一个定理, 这是有效的假定) 来完成.

习题

图论中一个有用的概念是顶点 V 的度, 它表示含有 V 的边的数目.

25.4.1 试说明: 顶点的度之和等于边数的两倍, 因此度为奇数的顶点数是偶数.

借助这一简单的观察, 我们来证明以施佩纳引理著称的一个相当令人吃惊的结果, 它归功于施佩纳 (1928). 该引理涉及将三角形细分为子三角形的问题, 就像图 25.5 那样.

子三角形顶点的所谓 '着色' 是通过给它们标记上 1, 2 或 3 实现的. 三角形内的顶点的着色是随意的, 但位于三角形边上的顶点的着色服从下述规则:

- 顶点 V_1, V_2, V_3 分别标记为 1, 2, 3.
- 在 $V_1 V_2$ 上的顶点标记为 1 或 2.
- 在 $V_2 V_3$ 上的顶点标记为 2 或 3.

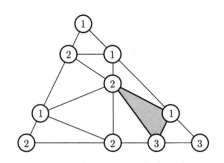

图 25.5　三角形分割成着色顶点的子三角形

- 在 $V_3 V_1$ 上的顶点标记为 3 或 1.

施佩纳引理断言: 至少有一个子三角形具有所有三种颜色的顶点. 在图 25.5 所示的例子中就是那个覆以阴影的三角形.

为了证明施佩纳引理, 我们构筑有下述顶点和边的一个图.

- 在每个子三角形内都有它的一个顶点; 在三角形 $V_1 V_2 V_3$ 外的那个区域中也有它的一个顶点.
- 连接任意两个刚才描述的顶点 u, v 间的边, 前提是包含 u, v 的那些区域沿一条其顶点标记为 1 和 2 的边 e 相邻 (在此情形下, 用于连接 u, v 的边跟 e 相交叉).

25.4.2 试解释: 为什么从 $V_1 V_2 V_3$ 外的那个区域中的顶点引出的边跟直线 $V_1 V_2$ 交叉, 从而证明这个顶点的度是奇数.

25.4.3 试解释: 为什么对任一其他顶点 u 而言, 其度等于

- 0, 如果 u 所在的子三角形缺少标记为 1 和 2 中的一个的顶点,
- 1, 如果 u 所在的子三角形具有所有标记为 $1, 2, 3$ 的顶点,
- 2, 如果 u 所在的子三角形仅具有标记为 $1, 2$ 的顶点.

25.4.4 从习题 25.4.1 和 25.4.3 推导出以下结论: 存在奇数 (因此非零!) 个子三角形, 其顶点具有所有的标记 $1, 2, 3$.

25.5　非平面图

正如我们在 25.4 节一开始就强调的, 图确实是一种抽象的结构 (即, 称为顶点的对象组成的集, 加上不同顶点的对 —— 称为边 —— 组成的集), 它有许多具体的现实化的形态, 诸如在平面上画出的图形. 自然, 我们比较喜欢尽可能简单的现实化事物, 比如其边不交叉的平面图形.

然而, 并非所有的图都能在平面上画成没有相交叉的边的图形. 图 25.6 就显示了两个有名的例子: K_5 和 $K_{3,3}$.

这样的图被称为是非平面的. 为了纪念波兰数学家卡齐米日 · 库拉托夫斯基 (Kasimierz Kuratowski), K_5 和 $K_{3,3}$ 有时就以字母 K 来标记. 库拉托夫斯基 (1930) 证明: 任一非平面图 '包含' (其含意我们在下面给出解释) K_5 或 $K_{3,3}$. K_5 也称为五顶点

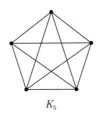 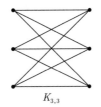

K_5 $K_{3,3}$

图 25.6 两个非平面图

完全图. 它是图 K_n 的无穷家族中的一员, 每个 K_n 的 n 个顶点中任意两个间有一条边. $K_{3,3}$ 是图 $K_{m,n}$ 无穷家族中的一员, 每个 $K_{m,n}$ 皆有 $m+n$ 个顶点, 且自前 m 个顶点中的每个顶点到后 n 个顶点中的每个顶点间有一条边.

要证明每个非平面图 "包含" (在适当的意义下) K_5 或 $K_{3,3}$ 相当困难. 然而, 我们能立刻用欧拉平面图公式证明 K_5 和 $K_{3,3}$ 本身是非平面图.

K_5 的非平面性. 我们用反证法来证明. 假设 K_5 能够现实化为平面图. 对于 K_5, 我们能看到 $V=5$ 和 $E=10$; 所以若 F 是其在平面现实化时的面数, 则根据欧拉平面图公式有

$$5 - 10 + F = 2,$$

于是 $F = 7$.

此时, 每个面至少有三条边, 因为只有两条边的面必有两个顶点由不同的边连接, 而这在 K_5 的情形是不可能发生的. 因此, 边 E 的总数满足

$$E \geqslant \frac{7 \times 3}{2}.$$

(这里我们必须用 2 来除; 因为每条边属于两个面, 因此它被用了两次.) 这跟实际的边数 $E = 10$ 相矛盾, 所以 K_5 不可能现实化为平面图. □

$K_{3,3}$ 的非平面性. 仍用反证法来证明. 设 $K_{3,3}$ 能现实化为平面图. 对于 $K_{3,3}$, 我们能看到 $V=6$ 和 $E=9$; 所以若 F 是其平面现实化时的面数, 则根据欧拉平面图公式有

$$6 - 9 + F = 2,$$

于是 $F = 5$.

此时, 在 $K_{3,3}$ 中不存在三角形, 因为任一有三条边组成的路径应始于和终于前后相对的两个顶点集, 所以它是非闭的. 那么, $K_{3,3}$ 的平面现实化中的每个面都至少有四条边, 因此其边的总数满足

$$E \geqslant \frac{5 \times 4}{2}$$

(之所以用 2 除, 理由同前, 即因为每条边都同时属于两个面). 这跟实际的边数 $E = 9$ 相矛盾, 所以 $K_{3,3}$ 不可能现实化为平面图. □

由于 K_5 是非平面图, 所以任一被细分的 K_5 亦然; 所谓细分是指用路径替代 K_5 中的边的方法. 图 25.7 所显示的例子就是 K_5 进行一种细分后的情形, 其中的底边被一条 3-边路径所替代, 跟它平行的边则被一条 2-边路径所替代. 直观上看, 我们通过在原来的边上插入额外的顶点, 从而得到 '细分' 的结果. 假如被细分的 K_5 可平面现实化, 那么只要简单地抹掉额外的顶点即知 K_5 亦然. 所以每个被细分的 K_5 应是非平面的.

图 25.7　被细分的 K_5

类似地, $K_{3,3}$ 的非平面性也蕴含了任一被细分的 $K_{3,3}$ 的非平面性.

这两个关于被细分图的非平面性的结论构成了库拉托夫斯基定理 '容易的一面'.

库拉托夫斯基定理. 一个图是非平面的, 当且仅当它包含一个 (可能是被细分的) K_5 或 $K_{3,3}$.

'困难的一面' 在于: 任一非平面图包含一个 (可能是被细分的) K_5 或 $K_{3,3}$. 我们不打算解释如何证明它. 不过, 本节的习题会给出足够多的例子说明: 甚至在相当小型的非平面图中要找出 K_5 或 $K_{3,3}$ 也不容易. 尽管如此, 库拉托夫斯基定理确实给出了检验非平面性的一种确定方法, 因为我们总可以通过穷尽搜索来检验一个有限图是否包含 K_5 或 $K_{3,3}$.

习题

另一个著名的非平面图是彼得森图 (Petersen graph), 如图 25.8 所示.

图 25.8　彼得森图

25.5.1　试用欧拉平面图公式证明: 彼得森图是非平面图 (提示: 你可能需要假定该图不包含四边形).

25.5.2 试说明: 彼得森图 "包含" 一个细分的 $K_{3,3}$; 这样, 你就给出了彼得森图是非平面图的一个不同的证明.

25.5.3 试说明: 图 25.9 所示的 "扭立方图" 是非平面图.

图 25.9 扭立方图

由于 K_5 是非平面图, 所以任一包含它的图 —— 诸如 K_6 或 K_7 —— 也是非平面图.

25.5.4 试说明: K_5, K_6, K_7 中的每个都可以画在环面上而不出现交叉边. (提示: 如在图 22.11 中那样, 把环面表示为有标识边的正方形可能有助于做出说明.)

25.5.5 试说明: $K_{3,3}$ 可以画在环面上而无交叉边.

25.6 柯尼希无穷引理

柯尼希无穷引理首次现身于柯尼希 (1926) 的文章, 它在集合论中起的作用较小. 柯尼希 (1927) 注意到它作为 "从有限过渡到无限的工具" 有相当广泛的效果; 最后, 柯尼希 (1936) 坚定地将它置于图论的背景之中, 使之如鱼得水. 今天, 人们通常称它是无限树的一个性质.

这条引理本身相当简单. 它的证明路线跟 25.3 节波尔查诺–魏尔斯特拉斯定理的证明类似. (不过, 像波尔查诺–魏尔斯特拉斯定理一样, 它也具有令人吃惊的威力.) 为了表述简单明了, 我们说: 当一棵树的每个顶点仅关联有限多条边时, 它具有有限分支; 为了在更大程度上满足这种树的隐喻, 我们称树中的无限路径为无限分支.

柯尼希无穷引理. 若 T 是一棵具有有限分支的无限树, 那么 T 具有一条无限分支.

为了得到 T 中的无限分支, 我们从它的任一顶点 v 出发. 由于 T 是无限的, 它包含无穷多个顶点, 所以从 v 出来的有限多条边中至少有一条通向 T 的无限子树 T_1 (根据无限鸽笼原理).

我们就选择这样的一条边作为通向 T_1 的路径的初始边, 并以 v_1 作为 T_1 的第一个顶点. 由于 T_1 也是无限的, 所以至少有一条从 v_1 出来的边通向 T_1 的无限子树 T_2, 等等.

通过反复地选择通向无限子树的边, 我们得到 T 中的一条无限路径; 此即我们的无限分支. □

很清楚, 这一论证在本质上跟 25.3 节中对波尔查诺–魏尔斯特拉斯定理的论证是一样的. 在证明波尔查诺–魏尔斯特拉斯定理时, 我们实际上默认存在 $[0, 1]$ 的一棵子区间树; 每次我们把一个子区间分成两个时, 分支发生, 这棵树的无限分支便给出我们所寻找的极限点.

柯尼希无穷引理使我们能得到许多类的极限对象, 办法是针对我们寻找的对象构造 "有限逼近树". 一般地, 我们不能预知什么样的有限逼近会扩充到无限, 但柯尼希无穷引理告诉我们不必担心; 如果我们构造所有有限逼近树, 则极限对象肯定会作为无限分支而出现.

应用于地图着色

组合学中最著名的定理之一是阿佩尔 (Appel) 和黑肯 (Haken) (1976) 证明的四色定理. 该定理说: 任何一张 (地理学上的) 地图肯定可以用四种颜色进行着色, 使得相邻区域 (比如相邻的国家、省或县) 着不同的颜色, 即所谓的有效着色. 尽管名声远播, 四色定理在数学中只占据一个偏僻的角落; 原因是已知的证明太长, 且似乎跟数学的其他部分没什么联系.

然而, 四色定理有一个推论, 不妨在这里讲一下, 它既有趣又恰当: 根据柯尼希无穷引理, 可由其通常的有限版本推断出无限版本. 事实上, 从有限地图的着色变迁到无限地图的着色正是该引理的第一批应用之一, 它也是柯尼希 (1927) 指出的.

假定有一张包含无限多个国家 $C_1, C_2, C_3, \cdots$ 的地图 M (可称为无限地图), 你可以构造一棵由其有限子地图 (即, 由国家 $C_1, C_2, \cdots, C_n$ 组成的地图 M_n) 引出的有效 4-着色树. 四色定理保证这棵树可无限延伸, 所以它有一条无限分支. 并且, 我们根据这棵树的性质清楚地知道: 一条无限分支代表一种 M 的有效 4-着色.

为说明该树的构造, 我们考虑图 25.10 所示的地图 M, 其前若干个区域为 $C_1, C_2, C_3, C_4, \cdots$. 该有效 4-着色图是从 M 构造而来, 使得每个始于其最上面的顶点、长度为 n 的分支代表子地图 M_n 的有效 4-着色, 而组成 M_n 的区域是 $C_1, C_2, \cdots, C_n$.

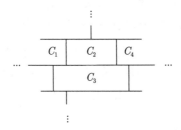

图 25.10　无限地图 M 的一部分

- 最上面的顶点 (第 0 层) 有四条边到达第 1 层的顶点, 这四个顶点代表 C_1 可能的四种着色, 我们赋予它们四种不同的颜色 (图 25.11 中使用了深浅不同的灰色而没用其他彩色, 只是为了印刷简单).
- 在第 1 层的每个顶点最多有四条向下的边, 它们到达第 2 层的顶点, 而后者被赋予

C_2 允许使用的着色 (图中 C_2 跟 C_1 邻接, 故允许 C_2 用的着色应不同于第 1 层顶点的着色).

- 同样地, 在第二层的每个顶点最多有四条向下的边, 它们到达第 3 层的顶点, 而后者被赋予 C_2 允许使用的着色 (跟 C_1 和 C_2 的情况一样, 允许 C_3 用的着色应不同于在同一分支中已指定给跟 C_3 相邻区域的任一种着色), 等等.

图 25.11 显示的是: 图 25.10 给出的根据地图 M 得到的着色树的第 1 层和第 2 层的全部, 以及第 3 层和第 4 层的局部.

第 n 层的每个顶点都是从第 0 层出发的一条独特路径的端点, 该路径对 C_1, $C_2, \cdots, C_n$ 认定的颜色都是有效的. 例如, 顶点 v 的着色就有效 (因为 C_4 跟 C_1 不邻接). 根据四色定理, 这里存在抵达所有层次的路径. 于是, 这棵树是无限的; 根据柯尼希无限引理可知, 它有一条无限分支. 显然, 一条无限分支可为 M 中的所有区域 $C_1, C_2, C_3, \cdots$ 认定有效的着色; 因此, M 可以被 4-着色.

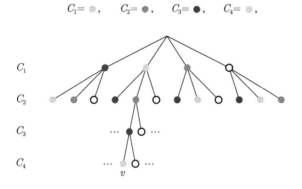

图 25.11　M 的 4-着色树的一部分

习题

在索伊费尔 (Soifer) (2009) 的书中, 你可以发现属于加尔佩林 (Galperin, G.) 的一个结论: 有限 4-着色蕴含了可数 4-着色, 其证明极其简单. 该证明依赖于波尔查诺–魏尔斯特拉斯定理. 假设有一张由国家 $C_1, C_2, C_3, \cdots$ 构成的地图, 我们用有限小数 $0.a_1 a_2 \cdots a_n$ 表示 (由国家 $C_1, C_2, \cdots, C_n$ 所构成的) 子地图的每个有效着色, 其中 a_i 根据 C_i 是用第一种、第二种、第三种还是第四种颜色着色而等于 $1, 2, 3$ 或 4.

25.6.1　由四色定理可知, 这些数构成的集合是无限集. 试解释它为什么有一个极限点.

25.6.2　试解释: 该极限点如何给出由国家 $C_1, C_2, C_3, \cdots$ 构成的地图的一种有效着色.
　　　　这一证明提示我们, 在其他证明中可以用波尔查诺–魏尔斯特拉斯定理来替代柯尼希无穷引理. 不过, 通常构造一棵树比构造一个实数集更自然. 这里举个例子: 证明可数地图 G 是平面的当且仅当其所有有限子地图 G_n (涉及 G 的前 n 个顶点) 是可平面的. 我们所谓一个图是 '可平面的' 是指它可以被现实化为一张平面图.

25.6.3 假定每个有限可平面图仅有有限多种拓扑相异的平面现实化, 试描述关于 G 的有限子地图 $G_1, G_2, G_3, \cdots$ 的一棵适当的平面现实化的树.

25.6.4 试从习题 25.6.3 和柯尼希无穷引理推导出以下结论: 若所有的 $G_1, G_2, G_3, \cdots$ 都是可平面的, 那么 G 是可平面的.

25.6.5 试从习题 25.6.4 推导出以下结论: 若 G 不包含 K_5 或 $K_{3,3}$ 的细分图, 则 G 是可平面的.

作为柯尼希无穷引理/波尔查诺–魏尔斯特拉斯定理的另一项应用, 我们现在来证明拓扑学的一条著名定理: 二维的布劳威尔不动点定理. 该定理说, 任一将三角形映到自身的连续映射必有一个不动点, 即, 存在一个点 P, 使得 $f(P) = P$. 下面证明的关键在于 25.4 节习题中出现的施佩纳引理.

该证明的思想适用于任何三角形; 但为了方便, 我们取 $\mathbb{R}^3$ 中的等边三角形 T, 其顶点为

$$V_1 = (1,0,0), \quad V_2 = (0,1,0), \quad V_3 = (0,0,1).$$

三角形 T 是平面 $x_1 + x_2 + x_3 = 1$ 的一部分, 其中 $x_1, x_2, x_3 \geqslant 0$. 因此, 对 T 中的每个点 (x_1, x_2, x_3) 有

$$0 \leqslant x_1, x_2, x_3 \leqslant 1.$$

现假设有一连续映射 $f : T \to T$. 对任一点 $\mathbf{x} = (x_1, x_2, x_3)$, 我们将用 $f(\mathbf{x})_i$ 记 $f(\mathbf{x})$ 的第 i 个坐标.

25.6.6 若对 T 中的任一点 $\mathbf{x}$ 有 $f(\mathbf{x}) \neq \mathbf{x}$, 试证明: 必存在某个 i, 使得 $f(\mathbf{x})_i < x_i$.

现在, 我们给 T 中的每个这样的点 $\mathbf{x}$ '着色', 它对应着使得 $f(\mathbf{x})_i < x_i$ 的最小的 i. 特别地, 我们把这种着色应用于 T 的三角剖分无限序列的顶点上, 图 25.12 显示了该序列的前三项. 这些三角剖分是经由重复进行的将一个等边三角形细分为四个等边子三角形得到的.

图 25.12　等边三角形的三角剖分

25.6.7 试解释: 为什么 V_1, V_2, V_3 分别得到颜色 1, 2 和 3, 并且
- 在 $V_1 V_2$ 上的顶点得不到颜色 3.
- 在 $V_2 V_3$ 上的顶点得不到颜色 1.
- 在 $V_3 V_1$ 上的顶点得不到颜色 2.

于是, 该序列中的每个三角剖分的着色满足施佩纳引理, 所以每个三角剖分都包含一个具有所有三种颜色顶点的子三角形 (即 '3-着色子三角形').

25.6.8 试借助波尔查诺–魏尔斯特拉斯定理来证明: 存在一个 3-着色三角形的收敛序列, 即存在一个 3-着色三角形序列, 其所有顶点都趋于同一个点 $\mathbf{y} = (y_1, y_2, y_3)$.

好, 由于我们假设 f 没有不动点, 所以 $\mathbf{y}$ 具有一种确定的颜色: 1, 2 或 3.

25.6.9 请注意: $\mathbf{y}$ 至多有一个坐标满足 $f(\mathbf{y})_i = y_i$ (为什么?). 试从 f 的连续性推导以下结论: 任何足够小又足够接近 $\mathbf{y}$ 的三角形, 至少有两个相同颜色的顶点.

上述结论跟 $\mathbf{y}$ 的定义相矛盾, 故否定了 f 没有不动点的假设.

25.7 拉姆齐理论

拉姆齐理论以英国数学家和逻辑学家弗兰克·普卢姆顿·拉姆齐 (Frank Plumpton Ramsey) 的名字命名. 拉姆齐 (1929) 以两条重要定理 —— 现称为有限拉姆齐定理和无限拉姆齐定理 —— 为这个学科奠定了基础. 拉姆齐是在一篇数理逻辑的论文中引进这两条定理的, 所以许多数学家没有注意到它们. 拉姆齐的影响是随着爱尔迪希 (Erdös) 和塞凯赖什 (Szekeres) (1935) 文章的发表开始增长的; 该文给出了通向拉姆齐理论更简单的途径, 并把它介绍给更广大的读者. 爱尔迪希和塞凯赖什给出了有限拉姆齐定理的一个漂亮证明; 他们注意到这是从无限拉姆齐定理出发, 借助柯尼希无限引理得出的 —— 这一重要的联系是拉姆齐本人没有注意到的.

正如许多人做的那样, 为了解释有限拉姆齐定理, 我们特别要提到以下奇特的事实: 在任何有六个人的人群中, 不是有三个人互相认识, 就是有三个人互不认识. 我们可以把这个事实翻译成图论语言, 办法是令六个人为一张图中的顶点, 在任意两个相识的人之间画上一条红色的边, 在任意两个不相识的人之间画上一条蓝色的边. 于是, 相识这一事实便翻译成关于图的下述事实:

婴儿拉姆齐定理. 用两种颜色边着色的 K_6, 总包含一个单色的三角形 (即, 其所有边都是同一颜色的三角形).

为了看清为什么如此, 我们首先注意到 K_6 的每个顶点 v 属于五条边. 由此可知, 从 v 出发的边中至少有三条有同样的颜色 (如图 25.13 中 (较深) 的黑色所示). 所以, 唯一能避免出现同一颜色三角形的办法是: 用其他颜色 (如图 25.13 中 (较浅) 的灰色) 的边来连接这三条边的终点 s, t, u.

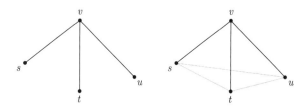

图 25.13　单色的边与单色的三角形

这恰好说明单色三角形总是会存在的. □

还要注意, 使 2-着色的 K_n 总包含单色三角形 (或者更简洁地说是单色的 K_3) 的最小的 n 是 6. 这是因为存在一个 2-着色的 K_5, 它不包含任何单色的 K_3, 正如图 25.14 所示.

这引出了下述问题: 是否存在一个 n, 使得任一 2-着色 K_n 包含一个单色的 K_4? 答案是存在的, 18 是满足条件的最小的 n 的值. (所以, 在任一有 18 人的人群中, 不是有四

图 25.14　　一个不包含单色 K_3 的 2-着色 K_5

个人互相认识, 就是有四个人互不认识.) 更一般地, 我们有下述 "有限拉姆齐定理":

2-着色 K_n 的拉姆齐定理. 对任一 m, 存在一个 n, 使得任一 2-着色 K_n 包含一个单色的 K_m.

这不是最一般的有限拉姆齐定理. 一般地, 我们可以替换这里的 K_n 的着色边 —— 它们是 n-元素顶点集的 2-元素子集, 而对 n-元素集的 k-元素子集进行着色. 同时, 我们可以用任意有限种颜色替换这里的两种颜色. 然而, 我们还是在这里坚持图的边用 2-着色; 因为在这种背景下, 能更完美地说明拉姆齐理论的各种概念.

我们将不直接给出 2-着色 K_n 的拉姆齐定理的证明, 而在本节习题中略述爱尔迪希–塞凯赖什的漂亮的证明方法. 取而代之, 我们会给出可数无限拉姆齐定理的证明, 由此很容易得到有限拉姆齐定理.

可数无限拉姆齐定理

为叙述这条定理, 我们考虑可数无限完全图 K_ω, 它有可数无限个顶点 $v_1, v_2, v_3, \cdots$, 并在其中任意两个顶点间有一条边. 于是, K_ω 的边可按如下方法枚举.

- 从 v_1 到 $v_2, v_3, v_4, \cdots$ 的边.
- 从 v_2 到 $v_3, v_4, v_5, \cdots$ 的边.
- 从 v_3 到 $v_4, v_5, v_6, \cdots$ 的边.
- 以此类推.

给定这些边的一种 2-着色, 我们通过对上述枚举的稀疏化, 可在顶点的一个可数无限子集上找到一个单色 K_ω. 该稀疏过程涉及无限多次地应用无限鸽笼原理, 很像 25.3 节中对波尔查诺–魏尔斯特拉斯定理的证明.

第 1 步. 根据无限鸽笼原理, 可以从 v_1 引出具有同一种颜色的无限多条边. 我们令 W_1 为这些单色边引至的顶点集, 并令 w_1 为这些顶点定序时的第一个成员.

第 2 步. 再次根据无限鸽笼原理, 从 w_1 引出的到达 W_1 的其他顶点的无限多条边具有同一种颜色. 我们令 W_2 为这些边引至 W_1 中顶点的集, 并令 w_2 为顶点定序时 W_2 的第一个成员.

第 n 步. 根据无限鸽笼原理 (第 n 次运用), 从 w_{n-1} 引出的到达 W_{n-1} 的其他顶点的无限多条边具有同一种颜色. 我们令 W_n 为这些边引至 W_{n-1} 中顶点的集, 并令 w_n 为这些顶点定序时的第一个成员.

使用归纳推理: W_n 对每个 n 都是无限的, 因此我们得到初始顶点的无限子集 $w_1, w_2,$ $w_3, \cdots$. 并且, 从 w_{n-1} 出发到 $w_n, w_{n+1}, w_{n+2}, \cdots$ 的边都具有同一种颜色, 因为它们是从 w_{n-1} 出发到 W_n 的成员的边的一个子集, 按照着色结构, 居后的那些边具有同样的颜色.

但从 w_1 到 $w_2, w_3, \cdots$ 的边的颜色不一定跟从 w_2 到 $w_3, w_4, \cdots$ 的颜色相同, 以此类推. 然而, 再次根据无限鸽笼原理, 同样的颜色应出现无限多次. 因此 (第 ω 步), 我们可选择 $w_1, w_2, w_3, \cdots$ 的一个无限子序列 $x_1, x_2, x_3, \cdots$, 使得

$$从 \ x_1 \ 到 \ x_2, x_3, x_4, \cdots \ 的边的颜色$$
$$= 从 \ x_2 \ 到 \ x_3, x_4, x_5, \cdots \ 的边的颜色$$
$$= 从 \ x_3 \ 到 \ x_4, x_5, x_6, \cdots \ 的边的颜色,$$

以此类推. 也就是说, 顶点为 $x_1, x_2, x_3, \cdots$ 的完全图是单色的. □

这证明了可数无限拉姆齐定理. 为了推导有限拉姆齐定理, 我们使用反证法. 假设有限拉姆齐定理是错的: 即存在一个 m, 使得对任一 n 都有关于 K_n 的边的一种不寻常的异样 2-着色, 亦即一种包含非单色 K_m 的 2-着色.

现在, 我们构建如下一棵不寻常的异样 2-着色树. 在第 0 层标明一个傀儡 (象征性) 顶点, 它跟第 1 层的所有顶点相连. 在每一 $n > 0$ 的第 n 层, 对每个异样 2-着色 K_n 都标明一个顶点. 而且, 每个异样 2-着色 K_n (的顶点) 都连接到向后延续的每个异样 2-着色 K_{n+1} (的顶点). 每个异样 2-着色 K_{n+1} 必然连接到唯一的异样 2-着色 K_n (通过删除所有包含顶点 $n+1$ 的边即得). 因此, 所有异样 2-着色的图确实构成一棵树.

不仅如此, 因假设对所有的 n 都存在异样 2-着色 K_n, 故该树是无限的. 于是, 根据柯尼希无限引理, 该树有一个无限分支. 但一个无限分支定义一个 2-着色 K_ω, 这通过一系列从 K_n 沿这一分支到 K_{n+1} 的着色外延可知.

由此, 根据上述无限拉姆齐定理可知: 在无限顶点集 $x_1, x_2, x_3, \cdots$ 上, 存在一张单色完全图. 特别地, 在顶点 $x_1, x_2, \cdots, x_m$ 上存在一个单色 K_m. 这跟我们假设该树中没有 2-着色包含单色 K_m 相矛盾. 所以有限拉姆齐定理成立. □

习题

爱尔迪希–塞凯赖什 (1935) 对有限拉姆齐定理给出了一种漂亮的归纳证明. 假设图的边 (为了便于讨论) 都着成红色或蓝色, 它们定义了如下的拉姆齐数:

$$R(p, q) = 使得 \ 2\text{-着色} \ K_m \ 包含一个红色 \ K_p \ 或一个蓝色 \ K_q \ 的最小的 \ m.$$

然后, 他们按关于 $p + q$ 的演绎推理来证明 $R(p, q)$ 对所有的 $p, q \geqslant 2$ 都存在:

- 很清楚, $R(2,2)$ 存在且等于 2.
- 若 $R(p-1,q)$ 和 $R(p,q-1)$ 存在, 则 $R(p,q)$ 亦然, 实际上

$$R(p,q) \leqslant R(p-1,q) + R(p,q-1).$$

困难就在于证明不等式 $R(p,q) \leqslant R(p-1,q) + R(p,q-1)$, 证明方法是要考虑 2-着色 K_m, 这里

$$m = R(p-1,q) + R(p,q-1).$$

25.7.1 试解释: 为什么下述两种情形之一存在于 2-着色 K_m 中:
情形 1. 有一个顶点 u, 至少有 $R(p,q-1)$ 条蓝色的边归附于它.
情形 2. 有一个顶点 v, 至少有 $R(p-1,q)$ 条红色的边归附于它.

25.7.2 对情形 1, 试 (通过考虑由 u 出发的蓝色的边的终点处的 $K_{R(p,q-1)}$) 证明: K_m 或包含一个红色的 K_p, 或包含一个蓝色的 K_q.

25.7.3 对情形 2, 试 (通过考虑由 v 出发的红色的边的终点处的 $K_{R(p-1,q)}$) 证明: K_m 或包含一个红色的 K_p, 或包含一个蓝色的 K_q.

25.7.4 试解释: 为什么 $R(2,3) = R(3,2) = 3$?

25.7.5 再看一遍 "婴儿拉姆齐定理", 试将它与上述 $p=3$, $q=3$ 情形的证明进行比较.

我们在 25.3 节已提到: 有一个不诉诸 (波尔查诺–魏尔斯特拉斯定理断言的) 极限点的、关于单调序列定理的证明. 下面就是一个纯粹的组合学证明, 利用的是无限拉姆齐定理.

给定一个相异实数的无限数列 $x_1, x_2, x_3, \cdots$, 取 x_i 为一个图的顶点, 满足

- 当 $i < j$, $x_i < x_j$ 时, 连接 x_i 和 x_j 是红色的边.
- 当 $i < j$, $x_i > x_j$ 时, 连接 x_i 和 x_j 是蓝色的边.

25.7.6 试根据无限拉姆齐定理推断: $x_1, x_2, x_3, \cdots$ 包含一个无限单调子序列.

我们再次重申: 无限鸽笼原理作为波尔查诺–魏尔斯特拉斯定理和无限拉姆齐定理的基础, 在两者的证明中都被无限频繁地使用着. 所以, 单调子序列定理的两种证明处于大致同等的复杂程度.

25.8 组合学中的硬定理

用无限拉姆齐定理来证明有限拉姆齐定理似乎是过度地使用了蛮力, 因为用只涉及有限集的推理就足够证明后者了. 然而, 该证明对其他一些定理而言是一个示范, 因为那些定理中有些是不存在有限替代物的. 其中最具历史重要性的是 24.8 节中提到的帕里斯–哈林顿定理. 我们在那里说过, 帕里斯–哈林顿定理在佩亚诺算术体系 (PA) 中是不可证的; 因此, 在有限集合论中同样不可证. 可是, 它却很容易从无限拉姆齐定理推导出来!

理由在于: 帕里斯–哈林顿定理其实就是附加了单色子集是 "大" 的条件下的有限拉姆齐定理. 帕里斯和哈林顿称一个自然数的有限集 S 是大的, 是指 S 的成员数大于 S 中最小成员的值. 正是这一条件, 使他们的定理在 PA 中不可证, 但它并没有给使用无限拉姆齐定理来证明设置障碍.

这个证明, 如在 25.7 节中证有限拉姆齐定理那样, 一开始先假设该定理对某个大小为 m 的单色集不成立. 这意味着: 可构造一棵 "异样着色" 的树, 它不包含大小为 m 或有更多成员的、大的单色子集. 另一方面, 柯尼希无限引理给出一个无限单色子集, 我们可以从中提取出一个有限集 S, 它的成员数至少是 m, 且大于 S 的最小成员的值. 于是, S 是大的, 从而我们得到与假设矛盾的结果.

帕里斯–哈林顿定理肯定是经典的有限拉姆齐定理的自然变种. 不过, 它是逻辑学家设计的、特意用来表示在 PA 中存在不可证的事物, 因此在有限集合论中亦然. 那么, 是否存在组合学独立关注的定理在有限集合论中是不可证明的? 当然有, 无限拉姆齐定理就是一个, 因为它蕴含了帕里斯–哈林顿定理. 况且, 无限拉姆齐定理甚至无法在有限集合论中陈述, 因为它不是关于有限集的一个语句. 更恰当的说法是: 无限拉姆齐定理比有限集合论更强, 或者说它是一条 "无穷公理". 在这个意义下, 其他一些起源于组合学的定理也是无穷公理. 其中最著名的两个是克鲁斯卡尔 (Kruskal) 定理和罗伯逊–西摩 (Robertson-Seymour) 定理.

克鲁斯卡尔定理和罗伯逊–西摩定理

克鲁斯卡尔 (1960) 定理涉及依据嵌入关系决定的有限树的定序问题. 我们说: 一棵树 T_1 嵌入一棵树 T_2 (记作 $T_1 \preceq T_2$) 是指存在一个连续的一对一映射将 T_1 映入 T_2. 关系 $\preceq$ 是偏序的一个例子, 偏序意味着它满足条件

$$T \preceq T, \qquad \text{(自反性)}$$

$$T_1 \preceq T_2 \quad \text{和} \quad T_2 \preceq T_3 \quad \text{蕴含} \quad T_1 \preceq T_3. \qquad \text{(传递性)}$$

这不是像实数定序那样的线性序; 因为存在这样的树 T_1 和 T_2, 使得既非 $T_1 \preceq T_2$ 亦非 $T_2 \preceq T_1$. 尽管如此, 在下述意义下, '完全无序是不可能的':

克鲁斯卡尔定理. 任一有限树的无限序列包含一个无限单调子序列: $T_1 \preceq T_2 \preceq T_3 \preceq \cdots$.

克鲁斯卡尔定理不能扩充到任意有限图, 因为你能给出图的一个无限序列, 其中没有一个成员能嵌入其他任一成员. 如图 25.15 所示的多边形图的序列就是一例.

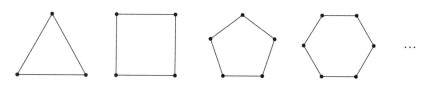

图 25.15　多边形图

然而, 有一条类似的定理成立, 它所针对的是略微宽松的嵌入关系 —— 称为图的次

关系. 我们说 G_1 是图 G_2 的一个次图, 指的是 G_1 的某个破裂图可嵌入 G_2. 我们 '破裂' G_1 是通过有限次地用由一条边连接的两个顶点来替换一个顶点实现的. 所以, 任一棵树都是单一顶点的一个破裂, 每个多边形则是任一较少边数的多边形的一个破裂. 图的次定理如下:

罗伯逊–西摩定理. 任一有限图的无限序列在图的次关系下都包含一个无限单调序列.

克鲁斯卡尔定理的证明太复杂, 不能在此讲述. 你可以在迪斯特尔 (Diestel) (2005) 著作的最后一章读到这一证明. 至于罗伯逊–西摩定理的证明, 则几乎没有谁能窥其全豹, 因为它出版于 1983 至 2004 年间, 由大约 20 篇系列文章组成.

克鲁斯卡尔定理和罗伯逊–西摩定理的几个有限推论

显而易见, 这两个定理的难度跟它们的逻辑强度是匹配的. 像无限拉姆齐定理那样, 它们必然蕴含能在有限集合论中陈述但不能在其中证明的定理. 在 1981 年, 美国逻辑学家哈维 · 弗里得曼 (Harvey Friedman) 发现了克鲁斯卡尔定理的一些涉及树的有限序列的变体, 它们由它而生但无法在有限集合论中证明. 实际上, 克鲁斯卡尔定理的这些变体比帕里斯–哈林顿定理处于 '更高' 的不可证水平; 在某种意义上, 处于何种水平可用序数来精确表示. 弗里得曼还发现罗伯逊–西摩定理的变种, 它们由它而生但同样在有限集合论中是高度不可证的.

这些发现表明: 组合学、逻辑学和集合论之间的某种趋同已经开始. 组合学似乎是易于理解但难于证明的定理的最富成果的源泉, 它也似乎是用源自无限世界的洞察力去最清晰地阐明有限世界的场所. 澳大利亚数学家陶哲轩 (Terry Tao) 曾强调连接有限世界和无限世界的那些原理的重要性:

> 这些原理允许人们去开发利用存在于无限世界的能力 (例如, 取极限, 进行完全化或取闭包的能力), 以便在有限世界中证实一些结果, 或者至少在无限世界中获得直觉灵感并将其转移到有限环境中.

陶哲轩 (2009), 第 165 页

罗伯逊–西摩定理的另一个引人注目的、有限世界的结果是下述关于平面图的库拉托夫斯基 (Kuratowski) 定理的推广: 对任何曲面 S, 其上的图都存在一个 '被禁次图 (forbidden minor)' 的有限集. 即, 若图 G 是不能在 S 上画成无相交边的形状, 那么有一个 S 上的 '被禁次图' 是 G 的次图. 这非常容易从图的次定理得到, 因为在最小被禁次图集中, 一个图不可能是另一个的次图. 所以, 根据罗伯逊–西摩定理可知被禁次图集不可能是无限的.

我们称其为库拉托夫斯基定理的推广, 因为瓦格纳 (Wagner) (1937) 证明了 K_5 和 $K_{3,3}$ 组成平面上最小的被禁次图集. 目前尚不清楚向任意曲面的推广是否得以在有限集合论中证明, 但这肯定是一条很难证的定理. 除了平面 (或球面), 唯一知其被禁次图集的曲面是射影平面, 它的最小集有 35 个成员. 对于环面, 我们甚至不知其被禁次图的数目, 但知道它至少有 16000 个.

习题

对于射影平面非被禁的图, 有一个有趣的例子, 即 25.5 节习题中提到的彼得森图. 实际上, 当射影平面是经由球面上对径点被视为同一个点所建构时, 彼得森图乃是十二面体图在球面上的像.

25.8.1 将十二面体的对径点分别标记为 A 和 A', B 和 B', C 和 C', $\cdots$, 试说明顶点对 $\{A, A'\}$, $\{B, B'\}$, $\{C, C'\}$, $\cdots$ 和对应的边对构成一张彼得森图.

其他对于射影平面是非被禁的图是 K_5 和 K_6.

25.8.2 试说明: K_6 —— 因而 K_5 亦然 —— 可在射影平面上画成无交叉边的形状. (提示: 在默比乌斯带上画 K_6.)

另一方面, K_7 在射影平面上是被禁的图.

25.8.3 射影平面上有 V 个顶点, E 条边和 F 个面的图, 对应于球面上有 $2V$ 个顶点, $2E$ 条边和 $2F$ 个面的图. 试问这是为什么? 并推断: 射影平面上的图满足公式 $V - E + F = 1$.

25.8.4 试利用习题 25.8.3 中的公式证明: K_7 在射影平面上不能画成没有交叉边的形状.

25.9 人物小传: 爱尔迪希

保罗·爱尔迪希 (Paul Erdös) —— 在匈牙利, 人们熟知他的名字是爱尔迪希·帕尔 (Erdös Pál) —— 1913 年 3 月 26 日诞生于布达佩斯的一个犹太中产阶级家庭. 他的双亲, 父亲拉约什 (Lajos)、母亲安娜 (Anna) 都是数学教师, 使得保罗从小就沉浸在数学氛围中. 他很快开始学习数学, 以致数学几乎成了他今后生命的全部. 他对数学一心一意的投入 (即使对一名数学家而言也很了不起), 无疑跟他小时候家庭所受的冲击有很大关系.

正在他出生那年, 他的两个姐姐因患猩红热去世. 1914 年随着第一次世界大战爆发, 其父拉约什被征召加入奥匈帝国的军队. 不久之后, 他被俄国人俘虏, 监禁在西伯利亚达六年之久. 他返家前, 奥匈帝国解体; 匈牙利经历了一段战后兴起的贝洛·库恩 (Béla Kún) 主持的匈牙利公社时期. 1919 年, 公社维持了 132 天就瓦解了, 接着是一波攻击共产党人和犹太人的 "白色恐怖".

我们可以理解, 安娜这位母亲对其仅存的孩子竭尽其能地加以保护; 不过, 她的呵护达到离奇和极端的程度. 保罗直到 11 岁才进学校读书 (大约在同时, 他才第一次学习系鞋带); 而且, 到他 1934 年第一次海外旅行时才自己往面包上抹黄油. 有些事情他从来没有学着去做; 安娜在 1971 年离世, 同事们不得不插手安排他的旅行, 管理他的银行账户, 等等.

当然, 保罗无时无刻不在学习和发现数学. 四岁那年, 他自己发现了负数. 10 岁时, 拉约什给他演示了欧几里得关于存在无穷多个素数的证明; 到 13 岁, 他有了自己第一篇文章 —— 关于某个问题的解, 发表在一份为中学生办的杂志上. 18 岁, 他刚上布达佩斯理工大学的第一年, 就给出了由俄国数学家帕夫努季·切比雪夫 (Pafnuty Chebyshev) 在 1850 年首证的一条定理的新的、初等的证明, 引起了一些重要数学家的注意. 正如爱尔迪希自己可能说过的那样 (据数学家内森·费恩 (Nathan Fine) 所记载):

切比雪夫说过它, 我将再次来说它, 在 N 和 $2N$ 之间总存在一个素数.

切比雪夫的定理给出一种存在无穷多个素数的新证明, 还给出了它们有多稠密的概念. 因此, 它可以被看作是证明素数定理的第一步. 素数定理说: 小于 N 的素数的个数渐近地等于 $N/\log N$. 亦即, 若 $\pi(N)$ 表示小于 N 的素数的个数, 则当 N 趋于无穷时, $\pi(N)$ 与 $N/\log N$ 之比趋于 1.

素数定理是勒让德和高斯在大约 1800 年左右猜测到的, 但在其后几乎 100 年间未能得到证明; 各自独立证明这条定理的是阿达马 (Hadamard) (1896) 和德拉瓦莱·普森 (de la Vallée Poussin) (1896). 他们的证明都大量使用分析工具, 特别是我们在 10.7 节研究过的欧拉和黎曼的 ζ 函数; 在很长一段时间里, 人们认为不可能用初等方法来证明它. 我们在下面将看到, 爱尔迪希后来曾说起过这件事.

数论是爱尔迪希初恋的学科; 而当他在大学听代内什·柯尼希 (Dénes König) 的一门课时, 发现了图论给他带来的种种乐趣. 1935 年, 爱尔迪希和乔治·塞凯赖什 (George Szekeres) (1935) 关于拉姆齐理论的文章, 使他在组合学的新兴领域崭露头角. 这次跟塞凯赖什联名发表论文, 看似是一次无足轻重的举动, 却开启了爱尔迪希最喜爱的、典型的工作方式: 始于因素单纯却蕴含着新思想胚芽的问题, 然后加以推广和一般化.

塞凯赖什和他未来的夫人埃斯特·克莱因 (Esther Klein) 属于爱尔迪希周围的学生朋友圈子. 在 20 世纪 30 年代初期, 他们经常聚会谈论数学: 或在爱尔迪希家, 或去城市公园, 再或到布达佩斯周围的山上徒步旅行 —— 边走边谈. 在一次远足中, 埃斯特·克莱因提出了一个初等几何问题: 平面上所有五个点的集合, 若其中没有三个点共线, 是否其中必有四个点是一个凸四边形的顶点? 克莱因通过考虑各种可能的情形, 从而给出了肯定的答案; 但更一般的问题摆在了面前: 对任意整数 n, 是否存在一个 N, 使得平面上任意 N 个点 (同样要求其中没有三个点共线) 中必有 n 个点是一个凸 n 边形的顶点? 就是这个问题把爱尔迪希和塞凯赖什导向了拉姆齐理论.

后来, 爱尔迪希把凸子集问题称为 '美满结局' 问题; 原因不仅在于它让拉姆齐理论名扬四海, 还在于乔治和埃斯特在 1936 年结为伉俪, 一直过着幸福美满的生活. (两人都在 2005 年 8 月 28 日去世, 相隔不到 1 小时.)

20 世纪 30 年代, 对爱尔迪希和他的朋友而言, 既是令人激动的数学发酵期, 又是极度焦虑的时期. 他们中的大多数是犹太人, 心里都清楚为了生存不得不离开欧洲. 塞凯赖什夫妇乔治和埃斯特先去到上海, 然后去了澳大利亚; 爱尔迪希首先到英国, 之后去了美国. 这是他不安地寻找所谓 "另一处屋檐, 另一个证明" ('another roof, another proof", 这是爱尔迪希的名言) 的开始 —— 从此再没有一个固定的工作, 或一个家, 或超过一个装满他财产的手提箱. 当然, 他的旅程开始时相当顺利: 1938—1939 年, 他在普林斯顿高等研究院 (IAS) 做了聘期一年的研究员.

该研究院在 20 世纪 30 年代成为顶级数学家、物理学家和其他学者的避难所. 其第一位永久成员是阿尔贝特·爱因斯坦 (Albert Einstein), 很快又有其他欧洲的明星级难民来到 IAS, 诸如约翰·冯诺依曼 (John von Neumann) 和库特·哥德尔 (Kurt Gödel). IAS 的办院理念是让其成员完全自由地从事他们的研究, 无须担任讲课或行政事务. 这对像爱尔迪希这样精力充沛的人很不错, 他在这里度过了十分多产的一年; 但对更喜欢沉思的那类人就不然了. 特别像那位哥德尔, 他在研究院的 40 年里总共才发表过几篇论文; 他花费了很长时间研究莱布尼茨和罗素的哲学著作. 有一次, 爱尔迪希不满地对哥德尔说: "你成了数学家, 应该让人们研究你, 而不应该是你去研究莱布尼茨!"

事实上, IAS 对待哥德尔是有所保留的, 所以他直到 1953 年才升为正教授. 当然, IAS 至少在他成为永久成员前, 能做到每年都重新续聘他. 爱尔迪希则是唯一被 IAS '解雇' 的人: 他的一年聘约到期后未得到续聘, 只有当外界为他提供资金时才允许他再待一年. 不清楚爱尔迪希做错了什么事. 当然, 他很古怪, 但哥德尔亦然. 也许, 他在 IAS 中的同龄人认为他的初等方法肤浅且不成熟. 他们要是真有过这种想法, 那么就不得不重新考虑了; 因为在 1949 年, 爱尔迪希发现了所有初等证明中最著名的那个: 素数定理的初等证明.

唉, 爱尔迪希的证明因跟同一定理的另一个初等证明纠缠在一起而失去光泽, 这另一证明属于挪威数学家阿特勒·塞尔伯格 (Atle Selberg). 1948 年, 塞尔伯格曾使用初等方法证明了狄利克雷 (1837) 的著名定理, 据此可知在任一等差数列 $a+b, 2a+b, 3a+b, \cdots$ 中存在无穷多个素数, 其中 $\gcd(a,b) = 1$. 狄利克雷的定理本是最早的在其证明中不得已而使用分析方法的例子; 因此, 塞尔伯格的这个证明引起过轰动. 不过, 塞尔伯格 (以及一听到塞尔伯格这个证明的爱尔迪希) 认为自己能做得更好, 目标便是素数定理的初等证明.

在接下来的 1949 年: 塞尔伯格给出了一个证明, 爱尔迪希也给出了一个证明. 为什么不联名发表呢? 因为塞尔伯格不喜欢联名发表文章, 尽管爱尔迪希也许喜欢. 1950 年, 塞尔伯格被授予数学界的最高荣誉: 菲尔兹奖章, 并获得了 IAS 的职位. 爱尔迪希则在 1952 年被授予科尔奖 (Cole Prize) —— 一种很高的荣誉, 但不如菲尔兹奖章; 圣母玛利亚大学还为他提供一个永久职位. 他在圣母玛利亚大学度过了愉快的一年, 但这里关不住他那永不宁静的心灵. 实际上, 随着 20 世纪 50 年代麦卡锡主义的到来, 爱尔迪希发现美国对他关上了大门, 这种情况一直延续到 1959 年. 但即使在此期间, 由于参议员休伯特·汉弗莱 (Hubert Humphrey) 的干预, 他获准进行过一次短暂的访美.

1963 年, 美国终于再次对爱尔迪希表现出热情友好的态度. 他的护照问题解决了; 他还认识了数学家罗恩·格雷厄姆 (Ron Graham), 此人遂成为他主要的帮手和保护人. 在其后的三十年里, 格雷厄姆管理着爱尔迪希的各种事物, 最后甚至在自己的家里设了一间房, 专门用来接待经常来访的爱尔迪希. 格雷厄姆还支持爱尔迪希的数学研究, 特别是在图论和拉姆齐理论方面. 他是拉姆齐理论方面那本权威著作的联合作者 (参见格雷厄姆和其他人合著的书 (1990)). 在这三十年间, 爱尔迪希无序地旋风般从一个屋檐下奔向另一个屋檐下, 从一个证明转向另一个证明. 无论走到哪里, 他总能把人们吸引到数学对话中, 进而评估他们的能力, 并让他们研究适合他们数学能力的问题. 在这样的合作中, 数以百计的联合论文接踵而至; 那些合作者因而跟爱尔迪希数的概念连在了一起. 爱尔迪希数为 1 的人, 是指他和爱尔迪希写了一篇联合论文 (目前有 511 位这样的人); 爱尔迪希数为 $n+1$ 的人, 是指他不具有爱尔迪希数 n, 但和某位爱尔迪希数为 n 的人合作写了一篇文章.

爱尔迪希经常说, 他希望能仿效欧拉 —— 在做数学时死去 (参见谢克特 (Schechter) (1998), 第 201 页). 实际上, 他相当确信这一点, 因为他睡得很少, 醒着的时候又几乎在不停地做数学. 1995 年和 1996 年, 他甚至在手术室进行角膜移植和心脏起搏器植入时, 都没有停止和数学家朋友讲话. 1996 年 9 月 20 日, 他去世这天正在华沙参加一次数学会议. 他的愿望实现了.

今天, 留在大多数数学家心中的爱尔迪希的形象是位老者 (图 25.16), 真的, 他喜欢开玩笑地说他已经 10 亿岁了: 当他还是孩童时, 据说地球的年龄是 10 亿岁; 当他是个成年人时, 据说地球已经 20 亿岁了. 不过, 在某种意义上, 他是个永远年轻的人 —— '数学

图 25.16 保罗·爱尔迪希

中的彼得 · 潘* (Peter Pan)" —— 他的老朋友玛尔塔 · 斯韦德 (Marta Sved) 这样称呼他 (参见索伊费尔 (Soifer) (2009), 第 235 页). 他从未丧失过这样的能力: 鼓舞年轻人去做数学, 唤醒他年纪稍长同事的数学活力. 他为解决难题而颁发奖金的传统一直由罗恩 · 格雷厄姆保持着 —— 后者继续提出爱尔迪希型的问题, 当问题解决时他就支付奖金. 爱尔迪希甚至还在继续发表文章: 有 70 多篇文章是在他去世后发表的. 真的, 他像数学一样: 老且年轻着.

---

* 彼得 · 潘是幻想童话小说中的、会飞但永长不大的淘气小孩. —— 译注

参考文献

Abel, N. H. (1826). Démonstration de l'impossibilité de la résolution algébrique des équations générales qui passent le quatrième degré. *J. reine und angew. Math. 1*, 65–84. *Oeuvres Complètes* 1: 66–87.

Abel, N. H. (1827). Recherches sur les fonctions elliptiques. *J. reine und angew. Math. 2*, 101–181. *3*, 160–190. In his *Oeuvres Complètes* 1: 263–388.

Abel, N. H. (1829). Mémoire sur une classe particulière d'equations résolubles algébriquement. *J. reine und angew. Math. 4*, 131–156. *Œuvres Complètes* 1: 478–507.

Ackermann, W. F. (1937). Der Widerspruchsfreiheit der allgemeine Mengenlehre. *Math. Ann. 112*, 305–315.

Adyan, S. I. (1957). Unsolvability of some algorithmic problems in the theory of groups (Russian). *Trudy Moskov. Mat. Obshch. 6*, 231–298.

Akivis, M. A. and B. A. Rosenfeld (1993). *Élie Cartan (1869–1951)*. Providence, RI: American Mathematical Society. Translated from the Russian manuscript by V. V. Goldberg.

Alberti, L. B. (1436). *Trattato della pittura*. Reprinted in *Il trattato della pittura e i cinque ordine architettonici*, R. Carabba, 1913.

Alexander, J. W. (1919). Note on two three-dimensional manifolds with the same group. *Trans. Amer. Math. Soc. 20*, 339–342.

Apéry, R. (1981). Interpolation de fractions continues et irrationalité de certaines constantes. In *Mathematics*, pp. 37–53. Paris: Bib. Nat.

Appel, K. and W. Haken (1976). Every planar map is four colorable. *Bull. Amer. Math. Soc. 82*, 711–712.

Argand, J. R. (1806). *Essai sur une manière de représenter les quantités imaginaires dans les constructions géométriques*. Paris.

Artin, M. (1991). *Algebra*. Englewood Cliffs, NJ: Prentice-Hall Inc.

Assmus, Jr., E. F. and H. F. Mattson (1966). Perfect codes and theMathieu groups. *Arch. Math. (Basel)* *17*, 121–135.

Ayoub, R. (1984). The lemniscate and Fagnano's contributions to elliptic integrals. *Arch. Hist. Exact Sci. 29*(2), 131–149.

Bachet de Méziriac, C. G. (1621). *Diophanti Alexandrini libri sex.* Toulouse.

Baer, R. (1928). Zur Axiomatik der Kardinalarithmetik. *Math. Zeit. 29*, 381–396.

Baillet, A. (1691). *La vie des Monsieur Des-Cartes.* Paris: Daniel Horthemels.

Ball, W. W. R. (1890). Newton's classification of cubic curves. *Proc. London Math. Soc. 22*, 104–143.

Baltrušaitis, J. (1977). *Anamorphic Art.* New York: Harry Abrams.

Banach, S. and A. Tarski (1924). Sur la décomposition des ensembles de points en parties respectivement congruentes. *Fund. Math. 6*, 244–277.

Banville, J. (1981). *Kepler: A Novel.* London: Secker andWarburg.

Baron, M. E. (1969). *The Origins of the Infinitesimal Calculus.* Oxford: Pergamon Press.

Bashmakova, I. G. (1981). Arithmetic of algebraic curves from Diophantus to Poincaré. *Historia Math. 8*(4), 393–416.

Beeckman, I. (1628). Journal. Beeckman (1634), quoted in *Œuvres de Descartes*, volume 10, pp. 344–346.

Beeckman, I. (1634). *Journal tenu par Isaac Beeckman de 1604 à 1634.* The Hague: Nijhoff. Edited by C. de Waard, 4 vols.

Beltrami, E. (1865). Risoluzione del problema: Riportare i punti di una superficie sopra un piano in modo che le linee geodetiche vengano rappresentate da linee rette. *Ann. Mat. pura appl., ser. 17*, 185–204. In his *Opere Matematiche* 1: 262–280.

Beltrami, E. (1868a). Saggio di interpretazione della geometria non-euclidea. *Giorn. Mat. 6*, 284–312. In his *Opere Matematiche* 1: 262–280, English translation in Stillwell (1996).

Beltrami, E. (1868b). Teoria fondamentale degli spazii di curvatura costante. *Ann. Mat. pura appl., ser. 2 2*, 232–255. In his *Opere Matematiche* 1: 406–429, English translation in Stillwell (1996).

Bernoulli, D. (1728). Observationes de seriebus. *Comment. Acad. Sci. Petrop. 3*, 85–100. In Bernoulli (1982), pp. 49–64.

Bernoulli, D. (1743). Letter to Euler, 4 September 1743. In Eneström (1906).

Bernoulli, D. (1753). Réflexions et éclaircissemens sur les nouvelles vibrations des cordes exposées dans les mémoires de l'académie de 1747 & 1748. *Hist. Acad. Sci. Berlin 9*, 147–172.

Bernoulli, D. (1982). *Die Werke von Daniel Bernoulli, Band 2.* Basel: Birkhäuser.

Bernoulli, Jakob (1690). Quaestiones nonnullae de usuris cum solutione problematis de sorte alearum propositi in Ephem. Gall. A. 1685. *Acta Erud. 11*, 219–233.

Bernoulli, Jakob (1692). Lineae cycloidales, evolutae, ant-evolutae … Spira mirabilis. *Acta. Erud. 11*, 207–213.

Bernoulli, Jakob (1694). Curvatura laminae elasticae. *Acta. Erud. 13*, 262–276.

Bernoulli, Jakob (1697). Solutio problematis fraternorum. *Acta Erud. 16*, 211–217.

Bernoulli, Jakob (1713). Ars conjectandi. *Opera 3*: 107–286.

Bernoulli, Jakob and Johann (1704). *Über unendliche Reihen.* Ostwald's *Klassiker*, vol. 171. Engelmann, Leipzig, 1909.

Bernoulli, Johann (1691). Solutio problematis funicularii. *Acta Erud. 10*, 274–276. In his *Opera Omnia* 1: 48–51.

Bernoulli, Johann (1696). Problema novum ad cujus solutionem mathematici invitantur. *Acta Erud. 15*, 270. In his *Opera Omnia* 1: 161.

Bernoulli, Johann (1697). Principia calculi exponentialum. *Acta Erud. 16*, 125–133. In his *Opera Omnia* 1: 179–187.

Bernoulli, Johann (1699). *Disputatio medico-physica de nutritione.* Groningen.

Bernoulli, Johann (1702). Solution d'un problème concernant le calcul intégral, avec quelques abrégés par raport à ce calcul. *Mém. Acad. Roy. Soc. Paris*, 289–297. In his *Opera Omnia* 1: 393–400.

Bernoulli, Johann (1712). Angulorum arcuumque sectio indefinita. *Acta Erud. 31*, 274–277. In his *Opera Omnia* 1: 511–514.

Bertrand, J. (1860). Remarque à l'occasion de la note précédente. *Comp. Rend. 50*, 781–782.

Bézout, E. (1779). *Théorie générale des équations algébriques.* Paris: Ph.-D. Pierres. English translation: *General Theory of Algebraic Equations*, by Eric Feron, Princeton University Press, Princeton, 2006.

Biggs, N. L., E. K. Lloyd, and R. J. Wilson (1976). *Graph Theory: 1736–1936.* Oxford: Oxford University Press.

Birkhoff, G. (Ed.) (1973). *A Source Book in Classical Analysis.* Cambridge, MA.: Harvard University Press. With the assistance of Uta Merzbach.

Boltyansky, V. G. (1978). *Hilbert's Third Problem.* Washington, DC: V. H. Winston & Sons. Translated from the Russian by Richard A. Silverman, with a foreword by Albert B. J. Novikoff, Scripta Series in Mathematics.

Bolyai, F. (1832a). *Tentamen juventutem studiosam in elementa matheseos purae, elementaris ac sublimioris, methodo intuitiva, evidentiaque huic propria, introducendi.* Marosvásárhely.

Bolyai, J. (1832b). Scientiam spatii absolute veram exhibens: a veritate aut falsitate Axiomatis XI Euclidei (a priori haud unquam decidanda) independentem. Appendix to Bolyai (1832a), English translation in Bonola (1912).

Bolzano, B. (1817). *Rein analytischer Beweis des Lehrsatzes dass zwischen je zwey Werthen, die ein entgegengesetztes Resultat gewähren, wenigstens eine reelle Wurzel der Gleichung liege.* Ostwald's Klassiker, vol. 153. Engelmann, Leipzig, 1905. English translation in Russ (2004) pp. 251–277.

Bombelli, R. (1572). *L'algebra. Prima edizione integrale. Introduzione di U. Forti. Prefazione di E. Bortolotti.* Reprint by Biblioteca scientifica Feltrinelli. 13. Milano: Giangiacomo Feltrinelli Editore. LXIII (1966).

Bonnet, O. (1848). Mémoire sur la théorie générale des surfaces. *J. Éc. Polytech. 19*, 1–146.

Bonola, R. (1912). *Noneuclidean Geometry*. Chicago: Open Court. Reprinted by Dover, New York, 1955.

Boole, G. (1847). *Mathematical Analysis of Logic*. Reprinted by Basil Blackwell, London, 1948.

Borcherds, R. E. (1994). Sporadic groups and string theory. In *First European Congress of Mathematics, Vol. I (Paris, 1992)*, Volume 119 of *Progr. Math.*, pp. 411–421. Basel: Birkhäuser.

Borel, E. (1898). *Leçons sur la théorie des fonctions*. Paris: Gauthier-Villars.

Bos, H. J. M. (1981). On the representation of curves in Descartes' *Géométrie*. *Arch. Hist. Exact Sci. 24*(4), 295–338.

Bos, H. J. M. (1984). Arguments on motivation in the rise and decline of a mathematical theory; the "construction of equations," 1637–ca. 1750. *Arch. Hist. Exact Sci. 30*(3-4), 331–380.

Bosse, A. (1648). *Manière universelle de Mr Desargues*. Paris: P. Des-Hayes.

Bourgne, R. and J.-P. Azra (1962). *Ecrits et mémoires mathématiques d'Évariste Galois: Édition critique intégrale de ses manuscrits et publications*. Gauthier-Villars & Cie, Imprimeur-Éditeur-Libraire, Paris. Préface de J. Dieudonné.

Boyer, C. B. (1956). *History of Analytic Geometry*. Scripta Mathematica, New York.

Boyer, C. B. (1959). *The History of the Calculus and Its Conceptual Development*. New York: Dover Publications Inc.

Boyer, C. B. (1968). *A History of Mathematics*. New York: John Wiley & Sons Inc.

Brahana, H. R. (1921). Systems of circuits on 2-dimensional manifolds. *Ann. Math. 23*, 144–168.

Brahmagupta (628). *Brâhma-sphuṭa-siddhânta*. Partial English translation in Colebrooke (1817).

Brieskorn, E. and H. Knörrer (1981). *Ebene algebraische Kurven*. Basel: Birkhäuser Verlag. English translation: *Plane Algebraic Curves*, by John Stillwell, Birkhäuser Verlag, 1986.

Briggs, H. (1624). *Arithmetica logarithmica*. London: William Jones.

Bring, E. S. (1786). *Meletemata quaedam mathematica circa transformationem aequationum algebraicarum*. Lund University. Promotionschrift.

Burnside, W. (1911). *The Theory of Groups of Finite Order*. Cambridge: Cambridge University Press. Second edition, reprinted by Dover, New York, 1955.

Burton, D. M. (1985). *The History of Mathematics*. Boston, MA.: Allyn and Bacon Inc.

Cajori, F. (1913). History of the exponential and logarithmic concepts. *Amer. Math. Monthly 20*, 5–14, 35–47, 75–84, 107–117, 148–151, 173–182, 205–210.

Cantor, G. (1872). Über die Ausdehnung eines Satzes aus der Theorie der trigonometrischen Reihen. *Math. Ann. 5*, 123–132. In his *Gesammelte Abhandlungen*, 92–102.

Cantor, G. (1874). Über eine Eigenschaft des Inbegriffes aller reellen algebraischen Zahlen. *J. reine und angew. Math. 77*, 258–262. In his *Gesammelte Abhandlungen*, 145–148. English translation by W. Ewald in Ewald (1996), Vol. II, pp. 840–843.

Cantor, G. (1880). Über unendlich lineare Punktmannigfaltigkeiten, 2. *Math. Ann. 17*, 355–358. In his *Gesammelte Abhandlungen*, 145–148.

Cantor, G. (1883). *Grundlagen einer allgemeinen Mannigfaltigkeitslehre*. Leizig: Teubner. In his *Gesammelte Abhandlungen*, 165–204. English translation by W. Ewald in Ewald (1996), Vol. II, pp. 878–919.

Cantor, G. (1891). Über eine elementare Frage derMannigfaltigkeitslehre. *Jahresber. deutsch. Math. Verein. 1*, 75–78. English translation byW. Ewald in Ewald (1996), Vol. II, pp. 920–922.

Cardano, G. (1545). *Ars magna*. 1968 translation *The great art or the rules of algebra* by T. Richard Witmer, with a foreword by Oystein Ore. The M.I.T. Press, Cambridge, MA-London.

Cardano, G. (1575). *De Vita Propria Liber*. English translation *The Book of My Life*, Dover, New York 1962.

Cartan, E. (1894). *Sur la structure des groupes de transformations finis et continus*. Paris: Nony et Co.

Cartan, E. (1908). Nombres complexes. In *Encyclopédie des sciences mathématiques, I 5*, pp. 329–468. Paris: Jacques Gabay.

Cartan, E. (1936). La topologie des espaces représentatives des groupes de Lie. *L'Enseignement Math. 35*, 177–200.

Cauchy, A.-L. (1813a). Démonstration du théorème général de Fermat sur les nombres polygones. *Mém. Sci. Math. Phys. Inst. France, ser. 1 14*, 177–220. In his *Œuvres*, ser. 2, 6: 320–353.

Cauchy, A.-L. (1813b). Recherches sur les polyèdres – premier mémoir. *J. de l'École Polytechnique 9*, 68–86. Partial English translation in Biggs et al. (1976), pp. 81–83.

Cauchy, A.-L. (1815). Mémoire sur le nombre des valeurs qu'une fonction peut acquerir, lorsqu'on y permute de toutes les manières possibles les quantités qu'elle renferme. *J. Éc. Polytech. 18*, 1–28. In his *Œuvres*, ser. 2, 1: 62–90.

Cauchy, A.-L. (1825). *Mémoire sur les intégrales définies prises entre des limites imaginaires*. Paris.

Cauchy, A.-L. (1837). Letter to Coriolis, 29 January 1837. *Comp. Rend. 4*, 214–218. In his *Œuvres*, ser. 1, 4: 38–42.

Cauchy, A.-L. (1844). Mémoire sur les arrangements que l'on peut former avec des lettres données, et sur les permutations ou substitutions à l'aide desquelles on passe d'un arrangement à un autre. *Ex. anal. phys. math. 3*, 151–252. In his *Œuvres*, ser. 2, 13: 171–282.

Cauchy, A.-L. (1846). Sur les intégrales qui s'étendent à tous les points d'une courbe fermée. *Comp. Rend. 23*, 251–255. In his *Œuvres*, ser. 1, 10: 70–74.

Cavalieri, B. (1635). *Geometria indivisibilibus continuorum nova quadam ratione promota*. Bononi: Clement Ferroni.

Cayley, A. (1845a). On certain results relating to quaternions. *Phil. Mag. XXXVI*, 141–145. In his *Collected Mathematical Papers* 1: 123–126.

Cayley, A. (1845b). On Jacobi's elliptic functions and on quaternions. *Phil. Mag. XXXVI*, 208–211. In his *Collected Mathematical Papers*, p. 127. The part relevant to octonions is in Hamilton's *Mathematical Papers* 3: 650–651.

Cayley, A. (1854). On the theory of groups, as depending on the symbolic equation $\theta^n = 1$. *Phil. Mag.* 7, 40–47. In his *Collected Mathematical Papers* 2: 123–130.

Cayley, A. (1855). Recherches sur les matrices dont les termes des fonctions linéaires d'une seule indéterminée. *J. reine und angew. Math. 50*, 313–317. In his *Collected Mathematical Papers* 2: 216–220.

Cayley, A. (1858). A memoir on the theory of matrices. *Phil. Trans. Roy. Soc. London 148*, 17–37. In his *Collected Mathematical Papers 2*: 475–496.

Cayley, A. (1859). A sixth memoir on quantics. *Phil. Trans. Roy. Soc. 149*, 61–90. In his *Collected Mathematical Papers* 2: 561–592.

Cayley, A. (1878). The theory of groups. *Amer. J. Math. 1*, 50–52. In his *Collected Mathematical Papers* 10: 401–403.

Chaitin, G. J. (1970). Computational complexity and Gödel's incompleteness theorem. *Notices Amer. Math. Soc. 17*, 672.

Chandler, B. and W. Magnus (1982). *The History of Combinatorial Group Theory*. New York: Springer-Verlag.

Chevalley, C. (1955). Sur certains groupes simples. *Tôhoku Math. J. (2) 7*, 14–66.

Church, A. (1936). An unsolvable problem in elementary number theory. *Amer. J. Math. 58*, 345–363.

Church, A. (1938). Review. *J. Symb. Logic 3*, 46.

Clagett, M. (1959). *The Science of Mechanics in the Middle Ages*. The University of Wisconsin Press, Madison. Publications in Medieval Science, 4.

Clagett, M. (1968). *Nicole Oresme and the Medieval Geometry of Qualities and Motions*. Madison: University of Wisconsin Press.

Clairaut, A.-C. (1740). Sur l'intégration ou la construction des équations différentialles du premier ordre. *Mém. Acad. Sci. Paris*, 294.

Clairaut, A.-C. (1743). *Théorie de la figure de la Terre tirée des principes de l'hydrodynamique*. Paris: Durand.

Clebsch, A. (1864). Über einen Satz von Steiner und einige Punkte der Theorie der Curven dritter Ordnung. *J. reine und angew. Math. 63*, 94–121.

Cohen, M. R. and I. E. Drabkin (1958). *Source Book in Greek Science*. Cambridge, MA.: Harvard University Press.

Cohen, P. (1963). The independence of the continuum hypothesis I, II. *Proc. Nat. Acad. Sci. 50, 51*, 1143–1148, 105–110.

Cohn, H. and A. Kumar (2004). The densest lattice in twenty-four dimensions. *Electron. Res. Announc. Amer.Math. Soc. 10*, 58–67 (electronic). The full proof is in *Annals of Mathematics 170* (2009), 1003–1050.

Cole, F. N. (1893). Simple groups as far as order 660. *Amer. J. Math. 15*, 305–315.

Colebrooke, H. T. (1817). *Algebra, with Arithmetic and Mensuration, from the Sanscrit of Brahmegupta and Bháscara.* London: John Murray. Reprinted by Martin Sandig, Wiesbaden, 1973.

Coleman, A. J. (1989). The greatest mathematical paper of all time. *Math. Intelligencer 11*(3), 29–38.

Connelly, R. (1977). A counterexample to the rigidity conjecture for polyhedra. *Inst. Hautes Études Sci. Publ. Math.* (47), 333–338.

Coolidge, J. L. (1945). *A History of the Conic Sections and Quadric Surfaces.* Oxford University Press.

Copernicus, N. (1543). De revolutionibus orbium coelestium. English translation *On the revolutions*, Polish Science Publishers, Warsaw, 1978.

Cotes, R. (1714). Logometria. *Phil. Trans. 29*, 5–45.

Cotes, R. (1722). *Harmonia mensurarum.* Cambridge: Robert Smith.

Cox, D. A. (1984). The arithmetic-geometric mean of Gauss. *Enseign. Math. (2) 30*(3-4), 275–330.

Cox, D. A. (1989). *Primes of the Form $x^2 + ny^2$.* New York: John Wiley & Sons Inc.

Cramer, G. (1750). *Introduction à l'analyse des lignes courbes algébriques.* Geneva.

Crossley, J. N. (1987). *The Emergence of Number*, 2nd ed. Singapore: World Scientific Publishing Co.

Crowe, M. J. (1967). *A History of Vector Analysis.* Notre Dame, IN.: University of Notre Dame Press.

d'Alembert, J. le. R. (1746). Recherches sur le calcul intégral. *Hist. Acad. Sci. Berlin 2*, 182–224.

d'Alembert, J. le. R. (1747). Recherches sur la courbe que forme une corde tendue mise en vibration. *Hist. Acad. Sci. Berlin 3*, 214–219.

d'Alembert, J. le. R. (1752). *Essai d'une nouvelle théorie de la résistance des fluides.* Paris: David.

Davenport, J. H. (1981). *On the Integration of Algebraic Functions.* Berlin: Springer-Verlag.

David, F. N. (1962). *Games, Gods and Gambling.* London: Charles Griffin.

Davis, M. (Ed.) (1965). *The Undecidable. Basic papers on undecidable propositions, unsolvable problems and computable functions.* Raven Press, Hewlett, NY.

Davis, M. (1973). Hilbert's tenth problem is unsolvable. *Amer. Math. Monthly 80*, 233–269.

de la Hire, P. (1673). *Nouvelle méthode en géométrie.* Paris.

de la Vallée Poussin, C. J. (1896). Recherches analytiques sur la théorie des nombres premiers. *Ann. Soc. Sci. Bruxelles 20*, 183–256.

de Moivre, A. (1698). A method of extracting the root of an infinite equation. *Phil. Trans. 20*, 190–193.

de Moivre, A. (1707). Æquationem quarundum potestatis tertiae, quintae septimae, nonae & superiorum, ad infinitum usque pergendo, in terminis finitis, ad instar regularum pro cubicus que vocantur Cardani, resolutio analytica. *Phil. Trans. 25*, 2368–2371.

de Moivre, A. (1730). *Miscellanea analytica de seriebus et quadraturis.* London: J. Tonson and J. Watts.

Dedekind, R. (1871). Supplement X. In Dirichlet's *Vorlesungen über Zahlentheorie*, 2nd ed., Vieweg 1871.

Dedekind, R. (1872). *Stetigkeit und irrationale Zahlen.* Braunschweig: Vieweg und Sohn. English translation in: *Essays on the Theory of Numbers*, Dover, New York, 1963.

Dedekind, R. (1876). Bernhard Riemann's Lebenslauf. In Riemann's *Werke*, 2nd ed. pp. 539–558.

Dedekind, R. (1877). *Theory of Algebraic Integers.* Cambridge: Cambridge University Press. Translated from the 1877 French original and with an introduction by John Stillwell.

Dedron, P. and J. Itard (1973). *Mathematics and Mathematicians, Vol. 1.* Milton Keynes: Open University Press.

Degen, C. F. (1822). Adumbratio demonstrationis theorematis arithmeticae maxime generalis. *Mém. l'Acad. Imp. Sci. St. Petersbourg VIII*, 207–219.

Dehn, M. (1900). Über raumgleiche Polyeder. *Gött. Nachr. 1900*, 345–354.

Dehn, M. (1910). Über die Topologie des dreidimensionalen Raumes. *Math. Ann. 69*, 137–168.

Dehn, M. (1912). Über unendliche diskontinuierliche Gruppen. *Math. Ann. 71*, 116–144.

Dehn, M. and P. Heegaard (1907). Analysis situs. *Enzyklopädie der Mathematischen Wissenschaften*, vol. IIAB3, 153–220, Teubner, Leipzig.

Desargues, G. (1639). *Brouillon projet d'une atteinte aux évènements des rencontres du cône avec un plan.* In Taton (1951), pp. 99–180.

Descartes, R. (1637). *The geometry of René Descartes. (With a facsimile of the first edition, 1637.)* New York, NY: Dover Publications Inc. Translated by David Eugene Smith and Marcia L. Latham, 1954.

Descartes, R. (1638). Letter to Mersenne, 18 January 1638. *Œuvres 1*, 490.

Diacu, F. and P. Holmes (1996). *Celestial Encounters.* Princeton, NJ: Princeton University Press.

Dickson, L. E. (1901a). *Linear Groups with an Exposition of the Galois Field Theory.* Leipzig: Teubner.

Dickson, L. E. (1901b). Theory of linear groups in an arbitrary field. *Trans. Amer. Math. Soc 2*, 363–394.

Dickson, L. E. (1903). *Introduction to the Theory of Algebraic Equations.* New York: Wiley.

Dickson, L. E. (1914). *Linear Algebras.* Cambridge: Cambridge University Press.

Dickson, L. E. (1920). *History of the Theory of Numbers. Vol. II: Diophantine Analysis.* New York: Chelsea Publishing Co. 1966 reprint of Carnegie Institute, Washington, edition.

Diestel, R. (2005). *Graph Theory* (Third ed.). Berlin: Springer-Verlag.

Dirichlet, P. G. L. (1829). Sur la convergence des séries trigonométriques qui servent à représenter une fonction arbitraire entre des limites données. *J. reine und angew. Math 4*, 157–169. In his *Werke* 1: 117–132.

Dirichlet, P. G. L. (1837). Beweis des Satzes, dass jede unbegrentze arithmetische Progression, deren erstes Glied und Differenz ganze Zahlen ohne gemeinschaftlichen Factor sind, unendliche viele Primzahlen enthält. *Abh. Akad. Wiss. Berlin*, 45–81. In his *Werke* 1: 315–342.

Dirichlet, P. G. L. (1863). *Vorlesungen über Zahlentheorie*. Braunschweig: F. Vieweg und Sohn. English translation *Lectures on Number Theory*, with Supplements by R. Dedekind, translated from the German and with an introduction by John Stillwell, American Mathematical Society, Providence, RI, 1999.

Dombrowski, P. (1979). *150 Years after Gauss' "Disquisitiones generales circa superficies curvas"*. Paris: Société Mathématique de France. With the original text of Gauss.

Donaldson, S. K. (1983). An application of gauge theory to four-dimensional topology. *J. Differential Geom. 18*(2), 279–315.

Dostrovsky, S. (1975). Early vibration theory: physics and music in the seventeenth century. *Arch. History Exact Sci. 14*(3), 169–218.

du Bois-Reymond, P. (1875). Über asymptotische Werte, infinitäre Approximationen und infinitäre Auflösung von Gleichungen. *Math. Ann. 8*, 363–414.

Dugas, R. (1957). *A History of Mechanics*. Editions du Griffon, Neuchâtel, Switzerland. Foreword by Louis de Broglie. Translated into English by J. R. Maddox.

Dugas, R. (1958). *Mechanics in the Seventeenth Century*. Editions du Griffon, Neuchâtel, Switzerland.

Dunnington, G. W. (1955/2004). *Carl Friedrich Gauss*. Washington, DC: Mathematical Association of America. Reprint of the 1955 original [Exposition Press, New York], with an introduction and commentary by Jeremy Gray, with a brief biography of the author by Fritz-Egbert Dohse.

Dürer, A. (1525). *Underweysung der Messung*. Facsimile of 1525 edition by Collegium Graphicum, Portland, Oregon, 1972. English translation: *The Painter's Manual*, Albaris Books, New York, 1977.

Dyck, W. (1882). Gruppentheoretische Studien. *Math. Ann. 20*, 1–44.

Dyck, W. (1883). Gruppentheoretische Studien II. *Math. Ann. 22*, 70–108.

Edwards, Jr., C. H. (1979). *The Historical Development of the Calculus*. New York: Springer-Verlag.

Edwards, H. M. (1974). *Riemann's Zeta Function*. Academic Press, New York-London. Pure and Applied Mathematics, Vol. 58.

Edwards, H. M. (1977). *Fermat's Last Theorem*. New York: Springer-Verlag.

Edwards, H. M. (1984). *Galois Theory*. New York: Springer-Verlag.

Eisenstein, G. (1847). Beiträge zur Theorie der elliptische Functionen. *J. reine und angew. Math. 35*, 137–274.

Eisenstein, G. (1850). Über einige allgemeine Eigenschaften der Gleichung, von welcher die Theorie der ganzen Lemniscate abhängt. *J. reine und angew. Math. 39*, 556–619.

Eneström, G. (1906). Der Briefwechsel zwischen Leonhard Euler und Daniel Bernoulli. *Bibl. Math. ser. 3 7*, 126–156.

Engelsman, S. B. (1984). *Families of Curves and the Origins of Partial Differentiation*. Amsterdam: North-Holland Publishing Co.

Erdős, P. and G. Szekeres (1935). A combinatorial problem in geometry. *Compositio Math. 2*, 463–470.

Euler, L. (1728a). De linea brevissima in superficie quacunque duo quaelibet puncta iungente. *Comm. Acad. Sci. Petrop. 3*, 110–124. In his *Opera Omnia*, series 1, 25: 1–12.

Euler, L. (1728b). Letter to John Bernoulli, 10 December 1728. *Bibl. Math.*, ser. 3, **4**, 352–354.

Euler, L. (1734). De summis serierum reciprocarum. *Comm. Acad. Sci. Petrop. 7*. In his *Opera Omnia*, ser. 1, 14: 73–86.

Euler, L. (1736). Theorematum quorundam ad numeros primos spectantium demonstratio. *Comm. Acad. Sci. Petrop. 8*, 141–146. In his *Opera Omnia*, ser. 1, 2: 33–37.

Euler, L. (1743). *Addimentum I de curvis elasticis*. *Opera Omnia*, ser. 1, 24: 231–297, English translation in *Isis* **20** (1933), 72–160.

Euler, L. (1746). Letter to Goldbach, 14 June 1746. Briefwechsel *Opera Omnia*, ser. quarta A, 1, 52.

Euler, L. (1748a). *Introductio in analysin infinitorum, I*. Volume 8 of his *Opera Omnia*, series 1. English translation, *Introduction to the Analysis of the Infinite. Book I*, Springer-Verlag, 1988.

Euler, L. (1748b). *Introductio in analysin infinitorum, II*. Volume 9 of his *Opera Omnia*, series 1. English translation, *Introduction to the Analysis of the Infinite. Book II*, Springer-Verlag, 1988.

Euler, L. (1748c). Letter to Goldbach, 4 May 1748. In Fuss (1968), **1**, 450–455.

Euler, L. (1749). Letter to Goldbach, 12 April 1749. In Fuss (1968), **1**, 493–495.

Euler, L. (1750). Letter to Goldbach, 9 June 1750. In Fuss (1968), **I**, 521–524.

Euler, L. (1752). Elementa doctrinae solidorum. *Novi Comm. Acad. Sci. Petrop. 4*, 109–140. In his *Opera Omnia*, ser. 1, 26: 71–93.

Euler, L. (1758). Theoremata arithmetica novamethodo demonstrata. *Novi Comm. Acad. Sci. Petrop. 8*, 74–104. In his *Opera Omnia*, ser. 1, 2: 531–555.

Euler, L. (1760). Recherches sur la courbure des surfaces. *Mém. Acad. Sci. Berlin 16*, 119–143. In his *Opera Omnia*, ser. 1, 28: 1–22.

Euler, L. (1768). *Institutiones calculi integralis*. *Opera Omnia*, ser. 1, 11.

Euler, L. (1770a). De summis serierum numeros bernoullianos involventium. *Novi Comm. Acad. Sci. Petrop. 14*, 129–167.

Euler, L. (1770b). *Elements of Algebra*. Translated from the German by John Hewlett. Reprint of the 1840 edition, with an introduction by C. Truesdell, Springer-Verlag, New York, 1984.

Euler, L. (1776). Formulae generales pro translatione quacunque corporum rigidorum. *Novi Comm. Acad. Sci. Petrop. 20*, 189–207.

Euler, L. (1777). De repraesentatione superficiei sphaericae super plano. *Acta Acad. Sci. Imper. Petrop. 1*, 107–132.

Euler, L. (1849). De numeris amicabilibus. *Comm. Arith.* 2, 627–636. In his *Opera Omnia*, ser. 1, 5: 353–365.

Ewald, W. (1996). *From Kant to Hilbert: A Source Book in the Foundations of Mathematics. Vol. I, II.* New York: The Clarendon Press, Oxford University Press.

Fagnano, G. C. T. (1718). Metodo per misurare la lemniscata. *Giorn. lett. d'Italia 29.* In his *Opere Matematiche*, 2: 293–313.

Faltings, G. (1983). Endlichkeitssätze für abelsche Varietäten über Zahlkörpern. *Invent. Math. 73*(3), 349–366.

Fauvel, J. and J. Gray (Eds.) (1988). *The History of Mathematics: A Reader.* Basingstoke: Macmillan Press Ltd. Reprint of the 1987 edition.

Federico, P. J. (1982). *Descartes on Polyhedra.* New York: Springer-Verlag. A study of the *De solidorum elementis*.

Feit, W. and J. G. Thompson (1963). Solvability of groups of odd order. *Pacific J. Math. 13*, 775–1029.

Fermat, P. (1629). Ad locos planos et solidos isagoge. *Œuvres* 1, 92–103. English translation in Smith (1959), 389–396.

Fermat, P. (1640a). Letter to Frenicle, 18 October 1640. *Œuvres* 2: 209.

Fermat, P. (1640b). Letter to Mersenne, 25 December 1640. *Œuvres* 2: 212.

Fermat, P. (1654). Letter to Pascal, 25 September 1654. *Œuvres* 2: 310–314.

Fermat, P. (1657). Letter to Frenicle, February 1657. *Œuvres* 2: 333–334.

Fermat, P. (1670). Observations sur Diophante. *Œuvres* 3: 241–276.

Fibonacci (1202). *Liber abaci.* In *Scritti di Leonardo Pisano*, edited by Baldassarre Boncompagni, Rome 1857–1862. English translation *Fibonacci's Liber abaci*, by L. E. Sigler, Springer, New York, 2002.

Fibonacci (1225). *Flos Leonardo Bigolli Pisani super solutionibus quarundam quaestionum ad numerum et ad geometriam pertinentium.*

Field, J. V. and J. J. Gray (1987). *The Geometrical Work of Girard Desargues.* New York: Springer-Verlag.

Fourier, J. (1822). *La théorie analytique de la chaleur.* Paris: Didot. English translation, *The Analytical Theory of Heat*, Dover, New York, 1955.

Fowler, D. H. (1980). Book II of Euclid's *Elements* and a pre-Eudoxan theory of ratio. *Arch. Hist. Exact Sci. 22*(1-2), 5–36.

Fowler, D. H. (1982). Book II of Euclid's *Elements* and a pre-Eudoxan theory of ratio. II. Sides and diameters. *Arch. Hist. Exact Sci. 26*(3), 193–209.

Freedman, M. H. (1982). The topology of four-dimensional manifolds. *J. Differential Geom. 17*, 357–453.

Frege, G. (1879). *Begriffschrift.* English translation in van Heijenoort (1967).

Freudenthal, H. (1951). *Oktaven, Ausnahmegruppen und Oktavengeometrie.* Mathematisch Instituut der Rijksuniversiteit te Utrecht, Utrecht.

Frey, G. (1986). Links between stable elliptic curves and certain Diophantine equations. *Ann. Univ. Sarav. Ser. Math. 1*(1), iv+40.

Fritsch, R. (1984). The transcendence of π has been known for about a century—but who was the man who discovered it? *Resultate Math. 7*(2), 164–183.

Frobenius, G. (1878). Über lineare Substitutionen und bilineare Formen. *J. reine und angew. Math. 84*, 1–63. In his *Gesammelte Abhandlungen* 1: 343–405.

Fuss, P.-H. (1968). *Correspondance mathématique et physique de quelques célèbres géomètres du XVI-IIème siècle. Tomes I, II.* NewYork: Johnson Reprint Corp. Reprint of the Euler correspondence originally published by l'Académie Impériale des Sciences de Saint-Pétersbourg. The Sources of Science, No. 35.

Galileo Galilei (1604). Letter to Paolo Scarpi, 16 October 1604. In the *Works of Galileo* 10: 115.

Galileo Galilei (1638). *Dialogues Concerning Two New Sciences.* English translation reprinted by Dover, New York, 1952.

Galois, E. (1831a). Analyse d'un mémoire sur la résolution algébrique des équations. In Bourgne and Azra (1962), pp. 163–165.

Galois, E. (1831b). Mémoire sur les conditions de résolubilité des équations par radicaux. In Bourgne and Azra (1962), pp. 43–71.

Gannon, T. (2006). *Moonshine beyond the Monster.* Cambridge Monographs on Mathematical Physics. Cambridge: Cambridge University Press.

Gauss, C. F. (1799). Demonstratio nova theorematis omnem functionem algebraicum rationalem integram unius variabilis in factores reales primi vel secundi gradus resolvi posse. Helmstedt dissertation, in his *Werke* 3: 1–30.

Gauss, C. F. (1801). *Disquisitiones arithmeticae.* Translated and with a preface by Arthur A. Clarke. Revised by William C. Waterhouse, Cornelius Greither and A. W. Grootendorst and with a preface by Waterhouse, Springer-Verlag, New York, 1986.

Gauss, C. F. (1811). Letter to Bessel, 18 December 1811. *Briefwechsel mit F. W. Bessel*, Georg Olms Verlag, Hildesheim, 1975, pp. 155–160. English translation in Birkhoff (1973).

Gauss, C. F. (1816). Demonstratio nova altera theorematis omnem functionem algebraicum rationalem integram unius variabilis in factores reales primi vel secundi gradus resolvi posse. *Comm. Recentiores (Gottingae) 3*, 107–142. In his *Werke* 3: 31–56.

Gauss, C. F. (1818). Determinatio attractionis quam in punctum quodvis positionis datae exerceret planeta si eius massa per totam orbitam ratione temporis quo singulae partes describuntur uniformiter esset dispertita. *Comm. Soc. Reg. Sci. Gottingensis Rec. 4.* In his *Werke* 3: 331–355.

Gauss, C. F. (1819). Die Kugel. *Werke* 8: 351–356.

Gauss, C. F. (1822). Allgemeine Auflösung der Aufgabe; die Theile einer gegebenen Fläche so abzubilden, dass die Abbildung dem Abgebildeten in den kleinsten Theilen ähnlich wird. *Astr. Abh. 3*, 1–30. In his *Werke* 4: 189–216. English translation, *Phil. Mag., new ser.*, **4** (1828), 104–113, 206–215.

Gauss, C. F. (1825). Die Seitenkrümmung. *Werke* 8: 386–395.

Gauss, C. F. (1827). *Disquisitiones generales circa superficies curvas.* Göttingen: König. Ges. Wiss. Göttingen. English translation in Dombrowski (1979).

Gauss, C. F. (1828). Letter to Bessel, 30 March 1828. *Briefwechsel mit F. W. Bessel*, Georg Olms Verlag, Hildesheim, 1975, 477–478.

Gauss, C. F. (1831). Letter to Schumacher, 12 July 1831. *Werke* 8: 215–218.

Gauss, C. F. (1832a). Cubirung der Tetraeder. *Werke* 8: 228–229.

Gauss, C. F. (1832b). Letter to W. Bolyai, 6 March 1832. *Briefwechsel zwischen C. F. Gauss undWolfgang Bolyai*, eds. F. Schmidt and P. Stäckel. Leipzig, 1899. Also in his *Werke* 8: 220–224.

Gauss, C. F. (1832c). Theoria residuorum biquadraticorum. *Comm. Soc. Reg. Sci. Gött. Rec. 4*. In his *Werke* 2: 67–148.

Gauss, C. F. (1846a). Letter to Gerling, 2 October 1846. *Briefwechsel mit Chr. L. Gerling*, Georg Olms Verlag, Hildesheim, 1975, pp. 738–741.

Gauss, C. F. (1846b). Letter to Schumacher, 28 November 1846. Excerpt translated in Kaufmann-Bühler (1981), p. 50.

Gelfond, A. O. (1961). *The Solution of Equations in Integers.* San Francisco, CA.: W. H. Freeman and Co. Translated from the Russian and edited by J. B. Roberts.

Gödel, K. (1931). Über formal unentscheidbare Sätze der Principia Mathematica und verwandter Systeme. I. *Monatsh. Math. Phys. 38*, 173–198.

Gödel, K. (1938). The consistency of the axiom of choice and the generalized continuum hypothesis. *Proc. Nat. Acad. Sci 25*, 220–224.

Gödel, K. (1946). Remarks before the Princeton bicentennial conference on problems in mathematics. In Davis (1965).

Gödel, K. (1949). An example of a new type of cosmological solutions of Einstein's field equations of gravitation. *Rev. Modern Physics 21*, 447–450.

Golay, M. (1949). Notes on digital encoding. *Proc. IRE 37*, 657.

Goldstine, H. H. (1977). *A History of Numerical Analysis from the 16th through the 19th Century.* New York: Springer-Verlag. Studies in the History of Mathematics and Physical Sciences, Vol. 2.

Gomes Teixeira, F. (1995a). *Traité des courbes spéciales remarquables planes et gauches. Tome I.* Paris: Éditions Jacques Gabay. Translated from the Spanish, revised and augmented. Reprint of the 1908 translation.

Gomes Teixeira, F. (1995b). *Traité des courbes spéciales remarquables planes et gauches. Tome II.* Paris: Éditions Jacques Gabay. Translated from the Spanish, revised and augmented. Reprint of the 1909 translation.

Gomes Teixeira, F. (1995c). *Traité des courbes spéciales remarquables planes et gauches. Tome III.* Paris: Éditions Jacques Gabay. Reprint of the 1915 original.

Goursat, E. (1900). Sur la définition générale des fonctions analytiques, d'après Cauchy. *Trans. Amer. Math. Soc. 1*, 14–16.

Graham, R. L., B. L. Rothschild, and J. H. Spencer (1990). *Ramsey Theory* (Second ed.). New York: John Wiley & Sons Inc.

Grandi, G. (1723). Florum geometricorum manipulus. *Phil. Trans. 32*, 355–371.

Graves, J. T. (1844). Letter to Hamilton, 22 January 1844. In Hamilton's *Mathematical Papers* 3: 649.

Graves, R. P. (1975). *Life of Sir William Rowan Hamilton*. New York: Arno Press. Reprint of the edition published by Hodges, Figgis, Dublin, 1882–1889.

Gray, J. (1982). From the history of a simple group. *Math. Intelligencer 4*(2), 59–67.

Green, G. (1828). An essay on the application of mathematical analysis to the theories of electricity and magnetism. In his *Papers*, 1–115.

Gregory, J. (1667). *Vera circuli et hyperbolae quadratura*. Padua: Jacobus de Cadorinius.

Gregory, J. (1668). *Geometriae pars universalis*. Padua: Paolo Frambotto.

Gregory, J. (1670). Letter to Collins, 23 November 1670. In Turnbull (1939), pp. 118–133.

Gregory, J. (1671). Letter to Gideon Shaw, 29 January 1671. In Turnbull (1939), pp. 356–357.

Griess, Jr., R. L. (1982). The friendly giant. *Invent. Math. 69*(1), 1–102.

Grünbaum, B. (1985). Geometry strikes again. *Math. Mag. 58*(1), 12–17.

Hadamard, J. (1896). Sur la distribution des zéros de la fonction $\zeta(s)$ et ses conséquences arithmétiques. *Bull. Soc. Math. France 24*, 199–220.

Hall, Jr., M. (1967). *Combinatorial Theory*. Blaisdell Publishing Co. Ginn and Co., Waltham, MA–Toronto, Ont.–London.

Hamilton, R. S. (1982). Three-manifolds with positive Ricci curvature. *J. Differential Geom. 17*, 255–306.

Hamilton, W. R. (1835). Theory of conjugate functions, or algebraic couples. Communicated to the Royal Irish Academy, 1 June 1835. In his *Mathematical Papers* 3: 76–96.

Hamilton, W. R. (1853). Preface to Lectures on *Quaternions*. In his *Mathematical Papers* 3: 117–155.

Hamilton, W. R. (1856). Memorandum respecting a new system of roots of unity. *Phil. Mag. 12*, 496. In his *Mathematical Papers* 3: 610.

Hamilton, W. R. (1865). Letter to his son Archibald, 5 August 1865. In Graves (1975), vol. II, Ch. XXIX, 434–435.

Hamming, R. W. (1950). Error detecting and error correcting codes. *Bell System Tech. J. 29*, 147–160.

Hankins, T. L. (1980). *Sir William Rowan Hamilton*. Baltimore, MD.: Johns Hopkins University Press.

Harnack, A. (1885). Über den Inhalt von Punktmengen. *Math. Ann. 25*, 241–250.

Hausdorff, F. (1914). *Grundzüge der Mengenlehre*. Leipzig: Von Veit.

Hawkins, T. (2000). *Emergence of the Theory of Lie Groups*. New York: Springer-Verlag.

Heath, T. L. (1897). *The Works of Archimedes*. Cambridge: Cambridge University Press. Reprinted by Dover, New York, 1953.

Heath, T. L. (1910). *Diophantus of Alexandria: A Study in the History of Greek Algebra*. New York: Dover Publications Inc. 1964 reprint of the Cambridge University Press 2nd ed.

Heath, T. L. (1921). *A History of Greek Mathematics*. Oxford: Clarendon Press. Reprinted by Dover, New York, 1981.

Heath, T. L. (1925). *The Thirteen Books of Euclid's Elements*. Cambridge: Cambridge University Press. Reprinted by Dover, New York, 1956.

Hermite, C. (1858). Sur la résolution de l'équation du cinquième degré. *Comp. Rend. 46*, 508–515. In his *Œuvres*, 2, 5–12.

Hermite, C. (1859). Sur la théorie des équations modulaires. *Comp. Rend. 48, 49*, 48: 940–947, 940–947, 1079–1084, 1095–1102; 49: 16–24, 110–118, 141–144. In his *Œuvres*, 2, 38–82.

Hermite, C. (1873). Sur la fonction exponentielle. *C. R. LXXVII*. 18–24, 74–49, 226–233, 285–293. In his *Œuvres* 3, 150–181.

Higman, G. (1961). Subgroups of finitely presented groups. *Proc. Roy. Soc. Lond., ser. A 262*, 455–475.

Hilbert, D. (1897). *The Theory of Algebraic Number Fields*. Translated from the German and with a preface by Iain T. Adamson.With an introduction by Franz Lemmermeyer and Norbert Schappacher. Springer-Verlag, Berlin, 1998.

Hilbert, D. (1899). *Grundlagen der Geometrie*. Leipzig: Teubner. English translation: *Foundations of Geometry*, Open Court, Chicago, 1971.

Hilbert, D. (1900a). Mathematische Probleme. Vortrag, gehalten auf dem internationalen Mathematiker-Congress zu Paris 1900. *Gött. Nachr.* 1900, 253–297.

Hilbert, D. (1900b). Über das Dirichlet'sche Princip. *Jahresber. Deutschen Math. Ver.* 8, 184–188.

Hilbert, D. (1901). Über Flächen von constanter Gaussscher Krümmung. *Trans. Amer. Math. Soc. 2*, 87–89. In his *Gesammelte Abhandlungen* 2: 437–438.

Hilbert, D. and P. Bernays (1936). *Grundlagen der Mathematik I*. Berlin: Springer.

Hilbert, D. and S. Cohn-Vossen (1932). *Anschauliche Geometrie*. Berlin: Julius Springer. English translation: *Geometry and the Imagination*, Chelsea, New York, 1952.

Hobbes, T. (1656). Six lessons to the professors of mathematics. *The English Works of Thomas Hobbes*, vol. 7, 181–356, Scientia Aalen, Aalen, West Germany, 1962.

Hobbes, T. (1672). Considerations upon the answer of Doctor Wallis. *The English Works of Thomas Hobbes*, vol. 7, 443–448, Scientia Aalen, Aalen, West Germany, 1962.

Hoe, J. (1977). *Les systèmes d'équations polynômes dans le Siyuan yujian (1303) par Chu Shih-chieh*. Institut des Hautes Études Chinoises, Collège de France, Paris. Mémoires de l'Institut des Hautes Études Chinoises, Vol. VI.

Hofmann, J. E. (1974). *Leibniz in Paris, 1672–1676.* London: Cambridge University Press. His growth to mathematical maturity, Revised and translated from the German with the assistance of A. Prag and D. T. Whiteside.

Hölder, O. (1896). Über den Casus Irreducibilis bei der Gleichung dritten Grades. *Math. Ann.* 38, 307–312.

Hooke, R. (1675). A description of helioscopes, and some other instruments. In R. T. Gunther, *Early Science in Oxford*, vol. 8, Oxford, 1931.

Hurwitz, A. (1898). Über die komposition der quadratischen Formen von beliebig vielen Variablen. *Göttinger Nachrichten*, 309–316. In his *Mathematische Werke* 2: 565–571.

Huygens, C. (1646). Letters to Mersenne, November 1646. In his *Œuvres Complètes* 1: 34–40.

Huygens, C. (1659a). Fourth part of a treatise on quadrature. *Œuvres Complètes* 14: 337.

Huygens, C. (1659b). Piece on the cycloid, 1 December 1659. *Œuvres Complètes* 16: 392–413.

Huygens, C. (1659c). Recherches sur la théorie des développées. *Œuvres Complètes* 14: 387–405.

Huygens, C. (1671). Letter to Lodewijk Huygens, 29 October 1671. *Œuvres Complètes* 7: 112–113.

Huygens, C. (1673). *Horologium oscillatorium.* In his *Œuvres Complètes* 18: 69–368, English translation *The Pendulum Clock*, Iowa State University Press, Ames, IA, 1986.

Huygens, C. (1691). Christianii Hugenii, dynastae in Zülechem, solutio ejusdem problematis. *Acta Erud.* 10, 281–282. In his *Œuvres Complètes* 10: 95–98.

Huygens, C. (1692). Letter to the Marquis de l'Hôpital, 29 December 1692. *Œuvres Complètes* 10: 348–355.

Huygens, C. (1693a). Appendix to Huygens (1693b). *Œuvres Complètes* 10: 481–422.

Huygens, C. (1693b). Letter to H. Basnage de Beauval, February 1693. *Œuvres Complètes* 10: 407–417.

Jacobi, C. G. J. (1829). *Fundamenta nova theoriae functionum ellipticarum.* Königsberg: Bornträger. In his *Werke* 1: 49–239.

Jacobi, C. G. J. (1834). De usu theoriae integralium ellipticorum et integralium abelianorum in analysi diophantea. *J. reine und angew. Math.* 13, 353–355. In his *Werke* 2: 53–55.

Jones, J. P. and Y. V. Matiyasevich (1991). Proof of recursive unsolvability of Hilbert's tenth problem. *Amer. Math. Monthly* 98(8), 689–709.

Jordan, C. (1866). Sur la déformation des surfaces. *J. Math., ser. 2 11*, 105–109.

Jordan, C. (1870). *Traité des substitutions et des équations algébriques.* Sceaux: Éditions Jacques Gabay. 1989 Reprint of the 1870 original.

Jordan, C. (1887). *Cours de Analyse de l'École Polytechnique.* Paris: Gauthier-Villars.

Jordan, C. (1892). Remarques sur les intégrales définies. *J. Math., ser. 4 8*, 69–99.

Kac, M. (1984). How I became a mathematician. *American Scientist 72*, 498–499.

Kaestner, A. G. (1761). *Anfangsgründe der Analysis der Unendlichen—Die mathematischen Anfangsgründe.* Göttingen. 3. Teil, 2. Abteilung.

Kahn, D. (1967). *The Codebreakers.* London: Weidenfeld and Nicholson.

Kanamori, A. (1994). *The Higher Infinite.* Berlin: Springer-Verlag.

Kaufmann-Bühler, W. (1981). *Gauss. A Biographical Study.* Berlin: Springer-Verlag.

Kepler, J. (1596). *Mysterium cosmographicum.* English translation of 1621 edition, *The Secret of the Universe*, Abaris, New York, 1981.

Kepler, J. (1604). *Ad vitellionem paralipomena, quibus astronomiae pars optica traditur.* Frankfurt: Marnium & Aubrii.

Kepler, J. (1609). *Astronomia nova.* English translation *New Astronomy*, Cambridge University Press, Cambridge, 1992.

Kepler, J. (1619). *Harmonice mundi.* English translation *The Harmony of the World*, American Philosophical Society, 1997.

Kőnig, D. (1926). Sur les correspondances multivoques des ensembles. *Fundamenta Mathematicae 8*, 114–134.

Kőnig, D. (1927). Über eine Schlussweise aus dem Endlichen ins Unendliche. *Acta Litterarum ac Scientiarum 3*, 121–130.

Kőnig, D. (1936). *Theorie der endlichen und unendlichen Graphen.* Leipzig: Akademische Verlagsgesellschaft. English translation by Richard McCoart, *Theory of Finite and Infinite Graphs*, Birkhäuser Boston 1990.

Killing, W. (1888). Die Zusammensetzung der stetigen endlichen Transformationsgruppen. *Math. Ann. 31*, 252–290.

Klein, F. (1871). Über die sogenannte Nicht-Euklidische Geometrie. *Math. Ann. 4*, 573–625. In his *Gesammelte Mathematische Abhandlungen* 1: 254–305. English translation in Stillwell (1996).

Klein, F. (1872). *Vergleichende Betrachtungen über neuere geometrische Forschungen (Erlanger Programm).* Leipzig: Akademische Verlagsgesellschaft. In his *Gesammelte Mathematischen Abhandlungen* 1: 460–497.

Klein, F. (1874). Bemerkungen über den Zusammenhang der Flächen. *Math. Ann. 7*, 549–557.

Klein, F. (1876). Über binäre Formen mit lineare Transformation in sich selbst. *Math. Ann. 9*, 183–208. In his *Gesammellte Mathematische Abhandlungen* 2: 275–301.

Klein, F. (1882a). Letter to Poincaré, 14 May 1882. *Gesammelte Mathematische Abhandlungen* 3: 615–616.

Klein, F. (1882b). Neue Beiträge zur Riemannschen Funktionentheorie. *Math. Ann. 21*, 141–218. In his *Gesammellte Mathematische Abhandlungen* 3: 630–710.

Klein, F. (1884). *Vorlesungen über das Ikosaeder und die Auflösung der Gleichungen vom fünften Grade.* Stuttgart: Teubner. Reprinted in 1993 by Birkhäuser Verlag, with an introduction and commentary by Peter Slodowy. English translation *Lectures on the Icosahedron* by Dover, 1956.

Klein, F. (1924). *Elementarmathematik vom höheren Standpunkte aus. Erster Band: Arithmetik-Algebra-Analysis.* Berlin: Springer. English translation *Elementary mathematics from an advanced standpoint. Arithmetic-algebraanalysis.* Reprinted by Dover Publications Inc., New York, 1953.

Klein, F. (1928). *Vorlesungen über Nicht-Euklidische Geometrie.* Berlin: Springer.

Kline, M. (1972). *Mathematical Thought from Ancient to Modern Times.* New York: Oxford University Press.

Koblitz, N. (1985). *Introduction to Elliptic Curves and Modular Forms.* New York: Springer-Verlag.

Koebe, P. (1907). Über die Uniformisierung beliebiger analytischer Kurven. *Göttinger Nachrichten,* 191–210.

Koestler, A. (1959). *The Sleepwalkers.* London: Hutchinson.

Kolmogorov, A. N. (1933). *Grundbegriffe der Wahrscheinlichkeitsrechnung.* Berlin: Springer. English translation, *Foundations of the Theory of Probability*, Chelsea, New York, 1956.

Kowal, C. T. and S. Drake (1980). Galileo's observations of Neptune. *Nature 287*, 311.

Kreisel, G. (1980). Kurt Gödel. *Biog. Mem. Fellows Roy. Soc. 26*, 149–224.

Kronecker, L. (1857). Über die elliptischen Functionen für welche complexe Multiplication stattfindet. Read to the Prussian Academy of Sciences, 29 October 1857. In his *Werke* 4: 179–183.

Kronecker, L. (1881). Zur Theorie der Elimination einer Variablen aus zwei algebraischen Gleichungen. *Monatsber. König. Preuss. Akad. Wiss. Berlin*, 535–600. In his *Werke* 2: 113–192.

Krummbiegel, B. and A. Amthor (1880). Das Problema bovinum des Archimedes. *Schlömilch Z. XXV. III. A.* 121–136, 153–171.

Kruskal, J. B. (1960). Well-quasi-ordering, the tree theorem, and Vazsonyi's conjecture. *Trans. Amer. Math. Soc. 95*, 210–225.

Kummer, E. E. (1844). De numeris complexis, qui radicibus unitatis et numeris realibus constant. *Gratulationschrift der Univ. Breslau zur Jubelfeier der Univ. Königsberg.* Also in Kummer (1975), vol. 1, 165–192.

Kummer, E. E. (1975). *Collected Papers.* Berlin: Springer-Verlag. Volume I: Contributions to Number Theory, edited and with an introduction by André Weil.

Kuratowski, K. (1930). Sur le problème des courbes gauches en topologie. *Fundamenta Mathematicae 15*, 271–283.

Lagrange, J. L. (1768). Solution d'un problème d'arithmétique. *Miscellanea Taurinensia 4*, 19ff. In his *Œuvres* 1: 671–731.

Lagrange, J. L. (1770). Demonstration d'un théorème d'arithmétique. *Nouv. Mém. Acad. Berlin.* In his *Œuvres* 3: 189–201.

Lagrange, J. L. (1771). Réflexions sur la résolution algébrique des équations. *Nouv. Mém. Acad. Berlin.* In his *Œuvres* 3: 205–421.

Lagrange, J. L. (1772). Recherches sur la manière de former des tables des planètes d'après les seules observations. *Mém. Acad. Roy. Sci. Paris*. In his *Œuvres* 6: 507–627.

Lagrange, J. L. (1773a). Recherches d'arithmétique. *Nouv. Mém. Acad. Berlin*, 265ff. In his *Œuvres* 3: 695–795.

Lagrange, J. L. (1773b). Solutions analytiques de quelques problèmes sur les pyramides triangulaires. *Nouv. Mém. Acad. Berlin*. Also *Œuvres* 3, 658–692.

Lagrange, J. L. (1779). Sur la construction des cartes géographiques. *Nouv. Mém. Acad. Berlin*. In his *Œuvres* 4: 637–692.

Lagrange, J. L. (1785). Sur une nouvelle méthode de calcul intégral. *Mém. Acad. Roy. Soc. Turin 2*. In his *Œuvres* 2: 253–312.

Lam, L. Y. and T. S. Ang (1992). *Fleeting Footsteps*. River Edge, NJ: World Scientific Publishing Co. Inc. With an English translation of *The Mathematical Classic* of Sun Zi.

Lambert, J. H. (1766). Die Theorie der Parallellinien. *Mag. reine und angew. Math. (1786)*, 137–164, 325–358.

Lambert, J. H. (1772). *Anmerkungen und Zusätze zur Entwerfung der Land- und Himmelscharten*. English translation by Waldo R. Tobler, Michigan Geographical PublicationNo. 8, Department of Geography, University of Michigan, 1972.

Lamé, G. (1847). Démonstration générale du théorème de Fermat. *Comp. rend. 24*, 310–315.

Laplace, P. S. (1787). Mémoire sur les inégalités séculaires des planètes et des satellites. *Mém. Acad. Roy. Sci. Paris*, 1–50. In his *Oeuvres Complètes* 11: 49–92.

Laurent, P.-A. (1843). Extension du théorème de M. Cauchy relatif à la convergence du développement d'une fonction suivant les puissances ascendantes de la variable. *Comp. Rend. 17*, 348–349.

Lebesgue, H. (1902). Intégrale, longueur, aire. *Ann. Mat., ser. 3, 7*, 231–359.

Leech, J. (1967). Notes on sphere packings. *Canad. J. Math. 19*, 251–267.

Legendre, A.-M. (1794). *Élements de géométrie*. Paris: F. Didot.

Legendre, A.-M. (1825). *Traité des fonctions elliptiques*. Paris: Huzard-Courcier.

Leibniz, G. W. (1666). *Dissertatio de arte combinatoria*. In Leibniz's *Mathematische Schriften* 5, 7–79.

Leibniz, G. W. (1675). De bisectione laterum. See Schneider (1968).

Leibniz, G. W. (1684). Nova methodus pro maximis et minimis. *Acta Erud. 3*, 467–473. In his *Mathematische Schriften* 5, 220–226. English translation in Struik (1969).

Leibniz, G. W. (1686). De geometria recondita et analysi indivisibilium atque infinitorum. *Acta Erud. 5*, 292–300. Also in Leibniz's *Mathematische Schriften* 5, 226–233.

Leibniz, G. W. (1691). De linea in quam flexile se pondere proprio curvat, ejusque usu insigni ad inveniendas quotcunque medias proportionales et logarithmos. *Acta Erud. 10*, 277–281. In his *Mathematische Schriften* 5: 243–247.

Leibniz, G. W. (1697). Communicatio suae pariter duarumque alienarum ad edendum sibi primum a Dn. Joh. Bernoullio. *Acta Erud. 16*, 205–210. In his *Mathematische Schriften* 5: 331–336.

Leibniz, G. W. (1702). Specimen novum analyseos pro scientia infiniti circa summas et quadraturas. *Acta Erud. 21*, 210–219. In his *Mathematische Schriften* 5: 350–361.

Lenstra, H. W. (2002). Solving the Pell equation. *Notices Amer. Math. Soc. 49*, 182–192.

Levi ben Gershon (1321). *Maaser Hoshev*. German translation by Gerson Lange: *Sefer Maasei Choscheb*, Frankfurt 1909.

l'Hôpital, G. F. A. d. (1696). *Analyse des infiniment petits. English translation The Method of Fluxions both Direct and Inverse*, William Ynnis, London 1730.

l'Hôpital, G. F. A. d. (1697). Solutio problematis de linea celerrimi descensus. *Acta Erud. 16*, 217–220.

Li, Y. and S. R. Du (1987). *Chinese Mathematics: A Concise History*. New York: The Clarendon Press Oxford University Press. Translated from the Chinese and with a preface by John N. Crossley and Anthony W.-C. Lun. With a foreword by Joseph Needham.

Libbrecht, U. (1973). *Chinese Mathematics in the Thirteenth Century*. Cambridge, MA.: M.I.T. Press. *The Shu-shu chiu-chang* of Ch'in Chiu-shao, MIT East Asian Science Series, 1.

Lindemann, F. (1882). Über die Zahl π. *Math. Ann. 20*, 213–225.

Liouville, J. (1833). Mémoire sur les transcendantes elliptiques de première et de seconde espe'ce considéreés comme fonctions de leur amplitude. *J. Éc. Polytech. 23*, 37–83.

Liouville, J. (1850). Note IV to Monge's *Application de l'analyse à la géometrie*, 5th ed. Bachelier, Paris.

Lobachevsky, N. I. (1829). *On the foundations of geometry*. Kazansky Vestnik. (Russian).

Lobachevsky, N. I. (1836). Application of imaginary geometry to some integrals. *Zap. Kazan Univ. 1*, 3–166. (Russian).

Lohne, J. A. (1965). Thomas Harriot als Mathematiker. *Centaurus 11*(1), 19–45.

Lohne, J. A. (1979). Essays on Thomas Harriot. *Arch. Hist. Exact Sci. 20*(3-4), 189–312. I. Billiard balls and laws of collision, II. Ballistic parabolas, III. A survey of Harriot's scientific writings.

Lyusternik, L. A. (1966). *Convex Figures and Polyhedra*. D. C. Heath and Co., Boston, MA. Translated and adapted from the first Russian edition (1956) by Donald L. Barnett.

Maclaurin, C. (1720). *Geometrica organiza sive descriptio linearum curvarum universalis*. London: G. and J. Innys.

Magnus, W. (1930). Über diskontinuierliche Gruppen mit einer definierenden Relation (der Freiheitssatz). *J. reine und angew. Math. 163*, 141–165.

Magnus, W. (1974). *Noneuclidean Tesselations and Their Groups*. Academic Press, New York–London. Pure and Applied Mathematics, Vol. 61.

Mahoney, M. J. (1973). *The Mathematical Career of Pierre de Fermat*. Princeton, NJ: Princeton University Press.

Markov, A. (1958). The insolubility of the problem of homeomorphy (Russian). *Dokl. Akad. Nauk SSSR 121*, 218–220.

Masotti, A. (1960). Sui 'Cartelli di matematica disfida" scambiati fra Lodovico Ferrari e Niccolò Tartaglia. *Ist. Lombardo Accad. Sci. Lett. Rend. A 94*, 31–41. (1 plate).

Mathieu, E. (1861). Mémoire sur l'étude des fonctions des plusieurs quantités, sur le manière de les former et sur les substitutions qui les laissent invariables. *J. Math. Pures Appl. 6*, 241–323.

Mathieu, E. (1873). Sur la fonction cinq fois transitive de 24 quantités. *J. Math. Pures Appl. 18*, 25–46.

Matiyasevich, Y. V. (1970). The Diophantineness of enumerable sets (russian). *Dokl. Akad. Nauk SSSR 191*, 279–282.

McKean, H. and V. Moll (1997). *Elliptic Curves*. Cambridge: Cambridge University Press.

Melzak, Z. A. (1976). *Companion to Concrete Mathematics. Vol. II. Mathematical Ideas, Modeling and Applications*. New York: Wiley-Interscience (John Wiley & Sons). Foreword by Wilhelm Magnus.

Mengoli, P. (1650). *Novae quadraturae arithmeticae seu de additione fractionum*. Bononi: Iacob Montij.

Mercator, N. (1668). *Logarithmotechnia*. London: William Godbid and Moses Pitt.

Mersenne, M. (1625). *La vérité des sciences*. Paris: Toussainct du Bray.

Mersenne, M. (1636). *Harmonie Universelle*. Facsimile published by CNRS, Paris, 1963.

Milnor, J. (2003). Towards the Poincaré conjecture and the classification of 3-manifolds. *Notices Amer. Math. Soc. 50*, 1226–1233.

Minding, F. (1839). Wie sich entscheiden lässt, ob zwei gegebene krumme Flächen auf einander abwickelbar sind oder nicht; nebst Bemerkungen über die Flächen von unveränderlichem Krümmungsmasse. *J. reine und angew. Math. 19*, 370–387.

Minding, F. (1840). Beiträge zur Theorie der kürzesten Linien auf krummen Flächen. *J. reine und angew. Math. 20*, 323–327.

Möbius, A. F. (1827). Der barycentrische Calcul. *Werke* 1, 1–388.

Möbius, A. F. (1863). Theorie der Elementaren Verwandtschaft. *Werke* 2: 433–471.

Moise, E. E. (1963). *Elementary Geometry from an Advanced Standpoint*. Addison-Wesley Publishing Co., Inc., Reading, MA-Palo Alto, CA-London.

Moore, E. H. (1893). A doubly infinite system of simple groups. *Bull. New York Math. Soc. 3*, 73–78.

Mordell, L. J. (1922). On the rational solutions of the indeterminate equations of the third and fourth degrees. *Cambr. Phil. Soc. Proc. 21*, 179–192.

Morgan, J. and G. Tian (2007). *Ricci Flow and the Poincaré Conjecture*. Providence, RI: American Mathematical Society.

Nasar, S. and D. Gruber (2006). Manifold Destiny. *The New Yorker*. August 28: 44–57.

Nathanson, M. B. (1987). A short proof of Cauchy's polygonal number theorem. *Proc. Amer. Math. Soc. 99*(1), 22–24.

Needham, T. (1997). *Visual Complex Analysis*. Oxford: Clarendon Press.

Neugebauer,O. and A. Sachs (1945). *Mathematical Cuneiform Texts*. New Haven, CT: Yale University Press.

Neumann, C. (1865). *Vorlesungen über Riemann's Theorie der Abelschen Integralen*. Leipzig: Teubner.

Neumann, C. (1870). Zur Theorie des logarithmischen und des Newtonschen Potentiales, zweite Mitteilung. *Ber. König. Sächs. Ges. Wiss., math.-phys. Cl.*, 264–321.

Newton, I. (1665a). Annotations on Wallis. *Mathematical Papers* 1, 96–111.

Newton, I. (1665b). The geometrical construction of equations. *Mathematical Papers* 1, 492–516.

Newton, I. (1665c). Normals, curvature and the resolution of the general problem of tangents. *Mathematical Papers* 1: 245–297.

Newton, I. (1667). Enumeratio curvarum trium dimensionum. *Mathematical Papers* 12, 10–89.

Newton, I. (1669). De analysi. *Mathematical Papers*, 2, 206–247.

Newton, I. (1670s). De resolutione quaestionum circa numeros. *Mathematical Papers*, 4: 110–115.

Newton, I. (1671). De methodis serierum et fluxionum. *Mathematical Papers*, 3, 32–353.

Newton, I. (1676a). Letter to Oldenburg, 13 June 1676. In Turnbull (1960), pp. 20–47.

Newton, I. (1676b). Letter to Oldenburg, 24 October 1676. In Turnbull (1960), pp. 110–149.

Newton, I. (1687). *Philosophiae naturalis principia mathematica*. London: William Dawson & Sons, Ltd. Facsimile of first edition of 1687.

Newton, I. (1695). Enumeratio linearum tertii ordinis. *Mathematical Papers*, 7, 588–645.

Newton, I. (1697). The twin problems of Johann Bernoulli's 'Programma" solved. *Phil. Trans. 17*, 388–389. In his *Mathematical Papers* 8: 72–79.

Nicéron, F. (1638). *La perspective curieuse*. Paris: P. Billaine.

Nielsen, J. (1927). Untersuchungen zur Topologie der geschlossenen zweiseitigen Flächen. *Acta Math. 50*, 189–358.

Novikov, P. S. (1955). On the algorithmic unsolvability of the word problem in group theory (Russian). *Dokl. Akad. Nauk SSSR Mat. Inst. Tr. 44*. English translation in *Amer. Math. Soc. Transl. ser.* 2, **9**, 1–122.

O'Donnell, S. (1983). *William Rowan Hamilton*. Dún Laoghaire: Boole Press. With a foreword by A. J. McConnell.

Ore, O. (1953). *Cardano, the gambling scholar. With a translation from the Latin of Cardano's "Book on games of chance," by S. H. Gould*. Princeton, NJ.: Princeton University Press.

Ore, O. (1957). *Niels Henrik Abel: Mathematician Extraordinary*. Minneapolis, MN.: University of Minnesota Press.

Oresme, N. (1350a). *Quaestiones super geometriam Euclidis*. Edited by H. L. L. Busard. Janus, suppléments, Vol. III, E. J. Brill, Leiden, 1961.

Oresme, N. (1350b). *Tractatus de configurationibus qualitatum et motuum.* English translation in Clagett (1968).

Ostrogradsky, M. (1828). Démonstration d'un théorème du calcul integral. *Mém. Acad. Sci. St. Petersburg, ser. 6 1,* 39–53.

Ostrowski, A. (1920). Über den ersten und vierten Gausssschen Beweis des Fundamentalsatzes der Algebra. *Gauss Werke* 10, part 2, 1–18.

Pacioli, L. (1509). *De divina proportione.* Venice: Paganius Paganinus.

Paige, L. J. (1957). A note on the Mathieu groups. *Canad. J. Math. 9,* 15–18.

Paris, J. and L. Harrington (1977). A mathematical incompleteness in Peano arithmetic. In *Handbook of Mathematical Logic,* ed. J. Barwise, North-Holland, Amsterdam.

Pascal, B. (1640). *Essay pour les coniques.* Paris.

Pascal, B. (1654). Traité du triangle arithmétique, avec quelques autres petits traités sur la même manière. English translation in *Great Books of the Western World,* Encyclopedia Britannica, London, 1952, 447–473.

Pearson, K. (1978). *The History of Statistics in the 17th and 18th Centuries.* New York: Macmillan Co. Lectures given at University College, London, during the academic sessions 1921–1933. Edited and with a preface by Egon S. Pearson.

Pierpont, J. (1895). Zur Geschichte der Gleichung des V. Grades (bis 1858). *Monatsh. f. Math. VI.* 15-68.

Plofker, K. (2009). *Mathematics in India.* Princeton, NJ: Princeton University Press.

Plücker, J. (1830). Über ein neues Coordinatensystem. *J. reine angew. Math. 5,* 1–36. *Gesammelte Mathematische Abhandlungen* 124–158.

Plücker, J. (1847). Note sur le théorème de Pascal. *J. reine angew. Math. 34,* 337–340. *Gesammelte Mathematische Abhandlungen* 413–416.

Poincaré, H. (1882). Théorie des groupes fuchsiens. *Acta Math. 1,* 1–62. In his *Œuvres* 2: 108–168. English translation in Poincaré (1985), 55–127.

Poincaré, H. (1883). Mémoire sur les groupes Kleinéens. *Acta Math. 3,* 49–92. English translation in Poincaré (1985), 255–304.

Poincaré, H. (1892). *New Methods of Celestial Mechanics. Vol. 1.* Periodic and asymptotic solutions, translated from the French, revised reprint of the 1967 English translation, with endnotes by V. I. Arnol'd, edited and with an introduction by Daniel L. Goroff, American Institute of Physics, New York, 1993.

Poincaré, H. (1893). *New Methods of Celestial Mechanics. Vol. 2.* Approximations by series, translated from the French, revised reprint of the 1967 English translation, with endnotes by V. M. Alekseev, edited and with an introduction by Daniel L. Goroff, American Institute of Physics, New York, 1993.

Poincaré, H. (1895). Analysis situs. *J. Éc. Polytech., ser. 2 1*, 1–121. In his *Œuvres* 6: 193–288.

Poincaré, H. (1899). *New Methods of Celestial Mechanics. Vol. 3*. Integral invariants and asymptotic properties of certain solutions, translated from the French, revised reprint of the 1967 English translation, with endnotes by G. A. Merman, edited and with an introduction by Daniel L. Goroff, American Institute of Physics, New York, 1993.

Poincaré, H. (1901). Sur les propriétés arithmétiques des courbes algébriques. *J. Math. 7*, 161–233. In his *Œuvres* 5: 483–548.

Poincaré, H. (1904). Cinquième complément à l'analysis situs. *Palermo Rend. 18*, 45–110. In his *Œuvres* 6: 435–498.

Poincaré, H. (1907). Sur l'uniformisation des fonctions analytiques. *Acta Math. 31*, 1–63. In his *Œuvres* 4: 70–139.

Poincaré, H. (1918). *Science et Méthode*. Paris: Flammarion. English translation in *The Foundations of Science*, Science Press, New York, 1929, 357–553.

Poincaré, H. (1955). Le Livre du Centenaire de la Naissance de Henri Poincaré. *Œuvres* 11.

Poincaré, H. (1985). *Papers on Fuchsian Functions*. New York: Springer-Verlag. Translated from the French and with an introduction by John Stillwell.

Pólya, G. (1954a). An elementary analogue to the Gauss–Bonnet theorem. *Amer. Math. Monthly 61*, 601–603.

Pólya, G. (1954b). *Induction and Analogy in Mathematics. Mathematics and Plausible Reasoning, Vol. I*. Princeton, NJ.: Princeton University Press.

Poncelet, J. V. (1822). *Traité des propriétés projectives des figures*. Paris: Bachelier.

Post, E. L. (1936). Finite combinatory processes. Formulation 1. *J. Symb. Logic 1*, 103–105.

Post, E. L. (1941). Absolutely unsolvable problems and relatively undecidable propositions. Account of an anticipation. In Davis (1965), pp. 340–433.

Post, E. L. (1944). Recursively enumerable sets of positive integers and their decision problems. *Bull. Amer. Math. Soc. 50*, 284–316.

Prouhet, E. (1860). Remarques sur un passage des oeuvres inédits de Descartes. *Comp. Rend. 50*, 779–781.

Puiseux, V.-A. (1850). Recherches sur les fonctions algébriques. *J. Math. 15*, 365–480.

Rabinovitch, N. L. (1970). Rabbi Levi ben Gershon and the origins of mathematical induction. *Arch. Hist. Exact Sci. 6*, 237–248.

Rajagopal, C. T. andM. S. Rangachari (1977). On an untapped source of medieval Keralese mathematics. *Arch. History Exact Sci. 18*(2), 89–102.

Rajagopal, C. T. and M. S. Rangachari (1986). On medieval Kerala mathematics. *Arch. Hist. Exact Sci. 35*(2), 91–99.

Ramsey, F. P. (1929). On a problem of formal logic. *Proc. Lond. Math. Soc. 30*, 291–310.

Raspail, F. V. (1839). *Lettres sur les Prisons de Paris, Vol. 2.* Paris.

Ribet, K. A. (1990). On modular representations of $\mathrm{Gal}(\overline{\mathbf{Q}}/\mathbf{Q})$ arising from modular forms. *Invent. Math. 100*(2), 431–476.

Richeson, D. S. (2008). *Euler's Gem.* Princeton: Princeton University Press.

Riemann, G. F. B. (1851). Grundlagen für eine allgemeine Theorie der Functionen einer veränderlichen complexen Grösse. *Werke*, 2nd ed., 3–48.

Riemann, G. F. B. (1854a). Über die Darstellbarkeit einer Function durch eine trigonometrische Reihe. *Werke*, 2nd ed., 227–264.

Riemann, G. F. B. (1854b). Über die Hypothesen, welche der Geometrie zu Grunde liegen. *Werke*, 2nd ed., 272–287.

Riemann, G. F. B. (1857). Theorie der Abel'schen Functionen. *J. reine und angew. Math. 54*, 115–155. *Werke*, 2nd ed., 82–142.

Riemann, G. F. B. (1858a). *Elliptische Funktionen.* Ed. H. Stahl, Leipzig, 1899.

Riemann, G. F. B. (1858b). Vorlesungen über die hypergeometrische Reihe. *Werke*, 2nd ed., Dover, New York, 1953.

Riemann, G. F. B. (1859). Über die Anzahl der Primzahlen unter einer gegebenen Grösse. *Werke*, 2nd ed., 145–153. English translation in Edwards (1974), 299–305.

Robert, A. (1973). *Elliptic Curves.* Berlin: Springer-Verlag. Notes from postgraduate lectures given in Lausanne 1971/72, Lecture Notes in Mathematics, Vol. 326.

Robinson, A. (1966). *Non-standard Analysis.* Amsterdam: North-Holland Publishing Co.

Rodrigues, O. (1840). Des lois géométriques qui régissent les déplacements d'un système solide dans l'espace, et de la variation des coordonnées provenant de ces déplacements considérés indépendamment des causes qui peuvent les produire. *J. de Math. Pures et Appliquées, ser. 1 5*, 380–440.

Ronan, M. (2006). *Symmetry and the Monster.* Oxford: Oxford University Press.

Rose, P. L. (1976). *The Italian Renaissance of Mathematics.* Geneva: Librairie Droz. Studies on humanists and mathematicians from Petrarch to Galileo, Travaux de l'Humanisme et Renaissance, 145.

Rosen, M. (1981). Abel's theorem on the lemniscate. *Amer. Math. Monthly 88*(6), 387–395.

Rothman, T. (1982). Genius and biographers: the fictionalization of Évariste Galois. *Amer. Math. Monthly 89*(2), 84–106.

Ruffini, P. (1799). *Teoria generale delle equazioni in cui si dimostra impossibile la soluzione algebraica delle equazioni generale di grade superiore al quarto.* Bologna.

Russ, S. (2004). *The Mathematical Works of Bernard Bolzano.* Oxford: Oxford University Press.

Saccheri, G. (1733). *Euclides ab omni naevo vindicatus.* Milan: Pauli Antoni Montani. English translation, Open Court, Chicago, 1920.

Salmon, G. (1851). Théorèmes sur les courbes de troisième degré. *J. reine und angew. Math. 42*, 274–276.

Schechter, B. (1998). *My Brain Is Open*. New York: Simon & Schuster.

Schneider, I. (1968). Der Mathematiker Abraham de Moivre (1667–1754). *Arch. Hist. Exact Sci. 5*, 177–317.

Schooten, F. v. (1659). *Geometria à Renato Des Cartes*. Amsterdam: Louis and Daniel Elzevir.

Schwarz, H. A. (1870). Über einen Grenzübergang durch alternirendes verfahren. *Vierteljahrsch. Natur. Ges. Zürich 15*, 272–286. In his *Mathematische Abhandlungen* 2: 133–143.

Schwarz, H. A. (1872). Über diejenigen Fälle, in welchen die Gaussische hypergeometrische Reihe eine algebraische Function ihres vierten Elementes darstellt. *J. reine und angew. Math. 75*, 292–335. In his *Mathematische Abhandlungen* 2: 211–259.

Scott, J. F. (1952). *The Scientific Work of René Descartes (1596–1650)*. Taylor and Francis, Ltd., London.

Seifert, H. and W. Threlfall (1934). *Lehrbuch der Topologie*. Leipzig: Teubner. English translation *A Textbook of Topology*, Academic Press, New York, 1980.

Shelah, S. (1984). Can you take Solovay's inaccessible away? *Israel J. Math. 48*(1), 1–47.

Shen, K.-S., J. N. Crossley, and W.-C. Lun (1999). *The Nine Chapters on the Mathematical Art. Companion and Commentary*. Oxford: Oxford University Press.

Shirley, J. W. (1983). *Thomas Harriot: A Biography*. New York: The Clarendon Press Oxford University Press.

Siegel, C. L. (1969). *Topics in Complex Function Theory. Vol. I: Elliptic Functions and Uniformization Theory*. Wiley-Interscience (a Division of JohnWiley & Sons), New York-London-Sydney. Translated from the original German by A. Shenitzer and D. Solitar. Interscience Tracts in Pure and Applied Mathematics, no. 25.

Sitnikov, K. (1960). The existence of oscillatory motion in the three-body problem. *Soviet Physics Dokl. 5*, 647–650.

Sluse, R. F. (1673). A method of drawing tangents to all geometrical curves. *Phil. Trans. 7*, 5143–5147.

Smale, S. (1961). Generalized Poincaré conjecture in dimensions greater than four. *Ann. of Math. 74*, 391–406.

Smith, D. E. (1959). *A Source Book in Mathematics*. New York: Dover Publications Inc. 2 vols.

Soifer, A. (2009). *The Mathematical Coloring Book*. New York: Springer.

Solovay, R. M. (1970). A model of set-theory in which every set of reals is Lebesgue measurable. *Ann. of Math. (2) 92*, 1–56.

Sperner, E. (1928). Neuer Beweis für die Invarianz der Dimensionzahl und des Gebietes. *Abh. Math. Sem. Univ. Hamburg 6*, 265–272.

Srinivasiengar, C. N. (1967). *The History of Ancient Indian Mathematics*. The World Press Private, Ltd., Calcutta.

Stäckel, P. (1901). Die Entdeckung der nichteuklidischenGeometrie durch Johann Bolyai. *Mat.-natur. ber. Ungarn. Budapest 17*, 1–19.

Stäckel, P. (1913). *Wolfgang und Johann Bolyai. Geometrische Untersuchungen.* Leipzig: Teubner.

Stedall, J. (2003). *The Greate Invention of Algebra.* Oxford: Oxford University Press.

Sternberg, S. (1969). *Celestial Mechanics. Part I.* New York-Amsterdam: W. A. Benjamin, Inc. Mathematics Lecture Note Series: XXII.

Stevin, S. (1586). *De Weeghdaet.* Leyden: Christoffel Plantijn.

Stillwell, J. (1982). The word problem and the isomorphism problem for groups. *Bull. Amer. Math. Soc. (N.S.) 6*, 33–56.

Stillwell, J. (1993). *Classical Topology and Combinatorial Group Theory, 2nd ed.* New York, NY: Springer-Verlag.

Stillwell, J. (1996). *Sources of Hyperbolic Geometry.* Providence, RI: American Mathematical Society.

Stillwell, J. (2003). *Elements of Number Theory.* New York, NY: Springer-Verlag.

Stillwell, J. (2008). *Naive Lie Theory.* New York, NY: Springer-Verlag.

Stirling, J. (1717). *Lineae tertii ordinis Neutonianae.* Oxford: Edward Whistler.

Strubecker, K. (1964). *Differentialgeometrie I, II, III.* Berlin: Walter de Gruyter.

Struik, D. (1969). *A Source Book of Mathematics 1200–1800.* Cambridge: Harvard University Press.

Stubhaug, A. (2000). *Niels Henrik Abel and His Times.* Berlin: Springer-Verlag. Translated from the 1996 Norwegian original by Richard H. Daly.

Stubhaug, A. (2002). *The Mathematician Sophus Lie.* Berlin: Springer-Verlag. Translated from the 2000 Norwegian original by Richard H. Daly.

Szabó, I. (1977). *Geschichte der mechanischen Prinzipien und ihrer wichtigsten Anwendungen.* Basel: Birkhäuser Verlag. Wissenschaft und Kultur, 32.

Tao, T. (2009). *Structure and Randomness: Pages from Year One of a Mathematical Blog.* American Mathematical Society.

Tartaglia, N. (1546). *Quesiti et Inventioni Diverse.* Facsimile of 1554 edition, edited by A. Masotti, by Ateneo di Brescia, Brescia.

Taton, R. (1951). *L'oeuvre mathématique de G. Desargues.* Paris: Presses universitaires de France.

Taurinus, F. A. (1826). *Geometriae prima elementa.* Cologne.

Taylor, B. (1713). De motu nervi tensi. *Phil. Trans 28*, 26–32.

Taylor, B. (1715). *Methodus incrementorum directa et inversa.* London: William Innys.

Thompson, T. M. (1983). *From Error-Correcting Codes through Sphere Packings to Simple Groups.* Washington, DC: Mathematical Association of America.

Thurston, W. P. (1997). *Three-Dimensional Geometry and Topology. Vol. 1.* Princeton, NJ: Princeton University Press. Edited by Silvio Levy.

Tietze, H. (1908). Über die topologische Invarianten mehrdimensionaler Mannigfaltigkeiten. *Monatsh. Math. Phys. 19*, 1–118.

Tits, J. (1956). Les groupes de Lie exceptionnels et leur interprétation géométrique. *Bull. Soc. Math. Belg. 8*, 48–81.

Torricelli, E. (1643). *De solido hyperbolico acuto*. Partial English translation in Struik (1969).

Torricelli, E. (1644). *De dimensione parabolae*.

Torricelli, E. (1645). *De infinitis spirabilus*. Reprint edited by E. Carruccio, Domus Galiaeana, Pisa 1955.

Truesdell, C. (1954). *Rational fluid mechanics, 1687–1765*. Orell Füssli, Zürich. Leonhardi Euleri Opera Omnia, Series secunda, Vol. XII: IV–CXXV.

Truesdell, C. (1960). *The rational mechanics of flexible or elastic bodies, 1638–1788*. Orell Füssli, Zürich. Leonhardi Euleri Opera Omnia, Series secunda, Vol. XI, sectio secunda.

Turing, A. (1936). On computable numbers, with an application to the Entscheidungsproblem. *Proc. Lond. Math. Soc., ser. 2 42*, 230–265.

Turnbull, H. W. (1939). *James Gregory (1638–1675)*. University of St. Andrews James Gregory Tercentenary, St. Andrews. G. Bell and Sons, London.

Turnbull, H. W. (1960). *The Correspondence of Isaac Newton, Vol. II: 1676–1687*. New York: Cambridge University Press.

Ulam, S. (1930). Zur Masstheorie in der allgemeinen Mengenlehre. *Fund. Math. 15*, 140–150.

Van Brummelen, G. (2009). *The Mathematics of the Heavens and the Earth*. Princeton, NJ: Princeton University Press.

van Dalen, D. and A. Monna (1972). *Sets and Integration. An Outline of the Development*. Groningen: Wolters-Noordhoff Publishing.

van der Waerden, B. (1976). Pell's equation in Greek and Hindu mathematics. *Russ. Math. Surveys 31*(5), 210–225.

van der Waerden, B. L. (1949). *Modern Algebra*. New York: Frederick Ungar.

van der Waerden, B. L. (1954). *Science Awakening*. Groningen: P. Noordhoff Ltd. English translation by Arnold Dresden.

van der Waerden, B. L. (1983). *Geometry and Algebra in Ancient Civilizations*. Berlin: Springer-Verlag.

van Heijenoort, J. (1967). *From Frege to Gödel. A Source Book in Mathematical Logic, 1879–1931*. Cambridge, Mass.: Harvard University Press.

Vandermonde, A.-T. (1771). Mémoire sur la résolution des équations. *Hist. Acad. Roy. Sci.*.

Veblen, O. (1905). Theory of plane curves in nonmetrical analysis situs. *Trans. Amer. Math. Soc. 6*, 83–98.

Veblen, O. and W. Bussey (1906). Finite Projective Geometries. *Trans. Amer. Math. Soc. 7*, 241–259.

Viète, F. (1579). *Universalium inspectionium ad canonem mathematicum liber singularis.*

Viète, F. (1591). De aequationum recognitione et emendatione. In his *Opera*, 82–162. English translation in Viète (1983).

Viète, F. (1593). Variorum de rebus mathematicis responsorum libri octo. In his *Opera*, 347–435.

Viète, F. (1615). Ad angularium sectionum analyticen theoremata. In his *Opera*, 287–304.

Viète, F. (1983). *The Analytic Art.* Kent, OH: The Kent State University Press. Nine studies in algebra, geometry and trigonometry from the *Opus Restitutae Mathematicae Analyseos, seu Algebra Nova,* translated by T. RichardWitmer.

Vitali, G. (1905). *Sul problema della misura dei gruppi di punti di una retta.* Bologna.

von Neumann, J. (1923). Zur Einführung der transfiniten Zahlen. *Acta lit. acad. sci. Reg. U. Hungar. Fran. Jos. Sec. Sci. 1*, 199–208. English translation in van Heijenoort (1967) 347–354.

von Staudt, K. G. C. (1847). *Geometrie der Lage.* Nurnberg: Bauer und Raspe.

Vrooman, J. R. (1970). *René Descartes. A Biography.* New York: Putman.

Wagner, K. W. (1936). Bemerkungen zum Vierfarbenproblem. *Jahresber. Deutsch. Math.-Ver. 46*, 26–32.

Wagner, K. W. (1937). Über eine Eigenschaft der ebenen Komplexe. *Math. Ann. 114*, 570–590.

Wagon, S. (1985). *The Banach-Tarski Paradox.* Cambridge: Cambridge University Press. With a foreword by Jan Mycielski.

Wallis, J. (1655a). Arithmetica infinitorum. *Opera* 1: 355–478. English translation *The Arithmetic of Infinitesimals* by Jacqueline Stedall, Springer, New York, 2004.

Wallis, J. (1655b). De sectionibus conicis. *Opera* 1: 291–354.

Wallis, J. (1657). Mathesis universalis. *Opera* 1: 11–228.

Wallis, J. (1659). Tractatus duo. Prior, de cycloide. Posterior, de cissoid. *Opera* 1: 489–569.

Wallis, J. (1663). De postulato quinto; et definitione quinta Lib. 6 Euclidis. *Opera* 2: 669–678.

Wallis, J. (1673). On imaginary numbers. From his *Algebra*, Vol. 2. In Smith (1959) 1: 46–54.

Wallis, J. (1696). Autobiography. *Notes and Records, Roy. Soc. London,* **25**, (1970), 17–46.

Wantzel, P. L. (1837). Recherches sur les moyens de reconnaitre si un problème de géométrie peut se resoudre avec la règle et le compas. *J. Math. 2*, 366–372.

Weber, H. (1892). Leopold von Kronecker. *Jahresber. Deutsch. Math. Verein. 2*, 19.

Weeks, J. R. (1985). *The Shape of Space.* New York: Marcel Dekker Inc.

Weierstrass, K. (1863). Vorlesungen über die Theorie der elliptischen Funktionen. *Mathematische Werke* 5.

Weierstrass, K. (1874). *Einleitung in die Theorie der analytischen Funktionen.* Summer Semester 1874. Notes by G. Hettner. Mathematische Institut der Universität Göttingen.

Weierstrass, K. (1884). Zur Theorie der aus n Haupteinheiten gebildeten complexen Grössen. *Göttingen Nachrichten*, 395–414. In his *Mathematische Werke* 2: 311–332.

Weil, A. (1975). Introduction to Kummer (1975).

Weil, A. (1976). *Elliptic Functions According to Eisenstein and Kronecker*. Berlin: Springer-Verlag. Ergebnisse der Mathematik und ihrer Grenzgebiete, Band 88.

Weil, A. (1984). *Number Theory. An Approach through History, from Hammurapi to Legendre*. Boston, MA.: Birkhäuser Boston Inc.

Wessel, C. (1797). Om Directionens analytiske Betegning, et Forsøg anvendt fornemmelig til plane og sphæriske Polygoners Opløsning. *Danske Selsk. Skr. N. Samml. 5*. English translation in Smith (1959), vol. 1, 55–66.

Westfall, R. S. (1980). *Never at Rest*. Cambridge: Cambridge University Press. A biography of Isaac Newton.

Whitehead, A. N. and B. Russell (1910). *Principia Mathematica*. Cambridge: Cambridge University Press. 3 vols. 1910, 1912, 1913.

Whitehead, J. H. C. (1935). A certain open manifold whose group is unity. *Quart. J. Math. 6*, 268–279.

Whiteside, D. T. (1961). Patterns of mathematical thought in the later seventeenth century. *Arch. History Exact Sci. 1*, 179–388 (1961).

Whiteside, D. T. (1964). Introduction to *The Mathematical Works of Isaac Newton*. Vol. I. Johnson Reprint Corp., New York, 1964.

Whiteside, D. T. (1966). Newton's marvellous year: 1666 and all that. *Notes and Records, Roy. Soc. Lond. 21*, 32–41.

Wiles, A. (1995). Modular elliptic curves and Fermat's last theorem. *Ann. of Math. (2) 141(3)*, 443–551.

Woodin, W. H. (1999). *The Axiom of Determinacy, Forcing Axioms, and the Nonstationary Ideal*. Berlin: Walter de Gruyter & Co.

Wright, L. (1983). *Perspective in Perspective*. London: Routledge and Kegan Paul.

Wussing, H. (1984). *The Genesis of the Abstract Group Concept*. Cambridge, MA.: MIT Press. Translated from the German by Abe Shenitzer.

Xia, Z. (1992). The existence of noncollision singularities in Newtonian systems. *Ann. of Math. (2) 135(3)*, 411–468.

Yáng Huí (1261). *Compendium of analyzed mathematical methods in the "Nine Chapters"*.

Zermelo, E. (1904). Beweis dass jede Menge wohlgeordnet werden kann. *Math. Ann. 59*, 514–516. English translation in van Heijenoort (1967).

Zeuthen, H. G. (1903). *Geschichte der Mathematik im 16. und 17. Jahrhundert*. Leipzig: Teubner. Johnson Reprint Corp., New York, 1977.

Zhū Shijié (1303). *Siyuan yujian*. French translation in Hoe (1977).

索引

注: 索引后面的数字为条目所在章节号

中英文人名对照表

A

阿贝尔	Abel, N. H.
亚当斯	Adams, J.
奥迪安	Adyan, S. I.
阿尔贝蒂	Alberti, L.B.
哈津	Al-Khazin
花拉子米	al-Khwārizmī
库叶	al-Kuji
阿尔特多夫	Altdorf
阿姆索	Amthor, A.
洪天赐	Ang, T. S.
安杰利	Angeli, S. de
阿佩里	Apéry, R.
阿波罗尼奥斯	Apolonius
阿基米德	Archimedes
阿尔冈	Argand, J. R.
亚里士多德	Aristotle
E·阿廷	Artin, E.
M·阿廷	Artin, M.
阿耶波多	Âryabhata
阿尤布	Ayoub, R.
阿兹拉	Azra, J.-P.

B

巴歇	Bachet de Méziriac, C. G.
巴耶	Baillet, A.
鲍尔	Ball, W. W. R.
巴龙	Balon
巴尔特鲁沙伊蒂斯	Baltrušaitis, J.
巴拿赫	Banach, S.
邦维尔	Banville, J.
巴罗	Barrow, I.
巴特尔斯	Bartels, M.
巴什马科娃	Bashmakora, I. G.
贝克曼	Beeckman, I.
贝尔特拉米	Beltrami, E.
贝克莱	Berkeley, G.
贝尔奈斯	Bernays, P.
伯努利·丹尼尔	Bernoulli, Daniel
伯努利·詹姆士	Bernoulli, James
伯努利·约翰	Bernoulli, John
伯努利·尼古拉	Bernoulli, Nicolas
贝塞尔	Bessel, F. W.
贝蒂	Betti, E.
贝祖	Bézout
婆什迦罗第一	Bhâskara I
婆什迦罗第二	Bhâskara II
伯克霍夫	Birkhoff, G.
博尔强斯基	Boltyansky, V. G.
F·波尔约	Bolyai, F.
J·波尔约	Bolyai, J.
波尔查诺	Bolzano, B.

邦贝利	Bombelli, R.
博内	Bonnet, P. O.
博诺拉	Bonola, R.
布尔	Boole, G.
博雷尔	Borel, E.
博斯	Bos, H. J. M.
博斯	Bosse, A.
布尔涅	Bourgne, R.
博耶	Boyer, C. B.
玻意耳	Boyle, R.
布拉哈纳	Brahana, H. R.
婆罗摩笈多	Brahmagupta
布里斯孔	Brieskorn, E.
布里格斯	Briggs, H.
布灵	Bring, E. S.
布龙克尔	Brouncker, W.
布鲁内莱斯基	Brunelleschi, F.
伯顿	Burton, D. M.

C

卡约里	Cajori, F.
康托尔	Cantor, G.
卡丹	Cardan, J.
卡尔达诺	Cardano, G.
卡西尼	Cassini, J. D.
柯西	Cauchy, A.-L.
卡瓦列里	Cavalieri, F. B.
凯莱	Cayley, A.
钱德勒	Chandler, B.
丘奇	Church, A.
西塞罗	Cicero, M. T.
克拉格特	Clagett, M.
克莱罗	Clairaut, A.-C.
克莱布施	Clebsch, A.
科恩	Cohen, P.
康-福森	Cohn-Vossen, S.
科尔伯恩	Colburn, Z.
科尔布鲁克	Colebrooke, H. T.
孔迪雅克	Condillac, É. B. de
孔多塞	Condorcet, M. de
康奈利	Connelly, R.

库利奇	Coolidge, J. L.
哥白尼	Copernicus, N.
科茨	Cotes, R.
考克斯	Cox, D. A.
克斯特	Coxeter, H. S. M.
克莱姆	Cramer, G.
克罗斯利	Crossley, J. N.
克罗	Crowe, M. J.

D

达·芬奇	da Vinci, L.
达朗贝尔	d'Alembert, J. le. R.
达文波特	Davenport, J. H.
大卫	David, F. N.
戴维斯	Davis, M.
德拉海尔	de la Hire, P.
棣莫弗	de Moivre, A.
德摩根	de Morgan, A.
戴德金	Dedekind, R.
德龙	Dedron, P.
迪根	Degen
德根	Degen, F.
德恩	Dehn, M.
德萨格	Desargues, G.
笛卡儿	Descartes, R.
迪克森	Dickson, L. E.
狄德罗	Diderot, D.
狄奥克莱斯	Diocles
丢番图	Diophantus
狄利克雷	Dirichlet, P. G. L.
东布罗夫斯基	Dombrowski, P.
唐纳森	Donaldson, S. K.
多斯托洛夫斯基	Dostrovsky, S.
德拉布金	Drabkin, I. E.
杜布瓦雷蒙	du Bois-Reymond, P.
杜石然	Du, S. R.
杜加斯	Dugas, R.
丢勒	Dürer, A.
迪克	Dyck, W.

E

H·M·爱德华兹	Edwards, H. M.

C·H·爱德华兹	Edwards, Jr., C. H.	J·格雷夫斯	Graves, J.
艾森斯坦	Eisenstein, G.	格雷	Gray, J. J.
恩格斯曼	Engelsman, S. B.	格林	Green, G.
欧几里得	Euclid	G·格雷戈里	Gregory, G.
欧多克索斯	Eudoxus of Cnidus	J·格雷戈里	Gregory, J.
欧拉	Euler, L.	格林鲍姆	Grünbaum, B.

F

法尼亚诺	Fagnano, G. C. T.		
法尔廷斯	Faltings, G.	**H**	
福韦尔	Fauvel, J.	阿达玛	Hadamard, J. S.
费德里科	Federico, P. J.	哈恩	Hahn, H.
费马	Fermat, P.	哈克卢特	Hakluyt, R.
费拉里	Ferrari, L.	哈尔克	Halcke, P.
费罗	Ferro, S. del	霍尔	Hall, Jr., M.
斐波那契	Fibonacci	哈雷	Halley, E.
菲尔德	Field, J. V.	阿尔方	Halphen, G.-H.
菲奥尔	Fior, A. M.	哈密顿	Hamilton, W. R.
菲舍尔	Fischer, E.	汉金斯	Hankins, T. L.
丰坦那	Fontana, N.	哈纳克	Harnack, A.
傅里叶	Fourier, J.	哈林顿	Harrington, L.
福勒	Fowler, D. H.	哈里奥特	Harriot, T.
韦达	François Viète	豪斯多夫	Hausdorff, F.
弗雷格	Frege, G.	希思	Heath, H. L.
赖登塔尔	Freudenthal, H.	赫维赛德	Heaviside, O.
弗雷	Frey, G.	赫戈	Heegaard
弗里奇	Fritsch, R.	埃尔米特	Hermite, C.
弗罗贝尼乌斯	Frobenius, G.	赫恩登	Herndon, W.
富特温勒	Fürtwangler, P.	海伦	Heron
		赫拉特	Heuraet, H. van.
G		希格曼	Higman, G.
伽利略	Galileo, G.	希尔伯特	Hilbert, D.
伽罗瓦	Galois, É.	希帕凯斯	Hipparchus
高斯	Gauss, C. F.	霍布斯	Hobbes, T.
盖尔丰德	Gelfond, A. O.	霍	Hoe, J.
热尔松	Gershon, L. b.	霍夫曼	Hofmann, J. E.
吉布斯	Gibbs, J. W.	霍尔拜因	Holbein
哥德尔	Gödel, K.	霍尔姆博	Holmboe, B. M.
戈德斯坦	Goldstine, H. H.	赫尔德	Hölder, O.
古尔萨	Goursat, E.	霍尔茨曼	Holtzmann, W.
格兰迪	Grandi, G.	胡克	Hooke, R.
R·格雷夫斯	Graves, R.	许德	Hudde, J.
		雨果	Hugo, V.

杨辉	Hui, Y.
胡尔维茨	Hurwitz, A.
惠更斯	Huygens, C.
许普西克勒斯	Hypsicles of Alexandria

I

伊塔德	Itard, J.

J

雅可比	Jacobi, C. G. J.
吉斯那笈多	Jisnagupta
琼斯	Jones, J. P.
若尔当	Jordan, C.

K

卡茨	Kac, M.
克斯特纳	Kaestner, A. G.
卡恩	Kahn, D.
卡纳摩利	Kanamori, A.
考夫曼 – 比勒	Kaufmann-Bühler, M.
开尔文	Kelvin, L.
开普勒	Kepler, J.
F · 克莱因	Klein, F.
M · 克莱因	Kline, M.
克诺雷尔	Knörrer, H.
科布利茨	Koblitz, N.
克贝	Koebe, P.
克斯特勒	Koestler, A.
柯尔莫戈洛夫	Kolmogorov, A. N.
克赖泽尔	Kreisel, G.
克罗内克	Kronecker, L.
克伦比格尔	Krummbiegel, B.
库默尔	Kummer, E. E.
洛必达	L'Hôpital, G. F. A. de

L

拉克鲁瓦	Lacroix, A.
拉格朗日	Lagrange, J. L.
蓝丽蓉	Lam, L. Y.
兰伯特	Lambert, J. H.
拉梅	Lamé, G.

兰道	Landau, E.
拉普拉斯	Laplace, P.-S.
洛朗	Laurent, P.-A.
拉瓦锡	Lavoisier, A. L.
勒贝格	Lebesgue, H. L.
勒让德	Legendre, A.-M.
莱布尼茨	Leibniz, G. W.
洛必达	l'Hôpital, G. F. A. de
李倍始	Libbrecht, U.
林肯	Lincoln, A.
林德曼	Lindemann, F.
刘维尔	Liouville, J.
利斯廷	Listing, J. B.
刘徽	Liu Hui.
李维	Livy, T.
劳埃德	Lloyd, H.
罗巴切夫斯基	Lobachevsky, N. I.
洛纳	Lohne, J. A.
柳斯捷尔尼克	Lyusternik, L. A.

M

麦克劳林	Maclaurin, C.
马格努斯	Magnus, W.
马海斯伐拉	Maheśvara
马奥尼	Mahoney, M. T.
马塞卢斯	Marcellus, M. C.
马尔可夫	Markov, A.
马索蒂	Masotti, A.
马季雅谢维奇	Matiyasevich, Y. V.
麦克斯韦	Maxwell, J. C.
麦基	McKean, H.
梅尔扎克	Melzak, Z. A.
梅内克缪斯	Menaechmus
门戈利	Mengoli, P.
G · 墨卡托	Mercator, G.
N · 梅卡托	Mercator, N.
梅森	Mersenne, M.
米凯利	Micheri, C.
F · 明金	Minding, F.
闵可夫斯基	Minkowski, H.
莫比乌斯	Möbius, A. F.

西格尔	Siegel, C. J.
斯卢士	Sluse, R. F.
斯拉西奥斯	Slusius
史密斯	Smith, D. E.
斯内尔	Snell, W.
索洛韦	Solovay, R. M.
斯里尼瓦辛格	Srinirasiengar, C. N.
施特克尔	Stäckel, P.
施陶特	Staudt, K. G. C. von
施泰纳	Steiner, J.
斯滕伯格	Sternberg, S.
斯蒂文	Stevin, S.
史迪威	Stillwell, J.
斯特洛伊克	Struik, D.
休赛斯	Suiseth, R.
斯温内谢德	Swineshead
绍伯	SzabóI, I.

T

塔斯基	Tarski, A.
塔尔塔利亚	Tartaglia, N.
塔通	Taton, R.
陶里奴斯	Taurinus, F. A.
B·泰勒	Taylor, B.
R·泰勒	Taylor, R.
G·泰克赛拉	Teixeira, G.
泰勒斯	Thales of Miletus
泰特托斯	Theaetetus
特雷法尔	Threfall, W.
瑟斯顿	Thurston, W. P.
蒂策	Tietze, H.
托里拆利	Torricelli, E.
特鲁斯德尔	Truesdell, C.
图林	Turing, A.
特恩布尔	Turnbull, H. W.
策策斯	Tzetzes, J.

U

乌切洛	Uccello, P.
乌拉姆	Ulam, S.

V

范达伦	van Dalen, D.

范德瓦尔登	van der Waerden, B. L.
冯·赫拉特	van Heuraet
冯·鲁姆	van Roomen, A.
范德蒙德	Vandermonde, A.-T.
维萨里	Vesalius, A.
韦达	Viète, F.
维塔利	Vitali, G.
维特鲁维厄斯	Vitruvius, M.
伏尔泰	Voltaire
冯·诺伊曼	Von Neumann, J.
弗鲁曼	Vrooman, J. R.

W

瓦赫特尔	Wachter
瓦贡	Wagon, S.
沃利斯	Wallis, J.
旺策尔	Wantzel, P. L.
H·韦伯	Weber, H.
W·韦伯	Weber, W.
威克斯	Weeks, J. R.
魏尔斯特拉斯	Weierstrass, K.
韦伊	Weil, A.
韦塞尔	Wessel, C.
韦斯特福尔	Westfall, R. S.
怀特黑德	Whitehead, A. N.
怀特赛德	Whiteside, D. T.
怀尔斯	Wiles, A.
武丁	Woodin, W. H.
雷恩	Wren, C.
赖特	Wright, L.
武辛	Wussing, H.

X

贾宪	Xian, J
克胥兰德	Xylander

Y

李俨	Yan, L.
尤什克维奇	Yushkevich, A.

Z

芝诺	Zeno
措伊滕	Zeuthen, H. G.

译后记

　　现代的大学数学课程, 大都是分门别类讲授并各成系统. 本书作者约翰·史迪威担忧这种讲授方式 '阻碍了各种不同的主题汇聚为一个整体'. 他期盼并努力通过数学的历史赋予大学数学一种 '统一' 的观点. 我们中的许多人是在分门别类的数学分支学科教育环境里了解数学的, 对何为整体、孰为统一不甚了解, 难免认为: 若数学本来就是各成系统的专题或分支的松散组合, 而并非有着紧密联系的整体, 分科传授也就顺理成章且并无大碍. 作者的担忧与期盼岂非庸人自扰?

　　近现代一些成就斐然的数学家, 曾对丰富多彩的数学分支的专门化发展既兴奋又有些担忧. 大卫·希尔伯特 (David Hilbert, 1862—1943) 在 1900 年的国际数学家大会上有一个著名的讲演, 题目是《数学问题》, 其中为 20 世纪的数学研究提出了 23 个问题, 他认为这些问题 '只不过是一些例子, 但它们已经充分显示出今日的数学科学是何等丰富多彩, 何等范围广阔!' 希尔伯特的数学问题确实给 20 世纪的数学带来了新的方法和新的成果. 但我们在他演讲最后部分的字里行间, 不难读出他的一丝担忧: '我们面临着这样的问题, 数学会不会遭到像其他有些科学那样的厄运, 被分割成许多孤立的分支, 它们的代表人物很难互相理解, 它们的关系变得松懈了?' 对数学有着深刻体验和直觉的他, 不相信也不希望会出现这种情形: '我认为, 数学科学是一个不可分割的有机整体, 它的生命力正是在于各个部分之间的联系. 尽管数学知识千差万别, 但我们仍然清楚地意识到: 在作为整体的数学中, 使用着相同的逻辑工具, 存在着概念的亲缘关系, 同时, 在它的不同部分之间, 也有大量相似之处.' (参见希尔伯特:《数学问题》, 大连理工大学出版社, 2009.) 既然数学本身的发展是个有机整体, 那么在数学教学中让学生了解这种统一性倒是顺理成章的了.

　　菲尔兹奖得主迈克尔·阿蒂亚 (Michael Atiyah, 1929—2019) 对数学的整体性也颇有见地, 他在 20 世纪 70 年代后期出任伦敦数学会主席发表的演讲题目就是《数学的统一性》, 他自称该演讲的目的是通过简单的例子描述数学不同分支之间的 '相互影响' 和 '预想不到的联系". 他举的三个例子分属于数论、几何和分析. 第一个例子是环 $\mathbb{Z}(\sqrt{-5})$ 中因子分解的唯一性不成立, 引入理想后重新得到了唯一性; 第二个例子是默比乌斯带的性质; 第三个例子是一个线性积分–微分方程

$$f'(x) + \int a(x,y) f(y)\, dy = 0.$$

他在演讲中十分自然地将它们联系在了一起, 读来使人耳目一新! (有兴趣的读者可参阅阿蒂亚:《数学的统一性》, 大连理工大学出版社, 2009).

俄国的数学家对数学的整体性也有独到的见解. A.Д. 亚历山德洛夫 (Александров, 1912—1999) 在《数学, 它的内容、方法和意义》(科学出版社, 1984) 一书的第一章 '数学概论" 中, 开门见山地说: '对于任何一门科学的正确概念, 都不能从有关这门科学的片断知识中形成, 尽管这些片断知识足够广泛, 还需要对这门科学的整体有正确的观点, 需要了解这门科学的本质." 按照他的观点, 要正确地理解数学, 是绕不过对其整体性的了解的.

总之, 上述几位数学大家的观点给了我们这样的启示: 数学确实具有整体性和统一的特色, 它的整体与统一表现在概念之间的联系、相似性和相互影响, 以及相同的逻辑工具. 本书作者的担忧与期盼确实不是庸人自扰, 他的努力倒是值得称道的.

关于本书在选材和写作方面的特点, 作者的第一版序言已有明确说明, 不再赘述.

我们在翻译中, 曾向作者请教他所引用的某些原始文献中的段落的含义, 得到了详细的回答; 中科院数学院的胥鸣伟教授阅读了译文中有关几何和拓扑的章节, 冯琦教授阅读了第 24 章 '集合、逻辑和计算", 北京大学冯荣权教授阅读了第 25 章 '组合学", 他们都提出了有益的建议; 冯琦教授还对原著中的有些提法做了必要的注解和说明, 我们已将他的宝贵意见作为译注收在 24 章的译文中. 对他们的帮助我们深表谢意.

我们还要特别感谢本译本的策划与责任编辑王丽萍女士、和静女士, 以及默默工作的译稿审读者, 他们认真细致的努力使译文得以顺利面世.

袁向东　冯绪宁

2021 年 8 月于北京